심리학의 군사적 활용

Military Application of Psychology

김용주 · 강성록 지음

청문각

머리말

심리학이 과학적인 학문으로서 출발한 지 어언 140여 년이 흘렀다. 그동안 심리학은 인간의 행동과 정신과정을 과학적으로 연구하는 학문으로서 인간의 사고와 행동의 오류에 대한 통찰을 제공해 왔으며, 적응과 부적응, 효율성과 효과성, 건강과 행복 등의 관점에서 심리적인 문제를 다루어 왔다. 또한 심리학은 인간에 관한 기초적인 실험적 연구뿐만 아니라 질병과 치료, 학교 교육, 생산과 판매, 조직 운영 등 다양한 영역에서 응용되어 왔다. 특히 지난 제1, 2차 세계대전을 통하여 심리학은 군사적인 문제 해결에 커다란 도움을 주었으며, 그로 인하여 심리학 자체가 크게 융성하는 계기가 되기도 하였다.

전쟁으로 인하여 대단위 인원을 선발하고 분류 및 배치해야 하는 상황에서 심리전문가들은 군사적 요구에 부응하여 집단지능검사를 개발하였으며, 이로 인하여 심리검사가 획기적으로 발전하는 계기가 되었다. 고통스럽고 처참한 전투로 인해 손상된 장병들의 심리적 치유활동을 통하여 임상 및 상담 심리학이 도약적으로 발전하게 되었다. 6.25 한국 전쟁은 심리전과 세뇌교육, 교화, 선정, 선동 등의 주제가 활발하게 논의되는 계기가 되기도 하였다. 군의 특성상 리더십은 군사분야에서 빼놓을 수 없는 주제가 되었으며, 리더십의 개념적 연구와 실제적인 검증 연구에 심리학자들이 적극적으로 참여하였다. 이처럼 심리학에 대한 군사적 요구는 다양한 영역에서 제기되었으며, 심리학자들은 이에 직·간접적으로 도움을 주어 왔다. 미국과 독일을 비롯한 선진국 군대에서는 이미 백여 년 전부터 심리전문가들이 군사적 문제의 해결과정에 적극적으로 개입하여 왔으며, 군사심리연구소와 유사한 기구들을 설치하여 운영해 오고 있다.

한국군의 경우, 50~60년대에는 군사 분야에서의 심리학적 연구가 주로 심리학을 전공한 일부 장교들에 의해 심리검사와 조종사 선발분야 등에서 간헐적으로 이루어져 왔다. 그 이후 대부분의 연구들은 주로 사관학교의 심리학 전공 교수들에 의해 수행되어 왔다. 대략 90년대 후반부터는 사관학교와 일반대학 그리고 한국국방연구원의 심리전문가들에 의한 용역연구가 활발하게 이루어졌다. 군에서 장병들의 심리적 문제를 해소시키기 위해 운영하고 있는 '병영생활 전문상담관' 제도는 일반대학의 상담전공 분야에 국민적 관심을 제고시키는 계기가 되기도 하였다. 사관학교에 재직 중인 저자의 경우에도, 특수분야 선발을 위한 적성검사 개발, 병 인터넷 중독 진단검사 개발, 스트레스 진단 및 처방 프로그램 개발, 장병 안보의식 조사, 테러에 대한 심리학적 대응체계 개발, 육군가치관 진단도구 개발, 현대전에서의 심리전 연구, 자살예방 프로그램 개발, 리더십 진단도구 개발, 군기강 측정도구 개발, 안전관리 백서 제작, 부대정신 제고 방안, 병영문화 혁신방안 등 수많은 과제에 직·간접적으로 관여하였다.

실제적으로 한국군의 군사 분야에서 심리학적 지식의 활용이 요구되는 분야는 매우 많음에도 불구하고, 심리전문가들의 이에 대한 관심도는 상대적으로 낮은 편이다. 한국 심리학의 획기적인 발전을 위해서도 군사 분야에의 심리학적 관심 제고가 절실히 요구되는 상황이다. 정예장교를 양성하는 사관학교 교수요원으로서 심리학을 공부하게 되었을 때 '나는 군인이자 심리학자로서 무엇을 할 것인가?'에 대해 자문한 적이 있다. 그때 나는 최종적으로 '심리학적 지식을 군사적 문제해결에 최대한 활용하는 연구자'가 되어야겠다고 다짐했었다. 『심리학의 군사적 활용』이라는 제목으로 본 저서를 발간하는 것은 바로 군인심리학자로서의 사명을 구현하는 첫 발걸음이기도 하다.

본 저서는 순수한 이론적인 측면보다도 실제로 군사 분야에서 이루어진 연구들을 중심으로 구성되었다. 본 저서는 인원선발, 심리검사의 활용, 군대상담과 코칭, 정신건강, 긍정심리학, 테러, 심리전, 정신전력, 군대 리더십, 심리적 통합 등 매우 다양한 주제들을 다루고 있으며, 각 주제별로 실제적인 연구 사례들이 소개되었다. 특히 상담과 임상심리학 그리고 심리검사와 긍정심리학 분야는 이 분야에서 다양한 연구경험을 쌓은 강성록 박사가 담당하면서 저서의 전문성이 한층 더 증대되는 계기가 되었다.

끝으로, 이 책이 출판될 수 있도록 도움을 주신 많은 분들에게 감사를 드리고 싶습니다. 먼저, 출판을 허락해 주신 청문각의 류원식 사장님과 원고의 편집에 세세한 도움을 주신 편집부에 감사의 마음을 전하고 싶습니다. 수많은 연구 경험을 가능케 해준 국방부와 육군 그리고 육군사관학교 교수부의 선, 후배님들께도 감사를 드립니다. 이곳에 명시되지 않았지만 도움을 주신 모든 분들께 감사를 드리면서, 본 저서가 향후 설립을 추진하고자 하는 '한국 군사심리학회'의 발족을 위한 기폭제가 될 수 있기를 희망합니다.

2019년 5월
화랑대에서
대표저자 김용주

차례

제 1 장

군사심리학

심리학의 발전과정에서 군대와의 상호작용은 빼놓을 수 없는 중요한 요인이다. 심리학과 군대는 상호 유기적인 관계를 통하여 서로에게 도움을 제공해왔다. 군대는 심리학의 군사적 응용을 통하여 운영의 효율성을 증대시킬 수 있었으며, 군 구성원들의 안녕과 복지를 향상시킬 수 있었다. 아울러 심리학적 이론의 실제적인 응용과 적용을 통하여 심리학이라는 학문 분야의 유용성이 확장되는 계기가 되었다.

군사심리학에 대한 탐색 여행을 시작하는 시점에서 군사심리학의 개념과 역사 그리고 연구 분야에 대해 살펴보는 것은 군사심리 분야에서 이루어지는 다양한 활동들과 이론들을 체계적으로 이해하는 데에 있어서 매우 큰 도움이 될 것이다.

따라서, 본 장에서는 심리학의 군사적 활용, 즉 군사심리학은 어떤 과정을 통하여 발전되어 왔으며, 어떤 영역을 다루고 있고 어떤 방향으로 발전되어 갈 것인지에 대해 논의해 보도록 한다.

1. 군사심리학의 정의

심리학(psychology)은 '인간의 행동(behavior)과 정신과정(mental process)을 과학적으로 연구'하는 학문으로 정의되는데, 연구영역이나 연구기법에 따라 다양한 하위 분과(branch)로 구분된다. 예를 들어 임상심리학(clinical psychology)은 정신장애의 진단과 치료에 주관심을 가지며, 지각 및 인지심리학(perceptual and cognitive psychology)은 인간이 환경으로부터 감각기관을 통하여 정보를 입력하고 처리하는 제반 과정을 탐구한다. 또한 교육심리학(educational psychology)은 심리학에서 나온 원리와 방법을 교육문제 전반에 대해 적용하는 문제를 다룬다. 그렇다면 군사심리학은 어떤 분야인가?

군사심리학에 대한 개념적 설명은 다양하나 가장 일반적인 정의에 따르면, 군사심리학(military psychology)은 심리학 연구에서 나온 원리와 방법을 군대 환경에 적용하고 연구하는 분야이다(Mangelsdorff & Gal, 1991; Taylor & Alluisi, 1994). 사회심리학이 사회장면에서의 인간의 행동과 정신과정을 연구하는 분야로서 사회 자체를 연구하는 사회학과 구분되듯이, 군사심리학은 군사장면에서 나타나는 인간의 심리적 특성을 연구한다. 군사심리학에서는 군대의 본질이나 부대편성 또는 화기의 효과적인 배치나 전술적 원칙 등 군에 대한 주제를 다루기보다는 전장에서의 심리적 기능장애, 병과 분류, 인원 선발, 파병장병의 심리 상담 등과 같이 군 구성원 각각의 심리적 특성과 관련된 주제를 연구한다. 이렇게 보면 군사심리학은 모든 심리학 분야의 축소판들이 종합된 형태이며, 군사심리학에서 다루는 영역들은 군대 장면의 거의 모든 영역에 해당된다고 볼 수 있다(Cronin, 1998).

군사심리학과 연관된 분야에서 활동하는 심리학자들을 군사심리학자(military psychologist)라고 한다. 군사심리학자들은 일반적인 심리학 이론과 더불어 군대라고 하는 특수한 환경에 대한 경험과 이해가 필수적으로 요구된다. 군에서 인원을 선발하는 기준은 일반사회에서 적용되는 기준과 다르게 설정된다. 왜냐하면 검사에 임하는 대상자들의 심리적 동기가 일반인과 다르기 때문이다. 군사심리학자들은 전장 환경에서 나타나는 인간의 심리적 장애를 연구하기도 하며, 군에서 사용되는 무기와 장비들이 효율적이며 효과적으로 운영될 수 있도록 디자인하고 설계한다. 이를 위해서 군사심리학자들은 전장 환경에서 이루어지는 장병들의 행태에 대해 잘 알고 있어야 한다. 또한, 장병들이 병영생활과 전장 환경에 잘 적응할 수 있도록 상담하고 교육하고 훈련시키는 활동에 참여한다. 군사심리학자들은 항상 일반 심리학에 기초하면서도 군사적 환경을 고려하여 심리학적 이론을 응용하고자 한다.

- 군사심리학은 심리학 연구에서 나온 원리와 방법을 군대 환경에 적용하고 연구하는 분야이다.
- 심리학은 기초심리학과 응용심리학으로 구분할 수 있다. 기초심리학에서 연구된 원리와 방법들이 다양한 분야에 적용되어 응용심리학의 토대가 된다. 21세기 심리학으로는 인지신경과학, 진화심리학, 문화심리학, 긍정심리학 등이 논의되고 있다.

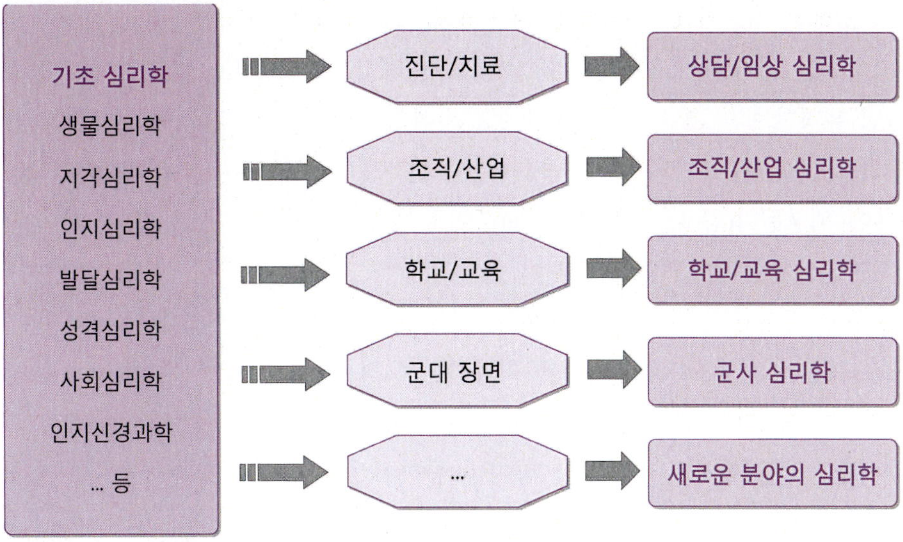

[그림 1-1] 심리학의 하위영역(좌측은 기초심리학 분야를 나열한 것이며 우측은 응용심리학 분야를 명시한 것이다. 중앙은 세부 분야들이 활용되는 영역이다. 심리학의 하위영역들은 계속해서 새롭게 구축되어가고 있다.)

2. 군사심리학의 역사

인간의 심리적 기능에 대한 관심은 이미 고대 그리스 시대부터 철학적 사변에 의해 이루어져 왔지만, 심리현상에 과학적인 연구방법을 적용한 것은 대략 19세기 중반부터이다. 근대적인 실험심리학의 태동은 독일의 생리학자인 Wilhelm Wundt가 Leipzig 대학에 실험심리학 연구실을 설립한 1879년으로 보는 견해가 일반적이다. 심리학을 과학으로 발전시키기 위해 당대의 심리학자들이 결성한 학술적 모임으로서 세계에서 가장 규모가 큰 미국심리학회(American Psychological Association, APA)가 1892년에 설립되었다. 이 시기에도 심리학은 사회적 이슈와 같은 응용된 주제를 다루기보다는 상아탑이라 불리는 대학에서 순수한 이론적 연구가 중심이 되었다. 그런데 심리학이 대학의 학술적 속성에서 응용된 영역으로 관심이 전환될 수 있었던 커다란 계기는 바로 심리학계가 군사적 문제에 개입하면서부터이다.

심리학계가 군사적 문제에 개입하기 시작한 것은 그리 오래전 일은 아니다. 하지만 군사장면에서 인간의 심리현상과 관련된 지식이 활용된 사례는 매우 오래전부터 찾을 수 있는데, 대부분 오늘날의 심리전에 해당되는 것들이다. 구약성서에서 기드온 장군이 용사 300명을 선발한 다음 나팔과 횃불을 사용하여 적군인 미디안의 대군을 공포에 휩싸이게 하여 격퇴시킨 전투는 대표적인 심리전 사례에 해당된다. 그리스와 트로이의 전쟁에 사용되었던 유명한 목마(그림 1-2 참조)와 초한지에서 한신 장군이 전투에 사용한 장량의 피리소리 등도 전투에 인간의 심리를 자극하여 전세를 유리하게 이끌어 간 대표적인 심리전 사례에 해당된다(김대운, 성경륭, 1980). 미국의 경우 독립전쟁 당시에는 전쟁과정에서 개별 군인의 '정서적 감정'은 중시되지 않았지만, 영국군의 탈영을 조장할 목적으로 또는 식민지 주민의 사기를 저하시킬 목적으로 심리전이 구사되기도 하였다(Kennedy, & Zillmer, 2012). 하지만 심리학자의 전문적인 참여를 통하여 이루어진 활동들, 즉 군사심리학적 활동들은 제1차 세계대전이 발발한 시기부터라고 보아야 할 것이다. 심리학자들이 군사적 활동에 참여한 내용들을 시대별로 살펴볼 수도 있지만, 여기서는 이해의 편이성을 고려하여 각 국가별로 그 활동들을 살펴보기로 한다.

[그림 1-2] 트로이 목마

(1) 독일의 군사심리학

제1차 세계대전

제1차 세계대전은 대학에서 순수한 학술연구에 관심을 갖고 있던 심리학자들로 하여금 그들의 이론과 지식을 바탕으로 군사적 문제의 해결에 관여하게 만드는 결정적인 계기가 되었다.

독일의 경우에는 이미 제1차 세계대전이 발발하기 이전부터 일부 심리학자들이 군에서 활동하였다. 이들은 징병과정에서 정신적 결손을 보이는 신병들을 선별하는 업무에 종사하거나(Rodenwaldt, 1905), 임상 및 교육 영역에서 정신질환을 앓고 있는 장병들을 치료하는 일에 관여하기도 하였으며(Schultzer, 1904), 군사적 훈련을 구성하는 데에도 관여하였다(Meyer, 1912). 일부 군사심리학자들은 전쟁이 성인과 유아에게 미치는 영향과 전쟁의 원인 그리고 평화정책의 가능성 등에 대한 조사를 실시하였으며(Mueller-Brettel, 1993), 심리전에 해당하는 선전활동과 전단(삐라) 제작 등의 활동들도 함께 이루어졌다. 특히 실험심리학의 대가인 분트(Wundt)를 중심으로 그의 제자들이 적극 활동하였다.[1] 그리고 전쟁이 발발한 이후 베를린의 전쟁국(War Ministry)에서는 대학의 물리학자, 화학자, 심리학자들을 대거 군에 입대시켰으며, 우선적으로 이들이 전쟁 전에 획득하였던 산업전문지식을 활용하였다. 이러한 과정에서 심리학자들은 심리검사와 심리학적 기술들을 보다 더 체계적으로 활용함으로써 이러한 활동들이 새로운 차원으로 발전하는 계기가 되었다.

[그림 1-3] 제1차 세계대전의 전형적인 참호전 장면(전장에서의 불안과 공포에 장기간 노출됨으로써 많은 정신적 손상을 유발하였다)

1915년 초에는 심리 기술자들에 의해 개발된 적성검사를 비행기 조종사, 트럭 운전수, 라디오 조작자 그리고 다른 군 특수분야 전문가들을 선발하는 데에 활용하였다. 또한

1 분트는 「우리의 신성한 전쟁」이라는 작품과 「진실된 전쟁에 대하여」라는 강의를 통하여 "독일은 자유와 주체성을 위하여 진실되고 신성하며 절실히 요구되는 전쟁을 수행하며, 이데올로기를 위한 문화적 사명에 충실하며, 독일을 소멸시키려는 영국은 독일의 주적이다"라는 등의 내용을 언급하였다(Scheerer, 1989).

보급 분야에서는 새로운 군용 식품을 개발하고 군수 공장에서 피로를 감소시키는 방안 등의 연구를 진행하였다. 형태주의 심리학자인 막스 베르트하이머(Max Wertheimer)는 먼 거리에 있는 적 포병의 위치를 파악하기 위한 방향 탐지기구를 개발하였다. 월터 루드비히(Walter Ludwig)를 비롯한 일부 심리학자들은 전투 동기(combat motivation)에 대한 연구를 수행하였으며, 죽음의 공포를 극복하는 데에 도움이 되는 요인들을 조사하였다.

제1차 세계대전 이후

독일에서는 제1차 세계대전이 끝난 후 심리학의 군사적 활용이 매우 중요한 이슈가 되었다. 베를린 대학의 심리학연구센터 소장이었던 막스 시모내이트(Max Simoneit)가 사실상 독일의 군사심리학을 주도적으로 이끌어 왔다. 시모내이트는 1933년에 『국방심리학』이라는 저서를 통하여 군대 조직의 특성, 전투 행위(행군, 경계, 관측, 거리판단, 통신, 운전, 비행, 사격, 정찰), 군 인원 선발, 군사 교육과 훈육, 단계 저해요인, 국방선전, 전투와 전쟁 지휘 등에 대해 기술하였다(Simoneit, 1943; Fitts, 1946; 이재윤, 2014).

독일은 제1차 세계대전에서 독일이 패한 이유가 정치계와 군이 충분히 결합되지 못하고 일부 군을 배신한 자들이 있었기 때문이라고 판단하고 '총력전(total war) 개념'과 더불어 각 개인보다는 국가 방위에 헌신해야 한다는 점을 강조하였다. 이러한 사상들은 이미 1920년대에 독일군에 형성되었으며, 히틀러가 이끄는 나치 정권은 이를 적극 수용하였다. 나치 정부는 국민들의 사고와 태도를 통제하기 위해 심리학적 지식을 적극 활용하는 심리 장군참모집단(Psychological General Staff Group)을 설치하였는데, 이 기구는 연구과, 검사과, 방어사기과, 그리고 공격사기과로 구분되었다. 이들이 주로 다룬 주제들은 동원 심리, 리더 심리, 인원 선발, 군대생활 심리, 전투 심리, 방어사기, 공격사기 등이었다(Boring, 1945).

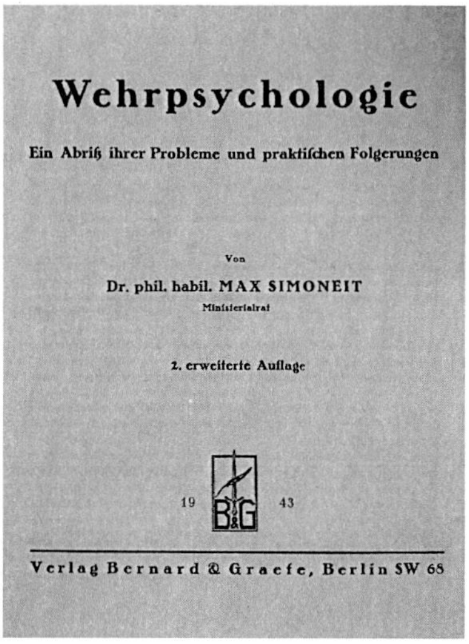

[그림 1-4] 시모내이트가 저술한 『국방심리학』 제2판

히틀러가 집권하기 이전의 제국군(Reichswehr)은 미국의 심리전문가들이 제1차 세계대전 기간 동안 집단용 지능검사 등의 개발을 통하여 군에 크게 기여한 사례들을 경험하면서 장병들을 선발하는 데에 심리학의 적용이 매우 효과적이라는 결론을 얻게 되었다. 이들은 1925년에 제국군에 심

리전문가들을 위한 최초의 부서를 설치하고, 1927년부터 모든 장교후보생들이 심리전문가에 의해 검사를 받도록 하였다. 이러한 시스템은 1942년까지 계속되었다.

특히 나찌에 의해 군대가 확장되고 공군이 독자적인 조직체로 발전하면서 심리학자들에 의한 인원 선발 임무는 엄청나게 증가하였다. 이로 인해 민간 심리전문가들이 대거 군에 채용되었으며, 대학에서 활동하는 심리학자들 이외에 거의 대부분의 심리학자들이 방위군심리학자가 되었다고 볼 수 있다. 독일의 심리학도 군사적 활동과 더불어 크게 발전하는 계기가 되었다. 특히 표현심리학(Ausdruckspsychologie)이나 성격검사 등의 발전에 크게 기여하였다. 1941년에는 독일 대학의 심리학 석사과정이 마기스터(Magister)에서 디플롬(Diplom)으로 전환되었다.

1936년 무렵, 독일의 군사심리연구소는 84명의 군사심리학자들이 근무하였으며, 1941년에는 무려 약 500명의 군사심리학자들이 군에 종사하였다. 1935년에서 1942년까지 군사심리연구소에서 발간된 심리학 연구들을 보면, 조종사 등을 비롯한 특수분야 인

[그림 1-5] 군 심리학자와 장교후보생 지원자의 면담(왼쪽 위), 공군조종사 선발시 적성검사(왼쪽 아래), 심리전문가에 의해 실시되는 육군 장교선발을 위한 체력검사(오른쪽)

출처: Lueck, H. E., & Miller, R. (1993). Illustrierte Geschichte der Psychologie. p. 255. Quintessenz

원선발, 통신신호 부여에 대한 실험적 연구, 통신감도의 문제, 통신과정에서 주관적인 전환, 거리판단의 문제, 후각기능의 문제, 검사도구의 문제, 성격연구, 행동연구 등에 관한 것이었다(Flik, 1969).

1928년부터 1935년까지는 육, 해, 공군 군사심리연구소의 검사를 통하여 특수업무 종사자들을 선발하였으며, 1936년에서 1939년까지는 육군과 공군에서, 그리고 1940년부터는 육군에서만 특수업무 종사자들을 군사심리연구소를 통하여 선발하였다. 여기에는 통신업무, 가스탐지, 차량운영, 거리측정 등의 분야가 해당된다. 1928년에는 1,487명이던 연간 검사인원이 해가 갈수록 급증하여 1935년에는 11,157명으로 증가하였고, 전쟁 직전인 1939년까지 총 148,956명이 검사를 받았다.

제2차 세계대전

제2차 세계대전의 시작과 더불어 군사심리연구소를 통하여 검사받는 인원이 급증하였다. 1941년에는 199,437명이 검사를 받았으며, 1942년 초에는 약 320,000명이 검사를 받았다. 1928년부터 1942년까지 검사를 받은 총 인원은 581,614명이었다. 운전요원의 검사(1928년)를 최초로 시작하여 거리측정요원(1932), 장갑차량요원(1936), 가스탐지요원(1940)에 대한 선발검사가 추가되었다. 이를 보면 새로운 무기체계의 개발에 맞추어 특수직의 선발검사가 개발되었다는 것을 알 수 있다.

그러나 독일의 군사심리학은 제2차 세계대전이 한창이던 1942년 군사심리연구소가 폐쇄되면서 급작스러운 침체기에 들어서게 된다. 한참 전쟁 중이며, 군사적 소요가 많이 발생하는 시기에 군사심리연구소가 없어지게 된 배경은 공식적으로 알려져 있지 않다. 어느 정도 설득력 있는 설명은 전쟁이 진행되면서 소요되는 인력의 충원이 부족하여 더 이상 선발의 의미가 없어졌기 때문이라는 것이다. 여기에 당시 나치 정권의 지휘부 자제들이 장교선발 적성검사에 반복하여 탈락하게 된 것도 군사심리연구소의 폐지에 힘을 실어주는 요인으로 작용했다고 한다.

제2차 세계대전 이후

제2차 세계대전에서 패하고 한동안 연합국의 감독체제하에 있던 독일군은 6.25 한국전쟁을 계기로 1955년 독일 연방군(Bundeswehr)으로 새롭게 탄생하게 되었다. 독일 연방군은 양차 대전을 통하여 군사심리학의 중요성을 크게 인식하였으며, 1958년에 약 20명의 심리학자를 중심으로 연방군 심리연구소를 창설하였다.

고트힐프 플릭(Gotthilf Flik)은 제2차 세계대전 이전부터 특수직 선발을 위한 검사기관에서 활동하였으며, 새롭게 연방군이 창설되면서 과거의 국방심리학(Wehrpsychologie)을 재건하는 데 10여 년간 중심적인 역할을 수행하였다. 플릭은 1934년부터 1943년까지 그리고 1951년부터 1966년까지 군사심리연구소의 활동에 대한 기록을 독일국방부의 이름으로 발간하였다(Flik, 1988).

빌헬름 미체(Wilhelm Mitze)는 전쟁기간 동안 해군 군사심리연구소에서 활동하였으며, 1966년에 플릭의 뒤를 이어 연방군의 심리연구소를 8년간 책임 운영하였다. 플릭은 1966년부터 1974년에 이르는 기간 동안 이루어진 군사심리연구소의 활동 내용을 역시 국방부의 발주로 책자화 하였다(Mitze, 1989).

연방군 심리연구소는 1996년을 기준으로 약 152명의 심리학 전문가와 400여 명의 조교들이 근무하는 대형 조직으로 발전되었다. 이들은 육·해·공군에 필요한 인력을 선발하는 문제(인사심리학, 항공 및 항해 심리학), 임상심리학에 의한 의무 지원, 무기 및 장비 제작 시 인체공학적 디자인(에르고노믹스), 리더십 및 시민화 교육(부대심리학), 적성검사에 사용되는 각종 검사도구 검증 등의 업무를 수행하고 있다. 특히 소말리아 등을 비롯한 분쟁국에 파병되는 장병들의 심리적 문제를 해결하기 위해 군사심리학자들이 파견되어, 개인상담, 위기중재, 스트레스 예방, 지휘관 조언, 인도주의적 임무, 유인물, 파병분석 등의 활동에 참여하고 있다.

[그림 1-6] 왼쪽부터 연방군 심리연구소, Gotthilf Flik, Wilhelm Mitze

(2) 영국/프랑스의 군사심리학

제1차 세계대전

프랑스의 경우에는 심리학의 대가들이 전쟁에 참여하지 않았다. 알프레드 비네트(Alfred Binet)는 이미 1911년에 사망하였으며, 테오도르 사이먼(Theodore Simon)은 정신병원을 운영하고 있었다. 프레데릭 윈스로우 테일러(Frederick Winslow Taylor)가 기관총 사수들의 반응시간과 침착성을 연구하였으며, 그의 동료들이 비행적성 진단도구를 개발하였다. 아래의 사진은 프랑스군에서 조종사를 선발할 때 충격적인 상황에 대한 반응을 검사하는 장면이다(그림 1-7). 피검사자가 모르는 상황에서 검사자가 권총을 발사하고, 이때 피검사자의 호흡과 심장 박동 그리고 파지상태를 확인한다. 이 시기에 프랑스군에서는 신병들에 대한 적성검사를 실시하지 않은 것으로 보인다.

영국의 경우에는 퓰러(Fuller)와 같이 르 본(Le Bon)의 군중이론을 활용하려고 노력한 군의 지식인들을 제외하고 대부분은 민간 전문가들을 활용하는 데에 익숙하지 않았다. 다만 기차를 통한 보급, 치료와 화학전 관련 연구에 전문가들이 참여하였을 뿐, 대부분의 영국 심리학자들은 전투신경증(shell-shock) 전문병원에서 심리치료가로 일하였으며, 신병들을 검사하는 문제에는 직접적으로 관여하지 않았다(Shephard, 2015).

영국 육군의 군사심리학자들은 미군과 달리 임상진료뿐만 아니라 군사작전 지역에 파견되어 활약하였다. 이들은 1917년 프랑스에 배치되어 야전병원이나 신경과 병동에서

[그림 1-7] 프랑스의 조종사 선발을 위한 충격반응검사

출처: Lueck, H. E., & Miller, R.(1993). Illustrierte Geschichte der Psychologie. p. 255. Quintessenz

수많은 전투신경증 환자들과 전쟁관련 증후군에 시달리는 환자들을 치료하였으며, 복무가 불가능하다고 판단되는 병력들을 후방이나 본토로 후송하는 역할을 담당하였다(Kennedy & Zillmer, 2012). 전쟁과정에서도 영국은 다수의 병원을 건립하였으며, 여기에 심리학자들이 근무하였다. 제1차 세계대전은 전투스트레스에 대한 치료개입이 처음으로 소개된 시기이며, 인지적 재구성 기법이 최초로 등장한 시기이기도 하다. 소위 PIE(Proximity, Immediacy, Expectation of recovery)를 중심으로 한 정신의학적 치료가 시행되었으며, 이를 통해 40~80%의 전투신경증 환자를 치유하여 전선으로 복귀시켰다(Jones & Wessly, 2003).

제1차 세계대전의 전쟁 양상은 그 이전의 모습과 전혀 다르게 진행되었으며, 이로 인해 발생되는 심리적인 충격은 상상을 초월하였다. 전투가 장기화되고 전투로 인한 피해가 처참하게 나타나면서 전투에 참여한 국가들(독일, 프랑스, 영국 등)의 군인들에게서 가장 심각하게 나타난 증상은 전투신경증(shell-shock)이었다. 전투신경증은 귀가 먹고, 말을 못하고, 몸이 심하게 뒤틀리기도 하고, 극적으로 반복된 행동을 보이는 등 다양한 증상을 보였다. 1916년 서부전선에서 전투신경증으로 기록된 군인들의 수는 영국군 약 80,000명, 독일군 약 200,000~300,000명이었으며, 프랑스군도 유사한 수준이거나 더 높은 숫자로 추정되었다(Reid, 2014). 제1차 세계대전에서는 거의 최초로 화학전이 등장하게 되었는데, 이로 인해 가스 위협에 대해 나타나는 심리적 반응으로 소위 말하는 '가스 히스테리'가 관찰되었다.

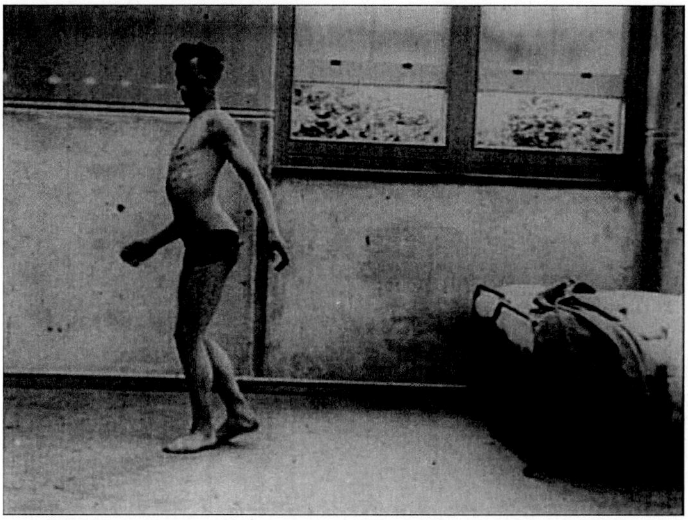

[그림 1-8] 대표적인 shell-shock 환자

출처: https://jd-taylor.com/2013/04/29/hysteric-or-neurasthenic-the-role-of-class-in-the-treatment-of-shell-shock-during-world-war-one/)

제2차 세계대전

영국군에서는 왕립해군 지원자들을 선발하기 위한 검사를 개발하기 위해 민간인 심리학자 8명을 모집하였고, 이들은 소요시간이 짧고 수준이 구분되어 평가가 용이한 심리검사(일반지능검사, 수학적성, 기계적성)들을 운영하였다. 1943년 말, 왕립해군은 10명의 산업심리학자들과 여군부대에서 차출한 약 300명의 조원을 통해 장병 선발업무를 담당하게 하였다.

영국 전쟁국(War Office)은 1941년 육군 부관감 산하에 인사선발을 위한 부서를 설치하고 장교와 부사관들 수백 명과 심리전문 장교 19명을 배치하였다. 이들은 일반 지능, 연산 능력, 언어 및 비언어적 능력, 이해력 등의 내용으로 구성된 표준화된 검사지를 활용하여 장병을 선발하였다. 또한 여자 국방군 인원과 신호병 등의 선발에도 관여하였다.

영국 항공성은 훈련법을 고안하기 위해 민간 심리학자 4명을 고문단으로 두고 대략 100여명의 장병들을 부대원으로 구성하였으며, 비행단 근무자 선발을 위해 일반지능검사, 수리능력 검사, 모스부호 적성검사, 조종 적성검사, 라디오 관찰 적성검사, 능숙도, 기술 지식, 모스 부호 판독, 레이더 관찰능력 등이 참조되었다. 이들은 이미 1937년부터 조종기능에서의 반응활동에 대한 연구를 해 왔으며, 그 결과를 조종사 선발에 활용하였다.

영국의 군사심리학자들은 수많은 질문지와 면접을 기획하고 결과를 해석하였으며, 인체공학적 연구를 실시하고, 무기시스템의 개선에 노력하였다. 또한 이들은 직무분석 연구와 사격행위 등에 대한 시간연구, 극한 기상에 대한 연구 등을 수행하였다.

(3) 미국의 군사심리학

제1차 세계대전

제1차 세계대전이 발발한 1914년부터 중립적인 입장을 유지해 오던 미국이 1917년 독일에 선전포고를 하고 연합군의 일원으로 참전하게 되면서, 심리전문가들에 의해 해결되어야 할 문제들이 쏟아지기 시작하였다. 당시 미국 심리학회장인 로버트 예커스(Robert Yerkes)는 미국심리학회 위원회(APA Council)에 보내는 서신을 통하여 "미국의 심리학자들이 국가방위의 관심사에 힘을 모아 참여하는 것은 명백히 바람직한 일이며, 심리학적 지식과 연구방법은 군사적 문제에 매우 중요한 의미를 갖기에 육군과 해군의 효율성 증대를 위해 전력투구해야 하는 것은 우리들의 의무이다"라는 점을 역설하였다(Yerkes, 1918). 예커스의 서신 이후에 미국심리학회는 전쟁준비에 심리학적 원칙들을 응용할 수 있도록 국립연구원(National Research Council)을 설치하고 12개의 분과위원회를 구성하였다. 1917년도에 미 당국은 예커스를 육군소령으로 임관시키고, 1918년에는 모병검열을 위해 의무감실 소속 심리학 부서에 132명의 장교를 임관시켰다(Kennedy & Zillmer, 2012).

군에서 심리학자들에게 요구된 최우선적인 과제는 미국의 세계대전 참전으로 인하여 급속도로 증가된 인원들을 대상으로 가용자원을 선별하고 적재적소에 배치하는 문제였다. 이에 실험심리학자인 Yerkes가 이끄는 위원회는 신병들에 대한 심리학적 검사와 정신적으로 부적합한 자원을 식별하는 데에 주 활동목표를 설정하였으며, 이들의 노력을 통하여 육군-알파/베타 집단정신검사(Army Alpha and Army Beta group mental tests)가 개발되었다. 여기서 알파검사는 글을 읽을 수 있는 사람들을 대상으로 실시되는 것이며, 베타검사는 문맹자들을 대상으로 실시되는 검사이었다. 이 검사는 전쟁기간 동안 175만 명의 장병을 대상으로 사용되었는데, 이들 중에서 정신지체 판정은 7,800명, 낮은 수준의 지능 보유자는 10,014명이 식별되었다(Yerkes, 1921). 육군알파검사는 웩슬러 성인용 지능검사의 전신인 웩슬러 벨르뷔 지능검사(Wechsler-Bellevue Scale)로 발전하였다. 이 시기에 지능검사뿐만 아니라 인성검사의 모델이 되었던 '우드워드 인성검사(Woodworth Personality Data Sheet)'도 도입되었다.

같은 시기에 산업심리학자인 월터 딜 스코트(Walter Dill Scott)는 직업분류용 검사를 개발하는 분과를 이끌었는데, 이 분과를 통하여 83개의 직무를 대상으로 한 유능성 검사를 개발하였다. 제1차 세계대전이 끝날 무렵까지 이 검사를 받은 인원은 무려 4,675,000명이었다. 또 다른 분과에서는 전쟁을 통하여 발생한 정신적 손상 환자들을 대상으로 활동을 개시하였으며, 이로 인해 신경외과 분야가 생기고 인지적 재활 분야가 탄생되었다. 전쟁이 끝나갈 무렵 이 분야의 심리학자들은 환자들을 조사하고 병원스텝들을 훈련시키는 교육자 역할을 수행하였다(Cronin, 1998). 그 밖에도 국립연구원에서는 전쟁이 끝날 때까지 장교들의 근무평가, 시각과 청각의 군사적 이용, 조종사의 선발 및 비행 시 심리적 문제, 교육 및 훈련시의 심리적 문제, 사기와 선전, 군 복무 부적격자의 재교육 문제 등에 대해서 활발한 연구를 계속하였다(김대운, 성경륭, 1980). 특히 항공심리학 분야는 조종사의 선발과 항공사고의 예방에 기여하였다.

제2차 세계대전

제2차 세계대전은 또다시 심리학을 부흥시킨 결정적인 계기가 되었다. 개전 초기 미국 심리학계의 군사적 기여도는 전쟁 이전부터 준비해 온 독일군과 비교할 때 다소 뒤쳐져 있었다. 그러나 육군과 해군 그리고 정부의 다른 부서들이 모두 과학적 도움에 대해 매우 적극적인 입장을 취함으로써 미국 심리학의 군사적 활용은 곧 독일을 능가하게 되었는데, 여기에는 독일에서 강조되었던 총력전의 개념과 1917~1918년에 이루어졌던 준비들이 크게 기여하였다.

미국에서는 제2차 세계대전과 더불어 심리학자에 대한 수요가 급증하였다. 제1차 세계 대전과는 달리 미 육군은 심리학자들에게 먼저 접근하였다. 월터 빙햄(Walter Bingham)은 미 육군의 요구에 의해 신병분류와 훈련을 위한 군대인력 분류 자문위원회 회장직을 맡았다. 이 위원회의 우선적인 임무는 신병들을 능력에 따라 5개 집단으로 분류하는 검사의 개발이었다. 이때 만들어진 검사가 집단검사의 이정표가 된 육군일반분류검사(Army General Classification Test)이다. AGCT는 1940년에 소개되어 1,200만 명 이상의 지원자 분류에 활용되었으며, 일종의 지능 측정도구로 평가되었다(유태용, 2000).

그 외에도 미국의 많은 심리학자들은 미국 국립연구위원회, 심리전 연구소(Psychological Warfare Service), 재향군인관리청(Veterans Administration), 상무국(Department of Commerce)과 같은 기관들에서 활동하였다. 1943년에는 오늘날 인성검사로 잘 알려진 MMPI(Minnesota Multiphasic Personality Inventory)[2]가 정신질환 여부를 식별하기 위해 장병 선발과정에 활용되었다(Kennedy & Zillmer, 2012). 같은 해에 집단용 검사를 수행하기 위한 인사심리전문가 양성 프로그램을 시작하였으며, 이를 통해 인사심리학자 1,300명을 양성하였다. 이들은 나중에 다른 기구들에서 심리전문가로 활동하였다.

미 공군에게서 주요한 심리학 과제는 조종사 선발의 문제였다. 미 공군 의무감실의 심리분과에 의해 조종사, 사격수, 항해사를 위한 적성검사가 개발되었고 특수 과업을 위한 훈련프로그램의 개선방안에 대한 연구들도 진행되었다. 미 해군도 해군인사국 주관으로 유사한 분류 및 훈련 프로그램을 개발하였다. 미군의 의무국은 주로 정신과 의사들에 의해 운영되었지만 정신질환 여부의 식별을 위해 심리학적 검사들에 상당부분 의존하게 되었다. 미 육군과 해군에서 이루어진 대부분의 기술적 연구는 국립연구위원회와 과학연구 개발국 산하의 민간인력들이 담당하였다. 이들은 감각과 지각기능에 대한 심리학적 연구, 무기 및 장비의 설계와 검사, 군 전문가들의 선발과 훈련을 다루었다.

미군의 경우 제2차 세계대전 기간 중에 제1차 세계대전의 교훈을 간과하는 우를 반복하게 되는데, 미군은 장병의 선발만을 지나치게 강조하다 보니 전선에서 전투 피로증 내지는 전투 스트레스에 대한 대응이 부족하였다. 대부분의 정신건강 전문가들이 선발분

---

2 현재는 1989년에 개정된 MMPI-II가 사용되고 있다.

야에 활동을 하고 실제 전선에는 매우 적은 숫자만이 배치되었다. 1943년의 사례를 보면 선발절차의 강화로 장병 선발절차에서 탈락되는 비율이 3∼4배로 증가하였으나, 정신질환의 발생건수는 오히려 3배나 높게 나타났다(Glass, 1969).

육군의 정보교육국(The Army's Division of Information and Education)은 특수한 인터뷰 기법을 사용하여 장병들의 요구와 선호도를 평가하는 데에 상당수의 중요한 심리학적 연구들을 수행하였다. 제2차 세계대전은 정부의 여러 부서에 많은 심리학적 활동을 자극하였는데, 그 대표적인 활동들 중 하나는 대규모 사회집단의 의견을 측정하는 것이었으며 이 과정에서도 심리학자와 심리학 기술들이 중요한 기능을 수행하였다. 1944년 1월 미군에는 986명의 심리전문가들이 있었으며, 정부 내의 전쟁관련 부서에 276명이 근무하였고, 인사심리 부서를 위해 양성한 약 900명의 요원을 합치면 대략 2,000명 정도의 심리전문가들이 활동한 것으로 집계되었다(Boring, 1945).

전쟁 중에는 군 복무를 회피하기 위한 수단으로써 악용되는 꾀병에 대한 연구들도 진행되었다. 휴렛(Hulett)은 1941년에 이 시기 동안 꾀병을 부리는 사람들의 태도를 종합하여 발표하였다. 전문가들의 연구에서 일반적으로 관찰되는 꾀병은 약물중독, 감각장애 호소, 근육장애, 거짓 정신이상, 병의 과장, 치료 거부 등이었다. 이 연구자들은 여러 증상들을 기초로 하여 장애 유형을 구분하는 연구들을 진행하였으며, 이러한 성과들이 나중에 정신장애 진단 및 통계 매뉴얼의 기초가 되었다(Kennedy & Zillmer, 2012).

항공심리학은 1941년에 항공 분야 근무자 선발을 위한 미 공군의 항공심리학 프로그램 개발과 더불어 전쟁 중에도 지속적으로 진화하였다. 항공심리학 분야는 조종사, 항해사 등의 선발업무뿐만 아니라 항공 분야 기술업무 인력을 선발하는 데에도 관여하였으며, 전후 민간항공 분야의 발전에 크게 기여하였다.

제2차 세계대전에서는 핵무기가 처음으로 사용되었다. 핵무기의 피해를 입은 일본에서는 엄청난 인원들이 후유증을 겪게 되었고 이들에 대한 치료 문제도 새로운 과제가 되었다. 일본의 가미가제 특공대에 의한 피해도 상상을 초월하였다. 재래식 전쟁양상으로 인한 후유증과 더불어 전혀 예상치 못한 피해로 인하여 전쟁 직후에 외상후 스트레스 장애(PTSD)와 관련된 요구가 상당한 수준으로 나타났다. 이러한 요구를 감당하기에는 내과 의사와 정신과 의사들이 턱없이 부족하였기에 심리학자들이 적극적으로 집단 및 개인 치료에 참여하게 되었다. 이는 전후 군에서 임상심리 분야가 발전하게 된 결정적인 계기가 되었다.

전쟁의 후반부에 심리학계에서 군사심리학에 대한 관심이 급증하였다. 1943년 미국 심리학회지인 「Psychological Bulletin」의 절반에 해당되는 내용이 군사심리학에 관한 것들이었으며, 미국 내 심리학자들의 25%가 군사심리학 분야에 참여하였다. 보링(Boring)은 1945년에 『Psychology for the Armed Services』라는 책을 저술하였다. 이 책은 전투장면에서 시각과 청각의 기능 이해, 후각과 평형감각, 효율성과 피로도, 효율성을 위한 신체조건, 인사선발, 학습, 교육, 동기와 사기, 인원 조정, 공포와 분노, 성, 리더십, 유언비어, 공황, 의견 평가, 선전 및 심리전, 문화차이 등과 같은 분야를 다루었는데, 군사심리학자들의 활동내용을 이해하는 데에 큰 도움이 되었다.

제2차 세계대전 이후

1950년에 발발한 6.25 한국전쟁은 군사심리학 분야에 또다시 새로운 관점을 제공하였다. 수많은 포로들이 비인간적인 고문과 공산주의 이데올로기에 의한 세뇌교육, 공산주의 사상 선전 등에 노출되었다. 급작스럽게 파병된 미군들의 경우 전투지역에 파견되었다가 정신질환으로 인하여 임무수행이 불가능하게 된 인원이 거의 25%에 다다르게 되었다. 이러한 상황은 전투지역에 군사심리학자들의 즉각적인 조치가 필요하다는 교훈을 주었으며, 실제로 군사심리학자들은 이러한 문제들을 성공적으로 해결해 나갔다. 전쟁이 진행되는 과정에서는 정신건강 전문가들을 전투지역에 파견하여 현장에서 전투피로증을 호소하는 장병들을 치유하여 대부분이 본 업무에 복귀할 수 있게 하였다. 한국전쟁에서 전쟁 포로들을 통하여 얻은 경험을 바탕으로 SERE(Survival, Evasion, Resistance, Escape)이라는 훈련 프로그램이 만들어졌으며, 이 프로그램은 지금도 미군에서 운영하고 있다.

한국전쟁에서의 군사심리학적 경험들은 베트남 전쟁을 맞이한 미군들로 하여금 적절한 심리적 준비를 충분히 할 수 있게 하는 데에 크게 기여하였다. 전투 개시와 함께 군사심리학자들을 전투지역에 파견하여 전투스트레스에 대응하는 다양한 조치들을 취하도록 하였다. 비록 베트남전에서는 많은 심리적 대응조치들이 이루어졌지만, 베트남전에서 복귀한 장병들이 겪는 PTSD는 여전히 사회적 문제가 되었으며, 군은 이 부분에 대해 책임 있는 조치를 취해야만 하였다. 다른 한편으로 베트남전에서 새롭게 나타난 문제는 바로 약물 남용에 따른 부작용들이었다. 많은 병사들이 약물중독과 알코올 문제로 후송되어야만 했다.

미군은 걸프전과 이라크전 등 여러 차례의 국지전에 참여하고, 또 평화유지활동으로 세계의 곳곳에 병력들을 파견하고 있다. 작전지역에서 활동하는 장병들은 적의 공격, 생화학 무기의 사용 위험성, 낯선 자연 환경, 열악한 위생상태, 생소한 타국 문화 등 다양한 스트레스 요인들에 노출되어 있다. 그러나 전선에 파견된 심리학자와 정신과 의사들의 도움을 받아서 많은 병력들이 다시 임무에 복귀하게 되었으며, 증상을 완화시킬 수 있게 되었다. 그럼에도 불구하고 PTSD로 인한 피해자들이 상당수 발생하고 본토에 복귀한 후에도 지속적으로 심리적, 육체적 고통을 겪는 사례가 빈번하게 발생하고 있다.

현재 미군은 다양한 연구소를 통하여 군사심리학 연구를 진행하고 있다. 군 조직의 자체적인 연구뿐만 아니라 민간단체와의 협력을 통한 연구를 추진하고 있다. 미육군 연구소(ARI)에서는 행동 및 사회과학 분야의 연구를 수행하는데, 주로 인원 선발과 배치, 훈련수행의 측정 등에 관한 연구가 이루어지고 있다. 랜드(Rand) 연구소는 공군에 의해 창설되어 군과 관련된 사회과학 분야의 연구를 지원하고 있다(이재윤, 2014).

(4) 종합

제1차 세계대전이 심리학과 심리학자들에게 미친 영향을 정리하면 다음과 같다. 먼저 전쟁으로 인하여 심리학 분야와 군의 상호작용은 대학에서의 학술적 연구에 집중되어 온 심리학자들로 하여금 군과 사회의 심리적 문제를 해결하는 방향으로 응용심리학의 발전적 토대가 되었다. 둘째, 대단위 인원의 선발 및 배치 그리고 운전수와 조종사와 같은 특수분야 전문인력의 선발과 관련된 검사의 개발에 기여하였다. 셋째, 주로 정신과 의사들이 다루던 전투신경증과 같은 정신적 손상에 심리학자들의 활동이 활발하게 이루어지는 계기가 되었으며, 이로 인해 임상심리학 분야의 획기적인 발전이 이루어지게 되었다. 넷째, 최초로 전개된 화학전의 후유증으로 '가스 히스테리'와 이로 인한 심리적 반응이 관심의 대상으로 등장하였으며, 이 당시의 경험에 의한 교훈들은 오늘날 생화학 테러에 대응하는 시스템 구축에 활용되고 있다(Kennedy & Zillmer, 2012).

제1차 세계대전 동안에 이루어진 심리학자들의 군사적 활동은 군과 사회로부터 심리학의 유용성에 대해 긍정적인 평가를 제공하는 계기가 되었다. 전쟁이 끝나고 미국 심리학자들은 전쟁 중에 개발하였던 검사들을 정교화하거나 새로운 유형의 집단 심리검사를 개발하기 위해 노력하였으며, 산업장면에서 직무만족도를 높이는 방안들을 강구하기도 하였다. 프랜즈(S. I. Franz)는 전후 관심의 대상이 되었던 신경외과와 더불어 두부 손상에 대해 관심을 갖고, 인지적 재활을 집중적으로 연구하였다(Franz, 1923). 그러나 평화가 계속되면서 군사심리학 분야에서 활동하던 심리학자들은 더 이상의 수요가 생성되지 않아 대부분 대학으로 복귀하였다.

양차 세계대전 이후, 미국을 비롯한 독일, 영국, 프랑스의 군사심리학자들은 전쟁의 경험을 통해 획득된 지식들을 바탕으로 군사심리학의 영역을 지속적으로 발전시켜나갔다. 인원 선발을 위한 인사심리학 분야, 참전용사들의 치료와 관련된 임상 및 상담심리학 분야, 조종사와 조종활동과 관련된 항공심리학, 전투 상황에서의 신체 및 인지기능에 관한 생리 및 지각심리학, 대단위 병력과 장교 교육을 위한 교육심리학 분야 등이 대표적으로 활성화되었다. 1950년대는 인지심리학 분야가 발전하기 시작하였으며, 이와 함께 군에서도 무기 및 장비제작에 인적요소를 고려하는 인간공학에 대한 관심이 확대되었다.

(5) 러시아와 구 소련의 군사심리학[3]

군사심리학적 사고

구 소련의 군사심리학이 어떻게 발달되어 왔는지를 알기 위해서는 먼저 군사심리학적 사고의 발전과정을 살펴보아야 하는데, 이 과정은 군사적 사건의 전개와 군사적 훈련 및 교화(Indoctrination)와 직접적으로 연관되어 있다.

구전되어 오는 군사심리학적 사고의 흔적은 매우 오래전부터이나, 글로 남겨진 것은 아마도 1096년에 제작된 『Precept of Vladimir Monomakh』이다. 이 문서는 전쟁이나 계몽운동 시 사람들이 어떻게 행동해야 하는가에 대한 설명을 담고 있다. 1649년의 『Synodal Code of Tsar Alexey Mikhaylovich』에는 이미 군인을 선발하고 관리하는 데에 있어서 고려해야 하는 정신 상태에 대한 지침이 있다.

18세기 초에는 러시아의 정규 육군과 해군이 건설되는 시기로, 이 당시의 군사심리학적 사고는 피터 대제(Peter the Great, 1672-1725)의 군사교육학적 활동과 밀접하게 연관되어 발전되었다. 그는 전투에서 가장 중요한 것은 인간 혹은 군인이며 전장에서의 행위에 대해 철저하게 가르치고 실전처럼 훈련시켜야 한다는 점을 강조하였다. 군사지도자들 중에서 수보로프(Suvorov)는 군사심리학적 사고의 발달에 매우 중요한 역할을 수행하였다. 그는 부대를 심리학으로 훈련시키는 시스템의 기초를 제공하였으며, 각개 병사들의 동기를 유발시키고 사고하게 하며 확신에 찬 용기를 배양시킬 것을 강조하였다.

19세기 후반부에 들어서서 러시아 해군의 장비와 기술들이 급성장하였으며, 이 시기의 제독인 부타코프(Butakov, 1820-1882)가 새로운 훈련 및 교육시스템을 구축하였다. 드라고미로프(Dragomirov, 1830-1905)도 군사심리학에 핵심적으로 중요한 공헌을 하였는데,

3 여기에 기술되는 내용들은 Shelyag, Glotochkin, Platonov 등이 1972년에 모스코바에서 출판한 『군사심리학』 저서를 미 공군에서 번역하여 발간한 『군사심리학: 소비에트 관점』 책자를 참조하여 작성되었다.

그는 군의 교화와 훈련을 위한 심리학적 기법을 확립하였다.

20세기의 시작과 더불어 러시아 육군에서는 군사심리학에 대한 관심도가 급격하게 상승하였다. 여기에는 대규모의 군대 건설과 장비의 발전, 계급모순의 악화로 인한 이데올로기 통제 수단과 방법의 변화 요구, 일반 심리학의 발달 등의 이유가 있었다. 20세기 초에 10여 년에 걸쳐서 100편 이상의 군사심리학 연구들이 군사지에 발표되기도 하였다. 이 시기에 군사심리학의 발전에 현격한 공헌을 한 사람은 물리학, 정신의학, 심리학을 공부한 슘코프(Shumkov)이다. 그는 1905년에서 1916년에 이르는 시기 동안에 군사심리학의 정의, 과업, 연구영역 등을 설정하고, 병사들의 정신과 행동을 다양한 전투 상황에서 분석하였다(Shelyag, Glotochkin, & Platonov, 1972).

소비에트 군사심리학

소비에트 군사심리학 역사를 보면 소련군의 역사와 조직발전, 훈련 그리고 전투 활동과 불가분의 관계에 있으며, 레닌의 철학적 유산은 군사심리학의 발전에 결정적인 역할을 하였다. 그리고 칼리닌(Kalinin), 푸룬제(Frunze), 부브노프(Bubnov), 구제프(Gusev) 등을 비롯한 공산당과 소련 정부의 최고지도자들도 소비에트 군사심리학의 발전에 주요한 공헌을 하였다. 이들의 연구들은 주로 '붉은 군대의 군인'으로서 갖추어야 할 품성과 사기, 심리적 준비 등에 관한 내용들을 다루었다.

시민전쟁(Civil War) 기간 동안, 나이가 많은 군 전문가들은 사기를 고양시키고 군대를 질적으로 개선시키고 새로운 훈련과 교육기법을 개발하고 부대를 이끄는 기법 등을 연구하려고 시도하였으나, 대부분 오래된 군사심리 이론을 사용하고 새로운 과학적 기법을 익히지 못한 이들로서는 주어진 문제들을 해결하는 데에 어려움이 많았다. 다행히도 이 시기에 많은 이상적인 주장들과 개념들이 신생 소비에트 군사심리학으로 소개되었다. 군사지도자인 푸룬제는 제기된 군사심리학의 새로운 문제들을 막스-레닌주의의 관점에서 해결하였으며, 군대의 장비들이 전투에 참여하는 사람들의 정신에 큰 영향력을 행사한다는 점을 반복적으로 언급하였다. 푸룬제는 1925년에 개최된 컨퍼런스에서 군사심리학자들의 중요한 과업들 중 하나가 바로 인원을 선발하고 배치하는 심리연구소를 조직하는 것이라고 말하였으며, 대규모의 정신물리학 실험실을 설치하도록 지시하고 도움을 주었다.

1920년대의 군사심리학자들은 항공, 조종, 보병, 장갑차병 등 다양한 전문영역에서 일하는 사람들의 정신물리학적 특성을 연구하였으며, 작업 역량을 증가시키고 피로를 감소시키기 위한 심리학적, 물리적 훈련 방법을 고안하기 위해 노력하였다. 항공물리학자이면서 심리학자인 민트(Mints)는 비행의 심리적 특성과 조종사의 비행술을 연구하는 실험실을 만들었으며, 장교후보생들의 성격을 분석하려고 시도하였다. 이 시기의 군사심리학자들은 군사적 활동의 정신-물리학적 질문과 직업선택, 위장술에도 관심을 갖고 있었다. 군사심리학 영역에서의 적극적이고 실제적인 연구들은 1937년까지 지속되었다.

제2차 세계대전 전후의 소련 군사심리학

전쟁이 진행되는 과정에서 군사심리학자들의 연구는 전선의 요구에 몰입하였다. 군사심리학자들은 전투 활동 분석, 인원의 훈련 및 교육, 러시아군과 소비에트군의 군사적 전통에 교화, 의지, 군인의 정신 기능 훈련, 인내, 피로극복 등의 문제를 다루었다. 민간 심리학자들도 전선의 요구에 따른 군사 심리학 문제들을 해결하는 데에 공헌하였다. 상당량의 연구들이 부대 교육 및 훈련시스템의 개선을 위해 행해졌다. 부상당한 군인들의 재활 문제에도 연구와 실제적인 작업이 행해졌다. 시각과 청각의 민감도 개선 방법, 시야 적응법, 위장과 기만의 정신물리학적 기초, 병력 지휘의 동기화 등의 문제들에도 관심이 주어졌다. 예고로프(Yegorov)는 군사심리학에 대한 교과서를 저술하였으며, 이것은 장교들의 심리적 준비도와 교육학적 기법을 향상시켜주는 데에 크게 기여하였다.

1950년경에는 병사들의 숙련도에 관한 심리학적 특성, 사격술 향상을 위한 심리학, 전술적 문제의 해결과정에 포함된 관찰과 지각(perception)의 역할, 기동간 사격 기술과 능력의 구성, 장교들의 열성 교화, 항공사진의 판독과정에 나타나는 심리학적 속성 등에 대한 연구가 이루어졌다. 또한 항공심리학에 대한 과학적 연구를 수행하기 위하여 여러 개의 항공 실험실이 설치되었다. 소비에트 군 구성원들의 교화과정에서 육체적 훈련을 사용하는 방안에 대해서도 연구가 이루어졌다. 부대 훈련에 관한 심리학적 소고도 저술되었다. 이 시기에 다양한 연구들이 이루어졌지만, 핵미사일 사용에 대비한 부대 훈련에서 심리학적 기초가 부재하였으며, 사회심리학의 문제나 현대전 상황에서의 전투를 수행하는 인원들의 심리학적 준비에 대한 연구가 전혀 이루어지지 않았다. 이에 대한 반성의 결과, 1950년대 후반에서 1960년대 초반까지 소련군에서는 상당수의 측정들이 행해졌다. 새로운 환경에 따른 훈련과 교화의 심리학적 대비에 관해 연구하였으며, 공산주의 이론의 주입, 부대 집단에서 관계형성의 심리학적 원칙들, 전술훈련과정에서 장교후보생들의 사고능력 발전, 레이다 작동인원의 기술향상, 정치장교의 선전선동 기술의 개발 등이 연구되었다.

1960년대 전반에는 군대교육학에서 군사심리학에 대해 깊은 관심을 가졌으며, 후반에는 '인간공학' 분야가 새롭게 등장하였다. 도덕적, 정치적, 심리학적 훈련의 문제들이 해결되었으며, 1930년대에 멈추었던 군대사회 심리학과 군사전문가들의 심리적 회복의 문제들이 새롭게 재조명되었다.

(6) 한국군의 군사심리학

한국군에서 군사심리학의 역사적 시초는 해방 후 미군정 시기부터로 보아야 할 것이다. 제2차 세계대전을 통하여 미군에 축적된 군사심리학적 지식이 우리 군의 인사, 훈련, 심리전 등의 분야에 활용되어져 왔다. 1950년대 초 육군사관학교에서 심리학을 정규과목으로 강의하게 된 것도 미군의 웨스트포인트 시스템을 그대로 도입하였기에 가능한 일이었다.

한국군에서 이루어진 군사심리학적 연구의 시초는 공군 조종사 선발과 관련된 것들이다. 1953년에 서울대 이진숙이 발표한「조종사의 심리학적 적성검사에 관한 연구」가 있는데, 이것은 Wechsler-Bellevue 지능검사를 한국판으로 제작한 것이며, 이어서 1954년에 이화여대 고순덕도 이 검사를 제작하였다. 아마도 본격적인 군사심리학 연구는 1961년에 공군에 재직 중이던 오원철 중위가 만든 '조종사 선발용 검사'이다.

1960년대에는 군사심리학 업무가 보다 더 체계적으로 이루어지게 되는 두 가지 계기가 있었다. 그 중 하나는 국방부 병무국장 산하의 선병위원회(1966년)이며, 다른 하나는 육군본부 인참부에 설치된 인간관계 개선위원회(1968년)이다. 전자에서는 심리학 전공자를 배치하여 신병 선발과 분류에 적성검사와 성격검사를 운용하였다. 후자에서는 군조직의 사고예방을 위한 활동들을 개시하였다(차재호, 2001).

1980년대에는 군의 정신전력 및 사기 발전과 관련된 노력이 있었다. 1980년 육군은 고려대학교 행동과학 연구소에 의뢰하여 정신전력진단검사를 개발하였으며, 육군사관학교 심리학과 교수들을 중심으로 사기를 비롯한 정신전력 향상방안들이 연구되었다.

한국의 군사심리학에서 가장 큰 비중을 차지하는 것은 심리적인 문제로 군복무에 장애가 되는 장병들을 선별하고 관리하는 문제이다. 이를 위해 국방부 선병위원회는 1972년에 MMPI 1을 축소시킨 검사와 Rorschach 검사를 집단형으로 개정한 검사를 사용하였다. 육군에서는 1978년에 Rorschach 검사기법에 의한 인성검사를 사용하였는데, 학술적 타당성과 전문성 부족으로 인하여 성과 있는 운영이 되지 못하였다(이재윤, 2014). 이러한 상황에서 육군의 최용권이 1993년부터 1994년까지 2년에 거쳐 MMPI 1을 축약시킨

KMPI를 제작하였으며, 1995년부터 육군과 병무청에서 활용하였다. 그러나 비전문가의 개인적인 노력에 의해 만들어진 검사를 장병의 선발과정에 사용한다는 점이 항상 문제로 제기되었다. 이에 따라서 국방부는 1999년 한국임상심리학회에 한국군에 적합한 인성검사 개발을 의뢰하였다. 그런데 육군은 이 검사를 즉각 사용하지 않고 기존의 KMPI를 사용하였으며, 오로지 병무청에서만 온전하게 사용하였다. 2000년도에 육군은 외부의 한국무형자원연구소에 사회의 '왕따'식별과 같은 기능을 갖춘 검사 개발을 의뢰하였고, 그 결과 '표준인성검사'가 제작되었다. 이 검사는 2004년부터 사용되기 시작해서 전군적으로 대위 이하 전 장병이 실시토록 확대되었다. 그러나 검사의 기능과 제작과정 그리고 유용성 측면에서 가성비가 문제되어 2007년경 폐지되었다. 이로 인하여 국방부는 보다 더 신뢰도가 높고 타당한 검사개발의 필요성을 느끼게 되었으며, 한국국방연구원(KIDA) 행동과학연구실에 정신질환 여부 및 군생활 적응도를 진단할 수 있는 검사의 개발을 의뢰하였다. 그 결과 제작된 검사가 바로 신인성검사이다. 이 검사는 필요한 목적과 사용 시기에 따라 여러 개의 검사모듈을 조합하여 사용하는 방식으로 제작되었으며, 징병검사 단계-입영신검 단계-신병교육 단계-자대복무 단계에 이르는 전 과정에 거쳐 맞춤형 검사를 실시하도록 설계되어 있다. 현재는 신인성검사2가 사용되고 있다.

한국군에서 심리학의 결정적인 또 다른 기여는 병영문화개선차원에서 시발된 병영생활 전문상담관 제도의 운영이다. 이 제도는 군에서 발생하는 다양한 악성사고(자살, 폭행, 탈영 등)의 [4]예방 차원에서 장병들을 상담하고 지휘관들에게 사고관리 차원에서 전문적인 조언을 할 수 있는 전문상담 요원들을 운영하는 것으로서 2005년도에 처음 8명의 상담관에서 시작되었다. 그 이후 2009년에는 100여명으로 증가되었으며 현재는 200여명이 넘는 인원이 전후방 각지에서 근무하고 있으며, 장기적으로는 연대급에 1명의 상담관이 배치되는 것을 목표로 설정하고 있다.

2000년대 이후 한국군에 의하여 소요가 제기되고 사관학교를 중심으로 한 군 교수진과 연구팀 또는 민간대학 전문가들에 의하여 이루어진 심리학적 연구들을 종합하면 크게 세 가지 세부분야로 구분된다.

첫 번째 분야는 심리검사 분야이다. 앞서 설명한 군복무적합자 식별을 위한 심리검사 이외에도 여러 유형의 검사들이 개발되었다. 먼저 2005년에는 정보문화진흥원의 요청

---

4 2005년 최초 모집 시에는 인권 문제가 중시되었던 시기여서 명칭을 '기본권 전문상담관'으로 정하였다. 그러나 실제 임무를 충분히 반영하지 못한다는 분석에 따라 2008년 '병영생활 전문상담관'으로 개칭하였다. 병영생활 전문상담관은 현재 순수 민간전문가와 10년 이상 군 경력이 있는 예비역에서 충원하고 있다.

에 의하여 병사들의 인터넷 중독여부를 진단하기 위한 '병 인터넷 중독 진단검사'가 신응섭과 김용주 등에 의하여 개발되었다. 이 검사는 과거 인터넷 사용 정도와 심리적 취약성 그리고 부대에서의 대체행동을 기준으로 중독수준을 판단하는 것으로서 현재 육군에 사용되고 있다. 2008년에는 국방부 병영문화정책과의 제안으로 병 스트레스 진단도구가 개발되었다. 이 검사는 병사들의 스트레스 원인과 스트레스 반응 그리고 심리적 특성을 종합적으로 판단하고, 스트레스 유형에 따라 맞춤형 처방을 제시한다.

두 번째 분야는 상담관련 연구들이다. 김완일(2006)은 사관학교 생도들을 대상으로 축적된 다양한 상담경험과 군 관련 연구경험을 바탕으로 『군대상담의 이론과 실제』를 저술하였다. 군에서 활동하는 군종장교들은 병영생활 전문상담관 제도가 시행되기 이전부터 장병들을 대상으로 한 상담활동을 주도적으로 전개하였다. 특히 이들은 사단 및 군단별로 적응상의 문제를 겪고 있는 병사들을 집단으로 치유하는 프로그램(비전캠프, 그린캠프 등)의 운영에 적극 참여하였다. 현재는 병영생활 전문상담관들을 중심으로 상담활동과 다양한 집단상담 프로그램들이 운영되고 있다. 육성필을 중심으로 한 연구팀은 2009년 '한국군 자살예방 프로그램'을 개발하여 보급하였으며, 군 간부들을 대상으로 한 교육과정을 몇 해 동안 실시하였다. 이 외에도 국방부는 민간상담 전문가들을 활용하여 각 부대 간부들을 대상으로 한 상담역량 강화교육을 순회교육 방식으로 실시하기고 하였다.

세 번째 분야는 리더십 및 정신교육 관련 연구들이다. 군에서의 리더십 연구는 주로 민간대학에서 위탁교육을 받는 장교들이 학위논문으로 연구하였으며, 국방대학교에 리더십 석사과정이 개설되면서 조직적이며 체계적으로 이루어졌다. 특히 2005년과 2006년에 걸쳐 개설된 국방대학교 리더십개발원과 육군 리더십센터는 사관학교의 교수진과 더불어 군 리더십 교육 및 연구에 주도적인 역할을 담당하게 되었다. 육군사관학교 심리학과는 육군 리더십센터의 요청에 의하여 군 간부들의 리더십을 진단하는 도구들을 개발하였다: 초급장교 리더십 진단도구(김용주 등, 2011), 대대장, 연대장 리더십 진단도구(고재원 등, 2012), 참모역량 진단도구(김용주 등, 2016).

그 밖에도 국방부 병영문화 정책과의 주관으로 각급 부대의 부대정신(Esprit de corps)을 진단하고 고양시키는 연구가 2011년에 이루어지기도 하였으며, 국방부 심리전단을 중심으로 심리전과 관련된 연구 및 교육 활동이 이루어져 왔다. 그러나 아직까지도 군에서 이루어지는 심리학적 연구들을 전담하는 전문기구가 부재하여 대부분의 연구 활동들이 전문성이 부족한 실무 장교들에 의하여 관리되고 운영되고 있는 것이 현실이다.

3. 군사심리학의 연구 영역

(1) 제1, 2차 세계대전을 통한 연구 활동들

군사심리학이 심리학의 축소판이라는 점에서 볼 때, 군사심리학의 연구 및 활동 영역은 심리학의 전체 영역과 같다고 보아야 할 것이다. 앞에서 살펴본 군사심리학의 역사에서 심리학의 군사적 활용은 제1, 2차 세계대전을 통하여 제한된 부분에 집중되어 왔다. 매우 흥미로운 사실은 군사심리학의 관심영역이 미국과 독일에서는 매우 유사하게 나타났으나, 러시아와 구 소련의 경우에는 이데올로기의 교화와 국민 계몽 그리고 군중 선동을 위한 심리적 활동과 교육 및 훈련 효과증대에 집중되어 왔다는 점이다. 이러한 관점에서 볼 때, 군사심리학의 연구 영역은 미국과 서유럽의 국가들에서 수행되었던 주제들을 중심으로 정리해 보는 것이 타당하다. 이 국가들에서 다루어졌던 주제들을 정리하면 다음과 같다.

먼저 제일 시급하게 추진되었던 분야는 대규모 인원의 선발과 배치 문제였다. 대단위 인원을 모집하는 과정에서 집단으로 검사하여 부적격자를 식별하고 특정 분야에 적합한 인원을 선별하는 과제는 매우 시급하게 다루어졌다. 여기에는 조종사와 잠수함 요원처럼 특수직에 활동하는 인원들을 선발하는 적성검사도 포함되었다.

두 번째는 임상 및 상담 분야로서 전장상황에서 나타나는 각종 심리적 현상을 연구하고, 전투로 인한 심리적 피해자들을 상담하고 치료하는 활동이다. 특히 최근에 들어서 파병부대의 심리적 문제를 지원하는 임무도 매우 중요하게 인식되고 있다. 전투 혹은 파병간의 심각한 스트레스로 인하여 발생하는 '외상후 스트레스 장애(PTSD)'는 이 분야의 대표적인 과제에 해당된다.

세 번째는 교육과 훈련 분야이다. 군사적 독트린을 교화시키고 교육과 훈련의 효율성을 증가시키는 방법에 대한 연구들이 수행되었다. 쉽게 이해 가능한 교육 자료의 제작과 교육 방법들이 제시되었다.

네 번째는 선전과 선동 그리고 심리전 활동이다. 포로의 세뇌교육과 교화 작업, 포로로서의 심리적 대응훈련, 심리전 활동을 위한 전단(삐라)의 제작, 선전과 선동을 위한 다양한 심리적 계략 등이 연구되었다.

다섯 번째는 무기 및 장비의 개발 분야이다. 무기와 장비의 개발과정에서 성능과 더불어 사용자의 인체공학적 특성을 고려함으로써 사용자의 인적 오류를 최소화하고 효율성을 극대화하는 데에 기여하였다.

여섯 번째는 인간의 감각 및 지각 그리고 인지능력에 관한 심리학적 연구들이다. 극한 상황에서의 인간 활동의 변화를 연구하고, 심리적 문제에 대응하는 방책을 수립하였으며, 계속되는 경계근무나 장기간의 전투투입으로 인한 지각능력의 저하 등에 대해 연구하였다. 장병들의 심리적 안정성을 유지 또는 회복하기 위한 군대 환경의 조성에 관한 주제들도 중요하게 다루어졌다.

일곱 번째는 군대 문화와 군 리더십에 관한 연구들이다. 일상적인 생활 장면과 다른 위기상황에서 효과적인 리더들의 특성을 연구하였으며, 이를 바탕으로 교육과 훈련 프로그램들을 제작하였다. 리더역량의 진단과 개발 프로그램에 대한 연구도 최근 들어 활발하게 이루어지고 있다.

(2) 군사심리학 연구 종합

군사심리학과 관련된 저서들에서 다루어지는 주제들을 정리하면 다음과 같다. 먼저 Gal & Mangelsdorff(1991)는 그들의 저서인 『Handbook of Military Psychology』에서 군사심리학의 주요 영역을 아래와 같이 6개 분야로 정리하였다.

① 선발, 분류 및 배치

② 인간 공학과 군사적 활동

③ 환경 요인과 군사적 활동

④ 군사적 활동에서 리더십

⑤ 개인 및 집단행동

⑥ 임상 및 상담, 조직심리학

추가적으로, 두 연구자는 군사심리학의 특별한 상황 및 주제로서, 선전과 수단, 인질협상, 군과 여성, 전쟁 포로의 재적응 등을 다루었다. Wiskoff(1997)는 군사심리학자들의 경력 활동에 관한 부분에서 두 가지 추가적인 분야를 제시하였다. 그 중 하나는 '교육과 훈련'이며 다른 하나는 '인력관리 의사결정 지원'에 관한 것이었다.

Cronin(1998)은 『Military Psychology: An Introduction』에서 군사심리학의 주요 연구 영역을 아래와 같이 정리하였다.

① 선발 및 분류

② 리더십 훈련

③ 힘든 상황에서의 인간 활동
④ 군사장면에서의 스트레스
⑤ 팀 수행
⑥ 심리전
⑦ 문화적 다양성 및 성 이슈
⑧ 임상 및 상담 심리학

Kennedy와 Zillmer(2012)는 『Military Psychology: Clinical and Operational Applications』에서 군사심리학을 임상심리학을 중심으로 소개하고 있다. 이 책에서는 미군의 현역복무 적합심사, 고위험성 임무요원의 평가 및 선발, 전투 스트레스 평가 및 관리, 파병으로 인한 외상후 스트레스 장애, 군 의료 환경에서의 임상건강심리학과 행동의학, 재난 후 정신건강에 대한 군의 역할, 군에서의 신경심리학 활용, 군 자살예방, 군의 약물 오남용 및 도박 중독 치료, 위기 교섭과 인질 교섭, 생존/회피/저항/탈출훈련, 테러범의 심리, 임상/작전/파견/전투 환경에서의 윤리적 문제 등이 다루어지고 있다.

지금까지 군사심리학의 역사에서 살펴본 연구들과 군사심리학 관련 저서들에서 제시된 연구영역을 종합하면 군사심리학의 관심영역을 아래와 같이 정리할 수 있다.

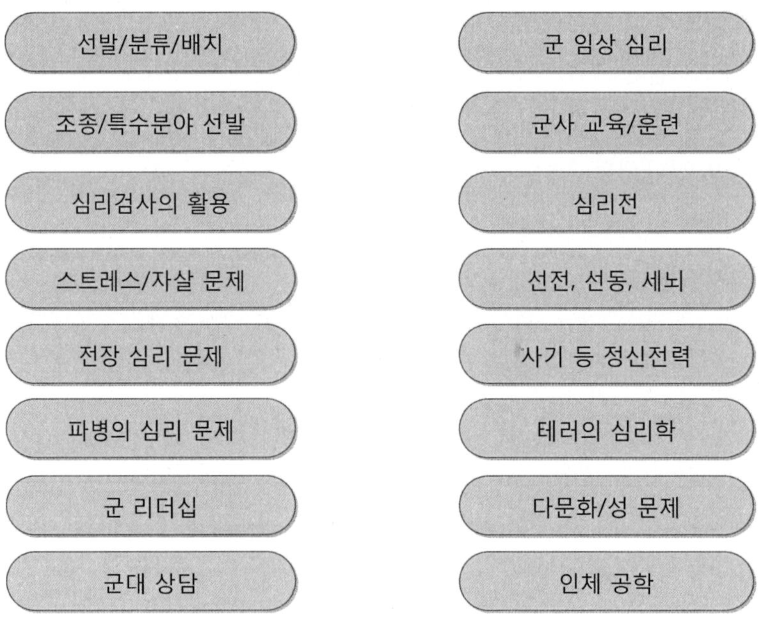

[그림 1-9] 군사심리학의 연구 영역

4. 한국의 군사심리학 발전 제안

한국의 심리학이 보다 더 발전되기 위해 추구해 나가야 할 방향에는 여러 가지 방안이 있을 수 있겠으나, 심리학이 군사적 문제에 개입하여 군의 심리적 문제를 해결하는 과정에서 크게 성장할 수 있었다는 역사적 관점에서 볼 때, 군사심리학의 저변을 구축하고 확대해 나가는 방안이 매우 실효성이 높다고 판단된다. 심리학의 군사적 활용성을 증대시키기 위해서는 우선적으로 다음과 같은 세 가지 사항이 추진되어야 한다.

(1) 군사심리학회 설립

미국 심리학회의 경우 군과 관련된 심리학적 문제를 전문적으로 논의하고 연구할 수 있는 교류의 장으로서 19번째 분과로 군사심리학 분과가 개설되어 있다. 한국 심리학회에서도 시급히 군사심리학회 분과를 설립하여 심리학적 관점이 군사적 활동에 투영될 수 있는 학문적 교류의 장이 마련되어야 한다. 각 군 사관학교에 심리학 교수들이 있으며, 한국 국방연구원의 행동과학연구실, 각 군의 리더십센터, 정신전력원, 대학의 군사학과 교수, 일반대학의 심리학과 교수들 등을 고려할 때 군사심리학회의 설립을 위한 인적 기반은 현 상태에서도 충분하다고 판단된다.

(2) 군사심리연구소 설치

심리학의 군사적 활용을 촉진시키기 위해서는 학술적인 만남의 장도 중요하나, 업무를 주도적으로 처리해 나갈 수 있는 상설 기구를 갖는 것 또한 매우 중요하다. 미국과 독일을 비롯한 선진국의 경우 이미 오래전부터 군사심리학을 담당하는 상설기구를 설치해 운영해 오고 있다. 신설되어야 할 군사심리연구소는 여러 가지 형태로 설립이 가능하나, 심리적 지원연구의 전문성과 독립성을 보장하기 위해서 국방부 산하 독립연구기관이나 산하기관 부설연구소의 형태가 적절하다고 판단된다.

군사심리연구소의 조직은 크게 5개 부서로 구성되어 있도록 하는데, 여기에는 기획실, 상담팀, 임상팀, 병영팀, 파병팀 등이 해당된다. 각 팀은 책임연구원 2명에 연구원 4명이 편성되는 규모이다. 임상팀은 심리적 부적응자를 식별 및 관리하는 시스템을 연구하며, 상담팀은 병영상담을 주관하고 병영생활 전문상담관들을 관리한다. 병영팀은 리더십을 진단하고 병영문화 개선을 위한 조언활동을 담당한다. 파병팀은 파병장병의 정신건강 유지 및 PTSD 예방과 치유를 담당한다.

(3) 심리전문가들의 적극적인 관심과 의견 제안

제1차 세계대전이 한창 진행 중이던 1917년 미국 심리학회 회장을 역임한 Robert Yerkes 교수는 「Calls to Arms」라는 서신을 통하여 심리 전문가들이 군사적 문제 해결에 적극 동참할 것을 촉구하였으며, 그 결과 미국 심리학회 산하에 12개의 위원회가 결성되어 당시의 다양한 심리학적 과제들을 효과적으로 해결하였다. 마찬가지로 현재 한국군이 당면하고 있는 각종 심리학적 문제들에 대해서 군 자체적으로 해결책을 찾는 노력도 중요하지만, 민간 전문가들과의 공동노력에 기초하여야 한다. 이를 위해서 한국 심리학회는 피동적이며 방관적인 태도를 취하기보다는 좀더 적극적으로 문제를 제기하고 해결책을 제안하는 노력을 보임으로써 상호 발전할 수 있는 계기를 마련해야 한다.

참고문헌

고재원, 김용주, 이민수, 강성록, 신규용 (2012). **연·대대장 리더십 진단도구 개발**. 육사 화랑대연구소.

김대운, 성경륭 편저 (1980). **군사심리학**. 공학사.

김완일 (2006). **군대상담의 이론과 실제**. 학지사.

김용주, 고재원, 이민수, 강성록, 임현준, 차현우, 임현명, 임현준 (2016). **참보리더십진단도구개발연구**. 육사 산학협력단.

김용주, 이민수, 강성록, 엄상용, 권성이 (2011). **초급 지휘관(자) 리더십 평가도구 개발**. 육사 화랑대연구소.

유태용 역 (2000). **산업 및 조직 심리학: 일의 심리학**. 서울: 시그마프레스.

이재윤 (2014). **군사심리학의 이론과 실제**. 경기, 파주: 지문당.

차재호 (2001). **심리학의 군사적 활용. 군사심리학의 현황과 발전방안** ('01 군사연구세미나). 서울: 화랑대연구소.

Boring, E. G. (1945). *Psychology for the armed services*. National Research Council.

Cronin, C. (1998). *Military psychology: An Introduction*. Simon & Schuster Custom Publishing.

Fitts, P. M. (1946). German applied psychology during World War Two. *The American Psychologist, 1,* 151-161.

Glass, A. J. (1969). Introduction. In P. G. Boume (Ed.), *The Psychology and physiology of stress: With reference to special studies of the Viet Nam War* (pp. xiii-xxx). New York: Academic Press.

Jones, E., & Wessely, S. (2003). “Forward psychiatry” in the military: Its origins and effectiveness. *Journal of Traumatic Stress, 16*, 411-419.

Flik, G. (1988). Zur Geschichte der Vehrmachtpsychologie 1934-1943, Aufbau der Bundeswehrpsychologie 1951-1966. BMdV.

Franz, S. I. (1923). *Nervous and mental re−education*. New York: Macmillan.

Kennedy, C. H. & Zillmer, E. A. (2012). *Military psychology: Clinical and operational applications (2nd ed.)*. New York: Guilford.

Lueck, H. E., & Miller, R. (1993). Illustrierte Geschichte der Psychologie. Quintessenz.

Mangelsdorff, A. D., & Gal, R. (1991). Overview of military psychology. *Handbook of Military Psychology, 23*, 24-36.

Meyer, H. (1912). Psychologie und militaerische Ausbildung. *Zeitschrift fuer Paedagogische Psychologie, 13*, 81-95.

Mitze, W. (1989). Der Psychologische Dienst der Bundeswehr 1966-1974. BMdV.

Mueller-Brettel, M. (1993). *Bibliography on peace and peaceful international relations. The contributions of psychology 1900−1991. Bibliograhpie friedensforschung und friedenspolitik. Der beitrag der psychologie 1900−1991.* Saur: Muenchen.

Reid, F. (2014). War Psychiatry. In U. Daniel, P. Gatrell, O. Janz, H. Jones, J. Keene, A. Kramer & B. Nasson (Eds.), *International Encyclopedia of the First World War*. Berlin: Freie Universitaet Berlin.

Rodenwaldt, E. (1905). Aufnahme des geistigen Inventars Gesunder als Massstab fuer Defektpruefungen bei Kranken. *Monatschrift fuer Psychiatrie und Neurologie, 17*, 17-84.

Scheerer, E. (1989). Kaempfer des Wortes: Die Ideologie deutscher Psychologen im Ersten Weltkrieg und ihr Einfluss auf die Psychologie der Weimarer Zeit. *Psychologie und Geschichte, 1 Jarhgang Heft 3.*

Schultzer, E. (1904). *Ueber Psychosen bei Militaergefangenen nebst Reformvorschlaegen. Eine klinische Studie.* Jena: Fischer.

Shelyag, V. V., Glotochkin, A. D., & Platonov, K. K. (1972). *Military psychologie: A Soviet view.* Moscow.

Shephard, B. (2015). Psychology and the Great War, 1914-1918. *The Psychologist, 28*, 944-947.

Simoneit, M. (1943). *Wehrpsychologie(2. Auflage)*. Berlin: Verlag Bernard & Graefe.

Taylor, H. L. & Alluisi, E. A. (1994). Military psychology. In V. S. Ramachandran (Ed.), *Encyclopedia of human behavior.* (pp. 191-201). New York: American Psychological Association.

Wiskoff, M. F. (1998). Careers in military psychology. In C. Cronin (Ed.), *Military psychology: An introduction* (pp. 257-267). Needbam, MA: Simon & Schuster.

Yerkes, R. M. (1918). Psychology in relation to the war. *Psychological Review, 25*, 85-115.

Yerkes, R. M. (Ed.). (1921). *Memoirs of the National Academy of Science: Psychological examining in the United Sates Army* (Vol. XV), Washington, DC: U.S. Government Printing Office.

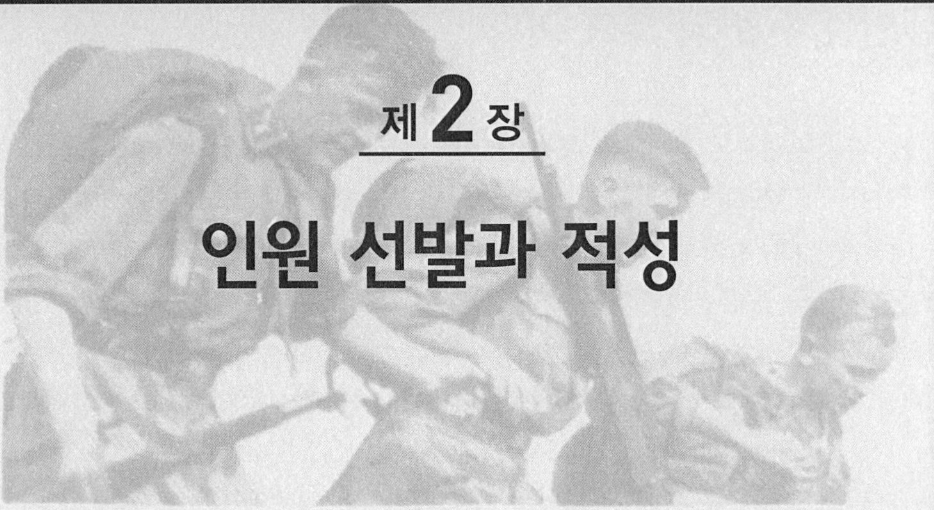

제 2 장

인원 선발과 적성

군사심리학의 역사적 고찰에서 설명된 바와 같이, 심리학은 제1차 세계대전 기간에 개발된 육군 알파(α) 및 베타(β) 검사 그리고 제2차 세계대전 기간에 개발된 육군일반분류검사(AGCT) 등을 통하여 대단위 인원 선발 방식의 획기적인 발전에 기여하였다. 1946년 미국 심리학회의 14번째 분과로 창립된 산업심리학회는 기업이나 산업체에서 일하는 사람들에 관한 문제들을 해결하는 데에 기여해 왔으며, 1950년대에 들어서서 조직변화, 조직개발, 조직에 미치는 사회적 영향력 등 조직에 대한 연구관심을 통해 조직심리학이 발전하게 되었다. 미국의 산업 및 조직심리학(industrial-organizational psychology)은 다른 국가들에서 직업심리학(occupational psychology), 일과 조직심리학(work and organizational psychology), 산업심리학(industrial psychology) 등으로 지칭되고 있다. 산업 및 조직심리학의 대표적인 활동 분야는 인원의 선발과 배치, 교육 및 개발, 업무수행 관리, 조직개발, 작업환경 및 생활의 질 개선, 인간공학 등이다. 특히 선발과 배치 그리고 교육 및 개발 분야를 집중적으로 다루는 분야를 인사심리학(personnel psychology)이라 부른다. 인사심리학 분야는 군사심리학의 가장 대표적인 기능들 중 하나로서 매년 수십 만 명에 이르는 인원들을 모집, 선발, 분류, 훈련시키는 데에 기여하고 있다.

본 장에서는 먼저 인원 선발과 관련된 기본적인 개념들로서 평가준거, 평가방법, 평가검증 등에 대해 살펴보고, 실제 군에서 요구되는 인원들이 어떤 준거와 방식에 의해 선발되고 있는지를 미군과 독일군 그리고 한국군의 사례를 통하여 살펴보고자 한다. 아울러 특정 조직에서 필요한 인원을 선발하는 적성검사 개발 과정을 소개하고자 한다.

1. 인원 선발 시 주요 과업

조직을 운영하는 관리자는 경쟁사회에서 생존하고 발전하기 위해서 조직의 성과를 향상시키는 데에 지대한 관심을 갖는다. 조직의 성과를 향상시키는 방법에는 여러 가지가 있을 수 있으나, 가장 효과적인 방법은 조직에서 요구하는 능력을 갖춘 우수한 인원을 선발하고 교육 및 훈련을 통하여 그 능력을 극대화시키는 것이다. 조직의 목표 달성과 조직의 특성에 적합한 우수 인원을 선발하는 것은 선발 이후에 이루어지는 활동보다 더 큰 의미를 갖는데, 그 이유는 우수 인원 선발이 선발 이후에 실시되는 교육과 훈련에 투자되는 시간과 비용을 절감시켜주기 때문이다.

인원 선발은 단순하게 이루어지는 업무가 아니라 일종의 시스템적 관점에서 다루어져야 하는 복잡한 과정으로 이루어져 있다. 인원 선발과 관련된 주요 과업들을 [그림 2-1]과 같이 크게 4가지로 구분된다.

첫 번째 과업은 평가준거(criteria)로서, 어떤 사람을 선발해야 하는지 그 기준을 설정하는 것이다. 조직마다 조직의 목표와 임무에 따라 구성원들에게 요구되는 자질과 역량은 상이하기 때문에, 모든 선발과정에서 가장 먼저 설정해야 하는 것이 평가준거이다. 기업체별로 각기 나름대로의 인재상을 설정하듯이 군에서도 우수한 간부가 견지해야 하는 자질과 역량이 있다. 두 번째 과업은 평가방법으로 평가준거들을 어떤 방식으로 평가하느냐의 문제이다. 여기에는 학교 성적, 국가공인 시험성적과 같은 객관적인 자료가 활용되기도 하고, 면접, 심리검사, 상황검사 등 다양한 검사도구들을 활용하여 대상자를 평가하는 방법들이 있다. 세 번째 과업은 평가의 타당성 검증이다. 평가준거와 평가방법의 정당성과 지속성 여부는 그 평가 결과가 실제로 선발 이후의 성과를 어느 정도 예측하느냐에 따라 결정된다. 네 번째 과업은 평가시스템의 발전적 변화를 위한 피드백 활동이다. 평가의 타당성을 검증한 결과에 기초하여 기존의 평가준거와 방법상의 발전적 변화를 도모하는 것이다.

[그림 2-1] 인원 선발 과정에서 고려되어야 하는 네 가지 과업

(1) 평가준거

선발 시스템을 구축하는 데에 있어서 가장 우선적으로 결정해야 할 과제가 평가준거를 설정하는 것이다. 평가준거는 능력에 기초하여 인재를 선발하고, 선발 이후의 교육과 훈련의 소요를 판단하는 기준이다. 평가에서의 준거(criterion)는 개념적인 준거와 실제적인 준거로 구분된다. 개념적인 준거(conceptual criterion)는 지적 성장, 정서적 성장, 민주시민의식 등과 같이 이론적인 준거들이다. 개념적인 준거는 추상적이어서 실제로 평가하기가 어렵다. 따라서 개념적인 준거를 실제로 측정하기 위한 실제적인 준거(actual criterion)를 마련해야 한다. 실제적인 준거는 연구자가 측정하거나 평가하는 데 사용하는 조작적(operational) 혹은 실제적 기준이다. 예를 들어 지적 성장이라는 개념적 준거는 추상적 개념으로 측정하기 어렵다. 따라서 지적 성장을 대학 평균학점과 같이 측정 가능한 실제적인 준거로 정의하고, 실제적인 준거를 측정한다. 개념적 준거에 대한 실제적 준거의 설정은 대부분 전문가 집단에 의해 이루어진다. 그렇다면 평가준거는 어떻게 설정되어지는가?

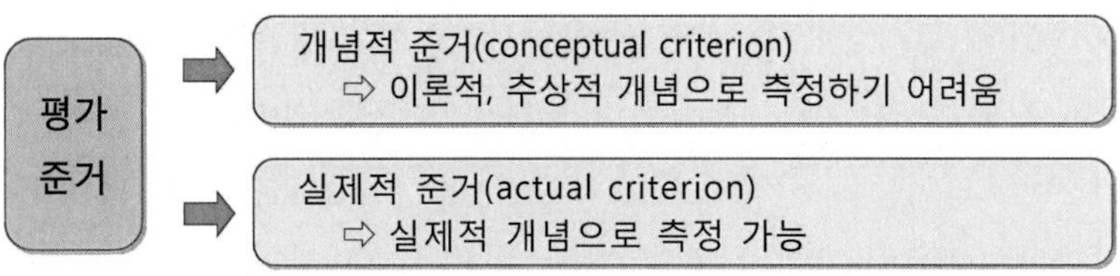

[그림 2-2] 평가준거로서 개념적 준거와 실제적 준거

(2) 작업분석(직무분석)

평가준거들은 작업분석(work analysis)[1]을 통하여 도출된다. 작업분석은 어떤 조직 내에 있는 특정 직무에 대한 작업정보를 수집하는 것이다. 여기에는 작업의 내용, 작업자 속성(지식, 기술, 능력, 개인 특성 등), 작업 환경에 관한 정보들이 해당된다(Pearlman & Sanchez, 2010).

1 오랫동안 산업 및 조직심리학에서는 작업분석을 '직무분석(job analysis)'이라고 불렀으나, 최근에는 '작업분석'이라는 용어를 더 선호한다. 직무가 작업분석의 핵심에 있으나 정적인 의미에서의 직무 개념보다는 시대적 변화에 연동되는 작업의 개념이 더 적합하다는 의견이다(유태용 역, 산업 및 조직심리학, 2012).

작업정보의 출처

작업분석에서 작업정보는 해당 작업에 대하여 오랜 시간 동안 직·간접적으로 경험한 사람들을 통하여 얻어진다. 먼저, 작업정보를 얻는 데 가장 흔히 사용되는 출처는 현직자(job incumbent)들이다. 현직자들의 경험에 관한 내용들은 작업정보의 중요한 원천이다. 두 번째 작업정보의 출처는 상사들이다. 상사들(supervisor)은 현직자들이 직무에서 무엇을 하는지를 관리자적인 입장에서 알려준다. 작업정보의 세 번째 출처는 훈련받은 작업분석가(work analyst)이다. 이들은 작업분석 방법에 익숙하기 때문에 흔히 여러 직무들에 대하여 가장 일관된 평정을 내린다. 특정 작업을 이해하기 위한 가장 바람직한 전략은 오직 하나의 출처에 전적으로 의존하기보다는 가능한 자격을 갖춘 여러 출처들로부터 정보를 종합적으로 수집하는 것이다(유태용, 2012).

작업정보의 분석관점

작업분석에서 작업정보는 크게 두 가지 관점에서 추출된다([그림 2-3] 참조). 그 중 하나는 과업(task)을 중심으로 분석하는 것이며, 다른 하나는 작업자를 중심으로 분석하는 것이다. 먼저 과업을 중심으로 분석하는 방법에서는 과업진술문(task statement)을 작성하고 이를 근거로 작업 단위들을 적절하게 세분화한다. 전통적인 과업 중심 분석방법은 기능적 직무분석으로 과업들을 사람(people), 자료(data), 사물(things)의 세 차원에서 평가하는 것이다. 사람차원에서는 과업이 지도, 감독, 자문, 교환 등 다양한 활동이 있으며, 사물차원에서는 정밀작업, 조작, 단순작업 등으로 구분되고, 자료차원에서는 합성, 분석, 편집, 대조 등의 활동으로 구분된다. 다음으로 작업자(worker)를 중심으로 분석하는 방법에서는

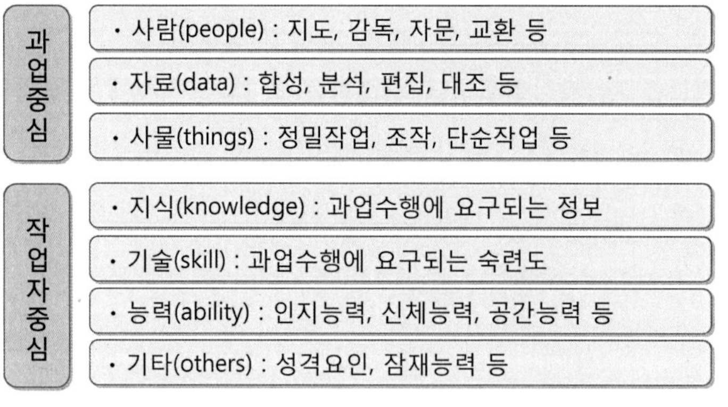

[그림 2-3] 작업정보의 두 가지 분석관점: 과업중심과 작업자중심

성공적으로 직무를 수행하는 데에 요구되는 인적 속성을 찾아내는 절차나 과정이다. 인적 속성은 지식(knowledge), 기술(skill), 능력(ability), 기타 특성(other characteristic)의 네 범주로 정리된다. 지식은 작업을 수행하는 데에 요구되는 정보를 의미한다. 기술은 과업을 수행하는 데 요구되는 숙련성이다. 능력은 인지능력, 신체능력, 공간능력 등을 의미한다. 기타 특성으로는 성격요인이나 잠재능력 등이 포함된다. 이들을 총합하여 KSAO라고 부른다.

작업정보의 수집방법

작업정보의 수집은 면접, 직접관찰, 설문지와 같은 방법을 통하여 이루어진다. 면접은 작업정보의 출처자들(현직자, 상급자 등)을 대상으로 개별적으로 혹은 집단으로 실시된다. 직접관찰법은 대상자들의 직무현장을 있는 그대로 관찰하는 것이다. 설문지는 작업정보를 수집하기 위해 구조화된 설문지를 이용하는 것이다.

(3) 평가방법

평가방법은 작업분석을 통하여 설정된 평가준거들을 어떤 방식으로 검증할 것이지 여부를 결정하는 것이다. 일반적으로 피면접자의 개인적 특성에 관한 정보를 획득하는 데에 가장 많이 사용되는 방법으로 면접, 행동관찰, 심리검사, 개인자료 분석 등이 있다(장동환, 김영채, 손정락, 1994).

먼저, 면접은 피면접자로부터 필요한 정보를 얻기 위한 대화이다. 면접방법에는 구조적 면접과 비구조적 면접이 있다. 구조적 면접은 체계적인 성격연구에서 많이 활용되는 방법으로 질문의 순서와 내용이 미리 정해져 있어서 면접자는 정해진 절차에 따라 면접을 진행한다. 이 방법의 장점은 피면접자 모두를 비교할 수 있는 자료를 얻을 수 있다는 점이다. 반면에 단점은 민감한 정보들에 대한 심도 있는 접근이 어렵고, 정보접근 자체가 제한적으로 이루어진다는 것이다. 비구조적 면접은 임상장면에서 자료의 진전을 점검하는 데에 많이 사용되는 것으로, 피면접자가 보이는 재료에 기초하여 다양한 질문을 자유롭게 하는 것이다. 이 방법의 장점은 다양하고 심도 있는 자료를 찾아 낼 수 있다는 것이다. 반면에 단점은 면접자의 폭넓은 심리학적 지식과 해당 분야에 대한 경험이 중요하며, 객관성에 의문이 제기될 소지가 있다는 것이다.

다음은 행동관찰이다. 다양한 상황에서 행동을 관찰하는 것은 상황에 따른 행동의 변화와 특정상황 속에서 한 개인이 나타내 보일 수 있는 행동에 대한 폭넓고 실제적인 정보의 획득을 가능하게 한다. 그러나 관찰법은 결과 해석에 있어서의 관찰자의 주관성 개입, 시간과 경비의 과도한 소모 등의 해결해야 할 현실적인 문제가 많다.

심리검사는 선발과정에서 가장 흔히 사용되는 평가도구들이다. 심리검사는 개인별로 실시하는 개인용과 단체로 실시하는 집단용으로 구분된다. 심리검사는 전통적으로 지필검사로 진행되었으나, 최근에는 온라인으로 실시하기고 하고, 현장에서 컴퓨터를 활용하여 평가되기도 한다. 또한 심리검사에는 일정한 시간 내에 최대한 많은 문제를 풀어야 하는 속도검사가 있으며, 시간제한 없이 정확하게 풀어나간 문항 수를 계산하는 역량검사가 있다. 선발과정에서 자주 사용되는 심리검사는 지능검사, 상황판단검사, 성격검사 등이며, 그 밖에도 기계적성검사, 정직성 검사, 신체능력 검사 등이 활용된다. 선발과정에 사용되는 심리검사는 자체적으로 제작하여 사용할 수도 있으며, 비용과 시간의 절약을 위해 일반인에게 공개된 검사를 사용할 수도 있다.

개인자료 분석은 피면접자와 관련된 신상정보와 활동정보가 기록된 서류들을 검토하는 방법이다. 개인의 생활기록이나 학교기록, 지원서, 이력서, 추천서 등을 분석하여 피면접자와 관련된 특성들을 파악하는 것이다. 자료분석 시 분석기준을 사전에 책정할 경우 보다 더 객관적인 정보를 획득할 수 있다.

그 밖에도 상황연습을 통하여 작업과 연관된 문제의 해결 능력을 평가하는 방법이 있다. 상황연습은 바구니 속 검사(In-Basket test)나 리더 없는 집단토의법을 활용한다. 바구니 속 검사는 정교하게 고안된 편지, 메모, 간단한 보고서와 같은 내용물들이 담긴 서류들을 지원자에게 주고, 지원자가 이를 즉각적으로 처리하게 하는 방식이다. 리더 없는 집단토론에서는 집단의 리더를 지정하지 않고 피면접자들 자체적으로 직무와 관련된 토론을 진행시키는 방법이다.

(4) 평가검증 및 피드백

선발 시스템이 처음으로 구축되어 운영되는 경우 반드시 확인되어야 하는 부분이 전체 시스템의 타당성이다. 선발과정에서 부여된 측정치들이 선발된 이후 업무성과와 경력관리 차원에서 얻어진 지표들과 높은 상관관계를 유지하는 것이 바람직하다. 따라서 선발시스템을 운영하는 부서에서는 선발과정에서 획득된 지표들과 향후 근무성과 간의 연관성을 검증하는 노력을 지속적으로 추진해야 한다. 그리고 검증된 결과에 근거하여 현재 운영되고 있는 선발시스템을 수정·보완시켜 나가야 한다. 가장 예언력이 높은 지표들을 강화시키고 예언도가 낮은 지표들을 수정하거나 제거하는 방안도 고려해야 한다. 그러나 선발시스템을 운영하는 대부분의 기관들에서 선발도구들의 신뢰도에 대해서는 연구가 많이 되어 있으나 타당도에 대한 연구는 상대적으로 적게 이루어지고 있다. 그 이유는 아마도 신뢰도 분석보다 타당도 분석에 요구되는 자료들의 획득이 더 어렵기 때문일 것이다(Feldt & Brennan, 1989).

AT&T에서 실시했던 종단연구는 대표적인 평가검증의 사례가 될 수 있다. AT&T에서 평가센터방식을 통해 후보자 집단을 평가한 후 여러 해가 지난 후에 후보자의 승진여부와 평가점수의 관계성을 검토하였다. 그 결과 20년 후에 승진의 예언 정도를 계산하였을 때 승진을 더 잘 예언했던 특성들은 성취지향, 자신감, 정력/활력 수준, 안정성에 대한 욕구(부적 상관)였다(Yukl, 2002). 이와 같은 종단연구 결과는 후보자 집단을 평가하는 시스템의 개선을 가능하게 해 준다.

Hilton과 Dolgin(1991)은 자유진영 국가의 군대에서 약 80년에 걸쳐 이루어지고 있는 조종사 선발제도를 분석한 결과, 장교선발에서 가장 중심적인 역할을 하는 두 가지 지표, 즉 지능과 학력이 조종사의 성공적인 경력과 연관성이 일관되지 않다는 결론을 얻게 되었다. 이들은 조종사의 성공적인 경력을 예측하는 추가적인 새로운 지표들의 개발이 필요하다는 의견을 제시하였다. 이러한 연구 결과는 기존의 선발시스템에 대한 타당도 연구가 매우 중요하다는 점을 시사하는 좋은 사례가 된다.

Jones(1991)의 연구에 의하면, 영국 해군의 경우 1947년부터 1984년까지 2,144명의 표집을 대상으로 분석한 결과, 최초 훈련기간 동안 작성된 장교적합성 평가치와 평균 0.39의 상관을 보였다. 캐나다 해군의 평가센터에 의한 연구에서는 선발과정에서 부여된 평가치와 훈련기간 동안에 작성된 실제적인 리더십 평가와의 상관분석에서 장교잠재력에 대한 동료평가와 0.26, 면접위원회와 0.24, 리더 없는 집단토의는 0.25의 상관관계를 나타냈다.

(5) 선발기준 설정

선발 과정에서 합격점수 또는 탈락점수(cut score)는 후보자의 합격과 불합격을 결정하는 특정 점수대를 의미한다. [그림 2-4]에서 보는 바와 같이 선발기준을 엄격하게 적용하여 합격점수대를 높이는 경우(기준점 B), 합격한 후 업무를 수행하면서 성과가 낮은 후보자가 합격될 가능성은 현저하게 낮아지지만(false alarm 감소), 다른 한편으로는 업무수행 성과가 높았을 후보자들을 탈락시킬 가능성도 높아진다(miss 증가). 반대로 선발기준을

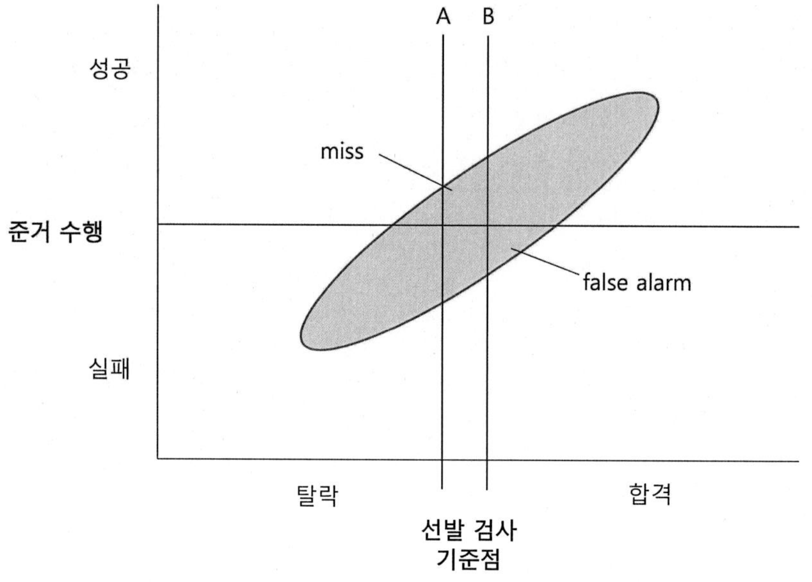

[그림 2-4] 선발기준에 따라 손실(miss)과 오경보(false alarm)의 비율 변화

느슨하게 적용하여 합격 점수대를 낮추는 경우(기준점 A), 선발된 후 업무성과를 높게 나타낼 수 있는 후보자들을 놓치지 않고 합격시킬 수 있지만(miss 감소), 다른 한편으로는 업무성과가 낮은 후보생들도 함께 선발될 가능성이 높아진다(false alarm 증가). 따라서 합격 기준선을 결정하는 문제는 단순하지 않다. 선발과정 이후에도 지속적으로 자질을 검증하여 탈락시키는 절차가 있다면 가급적 최초 선발과정에서 손실(miss)의 비율을 낮추는 것이 좋다.

(6) 배치와 분류

선발에서는 지원자들의 수용과 배제의 결정이 주된 것이지만, 배치와 분류에서는 모든 대상자들을 최적의 직무나 프로그램에 배정하게 된다. 배치와 분류는 조직의 생산성을 높이는 데에 주된 의미를 갖는다. 일반적으로 사람들은 스스로의 판단에 근거하여 특정한 직무에 지원하고, 조직은 그 지원을 받아들인다. 그러나 일부 조직에서는 배치와 분류에 관한 결정이 따로 이루어진다.

배치(placement)는 한 가지 기준에 대해 여러 집단(직무)으로 구분하는 것이다. 예를 들면 영어시험을 실시하고 나서, 그 점수에 따라 반을 배정하는 것이다. 반면에 분류(classification)는 항상 두 개 이상의 예측변인 요인들에 기초하여 사람들을 직무로 배정한다(Anastasi, 1988). 따라서 분류가 배치보다 더 복잡한 일이다.

분류의 문제는 군의 인사관리에서 매우 주된 과제에 해당된다. 군에서는 해마다 수많은 병사들을 보병, 기갑병, 통신병, 포병 등 특기별로 분류하거나, 장교와 부사관들을 대상으로 상담을 통하여 병과를 선택하게 한다. 제2차 세계대전이 일어난 시기와 같이 수많은 인력이 갑자기 필요하게 되었을 때는, 필요한 사람을 뽑는 선발문제보다 사람들에게 어떤 종류의 직무를 맡기느냐와 같은 배치와 분류가 더 시급한 문제가 되었다.

배치와 분류의 기본 전제는 사람마다 차이가 있다는 것이며, 그 차이를 무시하고 직무를 할당할 경우 생산성이 극대화되기 어렵다는 것이다. 따라서 각 개인의 특성을 잘 분석하고 직무의 특성을 고려하여 적합한 매치가 이루어지도록 조율하여야 한다. 그러나 조직에서 배치와 분류를 시행하는 일은 그렇게 단순한 일은 아니다. 왜냐하면 배치와 분류에서 지원자들의 개인적인 특성과 직무의 특성만이 고려되는 경우는 드물기 때문이다. 배치와 분류에는 앞에서 언급한 두 가지 특성과 더불어 사회적 영향과 상황적 영향이 함께 고려되어야 한다. 소수 집단의 형평성, 지역 안배의 문제 등이 함께 고려되어 최적의 성과가 예측되어져야 한다. 이러한 문제와 관련하여 Bobko(1994)는 분류결정에서 당면하는 가장 고민스러운 문제는 수행을 최대화하도록 분류할 것인지 아니면 민족과 성에서 균형을 맞추어 분류할 것인지에 관한 가치의 문제라고 하였다.

현재 한국군에서 병사들의 경우 희망하는 주특기를 부여하기 위하여 지원자의 전공, 군 입대전 사회 경험, 자격증 등을 고려하여 일차적인 배정을 한 다음, 보다 더 구체적인 평가를 통하여 최종 결정을 한다. 장교의 경우에는 병과를 분류하게 되는데, 이때 지원자의 전공과 학업수행 성과를 기준으로 삼는다. 병사와 장교의 경우 모두 주특기와 병과를 분류할 때, 각 개인의 적성은 고려되지 않는다. 왜냐하면 아직까지 한국군에서는 병사와 장교들의 직무적합성에 관한 검사도구가 개발되어 있지 않기 때문이다.

장교의 경우 병과를 선택할 때, 직무적합성 검사를 통하여 자신의 강점과 약점을 인식하고 자신의 강점을 극대화시켜 줄 수 있는 병과를 선택하는 것이 바람직하다. 이 문제는 병과를 선택한 후 직무를 수행하면서 느끼게 되는 직무만족도와 밀접한 연관성이 있다. 직무만족도가 높을수록 조직에서의 직무성과가 높아진다는 것은 잘 알려진 사실이다. 따라서 분류에 대한 체계적인 연구를 통하여 새로운 진단도구들의 개발이 시급하게 이루어져야 한다.

2. 군 적성과 장교선발 방식

오늘날 대부분의 기업 조직과 군에서는 인원을 선발할 때 해당 조직에서 요구하는 인재상에 적합한 대상을 선발한다. 인재상은 조직의 특성에 따라 각기 다르게 설정되어 있으며, 인재상에 기초하여 구성된 선발과정은 흔히 적합성 검사 또는 적성검사라는 개념을 내포하고 있다. 군에서의 장교선발 과정 또한 이러한 적성의 개념에 기초하여 이루어져 있다. 그러나 1차 세계대전까지는 장교 선발절차에 심리학적 지식이 활용되지 못하고 교육학적이고 의학적인 수준에 머물러 있었다. 제1차 세계대전 이후 독일군을 중심으로 한 장교 선발제도에 기초적이지만 심리학적으로 적합성의 개념이 적용되었으며, 제2차 세계대전 이후 서방의 많은 국가들에서도 인원 선발에 심리학적 지식의 활용이 증대되었다. 특히 제2차 세계대전 이후 심리학자들에 의해 이루어진 리더십 연구들은 장교 선발과정의 발전에 큰 영향을 미쳤다. 이들의 연구결과에서 제시된 성공적인 리더의 특성과 행동들은 장교선발과정에서 평가의 준거로 활용되었다. 본 절에서는 장교선발 과정에서 평가의 준거가 되는 적성의 개념을 정리한 다음, 외국군의 장교선발 과정에서 사용되는 다양한 평가방법에 대해 살펴보도록 한다(Jones, 1991).

(1) 적성의 개념과 적성검사

적성(Aptitude)의 사전적 개념을 검토해 보면, Oxford 영어사전(1970)은 적성을 ① 한 목적이나 직위 혹은 일반적 요구에 적합한 자질로 적합성, 적당성, 적절성을 갖는 것, ② 타고난 성향, 경향, 성질, ③ 타고난 재능, 재주, 혹은 능력 즉 어떤 일에 대한 재능으로 정의하고 있다. 웹스터 신영한 대사전(1983)에서는 적성이 ① 소질, 성질, 경향, 재능, ② 특별한 적합성으로 기술되고 있다.

심리학에서는 적성을 "어떤 특수한 분야에서 성공적일 수 있는 개인의 능력"으로 본다(유재봉, 최승희, 1989). 개인이 특정 분야에서 성공적이기 위한 능력은 두 가지로 구분할 수 있다. 하나는 현재 개인이 나타내고 있는 능력이며, 또 하나는 개발 가능한 잠재능력이다. 따라서 적성검사는 이 두 가지를 모두 측정할 수 있는 것이 바람직하다. 예를 들어 지능은 학교성적을 예언하는 적성으로서, 바람직한 지능검사가 측정하는 것은 현재의 지적 능력뿐 아니라 앞으로 새로운 지식을 획득할 수 있는 능력을 포함할 수 있어야 한다는 것이다.

상기한 적성의 의미들을 요약하면, 적성은 개인이 갖고 있는 특성 중에서 특정한 분야에 적합한 특성만을 말한다. 즉 개인이 소유하고 있는 모든 특성을 의미하지 않으며 한정된 분야에 필요한 특성만을 지칭한다. 따라서 적성을 고려할 때, 그것이 발휘될 분야가 무엇인지 분명하게 규명되어야만 한다.

군대적성의 의미는 일반적으로 군대생활에 대한 적합한 특성을 일컫는 경우가 많다. 적합한 특성은 군대생활에서 필요로 하는 여러 특성들, 예를 들면 성격, 품성, 체력, 정신능력 등을 포함하는 자질(격)들을 뜻하는 것이며, 장교들을 선발하는 경우에는 특히 리더십 발휘에 필요한 요소들이 강조된다(이재윤, 1990). 군대적성의 세부적 내용은 좀 더 연구가 필요하나, 군인의 임무를 고려할 때 개념적으로 세 가지 영역으로 정리할 수 있다. 하나는 장교로서의 임무수행에 요구되는 자연과 사회적 현상들을 이해하고 임무수행에 필요한 판단능력을 갖추기 위한 우수한 지적능력이다. 둘째는 전투를 수행하기 위한 건강한 신체와 강인한 체력 소유자이다. 셋째는 군의 리더로서 바람직한 성격과 품성이다. 이들 중 심리검사를 활용하여 측정이 가능한 대상은 지적 잠재력과 성격과 품성이다. 즉 군의 인사 분야에서 적성검사를 개발·활용하려면 지적능력, 성격, 품성 영역을 고려하여야 한다.

인사 분야에서 심리검사의 일종인 적성검사를 적용하는 목적은 두 가지이다(이상빈, 1985). 하나는 다수의 응시자 중에서 해당 직무에 적합한 능력과 특성을 갖고 있는 대상자를 선발, 분류, 배치함으로써 직무수행에 효율성을 높이려는 것이다. 또 하나의 목적은 조직의 성원이 자신에게 맞는 직무를 수행하도록 함으로써 직무만족을 증대시키려는 것이다. 두 가지 목적은 서로 독립적이지는 않으며, 결국 각 개인의 현재 능력과 잠재 능력을 직무와 관련하여 잘 발휘, 개발되도록 하는 것이 조직과 개인 모두에게 바람직한 결과를 가져올 것이라는 기대에 기초하고 있다.

적성검사는 특정한 적성을 측정하기 위한 목적으로 만들어진 것이다. 즉, 그 적성검사가 목적하고 있는 분야의 특성만을 측정하도록 만들어진 심리검사이다. 예를 들면 음악 적성검사, 미술 적성검사, 일반 직업적성검사, 사무 적성검사 등을 들 수 있다. 적성검사의 개발은 크게 두 가지 단계로 이루어진다. 첫 단계는 어떤 분야의 어떤 특성을 측정할 것인가에 대한 개념화이며, 이는 직무분석을 통하여 가능하다. 둘째 단계는 심리검사의 일반적 제작기준을 따라 측정방법과 도구를 확정하는 것이다.

(2) 장교선발을 위한 평가방법

Jones(1991)는 각국 군대의 장교선발 과정에 사용되는 평가방법들을 요약하여 소개하였다. 그에 따르면, 평가방법들은 크게 4가지로 구분된다. 첫째는 대학입학 자격과 개인 신상기록에 기초한 선발이다. 둘째는 지필용 심리측정 도구를 사용한 선발이다. 셋째는 평가센터를 활용한 방법이다. 넷째는 구성개념 지향적 심리평가를 적용한 방법이다.

대학입학 자격과 개인 신상기록에 기초한 선발

미 육사를 비롯한 프랑스, 스페인, 러시아, 이집트 등의 군대에서는 대학입학자격(학문적 자질)과 개인 신상기록에 기초하여 장교후보생을 선발하고 있다. 대학입학자격은 SAT(Scholastic Assessment Test)나 ACT(American College Test) 그리고 고교순위 등과 같이 전문적으로 학력을 측정하는 학업성취도 검사들을 통해 검증되며, 신상기록 자료는 지원서류, 교사 및 저명인사의 추천서와 면담자료 등을 통해 평가된다.

이러한 시스템 속에서 심리학자들의 역할은 평가기법들의 효과성을 평가하고 평가에 활용되는 다양한 자료들의 예측력을 검증하면서 기법들에 대한 최소한의 변화를 제안하거나 수치적 정보의 활용방법들을 추천하기도 한다. 예를 들어 평가과정에서 산출된 지표들이 실제 훈련이나 업무수행능력을 어느 정도 예측하는지 여부를 검증하기도 하고, 개인 신상기록에 나타난 지표들이 향후 학업성취도와 군사적 적성과 어느 정도 상관관계를 갖는지 여부를 검증한다. Neumann과 Abrahams(1976)는 해군사관학교의 생도선발과정에 사용된 자료들(고등학교 석차, 추천서, 경력기록 점수)이 군사적성과 대학성적을 어느 정도 예측하는지 여부를 검증하였다. 그 결과, 고교석차는 사관학교 성적과 다소 높은 상관관계를 보여주었으나, 군사적성과는 낮은 상관관계를 보였다. 그리고 경력점수는 어느 것도 예측하지 못했다. Zedeck, Tziner와 Middlestadt(1983)는 이스라엘 방위군을 대상으로 여군 장교들의 선발에서 나타난 면접의 타당성을 조사하였다. 그 결과 일차적으로 면접자들 간의 정보의 사용에서 차이가 나타났으며, 6주와 12주의 훈련에서 면접평가들은 장교훈련 측정에 대한 예측력이 없었다.

대학입학 자격과 개인 신상기록에 기초한 선발방법 자체에 대한 몇 가지 평가들은 이 방법이 잠재적으로 최고의 군대 학생들을 선발하는 데에는 효과적일 수 있으나, 최선의 잠재적 리더를 선발하는 데에는 덜 성공적일 수 있다는 사실을 강하게 시사해 주고 있다.

지필용 심리측정 도구에 기초한 선발

지필용 심리측정 도구에 기초한 선발방법은 미 ROTC 및 간부후보생(OCS), 스페인 예비역 장교 등의 선발과정에서 사용되고 있다. 여기에 사용되는 도구들은 주로 적성검사, 흥미검사, 생물학적 자료(biodata) 등인데, 가장 널리 쓰이는 심리적 도구는 적성검사이다. 심리학자들은 세부적인 직무적성의 분석과 기타 필요성에 따른 도구의 개발에 기여하기도 하며, 도구의 가치를 평가하기도 한다.

평가에 사용되는 일반적인 지적(知的) 적성검사는 대부분의 경우에 어느 정도의 예측력이 있는 것으로 검증되었다. Brand(1987)는 일반 지적 적성검사가 리더십 관련 특성들(성취동기, 신체적 적합성, 사회적 기술 등등)과 상당 부분 연관성을 갖는다는 것을 보여주었다. 전체적으로 지필용 심리측정 도구들인 적성검사, 전기자료, 그리고 흥미검사 점수자료들은 장교훈련과정에서 지필방식으로 산출된 평가값들이나 학문적 혹은 전문적 평가값들을 잘 예측하였다. 그러나 지필방식으로 얻어진 리더십 잠재력의 판단과 예측은 그리 신뢰할 수 있는 것은 아니었다.

앞에서 논의된 두 가지 평가방법들은 후보자들이 학문적이거나 전문적인 훈련에 대해 얼마나 잘 대처할지를 확인하는 데 있어서는 비교적 성공을 거둔 듯하나, 훌륭한 리더십 기능, 바람직한 사회적 행동 등을 얼마나 잘 행사할 수 있는 사람인가를 확인하는 데 있어서는 성공적인 것 같지 않다. 그럼에도 불구하고 두 가지 지필식 평가방법은 수량적인 자료를 제공해 주고, 객관적인 정보를 제공해 준다는 측면에서 여전히 많이 사용되고 있다.

평가센터(Assessment Center) 방식에 기초한 선발

평가센터 방식은 다양한 상황에서 여러 방법들을 통하여 지원자들을 종합적으로 평가하는 방식으로, 여러 평가자들의 합의에 의해 도출된 종합점수를 통해 평가가 이루어진다. 이 방식은 제2차 세계대전 중 독일 심리학자들에 의해 연구된 것으로서, 초기에는 상황검사가 주로 사용되었으나, 점차 면접이나 지필검사, 투사검사, 생활사 자료 등을 포함한 표준화된 세트가 사용되고 있다. 평가센터 방식에서 취하고 있는 기법의 다양성과 다수의 평가자 사용은 표집이나 측정상의 오류를 감소시킬 수 있다.

평가센터 방식에서 사용되는 상황검사는 직무와 관련된 과제를 제시하고 이의 해결과정을 관찰함으로써 개인의 직무관련 특성을 평가하는 것이다. 사용되는 방법으로는 '바구니 속 검사(In-Basket Test)'와 '리더 없는 집단토의법(Leaderless Group Discussion)'이 주로 사용된다. 바구니 속 검사에서는 가상적인 문제들을 바구니 속에 넣어 응시자에게 제시되고, 응시자는 바구니 속에서 임의로 선택된 문제의 처리 방법을 강구한다. 리더 없는 집단토의법은 집단적으로 과제를 주고 토의를 통해 결론에 도달하도록 하는 방법이다. 토의를 이끄는 리더는 지명되지 않으며, 각자가 자유로운 의견을 제시하도록 한다. 평가자들은 토의 과정을 관찰하면서 각 응시자의 주도성, 주장성, 설득력, 지배성, 협조성 등의 특징들을 평가한다.

지필검사는 해당 직무와 관련된 특성을 측정할 수 있는 문항형 심리검사를 실시하는 것이다. 가장 바람직한 것은 직무관련 적성검사를 개발·활용하는 것이며, 차선책으로는 직무분석을 통하여 확인된 특성을 측정하도록 고안된 기존의 심리검사를 활용하는 것이다. 생활사 자료는 개인의 특성을 추정하는 데에 매우 유용한 정보를 제공해준다. 따라서 평가자는 응시자들이 생활사의 내용을 충실하게 기록하도록 체계적으로 유도하여야 한다. 면접은 상기한 여러 방법들을 통해 자료들을 확인하고, 부족한 부분을 보완하는 기능을 갖도록 사전에 계획된 방법과 절차에 따라 실시되어야 한다.

평가센터에서는 통상 4～12명의 응시자를 집단으로 구성하고, 3～5명의 평가자를 활용한다. 각 평가자는 평가요소들에 대해 상기한 방법들에서 획득한 자료에 기초하여 우선 독립적으로 평가를 하고, 최종적으로 평가자들이 집단토의를 거쳐 판단을 내리게 된다. 이때 평가자들 간의 불일치점은 논의를 통해 합의를 도출하도록 하며, 단일한 평가결과를 각 응시자에게 부여한다. 이와 같은 최종적인 논의를 위해 상황검사의 내용은 비디오를 통한 녹화자료로 보관하는 것도 최근에 활용되고 있다.

그렇지만 평가센터 방식은 하루 이상의 장시간이 요구되며, 평가에 소요되는 비용도 많이 들며, 전문적이고 훈련된 평가자가 필요하다는 문제점을 안고 있다. 하지만 이러한 제한사항에도 불구하고, 평가센터 방식은 평가의 타당도가 높은 것으로 나타나고 있다. Gaugler 등(1987)의 연구결과에 따르면, 평가센터 방법의 평균타당도는 0.40정도를 보여 적용의 타당성이 인정되고 있다. 이외에도 평가센터 방식은 여러 가지 부가적인 이점이 있다. 우선 후보자들이 평가과정에서 평가자들로부터 받는 피드백에 의해 관리능력과 대인기술을 개발할 수 있다. 또한 후보자가 지원한 직무의 실제 모습을 나타내기 때문에, 심리검사나 지원서에 의한 정보처럼 직무능력과 무관하다는 비난을 받지 않는다. 평가센터방식을 정식적으로 군사적 목적에 사용하는 것은 서유럽이나 영연방 나라들에 한정되어 있었지만 점차 확대되어 가는 추세이다.

구성개념 지향적 심리평가에 기초한 선발

구성개념 지향적 심리평가(construct-orientated psychological assessment)는 심리학자들의 직접적인 참여와 심리적 도구나 동료평가 등을 함께 사용하는 방식이다. 이 방식에서 사용되는 동료평가 기법은 군대장면에서 장교로서의 성공가능성을 잘 예측할 뿐만 아니라, 산업장면에서도 훈련 후의 가능성을 잘 예측하는 것으로 나타났다(Gauler 등, 1987). 사실 평가센터 방식과 구성개념 지향적 심리평가 사이에 사용되는 유사한 기술들이 많기 때문에 이 두 방식을 지나치게 세밀하게 구별할 필요는 없다. 미국의 연구자들은 제2차 세계대전 시 전략사무국(Office of Strategic Service: OSS) 대원들을 선발한 구성개념 지향적 심리평가 방식을 평가센터 방식의 원천으로 보는 경향이 있다. 이 방식은 벨기에, 덴마크, 이스라엘, 네덜란드와 독일에서 장교 선발을 위해 사용되고 있다(Jones, 1991).

3. 군에서의 인원 선발 사례

군사심리학의 최우선적인 기능들 중 하나는 매년 군에서 필요로 하는 인원을 선발하여 분류하고 적재적소에 배치하는 과업을 연구하고 그 방법들을 발전시키는 일이다. 인원의 선발과 분류 그리고 배치는 제1, 2차 세계대전을 통하여 군에서 가장 절실하게 심리학자들에게 도움을 요청하였던 분야이기도 하다. 군에서 선발은 크게 병 선발과 장교 및 부사관 선발로 구분된다.

(1) 병(enlisted) 선발

병사를 선발하는 일은 검사대상이 되는 인원이 매우 많기 때문에 상당한 노력과 비용의 투입이 요구된다. 과거 미군은 제1차 세계대전에 참전하면서 단기간에 많은 대상자들을 검사하고 적재적소에 분류하기 위해 집단지능검사인 육군 알파/베타(army α/β) 검사를 개발하였으며, 제2차 세계대전에는 좀 더 개선된 검사로서 배치와 분류를 위한 육군 일반분류검사(Army General Classification Test: AGCT)를 사용하였다. 오늘날 의무병제도를 실시하고 있는 국가들의 경우 복무적합도를 판정하기 위해 다양한 검사들을 사용하고 있다. 군 입대자들을 대상으로 실시되는 선발 과정은 의무복무제도를 시행하는 국가와 지원병 제도를 실시하는 국가 간에 다소 차이가 있다. 의무병 제도를 시행하는 국가에서는 입영대상자들에 대한 검사가 부적합한 자원을 탈락시키는 데에 더 큰 의미를 두고 있는 반면에, 지원병 제도를 실시하는 국가에서는 입영대상자들에 대한 검사를 적재적소에 배치 및 분류하는 데에 더 큰 관심을 갖는다.

미군의 병 선발

미군은 지원병 제도를 운영하고 있으며, 대부분 지원병의 연령은 18~20세이다. 지원자들은 대부분 직업경험이 없거나 오래되지 않았기 때문에 잠재적인 직무수행 지표들을 기준으로 채용여부를 판단한다. 모든 지원자들에게 실시되는 검사는 군복무직무적성검사(Armed Services Vocational Aptitude Battery: ASVAB)인데, 이 검사는 적성, 교육, 영어, 체력, 신체, 인성, 연령, 그리고 시민정신 등을 기준으로 지원자들을 판정한다([표 2-1] 참조). 총 검사문항은 334개이며 검사에 소요되는 시간의 총합은 144분이다. 병 선발에서 실제적인 지표는 '적성(aptitude)'과 '교육(education)'으로, 이 두 가지 기준이 지원자의 능력(capability)과 질적인 측면(quality)을 반영한다. ASVAB 결과들 중에서도 특히 '언어 및 수리 검사 점수'(Armed Forces Qualification Test: AFQT)가 주된 척도로서 활용된다. 지원자의 교육수준이 높은 경우는 적성검사 점수의 합격 기준을 다소 낮추어 적용하고, 지원자의 교육수준이 낮은 경우는 적성검사 점수의 합격 기준을 상대적으로 높게 설정한다. 입대여부를 판정하는 단계를 통과한 지원자들은 ASVAB의 다양한 조합을 통하여 각기 특수한 직무에의 배치여부가 결정된다.

[표 2-1] ASVAB의 검사별 문항과 검사 시간

검 사	문항 수	검사 시간(분)	검 사	문항 수	검사 시간(분)
수리 추론	30	36	기계 이해	25	19
세상 지식	35	11	전기 정보	20	9
수학 지식	25	24	차량 정보	25	11
문장 이해	15	13	부호화 속도	84	7
일반 과학	25	11	수리 조작	50	3

한국군의 병 선발

한국군의 경우 병 선발은 병무청에서 실시하는 병역판정검사[2]에서 시작된다. 병무청에서 실시하는 병역판정검사는 기본적으로 신체검사와 인성검사이다. 인성검사에서 별 문제가 없는 것으로 진단되면, 신체검사를 통하여 현역, 상근예비역, 보충역, 면제 대상으로 분류가 된다. 인성검사에서 문제가 식별될 경우 정밀검사를 받게 되어 있다. 2016년 1분기 자료를 보면 징집대상자들 중에서 84.3%가 현역, 10.1%가 보충역, 그리고 0.2%가 병역면제로 분류되었다.

병사들의 주특기 분류는 논산훈련소와 사단신병훈련소에서 실시된다. 징집병들은 학과, 자격증, 사회직업 경험 등을 고려하여 주특기가 가분류되고, 해당 주특기 심사관에 의한 간단한 주특기 역량 테스트가 이루어진다. 주특기 확정은 주특기 평가에서 획득된 점수, 신체등급, 신체특성 등 여러 가지 기준이 종합적으로 판단되어 확정된다. 그러나 병무청에서 병역판정검사를 받을 때 이미 자신이 희망하는 주특기를 지원한 대상자들(모집병)은 합격된 주특기 분야로 분류된 채 논산훈련소에 입영하여 훈련을 받는다. 2015년 6월 30일부로 병역처분 기준이 바뀌어 중학교 졸업자 이상 고등학교 중퇴 이하 학력자들은 기존 현역에서 보충역으로 변경된다.

(2) 장교(officer) 선발

장교 선발은 병 선발과 비교하여 상대적으로 더 정밀하고 더 많은 관찰 및 평가를 통하여 이루어진다. 그것은 장교들의 역할이 병사들과 비교하여 군대의 유지 및 관리 그리고 전투 활동에서 더 결정적인 영향력을 행사하기 때문이다. 따라서 장교의 선발과정에서는 단순히 학력과 지능정도에 의해 합격여부를 결정하기보다는 '장교적성'의 범주로서 전인적인 특성을 요구한다. 여기에는 리더십 역량, 기술적 역량, 성격, 추천서, 학교 성적, 면접 결과, 심리검사 등 상당히 많은 자료들을 근거로 한 종합적인 판단이 이루어진다. 국가마다 장교가 될 수 있는 경로가 여러 가지인 경우가 많은데, 이러한 경우 각 양성과정별로 고유의 선발시스템을 갖추고서 고유의 검사도구와 판정기준들이 사용된다.

---

2 2016년 11월 30일부로 징병검사를 병역판정검사로 명명

미군의 장교 선발

미군의 경우 장교가 되는 과정을 더 구체적으로 살펴보면, 사관학교를 졸업하거나, 학군단 교육을 받거나(ROTC), 장교후보생 학교 등을 졸업하는 등 여러 가지 방법이 있다. 각 과정에서 후보생을 선발할 때 사용되는 기준들을 소개하면 [표 2-2]와 같다. 표에서는 학교 성적 위주의 지표들만이 제시되었지만 실제로는 신상기록 자료들도 검토되어진다. 신상기록 자료는 지원 서류와 학교, 저명인사의 추천 또는 면담을 통해 수집될 수 있다. SAT와 ACT를 포함한 성적자료들은 직업장교 선발에서 중요한 지표로 사용되고 있다. 성적은 장기간에 걸친 교실에서의 학습 성과를 나타내기 때문에 지적능력뿐만 아니라 성실성, 책임감과 같은 특성을 함께 반영한다고 보아야 할 것이다. 그런데 고교성적은 사관학교 성적의 훌륭한 측정지표가 되는 반면에, 군사적성과는 상관관계가 낮게 나타난다.

이에 대해 미 육군사관학교 자료는 비록 군사적성과의 상관이 낮지만 그래도 대위까지의 승진 탈락을 예측해 주고 있다고 보고하고 있다(Priest & Burke, 1987). 그렇지만 성적 중심의 선발기준은 최선의 잠재적 리더를 선발하는 데에는 한계가 있다는 점을 인정해야 한다.

[표 2-2] 미군 장교 선발 과정에 사용되는 기준들

양성과정	육군	해군	해병대	공군
사관학교	SAT/ACT 고교 순위	SAT/ACT 고교 순위	SAT/ACT 고교 순위	SAT/ACT 고교 순위 고교 활동
ROTC(장학금)	SAT/ACT 고교 순위 대학 학점	SAT/ACT 고교 순위 대학 학점	SAT/ACT 고교 순위 대학 학점	SAT/ACT 고교 순위 대학 학점 공군자격시험
ROTC(비장학금)	장교선발 검사집 3&4	조별 상이	조별 상이	SAT/ACT 고교 순위
장교후보생학교(OCS)	장교선발 검사집 1&2 GT	장교적성평가	SAT/ACT EL	공군자격시험
항공장교후보생학교	해당 무	항공자격시험 비행적성평가	SAT/ACT EL 항공자격시험 비행적성평가	해당 무

* SAT: Scholastic Assessment Test, * ACT: American College Test
* OCS: Officer Candidate School * GT: General Technical Composite of ASVAB
* EL: Electronic Composite from ASVAB

독일연방군의 장교 선발

독일연방군의 장교후보생 선발제도는 구성개념 지향적 심리평가에 기초한다고 구분하였으나, 평가센터에 의한 방식과 거의 유사하다. 독일연방군은 장교후보생을 선발하는 전문기관(장교시험센터)을 운영하고 있다. 쾰른에 위치한 이 기관에는 연중 선발업무를 담당하는 장교와 심리학 전문가들이 중심이 되어 있으며, 장교들은 이곳에 배치되기 이전에 1년여간의 선발직무교육을 받고 나서 실무에 투입된다.

장교후보생 지원자들은 고등학교 3학년 초부터 선발시험에 응시할 수 있는데, 후보생 지원자들은 이 시기에 장교 선발센터를 방문하여 2박 3일간 선발시험을 치르게 된다. 장교 선발센터는 10개의 평가조를 운영하며, 평가자는 장교 1명과 심리전문가 1명이 한 조를 이루고, 이들은 각자 평가를 한 다음 모든 평가기준에 대해서 합의된 결론을 도출하도록 되어 있다. 각 평가조에는 4명의 지원자들이 할당되며, 1주일에 두 번 평가가 이루어진다. 따라서 장교시험센터는 일주일에 80명의 지원자들을 평가하게 된다. 평가에 사용되는 도구들과 방법들은 [그림 2-5]에 제시되어 있다.

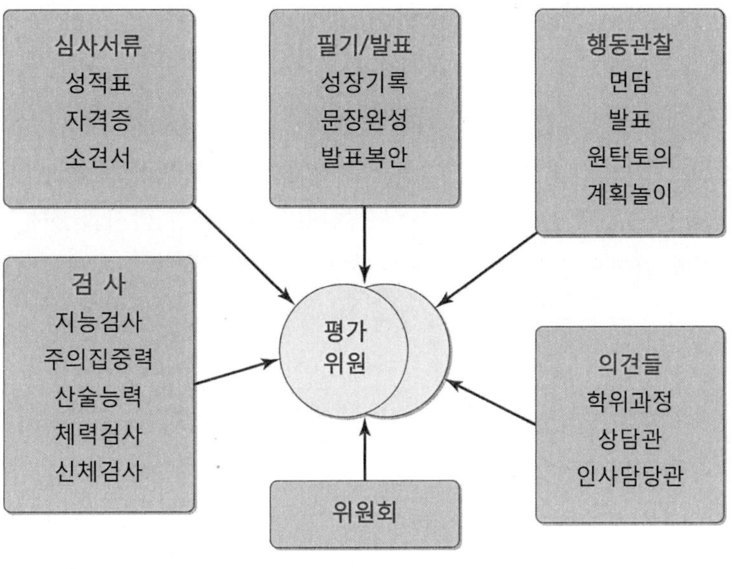

[그림 2-5] 독일연방군 장교후보생 선발에 사용되는 자료들

한국군의 장교 선발

한국군의 장교후보생 선발과정은 사관학교, ROTC, 학사, 단기사관, 간부사관, 특수사관 등으로 구분된다. 사관학교에서의 생도선발은 각 사관학교가 자체적으로 개발한 선발시스템에 의하여 이루어지며, 나머지 과정에서는 각 군 본부의 주도하에 개발된 초급간부 선발시스템을 적용한다.

초급간부 선발시스템에서는 2단계에 거쳐 지원자들을 평가한다. 1단계에서는 대학성적, 국사, 신인성검사(복무적합성 검사), KIDA 직무적성검사를 통하여 종합성적순으로 모집정원의 0배수를 선발한다. KIDA 직무적성검사는 인지능력검사, 상황판단검사, 직무성격검사로 이루어져 있다. 2단계에서는 신체검사와 체력검사 그리고 면접이 이루어진다. 1단계에서 이루어진 직무성격검사는 2단계 면접과정에서 활용된다. 2단계에서 면접은 군간부에게 요구되는 가치와 품성, 지적역량, 행동화역량, 생활사, 신체역량 등을 평가한다. 최종합격자는 1, 2단계의 성적을 종합하여 성적순으로 결정한다.

사관학교의 선발과정은 비교적 전문가의 연구를 통하여 지속적인 수정과 보완을 통해 진화적으로 발전되어 왔다. 특히 군 적성우수자 선발과 같은 수시전형의 도입과 더불어 성적중심의 선발에서 역량중심의 선발로 그 비중이 전이되고 있는 추세이다. 사관학교에서는 가장 우수한 생도 및 장교가 갖추어야 할 품성과 역량을 분석하여 평가기준으로 설정하고, 평가센터와 같은 방식을 적용하여 지원자들을 평가한다. 교수진과 훈육요원들 중에서 면접을 담당할 인원을 선발한 다음 단기간에 걸친 평가자 교육을 실시한 후 실제적인 면접에 투입된다. 심리적인 문제는 심리학을 전공한 박사급 전문가들이 담당한다. 면접은 위원회 방식으로 진행되는데, 평가영역에 따라 구분된 시험장별로 4명의 면접관이 편성되고, 각 면접관들의 평가가 평균되는 방식으로 채점된다.

전체적으로 사관학교의 선발과정은 3단계로 이루어지며, 각 단계에서 얻어진 평가값들, 즉 1차 학과시험점수, 신체검사, 체력검사, 인성검사, 면접, 고교 내신성적, 국사시험, 수학능력고사 등의 점수를 종합하고 점수순서에 의거하여 특정인원을 선발한다. 최근 몇 년 전부터는 군 적성 우수자 선발제도를 도입하여 정원의 50%를 정시 합격자 발표 이전에 선발한다. 국어, 영어, 수학능력을 검증하는 1차 시험 결과를 기준으로 입학정원의 5배수 인원을 선발한 다음, 2차 시험 점수만으로 정원의 50%를 정시에 앞서서 미리 합격시킨다.

4. 사례 연구: 적성검사 개발

본 절에서는 특정 기관에서 요구되는 인재를 선발하기 위해 적성검사가 개발되어진 과정을 소개하고자 한다. 편의상 여기에 소개되는 적성검사는 공작관(intelligence officer: I/O)을 선발하기 위한 것으로 간주한다. 본 절에서는 I/O 선발용 적성검사를 구성하기 위해 가장 먼저 실시되는 작업분석(직무분석), 작업분석에 기초하여 산출된 평가요소, 평가요소를 측정할 수 있는 도구와 방법, 검사의 타당도 평가, 판정기준 제작 등에 대해 설명하도록 한다. [그림 2-6]은 I/O를 선발하는 적성검사의 개발 과정을 도식화한 것이다.

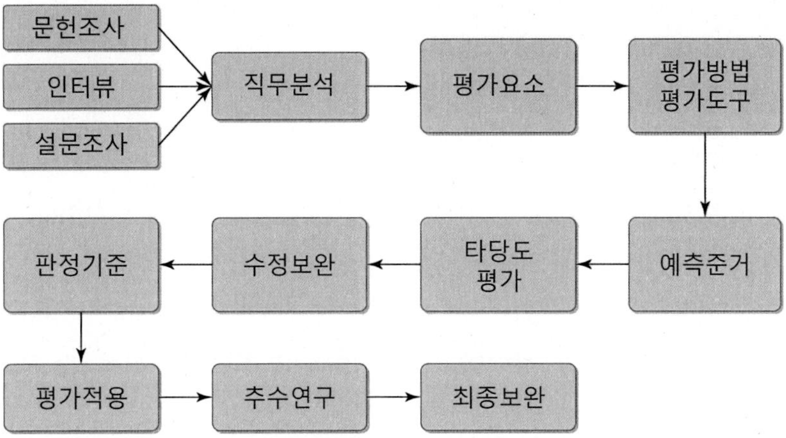

[그림 2-6] I/O 선발을 위한 적성검사 개발 과정

(1) 작업분석 및 평가요소

작업분석은 I/O 선발용 적성검사를 개발하는 과정에서 가장 먼저 이루어지는 활동이다. 본 연구에서 작업분석은 크게 세 가지 방향에서 이루어졌다. 첫째는 문헌조사이다. 연구자들은 I/O 업무를 교육하는 부서에서 사용되는 교재들과 보충자료들을 분석하고, I/O 직무와 연관된 외국자료들을 참조하였으며, I/O와 관련된 일반 도서들까지 탐색하였다. 조사 결과 I/O에 요구되는 공통된 특성으로는 열성, 창의력, 보안조치 능력, 타인을 조종하는 능력, 정직한 보고자, 애국심, 판단능력, 집념, 냉철함, 지혜 등이 언급되었다. 또한 공작경험의 축적, 외국어 능력, 직업 위장, 업무에 대한 헌신과 흥미, 조직력, 구상력, 유머와 침묵 관리 능력 등도 언급되었다. 일반적인 특성으로 충성심, 지식, 사교성, 인내력,

판단력, 창의력, 객관성, 건강 등이 제시되었다.

둘째는 인터뷰를 통한 자료 수집이다. 현장에서 근무하고 있는 I/O들을 면담하여 그들의 직무경험에 대해 청취하고, 경험을 통해 인지된 I/O의 바람직한 특성들에 대해 조사하였다. 면담은 문헌연구에서 얻은 이해를 기초로 구조화된 양식을 사전에 작성하여 일대일 면담방식으로 약 3주간에 걸쳐 총 27명을 대상으로 이루어졌다. 면담조사 결과는 문헌조사 결과와 유사하였다. 면담조사를 통하여 능력 및 자질 영역에서는 어학능력, 내적가치 추구, 다방면의 상식순으로 많이 언급되었으며, 성격특성으로는 사교성과 신뢰성이 가장 강조되었다.

셋째는 설문조사이다. 문헌조사와 면담을 통하여 획득된 바람직한 특성과 능력에 관한 자료들에 기초하여, 최대한의 객관적 자료를 획득하기 위한 방법으로 전체 I/O를 대상으로 설문조사를 실시하였다. 설문내용은 업무내용 조사, 능력 및 자질, 성격 특성, 직업적 성격유형의 4개 분야로 구성되었다. 설문에서는 제시된 요인들의 중요도를 평가하게 하였으며, 추가로 가장 중요하게 생각되는 요인 5가지씩을 선정하도록 요구하였다.

위에서 설명한 세 가지 방식에서의 작업분석 결과, 최종적으로 도출된 요인들은 세 영역에 걸쳐 총 22개 요인으로 정리되었다. 제1영역은 능력으로 의사소통능력, 추리능력, 인간관계능력, 조직 및 기획능력, 추진력, 자기관리 능력이 포함되었다. 제2영역은 성격으로 신뢰성, 성실성, 창의성, 정직성, 사교성, 자기통제, 적극성, 인내심, 외향성, 복종성, 치밀성, 공감성, 내적가치 추구 등이었다. 제3영역은 흥미로서 진취형, 탐구형, 사회형으로 구분되었다.

(2) 평가도구 및 평가방법

연구의 다음 단계는 작업분석에서 도출된 22개의 적성요인들을 어떤 방식으로 측정하는 것이 가장 효과적인가를 결정하는 것이다. 측정은 가급적 다양한 검사도구를 사용하여 한 개인의 특성을 종합적으로 측정하는 평가센터(assessment center) 방식을 적용하기로 하였다. 이에 따라 전통적으로 사용되는 면접이나 지필검사 이외에도 투사검사나 상황검사 등을 포함시켰다. 성장사나 생활사와 같은 자료분석도 함께 이루어지도록 하였다. 측정하고자 하는 적성요인과 각 적성요인을 평가하기에 적합한 평가방법을 연결시킨 결과가 [표 2-3]에 제시되었다.

평가도구

I/O를 선발하기 위한 적성검사에 활용될 심리검사를 독자적으로 개발하는 것은 여러 가지 이유로 사실상 어려운 상황이었다. 비용과 시간의 문제도 있지만 결정적인 제한 사항은 현재 I/O로 활동 중인 관찰대상이 100여명도 채 되지 않아서 전집구성이 매우 어렵다는 점이다. 따라서 기존의 심리검사들을 검색하여 본 연구에서 평가하고자 하는 적성

[표 2-3] 적성요인별 측정도구 매트릭스

구분	하위요인	검사 유형	
		지필용 검사	행동 관찰
능력	의사소통능력		
	-표현력	지능검사/신상소개서	발표/상황검사/면접
	-설득력		집단토의
	-이해력		집단토의/발표
	-논리적		집단토의/발표
	추리능력		
	-분석력	지능검사	
	-판단력	지능검사	집단토의
	조직/기획력		상황검사
	인간관계능력	신상소개서	집단토의
	자기관리능력	신상소개서	면접
	추진력		집단토의/면접
	상식		집단토의/면접/발표
	체력		면접
성격	-외향성	성격검사/신상소개서	
	-사교성	성격검사/신상소개서	교우관계
	-적극성	성격검사	친분관계
	공감/포용적		집단토의
	성실/신뢰성	성격검사	상황검사
	정직성	성격검사	상황검사
	치밀성		상황검사
	강인성(인내)	성격검사	
	자기통제력	성격검사	
	복종적	성격검사	
	창의성	성격검사	
	내적 가치추구		면접
흥미	진취형/탐구형/사회형	직업성격유형검사	

요인들과 중복되는 요인을 가장 많이 포함한 검사들을 활용하기로 결정하였다. 이를 위해 능력 분야의 요인들을 평가하는 데에는 지능검사를 활용하고, 성격 분야의 요인들을 평가하는 데에는 성격검사를 활용하기로 하였다.

흥미와 생활사 검사는 직업적 성격유형을 구분해 준다고 보고된 노동부의 직업선호도검사에 사용되는 문항들로 구성하였다. 흥미검사는 여러 가지 하위 유형들 중에서 진취형의 흥미에서만 변별력이 확인되었고, 나머지 두 요인에서는 가능성만 확인되었다. 생활사 검사는 적용되었던 영역에서 변별력이 확인되지 않아 검사풀에서 제외하였으며, 대신에 자기소개서를 통하여 정보를 얻도록 하였다.

행동관찰에는 5분 발표, 집단토의, 상황검사, 면접의 방식을 활용하였다. 5분 발표는 10개의 주제들 중에서 응시자로 하여금 한 개의 주제를 선택하게 하고, 선택한 주제에 대해 20분간의 준비를 통하여 5분간 발표토록 지시하였다. 집단토의는 연구자들이 선정한 10개의 토론 주제들 중 하나를 선택하여 4명의 응시자가 토론을 통해 결론을 내리도록 하는 방식이다. 면접은 각종 검사와 서류 자료들에서 확인되지 않았거나 불확실한 사항을 추가로 보완하는 목적으로 활용되었다.

평가방법

I/O 선발을 위한 적성검사의 평가는 3명으로 구성된 평가위원회에 의해 실시되도록 하였다. 평가위원회는 심리학자 1명, 장교 2명으로 하되 중/대령급 장교와 대위/소령급 장교로 구성하는 것을 권장하였다. 평가대상자는 4명을 한 조로 편성하여 조별로 평가를 받도록 원칙을 정하였다.

적성요인에 대한 평가는 5등급으로 결정된다. 1등급(A)은 매우 우수한 수준이며, 2등급(B)은 우수한 수준, 3등급(C)은 평균적인 수준, 4등급(D)은 평균이하 수준, 5등급(E)은 매우 저조한 수준을 의미한다. 지능검사를 통하여 평가되는 적성요인들(판단력, 표현력, 분석력)은 값이 높을수록 높은 등급을 받게 된다. 그러나 성격검사를 통하여 평가되는 적성요인들(사교성, 복종성, 적극성, 정직성, 성실성, 자기통제력, 외향성, 강인성, 창의성)은 원점수에 의거 10점 척도상에서 값이 주어진다. 그 다음 10점 점수체계에서 어느 점수가 A가 되고 B가 되는지 여부는 각 요인별로 전문가가 부여한 등급에 의해 결정된다. 예를 들어 강정성[3]의 경우 A등급은 9~10점대가 아니라 5~6점대이며, 9~10점대는 C등급으로 점

3 강정성은 강인하고 대담하며 결단력이 있고 모험심이 강한 정도를 의미한다.

수가 부여된다.

심리검사는 객관적 판단에 따라 구분될 수 있으며, 상황검사는 제시된 판단기준에 따라 평가자들의 주관적 판단에 의해 평가된다. 평가위원회의 각 위원들은 응시자들을 독립적으로 평가한 다음, 평가가 종료된 직후 위원회 토의를 통하여 최종적으로 합의에 의한 단일안을 작성한다. 각각의 검사에서 평가된 점수들은 최종적으로 종합평가지에 통합된다. 이때 위원들이 합의하여 작성하며, 평가에 이의가 있는 부분에 대해서는 상호 절충이 이루어져야 한다.

최종평가 결과를 토대로 지원자들 간의 우선순위가 결정된다. 이때 아래와 같은 평가원칙을 따르도록 한다.

- 평가 1단계: 기본적인 요건의 충족여부를 확인한다. 기본적인 요건은 각각의 적성요인에서 획득한 점수들 중 D등급 이하 점수가 하나라도 있어서는 안 된다.
- 평가 2단계: 평가 1단계의 조건을 충족한 지원자들 간의 서열은 각 개별 요인들을 합한 점수순으로 한다.
- 평가 3단계: 평가 2단계에서 통합점수가 유사하여 서열판단이 애매한 경우, 요인별 우선순위에 의거하여 우선순위가 높은 요인의 점수가 우수한 자를 더 우대하여 평가한다.

평가운영

I/O 적성검사는 [표 2-4]에 제시된 절차에 따라 실시된다. 전체 검사를 실시하는 데에 소요되는 시간은 휴식시간을 제외하고 295분(약 5시간)이다. 이 시간판단은 응시자 1인

[표 2-4] I/O 적성검사 프로그램별 소요시간

순위	검사 유형	시간(분)	검사 내용
1	지필용 심리검사 I	50	최신 지능진단검사
2	지필용 심리검사 II	50	성격 요인검사
3	지필용 심리검사 III	50	직업성격유형검사, 자기소개서
4	주제 발표	25	20분 준비, 5분 발표
5	집단 토의	30	토의를 통한 합의 도출
6	상황검사	40	3가지 문제에 대한 의견서 작성
7	서류심사	20	평가자들에 의한 확인
8	면접	30	획득된 자료들의 확인 및 평가
계		295	

을 기준으로 판단한 것이며, 휴식시간을 고려하지 않은 시간이다. 휴식시간과 식사시간을 고려할 경우 평가는 약 8시간이 소요된다. 지필용 심리검사는 세 가지 심리검사(최신 지능진단검사, 성격요인검사, 직업성격유형검사)와 신상소개서로 구성된다. 최신 지능진단검사와 성격요인검사는 각각 독립적으로 시간을 부여하여 실시하고, 직업성격유형검사와 신상소개서는 같은 시간대에 실시한다.

참고문헌

남기덕, 문양호, 김용주, 고재원, 이현엽, 이태호 (2010). **리더와 상담자를 위한 심리학.** 서울: 박영사.

이상빈 역 (1985). **산업심리학**. 서울: 유풍출판사.

이재윤 (1990). **육군장교 병과적성 진단 및 판별 연구**. 고려대학교 박사학위 청구논문.

유재봉, 최승희 (1989). **심리학 개론**. 서울: 박영사.

유태용 역 (2012). **산업 및 조직심리학**. 서울: 시그마프레스.

장동환, 김영채, 손정락 역 (1994). **심리학 입문**. 서울: 박영사.

Anastasi, A. (1988). *Psychological testing (6th ed.)*. New York: Macmillan.

Bobko, P. (1994). Issues in operational selection and classification systems: Comments and commonalities. In M. G. Rumsey, C. B. Walker, & J. H. Harris (Eds.), *Personnel selection and classification* (pp. 443-456). Hillsdale, NJ: Erlbaum.

Brand, C. (1987). The importance of general intelligence. In S. Modgill & C. Modgill (Eds.), *Arthur Jensen: Consensus and controversy* (pp. 251-265). Lewes, East Sussex: Falmer Press.

Feldt, L. S., & Brennan, R. L. (1989). Reliability. In R. L. Linn (Ed.), *Educational measurement (3rd ed.)* (pp. 105-146). New York: American Council on Education and Macmillan Publishing Co.

Gaugler, B. B., Rosenthal, G. C., Thornton, G. C. & Benston, C. (1987). Meta-analysis of assessment center validity. *Journal of Applied Psychology, 72*, 493-511.

Jones, A. (1991). The contribution of psychologists to military officer selection. In R. Gal & A. D. Mangelsdorff. (Eds.), *Handbook of military psychology* (pp. 63-80). New York: John Wiley & Sons.

Hilton, T. F., & Dolgin, D. L. (1991). Pilot selection in the military of the free world. In R. Gal & A. D. Mangelsdorff. (Eds.), *Handbook of military psychology* (pp. 81-101). New York: John Wiley & Sons.

Neumann, L., & Abrahams, N. M. (1976). *Empirical Weighting of Predictors for the Naval Academy Selection Program* (No. NPRDC TR 76-37). Naval Personnel Research and Development Center, San Diego, Calif.

Pearlman, K., & Sanchez, J. I. (2010). Work analysis. In J. L. Farr & N. T. Tippins (Eds.),

Handbook of employee selection (pp. 73-98). New York: Routledge.

Priest, R. F., & Burke, W. P. (1987). *Long term validation of measures of high school leadership.* Paper presented at the 29th Annual Conference of the Military Testing Association, Ottawa, 19-23 October.

Yukl, G. (2002). *Leadership in Organizations* (5th ed.). NJ: Prentice Hall.

Zedeck, S., Tziner, A., & Middelstadt, S. E. (1983). Interviewer validity and reliability: An individual analysis approach. *Personnel Psychology, 36,* 355-370.

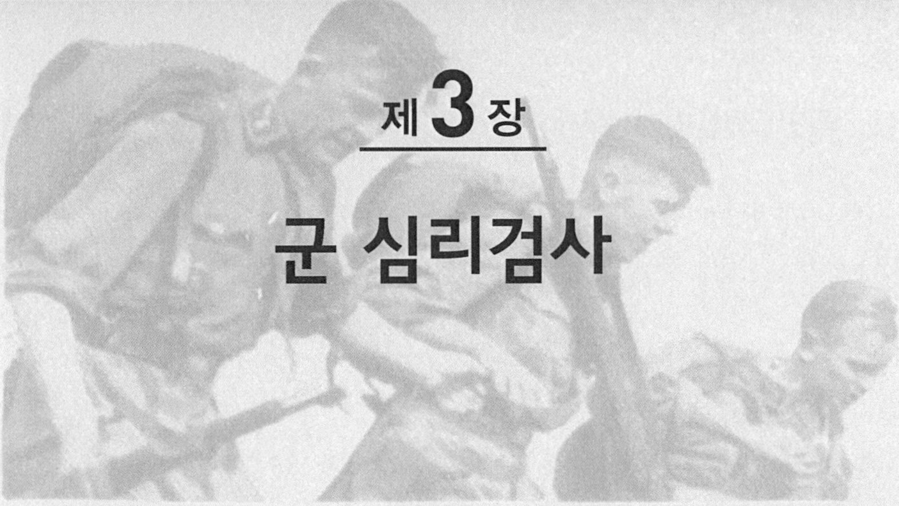

제 3 장

군 심리검사

군대의 특성과 군사적 임무를 고려해 볼 때, 군 구성원들이 건강한 정신상태를 유지한다는 것은 쉬운 일이 아니다. 곳곳에 이들의 정신건강을 해칠 가능성이 높은 요인들이 산재해 있다고 보아야 할 것이다. 일상적인 생활에서 벗어난 병영에서, 생명을 위협하는 전장에서, 그리고 낯선 타국의 파병지에서 임무를 수행하는 전투원들은 계속되는 긴장과 불안감 속에서 생활해야 한다. 그러다보면 계속되는 스트레스를 극복하지 못한 채 부여된 임무를 정상적으로 수행하지 못하게 되거나, 약물 또는 알코올에 의존하여 생활하기도 하며, 극단적인 경우에는 자해나 자살과 같은 비극적인 결말에 이르기도 한다.

전투임무를 수행하는 군인들에게 있어서 정신건강은 다른 여타의 직업군보다도 더 중요한 의미를 갖는다고 볼 수 있다. 왜냐하면, 이들은 위급한 상황에서도 스스로의 위험을 무릅쓰고 부여된 임무수행에 헌신해야하기 때문이며, 대량살상 무기와 장비를 운용하는 주체들이기 때문이다. 그렇다면 군 구성원의 정신건강을 확보 또는 유지할 수 있는 방법에는 어떠한 것들이 있는가?

군 구성원의 정신건강은 크게 세 가지 차원에서 접근할 수 있다. 첫 번째는 가급적 정신적으로 건강한 자원들이 군에 유입되도록 시스템을 갖추는 것이다. 징병 또는 선병 과정에서 정신적으로 문제가 있는 자원들을 식별하여, 이들의 군내 유입을 제한하는 방법이다. 두 번째는 이미 군에 유입된 자원들이 정신적으로 건강한 상태를 유지할 수 있도록 여건을 조성하는 것이다. 직무특성상 상황적으로 스트레스가 심한 병영과 전장 환경에서 정신적 손상을 입지 않도록 조치하는 방법이다. 세 번째는 정신건강에 손상을 입은 사람들이 온전하게 치료받을 수 있는 기회를 제공하여 정신건강을 회복할 수 있도록 도와주는 방법이다.

본 장에서는 우선적으로 징병 또는 선병과정에서 정신적으로 문제가 되는 자원들이 유입되는 것을 예방하는 다양한 제도에 대해 살펴보도록 한다. 먼저 군에서 운영하고 있는 정신질환자 식별시스템에 대해서 알아본 다음, 군에서 직접 제작하여 실제 사용되고 있는 군인성검사를 소개한다. 그리고 인터넷 중독을 진단하는 검사에 대한 소개를 하고자 한다. 끝으로 최근에 전방사단에서 발생한 인명사고와 연관성이 높은 사이코패스에 대해 소개하고자 한다.

1. 정신질환자 식별시스템

(1) 국민 정신건강 실태

보건복지부가 2017년 4월에 발표한 「2016년도 정신질환실태 역학조사」 결과에 의하면, 성인 4명 중 1명이 평생 한 번 이상 정신건강문제를 경험하고 있는 것으로 밝혀졌다([표 3-1] 참조). 전국 만 18세 이상 성인 5,102명을 대상으로 실시된 이 조사에서 1년유병률은 11.9%(남자 12.2%, 여자 11.5%)로, 지난 1년간 정신건강문제를 경험한 사람은 470만 명으로 추산된다.

기분 장애의 대표 질환인 주요우울장애(우울증) 평생유병률은 5.0%이며, 1년유병률은 1.5%로, 지난 1년간 우울증을 경험한 사람은 61만 명으로 추산된다. 불안장애 평생유병률은 9.3%, 1년유병률은 5.7%로, 약 224만 명이 불안장애를 경험한 것으로 추산된다. 성인의 15.4%는 평생 한 번 이상 심각하게 자살을 생각하며, 3.0%는 자살을 계획하고, 2.4%는 자살을 시도하였으며, 지난 1년간 성인의 2.9%가 한 번 이상 심각하게 자살을 생각하고, 0.4%가 자살을 계획하고, 0.1%가 자살을 시도한 것으로 나타났다. 조현병 스펙트럼장애 평생유병률은 0.5%로 지역사회에서 1년간 조현병 스펙트럼장애를 경험한 적이 있는 사람은 6만 3천 명이고, 입원 및 입소해 있는 조현병 스펙트럼장애 환자 수는 5만 명으로 나타났다.

최근의 통계에 의하면, 도시 인구의 거의 1%에 해당되는 사람들이 사이코패스적 성향을 갖고 있다. 이들의 존재는 그 주변인들을 위험에 처하게 하고 고통스럽게 만들면서도, 그 심각성에도 불구하고 이들은 문제 인물로 식별되지 않는 경우가 많다. 이들은 자신에게 문제가 있다고 생각하지 않고, 오히려 우월한 존재로 여기고 양심의 가책은 느끼지

[표 3-1] 주요 정신질환의 평생유병률(보건복지부, 2017)

진단명	남자	여자	전체
알코올 사용 장애	18.1	6.4	12.2
약물 사용 장애	0.3	0.2	0.2
니코틴 사용 장애	10.6	1.4	6.0
조현병 스펙트럼장애	0.5	0.4	0.5
기분 장애	3.3	7.2	5.3
불안장애	6.7	11.7	9.3
모든 정신장애	28.8	21.9	25.4

않으며, 교묘하게 주변인을 조종할 줄 아는 능력을 소유하고 있다. 만약에 사이코패스를 비롯하여 정신적으로 문제가 있는 자원들이 군에 유입될 경우 수많은 사람들이 정신적, 육체적 피해를 보게 될 수 있으며, 이들에 의해 초래될 사고의 위험성은 매우 클 것으로 예측된다. 이러한 의미에서 정신적으로 건강하지 못한 자원들이 군에 입대하는 것을 차단하는 제도적 장치는 매우 중요한 의미를 갖는다.

현재는 병무청에서 실시하는 병역판정검사와 각 군 신병훈련소에서의 실시하는 복무적합도 검사를 통하여 정신적으로 문제가 되는 자원들이 군에 유입되는 것을 원천적으로 차단하고 있다. 그런데 이러한 노력에도 불구하고 정신적으로 문제가 되는 인원들 중 상당수가 군에 그대로 유입되고 있는 것도 사실이다. 2012년에서 2016년까지 5년간 현역복무 부적합으로 전역한 군인이 13,034명에 달하고, 이중 정신질환에 의한 부적합자 수는 10,408명이었다. 이 기간 소집 해제된 사회복무요원 789명 중 752명(95.3%)이 정신질환을 보이는 것으로 집계되었다. 물론 이들 중에는 병역판정검사나 입영 당시에는 별 문제가 없었으나 군 복무를 통하여 정신질환이 발병 또는 발전되었을 가능성도 배제할 수는 없다. 그럼에도 불구하고 입영과정에서 정신적으로 문제가 되는 자원들을 식별하는 시스템을 보다 더 정교하게 운영하여 이들의 입대를 가능한 최소화시켜야 한다.

(2) 정신질환자 식별시스템

군에서는 장병들의 정신건강을 유지하고 병역에 부적합한 대상자들을 식별하고 관리하기 위한 다양한 프로그램들을 운영하고 있다. 이를 크게 보면 [그림 3-1]과 같이 입영 전 활동과 입영 후 활동으로 구분할 수 있다.

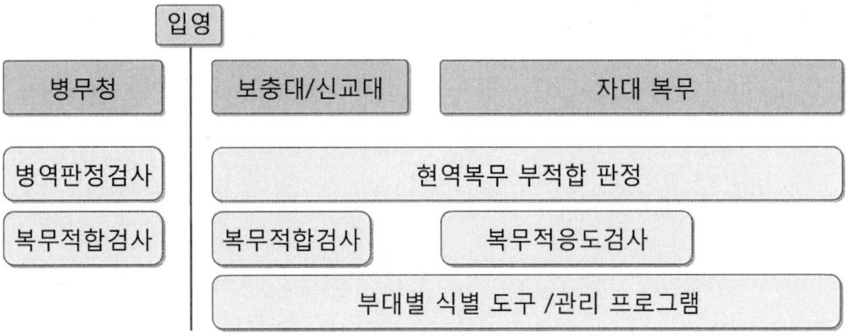

[그림 3-1] 장병 정신관리 활동

입영 전 식별활동

먼저, 입영 전 단계에서는 병무청에서 주관하는 병역판정검사가 있다. 이 과정에서 최초로 군에 입대할 자원들에 대한 병역적합성을 판정하게 된다. 병역판정검사에서 정신건강과 관련하여 실시되는 심리검사는 개인의 정신적, 심리적 상태에 대해 진단하고 그 결과를 신체등급 판정에 반영하여 군 사고 및 복무 부적응을 사전에 예방하는 데에 그 목적이 있다.

심리검사절차는 1차와 2차 그리고 정밀검사로 구분된다. 1차 심리검사는 병역판정검사 대상자 전원을 대상으로 하며, 인성검사와 인지능력검사 그리고 질병상태 문진표 조사로 구성된다. 1차 심리검사는 PC를 통해 실시되며, 자기보고식으로 진행된다. 1차 심리검사에서 문제가 있다고 판단될 경우 2차 심리검사를 실시한다. 2차 심리검사 단계에서는 임상적 면담 및 집중 심리검사가 임상심리사에 의해 이루어진다. 2차 심리검사 단계에서도 문제가 되는 대상자는 정신과의사 주관으로 정밀검사를 받은 다음 현역, 보충역, 전시근로역, 병역면제, 재검사 대상 등으로 판정된다.

[그림 3-2]는 병역판정 불합격자들을 질병의 유형별로 구분한 것이다. 2016년을 기준으로 보면, 신경정신과가 41%로 6,418명에 이르고, 그 다음은 외과 25%, 내과 23%, 안과

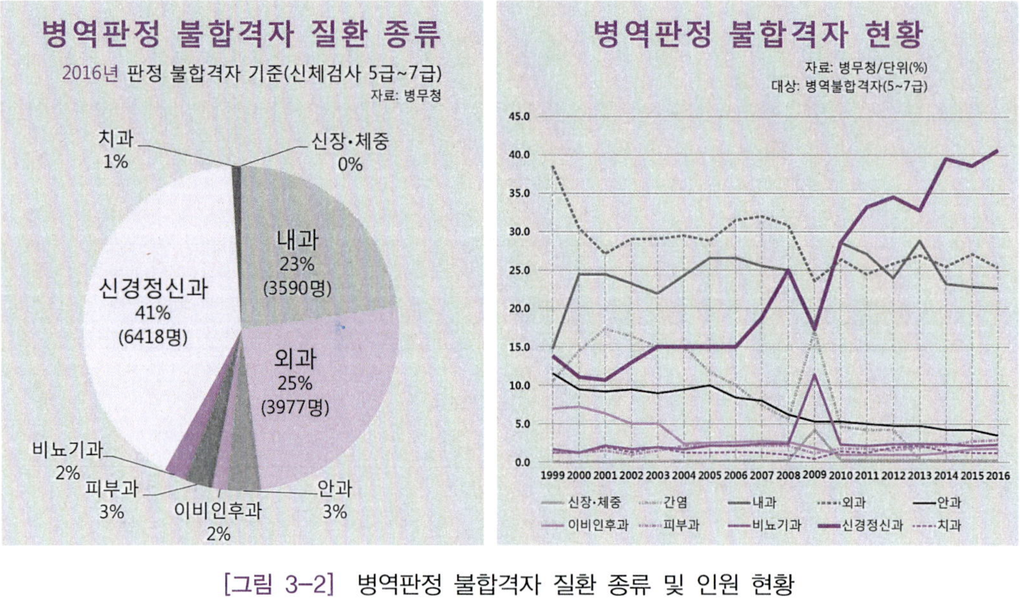

[그림 3-2] 병역판정 불합격자 질환 종류 및 인원 현황

출처: https://img3.daumcdn.net/thumb/R658x0.q70/?fname=https://t1.daumcdn.net/news/201708/02/nocut/20170802060310865eodh.jpg)

와 피부과가 각각 3%, 비뇨기과와 이비인후과가 각각 2%로 나타났다. 신경정신과의 불합격자수는 2000년도 이후부터 비록 일시적인 감소 패턴이 있었지만 전반적으로는 증가 추세를 보이고 있다.

입영 후 식별활동

입영 후 단계에서는 논산훈련소 또는 사단 신병교육대에서 실시하는 기초군사훈련 기간을 통해서도 현역복무 적합성 여부를 판단하고, 부적합하다고 판단될 경우 현역복무 부적합 심의절차에 의거 귀가 조치시킨다. 부대배치를 받아 군 복무를 하게 되는 경우 주기적인 심리검사를 통하여 정신적으로 문제의 소지가 있는 인원들에 대해 그린캠프 운영 등 다양한 관심활동을 실시하며, 필요에 따라 현역복무 부적합 심의를 진행한다.

군에서 다양한 절차적 시스템을 통하여 정신적으로 문제가 있는 인원들의 군내 유입을 차단하는 궁극적인 목적은 사고예방에 있다. 그러다 보니 사고를 발생시킬 위험성이 있는 인원들에 대한 관심은 높지만 군 구성원 전체의 정신건강에 대해서는 다소 관심이 부족한 것도 사실이다. 또 한편으로는 사고예방에 치중한 나머지 무수히 많은 검사와 식별 및 관리 활동을 실시함에 따라 관련 실무자의 업무 부담을 엄청나게 가중시키는 부작용을 유발하기도 한다. 2008년에 이루어진 전방사단에 대한 실사조사 결과를 보면 검증되지 않은 검사를 사용하거나, 중복되는 활동들을 운영하는 경우가 빈번하다. 그러다 보니 오히려 형식적인 업무처리의 관행이 발생하기도 한다. [표 3-2]는 전방사단의 사단, 연대, 대대 등 각 제대별로 운영되고 있는 사고예방을 위한 다양한 활동들을 정리하였다. 이 표에서 알 수 있는 바와 같이 각 제대별로 사고예방을 위한 활동이 지나치게 많다. 과연 이러한 업무들이 정상적으로 운영될 수 있을지 의문시되기도 한다.

[표 3-2] 전방사단 제대별 사고예방 활동 목록

제 대	활 동	
사 단	• 비전/Post 비전캠프(현재 미운용) • 분대장 집체교육(미수료자) • 군기강확립/사고예방교육(헌병) • 군법 교육(법무) • 선진병영문화 추진평가회의 • 부대 정밀진단(분기 1회) • 홈페이지 '칭찬합시다' 코너 운영 • 병영생활 전문상담관 운영	• 신교대 상담기법 교육(군종) • 공동체 사랑의 병영 운동 • 대대장 사고예방 교육 • 현역복무 부적합 심의(월 2회) • 부대 안정성 평가 • 인명중시 부대관리 세미나(반기1회) • 초급부사관 임무수행 능력 교육
연 대	• 병장 선진병영 캠프 • 이등병 선진병영 캠프(월 1회) • 전입신병 동화교육(1박 2일) • 선진병영문화 추진평가회의(분기) • 분대장 집체교육(반기) • 병영생활 전문상담관 운영 • 부대 정밀진단(분기) • 사랑의 병영관리 프로그램 운영 • 초급간부 상담기법 교육(반기) • 초급간부 간담회	• 부대관리 대토론회(월) • 주단위 악폐습 척결 설문 • 중대장 사고예방 교육(월) • 인명중시 부대관리 세미나(반기) • 순회 병력 결산(월) • 부대 안정성 평가 • 중대장/행보관 워크숍(반기) • 인성검사 결과 분석 • 지휘관 대화방 개설
대 대	• 전입신병 100일 관리 매트릭스 • 전입신병 길라잡이 제작활용 • 상향식 일일 결산 • 주간 병력 결산 • 악폐습 척결설문(주단위) • 계급/계층별 간담회 • 부대 정밀진단(월) • 공동체 사랑의 병영 운동	• 병영생활 전문상담관 운영 • 선진병영문화 추진평가회의(월) • 칭찬합시다! 캠페인 운용 • 운전자/선탑자 신고(대대장) • 일일 부대 안정성 평가 • 병영생활 행동강령 준수 교육 • 인성검사 결과 • 현역복무 부적합자 선정/건의
중 대	• 전입신병 지휘서신 발송 • 전입신병 환영 행사 • 분대장 관찰보고/상향식 일일결산 • 분대장 간담회(중대장) • 분대 교육 도식(월 1회) • 계급별/계층별 간담회 • 출타자 Call-Visit	• 일일 단위 위험예지 교육 • 공동체 사랑의 병영 운동 • 일일 병력결산, 주간병력 결산 • 주단위 악폐습 척결 설문/대대보고 • 병영생활 행동강령 준수 교육 • 병영생활 전문상담관 운용 • 부대 정밀진단(주)

2. 군내 인성검사 활용

군 구성원들의 정신건강을 유지하는 다양한 방법들 중에서 가장 우선적으로 고려되어야 하는 방법은 군에 유입되는 자원들을 대상으로 정신질환 여부를 진단하여 문제가 될 것으로 예상되는 인원들의 유입을 차단하는 것이다. 미군을 비롯하여 많은 외국군에서는 이러한 목적을 달성하기 위하여 심리검사를 적극 활용하고 있다.

(1) 군내 인성검사 개발 역사

우리 군에서는 1960년대 후반부터 육군의 인간관계 개선위원회를 중심으로 연구가 진행되어 정신진단검사가 제작되었으나, 활용되지 못하였다. 그 후 병무청의 선병위원회에서는 MMPI를 축소하여 사용하였다. 최초에는 150문항으로 축소된 형식을 사용하였으나, 점차 200문항까지 확대된 형태를 사용하였다. 또한 병무청에서는 투사법 검사인 'Rorschach검사'를 객관식으로 변형하여 사용하였다. Rorschach검사 카드에 대한 객관식 반응 목록이 제시되고 항목을 선택하게 하는 변형된 검사가 1970년대부터 1990년대 중반까지 사용되었다. 그러나 이 검사들은 타당도 측면에서 증거가 불분명하여 실제 활용하기에 어려움이 따랐다(신응섭, 1984).

육군에서는 최용권(1994)에 의해 개발된 KMPI가 1995년부터 2006년까지 사용되었다. KMPI는 기존의 MMPI를 축소하여 재표준화한 검사이다. KMPI 검사결과는 사병 개인자료에 포함되어 지휘 자료로 활용될 정도로 초기에는 변별력이 높다는 언급도 있었으나, 신뢰도가 부족하고, 사용자들이 이해와 활용에 어려움을 겪고 있었으며, 각종 사고와의 관련성을 파악하기 어렵다는 등의 문제점이 제기되었다. 특히 MMPI를 축소하여 사용한 간편형 MMPI(383문항)를 더 간편하게 축소하여 102문항 검사로 제작된 KMPI는 검사를 제작하는 절차상에서 문제점을 갖고 있었다.

국방부는 병무청에서 사용하고 있는 MMPI 축소형이나, 육군의 입소부대에서 사용하는 KMPI의 문제점을 인식하고 1997년 한국 심리학회에 새로운 군 인성검사의 개발을 의뢰하였다. 1999년에 개발이 완료된 군인성검사(MPI)는 한동안 육군에서 사용되지 않고 병무청에서만 사용되었다. 그러다가 육군은 2006년부터 MPI를 적극 사용하였다.

MPI는 타당도척도 3개, 임상척도 10개, 그리고 내용척도 6개 등 총 19개의 척도로 구성되었다. 검사 문항수는 각 척도에 채점되는 문항 362개와 채점되지 않는 문항 3개를 합친 365개이다.

입영 전과 입영부대에서 실시하는 군인성검사와는 별도로 군에 부적응할 가능성이 높은 병사들을 발견하기 위한 노력들이 각 급 부대에서 다양한 방식으로 이루어져 왔다. 육군은 인사참모부 주관으로 한국무형자원연구소에 의뢰하여 육군표준인성검사를 2005년도에 개발하였으며, 2007년 이후부터 대위급 이하 전 장병에게 전면적으로 시행하였다. 그러나 이 검사는 검사 비용을 지불해야 하는 문제점, 검사와 결과 확인까지의 시간적 요구가 크다는 점, 그리고 활용 적시성의 문제와 검사 척도들의 이해 곤란 등의 문제가 제기되어 2009년부터 사용이 중단되었다.

군종계통에서는 2000년부터 Ego-OKgram, KMPI, HTP, MBTI 및 간편 심리검사를 CD로 제작하여 관심병사의 상담 및 관리에 활용하였다. 사단별로는 지휘관의 관심에 따라 SCL-90R, HTP 검사들이 시행되기도 하였다.

2005년 육군은 대구 응용심리연구소와 한국가이던스에 의뢰하여 기존의 인성검사(KMPI, MPI, 표준인성검사)들의 신뢰도와 타당도, 실용성에 대한 비교분석을 연구토록 하였다. 연구팀은 군 인성검사가 다른 검사들에 비해 상대적으로 군의 필요성에 가장 적절한 것으로 판단되지만 개선이 필요하다는 연구결과를 제시하였다. 군인성검사(MPI)의 주된 문제점으로는 다음과 같은 내용들이 언급되었다: 측정요소가 지나치게 많고 부적절한 문항들이 있다는 점, 정밀진단의 비율이 18~30%로 증가하여 규준의 재설정이 요구된다는 점, 무작위 반응과 불성실한 반응을 측정하는 방안이 없다는 점, 자대용 검사가 없다는 점 등등.

이러한 제반 문제점에 기초하여 국방부는 현행 군인성검사를 기초로 한 새로운 검사도구의 개발이 바람직하다고 판단하였으며, KIDA의 주관 하에 군 인성검사 개발자를 포함하는 민군컨소시엄에 의한 연구를 요청하였다. 새롭게 제작된 검사는 2007년에 연구가 시작되어 '신인성검사'라는 이름으로 2009년에 개발이 완료되었으며, 병무청과 입영부대 그리고 자대에서 사용되었다. 신인성검사는 2016년도에 개선을 위한 몇 가지의 변경을 통하여 '신인성검사 2.0'으로 개칭되었다. 따라서 다음에서는 최근에 수정된 '신인성검사 2.0'을 중심으로 살펴보도록 한다.

(2) 신인성검사

기존의 군 인성검사(MPI)를 대신하는 새로운 검사인 신인성검사는 정신과적 정밀진단이 요구되는 정신장애자를 선별하고, 군 생활에 부적응할 가능성이 높거나 높은 대상자들을 조기에 발견하기 위해 개발되었다(최광현, 2009).

신인성검사는 기존의 단일의 검사양식과는 달리 검사모듈 방식으로 설계되어 용도(선병 혹은 부적응자 식별)에 따라 구성 문항을 다르게 조합하는 방식으로 개발되었다. 선병업무를 전담하는 병무청에서는 입대병사들의 정신질환 여부를 진단하여 병역등급을 판정하는 기능을 수행하기 때문에, 병무청에 사용되는 심리검사는 정신질환 여부를 판별하는 내용이 주가 되도록 하였다. 이를 위해서 선병을 위한 검사단계에서는 정신병리 척도, 사고 관련 척도, 반응왜곡 척도가 사용되도록 하였다.

부대에서 근무를 하는 과정에서는 사고예방을 위하여 심리적으로 적응에 곤란을 겪는 인원을 식별하는 과업이 주가 된다. 따라서 부대 근무과정에서 실시하는 심리검사는 정신질환 여부의 식별보다는 적응활동과 사고유발 가능성이 높은 특성이나 징후를 포착하는 문항들이 주가 되도록 하였다. 이를 위해 자대용 인성검사에는 적응관련 척도, 적응성격 척도, 반응왜곡 척도가 포함되었다. 이러한 개념을 도식으로 표현하면 [그림 3-3]과 같다.

정신병리 척도는 정신과적인 질환을 앓고 있거나 심리정서적인 문제로 인해 군 생활 과정에서 정신병리 등 다양한 문제를 나타낼 수 있는 자원을 조기에 식별하여 제외시키기 위한 척도이다. 정신병리 척도는 신경증과 정신병으로 구분되는데, 신경증에는 불안, 우울, 신체화, 성격장애가 포함되고, 정신병에는 정신분열과 편집증이 포함되었다.

적응 및 사고 관련 척도는 군 생활을 안정하게 마치고 자신의 임무를 충실하게 수행할 수 있는 것과 관련된 정보를 제공할 수 있는 척도와 심리 정서적으로 정상적인 상태로 군에 입대한 후에도 군의 특수상황에서 사고와 관련된 행동을 할 수 있는 사람을 판별하는 척도를 의미한다. 사고관련 척도로는 군탈, 적응문제, 행동지체, 행동화 요인 등이

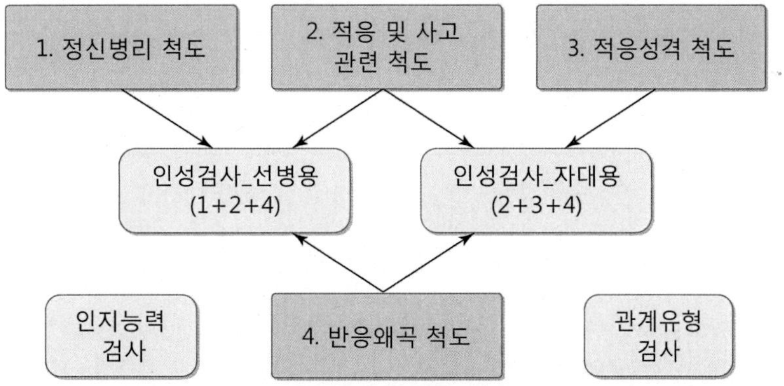

[그림 3-3] 신인성검사 구성

며, 적응관련 척도로는 조직생활 적합도, 순응성, 대처능력, 상황 판단력, 현실검증 등이 포함되었다.

적성성격특성 척도는 선병과정에서 정상으로 판정받아 입대한 자원들이 성공적으로 군 생활을 가능하게 하는 건강한 성격특성을 나타내는 척도이다. 여기에는 강인성, 탐구성, 창의성, 배려성, 성실성, 주장성 등이 포함되었다.

반응왜곡 탐지 척도는 자신의 증상을 과장하거나 없는 증상을 만들어 내는 장병들을 탐지해내는 척도이다. 긍정왜곡, 부정왜곡, 희귀반응, 일치도 등이 진단된다.

관계유형검사는 자기보고식 검사의 한계점을 보완하기 위해 고안된 검사이다. 이는 병 상호간 평가방식을 적용하고 있으며, 검사를 통해 관계유형을 이해하고 자기보고식 검사에서 식별되지 않은 부적응 행동을 추가적으로 식별하기 위해 실시된다. 상호인식검사로도 불리는 이 검사에서는 호감 관련 4문항과 배척 관련 2문항이 사용되었다. 검사결과는 인기인, 개성인, 배척인, 주변인으로 분류된다.

앞에서 설명한 바와 같이 신인성검사는 용도에 따라 검사모듈의 조합이 상이하며, 그에 따라 명칭도 다르다. 병무청의 선병과정에서 실시하는 검사는 지필검사 형식으로 실시하며 「복무적합도검사」라고 부른다. 입영신검 과정에서 실시하는 검사 역시 「복무적합도검사」라고 부르고 지필검사 형식으로 이루어진다. 신병교육대에서 실시하는 검사는 「군생활적응검사」라고 부르며, 이 역시 지필검사 형식으로 실시한 다음 전산 입력하여 결과를 처리한다. 자대에서 실시하는 검사는 「적성적응도 검사」라고 하며 온라인으로 실시한다. 그리고 중사이상 부사관과 위관장교들을 대상으로 실시하는 검사는 「복무적응도 검사」라고 부르며, 온라인상에서 실시한다. [표 3-3]은 검사시기별 검사유형을 도식화한 것이다.

[표 3-3] 복무시기별 검사유형

시기	징병검사	입영신검	신병교육	자대복무	
주관	병무청	입영신검 전담부대	신병교육대	자대	자대
대상	제1국민역	입영장정	훈련병	병사/하사	중사이상 부사관 및 위관장교
검사	복무적합도 검사	복무적합도 검사	군생활적응 검사	적성적응도 검사	복무적응도 검사

(3) 신인성검사 2.0

2009년부터 사용되어 온 신인성검사는 6년 정도의 시행과정에서 발견된 여러 가지 제한사항과 개선사항을 반영하여 2016년부터 새롭게 「신인성검사 2.0」으로 개선되었다. 주요 개선사항을 보면, 먼저 복무부적합 및 부적응 가능성에 대한 평가영역을 확대하고 신규문항을 개발하였다. 두 번째는 잠재적 위험요인(충동성, 폭력성, 사회성 결여 등)과 같은 심리적 취약성의 선별 기능이 향상되었다. 세 번째는 수검 태도 및 거짓 반응탐지 기능을 강화시키는 타당도 척도가 개선되었다. 네 번째는 최신 이론에 기반을 둔 내용중심의 개발과 문항반응이론에 기초한 분석이 적용되었다. 다섯 번째 동의/부동의 방식의 응답들이 리커트 방식으로 변경되었다. 신인성검사 2.0에서 필요에 따라 모듈별로 운영되는 검사유형과 각 검사유형들의 목적, 대상, 시기를 정리하면 [표 3-4]와 같다. 내용을 보면 앞서서 [표 3-3]에 제시된 신인성검사의 검사유형과 간부를 대상으로 하는 검사에서 약간의 차이를 보인다. 기존에는 중사이상의 간부를 대상으로 하였으나, 신인성검사 2.0에서는 하사 집단이 간부집단에 포함되어 검사를 받도록 하였다.

[표 3-4] 신인성검사 2.0의 검사유형별 명칭, 문항, 목적, 대상, 시기

구분	병사용					간부용
단계	징병검사	입영신검	신병교육	자대복무	자대복무	자대복무
기관	병무청	훈련소	훈련소	자대	자대	자대
검사 유형	복무적합도 검사 2.0	복무적합도 검사 2.0	군생활적응 검사 2.0	복무적응도 검사 2.0	관계유형 검사	복무적응도 검사 2.0
문항	271문항	271문항	147문항	190문항	15문항	217문항
목적	• 정신질환증상 가능성 파악 • 현역복무 부적합자 선별참고자료 제공	• 정신질환증상 가능성 파악 • 현역복무 부적합자 선별참고자료 제공	• 훈련기간의 정서 및 행동 문제파악 • 적성성격관련 정보제공	• 적응상태 확인 지휘 관리 참고 자료 제공	• 타인평가에 의한 부적응 행동 식별 • 관계유형 이해	• 스트레스 및 심리적 어려움 파악
대상	징병검사 대상자	입영신검 대상자	훈련병	전 병사	전 병사	위관장교 하·중·상사
시기	징병검사시	입영 후 3일내	입소 3~4 주차	신병: 2~3주 일병: 반기 상병: 진급시 병장: 필요시	반기 1회	연 1회

복무적합도검사 2.0(징병검사단계, 입영신검단계, 병사용)

징병검사단계에서 병무청 주관으로 실시하는 「복무적합도검사 2.0」은 기존의 2개 평가영역(정신병리, 사고예측)을 4개 대표 평가영역(정신건강, 복무적응, 주요 양상, 특정 성격)으로 확대하여 복무 부적합자를 선별하는 데에 사용된다. 복무적합도검사에서 다루어지는 영역별 세부항목은 다음과 같다.

- 정신건강 영역: 우울상태, 불안상태, 신체호소, 대인의심, 정신증, 분노상태, 자극과민, 게임과 몰입
- 복무적응 영역: 지배욕구, 소외감, 정서조절, 외상사건
- 주요양상 영역: 정서가변성, 불안, 분리불안, 우울, 적개심, 복종, 위축, 제한정서, 의심, 조증, 기만, 냉담, 무책임, 충동성, 기이함, 위험과소평가, 특이 믿음 경험, 인지지각 조절능력
- 특정성격 영역: 편집성, 조현형, 반사회성, 경계성
- 추가확인 영역: 자살위험, 중독, 가해경험, 피해경험, 가정환경, 학교생활, 경제적 어려움, 성 정체감
- 응답 경향: 과대응답, 과소응답, 특이응답, 비일관 응답

군생활적응검사 2.0(신병교육단계, 병사용)

「군생활적응검사 2.0」은 훈련기간의 정서 및 행동상의 문제를 파악하고 적성성격과 관련된 정보를 획득하기 위해 실시된다. 군생활적응검사 2.0은 자대에서 실시하던 적성성격 척도를 훈련소 단계로 이동시켜 자대복무 이전에 성격관련 정보를 획득할 수 있도록 하였다. 이렇게 획득된 적성성격 정보는 성공적인 병영생활 적응을 유도하기 위한 지휘 참고 자료로 활용되도록 하였다. 군생활적응검사 2.0에서 진단하는 검사척도들은 다음과 같다.

- 정서 영역: 우울, 불안, 신체화
- 행동화 영역: 적대감, 품행문제, 편집증상
- 기타 영역: 사고혼란, 성정체성 혼란, 자살, 과거력, 삶의 질
- 적성성격 영역: 강인성, 탐구성, 창의성, 배려성, 주도성, 성실성

복무적응도검사 2.0(자대복무단계, 병사용)

「복무적응도검사 2.0」은 자대 적응상태를 확인하고 지휘관리 참고자료를 제공하기 위하여 실시된다. 검사를 실시하는 주기는 병사의 계급에 따라 상이하게 적용된다. 전입 신병의 경우 1개월 이내에 실시하되 2~3주차에 실시하기를 권장하며, 일병은 반기 1회, 상병은 진급시 1회, 그리고 병장은 필요에 따라 실시한다. 복무적응도검사 2.0의 세부 척도는 다음과 같다.

- 적응척도(정신건강상태): 정서영역(불안, 우울, 신체화), 행동영역(분노감, 공격성, 충동성), 사고영역(편집, 망상, 환각)
- 적응척도(대인관계양상): 관계 고립(무관심, 예민), 공감 미흡(관점, 정서), 협동 미흡(대인, 조직)
- 자살위험: 자살생각, 자살의도, 자살시도
- 추가확인 영역: 괴롭힘 피해, 성희롱, 심리적 외상, 괴롭힘 목격, 중독, 성정체감, 수면, 임무스트레스, 자기비하, 가족문제, 경제문제, 이성문제
- 응답경향: 과소응답, 과대응답, 특이응답, 비일관 응답

관계유형검사(자대복무단계, 병사용)

「관계유형검사」는 자기보고식 검사의 한계를 보완하고 부적응과 사고유발의 위험성이 있는 대상자들을 식별하기 위하여 도입된 검사로서, 자대복무 중인 병사들의 상호평가방식으로 운영되는 검사이다. 이 검사는 개발초기에 실시되지 못하다가 2015년부터 시

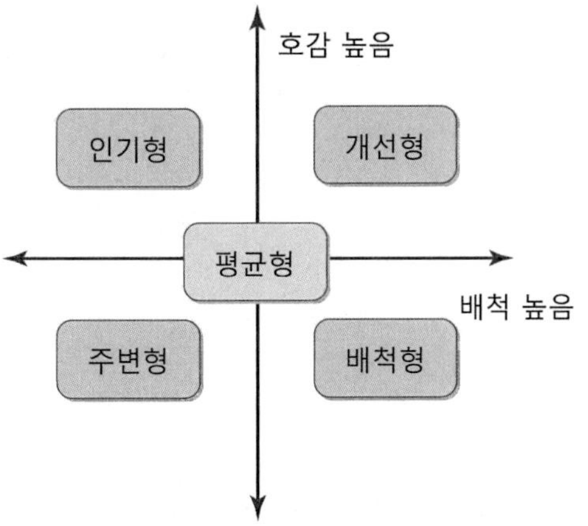

[그림 3-4] 관계유형검사 결과 제공되는 관계유형

험적으로 운영되고 있다. 실시대상은 상호관찰이 가능한 소대급 부대원, 생활관 동기, 근무 동료 등이며 실시주기는 반기 1회 그리고 필요시 월 1회이다. 관계유형검사 결과는 호감과 비호감에 체크된 빈도에 기초하여 [그림 3-4]와 같이 5개의 유형으로 분류된다.

간부복무적응도 검사 2.0

간부를 대상으로 실시하는 「간부복무적응도검사 2.0」은 기본적으로 병사를 대상으로 실시하는 복무적응도검사를 바탕으로 제작되었다. 그러나 간부를 대상으로 실시하는 검사에서는 병사를 대상으로 실시하는 검사에 추가하여 중독 및 성관련 인식 요인을 추가하였다. 간부복무적응도검사 2.0에서 검사되는 요인들은 아래와 같다.

- 정신건강상태: 정서영역(불안, 우울, 신체화), 행동영역(분노감, 공격성, 충동감), 사고영역(편집, 망상, 환각)
- 대인관계양상: 관계고립(무관심, 예민), 공감미흡(관점, 정서), 협동미흡(대인, 조직)
- 중독: 알코올, 도박, 인터넷 게임
- 자살관련: 자살생각, 자살의도, 자살시도(과거력 포함)
- 추가확인 영역: 가정문제, 경제적 어려움, 이성문제, 직무스트레스, 자기비하
- 성관련 인식: 성문제 고정관념, 성행동/피해 인식, 정책적, 윤리적 성인지
- 타당도: 긍정응답, 부정응답, 특이응답, 비일관성

검사시행 결과

2016년도 전반기에 실시된 복무적합도검사에서 정신과적 어려움을 겪거나 심리적 취약성이 있어 군 복무에 어려움을 보일 것으로 식별된 인원은 약 7.2% 정도로 나타났다. 후반기에 실시된 복무적합도검사에서는 약 10.8% 정도의 인원이 복무에 어려움을 보일 것으로 식별되었다.

신병교육대에서 실시하는 군생활적응검사의 시행결과, 전반기에는 약 4.8% 그리고 후반기에는 약 5.4%의 인원이 신병교육대에서 정서적인 어려움을 경험하는 것으로 추정되었다.

자대복무 중에 실시하는 적성적응도 검사에서는 전반기에 12.6%, 후반기에 13.6% 인원이 자대복무 중에 부적응 상태에 있는 것으로 추정되었다.

병사 간 상호평가에 의해 이루어지는 관계유형검사에서는 상대적으로 낮은 호감과 높은 배척을 함께 보이는 배척형이 전반기에 8.6%, 후반기에 8.3%로 나타났다.

간부를 대상으로 실시하는 복무적응도검사에서는 검사인원의 1.7%가 즉각적인 심리 지원이 필요한 것으로 추정되었다. 그리고 지속적인 관심을 가지고 도움을 주어야 할 필요가 있는 것으로 추정되는 간부비율은 4.1% 수준으로 나타났다(지평기 외, 2016).

[표 3-5] DSM-5(Diagnostic & Statistical Manual of Mental Disorders, 5th)

1. 신경발달장애
   1) 지적장애, 2) 의사소통장애, 3) 자폐스펙트럼장애, 4) 주의력결핍 과잉행동장애,
   5) 특정학습장애, 6) 운동장애, 7) 기타 신경발달장애
2. 조현병 스펙트럼 및 기타 정신병적 장애
3. 양극성 및 관련 장애
4. 우울장애
   -파괴적 기분조절 부전장애, 주요 우울장애(단일삽화, 재발성삽화), 지속적 우울장애
   -월경전 불쾌감장애, 물질/약물치료로 유발된 우울장애
   -다른 의학적 상태로 인한 우울장애, 달리 명시된 우울장애, 명시되지 않은 우울장애
5. 불안장애
   -분리불안장애, 선택적 함구증, 특정 공포증, 사회불안장애
   -공황장애, 광장공포증, 범불안장애, 물질/약물치료로 유발된 불안장애
   -다른 의학적 상태로 인한 불안장애, 달리 명시된 불안장애, 명시되지 않은 불안장애
6. 강박 및 관련 장애
7. 외상 및 스트레스 관련 장애
8. 해리장애
9. 신체증상 및 관련 장애
10. 급식 및 섭식장애
11. 배설장애
12. 수면-각성장애
13. 성기능부전
14. 성별 불쾌감
15. 파괴적, 충동조절 및 품행 장애
16. 물질관련 및 중독 장애
17. 신경인지장애
18. 성격장애
    1) A군 성격장애, 2) B군 성격장애, 3) C군 성격장애, 4) 기타 성격장애
19. 변태 성욕장애
20. 기타 정신질환
21. 약물치료로 유발된 운동장애 및 약물치료의 기타 부작용
22. 임상적 주의의 초점이 될 수 있는 기타의 상태
    1) 관계 문제, 2) 학대와 방임, 3) 교육과 직업문제, 4) 주거와 경제문제,
    5) 사회 환경과 관련된 기타문제, 6) 범죄 또는 법체계와의 상호작용 관련문제

3. 병 인터넷 중독 진단검사

(1) 인터넷/스마트폰 사용실태와 진단

한국의 인터넷은 1994년에 상용서비스가 시작되면서 급속한 성장을 하였다. 2006년 만 6세 이상 인터넷 이용 인구는 약 3,358만 명으로 약 73.5%에 이르렀으며, 연령별로 보면 6~19세 98.1%, 20대 98.1%, 30대 91.6%로 6세부터 40세 미만 연령층의 90% 이상이 인터넷을 이용하고 있는 것으로 나타났다. 2014년에 실시한 인터넷 이용실태 조사에 따르면, 인터넷 이용률은 85.1%, 인터넷 이용자수는 4,194만 명에 달하는 것으로 나타났다. 연령대도 만 3세부터 노인층에 이르기까지 전 연령층이 인터넷을 사용하고 있는 것으로 조사되었다(한국인터넷 진흥원, 2015). 과학기술정보통신부가 2017년도에 한국인터넷진흥원과 함께 조사한 결과, 만 3세 이상 인구의 최근 1개월 이내 인터넷 이용률은 90.3%이며, 가구 인터넷접속률은 99.5%로 거의 모든 가구에서 인터넷 접속이 가능한 것으로 조사되었다(과학기술정보통신부, 2018.2.1.).

스마트폰의 급속한 대중화는 인터넷 이용자의 주요인터넷 서비스 이용행태가 모바일 중심으로 전환되는 데 큰 영향을 주었다. 인터넷 쇼핑이나 뱅킹 서비스의 경우 2012년도만 하더라도 데스크탑이 스마트폰에 크게 우세하였지만, 2017년에는 반대양상으로 스마트폰(각 90.6%, 90.5%)이 데스크탑(각 65.2%, 55.65)을 앞서는 것으로 나타났다. SNS 서비스 이용기기로는 2017년 데스크탑(36.5%) 대비 스마트폰(99.7%)이 대폭 확대되어 기존 데스크탑에서 스마트폰 중심으로의 전환이 가장 뚜렷한 것으로 나타났다(과학기술정보통신부, 2018.2.1.).

2017년도 시장조사 전문기관 제니스(Zenith)에 따르면, 전 세계 3명 중 2명이 스마트폰 사용자이며 성인 스마트폰 보급률이 가장 높은 나라는 93.8%로 네덜란드였으며, 한국은 84.2%로 13위를 기록했다(아시아경제, 2017. 10. 17.). 스마트폰의 사용에서도 사용 연령이 계속 낮아지고 있는 추세인데, 초등학생의 스마트폰 보급률은 2102년을 기점으로 크게 상승하였다. 2015년 조사결과에 따르면, 초등 저학년은 25.5%, 초등 고학년은 59.3%가 스마트폰을 보유하고 있는 것으로 나타났다(정보통신정책연구원, 2015.12.5.).

인터넷(스마트폰) 중독과 과의존

인터넷과 스마트폰의 사용은 사람들의 삶에 다양한 방식으로 영향을 미쳤다. 인터넷의 다양한 서비스를 통해 손쉽고 편리하게 경제적, 사회적 활동을 할 수 있게 되었으며, 활발한 의사소통과 자유로운 표현의 즐거움을 얻을 수 있게 되었다. 사이버공간을 통하여 새로운 공동체를 형성하기도 하고, 다양한 정보를 공유할 수 있게 되었다. 그러나 인터넷과 스마트폰의 긍정적인 기능과 더불어 이들 기기의 일상화와 습관적 사용 그리고 과다사용은 정보홍수, 정보오해, 과도한 사용에 따른 신체, 심리, 사회적 문제유발 등 역기능 현상을 나타내고 있다.

인터넷 중독은 Goldberg(1995)가 I.A.D(Internet Addiction Disorder)개념을 제시하고, Young(1996)이 정신장애의 중독기준을 기초로 척도를 제작 활용함으로써 본격적인 논의가 시작되었다. 우리나라에서는 2004년부터 인터넷 중독 실태조사를 실시해 왔으며, 2006년에는 성인용 인터넷 중독 척도를, 그리고 2011년에는 스마트폰 중독 척도를 개발하였다. 2016년에는 인터넷 중독이라는 명칭 대신에 인터넷 과의존이라는 통계명칭을 사용하기 시작하였으며, 기존의 인터넷(K-척도)과 스마트폰(S-척도)을 '스마트폰 과의존 척도'로 통합하였다(한국정보화진흥원, 2018).

현재 인터넷(스마트폰) 과의존 개념은 과도한 인터넷(스마트폰) 이용으로 인터넷(스마트폰)에 대한 현저성이 증가하고, 이용조절력이 감소하여 문제적 결과를 경험하는 상태를 의미한다. 여기서 현저성(salience)은 개인의 삶에서 스마트폰을 이용하는 생활패턴이 다른 형태보다 두드러지고 가장 중요한 활동이 되는 것을 말하며, 조절실패(self-control failure)는 이용자의 주관적 목표 대비 스마트폰 이용에 대한 자율적 조절 능력이 떨어지는 것을 의미한다. 문제적 결과는 스마트폰 이용으로 인해 신체적, 심리적, 사회적으로 부정적인 결과를 경험함에도 불구하고 스마트폰을 지속적으로 이용하는 것이다.

인터넷 중독/과의존 진단척도

인터넷 과의존(중독) 여부를 식별하는 진단도구들은 여러 연구자들에 의해 개발되었으며, 연구자들의 관심영역에 따라 각기 다른 진단척도들이 사용되었다. 최초로 개발되었던 영의 인터넷 중독 자가진단 척도는 DSM-IV의 병적도박 준거를 기초로 만들어졌으며 총 20개의 문항으로 구성되었다. 문항들은 크게 7가지의 중독 증세를 포함하는데, 여기에는 의존(dependence), 내성(tolerance), 금단(withdrawal), 신체적인 문제, 학업/직업적인 문제, 가족적인 문제, 사회적인 문제가 포함되어 있다. 국내에서 제작된 진단도구들 중에서 강

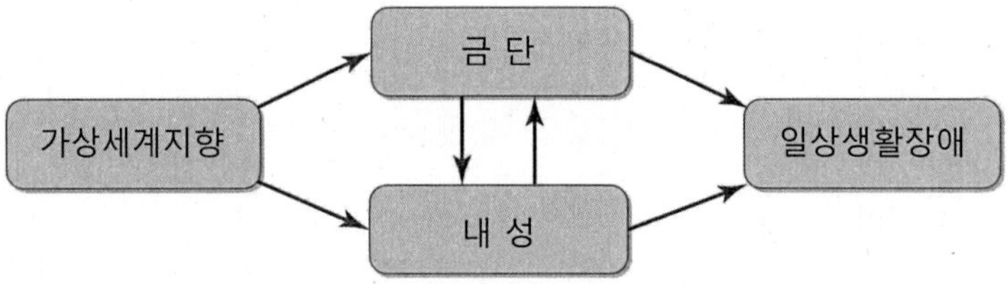

[그림 3-5] 인터넷(스마트폰) 과의존 구조모형(한국정보화진흥원, 2018)

만철과 오익수(2001)는 25개 문항 5개 요인을 평가하는 도구를 개발하였는데, 여기에는 집착, 강박적 사용, 내성 및 의존성, 재발, 생활 장애 등이 포함되었다. 이형초(2001)는 게임 중독자와의 상담 내용을 분석하여 25문항, 5개 하위요인으로 구성된 진단척도를 개발하였는데, 여기에는 학업태도 저하, 부적응행동, 부정적 정서경험, 심리적인 몰입 및 집착, 대인관계 문제 등이 포함되었다. 김청택 등(2002)은 한국정보화진흥원의 지원을 받아 청소년을 대상으로 한 한국형 인터넷 자가 진단도구(K척도)를 개발하였다. 이 진단도구는 40문항으로 구성되어 있으며, 일상생활 장애, 현실구분 장애, 긍정적 기대, 금단, 가상적 대인관계 지향, 일탈 행동, 내성 등 7가지 요인을 측정한다. 이순묵 등(2005)은 성인의 인터넷 중독 경향성을 측정하는 도구를 개발하였다. 20문항으로 구성된 이 도구는 가상세계 지향, 긍정적 기대, 내성 및 몰입, 인터넷에 대한 자기 인식 등의 4개 요인을 포함하고 있다. 가장 최근에 한국정보화진흥원에서 발표된 보고서에 의하면, 인터넷 과의존 개념에 대한 구조적 모형은 아래의 [그림 3-5]와 같이 네 가지 요소로 구조화되어 있다.

이 척도를 사용하여 진단한 결과는 세 그룹으로 구분되는데, 고위험군, 잠재적 위험군, 그리고 일반 사용자군 등이다. 과의존 위험군은 고위험군과 잠재적 위험군을 포함한 개념인데, 여기서 고위험군은 현저성, 조절실패, 문제적 결과 특성을 모두 나타내는 집단이며, 잠재적 위험사용자군은 세 가지 특성들 중에서 1~2가지 특성을 보이는 집단이다.

한국인터넷진흥원이 2015년에 조사한 자료에 의하면, 성인 스마트폰 과의존 위험군은 13.5%이며 10대 청소년 스마트폰 과의존 위험군은 31.6%로 성인의 2.3배에 해당되었다. 인터넷의 경우 성인 과의존 위험군은 5.8%, 10대 청소년 과의존 위험군은 13.1%로 약 2.6배가 더 많았다. 2017년에 한국 정보화진흥원에서 실시한 조사결과에서는 전체 스마트폰 과의존 위험군(고위험군+잠재적 위험군)은 18.6%로 조사되었으며, 여기서 청소년은 30.3%, 성인은 17.4%로 나타났다. 특히 청소년층은 고위험사용자군(3.6%)과 잠재적 위험사용자군(26.7%)의 비율이 다른 연령대보다도 현저하게 높은 비율을 나타냈다.

과의존 위험군의 스마트폰 주이용 콘텐츠는 메신저(95.5%)가 가장 많았고, 그 다음으로는 게임(91.0%), 뉴스검색(80.9%), 음악(75.6%) 등의 순서였다. 과의존 위험군의 경우, 부작용이 우려되는 콘텐츠에 대해 게임(43.1%)을 제일 많이 선정하였으며, 다음으로 메신저(32.7%), 영화/TV/동영상(17.2%) 등의 순으로 나타났다(한국정보화진흥원, 2018).

인터넷 중독 영향요인

사람들이 인터넷에 중독되기까지에는 여러 가지 원인들이 있을 수 있다. 개인적인 문제일 수도 있으며, 개인과 개인 간의 관계의 문제일 수도 있다. 더 나아가 조직차원에서 그리고 생활환경 차원에서 문제가 존재할 수 있다.

먼저, 인터넷 중독에 영향을 미치는 사회적, 환경적 요인에 대해 김청택(2002)은 사회의 급격한 변화로 인한 심리적 불안정, 건전한 놀이문화의 부족, 양육문화에 기인하는 통제력의 결핍, 정부차원의 예방 정책 부실, 세대 간의 갈등 등을 언급하였다. 한편, 이순묵 등(2005)의 연구에서는 극심한 성적 경쟁으로 인한 스트레스 해소책, 놀이 및 여가문화 부족, 중독 예방을 위한 정책 부족, 성인들에 대한 외부적 통제와 제약 느슨 등이 영향요인으로 제시되었다.

개인과 개인 간의 관계 문제 또한 인터넷 중독에 영향을 미친다. 친밀한 관계 형성이 원만하지 못한 경우, 스트레스 대처에 필요한 긍정적 자원이 부족하게 되고 이로 인하여 심리적 문제 해결의 수단으로 인터넷에 의존하게 된다. 온라인상에서 대인관계 의사전달에 포함된 '익명성'과 '상호 작용성'도 인터넷의 병적 사용을 용이하게 만드는 요인으로 작용한다. 익명성으로 인한 다양한 온라인상의 행동이 인터넷 상에서의 교류를 가속화시킨다.

개인의 심리적 특성들 중에서도 인터넷 중독과 관련성이 높은 요인들이 있다. 김청택(2002)의 연구에서는 중독경험자들이 평균적인 일반인과 비교하여 충동성, 외로움, 강박증, 대인민감성, 적대감, 우울증, 공포불안 요인에서 상대적으로 차이를 보인 것으로 조사되었다. 이형초(2006)의 연구에서는 자기통제력, 적대감, 우울증, 부적평가 두려움, 1주간 이용 횟수가 주요한 요인으로 조사되었다.

인터넷 중독에 영향을 미치는 심리적 특성을 다룬 연구들을 종합적으로 검토한 결과, 자기통제력, 충동성, 외로움, 적대감, 우울증 등이 다른 요인과 비교하여 상대적으로 더 많이 언급되었다.

(2) 병 인터넷 중독 진단검사[1]

일반사회에서의 인터넷(스마트폰) 과의존 정도가 우려스러운 수준에 도달한 만큼, 군에서도 인터넷 과의존군의 변별과 치료적 개입을 위해 적절한 평가와 전문적 개인을 위한 노력이 필수적이라는 인식이 증대되었다. 그러나 현재 활용되고 있는 일반인을 대상으로 제작된 성인척도를 군 장병에게 그대로 적용하기에는 몇 가지 제한사항이 있었다. 첫째, 군에 복무하는 대부분의 병사들은 짜여진 일과로 인하여 인터넷을 사용할 시간적 여유가 부족하다. 둘째, 군에서는 보안상의 이유로 일반 병사들이 인터넷에 접속하는 것을 엄격하게 금지시키고 있으며, 업무 목적으로 제한적인 범위에서 일부 사용을 허용하고 있다. 셋째, 부대 내에서는 저녁 9시 이후에 개인활동을 제한하고 있기 때문에 장시간에 걸쳐 컴퓨터를 사용할 수 없다. 이러한 제한사항들로 인하여 일반적인 검사방식으로 병사들의 인터넷 관련 문제를 평가하는 데에는 어려움이 있었다. 따라서 군에서 복무하는 병사들의 생활여건과 군의 특성을 고려한 새로운 검사의 개발이 요구되었다. 이에 국방부는 한국정보화진흥원에 병사들의 인터넷 중독여부를 식별할 수 있는 진단도구의 개발을 요청하였으며, 한국정보화진흥원은 이에 대한 연구를 육군사관학교 심리학과에 의뢰하였다. 다음에서는 병 인터넷 중독 진단도구의 특성에 대해 소개하기로 한다.

개발과정

군 인터넷 중독 진단도구는 일반적인 도구개발과정과 동일하게 기초조사와 예비조사 그리고 본 조사를 통하여 제작되었다.

기초조사에서 연구자들은 기존의 인터넷 중독 진단도구들과 관련된 문헌들을 검토하였으며, 이를 통하여 기존의 진단도구들에서 주로 측정하는 요인들과 중독에 영향을 미치는 심리적 특성들을 도출하였다. 아울러 전방의 2개 사단을 방문하여 복무 중인 병사들을 대상으로 입대 전의 인터넷 사용실태와 입대 후에 인터넷 중독과 관련하여 경험한 행동 및 사고 특성들에 대해 인터뷰를 실시하였다. 입대 전의 인터넷 사용실태는 기존의 K척도와 A척도를 사용하되 응답시점을 본인이 가장 많이 인터넷을 사용했던 시기로 설정하게 하였다. 입대 전 인터넷 사용수준이 거의 중독수준에 이르렀던 병사 8명과의 인터뷰 결과, 몇 가지 중요한 시사점이 발견되었다.

1 병 인터넷 중독 진단검사는 한국정보화진흥원의 지원을 받아 신응섭, 김용주, 김혜수, 배성만 (2006)이 개발하였다.

- 입대 전 인터넷의 과다사용으로 중독수준에 빠졌다 하더라도 군에 입대한 이후 인터넷 사용이 불가하여 상당 부분 자연적으로 치유되었다. 그러나 인터넷에 대한 욕구는 여전히 남아 있었다. 인터넷을 과다 사용한 경험이 있었던 병사들은 일시적으로 중단된 그들의 욕구를 복무기간 중에도 다양한 방식으로 충족시키고자 하였다.
- 인터넷의 과다사용 가능성이 높은 병사들은 심리적인 취약성을 함께 하는 경우가 많을 것으로 추정되었다.
- 부대 내에서 인터넷을 마음대로 사용할 수 없지만 외출이나 외박 그리고 휴가 기간을 통하여 인터넷을 과다하게 사용하는 간헐적인 강화를 경험하였다.
- 병사들을 대상으로 한 조사도구로서 청소년용 K척도보다는 성인용 A척도가 더 유용성이 높을 것으로 판단되었다.

기초조사 연구 결과 병사를 대상으로 한 인터넷 중독 진단척도는 일반사회에서 사용되는 진단척도와 다른 개념으로 구성되어야 한다는 결론을 얻게 되었다. A척도와 같이 일반인을 대상으로 하는 진단도구들에서는 중독으로 인한 증상만을 다루고 있지만, 새롭게 구상된 병사용 인터넷 중독 진단척도는 기초조사 연구 결과를 고려할 때, 크게 세 가지 영역에 대한 진단이 이루어지도록 고안되었다.

첫째는 군에 입대하기 전 인터넷을 어느 수준으로 사용하였는가에 대한 평가가 필요하였다. 군에서는 인터넷을 자유롭게 사용할 수 없기 때문에, 현재 인터넷을 사용하고 있는 실태를 진단하는 것은 의미가 없다. 따라서 군에 입대하기 직전까지 어떤 상태이었는가를 알아보는 것이 더 많은 정보를 제공해 줄 것으로 판단되었다. 이를 위해 기초조사에서 그 유용성이 검증된 A척도를 사용하되 응답시점을 자신이 가장 많이 인터넷을 사용했던 시점으로 바꾸어 응답토록 하였다.

둘째는 인터넷 중독에 영향을 주는 심리적 취약성에 대한 진단이었다. 기초조사 연구결과, 심리적 취약성 요인으로는 우울증, 외로움, 자기통제력, 충동성, 자기효능감 등의 요인이 가장 빈번하게 거론되는 것으로 나타났다. 이 요인들은 입대 전 인터넷 중독에 빠지게 하는 중요한 영향요인으로 작용하였을 뿐만 아니라 입대 후 새롭게 인터넷에 접하게 될 경우 상태를 부정적인 방향으로 유도할 가능성이 매우 클 것으로 판단되었다. 아울러 이러한 요인에서 취약한 병사들은 병영 생활과정에서 중독과 연관된 다양한 대체행동을 할 가능성이 매우 클 것으로 판단되었다.

셋째는 인터넷 중독과 연관된 대체행태의 평가가 필요하였다. 비록 부대 내에서 인터넷에 접근할 수는 없지만 나름대로 욕구를 충족하는 방식을 유지하는 다양한 대체행태들이 인터뷰 조사 결과 파악되었다. 대체행태로는 현재에도 인터넷을 사용하고 싶은 욕구, 외박/외출/휴가 시에 PC방에 머무르는 행동, 부대 내로 게임 잡지를 무단 반입하여 보는 행동 등이었다. 병영생활 중에 이러한 대체행태를 많이 할수록 중독 상태가 유지될 가능성이 높기 때문에 과거에 인터넷 중독 경험이 있고 대체행태를 빈번하게 하는 병사의 경우 관심대상으로 관리할 필요성이 있다.

결과적으로 병사용 인터넷 중독 진단척도는 과거의 인터넷 중독 여부를 판단할 수 있을 뿐만 아니라 현재 중독과 연관된 욕구 해소를 위해 이루어지고 있는 다양한 행동들을 함께 진단하고 아울러 중독에 영향을 미치는 심리적인 취약성까지 판단할 수 있도록 고안되었다.

예비조사는 4개 사단의 이병에서 병장까지 총 875명을 대상으로 조사되었다. 예비조사문항에는 입영전 인터넷 중독 진단(21 문항), 심리적 취약성 진단(91문항), 중독관련 대체요인 진단(11 문항), 인구통계학적 진단(6 문항), 인터넷 사용관련 부가 정보(5 문항) 등과 관련된 문항들이 포함되었다. 예비조사 결과에 대한 통계적 분석과 연구팀에 의한 논의를 통하여 본 조사에 사용될 71개 문항이 선정되었다. 본 조사는 육, 해, 공군, 해병대에 복무 중인 병사들 1,905명을 대상으로 조사되었으며, 분석에는 1,834명의 자료가 사용되었다. 본 조사결과에 대한 통계적 분석을 통하여 최종적으로 61개 문항으로 구성된 진단도구가 완성되었다.

[그림 3-6]은 군대 환경에서 인터넷 중독과 중독 영향요인들 간의 관계를 나타낸 것이다. 가장 관심을 갖고 관리되어야 할 병사들은 입영 전에 중독수준으로 인터넷을 과다

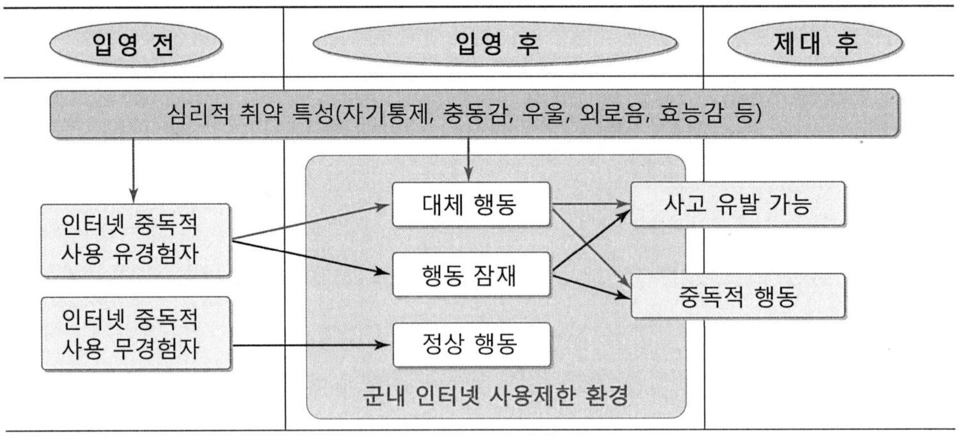

[그림 3-6] 군대환경에서 인터넷 중독 영향요인들 간의 관계

ㄴ사용한 경험이 있으면서 대체행동을 통하여 그 욕구를 유지시켜 나가면서 심리적으로 취약한 특성을 갖고 있는 이들이었다.

다음으로 관심을 가져야 할 이들은 입대 전에 인터넷을 과도하게 사용하였으며 심리적으로 취약하거나 대체행동을 하는 사람들이다. 입대 전에 인터넷 중독을 경험하고, 심리적 취약성을 갖고 있으며, 병영생활 중에도 인터넷과 관련된 대체행태를 보이는 병사들은 제대 후에도 인터넷 중독에 빠질 가능성이 매우 클 것으로 추정하였다.

검사문항 및 척도별 수준 판정

병사용 인터넷 중독 진단척도는 총 61개 문항으로 구성되었다. 여기에는 ① 입대 전 중독정도를 진단하기 위해 과거 시제형으로 작성된 척도(A척도) 20문항, ② 인터넷 중독과 연관성이 높은 심리적 취약특성을 진단하는 척도(P척도) 33문항, 그리고 ③ 병영생활 중 인터넷 중독과 관련된 대체행태를 진단하는 척도(B척도) 8개 문항이 포함되었다. 심리적 취약특성을 진단하는 P척도는 다시 세부적으로 외로움(L척도), 효능감(E척도), 통제력(C척도)으로 세분되었다. 모든 문항은 4점 리커트 척도로 평가되었다. 각 척도의 원점수들을 계산한 [표 3-6]에 의거하여 요인별 등급을 결정한다.

[표 3-6] 인터넷 중독 구성항목별 수준표

척도 집단	A척도 (중독경험)	B척도 (대체행태)	P척도 (심리특성합)	L척도 (외로움)	E척도 (효능감)	C척도 (통제력)
Ⅰ(고)	60～80	23～32	90～132	30～48	39～52	25～32
Ⅱ(중)	54～59	19～22	82～89	26～29	35～38	23～24
Ⅲ(저)	20～53	8～18	33～81	12～25	13～34	8～22

중독집단 분류

병사용 인터넷 중독 진단검사는 중독대상군을 분류할 때 A, B, P척도 이외에도 L, E, C척도를 고려하여 세 집단으로 분류한다: 위험군, 잠재군, 일반군. 첫 번째 집단은 '위험군'으로서, 과거에 고위험군(A척도 기준)에 해당하는 수준의 인터넷 중독을 경험하였고, 현재 대체행동의 빈도가 높거나 심리적으로 매우 취약하다고 판단되는 병사들이다. 이들은 지휘관의 즉각적인 상담절차가 요구되는 집단이다. 두 번째 집단은 '잠재군'으로서, 과거에 잠재적 위험군(A척도 기준)에 해당하는 인터넷 중독을 경험하고 현재는 중간 정도의 대체행태와 심리적 취약성을 보이는 집단이다. 이들은 즉각적인 조치는 아니지만 관심을 가져야 할 대상들이다. 세 번째 집단은 '일반군'으로서 과거에도 인터넷 중독을 경험하지 않았을 뿐더러 현재에도 이와 관련된 행태나 심리적 취약성을 보이지 않는 건전한 집단을 의미한다.

검사의 유용성

이 검사는 인터넷 중독 경향의 변동성을 진단해 준다. 즉 과거에 인터넷 중독에 빠진 경험이 있었던 병사가 현재 병영생활에서 어떠한 상태에 있는가를 진단해 주며, 이러한 정보는 인터넷 중독으로 인한 각종 악성사고 예방에 초미의 관심을 쏟고 있는 일선 지휘관들에게 매우 유용한 참고자료가 될 것이다. 이 검사에서 제공하는 심리적 취약성 진단 결과는 단지 인터넷 중독에만 국한되는 것이 아니라 병사들의 스트레스에 대한 대응 정도를 이해하는 데에도 참고자료로 활용될 수 있다. 우울증, 통제력, 효능감 요인은 스트레스에 노출되었을 때 부적응을 일으킬 수 있는 소인이 될 수 있다.

4. 사이코패스

현재 우리나라는 개인주의의 심화와 사회적 부양의 어려움으로 인하여 출산율이 급격히 저하되어가는 추세이며, 이로 인하여 군에 입대해야 할 대상자의 수도 함께 줄어들고 있다. 그러다 보니 전체 징집대상자들 중에서 현역으로 판정받는 비율이 가파르게 상승하고 있으며, 2014년의 현역 판정율은 벌써 91%에 이르고 있다. 현역 판정율이 높아지면 과거에 불합격되었던 자원들까지도 군에 입대하게 된다. 신체적으로 다소 왜소한 자, 심리적으로 다소 불안정한 자, 학력이 매우 낮은 자 등 과거에는 다른 대체복무자로 분류되어야 할 자원들이 그대로 현역으로 입대하여 군 복무를 하게 된다. 결국 군 내부의 잠재적 사고 가능성은 점점 더 높아져만 가고 있다. 한국 국방연구원에서 제시한 자료에 의하면, 2013년도 전반기에 실시된 복무적합도검사 결과 사고예측 판정이 3.5%, 정밀진단 판정이 4.6% 정도로 군내 정신과적인 어려움을 경험하고 있는 인원이 무려 8% 정도로 나타났다(한국국방연구원, 2013). 이러한 추세 속에서 우리 군이 새로운 시각으로 장병들의 심리적 문제를 심각하게 고려하지 않을 경우, 또 다른 끔찍한 사고들의 발생 가능성을 막을 수 없다.

지금까지 우리 군이 사고예방을 위하여 여러 가지 다양한 검사와 프로그램들을 개발하고 운영해 오고 있음에도 불구하고, 여전히 자살이나 비인간적인 가혹행위와 같은 불의의 사고 가능성에 대해 심각하게 우려해야하는 이유는 바로 우리들 주변에 숨겨진 심리적 장애자들 때문이다. 2014년에 발생한 전방사단 총기난사 사고와 윤일병 사망사고가 바로 그러한 예에 해당된다. 두 경우 모두 성격 장애자에 의해 유발된 사고로서 주변 사람들에게 미치는 피해 정도가 심각한 수준에 이르렀다. 우리가 사이코패스를 비롯하여 현행 심리검사에 의해 잘 식별되지 않는 다양한 성격장애에 대하여 관심을 가져야 하는 이유가 바로 여기에 있다.

(1) 사이코패스와 반사회적 성격장애

일반적으로 사람들은 사이코패스와 반사회적 성격장애를 혼동해서 사용하는데, 양자는 엄격히 말하면 중첩 부분이 많은 교집합 관계라고 보아야 한다. 또한 사이코패스는 정신이상이 아니다. 흔히 사이코패스하면 대부분의 사람들은 쉽게 영화 '양들의 침묵'의 한니발 렉터, '저수지의 개들'에서 미스터 블론드, '사이코'에서 노만 베이츠 등을 생각하고, 정치인들 중에서는 아돌프 히틀러나 사담 후세인 등을 생각하게 되며, 한국의 경우에는 2004년 온 나라를 떠들썩하게 만든 연쇄살인범 유영철을 연상하게 된다. 그러나 '사이코'와 '양들의 침묵'과 같은 영화와 책의 모델이 된 기괴하고 잔인한 연쇄살인범인 에드워드 게인은 사이코패스가 아니라 정신이상자로 진단되었다. 사이코패스는 현실 인식능력인 부족하거나 정신장애자에게서 나타나는 환상이나 망상, 강력한 부정적 스트레스 등을 경험하지 않는다. 그렇다면 사이코패스는 정확하게 무엇인가?

사이코패스의 증상에 대한 최근의 기원은 『The Mask of Sanity』라는 책의 저자인 Cleckley(1941)가 제시한 16가지 기준이다. 이 기준에 따르면 피상적인 매력, 근심걱정 부족, 죄책감 결여, 신뢰할 수 없음, 부정직, 자기중심적, 친밀한 관계를 지속할 수 없음, 처벌로부터 학습 실패, 감정의 빈곤, 타인에게 미치는 자신의 행동영향에 대한 통찰력 부족, 미리 계획하지 못함 등이 포함된다(Blair, Mitchell, & Blair, 2012). 그러나 사이코패스 분야의 전문가인 Robert Hare는 사이코패스를 식별하는 것은 쉬운 일이 아니라고 한다. 심지어 사이코패스를 자주 접하게 되는 변호사, 법정 정신과의사나 심리학자, 경찰, 교도관 등도 자신들이 어떤 부류의 인간을 다루고 있는지 제대로 알지 못하는 경우가 많다고 한다. 그에 의하면 사이코패스는 '사회적 관점에서 좋지 못한 몇 가지 행동과 성격 특성으로 정의되는 성격장애'이다. 그는 사이코패스의 진단이 간단한 문제가 아니며, 다른 정신장애와 마찬가지로 사이코패스 진단 또한 한 개인이 적어도 최소한의 장애기준을 충족시킨다는 여러 증거들을 통해 결정된다고 주장한다. Hare에 따르면, 사이코패스는 냉담하고, 충동적이고, 자기중심적이고, 무책임하며, 이기적인 사람들로서 자신의 행동이 타인에게 끼친 피해를 자각하지 못하고 죄책감이나 후회도 느끼지 못하는 사람들이다. 그들이 다른 사람들과 맺는 감정적, 사회적 교감도 피상적이며, 그들은 오직 자기 자신만을 위해 존재한다.

일반인들에게 사이코패스와 같은 의미로 혼용되어 사용되는 용어로 '반사회적 성격장애(antisocial personality disorder)'가 있다. 정신장애 진단학의 바이블로 널리 사용되는 미국정신의학회의 『정신장애의 진단 및 통계 편람』제4판(DSM-IV, 1994)에 의하면, 성격장애는 성격자체가 부적응적이어서 사회적 기대에 어긋난 이상행동을 지속적으로 나타내는 경우를 말한다. 성격장애는 특정한 계기로 발생하기보다는 어린 시절부터 점진적으로 형성되며, 이러한 성격특성이 굳어지게 되는 성인기에 진단된다. 성격장애는 크게 세 개의 군집으로 분류되는데 반사회적 성격장애는 극적이고 감정적이며 변화가 많은 행동이 주된 특징으로 나타나는 B군에 속한다. 반사회적 성격장애는 사회적 규범이나 타인의 권리를 무시하는 행동양상을 뜻하며 거짓말, 사기, 무책임한 행동, 폭력적 행동, 범법행위를 나타내고 이러한 행동에 대해서 후회나 죄책감을 느끼지 않는 경향이 있다. Robert Hare에 따르면, '반사회적 성격장애자'는 근본적으로 범죄자 및 반사회적 행위자를 뜻하며, 대다수의 범죄자가 이런 기준에 쉽게 부합된다고 한다.

하지만 사이코패스 진단에는 여러 가지 성격특성과 사회적 일탈행위가 포함되며, 대부분의 범죄자는 사이코패스가 아니라고 한다. 사이코패스와 반사회적 성격장애를 구분짓는 결정적 요인은 아마도 특별한 형태의 정서장애에 있다고 보아야 할 것이다. 한마디로 사이코패스는 정서장애인데, 이것이 완전히 발달하게 되면 사람들을 극도의 반사회적 행동을 반복적으로 표출하게 하는 위험에 처하게 한다. 이런 반사회적 행동은 좌절이나 위협에 기초하여 반작용적으로 표출되는 공격성뿐만 아니라 목표지향적인 도구적 공격성(상점에서 물건 훔치기, 사기, 도둑질, 강도, 강간)과도 관련된 독특한 장애라는 점에 특히 주목해야 한다. 이러한 의미에서 사이코패스는 이해가 시급히 필요한 하나의 장애이다. 그렇다면 사이코패스는 어떻게 식별할 수 있는가?

(2) 사이코패스의 주요 특성

사이코패스 분야의 전문가인 Robert Hare는 1980년에 성인의 사이코패스 평가를 위한 공식적인 도구로서 사이코패스 진단표(Psychopathy Checklist, PCL)를 만들었으며, 그 이후인 1991년에 개정판 PCL-R을 발행하였다. 이 진단표는 20문항으로 이루어져 있는데, 각 문항에 대하여 0~2점을 받을 수 있다. 각 개인의 총점은 0~40점이 되며, 30점 이상을 받은 성인들은 사이코패스로 판정되며, 20점 이하는 사이코패스가 아닌 것으로 간주된다. 문항의 내용에는 좋은 말주변과 피상적 매력, 과장된 자기 가치감, 병적 거짓말, 속이기와 타인조종하기, 후회나 죄책감 결여, 빈곤한 정서, 냉담하고 동정심 부족, 자신의 행동에 무책임, 지루함, 기생적인 생활방식, 행동조절의 어려움, 초기 행동문제, 현실적이고 장기적인 목표 부족, 충동성, 책임감 부족, 청소년 비행, 조건부 석방의 철회, 난잡한 성행위, 단기간의 많은 혼인관계, 범죄의 다양성 등이 포함되어 있다. 한 조사 자료에 의하면, 남성의 3%가 반사회적 성격장애를 가진 사람들이고, 이들 중에서 약 25%가 사이코패스 진단기준을 충족시킨다는 자료를 감안하면 남성의 사이코패스 발병률은 0.75%로 추정되며, 여성의 발병률은 남성의 1/3수준으로서 약 0.25%가 사이코패스에 해당된다 (Blair, Mitchell, & Blair, 2012).

사이코패스의 두드러진 특징들 중 하나는 유년기부터 심각한 문제행동을 보인다는 것이다. 거의 모두가 어렸을 때부터 거짓말, 도둑질, 기물파괴, 난동 등 광범위한 말썽을 부린다. 그렇다고 해서 어린 시절의 일탈행위를 무조건적으로 사이코패스의 전조로 해석하는 것은 아니다. 사이코패스의 다른 특징들은 다음과 같다.

첫째, 사이코패스는 임기응변에 능하며 자기 자신을 포장하는 데 능숙하며 달변가이다.

둘째, 사이코패스는 자기중심적이며 과장이 심하다. 자신은 무엇이든지 할 수 있다고 생각하고, 자신이 세계의 중심이며 자신만의 방법대로 살아도 무방한 특별한 인간이라고 생각한다. 이들은 권력을 갈망하면서 다른 사람을 통제하려 들고, 다른 사람이 자기와 의견이 다를 수 있다는 것을 받아들이지 못한다. 법적인 문제가 생겨도 아랑곳하지 않는다.

셋째, 사이코패스는 죄의식이 없다. 자신의 행동으로 인한 끔찍한 결과에 대해 놀라울 정도로 무관심하다. 자신으로 인해 고통당하거나 파멸에 이른 사람들에게 미안한 감정이 없다.

넷째, 사이코패스는 공감능력이 부족하다. 다른 사람과 정서적으로 공감하지 못하고 머리로만 이해할 뿐이다. 약하고 상처 입기 쉬운 사람을 동정하기보다는 조롱하며 쉽게 표적으로 삼는다.

다섯째, 사이코패스는 거짓말과 속임수에 능하다. 그들은 거짓말이 들통나도 당황하지 않는다. 난처해하거나 당황하는 기색이 없이 그저 간단하게 말을 바꾸거나 사실을 재가공해서 거짓말에 모순이 없는 척 꾸며댄다.

여섯째, 사이코패스는 감수성이 부족해서 폭이나 깊이에 한계가 있다. 차갑고 냉정해 보이다가 갑자기 과격하게 변하거나 천박하게 감정을 마구 표현한다.

일곱째, 사이코패스는 어떤 행동의 옳고 그름을 생각하지 않고 충동적으로 행동한다. "그냥하고 싶어서 그랬다"라는 것이 그들의 대답이다.

여덟째, 사이코패스는 자극을 추구한다. 언제나 극도의 자극을 갈망하고 방탕하거나 스릴 넘치는 생활을 원한다. 일상의 단조로움을 견디지 못한다.

아홉째, 사이코패스는 책임감이 없다. "다시는 속이지 않겠습니다."라는 말은 공수표이다.

열째, 사이코패스는 연약한 인간이 아니라 매우 영악하다고 볼 수 있다. 사이코패스는 자신에게 심리적인 또는 정서적인 문제가 있다고 생각하지 않으며, 자신의 행동을 자신이 동의하지 않는 사회적 기준에 맞춰 바꿀 이유가 없다고 생각한다. 이들은 자신의 내면세계에 만족해하며, 자신의 행동이 이성적이고 가치가 있으며 만족스럽다고 느끼고 앞으로의 일을 걱정하거나 과거를 돌아보며 후회하는 일이 절대 없다. 이들은 스스로를 우수한 인간이라고 생각한다. 또한 자신의 권리를 확보하기 위해 타인을 속이고 기만하는 행위는 당연하다고 생각한다. 이들에게 사회적 교류는 타인에게서 느껴지는 적개심을 없애기 위해 계획된 행위이다.

위에서 언급한 특징을 갖는 사이코패스들은 흉악범이나 연쇄살인범들에서만 존재하는 것이 아니다. 사이코패스는 우리들의 일상 주변에 존재하고 있으며, 청소년, 여성, 전문직 종사자 가운데서도 발견될 수 있다. 전방 사단의 경우 0.75%의 비율을 고려하면 통계적으로 약 150명 정도가 사이코패스의 가능성을 갖고 있다. 이들의 대부분은 현재 각 부대에서 관리되고 있는 관심병사 그룹에 포함되지 않았을 가능성이 높다.

(3) 식별과 치료 가능성

반사회적 성격장애자 혹은 사이코패스는 주변 사람들에게 심각한 개인적 사회적 고통을 초래하기 때문에 이들에 대한 정확한 식별을 통하여 효과적인 조치를 강구하는 것이 중요하다. 그런데 문제는 현재 시행되고 있는 심리검사만으로는 사이코패스의 진단이 어렵다는 점이다.

현재 군에서 군복무 부적격자 및 병영생활 부적합자를 식별하기 위해 운영되고 있는 검사 도구는 2009년도에 국방부가 발주하여 한국국방연구원의 주도하에 제작된 신인성 검사이다. 이 검사 도구는 단일한 검사로 이루어진 것이 아니라 여러 가지 검사들을 활용 목적에 따라 각기 다르게 조합할 수 있도록 만들어졌다. 먼저 징병검사단계에서는 복무 적합도검사를 실시하는데, 여기에는 불안, 우울, 성격장애 등을 진단하는 정신병리 척도들과 사고관련 심리적 특성들을 진단하는 척도들, 그리고 개인사나 자살과 관련된 진단 척도들이 포함되어 있다. 입영신검단계에서는 앞에서 언급한 복무적합도검사 내용에 군생활 관련 내용과 개인의 정서적인 특성을 진단하는 척도가 추가된다. 신병교육단계에서는 복무적합도가 아닌 군생활 적응상의 문제를 진단하는 검사들로 구성된다. 여기에는 우울, 불안 등의 정서영역과 적대감, 편집증 등의 행동화 영역, 그리고 자살이나 과거력과 같은 내용들이 포함된다. 자대복무단계에서는 군복무의 부적응 가능성을 예측하기 위해 적성적응도검사를 실시하는데, 여기에는 부적응 예측 척도와 군생활 적응 정도를 확인하는 척도, 그리고 건강한 성격특성을 진단하는 적성성격척도들이 포함된다. 이처럼 신인성 검사는 단일한 형태로 운영되는 것이 아니라 병사의 입영과정에 맞추어 필요한 영역을 진단하는 모듈식 검사임에도 불구하고, 그 자체만으로는 사이코패스와 같은 특이한 성격장애를 식별해 내기 어렵다. 특히 사이코패스는 스스로 자신에게 문제가 있다고 생각하지 않으며, 매우 영악한 존재로서 자신을 위장하는 데에도 능숙한 기교자이기 때문에 일반적인 진단도구만으로는 좀체 식별이 잘 되지 않는다.

그럼에도 불구하고 Robert Hare가 제시한 사이코패스의 진단기준들과 사이코패스의 전형적인 특징들을 중심으로 대상 인물들을 종합적으로 분석해 나간다면 사이코패스를 상당부분 식별해 낼 수 있을 것이라 믿는다. 물론 이 또한 비전문가들에 의해서는 쉽게 식별될 수 없는 문제이지만, 전문가들이 집중적인 관심을 갖고 연구한다면 그 답을 얻을 수 있을 것이라고 믿는다.

그런데 사이코패스 전문가인 Hare는 어떤 인물이 사이코패스로 식별되었다 하더라도 그를 치료한다는 것은 극히 어렵다고 한다. 이들은 일단 변화하려는 욕구가 없다. 이들은 미래에 대한 개념도 없고, 치료사를 포함한 모든 권위에 대해 분노한다. 환자의 역할을 불쌍하게 여기고, 열등한 위치에 놓이는 것을 몹시 싫어한다. 치료를 농담거리로 여기고 치료사를 사기치고 위협하거나 꼬드기는 대상, 또는 이용 가치가 있는 사람으로 생각한다. 대부분의 치료 프로그램들은 사이코패스에게 자신의 행동에 대한 새로운 핑계거리 및 합리화 방법, 인간의 취약성에 대한 새로운 시각을 제공할 뿐이라고 한다. Hare는 그의 저서에서 사이코패스를 치료하기 위한 많은 노력과 다양한 방법의 시도가 있었음에도 불구하고 그 가운데 과학적, 방법론적 기준을 충족시키는 프로그램은 거의 없었다고 설명한다. 그는 재미있는 예를 들어 사이코패스에 대한 일반인들의 대응에 문제가 있음을 지적한다. 소유욕이 강하고 상대방을 통제하려드는 사이코패스 남자와 함께 사는 여자는 "내가 더 잘하면 좋아질 거야. 더 노력해서 비위를 잘 맞추면 그이가 좀 더 부드러워질 거야. 아주 조금이라도" 하는 희망을 품는다고 한다. 하지만 배우자 학대에 대한 각종 문헌에 의하면 이런 노력은 아무 소용이 없으며, 오히려 상황을 더 악화시키고 고착되게 만든다고 한다. 그래서 가장 좋은 방법은 처음부터 사이코패스의 마수에 걸려들지 않는 것이라고 한다.

(4) 대응책

현재 군에서는 심리적으로 문제가 되는 병사들을 '관심병사'로 분류하여 특별하게 관리하고 있다. 관심병사는 병무청과 군에서 실시하는 심리검사와 면담을 통한 체크리스트를 통하여 식별되는데, 이는 제대로 관리되지 않을 경우 자살, 탈영, 폭행, 기타 악성 사고 등의 가능성이 높다는 의미에서 관심을 갖고서 관리해야 하는 병사라는 의미이다. 군 장병 중 4% 가량이 A급 관심병사에 해당되며 B급까지 합치면 20%에 이른다고 한다. 군에서는 사고예방 차원에서 관심병사의 식별과 관리를 위해 다양한 노력들을 기울이고 있다. 징병과정에서 '신인성검사'를 실시하여 관심병사를 식별하고, 복무과정에서는 '신인성검사'와 더불어 '인터넷 중독 진단검사', '스트레스 진단검사' 등을 실시하여 복무 부적응여부를 수시로 점검하고 있다. 관심병사들은 간부들의 주기적인 면담활동을 통하여 관리되며, 병영생활 전문상담관에 의해 전문적인 상담을 받는다. 아울러 관심병사들은 '그린캠프' 집단상담 프로그램을 통하여 심리적 회복의 기회를 갖도록 하고 있다.

그러나 2014년에 전방사단에서 발생한 참담한 사고들은 온 국민들에게 관심병사와 또 다른 심리적 장애 유형이 있음을 일깨워주는 계기가 되었다. 바로 그 또 다른 유형의 심리적 장애가 사이코패스이다. 사이코패스는 영화 속에 존재하는 인물이 아니다. 사이코패스는 바로 우리 주변에 있을 수도 있다. 도시 인구의 거의 1%에 해당되는 사람들이 사이코패스적 성향을 갖고 있다. 이들의 존재는 그 주변인들을 위험에 처하게 하고 고통스럽게 만든다. 이들 존재의 심각성에도 불구하고 이들은 문제 인물로 식별되지 않는 경우가 많다. 이들은 자신에게 문제가 있다고 생각하지 않고, 오히려 우월한 존재이며 양심의 가책은 느끼지 않고, 교묘하게 주변인을 조종할 줄 아는 능력을 소유하고 있다.

앞으로도 기존의 관심병사 관리체계와는 또 다른 특별한 관심을 기울이지 않을 경우

제2, 제3의 총기난사사고나 혹은 가혹행위에 의한 사망사고를 막을 수는 없을 것이다. 그렇기 때문에 불행한 사고를 예방하기 위해서는 국방부 차원에서 아래와 같이 보다 더 근원적인 대응책이 강구되어야 한다.

첫째, 전문가들에 의한 사이코패스 진단도구의 개발이 시급히 이루어져야 한다. 우선적으로 심리학자를 포함하여 정신병리학, 정신의학, 범죄학 분야의 전문가들로 팀을 구성하여 군 자체적으로 사이코패스를 식별하는 기준을 설정하고, 그 기준에 따라 심층적인 분석이 가능한 진단도구를 제작해야 한다. 사이코패스의 진단은 일차적으로 병무청의 징병검사 과정에서 완전한 형태로 실시되어야 하며, 자대배치 이후에는 행동관찰 체크리스트와 같은 간이형 검사를 통하여 간부들이 손쉽게 사이코패스로 의심이 되는 대상자들을 선별할 수 있도록 해야 한다.

둘째, 병무청의 심리검사 담당기구를 확대하고 해당 인원들의 전문성을 보다 더 향상시켜야 한다. 현재의 인력과 전문성으로는 현역복무 부적합 여부와 같은 중대한 판정을 담당하기에 어려움이 많다. 문제의 소지가 있는 장병들의 유입자체를 사전에 차단하는 것이 사고예방의 최선책이라는 차원에서 초기 단계에 보다 더 많은 투자를 해야 한다.

셋째, 병영생활 전문상담관의 확충이다. 현재 육군의 경우를 보면 전방사단에 2명의 상담관을 배치하고 있다. 그러다 보니 한 명의 상담관이 약 2,000여명의 병사를 관리하면서 관심병사를 특별 관리해야 한다. 이러한 경우 비전문가인 간부들이 관심병사를 관리해야 하는 문제가 발생하게 된다. 근무여건이 어려운 전방사단의 경우 최소한 대대별로 한 명의 상담관이 배치될 수 있도록 인원을 확충해야 한다.

넷째, 관심병사의 관리채널을 중대장급 지휘관으로 일원화하고 이들에 대한 관리역량 교육을 강화시켜야 한다. 중대장급 지휘관들을 대상으로 군에서 실시하는 검사에 대한 소양교육과 검사결과에 따른 지휘조치요령에 대한 교육이 강화되어야 한다. 현 시스템에서는 한 병사가 관심병사로 분류되는 순간부터 분대장, 부소대장, 소대장, 행정보급관, 주임원사, 대대장, 병영생활 전문상담관 등 수많은 사람들과 면담을 하게 되는데, 이러한 과정에서 부정적인 결과가 초래될 가능성도 상존하게 된다.

다섯째, 사이코패스를 비롯한 성격장애에 대하여 지휘관들의 관심을 촉구하는 것이다. 지휘관들을 대상으로 성격장애의 특징과 식별의 어려움 그리고 성격장애로 인한 피해사례 등에 대해 인지시킴으로써 예상치 못한 대형사고의 가능성을 사전에 차단할 수 있는 여건을 조성토록 해야 한다. 지금까지 군내 사고예방 활동의 중점이 '자살우려자 식별'에 있었다면, 이제는 성격장애에서 비롯된 '가해우려자 식별'에도 관심을 기울이도록 해야 한다. 사람들은 현재의 군내 사고들을 우발적이며 환경적 요인에 의해 발생한 사건으로 보는 경향이 있지만, 실제 일부 사고들은 오히려 치밀한 계산과 의도에 의하여 자행된 것일 수 있다는 점에 유의해야 한다.

여섯째, 군내 심리적 부적응을 포함하여 심리적 문제를 총괄적으로 운영하고 관리할 수 있는 전문부서가 설치되어야 한다. 미군과 독일군의 경우 약 200여 명의 전문 인력이 운영되는 전문기구를 갖추고 있다. 이제 우리 군도 국방부 직속으로 국방심리연구소와 같은 전문기구의 설치를 진지하게 고려해야 한다.

참고문헌

강만철, 오익수 (2001). 청소년 인터넷 중독 진단 척도 개발(I). **교육심리연구, 15**(4), 5~21.

과학기술정보통신부 (2018. 2. 1). www.msit.go.kr. 보도자료.

권준수 대표 역 (2015). **정신질환의 진단 및 통계 편람 제5판**. 서울: 학지사.

김세영 (2003). 전시리더십과 평시리더십. **합참, 23**, 264-275.

김정범, 이상희 (2006). 우울장애에 대한 인지행동치료의 최근 연구동향. **인지행동치료, 6**, 131-144.

김청택, 김동일, 박중규, 이수진 (2002). **인터넷 중독 예방상담 및 예방 프로그램 개발 연구**. 한국정보문화진흥원.

박원명, 민경준 (2012). **우울증**. 서울: 시그마프레스.

보건복지부 (2017). 성인 4명 중 1명, 평생 1번 이상 정신질환 겪어. 4월 13일(목) 조간.

아시아경제 (2017. 10. 17). 전세계 2명 중 2명 스마트폰 사용자...한 보급률 84%.

이민수 (2013). 최근 우울증의 현황 및 진단. **병원약사회지, 30**, 505-511.

이순묵, 반재천, 이형초, 최윤경, 이순영 (2005). **성인 인터넷 중독 진단 척도개발 연구**. 한국정보문화진흥원.

이영호, 송종용 (1991). BDI, SDS, MMPI-D 척도의 신뢰도 및 타당도에 대한 연구. **한국심리학회지: 임상, 10**, 98-113.

이형초 (2001). **인터넷 게임 중독의 진단척도 개발과 인지행동치료효과**. 고려대학교 박사 학위 청구논문.

이형초, 최윤경, 이순묵, 반재천, 이순영 (2006). **성인인터넷 중독 진단척도 개발 및 타당화 연구**. 한국심리학회 학술대회 자료집.

이형초, 안창일 (2002). 인터넷 게임 중독의 진단척도 개발. **한국건강심리학회지: 건강, 7**, 211-239.

임영진 (2012). 주요우울장애 대학생을 대상으로 한 긍정심리치료의 효과. **한국심리학회: 임상, 31**, 679~692.

육성필, 이혜선, 신응섭, 김용주 (2009). **한국군 자살예방프로그램 기본과정교재**. 서울: 대한민국 국방부.

정보통신정책연구원 (2015. 12. 15). www.kisdi.re.kr.

지평기, 최광현, 김인국, 박영길, 박찬빈, 박지연, 이정은, 이선미, 곽지희, 강민수, 김용훈 (2016). **2016년 인성검사 및 병영생활 적응연구**. 서울: 한국국방연구원.

최광현, 이동윤, 지평기, 박영길, 박찬빈, 박지연, 이정은, 이선미, 곽지희, 강민수 (2015). **2015년 인성검사 및 병영생활 적응연구**. 서울: 한국국방연구원.

최광현, 정성구, 최광표, 문채봉, 김정명, 박병관, 신응섭, 육성필, 배정규 (2009). **새로운 군 인성검사 개발**. 서울: 한국국방연구원.

한국국방연구원 (2013). **2013년 인성검사 및 병영생활 적응연구.**

한국정보문화진흥원 (2015). **2014 인터넷 이용실태조사.**

한국정보화진흥원 (2018). **2017 스마트폰 과의존 실태조사 결과.**

Anderson, J. W. (1980). *The prediction of combat effective leadership*. Doctorial Dissertation. University of Washington.

Blair, J., Mitchell, D., & Blair, K. (2012). *The psychopath: Emotion and the brain*. John Wiley & Sons.

Gloaguen, V., Cottraux, J., Cucherat, M., & Blackburn, I. M. (1998). A meta-analysis of the effects of cognitive therapy in depressed patients. *Journal of Affective Disorders, 49*(1), 59-72.

Goldberg, I. K. (1995). *Internet Addiction Disorder*. Electronic message posted to research discussion list. http://www.rider.edu/users/suler/psycyber/supportgp. html.

Kennedy, C. H., & Zillmer, E. A. (2006). *Military Psychology: Clinical and Operational Applications*. New York: Guilford Press. (김형래, 양난미 역. 《군 심리학: 임상적 치료와 작전에의 적용》. 서울: 학지사, 2016.)

U.S. Marine Corps. (2011). *Leaders' guide for managing in destress*. Retrieved January 30, 2011, from www.usmc-mccs.org/leadersguide.

Young, K. S. (1996). Psychology of computer use: XL. Addictive use of the internet: A case that breaks the stereotype. *Psychological Reports, 79*, 899-902.

제 4 장

병영 스트레스

오늘날 사람들은 스트레스라는 용어에 매우 익숙해 있다. 가정, 직장, 학교, 군대 등 거의 대부분의 공간에서 스트레스와 관련된 대화를 자주 경험하게 된다. 사람들은 '스트레스 받아서 죽겠다'라는 표현을 자주 사용한다. 실제로 스트레스가 과중하여 자살을 선택하는 사례들을 빈번하게 접하게 된다. 병영에서 경험하는 스트레스는 아마도 일반사회에서 논의되는 스트레스와 여러 가지 면에서 다를 것이다. 본 장에서는 스트레스의 순기능과 역기능을 비롯하여 스트레스의 개념에 대해 알아보고, 스트레스의 원인과 스트레스에 의한 반응을 다루고자 한다. 특히 본 장에서는 병영에서 장병들이 경험하는 스트레스에 대해 알아보고자 한다. 아울러 병영 스트레스를 극복할 수 있는 방안들과 병영 스트레스의 정도를 진단할 수 있는 도구를 소개하고자 한다. 또한 평시의 스트레스와 달리 파병과 연관되어 스트레스가 어떻게 나타나는지에 대해서도 살펴보고자 한다.

1. 스트레스에 대한 이해

(1) 스트레스에 대한 관심

스트레스(Stress)라는 용어는 주로 자연과학 분야, 특히 토목공학 분야에서 많이 사용되고 있는 개념으로서 20세기 중반까지만 해도 스트레스는 '특정한 상태' 또는 '외부에서 가해지는 영향력'으로 이해되었다. 그러나 스트레스라는 용어가 심리적인 차원에서 학문적으로 연구 대상이 된 것은 Hans Selye가 1944년에 '일반적응증후군(GAS, General Adaptation Syndrome)'이라는 이론을 발표하면서부터이다. 그는 이 이론에서 동물이 스트레스를 받으면 '경보, 저항, 고갈'이라는 세 단계에 거쳐 죽음에 이른다고 설명하였다.

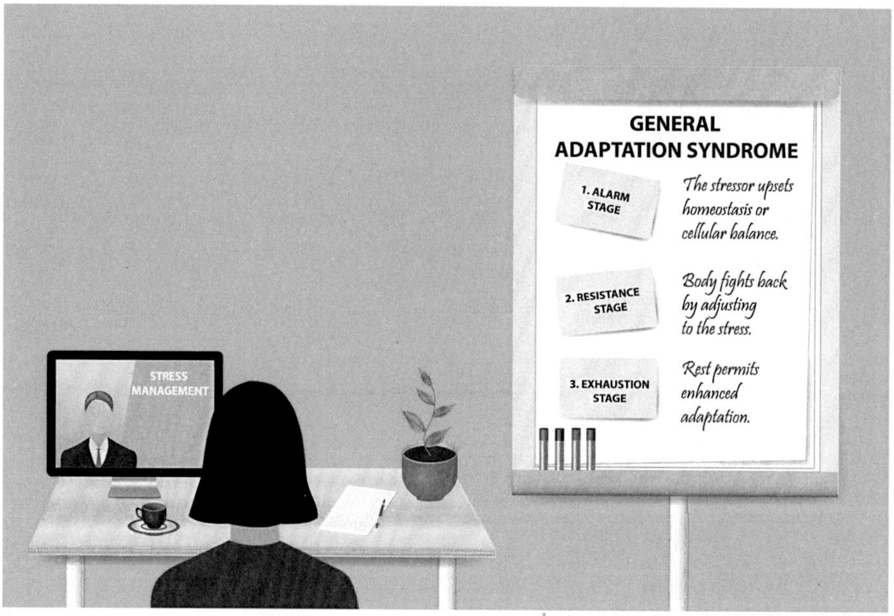

[그림 4-1] Hans Selye가 제시한 스트레스 반응 3단계: 경보, 저항, 고갈

오늘날 스트레스라는 용어는 우리들의 일상생활 속에서 분리할 수 없는 존재가 되었다. 많은 사람들이 '스트레스를 받아서 미치겠다.', '스트레스를 받아서 죽겠다.', '스트레스를 엄청 받는다.' 등 스트레스로 인한 심리적 부담감과 일상생활에서의 곤란함을 언급한다. 의학계에서도 '스트레스는 만병의 근원'이라는 것을 강조하고 상당수의 증상들이 스트레스에 의해서 유발된 것이라고 진단하면서, 스트레스의 해소를 위한 다양한 활동을

권장하기도 한다. 미 보건성의 경우 스트레스가 만성적인 질병의 주요 발병원인이며 스트레스를 극복하는 프로그램의 개발이 매우 중요한 과제임을 주지시키고 있다(장현갑, 김정모, 배재홍, 2007). 실제로 외래 환자들을 대상으로 실시된 역학조사 결과는 환자의 80~90%가 스트레스와 연관되어 있는 것으로 나타났다(Mason, 2001). 스트레스는 우울증을 비롯한 정신질환과도 연관성이 높으며(Billings, Cronkite, & Moss, 1983), 심혈관계와 면역체계에도 영향을 미친다.

한 방송국에서 방영한 프로그램에서 보면 토끼들을 두 집단으로 나누고 각기 충분한 영양분을 공급하되 한 집단은 사랑스럽게 접촉하는 시간을 제공한 반면, 다른 실험집단은 포식자의 포효하는 소리를 비롯한 여러 가지 소음에 노출시키는 등 스트레스 환경 속에서 생활하도록 하였다. 그 결과 스트레스를 받은 토끼들은 비만지수가 높아지고 혈관을 포함한 심혈관계에 비정상적인 모습을 나타냈다. 신경내분비계와 면역계 간의 상호작용을 연구하는 분야인 정신신경면역학(psychoneuroimmunology)에서는 스트레스와 같은 심리적 변인이 면역체계에 미치는 영향을 연구한다. 1980년대 초반부터 이루어진 수백 건의 정신신경면역학 연구들은 마음과 두뇌, 그리고 면역계 간에 밀접한 관련이 있음을 증명하고 있다.

일반적으로 스트레스는 인간 신체 내부의 면역체계에 부정적인 영향을 미치지만, 반대로 스트레스가 면역기능을 활성화시킨다는 연구 결과도 있다. 수행의 증가가 요구되는 상황에서 스트레스가 일시적으로 질병에 걸리는 것을 예방해준다는 것이다. 예로서 기말시험 직전이 직후보다 감기에 덜 걸린다. 그러나 스트레스가 우리의 심신에 미치는 영향은 긍정적인 측면보다 부정적인 측면이 더 많다. 그래서 대부분의 사람들은 스트레스의 부정적인 측면을 강조하면서 가급적 스트레스를 덜 받는 방법을 조언하기도 하고, 스트레스를 해소하기 위한 다양한 방법들을 권장한다. 물론 일부 사람들은 스스로 적정한 수준의 스트레스를 추구하기도 한다. 예를 들어 고공낙하, 번지점프, 암벽타기 등 고위험도의 레크레이션을 즐기는 사람들은 스스로 스트레스를 받으면서도 그 자체를 즐긴다. 그렇지만 일반적으로는 스트레스가 우리의 정신건강에 악영향을 미친다는 것에 대부분 동의한다.

그런데 흥미로운 사실은 동일한 환경이나 상황에서도 사람들이 느끼는 스트레스의 정도는 각기 다르다는 점이다. 직장 내의 동일한 부서에서 거의 유사한 일을 담당하는 사람들 중에서도 어떤 사람은 스트레스를 심하게 느끼는가 하면, 어떤 사람은 스트레스를 거의 느끼지 않는 경우도 있다. 스트레스를 받았을 때 반응하는 모습이나 행동들도 사람에 따라 다르다. 스트레스를 해소하기 위하여 선택하는 방안들도 매우 다양하다. 어떤 사람은 술을 마시는 반면에, 어떤 사람은 운동을 선택한다. 심지어 자신이 받고 있는 스트레스를 정확하게 인식하지 못하면서도 스트레스에 대해 반응한다.

(2) 스트레스의 정의

스트레스라는 용어는 현대 사회에서 일상적으로 사용되는 용어가 되었으며, 생리학, 생화학, 심리학, 사회학, 군사학 등 다양한 분야에서 스트레스에 대한 연구가 이루어졌다. 이에 따라 스트레스라는 용어의 의미도 연구영역에 따라 다양하게 사용되고 있다.

남기덕 등(2010)은 다양하게 사용되는 정의들을 종합적으로 검토한 결과, 스트레스는 “내·외적 사건들이 개인의 중요한 동기를 위협하고, 개인이 이를 극복할 능력이 부족할 때 일어나는 특정한 형태의 심리·생리적 반응의 혼란”으로 정의하였다.

이러한 정의에서는 크게 세 가지 부분이 강조된다. 첫째는 스트레스의 원인이 되는 내·외적 사건들이다. 여기에는 실직과 같은 부정적인 사건도 있을 수 있으며, 승진과 같은 긍정적인 사건도 있을 수 있다. 또한 시험, 인간관계, 신체상의 특징 등 다양한 요인들이 스트레스의 원인으로 작용할 수 있다. 둘째는 스트레스에 대한 반응이다. 스트레스 반응은 심리적인 반응과 더불어 생리적인 반응을 모두 포함한다. 셋째는 스트레스 원인과 개인 간의 상호작용이다. 스트레스 원인에 동일하게 노출되었다 하더라도 각 개인이 갖고 있는 특징에 따라 스트레스 반응이 다르게 나타난다는 것이다. 보통의 성적을 보이는 학생에게는 매번 치르게 되는 시험이 스트레스를 유발하지만, 공부를 잘하는 학생에게는 여러 차례의 시험이 특별한 스트레스 원인이 되지 않을 수도 있다는 점이다.

환경과 사람 간의 교류차원에 더 큰 관심을 갖는 연구자들은 스트레스를 좀 더 포괄적으로 정의한다. Aldwin(2007)에 의하면, 스트레스는 “인간과 환경의 교류과정에서 과잉각성 혹은 과소각성을 통해 나타나는 심리적 고통 또는 생리적 고통을 제공하는 경험”을 의미한다. 다시 말해서 교류 관점에서는 스트레스를 한 개인이 가진 자원과 지각된 도전 혹은 요구 간의 부조화로부터 나타나는 경험으로 특징짓는다. 이 관점에서는 스트레스가 어떻게 지각되고 평가되는지 여부와 지각된 특성 등에 초점을 둔다.

위에서 소개한 두 가지 정의에서 공통적으로 강조되는 부분은 스트레스가 자극의 존재보다도 자극에 대한 주관적인 평가 그리고 자극에 대한 대응 역량에 의해 결정된다는 점이다. 즉 동일한 스트레스 원인에 대한 반응은 각 개인마다 다르게 나타날 수 있음을 의미한다.

(3) 스트레스의 원인

스트레스를 유발하는 원인은 외적인 사건에서부터 개인의 내면적인 차원에 이르기까지 매우 폭넓은 스펙트럼을 갖는다. 스트레스의 원인은 보편적으로 구분하면 크게는 외상사건, 통제나 예측 불가능, 생활상의 변화, 내적 갈등, 사회적 자원의 부족으로 구분할 수 있다.

외상사건에는 지진, 홍수, 가뭄과 같은 천재지변이나 전쟁, 테러, 분쟁, 교통사고 등 인간의 한계를 넘어선 위험상황 등이 해당된다. 성범죄를 비롯한 범죄행위들도 외상사건에 해당된다.

통제 혹은 예측 불가능한 상황도 우리에게 엄청난 스트레스를 준다. 위험한 상황이 발생하였는데, 언제 끝날 것인지, 얼마나 지속될 것인지, 왜 이러한 상황이 발생하였는지 등 상황에 대한 파악이나 정보가 부족하여 대응하기 곤란한 상황에서 사람들은 스트레스를 받게 된다.

생활상의 변화도 스트레스를 제공한다. 생활상의 변화는 새로운 것에 대한 적응을 요구하며, 적응과정에서 다양한 스트레스를 경험하게 된다. Holmes와 Rahe(1967)는 생활상의 변화에서 느끼는 스트레스를 측정한 흥미로운 연구결과를 발표하였다. 이들은 사람들에게 결혼했을 때의 스트레스 정도를 50점으로 설정한 다음, 이사, 별거, 사망 등의 다양한 생활상의 변화가 결혼에 기준하여 어느 정도의 스트레스를 주는지 평정토록 요구하였다. 그 결과 배우자의 죽음이 100점으로 가장 높았으며 가벼운 법의 위반이 11점으로 가장 낮았다. 홍강의와 정도언(1982)이 국내에서 실시한 연구에 의하면 배우자 사망보다 자식의 사망에 더 높은 스트레스를 부여하였으며, 이혼 63점, 별거 51점, 징역 49점, 유산 38점 등으로 나타났다.

내적 갈등도 스트레스의 원인으로 작용한다. 양립하기 어려운 요구나 목표가 주어지는 상황은 스트레스를 유발시킨다. 예를 들어서, 우정을 생각하며 경쟁관계에 있는 친구를 도와주면 경쟁에서 불리한 상황이 될 것 같고, 친구를 도와주지 않으면 우정이 없는 사람으로 비난받을 것 같은 걱정이 공존할 때에도 스트레스를 받는다. 원하는 정도가 비슷한 두 가지 방안 중에서 한 가지를 선택하는 일도 스트레스를 유발한다.

사회적 자원의 부족도 스트레스를 유발한다. 경제적으로 궁핍한 생활과 같이 사회적 자원의 부족은 스트레스를 경험하게 하는 생활 사건을 유발시킬 가능성이 높다. 할 일이 너무 많은 것과 같은 역할의 과부하도 스트레스를 유발시킨다. 대인관계에서 오는 갈등이나 역할 관계에서 오는 갈등도 스트레스의 원인이 된다.

(4) 스트레스 반응

스트레스에 대한 반응은 생리적, 심리적, 행동적 차원에서 복합적으로 나타난다. 스트레스에 대한 반응이 생리적 차원에서만 나타나거나 심리적 차원에서만 나타나는 경우는 드물다. 대부분 세 가지 차원이 상호 연관되어 반응으로 나타난다.

먼저 생리적 차원에서의 반응은 크게 두 영역으로 구분된다. 하나는 뼈와 근육 계통의 증상이며, 다른 하나는 내장 계통의 증상이다. 전자에서는 긴장감, 떨림, 약해짐, 통증 등이 나타나며, 후자에서는 심박의 증가, 소변 횟수의 증가, 빨라지는 호흡, 구토 등의 증상을 보인다. Selye가 제시한 일반적응증후군에서 나타난 바와 같이 스트레스는 자율신경계와 내분비샘의 활성화를 유발한다.

행동적 차원에서의 반응은 공격행동, 포기, 방종, 폭식, 음주, 약물, 과소비 등으로 나타난다. 스트레스를 받으면 어떤 사람은 공격적 행동을 보이는가 하면, 어떤 사람은 포기하거나 물러서는 반응을 보인다. 스트레스를 받으면 어떤 사람들은 비정상적인 식사행태나 과음, 폭연, 약물남용 등의 반응을 보이기도 한다.

심리적 차원에서의 반응은 정서적 측면과 인지적 측면의 두 범주로 구분된다. 정서적 측면은 불안, 흥분, 분노, 우울 등을 의미하며, 인지적 측면은 사고 기능장애, 주의 집중력 저하, 기억력 약화 등을 의미한다. 스트레스를 받았을 때 정서적 반응이 먼저 나오고 그 다음에 인지적 반응이 나타난다는 주장이 있는 반면에(Lange & James, 1922), 정반대로 인지적 과정이 먼저 선행하고 이어서 정서적 반응이 나타난다고 보는 입장도 있다(Lazarus, 1984).

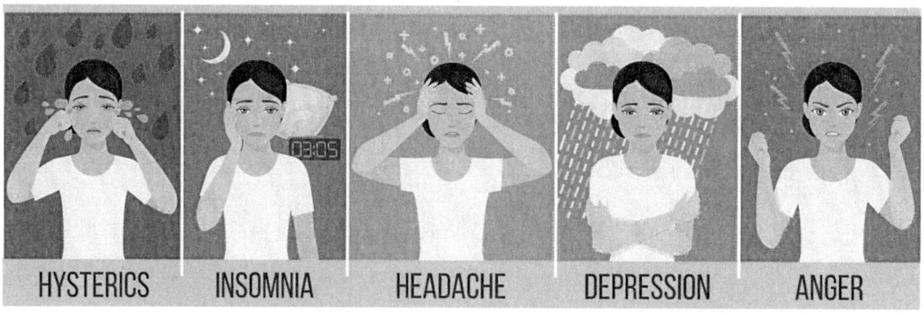

[그림 4-2] 스트레스를 받을 때 나타나는 심리적 증상들

(5) 일반적인 스트레스 대처

일반적으로 스트레스에 대한 반응은 스트레스의 원인과 개인의 역량 변인이 상호작용한 결과로 나타난다. 스트레스 원인이 있다 하더라도 이를 극복할 수 있는 개인적 역량이 충분한 경우 스트레스 반응은 거의 미미하게 나타난다. 이렇게 보면 스트레스에 대한 대처방략은 두 가지 차원에서 생각해 볼 수 있다. 한 가지 차원은 스트레스의 원인 그 자체를 제거하는 것이며, 다른 한 가지 차원은 스트레스를 극복하기 위한 개인적 역량 또는 조직적 차원에서의 방안을 강구하는 것이다.

스트레스의 원인을 제거하는 것은 스트레스를 해소하는 데에 있어서 가장 근원적인 방법이다. 그러나 스트레스 원인을 제거하는 것은 현실적으로 거의 불가능한 일이다. 그렇다고 보면 결국은 스트레스에 대처할 수 있는 개인적 역량을 강화시키거나 조직적 차원에서 방안을 강구해야 한다.

개인적 차원에서의 스트레스 대처방안은 인지적 대처, 정서적 대처, 신체적 대처, 임무수행 역량 강화 등이다. 조직차원에서의 스트레스 대처방안은 업무의 재설계, 책임과 역할의 명확화 그리고 사회적 지지 등을 생각해 볼 수 있다.

개인차원에서의 대처방략

개인차원에서 가능한 건설적인 스트레스 대처 방략은 크게 네 가지로 구분한다. 첫째는 인지적 대처라 하며, 분명한 요구들을 재평가하여 스트레스에 대처하는 방략이다. 둘째는 정서적 대처라 하며, 스트레스에 의해 유발된 정서적 반응을 감소시키려는 방략이다. 셋째는 신체적 활동을 통하여 스트레스에 대처하는 방략이다. 넷째는 임무수행 역량을 강화시키는 방략이다.

① 인지적 대처

스트레스는 객관적인 과정에 의해서 전개되기보다는 주관적인 평가에 의해서 다양하게 전개되는 심리적 과정이다. 상황에 대한 불합리한 평가나 부정확한 평가가 스트레스를 유발하는 경우가 많다. 따라서 인지적 대처에서는 상황에 대한 정확한 평가를 통하여 스트레스를 해소하는 방략이다. 인지적 대처는 크게 네 가지 방략을 사용한다. 첫째는 방어적 자기기만을 최소화하는 것이다. 문제에 직면할 때 사람들은 대처 방식으로 방어적 왜곡을 사용하는데, 이러한 방식은 직면하는 문제를 평가절하하거나 무시함으로써 문제를 더 악화시킨다. 둘째는 부정적 자기대화를 감소시키는 것이다. 사건에 대한 부정적 해석은 곧 부정적 정서를 유발시킨다. 따라서 부정적인 해석을 변환시킴으로써 스트레스 반응을 최소화시킬 수 있다. 셋째는 파멸적 사고를 자제하는 것이다. '반드시, 꼭, 결코, 틀림없이'와 같이 파멸적 사고에 존재하는 용어들을 사용하고 있는지를 살펴보고 이를 시정한다. 넷째는 긍정적 자세를 견지하는 것이다. 삶에 대한 긍정적인 자세를 견지한 사람은 부정적 자세를 취하는 사람들보다 실망감이나 좌절감을 덜 겪는다. 다섯째는 스트레스의 근원을 인식하는 것이다. 자신이 무엇 때문에 스트레스를 받고 있는지를 알게 되는 것만으로도 스트레스를 해소할 수 있다.

② 정서적 대처

정서적 대처방안으로는 억눌린 정서의 발산, 주의분산 그리고 이완학습이 있다. 먼저 억눌린 정서의 발산은 성숙되고 사회적으로 인정받는 형태로 감정을 표현하는 방략이다. 화나는 상황에서 화를 참음으로써 스트레스를 받기보다는 그 화를 발산하여 푸는 것이 좋다. 다만 사회적으로 수용할 수 있는 방식으로 풀어야 한다. 주의분산은 다른 사람의 일을 생각하거나 다른 활동을 함으로써 자신의 주의를 분산시키는 방략이다. 이완학습은 심신을 이완시킴으로써 정서를 통제하는 방략이다.

③ 신체적 대처

스트레스는 신체적 반응을 유발하기 때문에, 역으로 신체를 건강하게 유지함으로써 정신과정을 건강하게 유지하는 방략이다. 신체가 건강한 상태가 아닌 경우, 잠을 설치고, 더 긴장하고, 과민반응하고, 쉽게 화를 내고 흥분한다. 적절한 휴식을 취하고 주기적으로 신체를 이완시키고, 규칙적인 활동을 하게 되면 신체 상태를 건강하게 유지하게 되고 이에 따라 스트레스에 대한 내구성이 강해진다.

④ 임무수행 역량 강화

스트레스 원인이 있다하더라도 이를 극복할 수 있는 역량을 갖추고 있다면 스트레스를 받지 않는다. 따라서 스트레스 원인에 대한 처방과 더불어 스트레스를 극복할 수 있는 개인의 역량을 강화시키는 것도 스트레스에 대처하는 방략이다. 이를 위한 방안으로는 먼저 과제의 우선순위를 명확하게 하여 요구에 대한 압박감을 완화시킨다. 다음으로는 업무해결을 위한 정보획득을 통하여 문제에 대한 통제력을 강화시키고 불확실성을 감소시키는 일이다. 또한 미완성된 과제로 인하여 스트레스를 받는 경우 미완성된 과제를 먼저 해결하도록 한다.

조직차원에서의 대처방략

① 업무 재설계

조직차원에서 가능한 대처방략들 중 하나는 업무를 재설계하는 것이다. 이는 스트레스 영역들 중에서 직무영역의 스트레스와 밀접한 연관이 있다. 업무가 특정 부서나 특정 직책에 편중되어 있는 경우, 효과적인 방안이 될 수 있다. 업무 재설계는 불필요한 업무를 줄여주고, 부담을 완화시켜준다. 업무 재설계는 인원의 적재적소 배치와도 연관성이 높다. 부대원의 역량에 맞추어 업무를 부여함으로써 업무성과를 향상시킬 수 있다.

② 책임과 역할의 명확화

조직원 개개인의 책임과 역할을 분명하게 규정하는 것도 스트레스를 해소하는 좋은 방안이 될 수 있다. 상급자의 지시 내용에서 하급자의 책임과 역할이 명확할수록 업무 부담이 경감되고, 인접 부서 또는 인접 부서원과의 불협화음을 예방할 수 있다.

[그림 4-3] 다양한 스트레스 대처방략: 개인차원과 조직차원

③ 사회적 지원

사회적 지원은 조직 내·외부의 인적, 물적 자원을 최대한 활용하여 스트레스 해소를 위한 채널을 다양화시켜 주는 것이다. 사회적 지원은 스트레스를 받는 사람들에게 정서적으로 지지해주고, 당면문제나 스트레스의 해소를 위한 다양한 정보를 제공해주고, 다양한 프로그램이나 사회적 자원을 제공하여 스트레스로 인한 개인의 심리적, 신체적 반응을 완화시키는 것이다. 현재 군에서 가장 대표적인 사회적 지원은 각 부대에 배치되어 있는 '병영생활 전문상담관'일 것이다. 이들은 개인의 적응상의 문제를 도와줄 수 있는 역량을 갖춘 전문가들이다. 군종장교 또는 군의관도 이들과 유사한 기능을 수행할 수 있다. 스트레스 관리 또는 해소와 관련된 다양한 정보를 경험하게 하는 방법들도 사회적 지원에 해당된다. 인터넷을 통한 정보 제공이나 도서를 통해서도 도움을 받을 수 있다.

2. 병영과 스트레스

군에서 이루어진 자체 조사결과, 자살·폭행·탈영과 같은 악성사고들이 군의 특수한 환경 속에서 유발되는 스트레스와 관련성이 높은 것으로 분석되었다. 군에서 발생하는 다양한 사고와 부적응 행동들이 신체적인 요소보다는 정신적인 요소에 의해 많이 발생되고, 많은 요인들 중에서도 특히 스트레스에 의한 것이 많다는 연구 결과들이 제시됨으로써 군 내부적으로도 스트레스의 원인과 결과 그리고 처방에 대한 관심이 더욱더 고조되어가고 있다(육군본부, 1999).

군에서 스트레스에 대한 관심을 가져야 하는 데에는 여러 가지 이유가 있다. 첫 번째 이유는 스트레스에 대한 과학적이고 효율적인 관리를 통하여 발생 가능한 군내 악성사고들을 사전에 예방할 수 있기 때문이다. 육군의 사고분석 결과를 보면 해마다 사고발생 건수가 조금씩 줄어들고 있으나, 아직도 연간 4,000여건의 사고가 발생되고 있으며 이들 중 상당수가 스트레스에 의한 것으로 확인되고 있다. 두 번째 이유는 군대 조직의 경우 사회조직과 비교하여 스트레스 유발 가능성이 더 높은 환경을 갖고 있기 때문이다. 조직차원에서 보면, 군은 상명하달로 대표되는 엄격한 수직적 질서체제를 유지해야 하는 조직으로서 개인적 속성보다는 집단적 속성을 중시하는 경향이 매우 강하여 개인의 희생을 요구하는 경우가 많다. 인지적인 측면에서도 군 구성원의 대부분은 병역의무로 징집된 의무복무자가 대다수를 차지하여 근무에 대한 적극적인 동기가 부족한 집단이다. 아울러 군대는 생활환경이 열악한 경우가 많고, 다양성과 특수성 그리고 개방성보다는 획일성과 일반화 그리고 폐쇄적 속성이 더 강조되는 곳이다(최광표, 1999). 세 번째 이유는 군대가 사회의 변화추세와 더불어 신속하게 변화되지 않고 다소 보수적인 입장을 취함으로써 징집되는 인원들이 겪게 되는 문화적인 충격이 더욱더 증가되고 있기 때문이다. 상기한 의미들을 종합적으로 검토할 때, 군대환경에서 겪는 스트레스에 대한 관심은 매우 중요한 의미를 갖는다고 볼 수 있다.

최근 5년간 군병원의 정신건강의학과 외래진료 현황([표 4-1])을 보면, 일반정신과적 검사인원은 점차 감소되고 있는 반면에, 적응장애는 지속적으로 증가추세에 있으며 우울장애, 불안장애, 수면장애 그리고 외상후 스트레스 장애 등은 완만한 증가추세를 보이고 있다. 이들 장애들은 모두 스트레스와 직·간접적으로 관련이 있는 질병들이라는 점에서 스트레스에 대한 관심이 더욱더 큰 의미를 갖는다.

[표 4-1] 최근 5년간 군병원 정신건강의학과 외래진료 현황

진단명	2012	2013	2014	2015	2016. 7	총계
일반정신과적 검사	9,545	9,280	6,713	5,128	2,493	32,159
적응장애	1,886	2,208	2,796	3,459	2,959	13,308
우울장애	780	554	714	1,095	750	3,893
불안장애	538	420	514	786	590	2,848
수면장애	399	396	510	698	608	2,611
급성스트레스 장애	91	79	129	173	148	620
기타	939	717	857	1,031	735	4,279
총계	14,178	12,654	12,233	12,370	8,283	59,718

(1) 군대환경의 기본적 특성

병영생활에서 병사들에게 주어지는 스트레스는 한 개인으로서 겪게 되는 스트레스에 군 조직과 생활환경의 특성에서 기인하는 스트레스가 가중된 것이다. 군대 조직은 기본적으로 일반사회의 조직과 또 다른 특징을 갖고 있기 때문에, 군대 생활을 하는 병사들의 스트레스를 올바르게 이해하기 위해서는 군대 조직의 특성을 고려해야 한다.

군대 조직은 일반사회 조직과 대비하여 집단성, 구조성, 원리성 차원에서 차이가 있다. 무엇보다도 군대는 집단적 차원에서 보면, 개인의 이익을 중시하기보다는 전우애와 희생을 중시하는 조직지향적인 특성을 갖는다. 구조적 차원에서 보면, 군대는 절대적인

위계질서 속에서 지휘관을 중심으로 수직적인 구조를 갖으며, 구성원들의 다양성보다는 동질성이 강조된다. 조직이 운영되는 원리적인 차원에서 보면, 군대 조직은 자발적인 참여보다는 강제적인 복종에 의해 움직이며, 자율보다는 규율이 그리고 개방적인 특성보다는 폐쇄적인 특성을 더 많이 갖는다. 이러한 군대 조직과 일반사회 조직 간의 차이가 [표 4-2]에 정리되어 있다.

[표 4-2] 군대 조직과 사회 조직의 차이(이영준, 1987년 연구에서 일부 발췌)

구분	사회 조직	군대 조직
집단성	조직이념 추구, 이익 중시, 개인지향성, 자기애	국가이념 추구, 희생 중시, 조직지향성, 전우애
구조성	상대적 위계질서, 구성원 중심, 수평적, 다원주의, 이질성	절대적 위계질서, 지휘관 중심, 수직적, 전형주의, 동질성
원리성	참여적, 자율성, 자발적, 개방적	지배성, 규율성, 강제적, 폐쇄적

또한 군대조직은 부여된 임무를 효과적으로 완수하기 위해 일정한 지역에 상주하고 조직적이고 통일된 행동을 요구하기 때문에 신세대 장병들이 복무해야 하는 생활환경은 [표 4-3]과 같이 일반사회와는 많은 차이를 나타내고 있다(최광표, 1999). 심리적인 환경면에서 보면, 무엇보다도 심리적으로 구속감을 느끼게 하며, 군 복무기간이 자신의 삶 속에서 정지되었거나 오히려 퇴보하는 기간이라고 여겨진다. 일상생활이 안정되어 있지 않고

[표 4-3] 군대 생활환경의 특징(최광표, 1999)

구 분		주요 내용
심리적 환경	심리적 구속감	• 엄격한 규율을 요구, 명령과 복종에 대한 절대성 • 단체원으로서의 행동 요구, 타의적 군 입대
	피해의식과 자기퇴보감	• 조직목표를 지향하도록 통제, 외부사회와 격리 • 자아관/생활태도 억제됨, 군생활을 퇴보기간으로 생각
	불안과 긴장의 증대	• 유사시 생명을 무릅쓰고 전투임무 수행 • 평시 실전과 같은 훈련 요구, 전시 미래예견이 어려움
	강한 친화력	• 비슷한 연령과 사고방식, 동류의식의 강한 집단성격 • 내무생활을 통해 구성원간의 새로운 인간관계 형성
생활 환경	주거환경	• 복지, 문화시설이 상대적 열악, 통제된 생활 • 획일적 정리정돈, 사생활 보장 곤란
	근무여건	• 단순, 반복적 일과, 교육훈련, 근무, 작업위주 • 전쟁 대비 업무수행의 신속성과 정확성 요구
	문화활동	• 여가 선용을 위한 시간적, 공간적 환경조성 곤란 • 정서순화활동을 위한 시설·비품·자료 확보/유지 곤란

항상 불안과 긴장이 함께 한다. 한편 개인적인 삶의 방식보다는 동료와의 깊은 유대를 통하여 강한 전우애와 인간관계의 형성을 요구받는다. 생활환경 면에서도 군대환경은 신세대 장병들에게 상당한 스트레스를 부가한다. 시설은 가정과 대비하여 상대적으로 열악하며, 개인의 사생활이 보장되지 않고 획일적이며 통제된 주거환경에서 생활해야 한다. 교육과 훈련위주의 단순 근무가 반복된다. 문화활동을 위한 시설과 공간이 부족하여 스트레스를 해소할 만한 장소가 부족한 상태이다.

(2) 병영 스트레스의 원인

앞에서 설명한 바와 같이 군대 조직은 일반사회의 조직들과 차이가 나는 특징들을 갖고 있다. 따라서 군대조직에서 경험하게 되는 스트레스들은 당연히 일반사회의 조직들에서 경험하게 되는 스트레스들과 다소 차이가 나는 요인들이 포함된다. 그렇다면 군대의 조직과 생활환경상의 특성을 고려할 때 장병들이 느끼게 되는 스트레스는 어떠한 것들이 있는가?

신응섭, 김용주, 육성필(2006)은 병영에서 경험하게 되는 스트레스의 원인들을 살펴보기 위하여 광범위한 조사를 실시하였다. 이 실태 조사에서는 크게 세 방향에서 이루어졌다. 첫 번째는 군에서의 스트레스와 관련된 기존의 연구들에서 사용된 스트레스 요인들을 살펴보는 것이다. 두 번째는 군에서 발생한 사고의 원인을 분석하여 군내에서 문제가 되는 스트레스 원인들을 규명하는 것이다. 세 번째는 전방 사단의 병사들을 대상으로 현재 느끼는 스트레스에 대한 개방형 설문조사를 통하여 스트레스 원인들을 조사하는 것이다.

군 관련 스트레스 연구

군을 대상으로 조사된 스트레스 관련 연구는 80년대 초부터 간헐적으로 실시되어 왔다. 일부 연구들은 군에서 경험하게 되는 스트레스의 유형을 조사하기보다는 이미 사회에서 제작된 스트레스 진단도구를 사용하여 스트레스 변수와 공격행동 간의 관계를 살펴보거나, 스트레스와 군 범죄행동 간의 관계를 검증하기도 하였다. 최대현(1995)은 군에서의 스트레스를 환경요인, 역할요인, 조직요인 그리고 개인요인의 관점에서 살펴보고, 이들이 개인과 조직에 미치는 영향과 주요 조절 변수를 확인하였다. 권승재(2001)의 연구에서는 병영스트레스를 심리적 요인, 환경적 요인, 직무요인, 대인갈등 요인 그리고 부대외적 요인으로 구분하고, 자살, 탈영, 폭행의 군 범죄행동과의 연관성을 살펴보았다. 김진익(2003)의 연구에서는 개인적, 대인관계, 조직적, 환경적 요인 등 네 가지 요인이 제시되었으며, 유태현(2004)의 연구에서는 위의 네 가지 요인에 심리적 요인이 추가되었다.

한편 군에서 나타나는 스트레스의 실태를 연구하는 사례는 매우 드물게 보고되었다. 1983년에 조사된 정영윤의 연구에서 '군 복무 중 못마땅한 일은 무엇인가?'라는 질문에 대해 ① 인격무시를 당했을 때(43.5%), ② 불필요한 집합(14.4%), ③ 자유시간 박탈(14.4%), ④ 과다한 작업(9.5%), ⑤ 부당한 지시(7.2%)의 순서로 나타났다. 김홍수(1990)는 사병과 방위병의 스트레스 지각 정도를 알아보고 그 관리 방안에 대해 살펴보았는데, 그는 스트레스의 범주를 환경적 요인, 조직관련 요인, 직무관련 요인, 개인관련 요인 그리고 조직 외 관련 요인 등으로 구분하였다.

사고사례 분석 연구

신응섭, 김용주, 육성필(2006)은 2005년도에 2개 사단에서 발생한 사고사례를 중심으로 스트레스로부터 촉발될 가능성이 가장 큰 폭행, 군무이탈, 자살 사고들을 중점적으로 분석하고 문제의 원인을 탐색하였다. 먼저 당시 조사된 군내 폭행사고는 전체 사고의 24.7%를 차지하였으며, 사고가 발생한 장소는 영내 47.5%, 영외 52.5%이었다. 폭행의 대상은 민간인이 51%로 가장 많았고, 다음은 하급자, 동료와 상급자순이었다. 폭행의 원인은 유형별로 보면, 사소한 시비 끝에 일어난 것이 가장 많았고, 다음으로는 개인감정, 음주 행패, 고참병 횡포, 사적 제재, 여자관계순이었다.

다음은 군무이탈 사고에 대한 분석 결과이다. 군무이탈 사고는 전체 사고의 24.0%를 차지하였다. 군무이탈은 현지이탈이 30.5%이고, 미귀이탈이 69.5%이었다. 미귀이탈의 경우, 병사들은 휴가에서 미귀와 외출이나 외박에서 미귀가 대부분이었으며, 간부는 출근이나 휴가, 외박 등에서 미귀를 한 것으로 나타났다. 군무이탈의 주된 이유는 복무염증과 부적응이 전체의 66.5%로 가장 많았으며, 처벌에 대한 두려움, 여자관계, 가정사정의 순서로 나타났다. 일부 소수 원인으로는 사적 제재, 고참병 횡포, 상급자 폭행, 신병 및 염세, 향수심, 부채 청산 등이 있었다.

자살사고의 원인으로는 2005년의 경우 개인적인 문제가 68.6%로 많았으며, 구체적으로는 가정환경, 염세비관, 여자관계, 지병/신체허약 비관, 성격 결함, 채무관계, 처벌 우려 등이 조사되었다. 부대관계에서도 근무부적응, 선임병 횡포, 업무부담 및 미숙, 간부 질책 등이 원인으로 나타났다.

이상의 세 가지 방향에서 조사된 사고의 원인들을 정리한 결과, 크게는 환경 관련, 직무 관련, 대인관계 관련, 개인신상 관련, 심리적 취약 특성 관련 등으로 구분되었다. [표 4-4]는 사고의 원인들을 조사한 결과를 간략하게 정리한 것이다.

[그림 4-4] 다양한 병영 스트레스는 각종 군 사건사고의 원인이 될 수 있다

[표 4-4] 군 사건사고 분석 자료에서 도출된 스트레스 원인들

구 분	사고 원인들
환경 관련	부적절한 급식
직무 관련	업무기술 미숙, 훈련동작 미숙달, 하급자가 집단통제에 불응, 상급자 업무 미숙, 규정이상의 처벌, 오해, 부당한 금전거출, 하급자 군기, 건의사항 미해결, 복무 부적응, 통제된 생활기피, 답답함, 내무반 도난사고, 수면부족, 업무관련 규칙인식 부족, 과도한 업무부담, 규정된 내무생활, 검열 등
대인 관계	상급자의 잦은 질책, 선임병 폭행, 언어폭력, 인격 모독적 언행, 사적 감정이 포함된 처벌, 사소한 시비, 부당한 관행, 대리근무 강요, 하급자의 불량한 태도, 상급자에 누적된 불만, 하급자에 누적된 불만, 공동체 의식 결여, 무관심과 왕따 시키기, 상급자의 개인적 배려 부족 등
개인 신상	만성적 질병, 일시적인 질환, 허약체질, 불우한 가정환경, 부모의 이혼, 부모 갈등, 부모 사망, 형제 갈등, 여자친구의 변심, 미래 진로에 대한 걱정, 가정의 경제적 빈곤, 낮은 교육수준, 아동기 결핍, 친근한 대인관계 상실, 신경성 질환, 복잡한 채무, 과소비 경향 등
심리적 요인	내성적 성격, 소심한 성격, 정신적 질환, 우울증, 음주욕구, 성적 욕구, 심한 불안감, 알코올과 약물 경험, 불면증, 충동적 행동경험, 인지적 왜곡, 절망감, 문제인식 부족, 의사결정 어려움, 욕구표현 부족, 분노, 과거의 충격적 경험, 극기심 부족 등

병영실태 조사

신응섭 등(2006)은 다음 단계에서 병영에서 나타나는 스트레스 원인들을 도출하기 위하여 전방의 5개 사단을 대상으로 병영실태 설문조사를 실시하였다. 설문조사는 각 사단에서 1개 대대를 무작위로 선정하여 실시하였으며, 가급적 이병에서 병장에 이르기까지 고르게 응답이 이루어지도록 하였다. 조사에 응한 인원은 950명이었다. 설문지는 응답의 편리함을 위하여 대략적으로 환경 관련, 직무 관련, 대인관계 관련, 개인신상 관련, 심리적 특성 관련, 기타 등으로 구분하여 응답을 요구하였다. 응답한 내용들은 항목별로 빈도를 표시하고 위의 요인별로 재분류하였다. 조사된 스트레스 원인들을 요인별, 빈도순으로 정리한 결과가 [표 4-5]에 제시되었다.

[표 4-5] 병영에서 병사들이 느끼는 스트레스들

구 분	사고 원인들
조직 환경	보급품 부족(211), 내무반 시설 문제(208), 급수, 온수(182), 냉난방(90), 여가시설(73), 강제활동(58), 포상휴가(51), 근무여건(45), 훈련 시 위생활동(38), 외출외박 통제(33), 사회분리(30), 생소한 환경(27), 자기계발 여건 부족(24) 등
직무 관련	과다한 작업(274), 부과 업무(98), 학습부담/부당지시(68), 힘든 훈련(67), 휴일/휴식 미보장(61), 계획 수정(48), 장비부족(41), 후임병 위주 작업(39), 사무용품 부족(31), 청소(30), 도난사고(22), 싫증(21), 책임부여(20), 소음(코골기)(13) 등
대인 관계	후임이 말을 안 들음(121), 성격/의견차이(89), 이기적 선임(70), 긴장/계급관계(47), 무능간부(47), 욕설/꾸중(44), 수직관계(44), 비인격적 대우(40), 불합리(40), 선임 장난(55), 간부병사 갈등(39), 동기 불협화음(35), 선후임관계 불편(14), 의견무시(10) 등
개인 신상	여자친구 그리움(104), 친구(102), 전역 후 진로걱정(102), 가족 그리움(93), 부모 걱정(59), 외부와 단절(52), 집안 걱정(52), 초라한 나의 모습(49), 피부/건강 걱정(40), 본인 경제곤란(39), 친구전역소식(33), 원하는 것을 못함(29), 가정문제(26), 질병(13) 등
심리적 요인	내성적 성격(137), 소심한 성격(62), 욱하는 성격(42), 절제와 고립이 싫음(37), 급한 성격(32), 개인주의(22), 표정관리가 안됨(19), 장난기가 심함(17), 거절을 못함(16), 강한 자존심(11), 불안감(9), 우유부단(6), 긴장형(5) 등

스트레스 원인 종합

군부대를 대상으로 이루어진 스트레스 연구, 사고사례의 분석 연구, 그리고 실태조사 연구를 통하여 확인된 스트레스 원인들을 종합적으로 정리한 결과 병영스트레스는 크게 세 가지 영역으로 구분되고, 각 영역들은 각각 네 개의 요인들로 구성되었다([그림 4-5] 참조).

첫 번째 영역은 부대환경 및 직무특성이다. 세부적으로는 부대환경, 직무특성, 상급

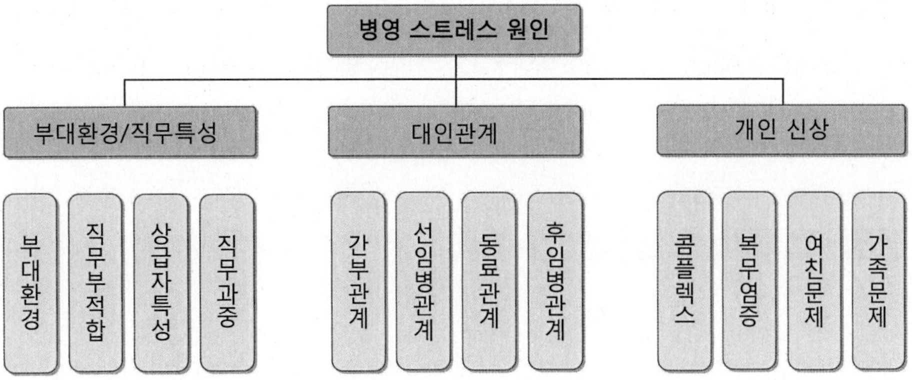

[그림 4-5] 병영 스트레스 원인의 세 영역과 하위 요인들

자특성, 직무과중의 요인들로 구분된다. 부대환경 요인에는 편의시설 부족, 좁은 생활관 공간, 의료시설 부족, 환자보고 관리 미흡, 문화시설 부족, 불필요한 신고 등의 스트레스가 포함된다. 직무특성 요인에는 적성에 맞지 않는 직무, 업무 적응에 어려움, 업무 구분의 불명확, 단순하고 반복된 업무, 위험한 업무, 훈련부담 가중 등의 스트레스가 포함된다. 직무과중 요인에는 휴식/사생활 미보장, 주말이나 일과 이후의 업무, 불필요한 집합과 교육, 업무 외 사역, 피로 누적 등의 스트레스 요인이 포함된다. 상급자 특성 요인에는 막무가내이며 강압적이고 기분에 따라 행동하는 상급자, 사적 업무를 요구하고 의견개진 기회를 주지 않는 상급자, 평가의 불공정 등이 포함된다.

두 번째 영역은 대인관계이다. 이 영역은 간부 관계, 선임병 관계, 동료 관계, 후임병 관계의 요인들로 구분된다. 선임병 관계요인에는 기분을 상하게 하는 권위의식, 보복식의 행동, 꼬투리 잡기, 의견차이, 소통 곤란 등이 포함된다. 간부 관계 요인에는 이해와 배려가 부족하고 비인격적 대우를 하는 간부, 마음에 맞지 않는 간부, 자기중심적이고 친하기 싫은 간부 등이 스트레스로 제시되었다. 동료 관계 요인에는 의지가 되지 않거나 의견에 차이를 보이는 동료나 따돌림과 무관심 등이 스트레스 항목으로 제시되었다. 후임병 관계 요인에는 업무가 미숙하고 능력이 부족한 후임병, 예의가 부족하고 부담을 가중시키는 후임병 등이 스트레스로 작용하였다.

세 번째 영역은 개인 신상이다. 개인 신상 영역은 다시 개인적 콤플렉스, 복무염증, 여친 문제, 가족 문제의 요인들로 구분된다. 개인적 콤플렉스 요인에는 체력이나 건강문제, 외모, 학벌 등이 스트레스 요인으로 작용하였다. 복무염증 요인에는 복무는 시간낭비이고 강제로 수행한다는 생각, 초라한 자아상, 외부와의 단절, 전역 후의 진로 걱정 등이 스트레스로 작용하였다. 여친 문제 요인에는 여자친구와의 갈등과 여자친구의 변심 가능성, 여자친구에 대한 그리움 등이 포함되었다. 가정 문제 요인에는 가족의 경제사정, 부모님의 건강, 가정에 대한 걱정, 가족의 사고와 질환 등이 스트레스로 작용하였다.

3. 병영 스트레스 진단 및 처방

앞에서 설명한 바와 같이 병영에서 관찰되는 스트레스들은 일반사회에서 경험할 수 있는 스트레스뿐만 아니라 병영에 특수한 스트레스들이 가중된 상태로 나타난다. 따라서 일반사회의 일반인을 대상으로 제작된 스트레스척도는 군대환경의 특수성으로 인하여 군에 복무하는 병사들에게 그대로 적용하는 데에는 한계가 있다. 이에 국방부는 병사들의 스트레스를 진단할 수 있는 검사도구의 개발을 육군사관학교 심리학과에 의뢰하였으며, 신응섭, 김용주, 고재원에 의해 2007년도 '사고예방을 위한 군 스트레스 진단도구'가 개발되었다. 또한 이듬해인 2008년도에는 '스트레스 원인에 따른 맞춤형 처방 프로그램'이 추가적으로 개발되었다.

병영생활을 하는 병사들이 겪는 스트레스 과중의 문제는 오래전부터 모든 지휘관들이 인식하고 있는 현실이었다. 비록 일선 지휘관 개개인의 수준에서 이러한 문제점의 실체를 측정하고, 검증하여 그 대안을 찾음으로써 스트레스로 인한 사고 위험을 감소시키려는 노력은 무수히 진행되어 왔다. 그러나 과학적이고 체계적인 방법론에 대한 인식과 경험의 부족으로 인해 그동안 이 문제에 대한 체계적인 접근은 부재했었다. 이러한 문제점들을 해결하기 위해 2007년에 개발된 군 스트레스 진단도구는 육군, 해군, 공군 등 전군을 대상으로 일반병사, 재소자 병사, 장교 등의 다양한 특성을 가진 집단들의 현 상태와 의견을 통해 자료가 수집되었으며, 약 5,500명에 달하는 방대한 인원을 대상으로 조사한 결과에 기초하였다는 점에서 매우 큰 의미를 갖는다.

(1) 기본 개념

사고예방을 위한 군 스트레스 진단도구 개발을 위해 가장 먼저 고려해야 할 사항은 사고행동과 스트레스에 대한 관계 설정이었다. 스트레스와 관련된 문헌들과 병영 스트레스 관련 연구들을 분석하고, 실제로 병영에서 경험되고 있는 스트레스에 대한 실태조사 결과에 기초하여 스트레스와 사고행동 간의 관계를 나타내는 도식을 [그림 4-6]과 같이

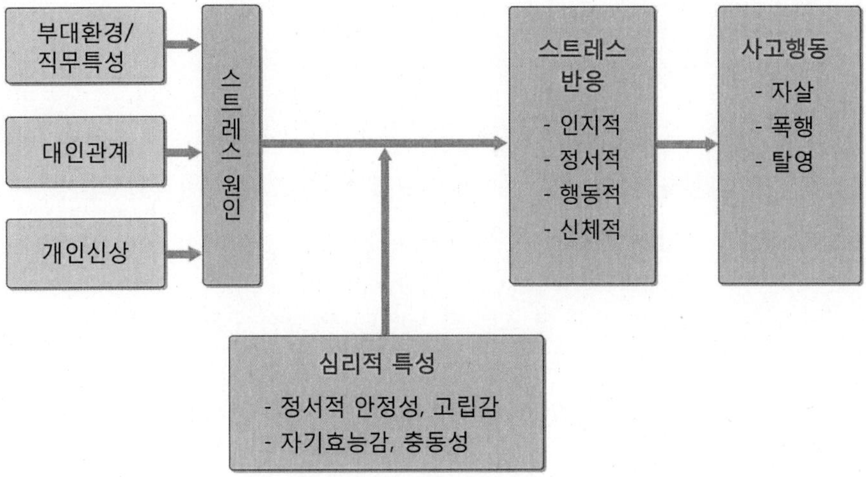

[그림 4-6] 스트레스 원인과 반응, 그리고 심리적 특성과 사고행동 간의 관계

설정하였다.

병영의 스트레스 원인들은 크게 부대환경 및 직무특성, 대인관계, 개인신상 등 세 영역으로 구분되었다. 스트레스 원인들은 병사들 개개인의 성격특성들과 상호작용하여 스트레스 반응으로 나타나며, 스트레스에 대한 반응이 누적되고 관리되지 않을 경우 자살, 폭행, 탈영과 같은 악성사고로 나타나게 된다. [그림 4-6]은 이러한 개념을 도식으로 나타낸 것이다.

한편, 일반사회에서 통용되고 있는 스트레스 진단도구들은 기본적으로 스트레스 반응만을 측정한다. 이들은 스트레스 반응으로 인지적, 정서적, 신체적, 행동적 차원에서 어떤 특징을 보이고 있는가를 측정하고, 그 결과에 기초하여 스트레스 정도를 제시해주고 있다. 여기서 나타나는 문제는 스트레스로 인한 결과변인으로서 반응의 정도는 알 수 있으나, 원인변인에 대한 정보가 전혀 없다는 점이다. 스트레스가 문제되는 병사에게 적절한 대처방략을 조언하고자 할 경우, 스트레스의 원인이 되는 변인들에 대한 정보획득이 사전에 이루어져야 한다. 만약 스트레스 진단과정에서 원인과 결과에 대한 진단이 함께 이루어진다면, 이러한 문제점은 자동적으로 해소될 수 있다. 이러한 관점에서 군 스트레스 진단도구는 결과변인으로서 스트레스 반응 정도뿐만 아니라 원인변인에 대한 진단을 동시에 처리한다는 점에서 매우 독특하다고 볼 수 있다. 이러한 측면에서 군 스트레스 진단도구는 상담자나 지휘관들이 스트레스 정도가 심한 병사의 원인과 결과에 대한 상당한 자료를 이미 갖고서 면담과 상담을 진행할 수 있다는 장점을 갖는다. 특히 개인의 성격특성에 대한 평가까지 함께 이루어진다는 점에서 더 큰 장점을 갖는다.

(2) 진단문항 및 판정기준

진단문항

군 스트레스 진단도구는 총 110문항으로 5개 영역 17개 하위척도로 구성되어 있으며, 세부 구성은 [표 4-6]에 제시된 바와 같다.

[표 4-6] 군 스트레스 진단도구의 문항 구성

구분	스트레스 원인(62)												심리적 취약성(30)				스트레스 반응(18)			
	근무환경(26)				대인관계(20)				개인신상(16)											
	부대환경	직무부적합성	상급자특성	직무과중	간부관계	선임병관계	동기관계	후임병관계	복무염증	콤플렉스	여자친구문제	가족문제	효능감	충동성	고립감	정서불안정	사고와해	신체증상	정서변화	행동변화
문항	6	6	7	7	6	6	4	4	5	4	3	4	8	8	7	7	5	5	4	4

스트레스 원인을 진단하는 문항이 62개이고, 심리적 취약성을 진단하는 문항이 30개, 그리고 스트레스 반응을 진단하는 문항이 18개이다. 각 문항을 통하여 획득된 원점수들은 T점수분포(평균 50, 표준편차가 10인 분포) 값으로 변환되어 합산된다.

판정기준

군 스트레스 진단도구는 기본적으로 병영생활의 스트레스 정도를 진단하고, 더 나아가 스트레스로 인한 사고유발 가능성이 있는 병사들을 식별하고, 그들에 대해 지휘관심을 갖고 상담 및 교육 프로그램들을 활용할 수 있도록 하는 데에 목적을 두고 있다. 따라서 군 스트레스 진단도구는 검사 결과를 크게 네 가지 집단으로 구분하는 규준표를 갖고 있다.

첫째는 위험군(1군)으로 지휘관심이 절실히 요구되고 적절한 조치가 요구되는 집단이다. 이들은 전체 약 2.5%선인 표준점수 70점대 이상에 해당되는 사람들이다. 둘째는 관심군(2군)으로 적절한 상담지도가 요구되는 집단이다. 이들은 상위 10%에 해당되는 인원들로서 표준점수 63점대 이상인 사람들이다. 셋째는 잠재군(3군)으로 관심을 기울여야 하는 집단이다. 이들은 상위 약 17% 이상이며, 표준점수 60점대 이상의 사람들이다. 넷째는 일반군(4군)으로 별다른 문제가 없는 일반집단이다.

그런데 실제로 사고발생 위험성 집단 분류는 3단계의 조정과정을 통하여 이루어졌다. 1단계에서는 응답자들이 스트레스 반응 척도값에 근거하여 4개의 집단으로 분류되었다. 2단계에서는 심리적 취약성 변인값을 기준으로 1단계에서 분류된 4개 집단의 집단별 인원들에 대해 추가적인 조정작업이 이루어졌다. 1단계에서 2~4군으로 분류된 응답자들 중에서 효능감과 충동성 요인에서 위험군(상위 2.5%)에 해당되는 사람들은 1등급씩 상향 조정되었다. 즉 1단계에서 관심군(2군)으로 분류되었지만, 심리적 취약성 변인들 중 효능감이나 충동성 요인에서 위험군 수준에 도달한 사람들은 위험군(1군)으로 상향조정되었다. 3단계에서는 2단계까지의 분류에서 1군으로 판정된 병사들을 1군으로 그대로 유지한 반면에, 2~4군으로 판정된 병사들 중에서 스트레스 요인들 12개 중 최소한 3개 이상의 요인에서 1군(2.5%)수준에 해당되는 사람들은 1등급씩 상향조정하였다. 이러한 조정과정을 도입한 이유는 군 스트레스 진단도구의 궁극적인 목적이 사고예방에 있기 때문에 가급적 조금이라도 위험한 경우를 최소화하기 위해서였다.

(3) 사고예방을 위한 행동관찰 체크리스트

스트레스 진단을 통한 사고예방은 진단주기 측면에서 한계를 갖고 있다. 다시 말해서 스트레스 진단은 일주일 단위 또는 이주일 단위로 측정하기에는 다소 부담이 되는 검사라고 볼 수 있다. 그런데 자살, 탈영, 폭행과 같은 악성사고들은 급격한 상황변화에 의해서 발생할 수 있는 일들이다. 비록 한 달 전 스트레스 진단결과에서 크게 문제되지 않는 수준으로 나타났다 하더라도 최근 일주일 사이에 스트레스가 급격하게 증가되고 더 나아가 사고행동으로 발전될 수도 있다. 따라서 사고예방을 위한 것이라면 그 검사 주기를 짧게 유지해야 한다. 그러나 110문항에 이르는 스트레스 진단검사를 수시로 실시하기에는 부담이 되는 것도 사실이다. 또 다른 문제점은 군 스트레스 진단도구가 온전하게 자기보고식 검사라는 점이다. 이러한 자기보고식 검사는 응답자 본인이 자신이 경험하고 있는 바를 솔직하게 그대로 반응하지 않을 경우 정확한 실태를 파악할 수 없다는 한계를 갖고 있다. 자주 검사하기에 부담이 되는 문제와 자기보고식 진단도구의 한계를 극복하기 위하여 고안된 방법이 지휘자나 지휘관들이 간단하게 문제행동을 체크할 수 있는 리스트를 사용하는 것이었다.

사고예방을 위한 행동관찰 체크리스트는 다음과 같은 과정을 통하여 만들어졌다. 먼저 중대장 직책을 경험한 육, 해, 공군의 위관급 장교 560명을 대상으로 개방형 설문조사

[표 4-7] 사고예방을 위한 행동관찰 평가문항 및 사고와의 연관성

구분	평가 문항	폭행	탈영	자살
환경 특성	평소 부대시설/생활공간에 심한 불평/불편함을 표출한다.		◎	
	주어진 임무/업무를 지루해하고 흥미를 못 느낀다.	◎		
	상급자가 강압적, 막무가내식, 비합리적이다.		◎	◎
인간 관계	간부와 의사소통이 잘 안되고 간부를 불편해 한다.	◎		
	선임병들이 권위적이며 좋은 관계가 아니다.		◎	
	동료들과 잘 어울리지 못하는 외톨이다.			◎
	혼자 있는 시간이 많고 사람을 피해 담배를 피운다.		◎	◎
	후임병들에 대한 불만을 표현한다.		◎	◎
개인 신상	군 복무에 대한 불평/불만족을 자주 거론한다.	◎	◎	
	개인적인 콤플렉스(외모, 학벌, 체력 등)가 심하다.		◎	◎
	여자친구와 문제가 있었거나 문제가 진행 중이다.	◎	◎	◎
	가족과 가정에 어려움이 있다.		◎	◎
성격 특성	임무수행 역량이 부족하다.		◎	◎
	다른 사람과 업무협조를 잘 못한다.		◎	◎
	자기비하적 표현이나 자포자기하는 모습을 보인다.		◎	◎
	충동적이고 감정조절이 잘 안 된다.	◎	◎	◎
	사소한 것에도 화를 낸 적이 있다.	◎	◎	◎
	일상생활에 흥미를 못 느끼는 것 같다.		◎	◎
스트레스반응	자기 일에 집중을 하지 못한다.	◎	◎	◎
	잠을 잘 못자고 잔병을 자주 호소한다.	◎	◎	◎
	피로하고 힘이 없어 보인다.	◎	◎	◎
예측 징후	폭력적인 언어를 쓰거나 행동을 보인다.	◎		
	높은 언성, 짜증, 불만형이다.	◎		
	인격비하적 표현을 자주하고 개인수치심을 자극한다.	◎		
	생활관 분위기가 좋지 않다.	◎		
	적응을 잘 못한다.		◎	
	탈영의사를 말한 적이 있다.		◎	
	갑작스럽게 이유없는 외박, 면회신청		◎	
	가족이나 친구를 지나치게 그리워한다.		◎	
	질책을 받고 전전긍긍하거나 괴로워한다.		◎	
	갑자기 주변을 정리한다(개인물건, 빌린 것, 선물 등).			◎
	자살에 대해 말한다(희망, 의도, 유서, 사후세계 등).			◎
	평소보다 말수가 적어졌다.			◎
	최근에 왠지 불안한 행동과 모습을 보인다.		◎	◎

가 실시되었다. 육군은 16개 사단급 부대를 대상(320명)으로 하였으며, 해군(120명)과 공군(120명)은 각각 6개 부대를 표집하였다. 이 개방형 설문조사의 결과물들을 기존 연구자료와 군의 사고유형 분석 자료들 간의 비교 분석을 통해 취합함으로써 각종 사고와 관련한 특징적 행동징후 목록을 도출하였다. 사고예방을 위한 행동관찰 평가항목들은 [표 4-7]에 제시되었다.

행동관찰 평가표는 총 34개 문항으로 구성되었다. 평가문항들은 스트레스 진단도구에서 다루고 있는 영역들을 대표하는 문항들로 구성되어 있으며, 예측 징후조사결과 나타난 특징들을 포함하고 있다. 이 중에서 폭행과 연관된 문항은 13개이며, 탈영은 24개, 그리고 자살은 20개 문항이다. 각 문항들은 세 가지 사고행동(폭행, 탈영, 자살)들 각각에 연관되어 있거나 중복되어 있다. 행동관찰평가표는 군 스트레스 진단 설문조사와 병행하여 실시할 수 있으며, 독립적으로도 실시할 수 있다. 이 평가표는 군 스트레스 진단도구의 내용들을 함축적으로 포함하고 있기 때문에 진단도구를 대신하여 간이형 조사지로 활용할 수도 있다. 이 평가표는 관심 대상이 되는 병사의 주변인이나 차상급자를 대상으로 실시할 수 있으며, 혹은 관심 대상이 되는 병사가 속해 있는 집단 전체를 대상으로 실시할 수도 있다. 그러나 집단을 대상으로 실시할 경우에는 관심 대상이 되는 병사를 피평가 대상으로 지목하여 조사하는 방식은 가급적 피해야 한다. 그보다는 집단 전체가 피평가 대상이 되고, 그 중에서 각 문항에 해당되는 사람이 있다면 누구인가라는 방식으로 질문 형식을 바꾸어야 한다.

이 평가표는 특정한 사고유형이 유발될 가능성을 개략적으로 예측하기 위하여 작성되었다. 따라서 자살의 경우 총 20개 항목 중에서 몇 개가 체크되어야 자살의 가능성이 높은지 여부를 현재의 구조에서는 정확하게 판정할 수 없다.

(4) 스트레스 원인에 대한 맞춤형 처방

스트레스의 원인과 반응 그리고 스트레스에 대한 대처에 관하여 앞에서 논의하였다. 스트레스 반응에서 동일한 수준을 보이는 경우에도 스트레스의 원인이 다를 가능성이 있다. 그렇다면 스트레스에 대한 처방은 반드시 원인변인을 고려하여야 한다는 결론에 이르게 된다.

스트레스를 겪는 사람들을 대상으로 제공되는 프로그램들은 내용면에서 다양하다. 자기노출 훈련, 가치명료화 훈련, 갈등관리 훈련, 자기표현 훈련, 자아성장 훈련, 분노관리 훈련, 감수성 훈련, 합리적 정서관리 훈련 등 상당히 많은 프로그램들이 일반사회에서 제공되고 있다. 군에서는 그린캠프가 대표적으로 심리적인 문제를 치유하는 프로그램이다.

2008년에 개발된 '맞춤형 스트레스 처방 프로그램'은 바로 스트레스의 원인에 따라 가장 효과적인 처방 프로그램을 연결시켜주는 시스템이다. 군 복무중인 병사가 '군 스트레스 진단도구'에 의해서 검사되면, 자동적으로 병사의 스트레스 정도와 원인유형에 따라 가장 우선적으로 제공되어야 하는 처방 프로그램이 선정되어 제공된다. 예를 들어 한 병사의 스트레스 진단결과, 선임병과의 관계, 복무염증, 충동성에서 높은 점수를 보인 경우, 이 문제들과 연관된 처방 프로그램은 일차적으로 8개의 프로그램이 탐색된다. 이들 중에서 세 가지 변인 모두와 연관된 프로그램은 '분노관리 프로그램'과 '그린캠프'이며, 두 가지 변인과 연관된 처방 프로그램은 다섯 가지이다. 따라서 가장 우선적으로 제안되는 프로그램은 분노관리 프로그램과 그린캠프가 된다.

[그림 4-5] 맞춤형 스트레스 처방 프로그램을 통한 스트레스 관리

4. 파병과 스트레스

오늘날 분쟁지역에 파병되는 부대들은 대부분 내전에 개입하여 반란군을 진압하거나 평화유지 혹은 국가재건을 지원하는 임무를 수행하게 된다. 따라서 파병되는 부대들은 직접적으로 적과 조우하는 전투에 참여하기도 하고, 때로는 숙영지에서 장기간 대기

태세를 유지해야 한다. 이러한 파병부대들이 느끼는 스트레스를 정확하게 이해하기 위해서는 어느 한 시점에서의 스트레스를 살펴보는 것보다 파병 과정(deployment process)에 따라 구분하여 살펴보아야 한다. 이에 따라 Bartone(1998)이 제시한 파병 과정에 따른 스트레스를 소개하고자 한다.

(1) 파병 직전 스트레스

파병 직전에 느끼는 스트레스의 가장 큰 요인은 개인적인 업무를 마무리하기에 시간이 부족하거나 가족과의 준비시간 부족에 따른 시간 압박이다. 대부분 장병들은 파병 임무수행을 위한 계획과 준비활동에 많은 노력과 시간을 쏟다 보니, 정작 개인적인 일과 가족과의 준비시간이 부족한 경우가 많다. 1995년부터 1996년에 이르는 기간 동안 독일에 주둔하면서 보스니아에 파병을 가게 되는 군인들을 대상으로 조사한 결과, 응답자의 35%가 시간 압박을 가장 높은 스트레스 요인으로 언급하였으며, 응답자의 30%는 가족에 대한 걱정을 신택하였다. 다음으로 파병 직전에 병사들이 느끼는 스트레스 원인들을 열거하면 아래와 같다.

- 파병 전에 개인적인 용무를 마무리하기
- 파병을 대비하여 가족과 준비하기
- 교육 중단에 불만족
- 가족을 돌보아야 하는 것에 대한 관심
- 고향의 가족과 헤어져 분리되는 것
- 부대 리더들과의 문제
- 지휘계통의 사람들과 문제
- 자신의 업무에 지루함

(2) 파병 초기 스트레스

파병 초기에는 부대 이동과 배치에 많은 노력과 시간을 뺏기게 된다. 많은 수의 병력과 장비를 이동시켜야 하고, 새로운 진지와 숙영지를 신속하게 배치해야 한다. 대부분 고향과 다른 기후조건에서 이러한 활동이 이루어지는 경우가 많아서 피로도가 가중되고, 분쟁의 강도가 클수록 테러의 가능성이 높기 때문에 심리적 긴장도가 높은 상태에서 생활하게 된다. 대략 1개월 정도의 초기 정착시기가 지나고 2개월 차에 들어서면 초기에 나타나던 스트레스 요인들은 점차 사라지고, 새로운 스트레스 요인들이 부상하게 된다. 숙영지의 제반 시설들이 안락한 상태로 개선되고, 기후에 적응하며, 보급체계가 정상적으로 운영된다. 3개월 시점에서 잘 정착되어 가고 업무의 예측성이 높아질수록 사기가 높아지나, 여전히 적응과정에 있으면서 불확실성에 놓여 있는 부대의 경우 사기가 낮고 상당한 스트레스를 받게 된다. 파병 초기에 나타나는 스트레스들을 정리하면 다음과 같다.

- 과중한 작업부담, 작업시간
- 붐비고 협소한 생활공간
- 미비한 위생시설과 생활공간
- 추위, 혹독한 날씨
- 빈번하고 장시간의 회의와 브리핑
- 가족과 헤어져 있는 것
- 고립
- 임무의 애매함과 불확실함
- 소통 미흡, 정보 홍수
- 젊은 리더들의 미시적 관리
- 수면 부족
- 신체 훈련 부족

(3) 파병 중기 스트레스

파병된 지 6개월이 되는 시점에서 나타나는 스트레스 요인들에 대한 조사결과를 보면 그 이전과 사뭇 다른 요인들이 나타나는 것을 볼 수 있다. 이 시기에 가장 큰 스트레스 요인은 '가족과 분리되어 있다는 것'과 '가족에 대한 그리움'이며, 그 다음으로는 '갇혀 있는 느낌'과 '이중 기준(double standards)'이다. 통제력을 상실하고 무기력하게 되는 느낌 그리고 지루함과 여행 제한 등도 높은 수준의 스트레스 요인이다. 다음은 파병 중기에 나타나는 스트레스 요인들을 정리한 것이다.

- 가족에 대한 그리움
- 구속되고 갇혀 있는 느낌
- 이중 기준
- 지루함과 반복 작업
- 여행 제한

- 정보 홍수로 인한 문제
- 유언비어 유포
- 익숙한 것으로부터 멀어져 있는 느낌
- 근무외 시간의 지루함
- 파벌들이 분쟁을 지속할 것에 대한 우려
- 내 가족으로부터 이탈되는 느낌
- 내 가족의 안위에 대한 걱정

(4) 군사작전에서의 심리적 스트레스 차원

군사작전에서 전투원들이 느끼는 스트레스는 전투 상황에 따라 각기 조금씩 상이하게 나타난다. 특히 평화유지군과 같이 직접적인 전투현장이 아니지만 언제든지 적과 조우가 가능한 상황에서 전투원들이 느끼는 심리적 부담감은 전투 상황과 다른 스트레스를 경험하게 된다. Bartone(1998)은 Adler와의 공동연구를 통하여 대부분의 평화유지 임무를 수행하는 전투원들이 느끼는 주요 스트레스들을 범주화하였다. 그 결과 주요 스트레스들은 [그림 4-7]과 같이 고립감(고독감), 불확실성(애매모호함), 무기력, 무료함, 위협/위험 등 크게 5가지 요인으로 구분되었다. 고립감과 무기력감 그리고 무료함은 주로 테러에 대비하여 평화유지군의 안전을 위해 취해지는 다양한 조치들, 예를 들어 숙영지 이탈 금지나 단순 과업의 반복 등에 의해 유발된다.

[그림 4-7] 군사작전에서 심리적 스트레스 차원

(5) 파병 관련 심리적 문제 관리

파병기간 동안 장병들은 지금까지 경험해 보지 못한 매우 어려운 환경에 놓이게 됨으로써 수없이 많은 육체적, 심리적 스트레스에 직면하게 된다(Adler, Bliese와 Castro, 2011/2014). 그 결과 비행행동과 전투작전 스트레스 반응의 부적응적 반응을 보일 수 있다. 전투작전 스트레스 반응은 '전투나 전쟁 이외의 군사작전과 같은 스트레스 사건에 노출된 군인들의 예측된 정서적·인지적·신체적·행동적 반응'으로 정의된다(Department of the Army, 2006). 장병들의 주된 정서적 반응은 공포, 불안, 짜증, 분노, 슬픔, 무감각, 우울, 죄책감 등이 있으며, 인지적 반응은 사건에 대한 도식적인 구조화와 그에 따른 환경, 타인, 개인, 잘못된 종교적 신념 체계가 포함된다. 그리고 신체적 반응은 근육통증, 수면장애, 과각성, 감각기관의 이상, 두통 등이 있으며, 행동적 반응은 격앙된 공격적 행동, 충동적 행동, 고립적 행동, 강박적 행동이 나타날 수 있다.

미군의 경우 파병 장병의 정신건강 문제가 표면화되어 국가적인 이슈가 된 것은 미군이 최근에 수행한 아프가니스탄전과 이라크전과 관련이 깊은데, 특히 아프가니스탄전 초기 작전에 투입된 장병들의 자살과 살인문제 때문이었다(Adler, Bliese와 Castro, 2011/2014). 이에 대한 역학 조사에 기반하여 미 국방부는 2003년 장병의 정신건강 문제를 다루고, 심각한 가족 관련 스트레스로 인해 귀향하는 군인들을 평가하기 위한 파병 주기 지원 프로그램(Deployment Cycle Support Program)을 개설하였다.

한편 미 육군의 연구기관인 월터 리드 육군연구소(Walter Reed Army Institute of Research)의 연구자들은 파병부대의 안녕과 정신건강을 평가하기 위해 이라크와 아프가니스탄에 파병된 보병부대를 중심으로 작전전역에 정신건강 자문팀(Mental Health Advisory Team, MHAT)을 파견하였다. 이 정신건강 자문팀에 따르면, 여단 전투단의 장병 중 15~20%가 PTSD나 우울증 진단 기준에 부합하였고, 기혼 장병 중 20%는 파병기간 동안 결혼생활에 대한 문제가 있음을 보고하였다. 이러한 문제는 다수의 지역에 파병되고, 파병된 기간이 길수록, 기지에서 멀리 떨어진 채 오랜 시간 임무를 수행할수록, 전투의 강도나 빈도가 높을수록 더 심각하게 나타났다(MHAT IV, 2006).

한국군의 경우에도 파병 간의 스트레스와 파병으로 인한 스트레스 장애를 보고한 연구들이 있다. 김진익(2003)은 파병부대의 장병 260명을 대상으로 설문조사와 인터뷰를 실시한 결과, 스트레스 요인들이 공격행동에 정적인 영향을 주고 있다는 점을 밝혔다. 또한 해외파병자 PTSD 관리방안을 연구한 김기정 등(2013)은 현재 PTSD 질환에 대해 그 심각성을 피부로 느끼지 못하고 있는 한국군이 지금부터라도 PTSD 대응에 있어서 국방부 각 군 및 의무사령부를 중심으로 교육과 인식 및 문화개선, 치료시스템의 유지, 유사시에 대비하여 기초연구와 사고 대응에 꾸준한 노력을 기울일 것을 촉구하였다.

일반적으로 전투경험의 강도는 PTSD와 정적 상관을 보이는 것으로 알려져 있다(Brewin, Andrews, & Valentine, 2000). 그러나 전투경험 이외에도 다양한 변인들이 PTSD의 발병에 관여한다. 이는 전쟁 전, 전쟁 중, 전쟁 후 요인으로 구분될 수 있다(Kang, 2010). 전쟁 전 요인은 입대 전 경험한 과거의 외상, 아동기의 가정환경, 입대 연령, 계급과 교육수준 등이 포함된다. 전쟁 중 요인은 전투경험 이외에 지각된 통제감, 스트레스에 대한 대처전략, 군복무에 대한 평가, 부대의 응집력 등이 있다. 그리고 전쟁 후 요인은 제대 후 사회에서 경험하게 되는 추가적인 스트레스 경험들과 사회적 지지 등이 주요한 변인이다. 그러므로 파병과 관련된 PTSD에 효과적으로 대응하기 위해서는 이와 같은 다양한 변인들을 함께 고려해야만 한다.

PTSD의 치료에 있어서, 우선 PTSD 증상을 가진 환자들을 잘 진단하고 평가하는 노력이 필요하며, 치료 요구의 초기 식별이 중요하다(Keane, Niles, Otis와 Quinn, 2011). 예를 들어, PTSD 증상을 가진 장병과 제대군인은 낙인의 문제를 걱정하며, 치료와 관련된 기록은 실직, 구직의 어려움, 승진을 방해할 수 있다고 생각하며, 법적인 기소에 대한 두려움을 가지고 있다. 또한 PTSD의 지원활동과 치료는 자살사고와 행동의 관리에 있어서도 주의를 요한다. PTSD에 대한 심리치료 시, 임상가들은 전투 관련 정신건강 문제를 겪고 있는 현역군인 및 제대군인들을 어떻게 치료해야 할지 결정해야만 하며, 다양한 증거기반의 치료들을 사용할 필요가 있다(Keane, Niles, Otis, & Quinn, 2011).

파병과 관련된 문제는 파병 장병들에게만 해당되는 문제는 아니다. 파병 군인의 가족 역시 이동, 별거, 부상과 사망 등의 급성 스트레스, 외국 거주, 사회적 고립, 배우자의 실직과 불완전 고용, 부상과 사망의 위험 등의 만성 스트레스, 그리고 다양한 일상생활 스트레스에 노출된다(Adler, Bliese, & Castro, 2011/2014). Riviere와 Merrill(2014)은 파병 군인가족 연구의 방향을 제시하고 있다. 첫째, 군인가족들이 직면하는 스트레스들이 안녕에 미치는 영향을 체계적으로 자료화하기 위한 연구가 필요하다. 둘째, 개인 프로그램들의 효과성을 이해할 필요가 있다. 예를 들어, 스트레스가 안녕에 미치는 영향에 있어 프로그램들이 완화 작용을 하는지의 여부, 예비역 가족은 현역 가족과는 다른 접근 문제에 직면하는지 여부, 프로그램이 가족들의 독특한 상황에 충분하게 맞춰져 있는지 여부 등에 대한 검증이 필요하다. 셋째, 현역뿐만 아니라 예비군 가족의 정신건강 문제를 체계적으로 자료화하는 역학 연구가 필요하다. 넷째, 장병의 정신건강 문제에 대처하고 있는 가족들을 더 잘 이해하기 위해 연구들이 필요하다. 마지막으로 군 생활의 요구에 대한 대처에 있어서 군인가족들로부터 습득한 지식을 기반으로 회복탄력성 훈련의 기초를 마련할 수 있다.

종합해 보면, 파병부대원들이 새로운 환경에서 경험하는 다양한 문제를 이해하고자 하는 연구가 선행되어야 하며, 파병으로 인해 발생할 수 있는 심리적, 신체적 문제를 해결할 수 있는 프로그램을 개발하는 연구가 이루어져야 한다. 그리고 파병부대원의 가족이 경험하는 문제를 파악하고, 이를 돕기 위한 가족 지원 프로그램을 발전시켜야 할 것이다.

참고문헌

권승재 (2001). **병영스트레스가 군 범죄행동에 미치는 영향에 관한 연구.** 동국대학교 석사학위 청구논문.

김기정, 전세훈, 류중석, 장진수, 박무열, 염기동 (2013). **해외파병자 PTSD 관리방안 연구**. 안보경영연구원.

김진익 (2003). **해외 파병부대원의 스트레스 요인과 행동성향이 공격행동에 미치는 영향에 관한 연구**. 국방관리대학원 석사학위 청구논문.

김흥수 (1990). **군 조직에서의 사병들의 스트레스 관리에 관한 연구**. 경희대학교 석사학위 청구논문.

남기덕, 문양호, 김용주, 고재원, 이현엽, 이태호 (2010). **리더와 상담자를 위한 심리학**. 서울: 박영사.

신응섭, 김용주, 육성필 (2006). **사고예방을 위한 상황적 스트레스 진단지표 개발: 군 스트레스 요인에 대한 탐색적 연구**. 육군사관학교 화랑대연구소.

유태현 (2004). **병영 스트레스가 군 범죄행동에 미치는 영향에 관한 연구**. 국방대학원 석사학위 청구논문.

육군본부 (1999). **병영 스트레스 원인과 대책**. 육군인쇄창.

이영준 (1987). **군 지휘관의 리더십 원칙에 관한 연구.** 경희대학교 대학원 석사학위 청구논문.

장현갑, 김정모, 배재홍 (2007). 한국형 마음챙김 명상에 기반한 스트레스 감소 프로그램의 개발과 SCL-90-R로 본 효용성 검증. **한국심리학회지: 건강, 12**, 833-850.

최광표 (1999). **신세대 장병의 지휘통솔**. 『한국군 리더십』(오점록 & 이종인 대표편집). 서울: 박영사.

최대현 (1995). **군 구성원의 직무스트레스 해소 방안에 관한 연구.** 경남대학교 석사학위 청구논문.

Adler, A. B., Bliese, P. D., & Castro, C. A. E. (2011). *Deployment psychology: Evidence-based strategies to promote mental health in the military*. American Psychological Association. (이정원, 강성록, 김완일, 심호규, 이현엽 역. 《군 스트레스 심리학》. 파주, 경기: 교문사, 2014.)

Aldwin, C. M. (2007). *Stress, coping, and development: An integrative perspective* (2nd Ed.). The Guilford Press.

Billings, A. G., Cronkite, R. C., & Moss, R. H. (1983). Social-environmental factors in unipolar depression: Comparison of depressed patients and nondepressed controls. *Journal of abnormal Psychology, 92*, 113-119.

Brewin, C. R., Andrews, B., & Valentine, J. D. (2000). Meta-analysis of risk factors for posttraumatic stress disorder in trauma-exposed adults. *Journal of Consulting and Clinical Psychology, 68*, 748-766.

Department of the Army (2006). *Field Manual 4−02.51. Combat and operational stress control.* Washington, DC: Headquarter, Department of the Army.

Keane, T. M., Niles, B. L., Otis, J. D., & Quinn, S. J. (2011). Addressing posttraumatic stress disorder in veterans: The challenge of supporting mental health following military discharge. In A. B. Adler, P. D. Bliese & C. A. Castro (Eds.), *Deployment psychology* (pp. 243-274). American Psychological Association.

Lange, C., & James, W. (1922). *The emotions*. Baltimore: Williams & Wilkins.

Lazarus, R. S. (1984). On the primacy of cognition. *American Psychologist, 39*, 124-129.

Mason, L. J. (2001). *Guide to stress reduction*. Berkely, Celestial Arts.

Mental Health Advisory Team IV. (2006). *Mental Health Advisory Team(MHAT) IV Operational Iraqi Freedom 05−07.* http://www.armymedicine.army.mil/reports/mhat/mhat_iv/MHAT_IV_REPORT_17NOV06.pdf.

Riviere, L. A., & Merrill, J. C. (2011). The impact of combat deployment on military families. In A. B. Adler, P. D. Bliese & C. A. Castro (Eds.), *Deployment psychology* (pp. 125-150). American Psychological Association.

제 5 장

군 정신건강

병영생활은 장병들로 하여금 일반사회와 비교하여 다른 형태의 스트레스 요인에 노출되도록 한다. 이러한 환경적 요인과 전투원에게 부여되는 다양한 군인적 요구들은 장병들로 하여금 육체적 부담과 정신적 압박을 느끼게 한다. 이러한 심신 상태는 현대인에게 가장 흔하게 나타나는 우울한 정서를 경험하게 할 수 있으며, 이러한 우울한 정서가 지속될 경우 극단적인 선택, 즉 자살에 이를 수도 있다. 이러한 이유로 군에서는 장병들의 우울과 자살에 대하여 오래전부터 관심을 가져왔다.

본 장에서는 사고예방 차원에서 가장 관심을 갖는 대표 심리적 장애인 우울과 자살에 대해 살펴보고자 한다. 우선 우울장애의 정의와 정신질환의 진단 및 통계편람 5판(DSM-V)에 제시된 우울장애의 유형과 현황을 살펴본 후, 우울장애의 다양한 원인과 진단, 치료에 대하여 알아볼 것이다. 그리고 자살에 대한 이론적 접근과 사례조사 결과를 통해 자살의 원인을 알아본 후, 자살에 대한 위험요인과 보호요인을 제시할 것이다. 그리고 군의 자살예방 활동으로서, 차단–식별–관리–분리의 자살예방 종합시스템과 자살예방 교육, 그린캠프 등에 대해 살펴보기로 한다.

1. 우울장애와 사고예방

우울장애는 오늘날 현대인에게 나타나는 가장 흔한 정신장애들 중 하나이다. 우울장애는 사망률과 유병률이 높으며 재발가능성도 높다. 특히 우울장애는 자살이나 물질 사용장애와 같은 합병증을 동반하며, 개인은 물론 사회적인 부담이 큰 질환이다(이민수, 2013). 일반 직장인의 우울장애가 사회적 문제로 부각되는 추세에서, 군에 복무하는 인원들의 우울장애에 대한 관심이 제고될 필요가 있다. 본 절에서는 먼저 우울장애의 개념과 유형에 대해 알아본 다음, 우울장애의 현황을 살펴보고, 우울장애의 원인과 처방에 대해 논하고자 한다.

(1) 우울장애의 정의와 유형

우울장애의 정의

우울장애를 겪는 사람들은 기간, 시점, 또는 추정되는 원인에서 개인차가 있지만, 공통적으로 나타나는 양상은 '슬프고, 공허하거나 과민한 기분이 있고, 개인의 기능 수행능력에 영향을 주는 신체적·인지적 변화'가 동반된다는 것이다(권준수 역, 2015).

우울장애의 유형

DSM-5에 의하면, 우울장애는 세부적으로 파괴적 기분조절 부전장애, 주요 우울장애, 지속성 우울장애, 월경전불쾌감장애, 물질/약물치료로 유발된 우울장애 등으로 구분된다(권준수 역, 2015).

파괴적 기분조절 부전장애(Disruptive Mood Dysregulation Disorder)는 만성적으로 지속적인 과민성을 의미한다. 이 장애는 소아 정신과 환자들 사이에서 흔한 질환으로 유병률은 약 2~5%이다. 파괴적 기분조절 부전장애는 2가지 두드러진 임상적 징후를 보인다. 첫째는 좌절에 대한 반응으로 빈번하게(평균적으로 일주일에 3회 이상) 나타나는 분노발작인데 언어적이거나 행동적이다. 둘째는 분노발작 사이에 만성적이고 지속적으로 과민한, 또는 화가 난 기분이 존재하는 것이다.

주요 우울장애(Major Depressive Disorder)는 우울한 기분이 하루 중 대부분, 거의 매일 존재하는 것으로 어느 연령대에서도 발병할 수 있지만 특히 사춘기에 발병 가능성이 매우 높다. 미국의 경우 1년 유병률은 약 7%수준이다. 이 장애는 18~29세 집단이 60세 이상 집단보다 유병률이 3배 이상 높으며, 여성의 유병률이 남성 대비 1.5~3배 정도 더 높다. 주요 우울장애는 다음의 증상 가운데 5가지 이상이 2주 연속 지속하되, 증상 가운데 적어도 하나는 우울 기분 또는 흥미나 즐거움의 상실이어야 한다. 하루 중 대부분 그리고 거의 매일 지속되는 우울 기분, 흥미나 즐거움이 뚜렷하게 저하, 체중의 감소나 증가, 불면이나 과다수면, 정신운동 초조나 지연, 피로나 활력의 상실, 무가치감 또는 과도하거나 부적절한 죄책감, 사고력이나 집중력의 감소 또는 우유부단함, 반복적인 죽음에 대한 생각. 주요 우울장애 기간 동안 자살 행동의 가능성은 항상 존재한다.

지속성 우울장애(Persistent Depressive Disorder)는 일명 기분저하증으로서, 적어도 2년 동안(아동, 청소년의 경우 적어도 1년 동안) 우울 기분이 없는 날보다 있는 날이 더 많고, 하루 대부분 지속되는 우울 기분이 있는 것이다. 우울 기간 동안 다음의 2가지(또는 그 이상)의 증상이 나타나는 경우도 지속성 우울장애에 해당된다: 식욕부진 또는 과식, 불면 또는 과다수면, 기력의 저하 또는 피로감, 자존감 저하, 집중력 감소 또는 우유부단, 절망감. 이 장애는 대부분 생애 초기(아동기, 청소년기, 성인기 초기)에 서서히 발병하며, 미국의 1년 유병률은 약 0.5%, 만성 주요 우울장애의 1년 유병률은 약 1.5%이다.

월경전 불쾌감장애(Premenstrual Dysphoric Disorder)는 불안정한 기분, 과민성, 불쾌감 그리고 불안 증상이 반복적으로 월경주기 전에 시작되고 월경 시작 또는 직후에 사라지는 것이다. 장애로 판정되려면 이러한 증상들이 전년도 대부분의 월경주기에 존재해야 하며, 직업이나 사회생활에 악영향을 미쳐야 한다. 미국의 유병률은 약 1.8~5.8%이다.

물질/약물치료로 유발된 우울장애(Substance/Medication-induced Depressive Disorder)는 주요우울장애와 같은 우울장애의 증상들이 포함되지만, 우울증상은 물질의 섭취, 주입, 흡입과 연관되며, 예상되는 생리적 효과, 중독 또는 금단 기간 이상으로 지속된다. 이 장애는 물질 사용 후 1개월 이내에 발병하여야 한다.

(2) 우울장애 현황

세계보건기구의 발표에 따르면, 일반 인구 중 약 10~15%가 살아가면서 한 차례 이상의 우울증을 경험하였다고 한다(박원명, 민경중, 2012). 주요 우울장애의 평생유병률은 서양의 경우 남성이 5~12%, 여성이 10~25%로 보고되고 있으며, 한국의 경우 성인의 평생유병률은 3.3~5.6%로 파악되었다(이민수, 2013). 2017년 국민건강보험공단이 발표한 '우울증 환자 현황 자료'에 의하면, 우울증으로 인한 전체 진료인원은 2012년 587,860명,

2013년 584,910명, 2014년 584,920명, 2015년 604,100명, 2016년 641,987명으로 나타났다. 성별로는 여성 환자가 남성 환자보다 2배 이상인 것으로 보고되었다.[1] 2015년에 건강보험심사평가원에 의해 조사된 자료에 의하면, 한 해 동안 우울증으로 진료 받은 사람은 총 601,152명으로 전체 진료인원의 약 1.22%를 차지하며, 대한민국 사람 100명 중 1명꼴로 우울증으로 인하여 병원을 찾았던 것으로 보고되었다. 건강보험 심사대상 인원 중 1,454,319명에 대한 진료자료를 표본으로 분석한 결과, 우울증 진단 경험이 있는 환자가 66,282명(약 4.56%)인 것으로 나타났다.[2] 보건복지부에서 2017년에 발표한 보도 자료에도 기분장애의 대표 질환인 주요우울장애(우울증)의 평생유병률은 5.0%(남자 3.0%, 여자 6.9%), 1년유병률은 1.5%(남자 1.1%, 여자 2.0%)로 나타났다(보건복지부, 2017). 한 취업포털의 기사에 의하면, 직장인의 회사우울증에 대해 조사한 결과 응답자 중 68.8%가 '업무관계 스트레스에서 오는 우울증'에 시달린 경험이 있다고 답했다.[3]

최근에 국방부에서 국회에 제출한 자료에 의하면, 매년 평균 1만 2,000여 명의 장병이 정신과 진료를 받는다. 최근 5년간 군병원 정신건강의학과의 외래 진료현황을 보면, 일반정신과적 검사와 적응장애가 대부분을 차지하며, 그 다음으로 우울장애, 불안장애가 가장 많으며 수면장애 등의 순서로 나타났다. 자살시도자를 포함한 우울장애는 2012년 780명에서 2013년 554명, 2014년 714명, 2015년 1,095명, 2016년 750명으로 나타났다.[4]

(3) 우울장애의 원인과 치료

우울장애의 원인

우울장애를 유발하는 원인으로는 신경전달물질이나 내분비상의 문제, 유전적인 소인, 생활 스트레스, 심리적인 소인 등 다양한 요인들이 언급되고 있다.

먼저 신경전달물질체계의 이상에 의한 설명이다. 이 설명에 따르면, 시냅스에서 신경세포 간에 정보를 전달하는 신경전달물질 중, 세로토닌, 노어아드레날린, 도파민이 정상적인 기능을 하지 못할 때 발생한다고 본다. 이러한 관점에서 우울장애를 치료하는 방법은 이러한 신경전달물질의 분비를 촉진시키는 약물을 복용시키는 것이다.

우울장애가 유전적 소인에 의한다는 주장도 있다. 임상적으로 우울증의 발병에 대한

1 http://www.docdocdoc.co.kr/news/articlePrint.html?idxno=1047373
2 http://newsjelly.seoul.co.kr
3 http://news.mt.co.kr/mtview.php?no=2018022616503535960
4 http://hdsarang.co.kr/bbs/board.php?bo_table=tb61&wr_id=76

유전적인 위험성은 약 40% 정도로 생각되고 있으며, 환경에 의한 요인은 60% 정도로 추정한다. 주요 우울장애를 앓고 있는 사람의 경우, 그 형제 및 자녀에게서 주요 우울장애가 발병할 위험이 보통 사람보다 3배 증가한다고 한다.[5]

우울장애는 생활 스트레스에 의해서도 유발된다고 본다. 사람들은 힘든 일을 겪게 되면 누구나 스트레스를 받게 되고 우울한 상태에 빠지게 된다. 배우자나 자식의 죽음, 심각한 질병, 이혼, 해고, 은퇴, 경제적 어려움 등 일상생활 속에서 경험할 수 있는 스트레스는 매우 다양하다. 일반적인 경우에는 스트레스 상태에 있어도, 즐거운 일이 생기면 다시 기분이 전환된다. 그러나 이러한 기분의 전환이 어려울 정도의 스트레스를 받게 되면, 우울한 기분이 지속되고 이로 인하여 우울장애에 이르게 된다. 스트레스가 우울장애의 직접적인 원인이라기보다는 우울장애의 촉발요인이나 재발요인이라는 의견도 있다.

아동기의 갈등 경험이 우울장애의 원인이 되기도 한다는 주장이 있다. 정신분석이론에 의하면, 구강기에 어머니와의 애착관계에 문제가 있는 경우, 자신이 아끼거나 애증의 감정이 교차하는 대상의 상실을 경험한 경우, 상실대상에 지녔던 분노와 공격성이 자기 자신에게 향하게 되어 우울한 상태에 빠지게 된다고 한다.

그 밖에도 실패를 거듭하여 경험함으로써 학습된 무기력감에 빠지거나, '나는 항상 실패한다.', '나는 원래 잘 될 수 없어.' 등의 역기능적 사고구조가 지배하는 경우, 사람들은 우울한 상태에 빠지게 된다고 보는 주장도 있다.

우울장애의 진단

우울장애의 진단체계는 크게 두 가지로, 정신질환의 진단 및 통계편람 5판(Diagnostic and Statistical Manual of Mental Disorders, 5th edition: DSM-5)과 국제질병분류(International Classification of Mental Disorders, 10th edition: ISD-10)가 그것이다. 두 진단체계 모두 우울증상의 유무, 강도, 경과를 고려하여 진단을 내리게 된다.

우울증 진단을 위하여 사용되는 척도들이 있다. 대표적인 척도는 타당도와 신뢰도가 높고 세계적으로 널리 사용되고 있는 Beck의 우울증 척도(Beck Depression Inventory: BDI)이다. 이 척도는 우울의 정서적, 인지적, 동기적, 생리적 증상 영역을 포함하는 21문항으로 이루어져 있다. 한국인에게 두드러진 우울증상(신체 증상)을 고려하여 제작된 한국우울증검사(Korean Depression Scale, KDS)도 높은 수준의 타당도와 신뢰도를 입증하였다. 이

5 삼성서울병원 우울증센터의 발표자료 http://www.samsunghospital.com

척도는 0~4점의 리커트 척도를 사용하고, 6개 영역에 대해 각 5문항씩 총 30문항으로 구성되었다(이영호, 송종용, 1991; 이민수, 2013).

우울장애의 치료

우울장애의 치료는 우울장애의 원인에 대한 관점에 따라 상이한 방식으로 이루어진다. 우울장애의 원인을 신경전달물질체계의 이상으로 본다면 신경전달물질을 조절하는 약물학적 치료가 우선적으로 제안될 것이며, 역기능적인 사고나 생활 스트레스에 의한 우울장애라고 진단된다면 심리적인 방략이 모색될 것이다.

우울장애에 대한 약물학적 치료는 우울장애의 주원인으로 생각되는 세로토닌, 노어에피네프린, 도파민의 조절을 목표로 한다. 약물학적 치료 시에는 약물의 부작용 등을 최소화할 수 있도록 개인의 임상적 특성에 따라 약물을 선택해야 한다. 일반적으로 항우울제 투약에 따른 치료반응은 투약 직후가 아니라 약 2주 이후부터 관찰된다. 따라서 투약 시작 시 환자에게 충분한 설명을 통하여 즉각적인 효과가 나타나지 않더라도 꾸준히 치료를 유지할 필요가 있다는 점을 주지시킬 필요가 있다. 항우울제 투여는 대략 4~6주 정도가 적절한 기간으로 받아들여지고 있다. 여러 임상결과를 종합할 때 항우울제 투약에 따른 반응도(우울 증상의 50% 이상 호전)는 약 50~70%이다(이민수, 2013).

주요 우울장애는 인지행동치료 방법으로 치료될 수 있다. 많은 연구들에서 인지치료 혹은 인지행동치료가 주요 우울증 환자를 효과적으로 치료할 수 있다는 것을 밝히고 있다(Gloaguen, Cottraux, Cucherat & Blackburn, 1998). 이 방법은 우울장애의 원인으로 역기능적인 믿음을 상정하고 있기 때문에, 이러한 역기능적 믿음을 제거하는 심리적인 방략을 적용하는 것이다. 인지행동치료는 기본적으로 8~16회를 실시하며, 16회 치료 시 반응도는 약 50% 수준이다. 그러나 인지행동치료는 정식적인 수련과정을 통하여 자격을 갖춘 치료자들이 적고, 치료기간이 길며, 규칙적인 방문을 해야 하는 어려움이 있어서 일반인들에게 쉽게 적용되기 어렵다. 이러한 어려움을 보완하기 위해 최근에는 치료 관련 서적을 통한 자가치료(독서치료) 방식이 소개되기도 하였다(김정범, 이상희, 2006).

긍정심리치료(Positive Psychotherapy)는 긍정심리학의 이론과 정신을 정신건강 증진에 응용한 심리치료의 한 접근법이다. 여러 연구결과들을 통해, 긍정심리치료가 주요 우울장애의 치료에 효과적인 것으로 관찰되었다. 이 방법에서는 내담자의 부정적인 면을 탐색하기보다는 오히려 장점, 강점, 긍정경험 등을 포착하려고 노력하고, 내담자의 성품과 성격강점을 발견하고, 긍정적인 사건을 재경험하고 음미하도록 돕는다(임영진, 2012).

우울장애의 치료는 우울한 기분을 유발하는 다양한 촉발요인들을 제거 또는 약화시키고, 정서적으로 지지받을 수 있는 여건조성이 필요하다. 병영의 스트레스를 유발하는 요인들을 가급적 제거하고, 정서적 손상을 가하는 언행을 차단시키며, 즐겁고 흥미로운 분위기를 조성해 나가는 것이다.

우울증에 대한 10가지 오해

허핑턴 포스트(Huffington Post)가 정리한 우울증에 대한 10가지 오해를 소개한다.[6]

1. 우울증은 슬픔과 같다.
   ⇨ 슬픔은 일시적이나, 우울증은 지속적이다.
2. 우울증을 앓는다는 것은 정신력이 약하다는 뜻이다.
   ⇨ 특정한 부류의 사람이 앓는 병이 아니라 매우 복잡한 정신질환이다.
3. 우울증은 충격적인 사건으로 인해 생겨난다.
   ⇨ 가능성은 있으나, 그 사건만으로 우울증의 원인을 정의내리는 것은 무리다.
4. 우울증은 진짜 병이 아니다.
   ⇨ 우울증은 단순한 성격과 감정의 문제가 아니라 심각한 질환이다.
5. 우울증은 생각의 문제다.
   ⇨ 우울증은 감정의 문제뿐만 아니라 신체적인 증상도 함께 동반된다.
6. 진짜 남자라면 우울증은 앓지 않는다.
   ⇨ 남자가 여자보다 유병률이 낮지만, 남자들 자체로도 우울증이 심각하다.
7. 부모가 우울증을 앓았으면 자식도 그럴 확률이 높다.
   ⇨ 유전성이 우울증의 가능성을 조금은 높일 수 있지만(약 10~15%) 전체적인 위험성은 낮은 편이다.
8. 항우울제만 복용하면 문제는 쉽게 해결된다.
   ⇨ 알약으로 쉽게 치료되지 않는다. 심리치료와 함께 하는 것이 효과적이다.
9. 우울증 환자는 평생 약물을 복용해야 한다.
   ⇨ 약물치료는 환자에 따라 다르다.
10. 우울증에 대한 대화는 증상만 더 악화시킨다.
   ⇨ 우울증을 그대로 놔둔다고 저절로 낫는 게 아니다.

2. 군의 자살예방 활동

Marusic(2004)은 자살을 '죽음을 유발하는 고의적 자기파괴적 행위, 또는 죽으려는 의도를 지닌 의식적이고 자발적인 행위로서 스스로 가한 생명위협행위가 죽음을 초래한 것'이라고 정의한다. 이혜선(2008)은 자살에 대해 '죽으려는 의도를 가지고 스스로 상해를

6 우울증에 대한 10가지 오해 www.huffingtonpost.kr/2014/09/15/story_n_5820096.html

입혀 사망한 것이며, 그 의도를 실행할 때 결과를 예상 또는 자각하고 있어야 한다.'라고 설명한다.

자살의 문제는 한국 사회에서 주요한 사회적 이슈들 중 하나이다. 건국 이래 최대의 물질적 풍요를 누리고 있는 한국사회는 OECD 회원국 중에서 자살률 1위라는 불명예스러운 기록이 지속되고 있다. 인구 10만 명당 자살자 수는 1990년만 해도 8.8명으로 일본이나 미국보다 적었다. 그러나 2003년 28.1명으로 증가해 OECD 회원국 중 1위로 올라선 뒤 현재까지도 선두 자리를 그대로 고수하고 있다. OECD 회원국 평균이 11.2명인 것에 비교하면 한국의 자살률은 매우 높은 수준이다. 특히, 10~30대의 사망원인들 중에서 자살이 1순위를 차지하고 있다는 점도 사회적인 문제가 되고 있다. 선진국의 경우, 경제적 통하여 높아진 자살률은 경제적 위기가 지나간 후에 하락하는 것이 일반적이다. 그러나 한국은 경제적 위기를 통하여 상승된 자살률이 그대로 유지되는 모습이다.

한국 군대에서의 자살률은 한국 사회의 자살률과 비교하여 볼 때 상대적으로 낮은 수준을 유지하고 있다. 사회의 자살자 수는 인구 10만 명당 30명 선 주변에 있는 반면에 군내 자살률은 인구 10만 명당 대략 11명 수준에 머물고 있다. 연도별 인원으로 보면 최근에 들어서서 대략 60~80명 선에서 오르락내리락 하는 추세이다. 비록 한국사회와 비교하여 볼 때, 군내 자살자 수의 비율이 낮은 수준을 유지하고 있지만, 자살은 여전히 장병과 군 가족뿐만 아니라 소속 부대와 부대원 모두에게 상당한 정신적 충격을 준다. 자살은 더 나아가 군에 대한 신뢰를 위협하기에 오랜 기간 동안 군 지휘관을 비롯하여 정신건강과 연관된 관계자들의 주요 업무과제로 인식되어 왔다.

미군의 경우에는 2001년에 일반 미국인의 자살률이 인구 10만 명당 10~13명 수준인데 비해 미국 장병의 자살률은 9.1명 정도였다. 그러나 2009년에는 10만 명당 15.6명으로 일반 시민의 자살률을 훨씬 초과하였다(김형래 & 양난미, 2016).

(1) 자살의 원인

자살에 대한 이론적 접근

자살에 대한 심리학적 접근에서 초기에는 어느 한 이론으로 자살을 이해하려는 시도가 많았다. 그러나 최근에는 정신역동, 인지행동, 사회심리 등의 심리학적인 이해와 사회적 이해 그리고 유전학적 이해 등 다양한 시각에서 자살을 이해하고자 한다(Statham 등, 2006).

정신역동적 이론을 대표하는 Sigmund Freud는 "사랑하는 사람을 상실함으로써 경험하는 고통과 분노 때문에 사랑했던 사람을 계속 유지하기 위해 그 사람과 동일시하게 되고, 이러한 동일시 결과로 자신의 일부로 내재화된 사랑하는 사람에 대한 강력한 공격성이 자살을 하게 한다."고 보았다. 한편 Adler는 자신에게 상처를 입히는 것과 다른 사람을 해치는 것을 동일시하였다.

자살에 대한 인지행동적 접근은 자살을 행동주의적 관점이나 인지주의적 관점에서 바라보는 것이다. 행동주의적 관점에서는 개인이 살아오면서 지속되었던 강화의 양상이 변화된 영향으로 자살을 선택하게 된다고 보며, 인지주의적 관점에서는 이분법적인 사고, 인지적인 경직성, 손상된 문제해결 등의 특징이 자살과 연관되어 있다고 본다.

전우택과 연구자들(2004)은 다음의 여섯 가지 측면에서 자살을 통합적으로 바라보고 성찰함으로써 자살을 충분히 이해할 수 있다고 주장한다. 첫째는 자살의 생물학적 측면이다. 우울이나 알코올 중독 등에 취약한 유전자를 가지고 태어난 사람은 그렇지 않은 사람보다 훨씬 더 자살의 위험성이 크다. 둘째는 자살의 심리적 측면이다. 성장과정에서 심리적인 지지를 충분히 받은 사람은 그렇지 못한 사람보다 자살의 가능성이 낮다. 셋째는 자살의 사회적 측면이다. 삶의 과정에서 극도의 어려움과 스트레스를 받게 되면 자살의 충동을 가질 수 있다. 넷째는 국가적, 인류 역사적 측면이다. 인간의 삶과 자살이 한 국가의 정치, 경제, 안보 등과 직접적으로 연결되어 있다. 다섯째는 문화적 측면이다. 자살을 더 불러일으키는 문화가 있고, 자살을 억제하는 문화가 있다. 여섯째는 영적, 가치관적 측면이다. 의식과 종교성을 인간을 자살로부터 보호하는 기능을 갖는다.

자살의 원인에 대한 사례조사 결과

2007년도에 조사된 연구결과에 의하면, 자살을 시도하게 된 동기로는 가족 갈등(38%), 이성 문제(20%), 정신질환 비관(14%), 경제적 문제(12%), 직장이나 학업스트레스(9%), 신체질환(6%), 주변인의 사망이나 자살을 비관(1%) 등의 순서로 나타났다.

국방부에 의해 실시된 연구 결과에 의하면, 군내의 자살 원인은 개인적 요인과 부대적 요인으로 구분하여 생각할 수 있다. 개인적 요인으로는 가정환경, 삶에 대한 비관, 지병/허약 체질, 처벌에 대한 두려움, 애인관계, 성격 결함, 정신질환, 자신감 결여, 도박이나 빚보증, 가정불화 등이 원인으로 작용하였다. 부대적 요인으로는 내무생활 악습, 극심한 생활환경의 변화, 업무처리 능력 비판, 복무 부적응, 인격적 모독, 훈련 부적응 등이 포함되었다.

(2) 자살 관련 변인

자살은 [그림 5-1]에 제시된 바와 같이 순식간에 발생하기보다는 상당한 과정을 거쳐 진행되는 현상이다. 우리가 관찰할 수 없는 영역에서 어느 정도의 진행이 시작되며, 자살과 관련된 메시지가 표출되는 가운데 자살행동에 이르게 된다. 자살의 이러한 과정은 주변인의 관심을 통하여 자살을 충분히 예방할 수 있다는 희망적인 의미를 제공한다.

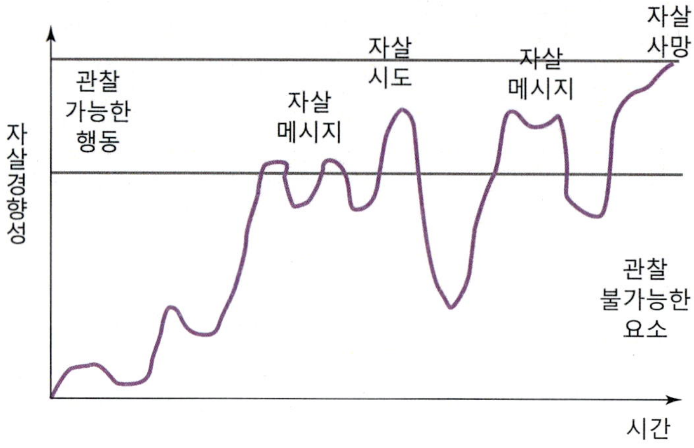

[그림 5-1] 자살의 진행과정

자살의 경고신호

자살하려는 사람들은 대부분 자살에 대해 생각하고 있거나 자살하려는 의도가 있다는 것을 주변 사람들에게 어떤 식으로든 전달한다. 자살자가 자살을 하기 전에 보이는 행동적 특성을 보면 다음과 같다. 첫째, 수면에 문제가 발생한다. 평소보다 너무 많이 자거나 너무 적게 잔다. 잠들기를 어려워하거나 잠이 들고 난 후에도 자주 뒤척이고 너무 일찍 잠에서 깨어난다. 둘째, 식욕에 변화가 발생한다. 평소보다 덜 먹거나 더 많이 먹는다. 다이어트를 하거나 신체적 결함이 있는 것도 아닌데 체중이 감소하거나 증가한다. 셋째, 만사에 흥미가 감소한다. 평소에 기쁨을 느끼던 활동을 더 이상 즐기지 않는다. 넷째, 인지적 기능이 저하된다. 집중하기 어려워지고, 사소한 일도 결정을 내리기 어렵게 된다. 이로 인해 업무수행 능률이 저하된다. 다섯째, 자살하는 방법에 대해 질문을 하거나, 자살한 사람들에 관한 이야기를 꺼내고, 자살이나 살인 그리고 죽음에 대해 이야기를 한다. 여섯째, 평소보다 음주나 흡연량이 현저하게 증가한다. 일곱째, 대인관계에 어려움이 발생한다. 가족, 친구, 동료를 포함한 주변 사람들과 어울리지 않게 되고, 조직 내에서 다른 사람들과 자주 다투거나 강한 적대감을 갖는다. 여덟째, 평소와는 다른 기괴하거나 일상적이지 않은 행동을 보인다. 아홉째, 흐트러진 외모와 옷차림에 신경을 쓰지 않고, 성에 대해서도 흥미를 상실한다. 열째, 부정적 감정상태가 지배한다. 죄책감과 수치심을 느끼거나 절망감 또는 무력감을 느끼며, 외로워하고, 스스로를 무가치하게 여기며, 슬퍼하거나 우울해 한다. 그리고 멍한 모습을 보이기도 하고, 평소보다 화를 잘 내거나 짜증을 내기도 한다.

특히 다음의 행동들은 심각한 자살 위기를 암시하는 행동적 특성에 해당된다: 자살할 것이라는 이야기를 하거나 암시를 하는 행동을 한다. 자살에 사용할 수단을 확보하는 등 자살 계획을 세운다. 죽음과 관련된 음악, 시, 영화 등에 과도하게 몰입한다. 편지나 수양록에 죽음과 관련된 내용을 적는다. 평소 소중히 여기던 물건을 다른 사람에게 준다. 어긋났던 관계를 갑자기 개선하려고 노력하거나 신변정리를 한다.

자살의 촉발사건

촉발사건이란 그 자체로는 자살을 유발하는 것은 아니지만 자살 관련 행동을 하는 데에 결정적으로 기여할 수 있는 사건들을 의미한다. 다음에 소개하는 행동들이 대표적인 촉발사건에 해당된다.

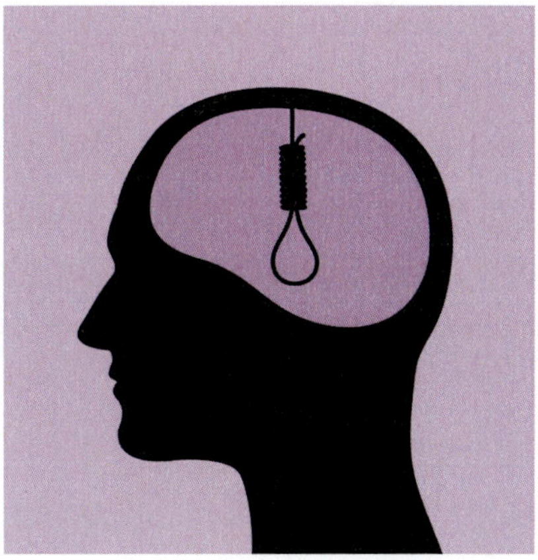

[그림 5-2] 대표적인 자살의 촉발사건들

- 배우자나 가족과의 갈등
- 동료나 선, 후임과의 다툼
- 배우자나 애인의 부정을 알게 됨
- 가족이나 친구의 죽음
- 이혼이나 별거, 이성 친구와의 이별
- 친한 친구와 사이가 틀어짐
- 과도한 업무 부담
- 좌절이나 실패
- 처벌로 인한 원하지 않는 전역을 하거나 사회적 지휘 상실
- 공개적으로 망신을 당하거나 비난을 받음
- 도박이나 주식 등으로 감당하기 어려운 경제적 손실을 겪음
- 가족의 심각한 경제적 어려움

- 구타, 가혹행위, 성적 학대
- 음주운전으로 인한 처벌
- 자유의 상실
- 신체적 질병이나 손상
- 삶에 있어서의 중요한 변화

자살 위험요인

위험요인이란 자살 위험성을 증가시키는 요인들을 의미한다. 이러한 위험요인들이 동시에 나타나거나 서로 상호작용할 때 자살시도나 자살행동으로 이어지게 된다. 위험요인은 일반적인 위험요인과 군 조직의 특성에서 나타나는 위험요인으로 구분된다(육성필 등, 2009).

먼저 일반적 위험요인으로는 정신장애, 자살시도와 과거력, 자살의 가족력과 부모의 정신장애, 발달적 외상, 사회환경적 요인, 신체적 질병, 대처 또는 문제해결 능력의 부족, 완벽주의적 성격 또는 충동적이고 공격적인 성격 등이 있다. 군 조직의 특성에서 나타나는 위험요인으로는 위계적 관계로 인한 유·무형의 폭력 행위, 사회와의 단절감과 고립감, 총기의 사용, 남성성이 강조되어 타인의 고충에 대해 둔감 또는 도외시 등이 있다.

미군에서 조사된 자살 관련 위험요인은 대인관계 문제, 무의식적인 기분 변화, 우울증, 음주 관련 문제, 수치심, 고립감, 절망감, 쓸모없다는 느낌, 금전적 문제와 송사, 자살시도 경험, 직무수행상의 문제, 혹은 정신적·신체적 문제로 현역복무부적합심사를 받을 때, 군사보안이나 법 집행 업무를 할 때 등이다.

자살 보호요인

보호요인은 자살위험성을 줄일 수 있고, 어려운 상황을 해결하는 개인의 능력을 향상시킬 수 있는 요인을 의미한다. 보호요인에도 일반적인 보호요인과 군 특성을 반영한 보호요인이 있다.

일반적인 보호요인으로는 가족과 친지를 포함한 심리사회적 지지, 종교적인 믿음, 삶의 의미를 통한 낙관적 태도, 사고의 유연성, 스트레스 대처 능력과 같은 개인의 심리적 강점 등이 있다. 군의 특성을 반영한 보호요인으로는 전우애, 임무수행에 대한 사명감, 건강한 생활양식, 리더십과 책임 등이 해당된다.

미군에서 제시된 보호요인으로는 사회적 지지, 소속감, 배려심, 지휘관의 책임감, 효과적인 모방 능력 또는 문제해결 능력, 도움 추구 행동을 장려하는 정책 및 문화, 해당인의 익명성 보장, 구성원의 화합과 지지, 전우애, 긍정적 세계관, 지원체계로의 접근 용이성, 건강한 생활방식 장려 문화, 정신적 지지 등이 있다(U.S. Marine Corps, 2011).

(3) 군의 자살예방 활동

군에서 발생하는 자살의 부정적인 결과는 자살자 한 사람에게만 국한되지 않고, 자살자가 속한 조직이나 부대 그리고 군 전체에 영향을 미친다. 따라서 군에서는 다른 여러 가지 심리적인 문제들에 대해서 관심을 갖지만, 특히 자살예방에 큰 관심과 노력을 기울이고 있다. 군에서 자살예방을 위해 수행하고 있는 활동들은 여러 가지가 있다. 첫째는 군 인성검사(신인성검사 2.0)를 통하여 입영 전 단계에서 정신적으로 문제가 되는 자원들의 군내 유입을 차단하고, 자대 근무기간 중에도 주기적인 검사를 통하여 문제 인원을 적기에 식별하고 있다. 둘째는 보호관심 병사들을 등급별로 관리하여 병영생활에의 적응을 도와주고 있으며, 필요시 현역부적합 심의절차를 통하여 귀가 조치시키고 있다. 셋째는 그린캠프와 같은 집단치료 프로그램을 통하여 보호관심 병사들의 문제점들을 치유 내지는 개선시키고 있다. 넷째는 병영생활 전문상담관들의 적극적인 활용을 통하여 자살이 우려되는 사람들이 전문적인 도움을 받을 수 있도록 제도화하고 있다.

차단-식별-관리-분리의 자살예방 종합시스템

국방부는 정신적으로 문제가 있다고 판단되는 사람들이 군에 입대하는 것을 사전에 '차단'하고, 군에 유입된 자원들을 지속적으로 관찰하고 진단하여 정신적인 문제를 겪고 있는 사람들을 '식별'하고, 식별된 인원들에 대해서 집중적인 '관리'를 실시하며, 관리에도 불구하고 더 이상의 임무수행이 불가능하다고 판단되는 사람들을 군에서 '분리'시키는 자살예방 종합시스템을 운영하고 있다.

병무청과 각 군 본부 그리고 각 군 사관학교 등에서는 인성검사를 중심으로 한 심리검사 절차를 활용하여 군 입대 자원들 중에서 정신적으로 문제가 되는 사람들을 사전에 차단하는 제도를 운영하고 있다. 이를 위해 병무청에는 정신과 의사와 임상심리 전문가들이 배치되어 임무를 수행하고, 각 군 본부와 사관학교에서는 병영생활 전문상담관과 상담요원들을 활용하여 정신적으로 문제가 되는 자원들을 선발과정에서 차단시키고 있다.

논산훈련소 또는 신병교육대에 입소한 병사들을 대상으로 훈련주차별로 체계적인 식별활동을 실시하고 있다. 훈련 1주차에는 신인성검사, 병영생활지도기록부, 관찰 및 면담자료 등을 통해 자살우려자를 식별하고, 자살위험 정도를 판정한다. 훈련 2~3주차에는 병영생활 전문상담관과 군종장교의 상담, 정신과 군의관의 진료기록 등을 종합한다. 훈련 4~5주차에는 사단 신상관리 위원회를 통하여 자살우려자를 최종적으로 분류하고, 이들을 그린캠프에 입소 조치하거나 현역부적합심의 절차를 밟게 한다. 훈련 6~8주차에는 전입면담, 상담관의 상담, 과학적 식별도구의 진단 결과 등을 통해 [표 5-1]과 같이 도움병사와 배려병사를 식별한다.

[표 5-1] 도움병사와 배려병사

구분	도움병사	배려병사
의미	적극적으로 도움을 주면 복무적응 가능	세심한 배려를 하면 복무적응 가능
선정 기준	• 사고 유발 가능성이 높은 인원 • 즉각 조치가 필요한 고위험군 장병 • 군 복무 중 자살계획 및 자살 시도자 • 진단결과 상담관 치료가 필요한 자 • 심각한 성격/정신장애로 군 복무가 부적합하여 즉시 치료가 필요한 자	• 사고 유발 가능성이 있는 인원 • 군복무 부적응의 가능성이 있는 자 • 상담관의 지속적 상담이 필요한 자

자살우려자들은 일과 전/후, 출타 시로 구분하여 24시간 관찰체제를 유지한다. 이 기간 동안 정신과 군의관의 상담과 진단을 받도록 권유하며, 진단 결과에 따라 입원 또는 통원 치료를 받을 수 있도록 조치한다. 자살우려자, 복무 부적응자, 전투력을 저해하거나 지휘 부담을 주는 자, 사고위험자로 식별된 자 등은 본인의 동의 하에 그린캠프에 입소 조치한다. 관리에도 불구하고 자살위험의 해소가 불가능하거나 현역복무가 부적합하다고 판단되는 사람들은 현역복무 부적합 처리 절차를 통해 군에서 분리되도록 조치한다.

위에서 언급한 노력에도 불구하고 자살이 발생한 경우, 소속부대원들을 대상으로 정신과 진료의 필요성을 판단하고, 유가족에 대한 지원을 강구하며, 자살발생 부대의 시스템적 보완을 조치한다.

자살예방 교육

국방부는 2009년 한국 QPR 자살예방 연구소에 의뢰하여 한국군에 적용 가능한 자살예방 프로그램을 개발하였다. 이는 미 공군에서 활용하고 있는 QPR 자살예방 프로그램을 준용하여 한국의 특성에 맞게 개발한 프로그램으로서 자살우려가 있는 사람에 대해 심리상태를 질문하고(Question), 긍정적 방향으로 유도하여(Persuade), 전문가의 치료를 받도록 의뢰(Refer)하는 것을 의미한다.

국방부는 한국 QPR 자살예방 연구소가 개발한 프로그램을 활용하여 2009년부터 매년 10회에 거쳐 간부들을 대상으로 자살예방 교관화 교육을 실시하여 교관을 양성하고, 이렇게 양성된 교관들이 병사들을 대상으로 매년 2회씩 자살예방 교육을 실시하도록 제도화하였다.

자살예방 교관화 교육은 2박 3일간 진행되며, 매 차수마다 약 60~70명을 교육함으로써 매년 600~700여명의 교관을 양성한다. 이 교육의 대상은 각 군 본부 자살예방 업무담당관, 사/여단급 부대 인사참모 및 자살예방 업무 담당관, 양성교육 부대에서 훈련

[표 5-2] 자살예방 교관화 교육의 기본과정과 간부과정의 교육내용

과정	주제	내용	시간
기본 과정	1부: 군생활과 스트레스	1. 스트레스의 이해 2. 스트레스의 결과 3. 우울증의 이해	20분
	2부: 자살관련 행동의 이해	1. 자살의 원인 2. 자살에 대한 올바른 이해 3. 자살의 경고신호와 촉발사건 4. 자살의 위험요인과 보호요인 5. 자살에 대해 질문하는 방법 6. 보고하는 방법	90분
	3부: 건강한 군대 생활을 위해	1. 정신건강에 대한 바람직한 태도 2. 자살예방 관련 동영상 상영	30분
	4부: 질의 응답		10분
간부 과정	1부: 자살의 이해	1. 부적응적 행동의 이해 2. 자살의 발생과정 3. 자살의 원인 4. 자살예방의 논리 5. 정신건강에 대한 바람직한 태도	30분
	2부: 간부의 역할	1. 보호요인의 강화를 위한 간부의 역할 2. 위험요인의 감소를 위한 간부의 역할 3. 부대에서 해야 할 일	20분
	3부: 자살위험성 식별 및 평가	1. 자살우려자의 면담 방법 2. 자살위험성 평가 방법 3. 자살위험성 수준의 분류 및 대처 4. 보고서 작성법	90분
	4부: 질의 응답		10분

및 병원관리를 직접 담당하는 중/소대장, 군종장교, 사/여단급 부대 군의관과 간호장교, 헌병수사관, 부대별 자살예방교육 전담교관 활용 대상자 등이다. 자살예방 교관화 교육내용은 기본과정과 간부과정으로 구분된다. 기본과정은 간부 및 병사를 포함한 군의 모든 구성원들을 대상으로 하며, 간부과정은 해당 간부를 대상으로 한다. 각 과정의 교육내용은 [표 5-2]에 제시하였다.

그린캠프(Green Camp)

그린캠프는 한국군이 2009년 4월부터 사단급 부대에서 복무 부적응병사의 관리를 목적으로 운영된 프로그램으로, 2011년 7월부터는 군단급 부대로 조정되어 운영되고 있다. 그린캠프는 부적응병사 심리지원을 위한 1차적 관리 기관으로서, 적응에 어려움을 겪는 병사들이 2주간 집중적으로 전문적 심리치료 과정을 거쳐 다시 원대에 복귀할 수 있도록 돕는 것을 목적으로 개설되었다(최광현 등, 2015). 그린캠프가 운영된 시점보다 훨씬 이전인 2003년에는 군종장교 주관으로 비전 캠프가 운영되었으나, 교육 프로그램이 일방적인 주입식 교육 형태로 체계적이지 못하다는 이유 등으로 2014년에 폐지되었다.

그린캠프는 2015년을 기준으로 육군에 34개소, 해군에 4개소가 운영되고 있다. 육군은 1군사 4개소, 2작사 7개소, 3군사 6개소, 육군직할 부대 3개소, 각 군단별 사단급 14개소이다. 2012년부터 2014년까지 그린캠프에 입소한 인원과 치유현황은 [표 5-3]에 제시되어 있다.

[표 5-3] 그린캠프 입소인원 및 치유 현황

구분	입소인원	치유 후 자대복귀	재입소 후 자대복귀	병영심사대 입소
2012년	2,582명	1,822명(70.6%)	343명(13.3%)	417명(16.2%)
2013년	2,657명	1,675명(63.1%)	467명(17.6%)	515명(19.4%)
2014년	3,132명	1,511명(48.3%)	795명(25.4%)	826명(26.4%)

그린캠프는 2주 단위를 기본으로 구성되어 있다. 육군에서 제시한 프로그램의 1주차는 '개인별 심층상담 및 심리치료'를, 2주차는 '심리치료 심화'에 주안을 두고 있다. 세부 프로그램의 내용은 [표 5-4]에 제시되어 있다.

실제로 각급 부대에서 운용되고 있는 그린캠프는 육군에서 제시된 기준 프로그램에 기초하여 각 부대의 사정에 따라 수정 및 보완하여 사용되고 있기 때문에 부대별로 프로그램의 내용이 상이하다. 그러나 대체적으로 예술치료와 동영상 시청이 주를 이루는 기본구성은 동일하다. 그러다 보니 일시적 효과 차원의 단발성 프로그램이 주를 이루어 2주차에 운영되어야 하는 심화된 심리치료가 사실상 운영되지 못하는 문제점을 갖기도 한다. 강사진의 운영에서도 부대별로 편차가 크다. 주로 부대 인근의 지자체와 전문기관에 협조하여 전문가를 섭외하고, 이에 따라 프로그램이 구성되기도 한다.

그린캠프는 운영상에 다양한 문제점을 갖고 있다고 평가된다. 먼저 입소자들이 '부적응자, 낙오자, 나약자'라는 낙인이 더욱 공고화되는 부작용이 있다. 전문성이 다소 결여된 강사진이 운영되기도 하고, 입소심의와 퇴소심의를 하는 위원회 구성이 군 지휘관 중심으로 되다보니 전문성이 떨어지는 문제점이 있다. 또한 그린캠프가 운영되고 있는 시설이 열악한 경우가 상당수 존재하는 등 시설환경 차원에서의 문제점이 거론되고 있다.

[표 5-4] 육군규정에 제시된 그린캠프 프로그램 주차별 교육내용

주차	구분	월	화	수	목	금	토
1	오전	입소/등록 자기소개서 작성	미술치료	개 별 상 담			민간시설 방문(유적지)
	오후		음식만들기	웃음치료	음악치료	스트레스는 나의 힘	체육활동 이발봉사
	야간	상담	동영상시청 (생명 존중)	영화감상 (휴먼드라마)	개인정비	영화감상	개인정비 (휴먼드라마)
2	오전	미술치료	선택적 상담		찜질방 대화	미래비전 마음나누기	
	오후	웃음치료	분노조절 교육	사회봉사 활동	음악치료	심사 퇴소식	
	야간	동영상시청 (인간극장)	군단장면담	동영상시청 (인간극장)	영화감상		

자살우려자 면담 시 주의사항

다음은 자살우려자를 면담 시 주의할 사항에 대해 정리한 것이다.

- 자살의 옳고 그름에 대해 논쟁하지 말아야 한다. 자살하려는 사람들은 대부분 많은 실패 경험을 가지고 있으며, 이들에게는 자살이 유일한 선택으로 보일 수 있다.
- 내담자의 행동을 이유로 내담자를 가르치거나, 비판하거나, 설교하거나, 비난하지 말아야 한다.
- 소극적으로 물러나기보다는 적극적으로 관심과 도움을 제공하려고 노력해야 한다.
- 자살하려는 사람을 혼자 두어서는 안 된다.

- 지나치게 당황하거나 흥분하는 등의 과잉반응을 하지 말아야 한다.
- 자살생각에 대해 부인하더라도 내담자가 자살에 대해 생각하고 있는 것처럼 보인다면, 좀 더 관심을 가지고 지켜보아야 한다.
- 자살하려는 사람과 진단적이거나 분석적인 논의를 하지 말아야 한다. 급성의 자살 상태에서 할 수 있는 최고의 방법은 듣고 공감하고 내담자에게 초점을 맞추는 일이다.
- 내담자가 관련 없는 주제에 대해 말하거나 다른 이야기로 전환할 경우 본론에서 벗어나지 않도록 유의해야 한다.
- 한 번의 면담으로 할 일을 다 했다고 생각해서는 안 되며, 자살 위기에 처한 내담자의 상태에 지속적으로 관심을 가져야 한다.

[그림 5-3] 군은 자살예방 종합시스템을 활용하여 자살예방 활동을 강화해야 한다

참고문헌

권준수 대표 역 (2015). **정신질환의 진단 및 통계 편람 제5판**. 서울: 학지사.

김세영 (2003). 전시리더십과 평시리더십. **합참, 23**, 264-275.

김정범, 이상희 (2006). 우울장애에 대한 인지행동치료의 최근 연구동향. **인지행동치료, 6**, 131-144.

김형래, 양난미 공역 (2016). **군 심리학: 임상적 치료와 작전에의 적용**(Kennedy, C. H., & Zillmer, E. A., eds). 서울: 학지사.

박원명, 민경준 (2012). **우울증**. 서울: 시그마프레스.

보건복지부 (2017). 성인 4명 중 1명, 평생 1번 이상 정신질환 겪어. 4월 13일(목) 조간

이민수 (2013). 최근 우울증의 현황 및 진단. **병원약사회지, 30**, 505-511.

이영호, 송종용 (1991). BDI, SDS, MMPI-D 척도의 신뢰도 및 타당도에 대한 연구. **한국심리학회지: 임상, 10**, 98-113.

임영진 (2012). 주요우울장애 대학생을 대상으로 한 긍정심리치료의 효과. **한국심리학회: 임상, 31**, 679~692.

육성필, 이혜선, 신응섭, 김용주 (2009). **한국군 자살예방프로그램 기본과정교재**. 대한민국 국방부.

전우택, 남윤영, 박진영, 어유경, 이홍식 (2004). **자살 예방 정책 개발 연구: 외국의 국가자살예방 전략과 국내 활동 분석을 중심으로.** 서울: 연세의대 정신과학교실.

지평기, 최광현, 김인국, 박영길, 박찬빈, 박지연, 이정은, 이선미, 곽지희, 강민수, 김용훈 (2016). **2016년 인성검사 및 병영생활 적응연구**. 한국국방연구원.

최광현, 이동윤, 지평기, 박영길, 박찬빈, 박지연, 이정은, 이선미, 곽지희, 강민수 (2015). **2015년 인성검사 및 병영생활 적응연구**. 한국국방연구원.

최광현, 정성구, 최광표, 문채봉, 김정명, 박병관, 신응섭, 육성필, 배정규 (2009). **새로운 군 인성검사 개발**. 한국국방연구원.

Anderson, J. W. (1980). *The prediction of combat effective leadership*. Doctorial Dissertation. University of Washington.

Gloaguen, V., Cottraux, J., Cucherat, M., & Blackburn, I. M. (1998). A meta-analysis of the effects of cognitive therapy for prevention of recurrent depression. *American Journal of Psychiatry, 161*, 1872-1876.

U. S. Marine Corps. (2011). *Leaders' guide for managing in destress*. Retrieved January 30, 2011, from www.usmc-mccs.org/leadersguide.

제 6 장

군대상담과 코칭

군조직의 정신건강을 유지하는 방법은 크게 두 가지이다. 하나는 심리적으로 건강한 자원들을 선발하는 방법이다. 정신적으로 문제가 있거나 있을 것으로 예상되는 대상자들을 조기에 식별하여 군으로의 유입을 차단하는 것이다. 이러한 활동은 현재 병무청의 선병과정과 입대 후 훈련소과정에서 운영되고 있다. 다른 하나는 입대 후 병영생활에서 심리적인 문제로 어려움을 겪는 인원들을 식별하여 관리하는 것이다. 선병과 입영과정에서는 별 문제가 없는 것으로 판정되었으나, 입대 후 병영생활 속에서 심리적인 문제가 나타날 수 있다. 이러한 경우 신속한 조치가 이루어져서 심리적으로 건강한 상태를 유지할 수 있도록 도와주어야 한다.

군대상담과 코칭은 입대 후 장병들의 정신건강 유지에 매우 큰 역할을 수행하는 분야이다. 한국군의 경우 상담분야는 심리학적 기여도가 가장 큰 영역이라고 볼 수 있다. 실제로 연대급에 한 명의 병영생활 전문상담관들을 배치하는 것을 목표로 전문상담인력이 운영되고 있는데, 이러한 활동은 군과 심리학을 연결시키는 매우 중요한 매체이다. 본 장에서는 군에서 이루어지는 상담활동에 대해 살펴보고, 세계적으로 지난 30년 동안 빠른 속도로 성장하고 있는 코칭의 군사적 활용에 대해 살펴보도록 한다.

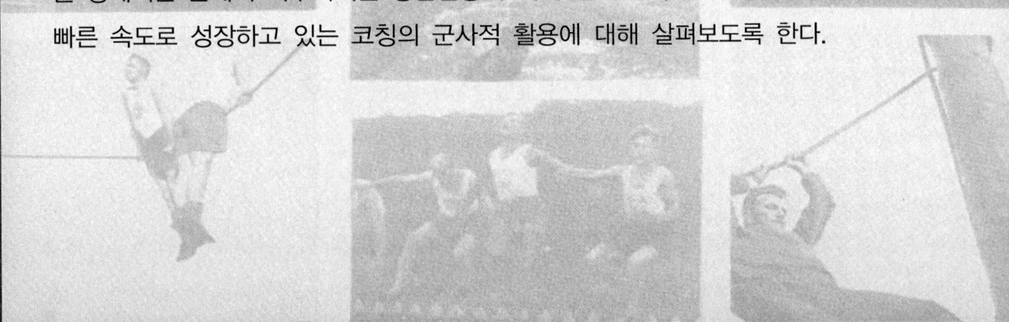

1. 군 부적응 실태[1]

(1) 한국사회와 군 부적응

한국의 사회적 환경은 고도의 경제적 성장과 더불어 급속하게 변모해 나가고 있다. 대가족 중심에서 핵가족 중심으로 바뀌면서 사람들은 집합주의적 사고보다는 개인주의적 성향이 더 강해지고 있으며, 물질적인 풍요 속에서 즐거움을 추구하는 경향이 증가하고, 권위주의에 대한 불만과 거부감이 팽배하며, 자신의 감정이나 의견을 과도하게 표현하는 경향이 더욱더 강해져가고 있다. 전통적인 것을 거부하고 새로운 것을 추구하는 성향이 두드러지고, 평등주의적 사고가 강화되었으며, 자신에 대한 자부심이 강해지고 있다. 그러나 감성적이며 물질적인 가치를 추구하는 경향이 강해진 반면, 정신력이나 인내심이 부족해진 것도 사실이다.

IT 기술의 발전은 현대인에게 통신을 비롯한 다양한 분야에서 급격한 발전을 가능케 하였으나, 인터넷의 과도한 사용은 대인관계 장애, 사회적 고립, 철수 등의 문제를 야기할 수 있으며, 점점 더 온라인상의 관계에 매달리게 됨으로써 악순환이 계속되고, 특히 한창 사회성이 발달하는 단계인 청소년들에게 더 큰 부정적인 영향을 미친다(김광웅, 유미숙, 이지항, 2004). 사회의 급격한 변화 속에서 사람들이 겪게 되는 적응상의 어려움은 모두에게 공통된 것이지만, 특히 더 어려움을 겪는 세대는 바로 청소년들이다.

청소년 시기는 급격한 신체적 성장과 더불어 인지능력이 발달하고 정서가 격렬해지는 시기이다. 이들은 아동도 성인도 아닌 중간적 입장에서 자신의 위치 및 역할에서 갈등을 일으킬 수 있으며, 급격한 신체발달과 함께 성적 발달이 이루어지면서 신체 내부에서 발생하는 성적 충동을 경험할 수 있고, 미래에 대한 막연한 불안과 현실에서 당면하고 있는 학업부담으로 인해 심리적으로 매우 취약해질 수 있다. 청소년 시기는 정체성이 완성되지 않은 시기이며, 올바른 자아개념과 자아정체감의 확립, 자기의 위치·능력·역할 및 책임에 대한 확고한 인식을 확립해야 하는 중요한 시기이다(Erikson, 1968). 이러한 시기에 가족이나 또래, 사회로부터 충분한 지지와 관심을 받으며 지속적인 자기 성찰을 통해 안정적인 자아정체감을 형성한다면 건강한 성인으로 발달해 갈 수 있지만, 적절한 도움이나 심리적인 지지, 상담 개입을 받지 못할 경우, 오히려 충동적인 범죄나 자살 사고와 같

---

1 군 부적응실태에 관한 내용은 신응섭, 김용주, 이현엽(2011)의 '한국군의 심리적 위기와 상담정책 발전방안(미래사회, 제1권 제1호)의 내용을 수록한 것임.

은 문제를 발생시킬 가능성이 있다.

그런데 군을 구성하는 대부분의 인원은 청소년기 후반 또는 성인기 초반에 해당하는 20대들로서 앞에서 언급한 생활 여건 속에서 성장한 세대들이다. 이들은 일반사회의 환경적 영향을 그대로 받으면서 군 내부의 환경적 영향을 추가적으로 받게 된다. 사실상 군의 현실적 특성은 청년기에 해당하는 병사들에게 안정감보다는 불안정감을, 즐거움보다는 인내와 극기를, 편안함보다는 힘들고 어려움을 느끼게 할 가능성이 크다. 낙후된 군 시설 환경과 위계질서에 의한 권위주의적이며 경직된 문화, 군생활과 사회생활과의 가치관 차이, 욕구불만, 대인관계 갈등, 육체적 피로, 스트레스 등은 각종 부적응의 원인으로 작용하기도 한다.

김지찬(2008)은 군에 징집되는 병사들의 심리적 위기를 가중시키는 요인과 그로 인한 부적응 요인을 대비시켜 설명하고 있다. 그에 따르면, 첫째, 군생활은 엄격한 규율이 요구되며, 명령복종에 대한 절대성과 단체의 일원으로서 행동할 것이 요구되어 병사들로서는 군생활이 부자유스러우며 심리적으로 구속을 당한다는 느낌을 갖게 한다. 둘째, 군대는 개인의 목표보다는 조직의 목표를 더 중요시하여 병사들로 하여금 군생활을 자기 인생의 공백 기간이나 퇴보의 기간으로 생각하는 피해의식을 갖게 한다. 셋째, 군인은 유사시에 생명을 무릅쓰고 전투임무를 수행해야 하므로 불안과 긴장이 증대된다. 넷째, 열악한 주거환경과 통신매체의 사용 제재는 심리적으로 고립감을 느끼게 한다.

이처럼 군대는 개인보다 조직의 목표달성을 우선시하므로 필연적으로 개인의 욕구와 상충되는 상황이 설정될 수밖에 없으며, 이로 인하여 병사들은 심리적인 갈등을 경험하게 되고 다양한 심리적 문제들에 직면하게 된다. 2006년도의 국가인권위 조사 자료에 의하면, 군생활에 어려움을 느끼는 비율이 전체 병사들의 45%에 육박하고, 10%정도가 부적응으로 분류되었다. 군에서의 심리적 부적응 문제에 관심을 갖고서 이를 해결하기 위한 적극적이고 공세적인 대응이 절실히 요구되는 이유는 부적응의 결과가 군에서 우려하는 자살, 폭행, 탈영 등과 같은 악성사고의 발생과 직접적으로 연관성을 갖기 때문이다. 뿐만 아니라 군에서 부적응의 문제는 단지 군대 내의 문제로 끝나지 않기 때문이기도 하다. 장병들은 일정 기간의 군복무를 마치고 나면 사회로 환원되어 성인기의 삶을 시작하게 되는데, 군에서의 부적응 결과가 그대로 전이되어 사회적인 문제로 발전될 가능성을 배재할 수 없다. 이러한 의미에서 청소년 후반기에 해당하는 병사들이 미완성된 자아정체감을 올바르게 확립하고, 건전한 정신건강을 회복 또는 유지할 수 있도록 도와줌으로써 군 복무의 심리적 위기를 극복하게 하는 것은 국민건강 증진차원에서도 매우 중요한 과업이라고 볼 수 있다.

(2) 군 부적응 실태

군 부적응의 개념

임우진(2007)은 군 부적응 병사에 대해 '군의 가치나 규범에 일치하고 수용되는 행동을 하지 못하거나 대인관계 또는 부대환경에 대한 개인의 행동양식이 불균형 상태에 있는 병사'로 정의한다. 한편, 안현의, 손난희, 이문희, 서은경(2007)은 군 복무 부적응자를 '개인의 심리적, 사회적 요인과 군 조직의 물리적, 사회적, 문화적 요인 간의 부조화로 인하여 개인의 안녕과 군대의 안녕에 심각한 문제를 일으키거나 일으킬 수 있는 행동을 현재 나타내고 있거나 잠재적으로 지니고 있는 자'로 정의한다. 이러한 정의는 개인적 요인과 환경적 요인뿐만 아니라 두 요인 간의 상호작용의 중요성을 강조하는 것으로 이해된다. 한편, 김상균 등(2012)은 군 복무 부적응 병사를 '전문적인 도움을 필요로 하는 사람을 가려내 주는 간이정신진단검사 결과에서 유의미한 반응을 보이는 병사들로, 현재 상당한 주관적 고통을 호소하고 있는 병사'로 정의한다.

군 부적응 현황

군에서의 심리적 부적응 문제는 매우 오래전부터 논의되어 왔다. 1968년 육군의 인간관계 개선위원회에서 조사한 결과에 의하면, 병사들의 1.5%가 장애를 보유하고 있는 것으로 나타났다. 1981년 국군 교도소가 입소자를 대상으로 MMPI 검사를 실시한 결과, 약 45% 정도가 정신적인 문제를 겪고 있는 것으로 집계되었다. 1995년에 작성된 육군본부 자료에 의하면, 당시 조사대상의 13%가 신체 및 정신적 문제를 경험하고 있는 것으로 나타났는데, 이는 중대당 적게는 10명에서 많게는 20명에 이르는 수치였다. 김수룡, 이태경, 조선익(1997)이 육군인성검사(KMPI)와 간이정신진단검사(SCL-90-R)를 사용하여 조사한 결과에 의하면, 조사대상자의 27.8%가 인성검사 이상자로 나타났으며, 18.3%는 상담이나 후송이 필요한 것으로 나타났다. 역학조사의 부족으로 정확한 실태파악이 어려운 가운데 군 병사들을 대상으로 정신건강을 연구한 국가인권위원회(2006)의 보고에 따르면, 주변에 군대생활을 하는데 어려움을 느끼는 병사들이 있는지에 대한 물음에 58.5%가 그렇다고 응답하였다. 2007년 국방부 차원에서 조사한 연구결과에 의하면, 군내 정신장애 일년유병률은 24.2%로 나타났으며, 동일한 연령의 일반인구 결과보다 정신증을 제외한 대부분의 정신장애 항목에서 더 높게 나타났다. 특히 불안장애, 주요우울장애, 니코틴 사용 장애의 유병률이 높았다. 그리고 대부분의 정신장애에서 공군이나 해군보다 육군의 일년유병률과 평생유병률이 더 높은 것으로 나타났다(함봉진, 전홍진, 장성만, 이해우, 이효정, 심은정, 2007). 안현의 등(2007)은 SCL-90-R을 이용하여 병사의 10.96%가 부적응으로 분류된다고 밝혔다.

현재 군에 부적응하여 현역복무 부적합자로 판정받은 병사들은 대부분 전역조치되고 있다. 2006년 현역복무 부적합자로 전역한 인원은 345명이었으며, 그 주된 원인은 근무부적합, 사고 우려, 지능 저열 등이었다. 그런데 2010년 이후부터 2014년까지 조사된 자료에 의하면, 매년 3,500명 정도의 병사들이 현역복무 부적합으로 전역하였다(헤럴드 경제, 2014).

국방부에서 제공한 자료에 의하면, 최근 5년간(2012~2016.7월) 군생활 중에 군병원의 정신건강의학과에서 진료를 받은 장병이 6만 명에 달하고 있는 것으로 나타났다. [표 6-1]

[표 6-1] 최근 5년간 군병원 정신건강의학과 외래 진료 현황

진단명	2012	2013	2014	2015	2016. 7	총계(명)
ADHD	82	59	77	93	105	416
강박장애	76	70	70	86	66	368
급성스트레스장애/PTSD	91	79	129	173	148	620
물질사용장애	22	23	24	40	40	149
불안장애	538	420	514	786	590	2,848
섭식장애	14	13	12	17	16	72
성주체성장애	13	7	12	14	11	57
수면장애	399	396	510	698	608	2,611
신체증상 장애	63	40	65	69	49	286
양극성장애(조울증)	110	86	106	129	104	535
우울장애(자살시도자 포함)	780	654	714	1,095	750	3,893
인격장애	222	163	135	198	129	847
인지장애(치매/섬망 포함)	13	14	9	9	15	60
일반정신과적 검사	9,545	8,280	6,713	6,128	2,493	32,159
적응장애	1,886	2,208	2,796	3,459	2,959	13,308
정신지체 및 발달장애	74	38	62	80	53	307
정신병적 장애(조현병 포함)	96	70	86	95	71	418
충동장애	37	51	67	88	41	284
틱장애(뚜렛장애 포함)	79	62	102	92	16	351
해리/전환 장애	38	21	30	21	19	129
총계(명)	14,178	12,654	12,233	12,370	8,283	59,718

출처: 현대사랑병원 홈페이지 http://www.hdsarang.co.kr/bbs/board.php?bo_table= tb61&wr_id=76

에서 보는 바와 같이, 일반정신과적 검사가 제일 많고, 다음으로는 적응장애, 우울장애(자살시도자 포함), 불안장애, 수면장애, 인격장애 등의 순서로 나타났다.

군 부적응의 원인

군에 부적응하는 병사들은 주로 타인과의 상호작용에서 갈등을 경험한다. 신응섭(2010)은 대인관계에서 주도성이 적고 관계의 폭이 좁으면 예민할 경우 군 복무 적응에 곤란을 경험할 수 있다고 보았으며, 복무 초기에는 우울과 불안이 적응곤란을 유발하는 주요 원인이지만, 차츰 시간이 갈수록 대인관계의 문제가 증가한다고 보았다. 국가인권위원회에서 2006년에 군 복무 부적응자들의 특성을 파악한 결과에 의하면, 부적응집단 병사들은 부적응의 원인으로 '선임병과의 갈등'을 제일 많이 선택했고, 그 다음으로 '비합리적인 군대문화', '고된 훈련', '부당한 명령 및 처벌', '제대 후 진로부담' 등의 순으로 선택하였다.

군에 부적응한 것으로 판정된 집단들(각종 사고자 및 재소자, 정신과 진단 및 입원자, 귀향자 및 현역복무 부적격 판정자, 지휘부담자 등)을 대상으로 조사한 결과를 보면, 먼저 인구통계학적으로 결손가정에서 자란 병사들이 군에서 부적응하는 경우가 많았다. 부모의 직업이 불안정하거나 경제적으로 어려운 경우, 저학력으로 중퇴한 경우, 입대 전에 불건전한 생활의 경험이 있는 경우가 많았다. 또한 입대 전 군 복무를 거부하였거나 거부의사가 강한 경우, 그리고 군에 대해 편향된 지식과 정보를 보유한 경우도 해당되었다. 부적응집단들은 군 입대 후 실시되는 심리검사에서 정신분열증, 신체화 장애, 적응장애, 성격장애, 정동장애 등의 척도 값이 높게 나타났다(신응섭, 2010).

정서적인 특징을 보면, 우울과 불안한 상태가 많았으며, 특히 분노표현과 관련된 정서통제의 어려움이 두드러졌다. 이들은 대인관계에서도 주도성이 적고 관계의 폭이 좁으며, 예민한 경우 초기적응이 곤란하였다. 복무기간별로 보면, 복무초기에 우울과 불안으로 인하여 적응에 곤란을 경험한다. 이 상태가 방치된 채 지속될 경우 차츰 대인관계에서 문제가 증가된다. 상병 이후가 되면 충동성의 통제에 어려움을 느껴 사고의 위험성이 더 높아진다. 지적으로 다소 떨어지는 정신지체나 지능이 경계선에 있는 경우 마찬가지로 적응에 어려움을 경험하게 된다. 현재 지능지수가 70~85이면 입영대상이기는 하나, 적응이 곤란하다(신응섭, 2007).

군에 부적응 문제를 스트레스 차원에서 접근해 보는 것도 의미가 있다. 그 이유는 스트레스는 만병의 근원이라는 말이 있듯이 병사들이 경험하는 스트레스 또한 자살, 폭행,

탈영 등 군내 악성사고를 유발하는 원인으로 작용하고 있음을 입증하는 연구들이 다수 제시되고 있기 때문이다. 신응섭, 김용주, 고재원(2007)이 병 스트레스 진단도구를 개발하는 과정에서 조사한 결과에 의하면, 병사들이 군 복무기간 동안 경험하게 되는 스트레스 원인들은 크게 4가지 유형으로 구분되는데, 여기에는 직무 관련 스트레스 요인, 대인관계 스트레스 요인, 개인신상 관련 스트레스 요인, 심리적 취약성요인, 조직 환경 관련 스트레스 요인이 포함되었다.

이명숙(2010)은 야전부대에서 실제 장병들을 대상으로 실시한 상담활동을 분석한 결과, 대부분의 병사들은 회피적이고 비자발적인 입대동기를 갖고 있어서 수동적인 군복무로 이어질 가능성이 높고, 엄격한 규율과 조직의 목표에 따를 것을 요구하는 환경에서 심리적 위기를 경험할 가능성이 매우 높다고 주장하였다. 이러한 배경에서 입대한 병사들은 부적응 증상을 보일 가능성이 높으며, 지휘관들에 의하여 전문상담관들에게 인계된다. 육군의 1개 사단에서 2010년 1월부터 7월까지 실시된 상담사례 총 485건에 대하여 유형별 세부 현황이 [표 6-2]에 제시되었다. 이 중에서 가장 높은 비율을 차지한 것은 '복무부적응' 문제로 총 263건이었으며, 다음으로는 심리적·정서적 문제가 173건이었다. 진로문제는 14건이었으며, 기타 건강, 성, 중독 등의 문제가 35건이었다.

미군이나 이스라엘군의 경우에도, 병영생활에 부적응하는 원인으로 '입대 전의 정신건강과 행동상의 문제', '입대 전의 사회적 부적응 및 정서적 불안정성', '가족 간의 불화', '제한된 사회적 관계', '사회적 내향성' 등이 언급되었다(Benbenishty, Zirlin-Shemesh, & Kaplan, 1993; Carbone, Cigrang, Todd, & Fiedler, 1999).

[표 6-2] 육군 1개 사단 상반기 주요 유형별 상담 세부현황(2010년 기준)

복무 부적응	진로	심리, 정서	기타
선·후임 갈등 과업부담 간부불신 복무회피	군내 진로 전역 후 사회진로	우울, 불안, 분노 자살충동 파괴충동 정신병리	건강, 가정 이성, 동성 중독 종교 및 영성

2. 군대상담의 기초

(1) 군대상담의 필요성

앞에서 우리는 장병들의 부적응 실태와 부적응의 원인에 대해 살펴보면서, 상당수의 장병들이 일반적으로 사회에서 경험하는 스트레스 요인들뿐만 아니라 군대사회에 특수한 스트레스 요인들에 의하여 정신적인 고통을 겪고 있다는 것을 알게 되었다. 그리고 이들의 문제를 해결해 줄 수 있는 도움활동, 즉 상담과 같은 지원활동이 절대적으로 필요하다는 점에서 이의가 없다. 하지만, 군은 일반사회와 비교하여 조직문화, 조직목표, 조직구성, 조직환경 등 여러 측면에서 일반적인 사회와 다른 특성을 갖고 있기 때문에, 일반적인 상담개념으로 군대에서 필요한 상담요구를 해결하기에는 한계가 있다. 그렇다면 일반적인 상담의 한계를 결정하는 군대의 특성으로는 어떠한 것들이 있는가?

먼저, 군의 상담요구를 해결하는 데에 일반적인 상담개념으로 접근하기 어려운 이유로 조직문화를 생각할 수 있다. 기본적으로 일반사회의 문화는 구성원의 평등한 관계를 전제로 한다. 그러나 군대 문화는 계급을 통한 강력한 위계조직을 형성하고 있다. 일반사회에서는 개성을 존중하고 다양성을 추구하지만, 군대사회에서는 통일된 질서체계를 중시한다. 일반사회에서는 개인적 가치가 더 우선되지만, 군대사회에서는 조직적 가치와 집단적 가치가 개인적 가치에 우선한다.

조직구성상의 특징 또한 일반적인 상담개념으로 접근하기 어려운 이유들 중 하나이다. 군에서 상담역할을 해야 하는 군 간부들은 상관이면서 상담자 역할을 해야 하는 이중역할자이며, 상담에 대한 전문적인 교육을 받지 않았을 뿐더러 전문적인 상담교육을 받을 시간적 여유가 없다. 이러한 관계구조에서는 부하인 내담자가 상급자인 상담자에게 자신의 문제점을 솔직하게 털어놓는다는 것은 현실적으로 어렵다. 또한 사고예방이 강조되는 군대에서 문제행동의 원인이 될 수 있는 개인의 불편한 상태를 비밀로 보장하여 덮어둔다는 것은 매우 어려운 일이다.

또한 상담자에 의하여 군의 조직환경을 임의적으로 조정 또는 변경시킬 수 없다. 개인의 행동이 제약을 받게 되고 임무달성을 위해서 상황을 회피할 수 없는 경우도 있다. 야외훈련이나 부대의 규정상 내담자가 원하는 방향으로 온전하게 여건을 조성해 줄 수 없는 경우가 많다. 또한 병사들은 과다한 업무 부담을 회피하기 위해 거짓으로 문제를 호소하는 경우도 있다.

이처럼 군대조직의 여러 가지 특성으로 인하여 일반사회에서 통용되는 상담원칙이나 방식을 그대로 군대상담 장면에 적용할 경우, 상담과정이나 상담결과 차원에서 원하는 성과를 달성하기 어렵다. 따라서 군의 특수성을 고려하여 설계된 상담 프로그램으로서 '군대상담'의 개념이 새롭게 정립될 필요성이 있다.

(2) 군대상담의 목표

일반적으로 상담(counseling)은 '도움을 필요로 하는 사람이 전문적 훈련을 받은 사람과의 대면관계에서 생활과제의 해결과 사고, 행동 및 감정 측면의 인간적 성장을 위해 노력하는 학습과정'으로 정의된다(이장호, 2007). 김완일(2016)은 상담에 대한 다양한 정의들을 종합적으로 검토한 결과, 상담을 '전문적 훈련을 받은 상담자가 전문적인 조력활동을 통하여 내담자의 사고, 감정 및 행동의 변화를 촉진하고 문제해결과 인간적 성장을 돕는 과정'으로 정의하였다.

이에 반하여 군대상담은 '군대사회에서 야기되는 구성원들의 갈등과 고민을 해결해 주기 위해 이루어지는 상담과정'으로 정의하기도 하고(이장호, 2005), '군대장면에서 상담교육을 받은 상관이 부하와의 관계에서 전문적인 조력활동을 통해 부하로 하여금 스스로 문제해결을 하도록 돕는 과정'으로 정의되기도 한다(김완일, 2006). 그러나 이러한 정의들은 여전히 일반상담의 개념적 틀에서 머물고 있다.

그러나 미군의 경우에는 군의 특수성과 간부의 역할을 고려하여 군대상담을 달리 정의하고 있다. 미군 리더십 교범에 의하면 '군대상담이란 리더가 부하들의 업무수행 능력과 잠재력을 파악하고 향상시키도록 돕는 과정으로서 군의 지휘관들이 발전시켜야 할 책임이 있는 가장 중요한 리더십의 하나다'라고 정의하고 있다. 미군은 군대상담의 목적을 크게 세 가지로 설정하고 있다. 그 중 하나는 사건상담(event counseling)으로, 특수한 사건이나 상황발생시 이루어지는 상담이며, 두 번째는 수행상담(performance counseling)으로, 부하의 장점과 개선점 및 잠재력에 초점을 두어 업무수행 능력을 향상시키는 것이다. 세 번째는 직업적 성장상담(professional growth counseling)으로, 개인의 적성에 맞는 직업을 선택하고 직업적으로 성공할 수 있도록 준비하는 것을 도와주는 목적으로 이루어지는 상담을 의미한다. 한마디로 미군에서 이루어지는 상담활동을 보면, 상담자인 리더가 내담자인 부하를 상담을 통해 미래의 리더로 발전시키며 현재 진행 중인 업무뿐만 아니라 미래에 임무를 더 잘 수행할 수 있도록 도와줌으로써 조직을 개선시키고 향상시키는 데에 군대상담의 중점을 두고 있다(US Army, 2006).

김무영(2007)은 군대상담의 목표를 일반상담의 목표와 구분하여 크게 2가지로 정의하였다. 그 중 하나는 '문제해결과 증상 경감'으로 내담자가 호소하는 문제나 증상을 해결하고 경감시켜주는 것이다. 다른 하나는 '촉진적 잠재능력 발휘'로서 문제해결에 그치지 않고 더 나아가 내담자의 다양한 가능성과 잠재력이 발휘되도록 인간적 발달과 인격적 성숙을 꾀하는 것이다. 김완일(2016)은 군대상담의 유용성을 정리하여 다음과 같이 제시하고 있다. 첫째, 군대상담은 개인 및 집단상담 등의 상담활동을 통해 장병들이 당면 문제를 해결하여 부대 내 사고예방에 기여한다. 둘째, 군대상담은 생활교육 및 잠재력 개발을 통하여 스트레스나 갈등 관리 능력을 배양시키고, 의사소통기술이나 분노조절 능력, 대인관계 능력 등을 함양시켜준다. 셋째, 군대상담은 지휘관들이나 간부들에게 부대관리에 필요한 정보를 제공하고 지휘관들을 자문하는 통로가 된다. 넷째, 군대상담은 개인들의 잠재능력을 개발시켜주고 개인적 유능감을 강화시켜준다. 다섯째, 군대상담은 장병들뿐만 아니라 그 가족들의 건강한 생활을 위하여 도와줌으로써 궁극적으로 장병들이 임무에 몰입할 수 있게 해준다.

이러한 관점에서 군대상담은 심리적 문제를 상담하거나 치유하는 데에 목표를 두지 않고 부하들의 개인적 문제를 합리적으로 해결하여 사고를 예방하고, 부하들이 원만한 대인관계를 유지하면서 군생활에 잘 적응할 수 있도록 지원한다. 그리고 부하의 잠재력을 개발시키고 미래를 준비할 수 있도록 도와주는 역할을 수행함으로써 군의 생산성을 향상시키고 궁극적으로는 군 전투력을 극대화시키는 데에 기여토록 해야 한다.

(3) 군대상담의 내담자 특성

군대상담에서 내담자들은 장병과 그 가족들이다. 그러나 내담자의 대부분은 20대 초반의 병사들이며, 이들은 발달단계로 볼 때 청년기에 해당된다. 그렇다면 이들의 주요한 특성은 무엇인가? 오늘날 청년기에 해당되는 병사들은 과거 30여 년 전 혹은 20여 년 전의 병사들과 어떤 다른 특성을 갖고 있는가? 병사들의 특성을 잘 이해한다면 이들이 병영에서 경험하게 되는 심리적 문제들을 상담하는 데에 큰 도움이 될 수 있다.

군에 입대하는 병사들의 특성으로서 가장 먼저 고려해야 할 부분은 그들의 성장배경과 생활방식이다. 2018년을 기준으로 군에 입대하는 병사들은 유년시절을 IMF라는 경제적 위기와 함께 하였으며 빈부격차가 더 심화되는 경제적 환경 속에서 성장하였다. 물질적 풍요를 누리며 성장한 병사가 있는가 하면, 절대 빈곤의 고통에서 성장한 병사도 있다. 가정환경 면에서는 대부분 한 두 명의 형제와 함께 성장하면서 가족 내에서의 대인관계 경험 기회가 부족한 경우가 많으며, 특히 이혼 등의 가정적 문제와 함께 성장한 병사들이 적지 않다. 인터넷과 모바일 그리고 SNS의 세상에서 성장하면서 다양한 정보를 통하여 폭넓은 지식체계를 구축할 수 있는 긍정적인 특성을 갖는 반면에, 통제되지 않은 편향된 정보를 통하여 왜곡되고 편협한 사고체계를 형성하게 되는 부정적인 특성도 함께 공유하고 있다. 대학입시와 성적중심의 교육 환경은 학생들로 하여금 치열한 경쟁에서 살아남기 위하여 오로지 자신의 성적에만 최대한의 관심을 갖는 사람으로 만들어가고 있으며, 균형감각을 갖춘 사회인으로서의 품성과 지성은 사뭇 도외시되는 경우가 많다.

군의 지휘관들에게 오늘날 병사들의 특성에 대해 말해 보라고 하면, 응답자의 대부분은 '개인주의'를 언급한다. 일부는 개인주의를 이기주의와 동일시하여 '개인주의적이며 이기적'이라고 말한다. 군의 지휘관들은 위에서 언급한 성장배경들이 병사들을 개인주의적으로 만들어가고 있다고 가정한다. 이들에게 개인주의는 바람직하지 않은 것이며, 군인에게 요구되는 것은 온전히 집단주의라고 믿는다. 개인주의는 이기주의가 아닌데도 병사들이 자기 자신만을 생각한다는 관점에서 이기적이라고 평가한다. 많은 지휘관들이 언급하는 개인주의라는 표현은 상당 부분 개인주의에 대한 올바른 이해가 부족한 상태에서 거론된 경우가 많다. 그런데 국가들을 집단주의와 개인주의 차원에서 연구한 결과를 보면, 일반적으로 서구의 선진국일수록 개인주의가 강하게 나타났다. 국가가 경제적으로 발전하고 사회적으로 성숙할수록 국민들의 개인주의적 가치관이 더 강해진다(Hofstede, 1994). 개인주의는 사실상 긍정적인 측면이 많으며, 오늘날 청소년들에게서 뚜렷하게 나타나는 특성이다. 개인주의는 소속집단의 사람들보다 자신이 독특하고, 구분되는 사람이고 싶어 하는 정도이며, 주변 사람들보다 탁월하고, 타인보다 높은 지위(status)를 얻고 싶어 하는 정도이다. 오늘날 청소년들은 자의든 타의든 목표를 설정하고 그 목표를 향해 공교육과 사교육을 통해 최선을 다해온 존재들이다. 이들은 충분한 정보와 이해를 통하여 수용된 임무는 충실하게 완수하면서도, 강압적이고 강제적으로 부여되는 임무들에 대해서는 심리적으로 거센 거부감을 갖는 존재들이다.

병사들은 발달과정에서 보면 청년기에 해당되는데, 청년기에 나타나는 주요한 발달적 특성은 정체감(identity) 형성이다. 정체감 형성이란 '나는 누구인가?, 나는 어떻게 살 것인가?' 등에 대한 답을 찾아가는 것이다. 자아 정체감은 '대인관계, 역할, 목표, 가치 및 이념 등에 있어서 자기가 지니고 있는 고유성에 대한 자각과 이에 부합되는 자기 통합성과 일관성을 견지해 나가려는 의식, 무의식의 노력'이다(신응섭 외, 1999). 청년기에 해당되는 병사들은 정체감을 성취한 사람도 있지만, 여전히 정체감을 형성하지 못한 채 진로나 직업선택의 갈등을 겪고 있는 중인 사람도 있다. 또는 아예 정체감에 대한 고민(위기,

crisis)도 하지 않고, 특정 직업에 관여(commitment)도 하지 않은 병사들도 있다. 정체감 형성은 직업선택과도 밀접한 관계가 있기 때문에, 정체감 형성이 잘된 병사들은 군 복무기간 중에도 미래를 설계하고 적응상에 어려움을 덜 경험하게 된다.

군대상담의 내담자로서 병사들은 또 다른 특성을 갖는다. 기본적으로 상담 장면의 병사들은 자신의 고충을 주관적인 차원에서 실제보다 부풀려서 호소하는 경우가 많으며, 구체적이고 직접적인 해결방안에 대한 기대감이 매우 크다. 군대상담에서 내담자는 병사들이고 상담자는 간부와 전문상담관인데, 간부 상담자와의 대화에서 병사들은 수직적 관계로 인한 불편과 어려움을 겪으며, 간부들은 상담의 전문성 부족으로 효과적인 상담에 어려움을 겪는다. 간부들은 개인적 고충보다도 집단목표 달성을 우선시해야 하기에, 병사들의 심리적 어려움을 의도적인 꾀병으로 간주하는 경우가 종종 발생한다. 군대상담의 주된 목적들 중 하나는 사고예방이다. 따라서 상담 장면에서 일어나는 모든 것을 비밀로 보장하기 어려우며, 상담내용과 관련된 지휘관과 문제를 논의하게 된다. 이러한 상황에서 병사들이 자신의 문제점을 솔직하게 공개한다는 것은 쉬운 일이 아니다.

(4) 군대상담의 상담자

미군의 리더십 교범에 의하면, 군에서 활동하는 전문 직업군인들은 병사들을 대상으로 면담과 멘토링 그리고 상담과 코칭을 할 수 있는 기초 능력을 배양해야 한다. 한국군의 경우에도 이러한 기조는 동일하다. 국방부는 부사관과 장교들에게 비록 전문적인 상담가 수준은 아니지만 기초적인 상담능력을 갖추도록 교육을 실시하고 있다. 육군의 경우, 사관학교 교육과정에서 5시간 정도의 개념교육과 20시간 정도의 상담실습을 실시하고 있다. 장교교육 초군반 과정에서는 병영상담 과목으로 8시간을 교육시키고 있으며, 교육내용으로는 대상자 식별, 상담기술/태도, 상담 진행절차, 종합실습 등이 포함되어 있다. 고군반 과정에서도 8시간의 병영상담 교육을 실시하고 있다. 부사관의 경우도 거의 유사한 교육을 초급반(하사), 중급반(중사), 고급반(상사), 원사반 과정에서 실시하고 있다. 해군과 공군의 경우도 유사한 정도의 시간을 배분하여 유사한 내용을 강의하고 있다. 평상시에는 초급장교와 부사관들에게 부과되는 일상적인 업무에 대비하여 군대상담에 대한 관심도는 그리 높지 않다. 그러나 군 혹은 부대에서 심리적인 원인으로 인사사고가 발생한 경우, 뒤늦게 간부들의 상담활동을 강조해 왔다.

병사들의 심리적 어려움을 찾아내어 도움을 주는 것이 간부들의 중요한 역할이지만, 짧은 시간의 상담교육을 받은 간부들에게 전문가 수준의 상담을 요구하는 것은 무리가 있다. 상담은 단순히 지식적으로만 습득되어지는 것은 아니며, 상담실습 및 전문가로부터의 슈퍼비전도 필요하다. 따라서 간부는 상담을 진행하는 데 있어서 필수적으로 습득해야 할 몇 가지 내용에 집중하여 상담교육을 받아야 한다. 군대상담의 목표가 '문제해결'에서 '잠재역량 개발'로 확대될 필요가 있다면, 군의 상담교육체계의 변화가 필요하다. 지금까지 군에서 이루어지고 있는 상담교육 내용을 살펴보면, 군의 특수성과 상담자 역할을 수행해야 하는 군 간부들의 특성이 충분히 고려되지 않은 채, 일반 상담교육 내용을 그대로 적용하되 시간적으로 축소된 형태로 제공되어 왔다. 군의 간부들을 대상으로 하는 교육과정은 교육목표, 가용시간, 교수능력, 학생수준, 교육관심도 등을 고려하여 양성과정과 보수교육 과정이 나선형 구조를 이룰 수 있도록 수직적, 수평적 체계화가 요구된다.

다음은 군대상담에 임하는 상담자가 최소한으로 갖추어야 할 사항이다. 첫째는 내담자의 부적응 심리에 대해 이해할 수 있는 지식을 습득해야 한다. 군에 복무하는 장병들의 스트레스를 이해하고 우울과 자살 등에 대한 기초 지식을 획득하도록 해야 한다. 내담자의 부적응 심리를 이해하고자 할 때, 상담자의 입장이 아니라 내담자의 입장에서 이해할 수 있도록 노력하는 것이 중요하다. 둘째는 내담자에 대한 개입을 어느 선에서 어떻게 할 것인지에 대해 신중하게 고려해야 한다. 기본적으로 간부들은 상담의 전문가가 아니기 때문에 심리적 문제를 치료하려 하거나 완전하게 담당하려 해서는 안 된다. 사소한 적응의 문제인 경우에는 간부에 의한 면담과 상담으로 해결할 수 있으나, 상당 부분 심리적인 문제의 경우에는 전문가에게 의뢰하거나 전문가에게 인계하도록 해야 한다. 셋째는 부대원들에게 상담시스템에 대해 정확하게 교육시키고, 실제적으로 전문가의 도움을 받을 수 있다는 점을 확실하게 주지시키도록 해야 한다.

(5) 군대상담의 이원화 모형

앞에서 논의한 바와 같이 군대상담은 일반상담과 다르게 접근해야 한다는 측면에서 군대상담을 군 간부에 의한 상담과 전문가에 의한 상담으로 이원화시키는 것도 한 방법이다. 군 간부에 의한 상담은 소정의 상담교육을 받은 지휘관들이 부하 장병들을 대상으로 상담하는 활동을 의미하며, 전문가에 의한 상담은 전문적인 상담교육을 받고 소정의 자격을 갖추어 군에 채용된 상담 전문가들에 의해 이루어지는 상담활동을 의미한다.

군 간부에 의한 군대상담은 전문적인 상담능력보다는 신상파악능력과 기초적인 상담기법 그리고 진로지도능력을 필요로 하며, 사고예방과 업무수행 능력 향상을 목표로 설정한다. 군 간부는 군대상담의 중요성을 인식하고, 가벼운 문제는 상담을 해 주지만, 자신의 한계를 벗어나는 영역에 대해서는 전문가에게 상담을 의뢰하도록 한다. 반면에 전문가에 의한 군대상담은 개인 및 집단상담 능력, 심리검사 해석, 가족상담, 상담교육 능력 등을 구비한 전문 상담가(병영생활 전문상담관)가 장병 및 가족들의 부적응행동을 치료하고 잠재력을 개발시키는 것을 목표로 설정한다.

(6) 병영생활 전문상담관

현재 군에서는 상담활동을 통하여 복무부적응 장병들을 식별 및 관리하고, 심리전문가로서 지휘관을 보좌할 목적으로 병영생활 전문상담관 제도를 운영하고 있다. 이 제도는 2005년 논산 훈련소 가혹행위 및 GOP 총기사고에 대한 후속조치의 일환으로 발의되었으며, 최초에는 인권을 강조하는 사회적 분위기에 따라 '기본권 상담관'으로 명칭을 부여하였다. 2008년에는 기본권 관련 업무에 편향된 임무체계를 '장병에 대한 심리적 지원을 통한 사고예방과 의사소통 활성화'로 확장 및 조정하고, 그 명칭을 병영생활 전문상담관으로 변경하였다.

병영생활 전문상담관의 임무는 다음과 같다. 첫째, 고충을 호소하는 군인 및 장기복무 군인가족에 대한 전문적인 심리 상담을 실시하고, 그 밖에 상담과 관련하여 지휘관이 부여한 업무를 수행하는 것이다. 둘째, 복무부적응을 겪고 있는 장병에 대하여 방문 및 출장 상담을 하고, 심리검사 및 각종 집단상담 프로그램 등을 실시한다. 셋째, 상담역량이 필요한 간부 및 병사에게 상담 관련 교육을 시행하고 지도한다. 넷째, 각종 심리검사 및 심리상담 결과를 분석하여 건전한 병영문화 조성을 위한 제도적 보완사항 등을 건의한다. 현재 약 380여 명의 병영생활 전문상담관을 운영하고 있는데, 국방부는 2020년대 중반까지 대대급 부대에 1명을 배치하는 것을 목표로 설정하고 있다. 또한 2015년부터는 성고충 전문상담관 23명을 별도로 운영하고 있다. 병영생활 전문상담관이 되기 위해서는 심리상담 또는 사회복지분야 관련 자격증을 소지하고, 소정의 학력과 경력을 충족해야 한다. 10년 이상 군 경력자 중 심리상담 또는 사회복지 분야와 관련된 자격증을 소지하거나 관련된 학사 이상 학위를 소지한 사람은 상담경력이 없이도 응시가 가능하다.

현재 운영되고 있는 병영생활 전문상담관 제도에 대다수의 장병들은 매우 긍정적인 평가를 하고 있으며, 병영내 자살 및 안전사고 예방, 병사들의 심리적응, 지휘관의 지휘부담 경감, 병영내 원활한 의사소통채널 확보 등 여러 측면에서 매우 도움이 되고 있는 것으로 확인되기도 하였다(이동귀, 이희경, 안현의, 2010). 다른 한편에서는 이 제도의 보완

필요성을 제기하는 주장들이 있다. 한 언론보도에서 박수찬(2014. 10. 13)은 국방부 기준 자격 등급을 충족하지 못한 병영생활 전문상담관이 육군 48.6%, 해군 61.5%, 공군 20.8%에 달한다고 주장했다. 특히 GOP 등 최전방 부대의 경우 전체 병영생활 전문상담관 중 C급의 비중이 53.3%에 달해 다른 지역보다 전문성이 떨어지는 것으로 나타났다. 김상균 등(2012)은 군의 특수성과 심리상담의 전문성이 담보되지 못하고 있음을 지적했다. 즉 현재 병영생활 전문상담관 제도는 수적인 부족과 상담 전문성의 한계로 인하여 현역병이 자신의 고민과 부적응에 대한 전문적인 상담서비스를 받기에 한계를 갖는다는 의견이다.

병영생활 전문상담관 제도의 본래 목적을 달성하기 위해서는 상담 전문성을 강화할 수 있는 제도적 보안이 필요하다. 병영생활 전문상담관을 대상으로 슈퍼비전과 보수교육을 지속적으로 실시할 필요성이 있으며, 효과적인 상담을 위한 상담 프로그램의 개발과 교육 지원이 이루어져야 한다(김용주, 신재훈, 강성록, 2015).

[그림 6-1] 병영생활 전문상담관 제도의 효과적 정착과 활용 노력이 필요하다

3. 개인상담과 집단상담

(1) 개인상담

상담은 인간에 대한 기본 가정과 심리적 문제의 발생과정에 대한 관점에 따라 각기

다른 이론적 배경을 갖는다. 상담이론들은 각자의 관점에서 상담의 목표를 설정하고 문제해결을 위한 고유한 방법들을 적용한다. 대표적인 상담이론으로는 정신분석적 상담이론, 인간중심적 상담이론, 행동주의적 상담이론, 인지적 상담이론 등이 있다(남기덕 외, 2010). 하지만 군대상담에서 상담자 역할을 수행해야 하는 간부들은 전문적인 상담교육을 받지 않은 사람들이며, 또 정식으로 교육을 받기에도 시간과 여건에 제한이 있다.

따라서 본 장에서는 다양한 상담이론들 중에서 인간중심적 상담이론에 기초하여 가장 안전하게 상담할 수 있는 기본적인 내용에 대해 설명하고자 한다. 인간중심적 상담이론은 Carl Rogers에 의해 체계적으로 발전된 상담이론이다. Rogers는 상담자가 내담자의 문제를 진단하고 분석하고 해석하여 문제해결책을 제시하고 설득하는 전통적인 상담 과정에 반대하면서, 인간은 스스로 자신의 문제를 다룰 능력이 있다는 믿음을 기초로 새로운 상담이론을 제시하였다. 그는 인간을 '실현경향성(actualization tendency)을 갖는 존재'로 보았다. 실현경향성은 타고난 잠재력을 충분히 구현하려는 것으로, 현실적으로는 현재의 자기보다 나아진 모습의 자기가 되려는 것으로 나타난다. 이러한 비지시적 상담은 인간 중심의 상담, 내담자 중심 상담으로 불리기도 한다. 비지시적 상담의 핵심은 자신의 느낌과 경험이 무조건 타인에 의해 수용됨으로써 왜곡이나 방어가 필요 없는 상황은 일상적인 대인관계에서 항상 존재하기 어렵기 때문에, 상담에서 상담자와 함께 경험하게 함으로써 실현 경향성이 발휘되도록 하는 것이다. 따라서 이 방법에서 상담자는 내담자에 대한 무조건적인 이해와 수용을 기본적으로 갖고 있어야 한다.

상담자의 특성과 태도

상담자로서 갖추어야 할 자질을 요약하면 다음과 같다. 첫째, 상담자는 성격이 원만해야 한다. 상담자 스스로가 인생을 비관적으로 생각하고 사회를 적대시하고 있다면, 타인의 문제를 도와줄 여력이 되지 않을 것이다. 자신의 처지와 여건을 항상 긍정적으로 보고, 현실을 객관적으로 파악할 수 있는 원만한 성격의 소유자이어야 한다. 둘째, 상담자는 인간문제에 관심을 갖고 있어야 한다. 인간문제에 관해서 폭넓고 민감한 관심을 갖고, 남을 도우려는 동기가 강한 사람이어야 한다. 셋째, 상담자는 감수성과 이해력이 있어야 한다. 상담자는 피상담자의 문제와 관련된 감정, 생각, 희망, 의도 등을 예민하게 알아차리고 이해할 수 있어야 한다.

상담자의 특성 이외에 상담과정에서 상담자가 견지해야 하는 태도 3가지가 있다. 이들은 상담의 결과를 좌우하는 핵심요인으로 요약하면 다음과 같다. 첫째, 무조건적인 긍정적 존중(unconditional positive regard)이다. 여기서 무조건적이라 함은 내담자의 생각과 표현을 주관적으로 평가하지 말고 제한 없이 인정하는 것을 의미한다. 자신의 표현에 대해 부정적인 평가나 무시하는 느낌을 받는 경우, 사람들은 더 이상 말하려 하지 않는다. 따라서 내담자가 자신의 문제를 깊이 있게 이야기하도록 유도하기 위해서는 내담자의 표현에 평가적으로 반응을 보이는 것에 유의해야 한다. 긍정적 존중은 내담자가 경험하는 현재의 문제가 일시적인 것이며, 도움을 받아서 성숙된 인간적 가치를 스스로 구현할 수 있음을 믿는 태도이다. 즉, 개인적 경험을 존중해 주는 것이다. 이러한 태도를 상담자가 보임으로써 내담자는 자신의 감정을 있는 그대로 표현할 수 있게 된다.

둘째, 공감(empathy)이다. 공감은 상대방의 시각으로 문제를 바라보고 상대방의 경험을 이해하는 것이다. 공감은 능동적 청취와 반영(reflection)을 통하여 가능하다. 반영은 상담자가 내담자의 말의 내용과 감정에 대해 이해한 것을 요약하여 거울에 비추는 것과 같이 내담자에게 전달하는 것이다.

셋째, 솔직성(self-congruence)이다. 상담자는 내담자의 인간적 가치를 인정하고 공감을 추구하는 태도를 단순히 기법적으로 행하는 것을 삼가야 한다. 상담자는 자신의 감정에도 민감해야 하며, 이 감정을 내담자에게도 전달해야 한다. 또한 상담자는 내담자에게 자신이 도울 수 있는 부분과 도울 수 없는 부분을 솔직히 전달하여 불필요한 기대를 갖기보다는 현실적인 해결책을 스스로 찾도록 하여야 한다(신응섭 외, 1999).

안전한 상담방법

리더는 전문적인 상담자가 아니다. 그렇다고 전문가에 요구되는 교육을 받기에는 시간과 여건이 제한된다. 따라서 본 장에서는 리더들이 사용할 수 있는 구체적이면서도 상담의 원리를 해치지 않는 '안전한 상담 방법'을 소개하고자 한다. 여기서 '안전하다'는 것은 전문적 훈련을 받지 않았어도 조금만 노력을 기울이면 사용할 수 있다는 것을 의미한다(신응섭 외, 1999).

첫 번째 방법은 능동적 청취이다. 능동적 청취는 주의집중과 바꾸어 말하기(paraphrasing)를 통하여 이루어진다. 주의집중은 편안한 상태에서 몸을 내담자에게 돌리고 시선접촉을 유지하고 상대방의 이야기를 따라 가는 것이다. 흔히 질문을 해 놓고서는 대답을 하는 사람을 보지 않고 다른 곳이나 다른 사람을 보는 경우가 있다. 그러한 경우 말하는 사람은 듣는 사람을 신뢰하지 않게 된다. 바꾸어 말하기는 상담자가 이해한 내용을 자신의 말로 바꾸어 재언급하여 확인시키는 것이다. 이는 내담자에게 잘 듣고 있다는 것을 알려주는 신호이면서, 내담자가 자신의 문제를 정리하고 이해하는 것을 촉진해 준다.

두 번째 방법은 질문이다. 상담에서 질문은 가급적 자제하는 것이 좋다. 물론 코칭에서는 질문하는 것이 핵심이지만, 상담에서는 질문을 가능하면 하지 않는 것이 바람직하다. 질문이 필요한 경우에는 폐쇄적 질문(closed question)보다는 개방적 질문(open question)을 사용하도록 한다. 질문을 자제하는 것은 상담과정에서 내담자로 하여금 주도적으로 자신을 표현하도록 하기 위한 것이다.

세 번째 방법은 내담자의 감정을 이해하고 수용해 주는 것이다. 통상적으로 내담자가 자신의 문제를 제시할 경우, 간부들은 문제의 해결책을 먼저 제시하려고 한다. 그러나 상담과정에서는 답을 제시하기 이전에 내담자의 감정을 이해하고 수용하려고 노력하는 것이 중요하다. 사람은 누구나 자신을 이해해 주는 사람에게 더 개방적인 모습을 보인다.

네 번째 방법은 문제해결에 도움을 주는 것이다. 상담자는 내담자의 문제를 충분히 듣고서 내담자 스스로가 자신의 문제를 분명하게 인식하도록 도움으로써 내담자 스스로가 현실적이고 객관적인 답을 찾게 한다. 이 단계에 오면 상담자는 내담자가 필요로 하는 정보와 조언을 제시해 준다.

(2) 집단상담

집단상담은 단체생활에서 발생하는 각종 문제들을 예방할 수 있는 좋은 방법이다. 집단상담은 한 명의 상담자가 다수의 피상담자를 상담한다는 점에서 개인상담과 차이가 있지만, 상담과정에서의 기본적인 입장은 유사한 부분이 많다. 집단상담을 좀 더 구체적으로 정의한다면 '집단상담은 작은 수의 비교적 정상적인 적응을 하는 사람들이, 한두 사람의 전문가의 지도 아래 집단 내에서의 상호역학 관계를 토대로 하여 신뢰롭고 수용적인 분위기 속에서 개인의 태도와 행동의 변화 혹은 한층 높은 수준의 개인의 성장 발달 및 인간관계 발달의 능력을 촉진시키려는 의도에서 이루어지는 하나의 역동적 대인관계의 과정'이다(신응섭 외, 1999).

집단상담은 개인상담과 비교하여 볼 때, 몇 가지 장점을 갖는다. 첫째, 개인상담은 상담과정에서 얻은 통찰이나 새로운 행동이 생활현장에서 적용될 것인지의 보장이 어려우나, 집단상담에서는 비록 제한되고 우호적인 사회적 상황이더라도 자신의 새로운 태도나 행동을 시험해 볼 기회를 제공한다. 둘째, 타인의 행동관찰을 통하여 보다 성숙되고 새로운 행동양식을 배울 수 있다. 셋째, 집단 성원들의 정보와 경험을 통합함으로써 새로운 행동이 촉진되고 강화될 수 있다. 넷째, 시간과 비용이 적게 들고 상담자의 시간 효용성을 높여 준다.

군에서의 실태를 고려해 볼 때 군대에서 집단상담을 실시하기란 쉽지 않은 일이다. 그러나 다음의 몇 가지 이유로 인해서 집단상담은 군대에서 매우 필요한 활동이며 적용을 위한 노력이 요구된다. 첫째, 군대는 다른 어떤 2차적 집단보다도, '가족적 분위기'가 요청되고 있기 때문이다. 둘째, 군대에서 실시하게 되는 상담은 치료보다 예방에 주목적이 있기 때문이다.

집단상담을 통하여 얻을 수 있는 이점을 고려하면 다음과 같다. 첫째, 현실 검증력의 증진을 갖게 된다. 둘째, 소속감과 전우애에 대한 경험을 풍부하게 할 수 있다. 셋째, 자신감을 경험한다. 자기보다 더 어려운 여건에 있는 동료병사들을 경험하게 되면서 현재 자신의 처지에 대해 자랑스럽게 생각한다. 넷째, 객관적인 자기이해를 경험하게 된다. 다섯째, 타인에 대한 이해와 수용의 폭이 넓어진다. 여섯째, 자신의 생의 동기에 대한 이해가 생기며, 생에 대한 자발적 동기가 높아진다.

군에서 집단상담은 내무반 단위로 하거나 10명 내외의 집단을 임의로 구성하여 실시할 수 있다. 상담횟수는 주1회 정도 실시하는 것이 좋다. 1회의 상담시간은 1시간 내지 1시간 반 정도로 잡으면 충분하고, 미리 정해 놓은 시간을 초과하지 않도록 한다. 집단상

[표 6-3] 스트레스 진단도구 평가요인들과 집단상담 프로그램간의 연관성

	부대환경	직무부적합	상급자특성	직무과중	간부관계	선임병관계	동료관계	후임병관계	콤플렉스	복무염증	여친문제	가족문제	효능감결여	충동성	사회적고립	정서불안
자기노출 훈련						○	○	○	○		○		○	○	○	○
가치명료화 훈련										○			○			
갈등관리 훈련			○		○					○	○			○		
자기표현 훈련			○			○	○	○						○	○	○
진로 탐색		○		○						○			○			
자아성장 훈련		○		○	○	○	○	○	○		○		○	○	○	○
의사소통 훈련			○			○	○	○				○				
스트레스 관리			○		○					○	○			○		○
분노 관리						○	○	○	○	○	○			○		○
합리적 정서 관리						○	○	○	○		○			○	○	○
감수성 훈련			○			○	○	○				○	○	○	○	
잠재력 개발		○		○	○				○			○	○			

* 김용주 등(2008) 사고예방을 위한 스트레스 진단 및 맞춤형 처방 프로그램 개발

담은 잠재력 개발, 자기표현, 주장력 향상, 스트레스 대처 등 다양한 주제를 다룰 수 있다.

김용주 등(2008)은 스트레스 진단도구 개발 연구과정에서 스트레스 원인변인들과 집단상담 프로그램들과의 관계성을 검토하였다. 이들은 [표 6-3]에 제시된 바와 같이, 병사의 스트레스 정도를 진단하고 스트레스 원인에 대한 세부 분석을 실시한 다음, 어떤 집단상담프로그램이 해당 병사의 문제 해결에 도움을 줄 수 있는지 여부를 검토하였다.

4. 코칭 기초

(1) 코칭에 대한 관심

코치(coach)라는 용어는 원래 마차나 철도의 객차 등에 쓰인 단어인데, 1840년대 영국에서 개인지도교사(tutor)의 별칭으로 사용되었다. 1880년대에 들어서서 운동에 적용하여 선수를 훈련시키는 사람을 코치라고 부르기도 하였다(정진우, 2005). 코칭의 개념이 비즈니스 경영자들의 조력자로 등장하게 된 시기는 대부분 경제적 위기와 맞물려 있다. 1980년대 후반 미국이 경제적 불황기에 빠져 있을 때, 미국의 비즈니스계에 코칭이 도입되었으며, 일본의 경우에도 경제적 불황기인 1990년대에 코칭이 도입되었다. 한국의 경우에도 IMF 위기시기에 코칭에 대한 관심이 강하게 일어나게 되었다. 1994년에는 국제 코치연맹이 설립되었고, 한국의 경우 2009년 코칭심리학회가 한국심리학회 제14분과로 등록되었으며, 2013년 기준으로 약 1,500여명의 코치가 등록되었다.

미군의 경우를 보면, 1999년도에 발간된 Army leadership(FM 22-100)에서 코칭의 개념을 발달적 상담과 더불어 리더가 갖추어야 할 역량들 중 하나로 강조하고 있다. 미군에서는 코칭을 리더가 부하들의 활동을 증진시키는 다양한 활동 중의 하나로 설명한다. 또한 2006년에 재간된 Army leadership(FM 6-22)에서 리더의 세 가지 역량들 중에서 '개발하기'의 한 하위활동으로 소개되고 있다. 독일연방군의 경우에는 코칭이 2005년부터 다양한 매체에서 소개되고 있으며, 점차 그 중요성이 확장되어 가는 추세이다. 한국군의 경우에는 여전히 코칭에 대해 조심스럽게 검토하는 과정에 머물고 있으며, 적극적인 교육이나 적용의 노력이 미미한 상태이다.

코칭에 대한 일반적인 시각은 긍정적이기보다는 다소 부정적이며, 유용성에 대해서도 상당 부분 냉담한 태도를 견지하고 있다. '코칭, 코치는 운동선수들에게나 필요한 것

아닌가? 나도 잘 모르는데 코치가 내 인생을 잘 알까? 내가 이 분야 전문가이고 사장인데 나를 가르쳐? 코칭 받으면 뭐 별 효과가 있나, 그냥 말로만 하는 사람들 아닌가? 코칭 그런 것은 순전히 예산 낭비야!' 이처럼 코칭에 대한 시각은 일반사회의 경우 매우 냉소적인데, 군대의 경우에도 지휘관 스스로가 코칭에 대한 필요성을 전혀 느끼지 못하고 있는 실정이다. 그럼에도 불구하고 코칭은 현재 비즈니스계에서 탄탄한 위상을 구축해 나가고 있으며, 지속적으로 확장되어가고 있는 추세이다.

(2) 코칭의 개념과 유용성

코칭이란 무엇인가? 코칭에 대한 정의는 연구자마다 조금씩 다르게 정의되고 있다. Peterson과 Hicks(2013)는 코칭을 '역량개발에 필요한 도구, 지식, 기회를 갖추도록 돕는 과정'으로 정의하고, 코치는 직접 사람을 개발하는 것이 아니라, 스스로 개발하도록 여건을 만들어 주는 사람 즉, 개발의 촉매제일 뿐이라고 말한다. 스즈키 유시유키는 코칭을 '상대의 자발적 행동을 극대화시키기 위한 커뮤니케이션 기술'이라고 한다(정진우, 2005). 한편 Harris(1999)는 특히 경영자 코칭에 대해 이는 '사람들로 하여금 직무성과를 향상시키게 만드는 수개월에 걸친 일대일 학습과정'으로 설명하였다. 한국코치협회에 따르면, 코치는 코치이(coachee)로 하여금 코치이의 잠재력을 극대화하여 스스로 해결책과 실천전략을 찾도록 돕고 목표달성과 더불어 가치 실현을 추구하는 사람이다. 배고픈 사람에게 물고기 한 마리를 주는 것이 아니라, 물고기 잡는 법을 가르쳐 주는 것과 같다.

코칭과 유사한 개념으로 상담(Counselling), 멘토링(Mentoring), 컨설팅(Consulting), 훈련(Training), 지도(Teaching) 등이 있는데, 코칭은 이들 개념과 다르다. 먼저 상담은 문제가 되는 부분을 치료하고 보완하는 일에 초점을 두는 반면, 코칭은 잠재역량을 자극하고 개발시켜 더 잘 할 수 있도록 만든다. 상담은 과거의 문제를 다루지만, 코칭은 미래지향적으로 생각하고 깨닫도록 도움을 준다.

멘토링은 선임자가 기술, 정보, 안목을 제공하는 것이지만, 코칭은 사람들이 어떻게 성장하고 변화되는지에 대한 기본적인 원리들을 삶의 모든 영역에 적용하는 데 중점을 둔다. 멘토링은 멘토와 멘티가 수직적이며, 상호 간의 인격적 개입이 더 깊이 일어나는 반면, 코칭은 수평적이며 깊숙한 개입이 있을 필요가 없다.

컨설팅은 전문지식을 가진 사람이 상담과 자문에 응해 상황을 듣고 분석해 대안을 제시하는 것이다. 컨설팅은 특정한 문제에 대한 전문가의 조언과 답을 제공하는 것에 집중한다. 그러나 코칭은 코치이에게 새로운 각도에서 문제를 보고 질문을 통해 자신의 해결책을 개발하도록 돕는다. 컨설팅에서 문제 해결자는 컨설턴트이나, 코칭에서 문제 해결자는 코치이이다(정진우, 2005).

이러한 코칭은 특별히 예측이 어렵고 혼돈스러운 경영 환경을 극복해야 하는 직원들을 동기화하고 역량을 개발하는 데에 효과적이다. 코칭은 사전에 짜여진 훈련(training)과 달리 개인에게 맞춤형으로 실시된다. 특히 코칭은 리더가 스스로 자기통찰을 원하고 피드백을 업무개선에 적용하려는 의지가 강할 때 더 잘 작동된다(Kilburg, 2000). 코칭은 도전적인 목표를 달성해야 할 때, 삶의 목적과 목표를 재정비하고 싶을 때, 개인과 조직의 성과나 성적을 큰 폭으로 올릴 필요가 있을 때, 의욕은 있으나 제대로 실행이 되지 않을 때, 주변 사람들과의 관계를 개선하고 싶을 때, 생활의 질을 높이고 싶을 때 유용하다.

McDermott와 Jago(2005)는 코칭이 특별한 9가지 이유를 다음과 같이 제시하였다.

1. 코칭은 내용보다 과정에 집중하도록 도와준다. 코칭은 모든 논리적 단계에서 작용하나, 보통 '어떻게'를 교정하는 과정이다. 코칭은 개인 포트폴리오의 특징을 인식하게 하고, 목표의식을 갖고서 그것들을 관리하는 법을 배우게 한다.
2. 코칭은 과정이 투명하다. 코칭이 이루어지는 방식이 여과 없이 보여진다.
3. 코칭은 코치이를 자기탐구, 자기발견, 자기결단으로 이끈다.
4. 코칭은 코치이가 스스로 문제를 해결해 나가도록 돕는다.
5. 코칭은 문제를 해결하면서 얻은 경험을 다른 차원에서도 활용할 수 있게 한다.
6. 코칭은 목표를 달성하기 위해 필요한 덕목을 기르게 해 준다.
7. 코칭은 자기 안의 무한한 가능성을 발견할 수 있게 해 준다.
8. 코칭은 코치이의 무의식 속에 내재된 지식과 자원을 활용할 수 있도록 해 준다.
9. 코칭은 코치이의 행동을 통해 코칭의 성공 여부를 판단할 수 있다.

코칭은 여러 가지 성과를 제공해 준다. 코칭은 자기인식을 강화시켜 주고, 행동을 변화시켜 주며, 성과를 향상시켜 준다. 코칭은 관계를 개선시켜 주고, 지속성과 융통성 그리고 인내와 정서적 통제를 하도록 도와준다(Witherspoon & White, 1997). 구글회장인 에릭 슈밋은 처음에는 코칭의 필요성을 경시하였으나, 코칭을 경험하고 난 이후에 생애 최고의 조언으로 '코치를 고용하라!'는 말을 하고 싶다고 했다. 에드 모덴 국제코치연맹 회장도 포춘 500대 기업의 CEO들 중 50% 이상이 코칭을 받고 있으며, 전세계 코칭 시장 규모가 50억 달러(한화로 약 5조원)에 달한다고 하였다. 국제코치연맹의 자료에 의하면 프로 코치를 도입한 기업은 투자비용의 7배 수익을 올렸으며, 개인 고객은 3.44배의 투자대비 수익을 올렸다고 한다(한국코치협회).

(3) 코칭 과정

코치의 주요 활동 5가지

Kinlaw(1996)는 코칭에서 코치의 주된 활동을 다음과 같이 5가지로 요약하여 제시하였다.

1. 주목하기(attending) 또는 경청이다. 얼굴을 마주하고, 편안하게 시선접촉을 유지하고, 이야기에 끄덕이면서, 방해요소를 제거하고, 성급하게 반응하지 않는다. 코치이가 말하는 것을 생각하기보다 자기가 할 말을 먼저 생각하는 일을 하지 않으면서, 코치이의 생각을 해석하기 위해서 자신의 신념과 가치를 사용하지 못하는 일이 없도록 차분하게 행동한다.
2. 질문하기(inquiring)이다. 코치이가 상황을 어떻게 인지하고 문제를 어떻게 해석하는지, 그리고 그러한 것들이 어떻게 해결되어야 한다고 생각하는지를 물어보는 것이다. 질문하기는 코칭의 출발이자 핵심이다.
3. 반영하기(reflecting)이다. 코치는 판단을 유보한 채, 코치이가 말하는 내용과 느낌을 잘 듣고 잘 이해하고 있다는 것을 교감한다. 반영은 자신이 이해한 내용을 거울로 반사하듯이 코치이에게 요약하여 말하는 것이다.
4. 확언하기(affirming)이다. 코치이가 알기를 원하거나 필요한 것을 가르치고, 문제를 해결하도록 하고, 수행을 지지하며, 수행을 조정해준다.
5. 규율을 지키는 것(being disciplined)이다. 자기 자신의 행동에 책임을 지고 대화를 조형(shaping)해 나간다.

코칭에서의 피드백

코칭의 시발점은 피드백을 활용하는 것이다. 피드백 그 자체만으로는 경영변화나 행동변화를 가져올 수는 없다. 피드백 자체는 발달과정에서 스프링보드에 해당된다. 피드백이 효과를 발휘하기 위해서는 자기인식이 증가해야 한다. 코치이가 자기에 대한 정보를 접수하였다고 해서 자기인식이 자동적으로 향상되지는 않는다. 자기인식을 탐색하는 것이 타인에 의해 이루어져야 한다. 여기서 코칭은 피드백에 대한 저항을 극복하게 해주고 피드백이 조직목표에 조율되도록 도와준다(London, 2002).

코치와 코치이의 상호작용

코칭은 코치에 의해서만 이루어지는 것은 아니다. 코칭의 성공은 코치와 코치이가 상호작용할 때 가능하다. 코칭과정에서 코치뿐만 아니라 코치이도 역할이 있으며, 그 역할을 성실히 수행해야 한다. 코치는 코칭관계와 목적을 명확하게 하고, 코치이를 관찰하여 다중적인 정보를 취합하고 의미를 도출하며, 상황분석을 도와준다. 코치는 코치이로 하여금 리스크가 없는 아이디어를 시험해보도록 지지하고, 새롭고 다양한 방식으로 행동하기를 제안하면서 그 진행을 평가한다. 한편 코치이는 코칭을 진정성 있게 수용하고, 코치와의 약속을 준수해야 한다. 코치이는 합의한 만남에 책임감을 갖고 임하며, 새로운 행동을 시도하려 하고 아이디어와 도움 받음에 대해 코치에게 감사해야 한다.

코칭에서 코치의 활동은 코칭 과정에서 누가 중심이 되느냐에 따라 양극단을 생각할 수 있다. 한 극단은 코치가 중심(coach-centered)이 되는 지시적(directive)인 방식으로 코치의 전문성이 강조되는 코칭방식이다. 이 방식에서는 코치가 코치이에게 적극적으로 활동사항을 제시하고, 코치이는 이를 적극적으로 학습한다. 다른 한 극단은 비지시적(non-directive)이며, 코치이 중심적(coachee-centered)인 코칭방식이다. 이 방식에서는 고객에게 문제해결 능력이 있다고 보고, 코치는 도와주고 지지하는 역할을 수행한다.

상호협력 코칭모델은 코치와 코치이가 서로 대등한 입장에서 적극적으로 상호작용(협력)하는 것을 중시하는 코칭방법으로 비지시적이며 코치이 중심적이다. 이 코칭모델은 다음의 네 가지 기본 원칙을 강조한다(서춘식, 2009).

첫째, 고객은 본래 창의적이고, 지적 능력을 갖고 있으며, 완전한 존재라는 것이다. 따라서 해답은 고객이 갖고 있으며, 고객이 해답을 찾을 수 있다는 것을 전제로 한다. 코치는 질문을 통하여 코치이로 하여금 자신의 내면 깊숙한 부분을 인식할 수 있도록 도와주는 역할을 수행한다.

둘째, 상호협력 코칭모델은 코치이의 생활 전반을 두루 검토하게 한다. 코치이가 성공의 척도를 특정한 부분이나 당면한 영역에서만 생각하고 있을 때, 코치이가 삶의 전반적인 영역을 균형 있게 유지하지 못한 채 어느 한 부분에만 빠져있을 때, 그리고 현재의 과정이 인생이라는 전체 과정의 일부로 보지 못하고 전체라고 생각하고 있을 때, 코치는 코치이의 이러한 생각들을 교정해 주는 역할을 수행한다.

셋째, 상호협력 코칭모델은 행동지침 및 의사결정을 코치이가 결정하게 한다. 코치이가 의사를 결정하고, 코치는 그 행동지침이 흔들리지 않도록 확인하는 역할을 수행한다.

넷째, 상호협력 코칭모델은 코치와 코치이 간의 맞춤식 협력관계를 중시한다. 이 모델에서는 코치이가 코칭받기를 원하는 방식을 결정한다. 코치가 일방적으로 방법을 제시하는 것이 아니라 결정의 주도권은 코치이가 갖도록 한다.

코칭 과정

코칭 과정은 연구자마다 조금씩 다르게 설명하지만 전체적인 흐름은 유사하다. Weinberger(1995)는 코칭 과정을 5단계로 구분하여 설명한다. 첫 번째 단계는 중재에 대한 합의를 발전시키는 것이다. 목표와 중점을 설정하고 자원, 개입, 방법, 비밀제약, 비용 등에 대해 논의한다. 두 번째 단계는 코칭관계를 형성하는 것이다. 세 번째 단계는 성공기대를 창출하고 관리하는 것이다. 네 번째 단계는 문제나 이슈에 대한 행동적 장악과 인지적 통제 경험을 제공하는 것이다: 수행문제 다루기, 감정 처리, 관리저항 극복, 갈등 해소, 해결책 도출, 융통적인 방법 사용, 피드백 활용 등등. 다섯 번째는 코칭의 성과와 실패의 원인을 분석하고 평가하는 것이다. Graddick과 Lane(1998)은 코칭의 과정을 세 단계로 구분한다. 이들에 따르면 코칭은 사전코칭(pre-coaching), 자료 수집(data gathering), 코칭(coaching)으로 구분된다. 또한 Saporito(1996)는 코칭의 과정을 기초세팅, 개별 평가, 개발계획, 계획 실행으로 구분하기도 한다.

코칭에서 주의할 점은 코칭의 대상이 되는 문제행동이 인성(character)에 기초한다면 코칭으로 그 문제를 해결하는 데에는 한계가 있다. 문제행동이 다른 상황에도 사용된 형태의 부분으로 식별되거나, 오랜 시간에 걸쳐 관찰되는 문제행동인 경우 코칭을 통한 문제해결 방법은 성공가능성이 낮다. 이런 경우는 코칭으로 해결하기 어렵다. 좋은 해결책은 그러한 성격특성이 문제가 되지 않는 곳으로 이동시키는 것이다(Waldroop & Butler, 1996).

(4) 코칭 전략

여기에서는 Peterson과 Hicks(1996)가 제시한 코칭의 5가지 전략에 대해서 소개한다.

첫 번째 전략은 '파트너십을 형성하라(Forge a Partnership)'이다. 파트너십이 중요한 이유는 상호이해를 높일 수 있으며, 코치이로 하여금 적극적으로 따르게 하고 모험을 감행하도록 도와주기 때문이다. 파트너십은 코치이를 파악한 다음, 자신의 신뢰도를 파악하고, 이에 따라 신뢰회복을 위해 움직이며, 윤리적 경계를 지키는 방법으로 구축될 수 있다.

두 번째 전략은 '개발의욕을 일깨워라(Inspire Commitment)'이다. 개발의욕이 필요한 상황은 다음의 경우들이다: 개발이 필요하다고 생각만 할 뿐 아무 노력도 하지 않는다, 업무수행에 별 도움이 되지 않는 개발목표를 쫓느라 시간을 보낸다, 어느 것 하나도 제대로 완료하지 못한 채 초점을 잃고 우왕좌왕한다, 무엇을 개발해야 하는지를 잘 모른다, 개발 계획을 세워놓고 실천하지 않는다, 현재의 스킬이나 지식수준에 만족하는 듯이 보인다. 개발의욕과 관련된 질문은 크게 두 가지이다. 첫째는 '어떻게 하면 개발동기를 부여할 수 있는가?'이다. 둘째는 '어떻게 하면 올바른 개발 목표에 집중하도록 만들 수 있는가?'이다. 개발의욕을 일깨워주기 위해 GAPS를 사용할 수 있다.

[표 6-4] 개발의욕을 일깨우기 위한 도구로서 GAPS

	현재	미래
자신 관점	Abilities(능력) 스스로에 대한 평가	Goals & Values(목표와 가치) 자기가 중시하는 것
타인 관점	Perception(지각) 타인의 평가	Success Factors(성공요소) 타인이 중시하는 것

세 번째 전략은 '스킬 개발을 지원하라(Grow skills)'이다. 요구되는 일을 제대로 수행하는 데 필요한 새로운 역량을 배우게 하라. 경험은 좋은 교사가 아니라, 오히려 관행적인 접근에 고착시킬 수도 있다. 새로운 방법은 다양한 방법을 통해 배울 수 있다. 스킬 개발을 위해서는 학습기회와 자원을 적절히 혼합하여 사용하면서, 일상적인 코칭 기회를 활용하되, 코치이가 스스로 학습할 수 있는 방법을 가르쳐 주도록 해야 한다. 코칭에서는 다양한 질문기법을 통하여 코치이로 하여금 스스로 문제해결을 할 수 있도록 유도할 수 있다.

네 번째 전략은 '끈기를 북돋아주기(Promote Persistence)'이다. 학습한 것을 유지하도록 에너지와 규율을 불어 넣어라. 과거의 습관에 사로잡혀 있거나, 변화를 시도했다가 다시 이전 행동으로 돌아가거나, 새로운 스킬을 사용할 수 있는 기회를 살리지 못한 경우 끈기를 북돋아주어야 한다. 이를 위해서는 인재 에이전트가 되어야 한다. 수요에 인재를 연결시키고, 재능을 홍보하는 것이다. 또한 학습의 침체기를 관리하도록 한다. 애초의 개인적 목적을 유지하고, 개발을 개인의 책임으로 생각하며, 새로운 경험을 시도하고 주변인의 도움을 받도록 한다.

다섯 번째 전략은 '환경을 조성하라(Shape the Environment)'이다. 학습을 보상하고 장애를 제거해 주는 조직적인 지원체계를 구축하는 것이다. 개발이 너무 어렵다고 좌절감에 빠지지 않고, 경영진이 말로만 개발의 중요성을 강조하지 않도록 한다.

(5) 효과적인 코치의 특성

Hall 등(1999)은 훌륭한 코칭에서 가장 중요한 요인 두 가지를 제시하였는데, 그 중 하나는 정직하고 신뢰할 만한 피드백이고, 다른 하나는 훌륭한 활동 아이디어 즉 '포인터'이다. 이들은 효과적인 코치의 특성을 주요한 행동과 태도 그리고 성공적인 코치의 가치로 구분하여 설명한다. 먼저 효과적인 코치의 주요한 행동과 태도이다: 모든 상호작용을 코치 기회로 활용, 상호작용을 적극적으로 주도, 학습 및 검사될 수 있는 역량군의 인식, 균형감을 유지, 구체적인 향상에 집중, 명확히 명시된 목표를 다룸, 상호 존중을 묘사. 다음은 성공적인 코치가 지녀야 할 가치이다: 명확성, 지지, 신뢰형성, 상호성, 전제 사업 구도 관점, 실수에 대한 처벌 경감, 학습 장려, 인내, 비밀 보장.

성공적인 코치는 문제의 유형에 따라 다르게 대처할 줄 아는 사람이다. 문제의 원인이 능력부족이나 불충분한 정보 혹은 잘못된 이해에 기인하는 경우에는 충고나 정보를 제공하는 방향으로 접근한다. 그러나 문제 원인이 태도, 성격, 방어적인 요인에 기인한 경우 단순한 정보제공은 효과가 없다. 그보다는 문제의 존재와 변화의 필요성에 대해 인식시켜야 하고, 반영과 반응에 대한 면밀한 관찰이 이루어져야 한다.

효과적인 코치가 되기 위해서는 코치 스스로도 다음의 행동을 위해 변화되어야 한다. 경쟁자가 아니라 교사적 관점을 도입한다. 판단하는 것을 가급적 회피한다. 비판하기 전에 관찰하고 생각한다. 즉각적인 효과나 개선에 치중하지 않는다. 긍정적인 지지와 격려를 제공한다. 협동적 관계 개발을 위해 코치이와 정기적인 모임을 한다. 코칭 활동을 다른 사업 활동과 동격으로 여긴다(Waldroop & Butler, 1996). 한편, 코칭의 결과가 부정적으로 나타나는 원인에는 다음과 같은 것들이 있다. 먼저 코치이에 해당되는 원인으로는 심각한 심리적 장애, 심각한 대인관계 문제, 동기부족, 과제나 제안의 이행 부족 등이 있

[그림 6-2] 군의 지휘관(자)는 효과적인 코치가 되기 위해 노력해야 한다

다. 코치에 해당되는 원인으로는 불충분한 공감, 전문성과 관심의 부족, 문제의 심각성을 과소평가, 부정적인 대응 전이, 부족한 기법, 코칭과정에 대한 불일치 등이다(Mohr, 1995).

5. 코칭의 활용

대다수의 리더들은 코칭을 위한 별도의 교육을 받는다거나 훈련 프로그램에 참여하는 것이 사실상 제한된다. 그렇다면 코칭은 전문적인 훈련을 받은 코치만이 할 수 있는 일인가? 아니면 부대 지휘관들이나 훈육요원들도 어느 정도의 간단한 교육을 통하여 코칭을 활용할 수 있는가? 이 질문에 대하여 (사)한국코치협회는 코칭 접근법(coaching approach)의 활용을 권장한다.

코칭접근법이란 전문코치가 제공하는 전문코칭 영역이 아닌 다른 영역에서 코칭철학, 코칭프로세스, 코칭스킬을 활용하여 성장을 지원하고 문제해결을 돕는 것을 의미한다. 예로서, 조직의 리더가 리더십을 발휘할 때 부하직원의 잠재력을 성장시키기 위해 코칭적 접근을 사용하는 경우, 이러한 리더를 리더-코치라고 부른다. 코칭적 접근은 인간이 활동하는 모든 영역에 적용가능하며, 코칭접근법은 도움을 받는 사람의 잠재력을 개발시켜주고 지속적인 성장이 가능하게 한다. 코칭접근법은 군대에서 뿐만 아니라 법률 및 컨설팅 회사에서도 행정 라인에 있는 사람이 전문가를 대상으로 유용하게 사용될 수 있다(서춘식, 2009).

(1) 미 육군의 코칭

미 육군에서는 리더에게 요구되는 역량으로서 '개발하기'를 언급한다. 여기서 개발하기는 자기개발과 타인개발 그리고 부대여건 조성을 포함한다. 타인을 개발하기 위해 리더들은 상담, 코칭, 피드백에 관한 기초적인 지식과 기술을 익혀야 한다. 미 육군에서 요구하는 코치로서의 리더는 장·단기 목표를 식별하고, 그에 대한 계획을 수립하는 것이다. 코치와 코치를 받는 요원은 유지 또는 개선하기 위해 장·단점 및 방책을 토의한다. 이때 코치에게는 다음과 같은 지침이 주어진다.

첫째, 목표에 집중(focus goals)한다. 코치는 코칭의 목적을 확인하고, 코칭에 대한 기대와 관련하여 토의한다. 코치는 코치이에 대한 다각적인 정보를 통합하고 분석하여 발전사항을 도출한 다음, 코치이와 이에 상의한다.

둘째, 코치이의 자각능력을 명료화(clarify the leader's self-awareness)한다. 코치는 코치이의 장점과 발전시킬 요소를 정의하기 위해 코치이와 함께 작업한다. 이 과정에서 코치와 코치이는 수행능력 향상을 위해 장점, 발전요소, 중점분야에 대해 토의한다.

셋째, 잠재력 표출(uncover potential)이다. 코치는 질문을 활용하여 코치이의 잠재력에 대한 자아인식과 발전 필요성을 자극한다. 이때 코치는 적극적으로 경청하면서 코치이의 준비태세를 평가한다.

넷째, 발전 장애물 제거(eliminate developmental barriers)이다. 코치는 코치이와 발전시킬 사항을 확인하여 자기 개발에 방해를 초래하는 분야를 토의한다. 이 과정에서 코치는 발전에 장애가 되는 요소를 어떻게 극복시킬 것인가를 결정하고, 리더의 전반적인 업무수행능력을 개선하기 위해 어떻게 효과적으로 발전을 시도할 것인지를 판단한다.

다섯째, 행동계획 수립 및 실천(develop action plans and commitment)이다. 코치와 코치이는 주어진 기간 중에 수행능력을 개선시킬 수 있는 세부적인 활동을 규정하는 시행계획을 발전시킨다. 코치는 코치이가 특정한 능력범위 내에서 임무수행능력을 향상시킬 수 있도록 자체적으로 수행이 가능한 자기지향활동을 토의한다.

여섯째, 후속 조치(follow-up)이다. 참가자들은 평가의 효과성, 수집된 정보의 유용성, 통합자료처리 시행을 위한 진행사항과 관련된 피드백을 요구한다.

이 과정에서 보면 3단계인 잠재력 표출이 코칭의 핵심이 된다. 코치는 질문위주로 진행되는 대화를 통하여 부하의 잠재력이 무엇이고, 무엇을 더 개발하고 싶은지를 스스로 인식하도록 도와야 한다.

(2) 질문하기

코칭의 출발이자 핵심은 좋은 질문이다. 코칭에서 질문이 중요한 이유는 코칭과정에서 코치가 코치이의 전문적인 지식에 대해서 잘 알지 못하더라도 효과적이고 강력한 질문을 통하여 문제의 인식과 문제의 해결에 필요한 중요한 정보들을 추출해 낼 수 있기 때문이다.

질문은 코치이의 생각과 마음을 확인하게 하고, 새로운 생각을 자극하며, 감정을 조절하게 해준다. 코치는 질문을 통하여 코치이를 자신이 원하는 방향으로 움직일 수 있다. 코칭에서 질문은 단순히 사실에 관한 정보를 구하는 데에 그치지 않고, 개인의 동기와 선호, 열망을 탐구하게 한다. 질문은 코치이의 관점을 바꾸어주기도 하고, 코치이의 내면을 탐색하게 하여 의식하지 못했던 자신을 발견하게 한다. "당신이 진정으로 원하는 것이 무엇입니까?"라는 질문이 엄청난 결과를 가져올 수 있다(박정길, 최소영, 2007).

효과적인 코치는 질문을 잘 하는 코치이다. 그런데 좋은 질문은 그냥 나오는 것이 아니다. 좋은 질문은 많은 시간을 통하여 준비되는 가운데 만들어진다. 그리고 질문은 경청과 함께 이루어진다. 경청 없는 질문은 코치이로 하여금 심문을 받는 듯 한 느낌을 갖게 하며, 코칭의 기능을 상실하게 한다(정진우, 2005).

질문의 유형

코칭에서 사용되는 질문에는 여러 가지가 있다. 그 중에서 확대질문은 특정한 답을 요구하는 질문과 대립되는 개념으로, 질문을 받은 사람이 '예'와 '아니오'로 즉답하기 어려운 질문이다. "운동을 시작한 지 몇 년이나 되었습니까?"라는 질문이 특정질문이라면, 확대질문은 "당신은 앞으로 어떤 일을 하고 싶습니까?", "당신은 회사에서 어떤 일을 할 때 즐겁습니까?" 등이다. 확대질문은 개방형 질문과 유사하다. 개방형 질문은 "그 부분에 대해서 조금 더 말해 주시겠습니까?", "그와 같은 경험이 어떤 의미를 주었습니까?" 등의 질문을 의미한다.

코칭에서는 과거질문보다는 미래질문을 중시한다. 미래질문은 "지금까지 무엇을 했습니까?"와 같은 과거질문이 아니라 "앞으로 무엇을 하고 싶습니까?", "그 일을 잘 하려면 어떻게 하는 것이 좋을까요?" 등을 의미한다.

코칭에서는 부정형의 질문보다 긍정형의 질문을 권장한다. "왜 운동을 하지 못했습니까?"라는 부정형 질문보다도 "어떻게 하면 운동을 더 잘 할 수 있을까요?"라는 긍정형 질문을 더 중시한다.

코치는 코치이의 시각을 바꾸어주는 질문을 사용하기도 한다. 코치이로 하여금 전혀 다른 관점에서 문제를 볼 수 있도록 하기도 하고, 명확한 자의식을 갖게 하기도 한다. 여기에는 "이제 앞으로 1년 후 또는 5년 동안에 어떤 일을 하기 원하십니까?", "어떤 관점을 선택하고자 합니까?", "선택했을 때 어떤 대가가 지불될 것인가요?" 등이 해당된다.

GROW 질문기법

코칭 과정에서 체계적으로 질문하고 도와줄 수 있는 도구로써 GROW를 활용할 수 있다. 여기서 GROW는 [표 6-5]에서 보는 바와 같이, 목표(Goal), 현실(Reality), 대안(Option), 의지(Will)의 첫 문자들을 합친 것이다.

[표 6-5] 코칭과정에서 체계적으로 질문하고 도와줄 수 있는 도구로써 GROW

Goal(목표)	인생에서 도달하고자 하는 목적지 • 당신의 목표는 무엇인가? • 그 일을 성취하기 위해 무엇을 시도해야 하는가?
Reality(현실)	목표를 이루기 위해 취해야 할 방법 • 오늘날의 상황에서 실제하는 것이 무엇인가? • 무엇이 성취되었는가?
Option(대안)	방법을 취하여 선택해야 할 요소들 • 당신이 가진 요소는 무엇인가? • 요소를 도입하라.
Will(의지)/Wrap-up(결론)	선택요소들을 실행 • 무엇을 할 수 있는가? • 다음 단계는 무엇인가?

질문사례

여기에서는 몇 가지 질문의 사례를 제시함으로써 질문의 파워를 느껴보도록 한다. 먼저 운동장면에서의 코칭활용을 생각해 보자. 구기 종목에서 공을 끝까지 지켜보는 것은 매우 중요하다. 이를 강조하기 위해서 흔히 제시하는 질문은 "공을 보고 있는가?", "왜 공을 보지 않는가?" 등이다. 이런 질문에 응답자는 방어적이거나 불성실하게 답을 할 가능성이 크다. 코칭에서는 완전히 다른 질문을 시도한다. "공이 들어올 때 어떤 식으로 회전하는가?", "이번 공이 바운스되고 나서 스핀이 빨라졌는가, 늦어졌는가?"와 같은 방식의 질문을 제공한다. 이러한 질문은 선수로 하여금 자의식이 손상되지 않은 채 공을 주시하게 하고, 더 집중하게 한다.

또 다른 사례를 생각해보자. 회사에서 직원과 관리자의 대화이다. 직원이 "우리가 합의한 일이 잘 되지 않고 있습니다."라고 말할 때, 일반적으로는 "분명히 뭔가를 잘못했겠지요! 이런 식으로 해보죠…!"와 같은 대화가 이루어진다. 그런데 이러한 대화를 코칭의 원칙에 기초하여 다르게 접근하면 다음과 같다.

■ 직 원: 우리가 합의한 일이 잘 되지 않고 있습니다.

■ 관리자: 잠깐 부장을 보러 가야 하는데, 정확하게 언제, 어디서 문제가 생겼는지 확인해 보세요! 돌아와서 해결책을 찾을 수 있도록 도와드리겠습니다.

(10분 후 관리자가 돌아 왔을 때)

■ 직 원: 해결책을 찾았어요, 이제 잘 되고 있습니다.

■ 관리자: 그래요? 어떻게 했죠? 그 해결책이 다른 일에 영향을 끼치지는 않았나요?

- 직 원: 이것이 문제였어요. 이렇게 접근했는데... 다른 영향은 없었습니다. 확인했거든요.
- 관리자: 잘 됐군요. 문제가 생기면 당신의 노력으로 해결 가능한 일부터 찾아보도록 합시다.

위의 대화에서는 관리자(코치)는 직원(코치이)으로 하여금 자각(awareness)과 책임(responsibility)을 경험하게 한다(김영순 역, 2007).

(3) 경청하기

경청은 질문과 동전의 양면처럼 서로 뗄 수 없는 관계이다. 경청은 모든 인간관계의 기본원리이며 코칭의 기본 토대를 형성한다. 그런데 경청은 상대방의 말을 듣기만 하는 수동적인 행위가 아니다. 오히려 그 이상이다. 상담에서 전문가들은 내담자의 말에 경청하면서 내담자의 감정상태를 반영해 주고, 살피고, 작업해 나간다. 전문가들은 듣는 과정에서 내담자가 말하는 내용뿐만 아니라 말 이상의 것까지 들으려고 노력한다. 코칭에서 코치는 코치이가 사용하는 말과 의미, 그리고 목소리를 듣고 또 감정까지 읽어 그 느낌을 되돌려 준다.

코칭에서 잘못된 경청은 코칭의 효과를 떨어뜨린다. 잘못된 경청의 사례는 다음과 같다. 먼저, 상대방의 이야기를 옳고 그름을 판단하면서 듣는 것이다. 이런 경우 듣는 사람은 말하는 사람의 약점을 지적하고 공격하기 쉽다. 다음은 사실만을 들으려 하는 경우이다. 이 경우 문제되는 것만을 계속해서 말하게 한다. 그 다음으로는 비평적으로 들으면서 비꼬거나 농담을 하는 것이다. 그리고 마지막으로 상대방을 판단하면서 듣는 것이다. "이 사람은 아주 교만한 사람이구나." 하고 판단하는 경우이다.

경청의 세 단계[2]

㈜아시아코칭센터의 한 코칭 프로그램에서는 경청을 세 가지 단계로 제시한다. 첫 번째 단계는 자기 중심적 듣기이다. 코치가 상대방의 이야기를 들으면서도 모든 관심은 자신에게 집중되어 있다. 상대방을 돕기보다는 자신의 필요에 급급하고, 자신의 관점으로

2 경청의 세 단계는 정진우(2005)의 『코칭리더십』에 제시된 내용을 인용한 것이다.

만 상대방을 파악하려고 한다. 상대방의 이야기를 들을 때 자신의 입장과 맞는 것만을 듣고, 들은 내용을 통해 자신에게 어떤 유익이 있는지만 생각한다.

두 번째 단계는 타인 중심적 듣기이다. 이것은 상대방의 표현 속에 담겨 있는 마음과 뜻을 파악하는 듣기이다. 상대방의 내면에 무엇이 담겨 있는지 듣기를 통해 파악하는 것이다. 타인 중심적 듣기는 단지 대화를 주고받는 것이 아니라 내면에 있는 뜻을 들어 주는 것이다. 코치는 듣기를 할 때 "이것은 이 사람에게 무엇을 의미하는가?", "이것의 주인은 상대방이고, 나와 원활한 의사소통을 하고 있는가?" 등을 생각한다.

세 번째 단계는 직관적 듣기이다. 직관적 듣기를 하는 코치는 마음 속에 이런 질문을 갖고 있다: "이것이 진실로 무엇을 의미하는가?", "상대방 속에 어떤 의미가 잠재되어 있으며, 지금 일어나는 일이 어떤 중요성을 갖는가?" 등.

코치는 절대 충고하려고 하면 안 된다. 스스로 발견할 수 있는 것을 먼저 말해도 안 된다. 또 코치가 먼저 문제의 핵심을 짚어 주어서도 안 된다. 코치는 관계 안에서 스스로 생각하도록 도와주는 사람이다. 코치는 코치이의 의중을 정확하게 파악하기 위해 경청과 질문을 통해 코치이의 잠재의식을 이끌어 내야 하는데, 이러한 기술은 직관적 기술이라고 한다.

Whitworth(2007)는 상호협력 코칭모델의 5가지 핵심요소들 중 하나로 경청기법에 대해 설명하였다. 그에 따르면, 경청은 명확화(articulating), 명료화(clarifying), 통합적 시각(meta-view), 은유법(metaphor), 인정(acknowledging) 등을 활용한다.

명확화는 코치이가 불명확하게 말하거나 자기인식이 명확하지 않은 경우, 대신해서 잘 표현하는 것을 의미한다. 이를 위해서 코치는 코치이가 말하는 것을 집중해서 잘 들어야 하고(receive), 들은 것을 숙고해야 하며(reflect), 들은 것을 거울에 반사되듯이 비추어 주어야 한다(rephrase). 이를 위해 주로 사용되는 표현은 다음과 같다: "제가 느끼기에 당신은 ~한 것 같습니다", "~라고 생각하는 것 같습니다", "~것처럼 들리는데요?"

명료화는 코치이가 말하는 내용에서 불확실한 부분에 대해 일련의 질문을 사용하여 충분한 이해가 되도록 유도하는 것을 의미한다. 명료화에서도 경청과 질문이 중심이 되지만, 명료화는 코치이가 말한 것을 바꾸어 말함으로써 코치이의 진술을 확인하는 명확화와 구분된다.

통합적 시각은 코치이가 틀에 박힌 생활을 하거나 편협한 시각을 갖고 있을 때, 폐쇄적 사고에 익숙한 경우 효과적이다. 통합적 시각에서는 코치이가 자신의 경험을 높은 상공에서 조망할 수 있도록 도와주는 것으로 다음과 같은 질문을 사용한다: "~라면 이런 상황에서 어떻게 반응하겠는가?", "~라면 이런 날을 어떻게 말했을까?"

은유법은 어떤 이미지나 경험을 도입해서 코치이가 좀 더 빨리, 쉽게 이해할 수 있도록 도와주는 기법이다. 은유는 코치이에게 전혀 새로운 시각을 열어주고, 사고를 변화시켜 준다.

인정은 특별히 코치이가 '바람직한' 위험을 무릅쓸 때, 어떤 일을 잘 했을 때, 아니면 어려움을 만났거나 격려가 요구될 때 필요하다. 인정은 코치이로 하여금 자신을 더 잘 인식하게 하고, 자신의 가치를 깨닫게 해준다(서춘식, 2009).

참고문헌

김광웅, 유미숙, 이지항 (2004). 인터넷 중독 여부에 따른 온라인 대인관계 성향과 대인 대면 관계 성향의 차이. **아동학회지, 25**(2), 109-120.

김상균, 이정원, 강성록, 김윤나, 송병호, 박일 (2012). **군복무 부적응자 인권상황 및 관리에 대한 실태조사**. 서울: 국가인권위원회.

김수룡, 이태경, 조선익 (1997). 관심사병 관리에 대한 육군인성검사와 간이정신진단검사와의 비교연구. **대한군진의학학술지, 28**(1), 51-63.

김영순 역 (2007). **성과향상을 위한 코칭 리더십**(존 휘트모어 저, 2002). 김영사.

김용주, 신응섭, 고재원, 이혁준 (2008). **사고예방을 위한 스트레스 진단 및 맞춤형 처방 프로그램 개발**. 육군사관학교 화랑대연구소.

김용주, 신재훈, 강성록 (2015). 심리학의 군사적 활용성 증대방안. **미래사회, 6,** 1-22.

김완일, 권소영 (2016). **군 상담의 이론과 실제**. 서울: 학지사.

남기덕, 문양호, 김용주, 고재원, 이현엽, 이태호 (2010). **리더와 상담자를 위한 심리학**. 서울: 박영사.

김지찬 (2008). **신세대 병사의 특성에 적합한 리더십에 관한 연구**. 국민대 석사학위 청구논문.

박수찬 (2014. 10. 13). 자격미달 군 병영상담관 속출, GOP 부대는 절반이 C급. 세계일보, http://www.segye.com/content/html/2014/10/13/20141013003746.html? OutUrl=naver.

박정길, 최소영 역 (2007). **코칭 바이블**(이언 맥더모트 & 웬디 제이고 저, 2005). ㈜ 웅진씽크빅.

보건복지부 (2009). **청소년 백서**.

서춘식 (2009). **훈육의 한 패러다임으로서 코칭 기법**. 육군사관학교 화랑대연구소.

신응섭 (2007). 국방부 군 심리검사 개발 세미나 발표자료.

신응섭 (2010). **한국군인의 심리적 위기와 상담정책**. 미래사회연구소 2010년 제1차 학술심포지엄.

신응섭, 이재윤, 남기덕, 문양호, 김용주, 고재원 (1999). **리더십의 이론과 실제**. 서울: 학지사

신응섭, 김용주, 고재원 (2007). **사고예방을 위한 군 스트레스 진단도구 개발**. 국방부.

신응섭, 김용주, 이현엽 (2011). 한국군의 심리적 위기와 상담정책 발전방안. **미래사회, 1,** 1-19.

안현의, 손난희, 이문희, 서은경 (2007). 군 복무 부적응 실태 및 인권침해 경험과의 관련성. **상담학 연구, 8**, 425-435.

이동귀, 이희경, 안현의 (2010). **병영생활 전문상담관 효용성 검증 및 발전방향 연구**. 국방부

병영정책과 정책용역과제 보고서.

이명숙 (2010). **한국군 전문상담관의 위기관리와 상담사례**. 미래사회연구소 2010년 제1차 학술 심포지엄.

임우진 (2007). **보호관심병사 지도를 위한 군 상담 활성화 방안 연구**. 원광대학교 대학원 석사학위 청구논문.

정진우 (2005). **코칭 리더십**. 아시아코치센터.

통계청 (2009). **2008년 사망원인 통계 결과**.

함봉진, 전홍진, 장성만, 이해우, 이효정, 심은정 (2007). **군내 정신질환의 유병률 조사**. 국방부 연구용역사업 보고서, 서울: 서울대학교 의과대학.

헤럴드경제 (2014. 8. 10). 현역복무 부적합 판정에 조기 전역하는 병사 연 4000명. http://news.heraldcopr.com.

Benbenishty, R., Zirlin-Shemesh, N., & Kaplan, Z. (1993). Policy capturing: Discharge from the Israeli army due to mental difficulties. *Military Psychology, 5*, 159-172.

Carbone, E. G., Cigrang, J. A., Todd, S. L., & Fiedler, E. R. (1999). Predicting outcome of military basic training for individuals referred for psychological evaluation. *Journal of Personality Assessment, 72*, 256-265.

Erikson, E. H. (1968). *Youth and Crisis*. New York: W. W. Norton. Co.

Graddick, M. M., & Lane, P. (1998). Evaluating executive performance. In J. W. Smither(Ed.), *Performance appraisal: State-of-the-art in practice* (pp. 370-403). San Francisco: Jossey-Bass.

Hall, D. T., Otazo, K. L., & Hollenbeck, G. P. (1999). Behind closed doors: What really happens in executive coaching. *Organizational Dynamics, 27*(3), 39-53.

Harris, M. (1999). Practice network: Look, it's an I-O psychologist...No, it's a trainer...No, it's and executive coach! *Industrial Organizational Psychologist, 36*(3), 339-353.

Hofstede, G. (1994). Forward. In U. Kim, H. C. Triandis, C. Kagitcibasi, S. C. Choi, & G. Yoon. (Eds.). *Individualism and collectivism: Theory, method, and applications*. Newbury Park, CA: Sage.

Kilburg, R. (2000). *Executive coaching: Developing managerial wisdom in a world of chaos*. Washington, DC: American Psychological Association.

Kinlaw, D. (1996). *Coaching: The ASTD trainer's sourcebook*. New York: McGraw-Hill.

London, M. (2002). *Leadership development*. Lawrence Erlbaum.

McDemott, I., & Jago, W. (2005). *The coaching bible*. Judy Piatkus: GB.

Mohr, D.C. (1995). Negative outcomes in psychotherapy: A critical review. *Clinical Psychology: Science and Practice, 2*(1), 1-27.

Peterson, D. B., & Hicks, M. D. (1996). *Leader As Coach.* PDI Ninth House.

Saporito, T. J. (1996). Business-linked executive development: Coaching senior executives. *Consulting Psychology Journal: Practice and Research, 48*(2), 96-103.

U. S. Army (2006). Army Leadership: Competent, Confident, and Agile. Headquarters, Department of the aren't so common: The common factors dilemma. *Clinical Psychology: Science and Practice, 2*(1), 45-69.

Waldroop, J., & Butler, T. (1996, Nov.-Dec.). The executive as coach. *Harvard Business Review*, 111-117.

Weinberger, J. (1995). Common factors aren't so common: The common factors dilemma. *Clinical Psychology: Science and Practice, 2*(1), 45-69.

Witherspoon, R., & White, R. P. (1997). *Four essential ways that coaching can help executives.* Greensbore, NC: Center for Creative Leadership.

Whitworth, L. (2007). *Co–active coaching: New skills for coaching people toward success in work and life.* London: Devies-Black Publishing.

제 7 장

긍정 심리학

긍정 심리학(positive psychology)은 미국의 심리학회 회장이었던 Martin Seligman을 비롯한 Mihaly Csikszentmihalyi, Ed Diener, Christopher Peterson 등에 의해 주창되었다. 긍정 심리학자들은 그동안 심리학이 본래의 궁극적인 목표에서 벗어나 인간의 부정적인 측면만을 강조하여 왔다는 자성으로부터 출발하여, 긍정 심리학은 인간의 긍정적인 측면에 대한 연구를 통해 인간의 행복과 성장에 초점을 맞추는 학문이 되어야 한다고 주장하였다.

본 장에서는 긍정 심리학의 사명과 긍정 심리학이 탄생하게 된 역사적 배경에 대해 알아본 후, 긍정 심리학의 정의, 핵심이 되는 기본 개념과 연구 분야에 대해서 소개할 것이다. 그리고 심리적 안녕, 자기실현, 성격특질로서의 긍정적 정신건강 등 긍정적 정신건강의 대표적인 관점들에 대해서 살펴본 후, Seligman의 웰빙 이론과 회복탄력성에 대해 다루고자 한다. Seligman은 웰빙의 5가지 요소(PERMA)로서 긍정적 정서(Positive emotion), 몰입(Engagement), 긍정적 관계(Relationship), 의미(Meaning), 성취(Accomplishment)를 제시하였다. 이는 플로리시(flourish), 즉 사람을 행복하게 해줄 수 있는 내면의 긍정적 정서와 강점 특성을 개발하고 도와서 활짝 꽃 피우게 해주는 것의 기반이 됨을 강조하였다. 그리고 카우아이섬 종단연구를 통하여 Emmy Werner에 의해 그 개념이 정립된 회복탄력성(resilience)에 대해서 살펴볼 것이다. 회복탄력성은 역경과 어려움을 오히려 도약의 발판으로 삼는 힘을 의미한다.

긍정 심리학과 회복탄력성의 개념을 바탕으로 미군은 2008년 종합 군인 피트니스(Comprehensive Soldier Fitness; CSF)를 탄생시켰다. CSF의 네 기둥인 평가(전반적 평가 도구), 온라인 종합 탄력성 모듈(정서적·사회적·영적·가족 피트니스 모듈, 외상후 성장 모듈), 마스터 회복탄력성 훈련, 기관 회복탄력성 훈련 등에 대해 살펴볼 것이다. 그리고 2012년부터 개정된 CSF2(종합 군인 및 가족 피트니스)의 핵심적인 개념인 강점의 5영역과 수행 향상이 추가된 CSF2 프로그램의 다섯 기둥에 대해서도 다룰 것이다.

1. 긍정 심리학

긍정 심리학은 인간의 복지를 증진시키고자 하는 심리학의 근본적인 목적을 성찰하는데서 출발하였으며, 인간의 심리적 긍정성을 연구하고 이를 통해 인간의 행복과 성장을 돕는 학문이다. 본 절에서는 긍정 심리학이 탄생하게 된 역사적 배경을 알아본 후, 긍정 심리학의 정의와 기본 개념, 핵심적인 연구 분야 등에 대해서 알아보고자 한다.

(1) 긍정 심리학의 역사

심리학의 사명

과학적인 방법으로 인간을 이해하고자 하는 기치를 내걸고 철학으로부터 갈라져 나온 심리학은 인간의 행동과 심리과정을 과학적으로 연구하는 학문으로 정의된다. 심리학의 목표는 인간의 행동과 심리과정을 기술, 설명, 예측, 통제하는 데 있다. 그중에서도 심리학의 궁극적인 목표는 인간의 행동과 심리과정을 원하는 방향으로 통제하여 인류 복지 증진에 이바지하는 것이라 할 수 있다(남기덕 등, 2010).

그러나 제2차 세계대전을 거치면서, 심리학은 질병모델에 근거하여 불안, 공포, 우울증, 공황감 등 부정 정서와 정신장애의 연구와 치료에 집중하였다. 그 결과 정신장애의 치료에는 많은 성과를 달성하였으나, 심리학의 궁극적인 목표를 배제한 채 인간의 부정적인 측면만을 주로 다루게 되었다(권석만, 2008).

긍정 심리학의 역사

긍정 심리학은 심리학의 본연의 목표인 인류 복지와 행복의 증진에 이바지하는 학문이 되어야 한다는 열망에서 비롯되었다. 고대의 행복관은 개인의 이성과 수양을 중시하는 헬레니즘 전통관과 신과의 관계를 중시하는 헤브라이즘 전통관으로부터 그 뿌리를 찾을 수 있다(권석만, 2008). 중세 시대를 거쳐 현대 심리학에서는 정신분석 이론가들과 인본주의 심리학자들이 긍정 심리학의 선구자적 역할을 담당하였다. 예를 들어, 욕구 위계설을 주장한 Maslow(1968)에 따르면, 자신과 타인의 수용, 유대감의 형성, 자율성과 독립성의 추구, 일에 대한 애정과 몰입, 창의적인 활동을 통해 자기실현을 이루는 것이 행복한 삶이라고 주장하였다.

한편, Jahoda(1958)는 이상적인 정신건강 상태를 설명하기 위하여 '긍정적 정신건강(positive mental health)'이라는 용어를 처음 사용하였는데, 정신건강의 핵심적인 요소를 다음의 6가지로 제시하고 있다: 자기 자신에 대한 수용, 성장노력과 자기실현, 성격의 통합성, 사회적인 압박으로부터의 자율성, 현실에 대한 정확한 지각, 그리고 환경에 대한 통제능력. 그리고 Ryff(1989)는 인간의 행복과 성숙에 대한 연구를 통해 '심리적 안녕(psychological well-being)'의 6가지 요소를 제시하였다: 환경의 통제, 타인과의 긍정적 관계, 자율성, 개인적 성장, 인생의 목표, 그리고 자기 수용.

이러한 기반 위에서 직접적으로 긍정 심리학을 탄생시킨 사람은 Martin Seligman이다. 그는 임상심리학 박사학위를 받은 후 학습된 무기력 이론(learned helplessness theory)과 절망감 이론(hopelessness theory)을 제시하여 우울증 연구에 지대한 공헌을 하였다. 그러나 정신건강의 질병모델에 대해 회의적인 태도를 가지게 되었으며, 심리학은 치료뿐만 아니라 예방에도 주력해야 하며, 인간의 긍정적 변화와 성장을 돕는 학문이 되어야 한다고 생각하였다. 이러한 생각을 바탕으로 1998년 미국심리학회장에 취임한 후 Seligman은 심리학의 새로운 방향을 제시하며 이를 '긍정 심리학(positive psychology)'이라고 명명하였다. Seligman과 함께 초기 긍정 심리학을 이끈 학자들은 몰입을 연구한 Mihaly Csikszentmihalyi, 주관적 안녕의 대가인 Ed Diener, 성격의 강점과 덕성 연구자인 Christopher Peterson 등이 있다.

(2) 긍정 심리학의 개념

긍정 심리학의 정의

앞에서 살펴본 바와 같이, 긍정 심리학은 인간의 부정적 측면의 제거보다는 긍정적 측면의 향상에 더 많은 관심을 가지고 있다. Sheldon(2000)은 긍정 심리학이란 '개인뿐만 아니라 집단 및 사회의 번영에 도움이 될 가능성이 있는 요인을 발견하여 그것을 향상 발전시키는데 필요한 최적 기능을 과학적으로 연구하는 과학'이라고 정의하였다. 그러므로 긍정 심리학은 인간이 지니고 있는 강점과 덕성, 목적의식을 가지고 역경을 극복해 내는 등의 인간의 긍정적인 심리적 측면을 과학적으로 연구하여 인간의 행복과 성장을 지원하는 학문이라 할 수 있다(권석만, 2008). 그리고 긍정 심리학은 인간행동의 긍정적, 순응적, 창의적, 정서적 충족의 본질을 이해하는 데 있어서 생물학적·문화적·총체적·개방적 지식을 필요로 한다(이현수, 2008).

긍정 심리학의 기본 개념

긍정심리학에서 언급되는 기본 개념은 크게 다섯 가지로 요약된다.

첫째, 인간의 근본적 동기에 있어서 긍정 심리학은 인간이 근본적으로 행복과 성장을 추구하는 존재라고 가정한다. 긍정 심리학은 인생의 난관과 역경을 극복하면서 성공적인 삶을 성취해 나가는 성취과정의 심리적 요인을 탐구하고자 한다(권석만, 2008).

둘째, 인간의 긍정 정서와 부정 정서는 서로 독립적임을 가정한다. 과거의 심리학은 부정 정서의 제거가 긍정 정서의 증가로 이어질 것으로 생각하였으나, 긍정 정서와 부정 정서는 서로 독립적인 관계를 이루고 있음이 밝혀졌다(Bradburn, 1969). 그러므로 행복을 증진시키기 위해서는 비관주의를 약화시켜 부정 정서를 감소시키고, 낙관주의를 강화하여 긍정 정서를 증가시켜야 한다(Peterson, 2000).

셋째, 인간이 경험하는 긍정 정서는 다양하다고 가정한다. 대표적 긍정 심리학자인 Csikszentmihalyi(1990)는 긍정 정서를 쾌락(pleasure)과 즐거움(enjoyment)으로 구분하였다. 쾌락은 생물학적 욕구와 사회적 욕구가 충족되어질 때 느끼는 긍정 정서로, 심리적 성장이나 발달로 이어지지는 않는다고 본다. 반면, 즐거움은 추구하는 목표의 달성, 기대의 충족, 뜻밖의 심리적 체험이나 창의적 성과에 의해 경험되는 긍정 정서를 의미하는데, 이러한 즐거움을 많이 체험하게 하는 방법을 연구하는 것이 매우 중요하다고 강조하였다.

넷째, 긍정 심리학은 부정 정서를 부정하지 않는다. 우리의 삶에는 다양한 부정적 측면이 존재하며, 적절한 부정 정서는 적응적인 기능을 가지고 있기 때문에, 부정 정서는 반드시 제거되어야 하는 대상이 아니다. 인생의 고난, 역경과 같은 부정적 측면을 극복해 가면서 인생의 의미와 교훈을 깨닫고, 행복하고 만족스러운 삶을 추구하는 것이 더 보편적이며 중요한 문제이다.

마지막으로, 긍정 심리학의 행복관은 즐거운 삶, 적극적인 삶, 의미 있는 삶이다(Seligman, 2002). 즐거운 삶(pleasant life)은, 과거, 현재, 미래에 대해서 긍정적인 감정을 느끼며 살아가는 삶을 의미한다. 적극적인 삶(engaged life)은 자신이 추구하는 활동에 열정적으로 참여하고 몰입함으로써 자신의 성격적 강점과 잠재력을 최대한 발휘하며 자기실현을 이루어나가는 삶을 말한다. 의미 있는 삶(meaningful life)은 우리의 삶에서 소중한 의미를 발견하고 부여할 수 있는 삶을 말한다. 이를 종합해 보면, 즐거운 기분을 느끼면서 자신의 일에 열정적으로 몰입하며 삶의 의미를 발견할 수 있을 때, 진정한 행복을 누릴 수 있게 된다.

긍정 심리학의 연구 분야

광범위한 분야를 다루고 있는 긍정 심리학의 대표적인 연구 분야는 Seligman과 Csikszentmihalyi(2000)에 의하여 제시되었다(이현수, 2008).

첫째, 주관적 수준의 차원인 긍정 상태(positive states)이다. 이는 개인이 주관적으로 경험하는 긍정적 상태를 의미한다. 과거와 관련된 웰빙, 환희, 그리고 만족, 미래와 관련된 희망과 낙관주의, 현재와 관련된 몰입과 행복 등이 주된 연구 대상이다.

둘째, 개인적 수준의 차원인 개인의 긍정 특질(positive individual traits)이다. 이는 비교적 장기간 혹은 평생을 두고 개인의 행동특성을 지배하는 특성 개발에 역점을 둔다. 사랑과 소명의식에 대한 수용, 용기, 대인관계 기술, 심미적 민감성, 인내, 용서, 창의성, 미래에 대한 마음자세, 영성, 높은 재능과 지혜 등이 주요한 연구 주제이다.

마지막으로, 집단 혹은 사회적 수준의 차원인 긍정 기관(positive institutions)이다. 이는 사회적 맥락 안에서 각각의 개인이 더 훌륭한 시민의식을 가지게 하는 시민정신, 긍정 지역사회, 긍정 기관에 중점을 둔다. 책임감, 돌봄, 이타심, 예의, 절제, 관용, 직업정신 등에 대한 연구를 통해 시민의 행복을 위한 제도의 개발과 실천에 관심을 가진다.

2. 긍정적 정신건강과 회복탄력성

부정 정서와 정신 장애에 초점을 맞춘 질병모델에 근거한 연구와 치료가 지니고 있는 한계를 극복하기 위해 긍정 심리학은 정신건강에 대한 새로운 개념과 접근법을 사용하였다. 즉 질병모델에 대한 대안으로서 긍정 심리학은 정신건강에 대해 심리적 웰빙(psychological well-being)을 지향하는 성장모델을 제시하고 있다. 본 절에서는 긍정적 정신건강에 대한 대표적인 관점들을 살펴본 후, Seligman의 웰빙 이론과 회복탄력성에 대해서 알아볼 것이다.

(1) 긍정적 정신건강

세계보건기구(WHO, 1948)의 건강에 대한 정의에서도 알 수 있는 바와 같다. 건강이란 단순히 질병이나 허약함이 없는 상태를 의미하는 것이 아니다. 육체적·정신적·사회적으로 안녕상태에 있어야 한다. 다양한 학자들에 의해 제시된 긍정적 정신건강은 심리적 안녕, 자기실현, 성격특질의 관점에서 논의되어 왔다.

심리적 안녕

긍정 심리학의 역사에서 살펴본 바와 같이 Jahoda(1958)는 저서 『긍정적 정신건강의 현대적 개념』에서 '긍정적 정신건강'이라는 용어를 처음 사용하였으며, 정신건강의 핵심적 요소를 6가지로 제시하였으며, 이와 유사하게 Ryff(1989)는 여러 학자들의 연구를 통합하여 '심리적 안녕'의 6가지 요소를 제시하였다.

특히 Ryff는 심리적 안녕감 척도(Psychological Well-being Scale; Ryff, 1989)를 개발하여 실증적 연구의 활성화를 촉진하였다. 심리적 안녕감은 심리적 건강뿐만 아니라 신체적 건강과도 밀접한 관련을 보이는 것으로 나타났다. 국내에서는 김명소 등(2001)이 심리적 안녕감 척도의 구성개념을 분석하였다. 그 결과를 살펴보면, 젊은 층은 자기 수용과 환경의 통제가 중요한 반면, 나이가 들수록 자기 수용, 인생의 목표, 개인적 성장, 타인과의 긍정적 관계가 중요한 것으로 나타났다. 성별에 따라서는 남성은 인생의 목표가, 여성은 개인적 성장 요인의 중요성이 높음을 알 수 있었다.

자기실현

정신건강을 자기실현의 관점에서 이해하는 학자들은 개인의 잠재력을 충분히 발휘하는 것이 정신적으로 건강한 삶이라고 본다. Jung과 Adler도 자기실현을 인간의 본성의 관점에서 중요시하였으나, 본격적으로 자기실현이 알려지게 된 것은 인본주의 심리학자인 Maslow(1954, 1968)가 욕구 위계설에서 자기실현을 심리적 발달의 최상위 동기로 제시하면서부터이다. 그는 자기실현을 '개인이 잠재적으로 지니고 있는 것을 충분히 발현하려는 경향'으로 정의하였으며, 자기실현의 욕구를 성장 동기 또는 존재 동기로 지칭하였다. 이러한 동기에는 진리, 정의, 아름다움, 풍요로움, 의미, 선함에 대한 욕구 등이 포함된다. 자기실현적 인간의 특징으로 경험에 대한 개방성, 독립적이고 독자적인 성향, 인간에 대한 깊은 관심과 애정, 건강한 윤리의식 등으로 꼽았다.

한편, 인간중심치료의 선구자인 Carl Rogers(1957, 1961)는 자기실현 경향성(self-actualization tendency)을 인간의 가장 기본적인 특성으로 보았는데, 이는 인간은 자신이 지니고 있는 모든 잠재능력을 발현하려는 선천적인 성향을 지니고 있음을 의미한다. Rogers(1961)에 따르면, 정신건강이란 한 사람이 자신의 모든 경험을 하나의 일관된 유연한 자기개념으로 통하는 것이며, 이러한 이상을 실현한 사람을 '완전히 기능하는 사람(fully-functioning person)'이라고 불렀다. 완전히 기능하는 사람은 경험에 대한 개방성, 삶의 과정을 중시하고 경험을 음미하면서 인생을 주체적으로 만들어나가는 태도, 유기체적 경험에 대한 신뢰 등의 특징을 보여준다고 하였다.

성격특질

성격특질로서의 긍정적 정신건강 입장에서는 고난과 역경을 극복하여 더욱 성장하도록 만드는 성격특질이 정신건강의 핵심적 요소라고 본다. 이러한 성격특질에는 심리적 탄력성, 성숙한 방어기제, 효과적인 대처방식, 성격적 강점과 덕성 등이 포함된다.

첫째, 심리적 탄력성이다. 심리적 충격이나 외상적 경험을 할 때, 많은 사람들은 정신건강 문제를 경험하기도 하지만, 어떤 사람들은 이를 성장의 기회로 전환한다. Emmy Werner(1982)는 카우아이섬 아동에 대한 종단연구를 통해 고난과 역경을 이겨내고 성장하는 아동들이 존재함을 확인하고, 이러한 아동들의 성격특질을 '회복탄력성(resilience)'이라고 지칭하였다. 회복탄력성이 높은 사람들은 스트레스 사건에 대해 건강하고 유연한 방식으로 적응하는 것으로 나타났다.

둘째, 성숙한 방어기제이다. 정신분석이론에서 보는 방어기제는 기본적으로 현실을 왜곡한다는 점에서 부적응적이다. 그러나 Vaillant(1977)는 어떠한 방어기제는 건강하고 적응적이라고 재정의하면서 투사적인 것에서 성숙한 기제 순서로 방어기제를 위계적으로 배열하였다: 1수준-투사적 기제(부정, 왜곡, 망상적 투사), 2수준-미성숙한 기제(환상, 투사, 건강염려증, 수동공격성 행동, 행동화), 3수준-신경증적 기제(지능화, 억압, 반동형성, 치환, 해리), 그리고 4수준-성숙한 기제(승화, 이타심, 억제, 예기, 유머). 낮은 수준의 방어기제에서는 더 많은 현실왜곡이 일어나며 더 병리적이다. 인생 후반에 미성숙한 기제를 사용하는 남성들은 직업적 성취와 결혼 안정성으로 정의된 적응성과 성공도가 낮았다. 반면, 성숙한 적응기제를 발달시킨 사람들은 더 높은 임금을 받았고, 더 원만한 인간관계를 유지하고, 더 행복하고, 더 오래 사는 경향이 있었다.

셋째, 효과적인 대처(coping)이다. 스트레스 대처에 대한 이론적 접근은 크게 개인에 중점을 둔 접근(person-based approach), 상황에 중점을 둔 접근(situation-based approach), 인지적 접근(cognitive approach) 등 3가지로 구분할 수 있다(Aldwin, 2007). Lazarus와 Folkman(1984)은 스트레스에 대한 인지적 요인의 역할을 강조하면서 두 가지 유형의 대처전략을 제시하였다: 문제중심적 대처(problem-focused coping)와 정서중심적 대처(emotion-focused coping). 문제중심적 대처는 문제를 변경시키기 위한 직접적 노력을 포함하는데, 문제의 정의, 정보 탐색, 문제를 해결하기 위한 방법의 생성, 다양한 방법의 장점과 단점의 평가, 문제를 해결하기 위한 절차의 시행 등을 포함한다. 반면, 정서중심적 대처는 대개 상황과 관련된 정서적 고통을 관리하는 데에 목표를 두는 것으로 정의되며, 부정 정서에 집중하기와 정서의 분출, 사건의 긍정적 재해석, 사회적 지지의 추구와 같은 반응을 포함한다(Lazarus & Folkman, 1984).

스트레스 사건에 대하여 성격은 스트레스 평가와 대처의 사용 모두에 영향을 미치며, 신체건강뿐만 아니라 정신건강에도 많은 영향을 미친다. 예를 들어, 신경증이 높은 사람은 스트레스 사건과 사소한 부정적 사건을 더 많이 보고하며, 정서적 고통이 증가하는 방식으로 대처하는 경향이 있다(Aldwin, 2007). Kobasa(1979)는 스트레스 사건에 직면하여 생산적인 의미를 찾아내고 적극적으로 도전하는 대처방식을 지닌 사람들을 관찰하고 이러한 특성을 강인성(hardiness)이라고 명명하였다. 강인성이 높은 사람들은 스트레스 사건에 대하여 압도감을 덜 느끼며 더 효과적인 대처를 하는 것으로 알려져 있다(Kobasa, 1982).

넷째, 성격적 강점과 덕성이다. Seligman(2002)은 개인이 지니는 성격적 강점과 덕성을 삶의 주요한 영역에서 잘 발휘하면서 사는 것이 진정한 행복이라고 주장하였다. Peterson과 Seligman(2004)은 세계의 주요 종교와 철학에 관한 기본적인 저술들을 읽고 공통적인 미덕을 정리한 다음, 세계의 모든 문화권에서 인정하는 것인지를 검토하여 6가지 미덕은 다시 도출하였다: 지혜와 지식, 용기, 사랑과 인간애, 정의감, 절제력, 그리고 영성과 초월성. 이러한 6가지 미덕은 다시 24개의 강점으로 세분화되어 행동가치 분류체계(Value-In-Action; VIA)를 다시 구성한다([표 7-1] 참조). 각 개인이 자신의 대표 강점들을 발견하고 계발하여 삶의 영역에서 발휘하는 것은 몰입을 가능하게 하는 열쇠이며, 사랑을 가능하게 하고, 주관적 행복과 자기실현, 그리고 사회적 공헌을 이루게 하는 정신건강의 필수요소라고 할 수 있다.

[표 7-1] 6개의 상위 덕목과 24개의 세부 강점

상위 덕목	세부 강점
지혜와 지식	• 호기심, 세상에 대한 관심 • 학구열 • 판단력, 비판적 사고, 열린 마음 • 창의성, 독창성, 실천성 지능, 세상을 보는 안목 • 사회성 지능, 대인관계 지능, 정서 지능 • 예견력
사랑과 인간애	• 친절과 아량 • 사랑할 능력과 사랑받을 줄 아는 능력
절제력	• 자기통제력 • 사려, 신중함, 조심성 • 겸손과 겸양
용기	• 호연지기와 용감함 • 끈기, 성실, 근면 • 지조, 진실, 정직
정의감	• 시민 정신, 의무감, 협동정신, 충성심 • 공정성과 평등 정신 • 지도력
영성과 초월성	• 감상력 • 감사 • 희망, 낙관주의, 미래지향성 • 영성, 목적의식, 신념, 신앙심 • 용서와 연민 • 명랑함과 유머 감각 • 신명, 열정, 열광

(2) Seligman의 웰빙(well-being) 이론

웰빙의 5가지 요소(PERMA)

긍정 심리학의 창시자인 Seligman은 행복과 긍정 심리학의 연구 결과들을 종합하여 저서 『행복의 만개(flourish, 2011)』를 출판하였다. '플로리쉬(flourish)'란 사람을 행복하게 해줄 수 있는 그 사람 내면의 긍정적 정서와 강점 특성을 개발하고 도와서 활짝 꽃 피우게 해주는 것을 의미한다. 이 책에서 Seligman은 기존의 진정한 행복 이론의 단점을 보완하여 웰빙 이론을 주장한다. 웰빙의 구성요소로 인정받기 위해서는 웰빙의 형성에 기여해야 하며, 많은 사람이 단순히 다른 요소를 얻기 위해서가 아니라 그 자체가 좋아서 그

요소를 추구해야 하며, 다른 요소들과는 독립적으로 정의되고 측정되어야 한다고 주장하면서, 웰빙 이론의 다섯 가지 요소를 제시한다. 웰빙의 5가지 요소(PERMA)는 긍정적 정서(**P**ositive emotion), 몰입(**E**ngagement), 긍정적 관계(**R**elationship), 의미(**M**eaning), 그리고 성취(**A**ccomplishment)이다.

긍정적 정서(Positive emotion)

긍정적 정서는 쾌락, 황홀, 희열, 따뜻함, 안락 등과 같이 우리가 느끼는 긍정적인 종류의 감정들을 의미하며, 이러한 감정들을 성공적으로 이끌어내는 삶을 '즐거운 인생'이라고 한다(Seligman, 2011). Seligman(2002)은 그동안 제로섬 게임인 부정적 정서에 대해 진화론적 해석에만 초점을 맞췄던 기존의 틀에서 벗어나, 윈-윈 게임인 긍정적 정서에 더 많은 관심을 가져야 함을 주장하였다. 긍정적 정서와 부정적 정서는 서로 다른 과정을 통해 작동하는 독립적 변인들인데, 긍정적 정서가 높은 사람들은 더 창의적이며, 인내를 갖고, 건설적이며, 남을 배려하고, 융통성 있는 사고 작용을 촉진한다.

진화론적 관점에서 보면, 공포, 분노, 비애와 같은 부정적 정서는 외부의 위협에 대한 1차 방어선 역할을 함으로써 생존의 위협을 받는 경우에 적응적이다. 이에 반해 긍정적 정서의 확장 및 축적이론(broaden-and-build theory)을 주장한 Barbara Fredrickson(2001)에 따르면, 긍정적 정서는 장기적인 측면에서 더 적응적이다. 긍정적 정서로 인해 확장된 사고방식은 발달을 촉진시키고 불가피한 생존위협들을 더 잘 다루도록 선조들의 사회적·심리적·지적·육체적 자원을 축적하는데 기여했기 때문이다. 긍정적 정서가 가능한 행동들에 대한 생각을 확장하고 더 넓은 범위의 사고와 행동을 자각하도록 하므로, 사고나 행동, 흥미의 선택 가능성을 확장시키고, 타인을 포용하도록 자기개념을 확장시킨다(Lopez, 2008). 그리고 그 유명한 수녀에 대한 종단연구(Danner, Snowdon, & Friesen, 2001)에서 보면, 긍정적 정서를 표현한 양과 수명은 정적 상관 관계가 있음을 알 수 있었다.

몰입(Engagement)

몰입은 시간이 가는 줄 모른 채 특정 활동에 깊이 빠져 자각하지 못하는 것을 말한다. 긍정적 정서와는 다르게, 몰입은 아무런 생각도 느낌도 없는 상태이며, 몰입에 들기 위해서는 최고 강점과 재능들을 효율적으로 사용해야 한다. 몰입을 연구한 대표적인 학자인 Csikszentmihalyi(2000)에 따르면, 어떤 일에 몰입하게 되면 다음과 같은 특유의 주관적 경험을 하게 된다: ① 현재 자기 자신이 하고 있는 일에 주의를 집중하게 된다. ② 행동이 유발되고 각성수준이 높아진다. ③ 자기 자신에 대한 사고기능이 손실되어, 자기 자신이 사회적 행위자임을 깨닫지 못하게 된다. ④ 자기 자신의 행동을 통제할 수 있다는 자신감이 생긴다. ⑤ 시간 개념이 왜곡되어, 시간이 너무 빠르게 지나가고 있다는 생각이 든다. ⑥ 몰입은 다른 목적을 위한 것이 아니라 그 자체를 위한 내재적 동기에 의해서 일어난다.

일에 몰입하는 삶들의 최종 목적은 외적 성취의 결과보다는 일하는 행동 그 자체가 목적이며, 그들은 자신의 행동을 통해 내생적 보상을 받기 때문에 반복적으로 몰입의 경험을 추구하게 되며, 이는 곧 개인의 성장으로 이어지게 된다. Csikszentmihalyi(1997)는 자기 자신을 위해 스스로 즐기고 일하기를 좋아하는 성격특성을 '자가목적 성취특성'이라고 명명하였는데, 자가목적 성취특성이 높은 사람은 내생적 동기수준이 높고 특정한 일에 쉽게 몰입할 수 있으며, 그 상태를 장기간 유지할 수 있다. 또한 장래의 목표가 뚜렷하고 긍정적으로 사고하며, 긍정적 감정상태를 가지고 있는 것으로 나타났다(이현수, 2008).

긍정적 관계(Relationship)

긍정 심리학의 대표적 학자 중 한 명인 Christopher Peterson은 긍정 심리학의 요체가 '타인'이라고 강조하였으며, 정신의학자인 George Vaillant는 사랑받는 능력이 가장 중요한 강점이라고 보았다. 사회신경과학자인 John Cacioppo는 고독이 너무나 무력한 상태이기 때문에 인간관계를 추구하는 것이 웰빙의 근본임을 강조하였다. 이론심리학자인 Nick Humphrey는 인간의 뇌가 큰 이유는 물리적 문제가 아닌 사회적 문제를 해결해 주기 때문이라고 주장하였다(Seligman, 2011).

진화론적 관점에서 집단 선택 이론(group selection theory)에 따르면, 협동적인 집단은 살아남고 비협동적인 집단은 도태하게 된다. '사회성 집단'은 사랑, 연민, 친절, 협동, 자기희생 등 '벌집 정서(hive emotions)'를 촉진하는 정서적 뇌 구조와 타인의 마음을 그대로 비춰주는 거울 뉴런과 같은 인지적 뇌 구조를 가지고 있다. 반면에 '비사회성 집단'은 사회성 집단과 똑같은 물리적 세계에 대한 지식을 가지고 있고 강인하지만 상대 집단의 벌집 정서는 가지고 있지 않다. 그러므로 만약 사회성 집단과 비사회성 집단이 경쟁에 돌입하게 되면, 사회성 집단이 자연선택될 가능성이 높아지게 된다.

사회적 동물인 인간에게 밀접하고 긍정적인 대인관계는 중요한 심리적 자원이다. 이는 스트레스에 직면할 때 그것을 보다 효과적으로 극복해 나갈 수 있도록 해주며, 자아에 대한 이해능력을 증진시키고 자아성장을 촉진시키는 기능을 한다. 이와 같은 타인과의 긍정적인 관계는 정신건강과도 밀접한 관련이 있다. 군대 내에서도 긍정적 대인관계는 매우 중요한데, 상관이나 동료들로부터 사회적 지지를 받지 못한 병사는 전투 스트레스 반응의 위험성이 매우 높을 뿐만 아니라 심한 고독감을 느끼는 것으로 나타났다(이현수, 2008).

의미(Meaning)

인간은 쾌락을 추구하는 동시에 의미를 추구하는 존재이며, 의미 있는 삶은 행복의 원천이 된다. 인생의 의미는 변화하는 물질적인 과정에 안정성을 부여하는 기능을 한다. 의미의 수준에 따라 인간의 행동과 경험도 변하게 되는데, 낮은 수준의 의미는 구체적이고 세부적인 것에 초점을 두는 반면, 높은 수준의 의미는 장기간에 걸쳐 커다란 목표를 향한 연결감을 제공한다(Vallacher & Wegner, 1987). 그리고 사람들은 인생에서 난관에 부딪혔을 때 부여하는 의미의 수준을 낮추는 경향이 있다. 낮은 수준의 의미는 문제를 해결하고 변화를 시도하는데 유리하기 때문이다.

인간이 의미를 부여하고 이를 추구하고자 하는 의미 추구의 동기에 대해 Baumeister (1991)는 4가지 이유를 제시하였다. 첫째, 인간은 일관성 있는 삶을 살기 위해서 인생의 방향과 목적의식을 추구한다. 목적은 개인이 추구하는 객관적 결과나 상태로서의 목표 또는 주관적으로 추구하는 가치를 실현하는 것의 2가지로 구분된다. 둘째, 인간은 가치 있는 것을 추구한다. 셋째, 인간은 인생에 대한 자신의 효능감과 통제감을 추구한다. 마지막으로, 인간은 자신이 가치 있는 존재이기를 원한다.

Emmons(1999)는 인생의 의미를 4가지로 분류하였다. 첫째, 일/성취이다. 이는 직업에의 전념, 소망하는 성과의 달성, 지위나 권력의 획득, 새로운 영역의 개척과 도전 등을 포함한다. 둘째, 친밀감/관계이다. 이는 타인과 친밀하게 지내는 것, 타인을 신뢰하는 것, 타인에게 도움을 주는 것 등이 포함된다. 셋째, 영성/종교이다. 신과 개인적인 관계를 맺는 것, 사후의 삶을 믿는 것, 신앙공동체를 위해 기여하는 것 등이 포함된다. 마지막으로, 초월/다산성이다. 이는 사회에 봉사하고 공헌하는 것, 자녀를 키우고 후속세대를 양성하는 것, 유산을 남기는 것, 가족과 사회를 위해 헌신하는 것 등이 포함된다.

성취(Accomplishment)

Seligman(2011)은 기존의 진정한 행복 이론에 대해 긍정적 정서, 몰입, 의미가 사람들이 그 자체가 좋아서 선택하는 요소들을 철저히 설명하지 못하였다고 비판하면서, 웰빙 이론에 성취를 추가하였다. 어떤 사람들은 긍정적 정서, 의미, 긍정적 관계 등에 대한 어떠한 것도 얻지 못할지라도 성취나 업적 그 자체가 좋아서 추구한다. 성취란 일시적인 상태로는 업적이며, 확장된 형태로는 '성취하는 인생', 성취를 위해 업적에 전념하는 인생을 의미한다. 성취하는 인생을 사는 사람들은 자신이 하는 것에 자주 몰두하며 종종 쾌락을 추구하고 승리할 때 긍정적 정서를 느끼고, 더 중요한 것을 얻으려고 승리하기도 한다.

(3) 회복탄력성(resilience)

우리는 인생을 살면서 수많은 고난과 역경에 직면하게 된다. 불행한 사건은 항상 행복한 일보다 양도 더 많고 질적으로도 강도가 더 센 것처럼 느껴져서 우리를 좌절하게 만든다. 그래서 많은 사람들이 고난과 역경으로 인해 신체적, 정신적 건강의 악화를 경험하게 된다. 그러나 어떤 부류의 사람들은 고난과 역경을 경험한 후에 더 성숙하고 보다 건강한 모습을 나타내기도 한다. 역사나 소설에 기록된 영웅들, "나에게 닥친 사고를 불운의 시작이라고 보지 않고, 몰랐던 다른 세계를 볼 수 있는 새로운 인생 방향의 전환"이라고 인식했던 한국의 스티븐 호킹으로 불리는 이상묵 교수, 우울증과 가난한 싱글맘으로 고생했던 『해리포터』의 저자인 조앤 롤링 등 그 예는 무수히 많다(김주환, 2011). 이와 같이 자신에게 닥치는 온갖 역경과 어려움을 오히려 도약의 발판으로 삼는 힘을 '회복탄력성(resilience)'이라고 한다. 회복탄력성은 단순한 정신병리의 결여상태가 아니고 그 이상의 긍정적 의미가 포함된 상태이며, 안정된 균형상태를 유지할 수 있는 능력을 의미한다(이현수, 2008).

카우아이섬 종단연구

회복탄력성 연구의 기원은 카우아이섬 종단연구에서 찾을 수 있다. 카우아이섬은 하와이 군도에 속해 있는 인구 3만 명의 조그만 섬이다. 1950년대 이전에 이 섬의 주민들 대다수는 범죄자, 알코올 중독자, 정신질환자였으며, 지독한 가난과 질병이 넘치던 곳이었다. 미국의 연구자들은 어린 시절의 어떤 경험들이 사회적 부적응, 정신질환, 범죄, 질병 등을 일으키는지 알아보기 위하여 1955년에 이 섬에서 태어난 모든 신생아 833명을 대상으로 종단연구에 착수하였다. 임산부와 태아의 모든 가족 구성원에 대한 세세한 자료를 수집하였으며, 30세가 넘는 성인이 될 때까지 연구가 지속되었다. 연구가 종료되었을 때 833명 중 698명의 자료가 유지되었다. 연구 결과, 결손가정 또는 부모가 성격이나 정신건강의 결함이 있었을 때, 아이에게 나쁜 영향을 미친다는 것을 발견하였다. 그리고 부모, 동료와의 관계가 좋은 아이는 자율성과 자기 효능감이 높게 나타났다. 성별 차이로는 여자 아이가 외부적 위험요소에 더 잘 견뎌냈다. 그러나 이러한 결과는 다소 뻔한 것이었다.

[그림 7-2] 하와이 군도의 카우아이섬

Emmy Werner는 본 연구 대상자들을 심층 분석하기 위해 전체 연구 대상자 중 가장 열악한 환경에서 자란 '고위험군' 201명을 집중 분석하였다. 고위험군은, 다른 집단에 비해 더 높은 수준의 학교생활 부적응과 학습장애를 보였고, 폭력사건, 범죄, 정신질환, 미혼모 비율 등이 더 높았다. 그런데 Werner는 뜻밖의 문제점에 봉착하게 된다. 즉 고위험군의 1/3 가량인 72명이 별다른 문제없이 성장하였다는 점이다. 이들에 대한 해석의 곤란함을 극복하기 위해서 Werner는 역경에도 불구하고 무엇이 아이들을 정상적으로 유지시키는가를 밝히고자 노력하였다. 이러한 노력을 통해 Werner는 회복탄력성의 개념을 확립하였으며, 핵심적인 요인은 인간관계임을 밝혔다. 즉 회복탄력성의 특성을 가지고 있는 아이들의 공통점은 아이를 무조건 이해해주고 받아주는 어른이 적어도 한 명은 있었다는 점이다.

회복탄력성의 구성 요소

회복탄력성에 영향을 미치는 요인에 대한 다양한 연구가 진행되었다. 대표적인 요인은, 선천적으로 높은 '낙관주의', 자신이 바라는 욕구를 어느 정도까지 성취할 수 있다고 생각하는 '선천적 희망', 심한 스트레스에 대한 방어 책략인 '내구성', 자신의 결함과 부정적 특성을 현실적으로 수용할 줄 아는 '자기증진', 정서적 기제에 의해 조작되는 '억압적 극복', 그리고 '긍정적 정서와 웃음' 등이 있다(이현수, 2008).

김주환(2011)은 Reivich & Shatté(2002)의 척도를 바탕으로 한국형 회복탄력성 척도를 개발하였다. 회복탄력성 척도는 크게 자기조절능력, 대인관계능력, 긍정성의 요인으로 구성되어 있으며, 이 3요인은 각각 3개의 하위 요인으로 이루어져 있다.

첫째, 자기조절능력은 스스로의 감정을 인식하고 그것을 조절하는 능력을 의미한다. 이는 감정조절력, 충동통제력, 원인분석력의 하위 요인으로 구성되어 있다. 감정조절력이란 스스로의 부정적 감정을 통제할 수 있으며, 긍정적 감정과 건강한 도전의식을 불러일으키는 것을 의미한다. 충동통제력은 기분에 휩쓸리는 충동적 반응을 억제하며, 자신의 동기를 스스로 부여하고 조절하는 힘이다. 그리고 원인분석력은 자신이 처한 상황을 객관적이고 정확하게 파악하여 대처 방안을 찾아낼 수 있는 능력을 말한다.

둘째, 대인관계능력은 타인의 마음과 감정을 재빨리 파악하고 공감함으로써 원만한 인간관계를 맺는 능력을 말한다. 대인관계 능력은 소통능력, 공감능력, 자아확장성으로 구성되어 있다. 소통능력은 인간관계를 진지하게 맺고 오래도록 유지하는 능력을 말하는데, 메시지 전달의 기능인 내용의 차원과 관계 형성 및 유지의 차원을 이해하고 조화시키는 것이 필요하다. 공감능력은 다른 사람의 심리나 감정상태를 잘 읽어내는 능력을 의미한다. 그리고 자아확장성은 자기 자신이 다른 사람과 연결되어 있다고 느끼는 정도인데, 타인과의 관계 속에서 자기 자신을 이해하여 깊고 넓은 인간관계를 유지하도록 돕는다.

마지막으로, 긍정성은 자아낙관성, 생활만족도, 감사하기로 구성되어 있다. 자아낙관성은 자기 스스로의 강점과 장점을 낙관적으로 바라보는 태도를 의미하며, 생활만족도는 행복의 기준 중 하나인 삶에 대한 만족도를 의미한다. 그리고 감사하기는 삶과 주변 사람에 대해 감사하는 태도를 가지는 것을 말한다.

3. 종합 군인 피트니스

미군은 전세계적으로 다양한 전쟁을 수행하면서 외상후 스트레스 장애(PTSD), 우울, 불안, 알콜 중독 등 장병들의 정신건강 문제가 군 내부뿐만 아니라 사회적으로도 큰 이슈가 되었다. 이에 신체적으로 단련된 만큼 심리적으로도 단련된 군대를 육성할 필요성이 제기되었다. 이러한 심리적 단련의 열쇠를 회복탄력성으로 보고, 미 육군 전체를 대상으로 회복탄력성을 측정하고 교육하기 위해 2008년 종합 군인 피트니스(Comprehensive

Soldier Fitness; CSF)가 탄생하게 되었다. 본 절에서는 CSF의 탄생 배경과 그 내용을 살펴본 후, 2012년 개정된 CSF2에 대해서도 알아볼 것이다.

(1) 종합 군인 피트니스(CSF)의 탄생 배경

미군은 이라크전과 아프가니스탄전을 경험하면서 당면 임무를 성공적으로 수행할 능력을 갖춘 군대를 선발하고, 훈련하며, 유지해야 하는 문제에 직면하였다. 그리고 그 이후에도 파병의 기간이 정해져 있지 않거나 예측하기 어려운 복잡한 작전에 투입하는 사례가 빈번하게 발생하고 있다. 현대전은 극심한 기후, 수면 박탈, 문화적 이질감, 신체적 피로, 가족과의 장기적 별거, 그리고 상존하는 부상이나 죽음의 위협 등으로 특징지을 수 있다. 그러므로 이러한 연속적인 스트레스 상황 하에서 장병들이 외상후 스트레스 장애와 자살률의 상승을 보이는 것은 놀라운 일이 아니다(Cornum, Matthews, & Seligman, 2011).

2001년 이후, 164만 명 이상의 미군이 이라크전과 아프가니스탄전에 참전하였는데, 그 중 70% 이상이 외상적 사건에 노출되었다. 10%의 장병들만이 병리학적인 반응을 보인다고 고려하여도, 16만 명 이상이 치료를 요한다고 판단할 수 있다. 그리고 그들이 파병을 마치고 복귀하였을 때, 복귀 장병들이 경험하는 신체적, 심리적 문제들이 다수 보고되었다. 미국의 퇴역군인국에서는 외상후 스트레스 장애, 우울, 약물 중독, 각종 감염 질환과 만성적 증상 등에 시달리는 제대군인들을 선별해야만 했다(Brenner, Vanderploeg, & Terrio, 2009).

현역과 제대군인의 정신건강 문제를 선별하고 관련 서비스를 확충하는 것은 전투 관련 스트레스 장애에 효과적으로 대처하는데 있어서 매우 중요한 일이다. 그러나 지금까지 이러한 접근법은 예방 대신 치료에 집중되어져 왔다. 그런데, 육군과 같은 거대 조직에서 전통적인 진단과 치료에 집중하기보다는 예방적 관점에서 접근하는 것이 더 바람직하다는 의견이 제시되기 시작하였다. 그 중심에 긍정심리학을 기반으로 신체적, 심리적으로 강건한 군대를 육성하여야 한다는 주장이 제기되었으며, 그러한 노력의 최종적인 결과물이 종합 군인 피트니스(CSF)라고 할 수 있다.

CSF는 미 육군 참모총장인 Casey 장군과 참모들, 학자들 간의 일련의 토론을 통해 그 개념이 발전하였다. CSF 프로그램의 핵심은 정신건강 문제에 대한 진단과 치료 노력 대신, 역경에 직면했을 때 더 탄력적으로 대처할 수 있는 기술을 제공하는 데 있다. CSF의 목표는 신체적으로 단련된 만큼 심리적으로도 단련된 군대를 육성하는 것이다. 미 육군은 CSF를 통해 모든 군인들과 그 가족들의 탄력성과 수행능력을 향상시키고자 하였다. CSF 프로그램 속에서 군인들은 지속적인 자기 계발을 통해 특정한 정신적, 신체적 회복탄력성 기술을 시험하고 훈련하며, 신체적, 정서적, 사회적, 영적, 가족적 힘을 증가시키는 훈련을 받을 수 있게 되었다(Cornum 등, 2011).

(2) 종합 군인 피트니스(CSF)의 구성

CSF는 장기적인 전략을 바탕으로 구성되었으며, 다음과 같은 네 기둥 접근법(four-pillared approach)을 취하고 있다(Timmons & Richard, 2013).

1. 평가: 생리학적 측정과 더불어 심리적 웰빙을 측정하는 전반적 평가 도구(Global Assessment Tool; GAT)는 심리적 피트니스의 4가지 영역(정서적, 사회적, 영적, 가족 피트니스)에 대한 일련의 질문들로 구성되어 있다. 모든 장병들이 매년 실시하게 되며, 파병 전에도 실시하여야 한다. GAT 결과는 군인 피트니스 트래커 웹사이트에서 확인이 가능하며, 이는 4가지 영역에 대한 피드백을 제공한다.
2. 온라인 종합 탄력성 모듈(Comprehensive Resilience Modules; CRMs): 이 모듈은 심리적 피트니스의 4가지 영역을 포함하는 20개의 세부 모듈로 구성되어 있다. 각 온라인 모듈의 실시는 15~20분이 소요된다.
3. 마스터 회복탄력성 훈련(Master Resilience Training; MRT) 프로그램: 마스터 회복탄력성 훈련에 참가한 군인들은 8일간 회복탄력성을 유지하고 향상시키는 정신적, 정서적, 신체적 기술을 구축하는 고급 과정을 이수하게 된다. 그들은 CSF에 관련된 리더십에 대한 조언자이며, 장병들을 직접 돕거나 전문적 지원을 하는 임무를 부여받는다.
4. 기관 회복탄력성 훈련(Institutional resiliency training; IRT): 이는 장병 군대교육 시스템에 포함되어 있는데, 1~4시간의 프리젠테이션으로 구성되어 있다. 그 내용은 CSF 프로그램의 4기둥에 대한 개관, 심리적 피트니스의 네 영역, 정신건강의 6가지 능력(자기 인식, 자기 조절, 낙관성, 정신적 민감성, 대표 강점과 연결) 등이 포함된다.

(3) 전반적 평가 도구(Global Assessment Tool; GAT) 개발

GAT는 온라인상에서 군인이 갖춰야 할 바람직한 강점을 묘사하는 105 문항들에 대하여 20분간 실시하는 자기보고식 설문지이다. GAT 개발에는 Seligman과 함께 VIA 대표 강점을 창안했던 미시건 주립대학의 Peterson 교수, 박난숙 교수뿐만 아니라 군 심리학자 등이 참여하였다. 그들은 신뢰도와 타당도가 입증된 기존의 다양한 검사들로부터 관련 문항을 조사하여 GAT를 고안하였다. GAT는 심리사회적 웰빙을 네 가지 영역(정서적 피트니스, 사회적 피트니스, 가족 피트니스, 영적 피트니스)으로 구분하여 측정하고 있다.

GAT는 2009년부터 본격적으로 시작되었는데, 모든 군인은 1년에 1회 이상 GAT 검사를 실시하게 된다. GAT 검사 결과, 계급이 높고 경험이 증가할수록 심리적 피트니스 수준이 높아졌으며, 정서적 피트니스 수준이 높을수록 외상후 스트레스 증상도 감소하는 것으로 나타나는 등 GAT는 그 타당성이 입증되고 있다. 그리고 GAT는 거대한 데이터 저장 시스템인 군인 피트니스 트래커(Soldier Fitness Tracker; SFT)에 연결된다. 이는 미 육군의 모든 현역 정규군, 주방위군, 예비군의 심리적 피트니스를 측정·추적·평가할 목적으로 개발되었는데, 어떤 개인적 자원이 통상적인 건강위험요인에 더해서 건강과 질병 예측을 정확히 알아낼 수 있을 것으로 기대된다.

평가가 종료된 후, 각 장병은 각 개인의 심리적 피트니스 수준에 맞게 조정된 4가지 영역의 피트니스 증진을 위한 온라인 트레이닝 모듈을 이용하는 것이 가능하다. 미 육군의 군인뿐만 아니라 군인의 성인가족, 민간인 직원들도 GAT 수정판과 온라인 트레이닝 모듈을 이용할 수 있다(Seligman, 2011).

(4) 온라인 종합 탄력성 모듈

정서적 피트니스 모듈

정서적 피트니스 모듈의 주개발자는 긍정 정서의 확장 및 축적이론(broaden-and-build theory of positive emotions)으로 유명한 Barbara Fredrickson과 Sara Algoe이다. 이 모듈의 목적은 다양한 정서가 우리를 위해 하는 일과 그 정서를 한층 더 유리하게 이용하는 방법을 교육하는 데 있다. 예방 차원에서 부정적 정서, 두려움, 슬픔, 분노 등도 가르친다. 정서적 피트니스 모듈은 Fredrickson의 긍정적 정서에 관한 로사다 비율(Losada ratio) 최신 연구 결과를 중점적으로 교육한다. Fredrickson과 Losada(2005)는 60여 개의 기업 회의록에 사용된 단어를 조사한 결과, 높은 수행결과를 보인 기업은 긍정적 단어와 부정적 단어의 비율이 최소 3:1에서 최대 6:1임을 밝혀냈다. 로사다 비율은 긍정성 비율(positivity ratio) 또는 고트만 비율(Gottman ratio)로도 알려져 있다.

이러한 이론적 배경을 바탕으로, 정서적 피트니스 모듈은 긍정적 정서를 적극적으로 활용할 것을 주문한다. 긍정성을 경험하는 횟수와 긍정성 지속기간을 늘리는 방법을 찾거나 공동체에서 훌륭한 시민이 되는 법을 가르친다. 그리고 긍정적 정서는 자신의 목표와 일치되는 상황에 주목하여 이러한 상황들을 자원을 구축할 기회로 여기도록 해준다.

사회적 피트니스 모듈

사회적 피트니스 모듈은 미국 시카고대 심리학과 John Cacioppo 교수에 의해 개발되었다. Cacioppo 교수의 주요한 연구주제는 고독이다. 그의 연구에 따르면, 미국 국민의 40퍼센트가 고독의 상태에 놓여 있으며, 이러한 고독은 천천히 주변 사람들에게 전염된다는 점에서 정신건강과 신체건강에 파괴적인 영향을 미치게 된다. 메사추세츠 주의 주민들을 대상으로 한 종단 연구인 프레이밍험 연구를 통해, 한 사람이 고독을 느끼면 2년 뒤 가장 가까운 관계에 있는 사람들 중 52퍼센트가 고독을 느끼게 된다는 점을 밝혔다. 이 효과는 단지 한 단계에만 머무는 것이 아니라, 최대 3단계까지 전파될 정도로 영향이 컸다. 이 점을 고려하면, 슬프거나 외롭거나 분노한 군인 두세 명은 부대 전체의 사기에 악영향을 줄 수 있을 것이다.

사회적 피트니스 모듈은 ‘사회적 회복탄력성’으로 명명되었는데, 사회적 회복탄력성이란 긍정적인 사회적 관계를 조성하고 몰입하고 지속하며 스트레스 요인과 사회적 고립을 견디고 거기서 회복하는 능력을 의미한다. 이를 통해 집단을 단결시키고 집단 전체가 도전에 응할 수 있도록 돕는다. 그리고 사회적 회복탄력성 모듈은 연민, 즉 다른 군인이 느끼는 정서를 알아차리는 능력을 강조한다. 이를 위해 군인들은 미러 뉴런에 대해서 배우고, 자신과 타인의 고통 간의 차이점을 강조하면서도 구별할 수 있게 해주며, 타인의 감정을 정확하게 알아내는 연습을 한다. 또한 프레이밍험 연구에서 밝혀진 정서의 전염성 측면에서, 긍정적인 사기의 전염성과 올바른 리더십을 강조한다. 긍정적인 사기는 훨씬 더 강력하며 부대 전체의 웰빙과 수행을 증진시킬 수 있다. 그러므로 리더는 부대를 지휘할 때 긍정성을 선택하고 부대원들의 웰빙을 키우는 역할을 수행하여야 한다.

영적 피트니스 모듈

영적 피트니스 모듈의 개발은 블링그린 대학의 심리학과 Pargament 교수와 미 육사 행동 과학 및 리더십학과의 교수인 Sweeney 대령이 주도하였다. Pargament와 Sweeney (2011)는 영적 피트니스를 ① 자신의 핵심 자아(core self)를 식별하며 목적과 방향감을 제공할 수 있는 능력, ② 시간이 부족할 때조차 핵심 자아의 실현과 노력을 촉진하는 자원에 접근할 수 있는 능력, ③ 다양한 사람과 세상에의 유대감(sense of connectedness)을 경험할 수 있는 능력으로 규정하였다. 영적 피트니스 모듈은 군인들의 도덕적, 윤리적 덕목을 강화함으로써 도덕적 딜레마를 자주 경험하게 되는 군사 작전에서의 윤리적인 수행을 돕고자 한다. 그리고 더 높은 영성은 더 우수한 군사적 수행과 웰빙, 더 적은 정신질환과 약물 남용, 더 안정적인 결혼 생활과 밀접한 관련이 있다.

영적 피트니스 모듈은 특정한 종교적 프레임에 기반을 둔 것이 아니라 인간의 영성 자체에 기반을 두고 있다. 이 모듈은 군인들이 진실, 자기 이해, 올바른 행위, 삶의 목적을 추구할 수 있도록 지지하고 격려하도록 돕는다. 영적 핵심은 자기 인식, 행위자 인식, 자기 조절, 자기 동기화, 사회 인식 등이다. 자기 인식은 삶의 시급한 의문들을 통찰하기 위한 숙고와 자기 성찰을 수반한다. 행위자 인식은 개인이 자신의 영성 계발 여행을 계속할 책임이 있다고 가정하며, 자신의 결점과 불완전함을 받아들이고 자신이 인생의 주인임을 깨닫도록 돕는다. 자기 조절은 자신의 감정, 생각, 행동을 이해하고 통제하는 능력을 포함한다. 자기 동기화는 개인이 가는 길이 가장 간절한 염원에 대한 깨달음으로 이어질 것이라는 기대를 수반한다. 마지막으로 사회 인식은 인간관계가 인간 정신의 성장에 중요한 역할을 하며, 자신의 신념과 타인의 대안적 관점의 조화를 강조한다.

가족 피트니스 모듈

파병 군인들은 파병기간 동안 가족과의 이별, 그리움, 단절감, 경제적 문제, 배우자의 정절, 가족 구성원의 건강문제, 자녀의 교육문제 등 다양한 가족 관련 스트레스원에 노출된다(Adler, Bliese, & Castro, 2011). 현대전에서는 전장에서도 가족과 연락이 가능한 경우가 많아졌는데, 이는 파병 군인들로 하여금 집안의 여러 문제들로부터 자유롭지 못하도록 하며, 파병 군인들의 우울, 자살, PTSD를 유발하는 주요 원인이 될 수 있다(Seligman, 2011). 또한 파병 군인가족들은 급성, 만성, 일상생활 스트레스원들이 잠재적으로 축적된다. 이러한 다양한 스트레스원들은 종종 서로 상호작용하여 군인가족들의 안녕에 영향을 주는 것으로 알려져 있다(Adler, Bliese, & Castro, 2011). 그러므로 파병 군인들이 원활하게 임무를 수행할 수 있도록 직접적인 도움을 주는 것도 중요하지만, 파병 군인들이 그 가족들과 긍정적인 관계를 유지하고, 가족들 스스로도 잘 적응해서 살아가도록 돕는 것도 군인들의 성공적인 임무 수행에 중요한 요소가 될 수 있다.

가족 피트니스 모듈의 주개발자는 결혼생활 연구 심리학자 부부인 John Gottman과 Julie Gottman이다. 가족 피트니스 모듈의 교육내용은 민간인에게 효과가 입증된 결혼 및 인간관계 기술 교육이 주를 이루고 있다. 신뢰와 안전, 우정과 친밀감을 창조하고 유지하기, 신뢰와 정직 증진시키기, 갈등을 온화하게 건설적으로 다루기, 배우자 위로하기, 관계와 무관한 스트레스 해결하기, 관계를 통해서 PTSD를 외상후 성장으로 전환시키기, 자녀와의 긍정적 관계를 구축하고 유지하기, 효과적인 자녀 훈육 연습하기 등의 기술이 포함된다.

외상후 성장 모듈

군인들은 위에서 언급한 네 가지 모듈의 기본 강의와 고급 강의를 들을 수 있다. 그리고 외상후 성장 모듈을 추가하였는데, 그 중요성에 비추어 모든 군인들이 반드시 교육받도록 하였다. 이 모듈은 PTSD와 외상후 성장(Post-traumatic growth; PTG)에 관한 내용을 포함하고 있다.

이라크 전쟁과 아프가니스탄 전쟁에 참전한 미군 중 20퍼센트의 장병이 PTSD 진단을 받았다. 그러나 어떤 장병들은 비극적 사건을 경험한 후에 그러한 트라우마를 성장의 계기로 삼는다는 사실 또한 밝혀졌다. Tedeschi와 McNally(1995)는 '트라우마와 그것의 심리적 결과를 다루기 위한 투쟁으로부터 얻어지는 긍정적 변화'를 외상후 성장이라고 정의하였으며, 외상후 성장은 삶에 대한 새로운 감사, 새로운 가능성, 향상된 개인적 강점, 타인과의 인간관계 개선, 그리고 영적 변화 등 다섯 가지 영역으로 구성되어 있다.

이러한 개념을 바탕으로 Tedeschi와 McNally 교수는 외상후 성장 모듈을 개발하였다. 외상후 성장 모듈의 주요 내용은 첫째, 자신, 타인, 미래에 대한 믿음이 산산이 부서지는 경험은 아주 정상적인 반응이라는 점을 이해시키며 트라우마 자체에 대한 반응을 이해하도록 돕는다. 둘째, 불쑥 떠오르는 생각과 이미지를 통제하는 기법을 교육하여 불안을 감소시키고자 한다. 셋째, 트라우마를 감추는 것은 신체적, 심리적 증상을 악화시킨다는 점을 이해시켜 건설적인 자기 노출을 돕는다. 넷째, 트라우마 서술하기를 통해 자신의 강점 활용, 인간관계 개선, 영적인 삶의 강화, 감사 등을 표현하도록 한다. 마지막으로, 생활신조와 실천적 태도를 표현하도록 한다. 생존자 죄의식 없이 성장하기, 이타적인 사람이 되기 위한 방법 등이 포함된다.

(5) 마스터 회복탄력성 훈련

마스터 회복탄력성 훈련의 목적은 부대 내에서 직접 군인들을 훈련시킬 전문가를 양성하기 위한 프로그램을 개발하는 것이다. 마스터 회복탄력성 훈련의 원형은 펜실베이니아 대학에서 청소년들을 대상으로 우울증을 예방하기 위한 프로그램으로 운용되었던 펜실베이니아 회복탄력성 훈련이다. 이 훈련의 목적은 청소년기의 일상적인 문제를 다루는 능력을 향상시키는 데 있다. 이 훈련을 바탕으로, 마스터 회복탄력성 훈련이 2009년 12월부터 각 부대에서 선발된 부사관을 대상으로 실시되었다. 매달 150명의 부사관이 펜실베이니아 대학에서 8일간의 교육을 받도록 하였다.

마스터 회복탄력성 훈련의 내용은 강인한 정신 구축, 강점 구축, 견고한 관계 구축의 세 부분으로 구성되어 있다. 첫째, 강인한 정신 구축은 회복탄력성 기술을 배우는 것인데, Albert Ellis의 ABC 모델을 이용한다. 즉 역경 자체보다는 역경(Adversity, A)에 대한 개인의 믿음(Belief, B)이 그 결과(Consequence, C)로서의 감정을 일으킨다는 것이다. 역경(A)의 순간에 드는 생각(B)과 그 생각이 일으키는 감정(C)을 구분할 것을 주문하며, 과잉 일반화와 같은 인지적 오류에 빠지지 않도록 한다. 그리고 재앙적인 사고를 최소화하는 법을 교육하는데, 증거를 수집하고, 낙관주의를 활용하며, 진상을 올바르게 이해하도록 돕기 위해 최악·최선·가능성이 제일 큰 상황을 고려하도록 한다. 또한 마스터 회복탄력성 훈련 기간에 부사관들로 하여금 감사일기를 작성하도록 했는데, 이는 건강, 수면, 인간관계, 수행능력의 향상에 기여하는 것으로 알려져 있다.

둘째, 강인한 정신 구축 기술을 배운 후에는 성격 강점을 교육한다. 미 육군 야전 교범에서 제시하고 있는 리더의 핵심 성격 강점은 충성, 의무감, 존경심, 이타적 봉사, 명예, 진실, 개인적 용기 등이다. 각 부사관들은 온라인 VIA 대표 강점 검사를 받게 되는데, 이는 [표 7-1]에 제시되었던 바와 같이, 지혜와 지식, 용기, 사랑과 인간애, 정의감, 절제력, 영성과 초월성 등 24개의 강점으로 구성되어 있다. 이러한 대표 강점 중 자신의 대표 강점을 확인한 부사관들은 이러한 강점을 활용하여 문제를 해결하는 연습을 실시하게 된다.

셋째, 견고한 관계 구축은 다른 군인 및 가족과의 관계를 강화하는 법을 다룬다. 이는 관계를 구축하는 실용적인 도구를 제공함과 동시에 긍정적인 대화를 가로막는 비합리적인 믿음에 반박할 수 있는 도구를 제공하는 데에 그 목적이 있다. 우선 역할극을 실시하여 적극적이고 건설적인 반응, 소극적이고 건설적인 반응, 적극적이고 파괴적인 반응,

소극적이고 파괴적인 반응 등의 4가지 반응양식을 배우도록 한다. 이에 기반하여 부사관 자신의 전형적인 반응 양식을 이해하도록 하며, 효과적인 칭찬에 대해 설명하고, 확신에 찬 의사소통 방식을 교육받는다.

(6) 기관 회복탄력성 훈련

CSF의 네 번째 기둥은 기관 회복탄력성 훈련이다. 이는 장교와 병사의 전문 군사 교육의 모든 단계에 회복탄력성 훈련을 통합하는 데 초점을 맞추고 있다. 각 커리큘럼이나 교육 프로그램에서 훈련 및 교리 사령부(TRADOC)는 CSF 코스 자료를 학생들의 개발 수준 및 계급/등급에 맞게 조정해 왔다. 예를 들어, 팀 또는 소부대의 리더로 복무하는 방법을 배우기 위해 전사 리더 과정에 참석한 상병은 하사나 중사가 참여하는 상급 리더 과정과는 다른 수준에 초점을 둔 CSF 교육을 받게 된다. 이러한 접근법은 개인의 경력 전반에 걸쳐 회복탄력성을 구축하고, 리더십 및 관리자의 지위에서 자신의 조직을 교육하고 이끌어가는 능력을 갖추도록 준비함으로써 궁극적으로 CSF를 육군 문화의 일부로 만드는 것이다(Timmons & Richard, 2013).

(7) 종합 군인 및 가족 피트니스: CSF2

CSF2 프로그램으로의 발전

미 육군은 각급 부대의 즉응성을 개선하고 개인 및 집단의 회복탄력성을 향상시키기 위해 노력해 왔다. 이러한 노력의 일환으로, 기존의 CSF는 2012년도에 Comprehensive Soldier and Family Fitness(CSF2)로 발전되었다. CSF2 프로그램은 미 육군의 즉응성 및 회복탄력성 캠페인의 핵심이며, 전체적인 피트니스와 심리적 건강의 향상을 위한 육군 문화를 개발하는 데 관여하고 있다(McHugh, 2013). 여기에서는 CSF로부터 변화된 CSF2의 내용을 중심으로 살펴보고자 한다.

강점의 5영역

CSF2 프로그램의 핵심 임무는 장병과 그의 가족, 군무원의 신체적, 심리적 건강과 회복탄력성을 향상시키는 것이며, 5개의 핵심적인 기능 영역인 강점 5영역에 대한 자기평가 및 훈련역량을 제공하여 수행의 향상을 도모하는 데에 있다. 강점의 5영역은

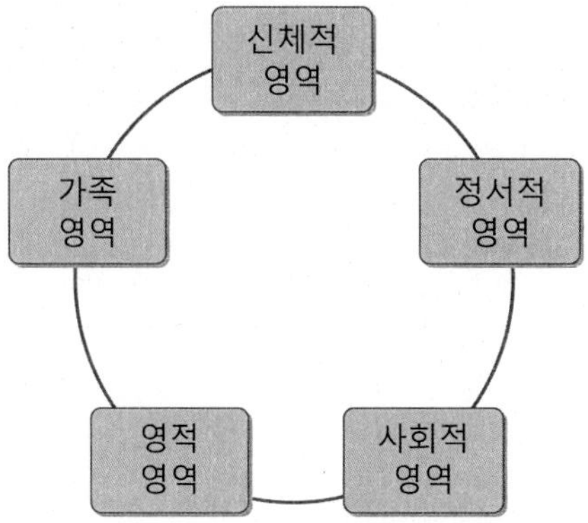

[그림 7-3] CSF2의 강점의 5영역

[그림 7-3]에서 보는 바와 같이, 신체적 영역, 정서적 영역, 사회적 영역, 영적 영역, 그리고 CSF2에서 추가된 가족 영역으로 구성되어 있다.

첫째, 신체적 영역은 연습, 영양과 훈련을 필요로 하는 유산소 운동, 지구력, 힘, 건강한 신체의 구성과 유연성 등이 필요한 신체 활동을 수행하고 향상시키는 데 초점을 둔다. 둘째, 정서적 영역은 자기 통제와 훌륭한 성품을 보여주는 긍정적이고 낙관적인 방식으로 삶의 도전에 접근하도록 해준다. 셋째, 사회적 영역은 생각, 관점, 경험을 편안하게 교환할 수 있는 능력을 포함하여, 개인적으로 충만하며 좋은 의사소통을 기르는, 믿을 수 있고 가치 있는 관계를 발전시키고 유지하도록 돕는다. 넷째, 영적 영역은 자신의 목적, 핵심 가치, 신념, 정체성과 삶의 비전을 이해하도록 돕는다. 이러한 요소들은 역경에 직면했을 때, 내면의 힘을 키우고, 경험의 의미를 부여하며, 윤리적으로 행동하고, 도전을 통해 인내하며, 회복탄력성을 가질 수 있게 한다. 다른 영역과 달리 CSF2의 영적 영역은 희망자에 한해서 실시된다. 마지막으로, 가족 영역은 안전하고 지지적이며 사랑스러운 가족의 일원이 되도록 돕는다. 그리고 모든 구성원들이 건강하고 안전한 곳에서 살기 위해 필요한 자원을 제공한다.

CSF2 프로그램의 다섯 기둥

CSF2 프로그램의 다섯 기둥은 [그림 7-4]에 제시된 바와 같이, 마스터 회복탄력성 교관, 전반적 평가도구, 종합 회복탄력성 모듈, 기관 회복탄력성 훈련, 수행 향상 훈련 등이다.

첫째, 마스터 회복탄력성 교관은 CSF2에서 10일 과정으로 개편된 마스터 회복탄력성 훈련의 졸업자들을 의미한다. 마스터 회복탄력성 훈련의 과정은 회복탄력성 중심 역

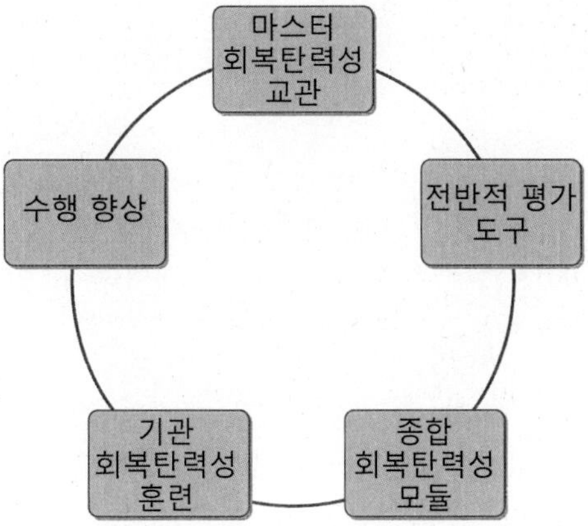

[그림 7-4] CSF2 프로그램의 다섯 기둥

량과 기술, 삶의 주기와 파병 주기의 회복탄력성 훈련 등으로 구성되어 있다. 마스터 회복탄력성 교관은 모든 지휘 수준에서 회복탄력성 훈련에 관한 지휘관의 조언자의 역할을 하게 된다.

둘째, 전반적 평가 도구인 GTA 2.0은 강점의 5영역을 평가하며, 각 개인이 이 결과에 기반하여 종합 회복탄력성 모듈을 활용할 수 있다. 장병들은 GTA 결과가 소멸되면, 파병상태가 아닌 이상 매년 GTA 2.0을 실시하며, 그 결과는 다른 누구에게도 노출되지 않는다.

셋째, 종합 회복탄력성 모듈은 강점의 5영역에 대한 온라인 강의를 의미한다. 각 영역의 점수에 따라 추천되며, 영적 영역은 자율적으로 참여할 수 있다. 지휘관은 예하 부대가 특정한 종합 회복탄력성 모듈을 마치도록 지시할 수 있다.

넷째, 기관 회복탄력성 훈련은 기초 군사 훈련과 전문 군사 훈련으로 구성되어 있다. 장병들로 하여금 그들의 군경력 내내 군복무와 리더십에 대해 준비할 수 있도록 도와준다. 기초 군사 훈련과 전문 군사 훈련에서의 회복탄력성 훈련은 신병과 초급 지휘관에게 개인적 기술을 제공하며, 중간계급과 고급 지휘관에게는 조직의 회복탄력성 기술과 원칙을 교육한다.

마지막으로, 수행 향상 훈련은 인지적 기술 훈련을 사용하여 개인, 집단, 부대 수준의 수행을 향상시키는 데 초점을 둔다. 수행 향상 훈련의 목적은 개인의 강점, 전문적인 탁월함, 전사 정신의 추구에 필수적인 정신적 기술을 향상시키기 위한 체계적인 프로세스를 사용하여 장병과 그들의 가족, 군무원의 모든 잠재력을 개발하도록 하는 것이다.

참고문헌

권석만 (2008). **긍정심리학: 행복의 과학적 탐구**. 서울: 학지사.

김명소, 김혜원, 차경호 (2001). 심리적 안녕감의 구성개념분석. **한국심리학회지: 사회 및 성격, 15**(2), 19-39.

김주환 (2011). **회복탄력성**. 경기, 고양: 위즈덤하우스.

남기덕, 문양호, 김용주, 고재원, 이현엽, 이태호 (2010). **리더와 상담자를 위한 심리학**. 서울: 박영사.

이현수 (2008). **긍정적 심리학**. 서울: 시그마프레스.

Adler, A. B., Bliese, P. D., & Castro, C. A. E. (2011). *Deployment psychology: Evidence-based strategies to promote mental health in the military*. American Psychological Association. (이정원, 강성록, 김완일, 심호규, 이현엽 역. 《군 스트레스 심리학》. 파주, 경기: 교문사, 2014.)

Aldwin, C. M. (2007). *Stress, coping, and development: An integrative approach* (2nd ed.). New York: Guilford. (강성록, 양재원, 유현경, 정유진 역. 《스트레스, 대처, 그리고 발달》. 서울: 시그마프레스, 2015.)

Baumeister, R. F. (1991). *Meanings of life*. New York: Guilford Press.

Bradburn, N. (1969). *The structure of psychological well-being*. Chicago: Adine.

Brenner, L. A., Vanderploeg, R. D., & Terrio, H. (2009). Assessment and diagnosis of mild traumatic brain injury, posttraumatic stress disorder, and other polytrauma conditions: Burden of adversity hypothesis. *Rehabilitation Psychology, 54*(3), 239-246.

Cornum, R., Matthews, M. D., & Seligman, M. E. (2011). Comprehensive soldier fitness: Building resilience in a challenging institutional context. *American Psychologist, 66*(1), 4-9.

Csikszentmihalyi, M. (1990). *Flow: The psychology of optimal experience*. New York: Harper & Row.

Csikszentmihalyi, M. (1997). *Finding flow*. New York: Basic.

Csikszentmihalyi, M. (2000). *Beyond boredom and anxiety*. San Francisco: Jossey-Bass.

Danner, D. D., Snowdon, D. A., & Friesen, W. V. (2001). Positive emotions in early life and longevity: Findings from the nun study. *Journal of personality and social psychology, 80*(5), 804-813.

Emmons, R. A. (1999). *The psychology of ultimate concerns: Motivation and spirituality in personality*. New York: Guilford Press.

Fredrickson, B. L. (2001). The role of positive emotions in positive psychology: The broaden-and-build theory of positive emotions. *American Psychologist, 56*(3), 218-226.

Fredrickson, B. L., & Losada, M. F. (2005). Positive affect and the complex dynamics of human flourishing. *American Psychologist, 60*(7), 678-686.

Jahoda, M. (1958). *Current concepts of positive mental health*. New York: Basic Books.

Kobasa, S. C. (1979). Stressful life events, personality, and health: An inquiry into hardiness. *Journal of Personality and Social Psychology, 37*, 1-11.

Kobasa, S. C. (1982). Commitment and coping stress resistance among lawyers. *Journal of Personality and Social Psychology, 42*, 707-717.

Lazarus, R. S., & Folkman, S. (1984). *Stress, appraisal and coping*. New York: Springer.

Lopez, S. J. (2008). *Positive psychology: Capitalizing on emotional experiences*. New York: Praeger. (권석만, 임선영, 김기환 역. 《긍정심리학: 정서적 경험 활용하기》. 서울: 학지사, 2011.)

Maslow, A. H. (1954). *Motivation and personality*. New York: Harper and Row.

Maslow, A. H. (1968). *Toward a psychology of being*. New York: John Wiley & Sons.

McHugh, J. M. (2013). *Comprehensive Soldier and Family Fitness Program (Army Directive 2013-07)*. Washington, DC: US Army.

Pargament, K. I., & Sweeney, P. J. (2011). Building spiritual fitness in the Army: An innovative approach to a vital aspect of human development. *American Psychologist, 66*, 58－64.

Peterson, C. (2000). The future of optimism. *American Psychologist, 55*, 44-55.

Peterson, C., & Seligman, M. E. P. (2004). *Character strengths and virtues: A handbook and classification*. New York: Oxford University Press and Washington, DC: American Psychological Association.

Reivich, K., & Shatté, A. (2002). *The resilience factor: 7 essential skills for overcoming life's inevitable obstacles*. New York: Broadway Books.

Rogers, C. R. (1957). The necessary and sufficient conditions of therapeutic personality change. *Journal of Consulting Psychology, 21*, 95-103.

Rogers, C. R. (1961). *On becoming a person*. Boston: Houghton Mifflin.

Ryff, C. D. (1989). Happiness is everything, or is it? Explanations on the meaning of psychological well-being. *Journal of Personality and Social Psychology, 57*, 1069-1081.

Seligman, M. E. P. (2002). *Authentic happiness*. New York: Free Press. (김인자 역. 《긍정 심리학》. 서울: 물푸레, 2006.)

Seligman, M. E. P. (2011). *Flourish: A visionary new understanding of happiness and well–being*. New York: Free Press. (우문식, 윤상운 역. 《플로리시》. 서울: 물푸레, 2011.)

Seligman, M. E. P., & Csikszentmihalyi, M. (2000). Positive psychology: An introduction. *American Psychologist, 55*(1), 5-14.

Sheldon, K. (2000). a positive psychology manifesto. http://www.positivepsychology.org/Akumal manifesto.htm. 13.

Tedeschi, R. G., & Calhoun, L. G. (1995). *Trauma & transformation: Growing in the aftermath of suffering*. Thousand Oaks, CA: Sage Publications.

Timmons, I. I., & Richard, F. (2013). *The United States Army Comprehensive Soldier Fitness: A critical look*. Army War College Carlisle Barracks PA.

Vaillant, G. E. (1977). *Adaptation to life*. Boston: Little, Brown.

Vallacher, R. R., & Wegner, D. M. (1987). what do people think they're doing: Action identification and human behavior. *Psychological Review, 94*, 3-15.

제 8 장

전장 심리학

전장 심리학(Battlefield psychology)은 전장 및 전투 상황에서 인간의 심리적, 신체적 기능이 어떻게 반응하는지에 대해 알려준다. 전투 상황은 평상시와 달리 죽음과 부상 그리고 불확실성과 마찰이 난무하는 치명적인 위기상황이다. 이러한 상황에서 인간의 감각과 지각 그리고 인지능력은 정상적으로 작동할 수 있을까? 또한 내분비선과 호르몬 그리고 신경전달물질 등과 같은 신경생리적인 기제들은 제대로 유지될 수 있을까? 적을 죽이고 적으로부터 죽임을 당하는 전투 상황에서 우리의 정서적 기능은 온전할까? 전투 상황에서 야기되는 심리적인 문제들은 어떠한 것들이며, 이러한 문제가 발생하였을 경우 이것을 극복할 수 있는 방법은 무엇인가?

본 장에서는 먼저, 전장 환경에서 심리적인 문제를 유발시키는 주된 요인들은 무엇인지에 대해 살펴보고자 한다. 그리고 전장에서 사람들의 지각능력이 어떻게 왜곡되어질 수 있는지, 추위나 더위와 같은 악천후 기상에서 사람들은 어떻게 반응하는지에 대해 언급하고 각각의 심리적 반응과 그에 대한 대응방안을 모색해 보도록 한다.

1. 전장 환경에 대한 이해

전장은 인간의 가장 기본적인 욕구가 위협받는 곳이다. 시시각각으로 돌발 사태에 적응해야 하며 욕구 충족 수단의 고갈에 시달려야 하고, 신체적·정신적 능력이 극도로 소모되는 곳이 전장이다. 전장에서는 인간의 생리적 욕구 결핍으로 인한 좌절과 공격성의 증가, 생명의 위협에 대한 불안과 공포, 지각능력의 저하 등 평상시와는 전혀 다른 현상들이 인간 행동을 지배하므로, 지휘자가 극한 상황에서의 인간 행동에 대한 이해 없이는 전투를 승리로 이끌 수 없다.

(1) 전장 환경의 개념

전장(Battlefield)은 전투원이 직면하는 특이한 생활공간으로서 개인의 행동이 크게 영향을 받는 심리적인 환경이다. 전장은 분명히 그 곳에 속해 있는 사람들의 치열한 생존 욕구가 작용하는 하나의 생활공간이다. 그러면서도 갖가지 공포와 불안, 극도의 육체적 피로가 극한까지 치닫는 한계 상황이 인간의 모든 가면을 벗기고 적나라한 본성을 드러내는 특수한 공간이다.

그러면 전장의 범위는 어느 정도로 규정해야 할까? 재래식 전쟁이라면 실제 전투가 수행되고 있는 일선 지역만을 전장이라고 할 수 있을 것이다. 그러나 전·후방이 없는 국민 총력전의 개념이 일반화되어 있는 현대전과 정규전 및 비정규전을 배합하는 장차 전의 양상을 고려할 때, 전장의 범위는 전·후방을 포함하여 전쟁 당사국의 전 지역, 즉 지상, 공중, 해상에까지 해당된다고 할 수 있고, 우주 전쟁까지 고려한다면 전장의 범위는 우주에까지 확대될 수 있을 것이다.

그러나 전장은 지역적으로 범위를 정할 수 있는 것이라기보다는 전장에 임해 있다는 특수한 심리가 작용하는 곳이면 모두 전장으로 보는 것이 더욱 합당할 것이다. 예를 들어, 전방 지역에서 상당한 기간 동안 피아 간에 총격전이 있었다고 하자. 총격전에 직접 참여했던 당사자들은 당연히 전장 심리를 체험하였을 것이다. 나아가 이러한 총격전의 소식이 매스컴을 타고 전 국민에게 전파되어 그 결과로 전쟁이 일어날 것이라는 느낌을 국민들이 갖는다면 전장 심리는 전 국민에게 파급될 것이고, 이 순간에 있어서 전장은 국가의 전 지역이 될 것이다. 결론적으로 전장은 전쟁이라는 특수한 상황 속에 처해진 사람들이 그 상황으로 인해 어떤 식으로든 영향을 받는 심리적 공간이다.

(2) 전장 환경의 심리적 영향요소

오늘날 현대전은 과거의 고대나 중세의 전투와 비교해 볼 때, 사뭇 다른 전투양상을 보이고 있지만, 전장 환경에서 전투원들이 느끼는 심리적인 부담감은 시대를 초월해서 거의 유사하다고 볼 수 있다. 1990년대 이후에 치러진 많은 전투에서 참전자들은 한결같이 거의 유사한 반응을 보여주었다. 이러한 사실은 파나마 침공, 걸프전, 소말리아 내전, 크로아티아전, 쿠웨이트전 등에 참가한 군인들을 대상으로 조사한 연구결과들에서 입증되었다(Bartone, 1998). 가장 대표적으로 논의되는 영향요소들을 소개하면 다음과 같다.

[그림 8–1] 전장환경의 심리적 영향 요소

불확실성

심리학적으로 볼 때, 현대전에서 가장 특징적인 부담요인은 급증하는 불확실성이다. 불확실성은 불안감을 조성하며, 불안감은 다른 모든 정신적 기능에 영향을 주기 때문에 가장 근원적인 영향요인으로 보아야 한다(Steiger & Zwygart, 1994).

군인은 전장에 임하는 순간부터 상황의 불확실성 때문에 불안감을 갖게 된다. 전장에서는 익숙하지 않은 지형과 기후에 적응해야 되고, 피아의 목표와 배치, 그리고 정확한 능력이 파악되지 않는 상황에서 전투가 전개되기 때문에 근본적으로 전투 상황은 불확실하다. 지형의 기복은 천차만별이라서 새로운 지역에서 지형을 정확하게 판단한다는 것은 매우 어렵다. 적이 의도를 감추기 위해 사용하는 위장과 기만, 그리고 기도비닉이 전장 상황을 불확실하게 만든다. 아군의 불확실한 상황 판단이나 태만 또는 오만한 마음도 상황을 불확실하게 한다. 아울러 자기의 책임을 회피하기 위한 허위 보고와 전달 과정에서의 왜곡도 전장의 불확실성을 심화시킨다.

1993년 소말리아 전투에 참가한 군인들을 대상으로 조사한 연구에 의하면, 가장 큰 스트레스는 언제 임무가 종료되어 집으로 갈 수 있는지에 대한 불확실성이었다. 그 다음으로는 가족과의 분리, 임무의 애매함, 그리고 신체적 불편함의 순이었다(Gifford, Jackson & Deshazo, 1993).

생명의 위협(죽음과 부상)

전장 환경이 극한 상황으로 심각하게 느껴지는 것은 전투가 생명과 직결되어 있기 때문이다. 전장에서는 지위의 고하를 막론하고 적의 공격이나 포탄에 의한 생명의 위협에서 예외일 수가 없다. 1989년 파나마 침공에 참여한 군인들을 대상으로 조사한 연구를 보면 가장 큰 스트레스 요인은 '직접적으로 전투에 노출'되는 것이었다. 직접적인 전투 노출은 곧 '죽음과 부상' 그리고 '적과의 조우'를 의미한다(Schneider, 1991). 사막의 방패와 폭풍 작전(1990~1991)에 참여한 군인들을 대상으로 조사한 연구에서는 공격작전 직전에 느끼는 가장 큰 스트레스가 '적 포병과 화학무기에 대한 공포', '죽음과 부상의 두려움', '전우의 부상' 등의 순서로 나타났다(Gifford 등, 1996). 한 연구에 의하면 신체일부의 절단에 대한 불안은 상처나 죽음에 대한 불안보다 훨씬 더 크다고 한다.

전장에서 느끼는 불안은 모든 사람이 다 동일하게 느끼는 것은 아니다. 일반적으로 정보가 있고 경험이 많은 경우 불안을 덜 느낀다. 또한 젊고 미혼인 경우 불안이 더 적으며, 병사보다 간부들이 불안을 덜 느낀다. 지능이 낮고 학력이 낮을수록 불안을 더 크게 느낀다.

피로와 고통

전장 환경이 제공하는 가장 견디기 힘든 고난 중의 하나는 정신적 및 육체적 피로이다. 전장에서의 길고도 험난한 행군, 적과의 치열한 교전, 경계, 그리고 여기에서 비롯되는 수면의 부족, 혹독한 더위와 추위, 보급의 불충분으로 생기는 식량과 물자의 결핍 등은 평소에는 예상할 수 없는 고통을 안겨다 주며, 그 결과로 전투병의 의지와 건강을 점차로 마멸시켜 나가게 된다. 아무리 높은 사기와 전투력을 가졌던 부대도 전투를 오래 하다 보면 부대원의 정신적·육체적인 힘이 점점 마멸되어 가는 것을 볼 수 있다. 이러한 현상은 전투에서 승리를 쟁취한 부대나 패배를 하게 된 부대 모두가 갖게 되는 현상이다.

수면 부족의 지속은 전투원들에게 심각한 정신적 손상을 초래하는 요인이다. 24시간

수면 박탈은 수행성과를 저하시키고, 48시간 후에는 심각한 수행상의 저하가 발생하며, 72시간 후에는 거의 바닥에 이르게 된다. 하루 3시간 정도의 수면을 보장받을 경우 9~14일간은 지속적으로 전투를 할 수 있다. 제2차 세계대전의 경우에도 60일간 쉴 새 없이 전투에 참가하는 군인의 98퍼센트는 정신적 사상자가 되었다. 단지 2퍼센트는 공격적인 사이코패스들이었기 때문에 제외되었을 뿐이다.

미 육군의 한 포병대대를 대상으로 한 수면연구 결과에 의하면, 20일 연속으로 매일 깨어 있는 시간에 사격훈련을 실시했는데, 하루에 7시간을 잔 중대는 98%의 임무수행 능률을 보인 반면에 6시간을 잔 중대는 50%, 5시간을 잔 중대는 28%, 그리고 4시간을 잔 중대는 15%에 불과한 임무수행 능률을 보였다.

낯선 자연환경

전투는 자기가 원하지 않은 지형과 기후 조건 그리고 질병과 해충, 야음 등 악조건의 자연환경에서 이루어지는 경우가 많다. 지나친 더위나 추위는 인간의 육체적 활동을 제한하고 심리상태를 위축시켜 전투 능력을 감소시키거나 심지어는 대열에서 이탈하게 만든다. 이러한 기후 조건에서 가장 무서운 것은 병사들이 전투 의지를 상실하고 모든 것을 포기해 버리는 것이다. 특히 혹한과 혹서의 위력은 대단한 것이다. 1812년 나폴레옹의 러시아 원정군 60만 명 중 30만 명을 나폴레옹이 직접 지휘했는데 모스크바에 도착한 병력은 10만도 못 되었다고 한다. 또한 자연의 험준한 지형 및 극도의 기상 조건은 수많은 인명을 일시에 빼앗아 가거나 또는 활동 능력을 마비시킨다.

유언비어

유언비어는 전혀 근거가 없거나 어느 정도 근거가 있더라고 터무니없이 왜곡, 과장되어 입에서 입으로 전달되는 출처 미상의 소문을 말한다. 대체적으로 유언비어는 상황이 불리하거나 유동적일 때, 사건의 근원에 접근하기 어렵거나 적시 적절한 홍보가 결여되었을 때 발생하기 쉽다. 유언비어는 특히 전장에서 여러 가지 중요한 사실에 대하여 비밀이 요구될 때 만연한다. 사람들은 알고 싶은 것이나 의혹에 대해서 자기 나름대로의 가능한 수단을 선택하게 되는데, 이런 가운데서 유언비어는 만연하게 된다. 유언비어는 심혈을 기울여 준비한 계획을 뿌리부터 뒤엎어 버리고, 심할 경우 공황과 패배를 초래한다. 특히 상황이 불확실하고 변화가 많은 전장에서는 대수롭지 않은 유언비어가 허위 조작되어 장병의 심리적 동요를 유발하고 당황하게 하며 사기를 저하시킬 우려가 있다. 실제 상황처럼 그럴듯하게 들리는 유언비어들은 비교적 빨리 전파되어 장병의 신뢰감을 저하시키고 불안을 야기한다.

2. 악조건 하에서의 군사적 수행

전장에서 겪는 과도한 피로와 수면 부족, 그리고 흥분과 긴장은 감각기관의 기능을 저하시키고 판단력을 저하시킨다. 작렬하는 포, 폭탄의 섬광과 폭음은 인간의 시각과 청각에 지나치게 크고 갑작스런 자극을 주므로, 그 기능을 저하시키며 순간적으로는 기능을 마비시키기도 한다. 또 격렬한 행동에 의한 피로와 밀려오는 수면은 신체의 전체적인 기능을 저하시키고, 연관된 감각기관의 기능을 저하시킨다. 전장에서의 각종 굉음은 청각을 피로하게 할 뿐 아니라, 주의를 집중시킬 수 없게 만든다. 또한 극한 기후조건은 인간의 감각기관을 마비시키기도 한다. 본 장에서는 기후조건을 포함한 전장 환경에서 전투원들의 감각기관이 어떻게 작동하는가에 대해 살펴보도록 한다.

(1) 지각능력

지각 왜곡

전투 상황에서 우리의 시각과 청각은 매우 중요한 감각기관이다. 이들은 우리로 하여금 거리를 정확하게 판단하고 위협요인의 위치와 방향을 파악하게 하며, 물체의 형태와 크기를 인식하게 해 준다. 그런데 전투 중에는 마치 약물을 복용한 상태나 수면과 같은 상태를 경험하면서 특히 시각과 청각을 비롯한 감각기관의 지각이 왜곡되어진다.

전투 상황에서는 전반적으로 감각기관이 피로하고 기능이 저하되는 반면에, 심적으로는 심박이 증가하고 긴장되며 흥분된 상태가 지속된다. 사격 조준 행동만 보더라도 가까운 가늠구멍과 그 앞의 가늠쇠, 그리고 멀리 떨어진 물체를 번갈아 보는 분주한 운동을 시킴으로써 눈을 피로하게 하고, 먼지와 건조한 공기도 안구의 윤활 작용을 곤란하게 한다. 피부의 감각도 격렬한 활동으로 인해 둔화된다.

이러한 상태에서 우리의 지각은 왜곡되어 나타날 가능성이 높아진다. 평상시에는 느끼지 못하던 것을 느끼기도 하고, 잘 느끼던 감각도 느끼지 못하는 수가 많다. 그래서 어떤 사람은 전투 중 적탄에 부상을 당하고도 모르고 있다가 전투가 종료된 후에 상처를 발견하기도 하고, 어떤 사람은 스쳐가는 총탄 소리만 듣고도 부상을 입었다고 생각하는 경우도 있다. 또 착각과 환각이 일어나는 경우도 적지 않다. 인간의 감각기관은 정상적인 상태에서도 여러 가지 착각을 일으키는데, 극도로 신경이 곤두서 있는 전장에서 착각이 잘 일어난다는 것은 당연한 일이다. 특히 야간 경계를 하는 보초병들은 시계가 불량한 상태에서 조그만 소리나 움직임에도 신경을 쓰기 때문에 착각을 일으키기 쉽다. 움직이지도 않는 나무나 바위를 보고 사격을 하기도 하고, 짐승이 내는 바스락 소리를 적이 침투하는 것으로 판단하기도 한다.

이 밖에도 수동적인 심리상태에서는 작은 자극을 큰 것으로 오인하는 경우가 많다. 그래서 방어전에서는 자기 정면에 나타난 소수의 적을 대부대로 보고하여 상황 판단에 차질을 빚게 하는 경우도 많다. 착각은 있는 사실을 잘못 판단하는 것이지만, 환각의 경우는 전혀 있지도 않은 사실을 보고 듣게 된다. 심한 수면 부족은 종종 환각을 일으킨다. 수면 부족 자체만도 참기 어려운 것이지만 거기에 피로와 긴장이 겹치면 환상이 나타날 가능성은 더욱 높아진다. 그로 인해 적의 공격이 예상되는 상황에서 경계병이 자신의 환상을 실제로 믿고 그것을 부대 전체에 경고함으로써 부대를 혼란에 몰아넣는 경우도 있다.

한 예로, 1904년에 잘 훈련된 러시아 기병대는 황혼 직후 질서 있는 휴식을 취하고 있었다. 이때 몇 명의 소총수가 휴식을 취하러 밀밭으로 갔는데, 그 중 한 명이 엉거주춤한 자세로 무언가를 보고서 뛰어 나오며 '일본군이 온다.' 라고 소리를 지름으로써 부대는 혼란에 빠졌다. 실제로 일본군은 오지 않았고, 그가 본 것은 아마도 자신의 환상이었을 것이다. 매복 작전 중에도 이러한 현상이 나타나서 매복하고 있던 아군끼리 총격전을 벌이는 경우도 있다.

그로스먼과 크리스텐슨은 『전투의 심리학』에서 전투 중 지각의 왜곡에 대한 설문조사 결과를 다음과 같이 인용하였다. 응답자의 80%가 '소리 감소'와 '터널 시야'를 경험한 것으로 보고하였고, 65%는 '슬로모션 타임'을 보고하였다. 청각적 터널 시야는 심한 스트레스 상황에서 사이렌 소리와 같은 특정 소리가 들리지 않는 현상이다. 결정적으로 중요한 한 가지 소리에만 집중한 나머지 불필요한 소리가 줄어들거나 차단되는 것이다. 이와 유사한 현상은 '청각적 눈 깜박임'인데, 이것은 짧은 순간 동안 시끄러운 소리가 물리적이고 기계적으로 줄거나 차단되는 것이다. 시각적인 터널 시야는 지각 협착(perceptual narrowing)이라고도 불리는데, 스트레스 상황에서 마치 관을 통해 보는 것처럼 시야가 좁아지는 현상이다.

전투 상황이나 위기 상황에서는 기억마저도 왜곡되는 경우가 많다. 총격에 휘말린

경찰관의 21%는 기억 왜곡을 경험한다고 한다. 즉 이들은 벌어지지도 않은 일을 기억한다. 극심한 스트레스 상황에서 자신이 상상했던 장면을 마치 실제로 일어났던 것처럼 기억하는 경우이다. 흔히 동료들을 죽게 한 원인을 제공했거나 부대원들을 실망시켰다고 자책할 경우 전체적인 사건과 장소를 기억하지 못하게 된다.

지각능력의 향상

전투 상황은 우리의 감각 및 지각능력을 저하시키는 경우가 일반적이지만 경우에 따라서는 지각능력이 향상되는 경우도 있다. 총격전 상황에서 갑작스럽게 시각적 선명도가 향상되는 경우이다. 이것은 아마도 최상의 시력을 얻기 위해 인체가 모든 역량을 쏟아 붓는 순간이다. 살인사건 현장에서 마주친 범인의 인상착의를 사진을 보는 것과 같이 세세하게 증언하는 경우도 있다.

색다른 경험은 '슬로모션타임'과 같이 총알이 자신의 몸을 스쳐 지나가는 것을 보는 것이다. 이는 고도의 집중이 영화처럼 자극 대상을 슬로모션으로 인식하는 것이다. 슬로모션은 규칙적으로 나타나는 현상이 아니라 거의 무작위로 나타나는 현상으로 알려져 있다.

전장에서 소리의 감소를 경험하게 되는 비율이 높지만, 응답자의 16%는 총성이 증폭되어 들리는 경험을 하였다. 총격전에 참가한 사람들의 증언에 따르면 기습을 받았을 때 초기의 총성은 매우 크게 들린다고 한다. 그런데 적을 향해 사격을 시작하면서부터 총성은 청각적 터널 시야와 같이 들리지 않게 된다고 한다.

오토파일럿은 위기상황에서 자주 나타나는 현상이다. 평시 잘 훈련된 전투원이 적으로부터 공격을 받을 때 정신없이 대응사격을 하면서 적과 교전하는 경우에 나타난다. 오토파일럿은 이처럼 위기상황에서 거의 무의식적인 반사행동을 하는 것을 의미한다. 검도나 격투기와 같은 무술연습을 할 때, '잊어버릴 때까지 익혀라'라고 말하는데, 이것이 바로 오토파일럿 상태를 의미한다. 거의 생각 없이 자동적으로 반응되도록 숙달연습을 할 경우, 실제 상황에서 무의식적으로 반응을 하는 것을 말한다.

(2) 시간흐름에 따른 변화

Grossman & Christensen(2008)은 그의 저서에서 세계적인 범죄학자인 데이비드 클링어 박사의 연구를 인용하였다. 클링어 박사는 미국의 4개 주 19개 법 집행 기관에 소속된 113명을 인터뷰하였다. 이들은 모두 총격전에서 살아남은 경험을 갖고 있었다. 이 연구의 가장 주된 특징은 총격 사건이 벌어지는 도중과 사건 전후에 경찰관들이 갖는 생각과 느낌을 제시했다는 것이다.

먼저 총격전 사례에서 경찰관들은 '자신에 대한 두려움'을 총격전 이전(35%)보다 총격전 중(41%)에 더 강하게 느꼈으며, 타인에 대한 두려움도 총격전 이전(54%)보다 총격전 중(60%)에 더 크게 느꼈다. 아드레날린 분출도 총격전 이전(44%)보다 총격전 중(55%)에 더 많았다.

터널 시야의 경우에는 총격전 이전에 31% 이었다가 총격전 중에는 51%로 높아졌고, 다시 총격전 직후에는 27%로 낮아졌다. 소리증폭이나 소리감소의 경우에도 총격전 이전보다 총격전 중에 더 높아졌다가 총격전 직후에 낮아지는 패턴을 보였다.

공수부대 훈련과정에서 병사들의 불안강도를 측정한 연구에 의하면 비행기를 탑승한 이후보다도 탑승하기 전 단계에서 더 강한 불안을 느낀다. 따라서 훈련병들의 불안 완화를 위한 활동들은 탑승 이후보다도 탑승 이전에 실시되는 것이 더 효과적이다.

(3) 악천후에서의 군사적 수행

기후가 전투원들의 수행에 미치는 영향을 검토한 대표적인 연구는 Kobrick과 Johnson(1991)의 연구이다. 이들은 강한 추위와 더위에 대한 인간 신체의 반응을 정확하게 측정하고자 하였다. 물론 특정 기후조건 하에서 사람들의 수행성과를 정확하게 측정하는 것은 쉬운 일이 아니다. 왜냐하면 고온상태라 하더라도 온도와 습도, 바람, 그리고 노출 시간 등이 복합적으로 작용하고, 또한 심리적인 스트레스와 신체적인 부담이 일치하여 나타나는 것이 아니기 때문이다. 한 연구에 의하면 고온에서 두 시간 동안 느끼는 스트레스 강도는 일반적인 온도에서 6시간 동안 작업할 때 받는 스트레스 강도보다 더 나쁘지 않았다. 그럼에도 불구하고 고온과 추위에서 나타나는 수행상의 특징에 대해 살펴보는 것은 전투를 준비하는 차원에서 큰 의미를 갖는다.

고온에서의 수행

인간의 신체는 복잡한 열 조절 시스템을 갖고 있으면서 체온을 항상 섭씨 37도를 기준으로 ±2℃를 유지하려 한다. 그런데 약 ±6℃정도의 변화가 발생하면 신체기능에 심각한 손상을 입게 된다. Kobrick과 Johnson은 열과 추위에 의한 스트레스가 심리적 수행에 미치는 효과를 50년 동안 연구하였다. 열에 관한 연구사례를 보면, 경계근무는 습도가 낮은 29℃에서 가장 좋은 성과를 나타냈고 32℃이상이 되면 부정적 영향을 받았다. 더위의 한계는 인간의 경우 약 65℃까지라고 하며, 이 이상의 온도에서는 생명유지가 곤란하다고 한다.

기본적으로 열은 작업의 수행성과에 부정적인 영향을 미치는데, 특히 지속적인 노력이 요구되거나 낮은 각성상태를 요구하는 과제 그리고 반복적이고 지루한 성질의 과제에 더 많은 영향을 미친다(예: 경계 근무, 일상적인 작업, 당직근무 등). 하지만 흥미롭고 특이한 과제의 경우 더위가 미치는 영향력은 약해진다. 더위는 직무능력이 우수한 사람들보다는 미숙한 사람들에게 더 큰 영향을 미친다. 즉 잘 훈련된 병사일수록 더위의 영향을 덜 받는다.

고온지역의 경우 신기루나 아지랑이 등으로 인한 시각적 왜곡이 나타나고, 눈부심 등으로 인한 시력 약화를 유발하여 경계근무나 정찰임무에 영향을 준다. 무더위는 화생방 방호장비 등의 착용을 불편하게 하거나 장기간의 착용을 어렵게 만들기도 한다. 또한 전차나 헬기의 조종석 온도를 상승시켜 정상적인 활동을 저해하기도 한다.

사막에 파견되는 부대의 경우 파견 전에 신체적으로 최상의 상태를 유지하고 사전에 적응훈련을 받아야 한다. 효과적인 적응훈련은 4~5일에 이루어지지만, 완전한 적응훈련은 7~14일에 걸쳐 매일 2~3시간을 고온상태에서 훈련하는 것이다. 특히 고열에 적응하는 데에 있어서 체력이 매우 중요하기 때문에 체력관리에도 신경을 써야 한다.

추위에서의 수행

추위는 근육의 움직임, 특히 손의 움직임에 영향을 미친다. 연구에 의하면 12.7℃ 부근의 온도에서부터 손놀림이나 기민성이 영향을 받는다고 한다. 추위 속에서 기민성의 상실은 촉감의 감소를 가져오고 결과적으로 손으로 무엇을 하고 있는지에 대한 감각 즉, 피드백이 불분명해진다. 기민성을 유지하는 데에 있어서 가장 결정적인 요소는 손의 온도이다. 손을 따뜻하게 유지하는 것이 조작기능을 유지하는 데에 중요하다.

추위는 인간의 신체 활동에 직접적인 영향을 주기도 하지만, 장비나 시설 등의 운영에 지장을 초래하기도 한다. 특히 추위는 물의 저장과 공급에 지장을 주며, 의료지원이나 화장실과 같은 위생시설의 사용을 어렵게 한다. 또한 젖은 옷이나 장갑 등의 장기간 착용에 따라 동상의 위협이 상존하게 된다.

추위에서 견딜 수 있는 인간의 한계점은 어느 정도인가? 겨울 바다 속이나 차가운 폭포 속에서 체온이 35℃ 이하로 내려가면 저체온증으로 정신기능이 둔화되고 환청도 나타나며, 약 6시간 정도 있으면 체온이 30℃ 아래로 떨어져서 가사 상태에 빠지게 된다. 영하 47℃의 추위에는 사람의 얼굴에 얼음막이 생기면서 점차 동상에 걸리고 피부가 갈라진다(이재윤, 2014).

혹한 속에 치룬 대표적인 전투 사례는 6.25 한국전쟁 중의 장진호 전투이다. 1950년 11월 27일부터 12월 11일까지 미국 1 해병사단은 전사상자 3,637명, 비전투 전사상자 3,657명을 기록했는데, 비전투 사상자 대부분은 동상환자였다. 당시 개마고원 장진호 일대는 고도 1,000미터의 산악지형으로서, 낮기온 영하 20도, 밤기온 영하 32도였다. 당시의 혹독한 추위로 인해 중기관총은 반드시 부동액을 채워야 했고 경기관총은 불발을 방지하기 위해 목표가 있건 없건 주기적으로 사격을 해야 했다. 차량도 일정간격으로 가동을 시켜주지 않으면 시동이 걸리지 않았다. 땅 표면도 두껍게 얼어있어 참호를 파거나 축성을 하는 일은 극심한 노동이었다. 가장 큰 문제는 동상 방지였는데 전투나 작업 후에 땀을 흘리고 나면 발과 발싸개 사이에 얇은 얼음막이 생겨 양말을 갈아 신지 않을 경우 대부분 동상에 걸렸다. 부상자를 위한 수혈관이나 모르핀도 얼어버려 사용이 어려웠으며 부상자를 위한 붕대로 함부로 갈 수 없었다. 전투식량도 일일이 녹여 먹을 수 없어서 얼음조각이 있는 상태로 먹었기 때문에 전투 기간 내내 병사들은 심한 장염과 설사에 시달렸다. 계속되는 전투로 침낭에 들어가 잠을 자는 것도 거의 불가능했는데 적의 기습에 대비해서 침낭 속에 잘 때에도 지퍼를 잠그는 것은 금지되어 있었다.

고지대에서의 수행

지대가 낮은 곳에서 생활하던 부대가 고도가 높은 산악지형에 파견될 경우 낮은 대기압에서 발생하는 여러 가지 현상이나 특징들을 유념해야 한다. 대기 중의 산소농도는 약 20.9%로 일정하지만, 낮은 대기압은 공기 중의 산소 압력을 낮추게 되고, 혈액내의 산소포화도를 낮게 만든다. 신체에 공급되는 산소가 부족하게 될 경우 뇌와 근육 등을 비롯한 신체의 여러 부위가 상당한 영향을 미친다. 급격한 고도 상승은 다음의 세 가지 유형의 심각한 산악병(mountain sickness) 증세를 유발한다.

■ 급성 산악병(Acute mountain sickness: AMS)

갑작스러운 고도 증가는 두통, 식욕부진, 불면, 무기력, 메스꺼움, 구토, 일반 불안 등을 유발한다. AMS는 민감한 개인에게서 몇 시간에서 하루 종일 나타난다.

■ 고도 폐부종(High altitude pulmonary edema: HAPE)

높은 고도로 급히 오를 경우, 폐에 구멍이 생기고 혈장이 혈액의 이동을 간섭하여 심각한 저산소증을 유발하고 모세관을 손상시킨다.

■ 고도 뇌부종(High altitude cerebral edema: HACE)

매우 높은 고도로 올라갈 경우, 머리의 혈압을 높이고 뇌혈류를 증가시켜서 출혈을 유발시킨다. HACE가 시작되면 심리적 혼란과 말이 어눌하고 비틀거리게 된다. 급격한 진행은 환상, 운동실조, 불면, 마비, 의식불명, 사망 등으로 이어진다.

(4) 물리적 자극의 영향

청각 소음

군사적 활동에 사용되는 무기와 장비들은 여러 가지 소음을 유발하여 전투원들에게 영향을 미친다. 소총, 기관총, 전차, 대전차포, 비행기, 대포, 폭발물 등은 매우 높은 수준의 소음을 제공한다. 이들은 전투원들의 청각 기능 손상을 초래하고 음향소통을 방해하며 다른 부가적인 스트레스를 유발한다. 군사적 용도의 무기와 장비들은 산업장면에서 경험하는 수준보다 훨씬 더 높은 수준의 소음을 생성한다.

비행기 안에서 경험하는 소음은 100~115 dB 정도이며, 엔진 근처에서는 110~120 dB 정도이다. M16소총을 사격하는 군인이 느끼는 소음 수준은 160 dB이며, M-198 howitzer를 사격하는 승무원들은 약 185 dB의 강도를 경험한다. 견착하고 사격하는 대전차 미사일의 경우 더 높은 강도를 경험한다.

소음은 낮은 수준에서는 사람들의 각성상태에 영향을 주어서 단순한 업무수행의 성과를 향상시켜주지만, 한계수준 이상으로 강도가 높아질 경우 업무 수행을 방행하는 결과를 초래한다. 소음상태에 지속적으로 노출될 경우 청각 기능에 심각한 손상을 입게 된다. 손상의 정도는 소음의 진폭과 파장 그리고 소음으로부터 이격 거리에 따라 상이하게 나타난다.

진동

진동(vibration)의 영향은 기계적, 신체적, 심리적 영향이 상호작용하여 복합적으로 나타난다. 진동은 어떤 특정한 신체 부위를 손상시키는 것은 아니지만, 진동의 강도가 큰 경우 신체 전반에 걸쳐 손상을 유발시킬 수 있다.

3. 전장상황에서의 심리적 반응과 관리

일상적인 상황에서 우리의 뇌는 정상적으로 논리정연하게 작동되지만, 일상적인 균형이 와해되는 상황에 돌입하게 되면 뇌의 이성적인 작용에 문제가 발생하게 된다. 특히 생명의 위협을 받게 되거나 다른 존재로부터 공격을 받게 되는 상황에 봉착하게 되면 우리의 감각 및 지각능력이 저하되고, 극도의 불안이나 공포 등 다양한 심리적 반응을 보이게 된다.

그로스만과 크리스텐슨(Grossman & Christensen, 2008)은 기록으로 잘 전달되지는 않지만 전장에서 실제로 흔히 나타나는 현상은 배변과 배뇨조절능력의 상실이라고 한다. 제2차 세계대전에 참가한 미군 전체의 4분의 1이 바지에 배뇨하고, 8분의 1은 배변을 하였다고 한다. 제2차 세계대전에 참가한 미군은 생리적 반응뿐 아니라 정신적 붕괴로 인해 50만 4,000명의 병력을 잃었으며, 60일간 쉴 새 없이 전투에 참가하는 군인의 98퍼센트는 정신적 사상자가 되었다고 한다. 흥미로운 발견은 도심지역에서 수색작전을 수행하는 한 병사가 어느 골목에서 적군 병사와 일대일로 마주친 경우, 병사의 반응이다. 상식적인 수준에서 생각한다면 당연히 보자마자 즉각적으로 사격을 할 것으로 믿는다. 그러나 실제 상황에서는 일순간 모든 기능이 정지되어 버리면서 쉽게 사격을 할 수 없게 된다고 한다.

제2차 세계대전의 영웅 조지 패튼(George S. Patton) 장군은 불안과 공포에 대해 다음과 같이 말하였다: "용기를 겁이 없다고 정의한다면, 난 용기 있는 사람을 단 한명도 보지 못했다. 모든 인간은 겁을 먹는다. 영민한 사람일수록 더 불안을 느낀다. 용감한 사람은 불안을 느끼면서도 이를 극복하는 사람이다." 그렇다. 불안은 약하거나 겁쟁이의 표식이 아니라 극히 정상적으로 위험하거나 위협받는 상황에서 나타나는 심리적 반응이다.

그렇다면 불확실성이 난무하고 생명을 위협받는 전장 상황에서 우리의 지각 및 인식능력은 어떻게 영향을 받게 되는가? 우리의 정서상태는 어떻게 변해 가는가? 그리고 우리의 행동 반응은 어떻게 나타나는가? 전장 상황에서 전투원들에게 나타나는 스트레스 반응은 어떤 것들인가? 이곳에서는 먼저 전장 상황에서 전개되는 기본적인 심리적 과정에 대해 살펴본 다음 개별적인 심리적 반응들에 대해 살펴보기로 한다.

(1) 불안과 전투 스트레스 반응

전장 상황에서 마주치게 되는 위협과 위험은 기본적으로 사람들에게 불안을 느끼게 한다. 불안은 생명이 위협받고, 언제 어떤 일이 전개될지 예측하기 힘들며, 상황을 통제하기 힘들고 육체적인 피로가 과다하여 정상적인 심신상태를 유지하기 힘든 전장 상황에서 가장 쉽게 갖게 되는 심리상태이다.

전장 상황에서 위협과 위험 등 스트레스 요인에 의해 유발된 불안은 정신적인 반응과 육체적인 반응을 동반한다. 그런데 스트레스 요인이 지속적으로 주어지고 이에 대한 반응에서 한계가 드러날 때 전투 스트레스 반응(Combat Stress Reaction)이 나타난다. 그리고 이러한 반응이 적절하게 극복되지 않고서 상당 기간 지속될 경우 외상후 스트레스 장애(PTSD)로 나타나게 된다. [그림 8-2]는 이러한 과정을 간략하게 도식화한 것이다.

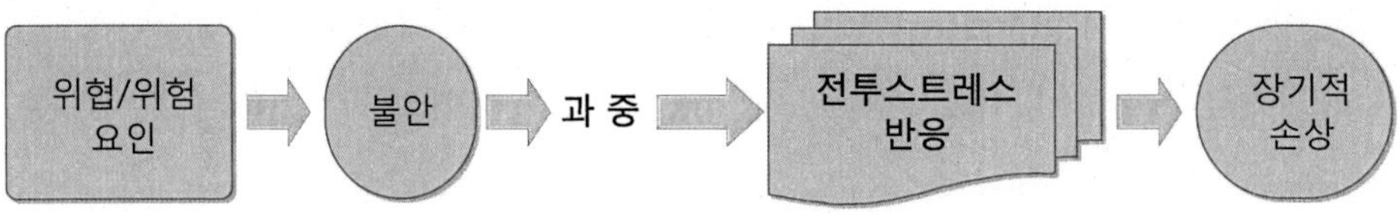

[그림 8-2] 전장 상황에서 전개되는 심리적 반응

전투 스트레스 반응은 불안의 정도가 감당하기 어려운 수준에 이를 경우 나타나는데, 이는 사람마다 그리고 상황에 따라 각기 다르게 나타난다. 전투 스트레스 반응은 대략 4가지 형태로 구분된다(Steiger & Zwygart, 1994).

- 과 반응: 심하게 몸을 떨기, 목적 없이 무의미한 행동, 공격적인 행동, 극도의 흥분상태, 공황 및 도주 행위
- 저 반응: 지연되거나 손상된 지각, 부실하거나 잘못된 판단능력, 사망자와 같은 무딘 감정상태
- 유아기적 행동: 칭얼거리고 말을 더듬음, 울고 친구들에게 매달림, 끊임없이 이야기하기, 웃음을 터뜨리고 도취적
- 자율신경계 장애: 극도로 몸을 떨고 땀을 흘림, 근육긴장, 무력감과 현기증, 호흡곤란과 부정맥, 구토, 대소변 통제 불가

(2) 급성 스트레스 반응

개념

급성 스트레스 반응(Acute Stress Reaction: ASR)은 급성 스트레스 장애(Acute Stress

Disorder: ASD)라고도 부르는데, 이는 전투 현장에서 발생하는 다양한 경험이나 사건에 의해 야기되는 스트레스 반응이다. 급성 스트레스 반응(ASR)은 심리적 영향을 미치는 사건이 발생한 수 30일 미만의 비교적 짧은 기간 동안 스트레스 반응을 보이는 증상에 대해 사용하며, 30일 이상 장기간 증상이 지속되는 경우 외상후 스트레스 장애(Post Traumatic Stress Disorder: PTSD)로 분류한다. 급성 스트레스 반응은 전투로 인한 심리적 외상을 원인으로 하는데, 여기에는 전투중 급조 폭발물 공격을 받았거나, 동료의 심각한 부상이나 사망을 목격한 경우와 같이 심리적으로 심각한 사건들이 해당된다. 급성스트레스 반응은 즉각적인 스트레스 반응과 몇 시간 혹은 몇 주 뒤에 나타나는 스트레스 반응을 포함한다.

증상

즉각적인 스트레스 반응으로서 급성 스트레스 반응은 '상황판단력(Orientation)과 기능성(functionality)' 측면에서 평가된다. 상황판단력은 "이름이 무엇입니까?", "지금 어디에 있는지 아십니까?", "주민등록번호는 무엇입니까?" 등을 질문하여 확인하고, 기능성 측면은 걸음걸이, 수전증 여부, 과호흡 증후군 등 행동상에 이상한 점이 없는지를 관찰하는 것이다.

급성 스트레스 반응은 매우 다양한 형태로 장병들에게 영향을 미친다. 가장 대표적인 증상은 앞에서 설명한 공황(panic) 상태에 빠지는 것이다. 치열한 전투 현장에서 머리를 움켜잡고 마비증상을 보이거나 극심한 스트레스로 인하여 두 개의 감각기관, 즉 시각과 청각에 마비증상을 보인다. 주변을 바라보고 인지하는 시야가 좁아지는 시야 협착증과 일시적으로 외부 소음이 차단되는 터널음(Tunnel Hearing) 증상으로 청각마비 증상을 경험하게 된다. 급성 스트레스 반응에서는 카테콜아민 분비가 급증하고 에너지의 방출이 증가되는가 하면 반사속도와 기억력이 증가되는 긍정적인 영향도 있다. 이 경우 장병은 보이지 않는 힘에 압도당하고 있는 것처럼 무아지경에 빠져 영웅적인 행동을 보이기도 한다.

관리

급성 스트레스 반응에 대한 처방은 시기와 장소 그리고 처방 강도에 따라 그 효과성에 차이가 크다. 급성 스트레스 반응은 기본적으로 신속하게 처리하고, 치료는 현장과 유사한 상황에서 멀리 떨어지지 않은 곳에서 실시하되, 치료 후 곧바로 원대 복귀하게 될 것이라는 목표를 제시하면서, 비교적 간단한 임무를 부여하는 방식으로 이루어져야 한다.

급성 스트레스 반응을 보이는 장병에게 제공되는 치료방법으로는 다음의 네 가지가 추천된다. 첫째는 심리교육이다. 심리교육에서는 심리적 외상에 의한 주요 증상에 대해 미리 교육을 시키고, 본인이 겪고 있는 증상은 극히 정상적인 것으로서 많은 다른 사람들도 비슷한 어려움을 겪는다는 점을 인식시켜 심리적 안정감을 제공한다. 또한 문제 발생 시 지원받을 수 있는 방법을 알게 하고, 대상자들에게 자기효능감과 자기치유력을 갖게 해준다. 둘째는 인지요법으로 대상자가 문제 상황을 인식하게 하고 비판적인 사고력을 배양시키며, 본인과 타인의 외상사건에 대한 의미와 영향에 대한 인식을 전화시키는 것이다. 셋째는 지속적인 노출 치료이다. 이것은 일반적으로 각각 90분씩 총 10회에서 12회 이루어지는 인지행동치료에 기초를 둔 치료방법이다. 넷째는 약물요법이다. 약물요법은 타당성면에서 논란이 있으나, 극단적으로 심각한 반응을 보이는 경우 사용한다(Kennedy & Zillmer, 2012).

외상후 스트레스 장애(PTSD) 예방

급성 스트레스 장애(ASD)가 장기화되면 외상후 스트레스 장애(PTSD)로 발전된다고 하였다. PTSD에 대한 자세한 설명은 10장 테러와 심리학에서 다루게 된다. 따라서 여기에서는 PTSD의 예방과 관련된 내용에 대해 간략하게 살펴보도록 한다.

외상후 스트레스 장애의 예방은 일차적으로는 인간적인 고통을 회피하는 것이며 이차적으로는 건강한 조직 구성원을 유지하는 것이다. 그런데 일차적인 예방(외상적 상황의 회피)은 군사적 상황에서 여러모로 불가능하기 때문에 이차적인 예방 대책들이 강구되어야 한다.

이차적인 예방 대책으로는 적합한 인원의 선발, 충분한 교육 및 훈련, 집단 응집력의 강화, 적절한 지휘 행동, 사회적 지지를 통한 도움 주기 그리고 설명 절차 등을 생각할 수 있다.

먼저, 군대에 필요한 인원들을 선발할 때 외상 후 스트레스에 강한 사람들을 선발하는 것이다. 지금까지의 연구 결과에 의하면, 외상적 사건을 극복하는 데에 성격적인 요소가 강하게 작용한다.

교육과 훈련 그리고 파견과 관련된 준비활동들은 스트레스 상황에서 여러모로 의미를 갖는다. 증가된 기술적 능력, 향상된 강점 그리고 지구력은 개개인의 수행 능력에 대한 자기 신뢰와 믿음을 증가시키고, 이것은 다시 집단 응집력과 스트레스를 감내할 수 있는 준비성에 긍정적인 영향을 준다.

집단 응집력이 높은 부대는 동일한 전투 상황에서 응집력이 낮은 부대보다 PTSD의 발생률이 더 적다.

부대 지휘관의 지휘 행동도 외상후 스트레스 장애의 출현에 영향을 준다. 집단 응집력의 강조, 장기간의 임무 수행 시 인원의 교체, 병사와 스스로가 적절한 수면과 휴식을 조절, 폭넓은 정보제공, 전투 위험의 합당한 분담, 도덕과 신뢰의 요구, 최고의 의료 지원 그리고 마지막으로 모범적인 행동 등이 이에 해당된다.

사회적 지지는 공식적, 비공식적인 부서, 가족, 친구, 이웃, 그리고 도움을 주는 직장 동료들에 의한 기구적, 정서적 도움을 의미하는데, 외상후 사회적 지지가 폭넓을수록 외상후 스트레스 장애가 발발할 가능성이 줄어든다.

마지막으로 중요한 사항 중의 하나는 외상을 경험하고 일정 기간 동안 치료를 받은 병사가 자대 복귀하였을 경우 해당 지휘관이나 책임을 맡은 사람들과 외상 경험과 관련된 대화를 함으로써 외상후 스트레스 장애가 나타날 가능성을 줄이는 것이다.

(3) 공포

개념과 증상

공포는 불안과 더불어 가장 잘 혼용되어 사용되는 용어이다. 공포는 실제적인 위험이 없지만 어떤 대상이나 상황에 대한 불안감에서 야기되어 강박적으로 나타나는 신경증적 증상이다. 공포는 선천적인 측면도 있지만 학습된 경우도 있다. 인간은 기본적으로 보편적인 공포증을 갖고 있는데, 인간에게 가장 흔한 공포의 대상은 뱀이라고도 한다. 인간의 15% 정도는 뱀에 대하여 공포수준의 반응을 보인다. 또한 사람들은 나름대로의 공포증을 몇 가지씩 지니고 있는 경우가 많다. 그런데 두려움과 고통을 유발하는 요인이 사람인 경우, 우리의 정신이 황폐해지고 망가지고 부서진다고 한다(Grossman & Christensen, 2008). 전장에서 가장 큰 위협의 근원은 사람이며, 사람에 의해 이루어지는 여러 형태의 공격행동은 맹수보다 훨씬 더 위협적으로 인식하게 된다.

전장 상황에서 느끼는 공포의 주원인은 대부분 전쟁 그 자체와 죽음과 부상에 대한 불안이나 예기치 못한 사태의 발생으로 인한 불안이다. 공포는 특히 생명에 대한 애착심이 강하거나 생명을 포기해도 좋은 만큼 가치 있는 이유를 갖지 못한 사람에게서 더 크게 나타난다.

공포를 느끼게 되면 먼저 신체적인 반응이 나타난다. 적절한 대응책을 강구하지 못하고 공포에 떨며 우왕좌왕하게 된다. 공포를 느끼는 상황에서는 우선 호흡이 가빠지고 숨이 차며 심장박동수와 혈압이 증가한다. 또한 입안의 침이 마르고 호흡기 점액질이 감소하며, 동공이 확대되어 잘 볼 수 없고 땀이 난다. 이와 같은 신체적인 반응이 나타난 후 부적응적인 행동장애들이 나타난다. 즉, 전투 대열에서 낙오나 도주로 인하여 이탈되거나 적과 조우 시 머리를 땅에 박은 채 꼼짝하지 못하거나 겁에 질려 조기 사격을 하는 경우, 그리고 전사한 것처럼 위장하는 행동들을 보인다.

공포 예방

공포를 예방 또는 제거할 수 있는 방법으로는 어떤 것이 있을까?

먼저, 우선적으로 생각할 수 있는 예방법은 구성원으로 하여금 불안에 대한 면역성을 갖게 하는 것이다. 평시의 강도 높은 훈련이나 실전감 있는 교육은 구성원에게 어느 정도의 부담이 된다. 이러한 부담 상황에서 좋은 결과를 경험한 사람은 재차 유사한 상황이 나타났을 때 스스로를 잘 통제할 수 있게 된다. 예를 들어 전차 기동로에 누워 있는 상태에서 전차가 땅 위를 약간 지나가게 하는 것이다. 또는 벙커 속에 위치한 상태에 실탄 사격을 가하는 것이다.

둘째, 전장 상황에서 사람들이 갖게 되는 여러 가지 심리 현상과 그 원인 및 대책에 대한 이론적 지식을 제공함으로써 자신들의 행동을 자가 진단할 수 있는 능력을 배양시키는 것이다. 공포가 어떤 것인지, 왜 정상적인 사람도 공포에 떨게 되는지 그리고 공포심이라는 것이 지식과 경험을 통하여 극복될 수 있으며 행동을 하면 공포심이 사라지게 될 뿐더러 나아가서는 용감성으로 연결될 수도 있다는 사실 등을 가르쳐 줄 필요가 있다. 또한 공포에 떨고 있다는 사실을 털어놓으면 도움을 받을 수도 있으며, 적도 역시 아군 병사들처럼 두려워하고 있다는 사실도 알려 주어야 한다. 공포는 전쟁에서 누구에게나 일어날 수 있는 자연스럽고도 불가피한 현상임을 이해하는 것이 중요하다.

셋째, 당면 상황에 대해서 정확한 정보를 제공하는 것이다. 알려진 것은 알려지지 않은 불확실한 것보다 무섭지 않은 법이다. 앞으로 당할 수 있는 위험, 피아 화기, 적전술, 전투 양상, 적에 대한 상황 등을 알게 하면 불안 내지는 공포가 줄어든다. 전투원들은 나쁜 내용을 담고 있는 소식이라 할지라도 현재 전쟁이 어떻게 진행되고 있는가에 대한 정확한 정보를 알고 있을 필요가 있다. 상급 부대에서 전달되는 정확한 정보를 알고 있으면 헛소문이나 유언비어에 시달리지 않게 된다.

넷째, 아무 것도 하고 있지 않으면 공포는 더욱 커진다. 일반적으로 동작 준비가 완료되고 시작 신호만 기다리는 순간에 공포가 최고조에 달한다. 따라서 지휘자는 계속적으로 병사들에게 일을 지시하고 빈번한 확인으로 병사들이 시간을 무료하게 보내지 않도록 해야 한다.

[그림 8-3]은 위에서 언급한 제반 활동들을 종합적으로 고려하여 표로 만든 것이다. 평시에 집단 응집력을 강화시키고, 희망과 믿음을 제공하고 신체적 건강과 전술전기를 연마하고 개인적으로 강한 성격을 키우면서 생산적인 리더십을 통하여 전 구성원들 간에 신뢰가 구축될 경우 공포를 극복한 가능성은 극대화될 수 있다.

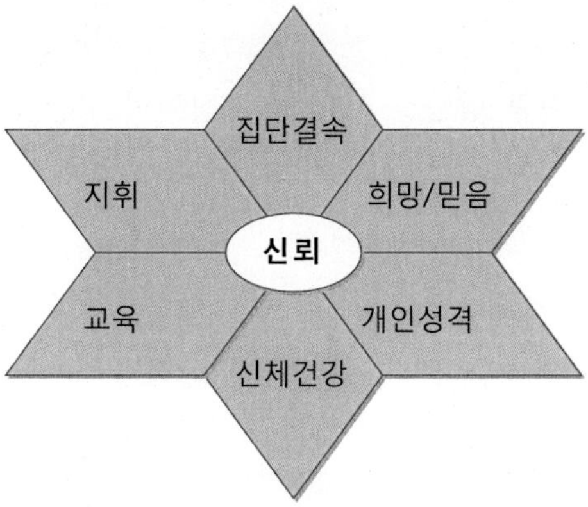

(1) 집단응집력	(2) 희망과 믿음	(3) 개인 성격
- 규칙성(내부지향, 유용성) - 결속력(전우애) - 법/도덕 - 의식/상징 - 자부심 - 1/2차 집단(가족)	- 투입 종료 시점 - 종교 - 착각 - 애국심	- 자기가치감 - 자립심 - 지구력 - 용맹 - 지적 - 유머
(4) 신체적 건강	**(5) 교육**	**(6) 지휘**
- 훈련, 연령, 수면 - 음식, 추위, 더위 - 소음, 소문, 움직임제한	- 지식 - 경험 - 무기 숙달 - 숙련	- 집단 흥미 - 개별 관심 - 지휘 요구 - 압력

[그림 8-3] 공포 예방에 도움을 주는 요인들

공포 응급조치

전장 환경에서 부하가 불안으로 인하여 공포나 공황에 빠진 경우 가장 좋은 방법은 이를 전문적으로 치료할 수 있는 의료진에 의뢰하는 것이 가장 바람직하지만 이러한 조치를 취할 수 있을 가능성은 전장 환경에서 쉽지가 않다. 따라서 리더는 어느 정도의 응급조치 요령을 숙지할 필요가 있다. 다음은 공포심을 제거하기 위한 몇 가지 효과적인 조치들이다.

첫째, 불안을 야기한 물리적 요소를 가능하다면 배제시킨다.

둘째, 대부분의 불안은 간단한 설명이나 지지 발언 그리고 상담을 통하여 어느 정도 제거될 수 있다. 지지적 상담을 통하여 증상을 설명하고, 불안을 조성한 환경적 요인들을 파악한 다음, 이러한 문제 요인들을 극복할 수 있도록 격려한다.

셋째, 여러 가지 근육이완 방법을 사용한다. 신체의 이완은 심적인 불안을 해소시키는 데 효과적이다.

(4) 전투신경증

전투신경증(Combat Neurosis)은 전장에서 발생하는 신경증(일명 노이로제라고도 함)으로서 "전장에서 임무를 완수하지 않으면 안 된다."라는 사명감과 "살아남고 싶다."는 욕구 사이에서 나타나는 갈등상태를 말한다(단 마사아키, 1998). 누구나 전장에서 위험을 느끼고 고통을 느끼지만 그 중에서도 특히 불안과 공포가 커서 전투에 나가기를 두려워하는 병사가 있다고 가정해 보자. 그러나 신체적으로 온전한 사람이 전투를 기피한다면 그는 비겁자라는 불명예스러운 낙인이 찍힐 것이고, 뿐만 아니라 군령을 거역하였으므로 군법의 심판을 받아 심지어는 총살까지 당할 수 있다. 그러므로 그는 전투에 참가하기도 두렵고 안 할 수도 없는 갈등 상황에 빠지게 된다. 이러한 심리적 갈등상태에서, 전투에 나가지 않아도 되고 비겁자라는 낙인도 찍히지 않기 위한 무의식적 해결 방책으로 나타나는 것이 신체적으로 전환된 장애이다. 즉, 전장에서 생기는 견디기 힘든 불안을 신체적 증상으로 전환시킴으로써 불안을 방어하는 신경증으로 전환 신경증이라고도 한다.

전투신경증의 일반적인 증상은 크게 두 단계로 구분된다. 첫 번째 단계는 한계점 부근에서 나타나는 전투소모 단계로서 '초조감'이나 '수면장애'가 발생하며, 매사에 무관심해지고 판단력이 상실되는 행동장애도 나타난다. 그러다가 전투소모가 심해지기 시작하면 전장에서 도피 또는 정신적으로 자포자기하게 되는 심리적 이완상태에 직면하게 된다. 또한 전환 반응으로 손, 발, 기타 신체 부위의 마비나, 눈이 안 보이거나 귀가 들리지 않는 등의 감각 상실 증세를 보인다.

(5) 공황

개념

공황(Panic)은 '극심한 공포나 불안에 압도되어 평소의 자제력을 상실하고 방황하거나, 극도의 이상 흥분으로 무기력, 허탈, 무감각하여 공포자극으로부터 무조건 이탈하려고 하는 도피행동'을 의미한다(National Research Council, 1946; 이재윤, 2014). 공황은 불안에서 시작된 장애로서 갑자기 매우 심하게 놀란 나머지 정신이 없는 상태를 말하며, 특히 많은 인원이 극도의 불안상태에서 혼란스러운 도피 반응을 보일 때 사용되는 용어이기도 하다(Dorsch, 1991).

증상

일반적으로 공황상태에 있는 사람에게서 나타나는 신체적, 심리적 증상은 다음과 같다. 호흡이 곤란하고, 심장이 두근거리며, 가슴에 통증을 느끼며, 목에 무엇이 걸린 것 같아 숨이 막히며, 현기증이 나고, 땀이 나며, 몸을 부르르 떤다. 강하게 염려스러운 느낌, 두려움 그리고 멸망이 다가온 듯한 느낌에 빠진다. 자신의 신체 외부와 바깥 세상에 대한 현실감이 상실되고, 통제력을 상실한 듯한 두려움과 미칠 것 같은 느낌, 심지어 죽을 것 같은 느낌이 엄습한다(Davison & Neale, 1986).

전장 상황에서 공황이 발생한 사람들의 행동특징은 크게 두 가지 유형으로 나누어진다. 한 유형은 공포자극으로부터 무조건 이탈하려는 행동이다. 극도의 불안과 공포에 압도되어 평소의 자아통제력을 완전히 상실하게 된 상태에서 불안에 떨며 이리저리 정신없이 오가는 행동을 보인다. 이 상태에서 행동의 유일한 목표는 공포자극으로부터 최대한 멀리 도망가는 것이다. 두 번째 행동유형은 놀라움으로 꼼짝하지 못한 채 부들부들 떠는 행동이다. 거의 제정신이 아닌 것 같은 상태로 모든 기능이 마비된 채 공황의 신체적 반응을 보이는 것이다.

공황에 빠지는 정도에 있어서 개인차가 있는데, 어떤 이는 특별히 놀랄 만한 이유가 있는 경우에 간혹 한 번 정도 공황상태에 빠지는가 하면 선천적인 비관론자들은 쉽게 공황 상태에 빠지게 된다. 일상생활에서 슬픈 분위기의 사람이 비교적 쾌활한 사람에 비해 쉽게 공황상태에 빠진다. 애매모호한 조명, 안개, 어둠, 폭풍, 천둥, 숲속이나 인가에서 전투 시, 피해가 클 경우, 소문으로만 들었던 적의 신무기 등은 공황의 발생을 용이하게 하는 환경요소들이다.

공황 예방

공황의 발생을 사전에 예방할 수 있는가?

첫째, 평시에 상급자가 일상생활 속에서 자신의 부하들을 철저히 분석하는 것이다. 그리하여 위협받는 상황에서 공황에 빠지기 쉬운 자들을 항상 조심스럽게 관리하거나, 미리 예견하여 그들이 불행한 사태를 일으키지 않도록 배치에 신경을 기울인다. 왜냐하면, 이러한 병사들이 다른 훈련된 부대원들을 아주 쉽게 그리고 순식간에 공황상태에 빠뜨릴 수 있기 때문이다. 때문에 장교와 하사관들은 힘든 부대 훈련 시 어떤 병사가 잠재적인 공황 유발자인가를 주의 깊게 파악해야 한다. 그러나 부하들을 용기 있는 자 혹은 비겁자로 구분해서는 안 되며, 대신에 가능한 한 부하들을 전체적으로 파악하도록 해야 한다. 이러한 노력을 통하여 위급한 상황 발생 시 안심을 해도 될 사람과 주의를 주어야 할 사람을 미리 구분할 수 있다.

둘째, 평소에 강한 훈련과 사기를 유지하여 자신감을 갖게 하는 것이다. 동일한 전장 환경에서도 강한 훈련을 경험한 병사들은 불안감을 덜 느끼게 되고 공황상태에 빠지는 확률이 더 적다고 한다. 적절한 정보제공, 휴식, 정신교육 등을 통하여 사기가 고양된 부대는 혼란한 상황에서도 개인들의 심리적 손상이 적다.

셋째, 공포심에 대해 학습하고 대비하여 공황 발생을 예방하는 것이다. 공포심을 느끼게 되는 상황을 미리 경험케 한다거나 그러한 상황에 대해 서로 논의해 보면서 어떻게 행동해야 하는가를 사전에 준비하도록 하는 것이다. 자신만의 두려움이 아니라 모두의 두려움에 해당된다는 것을 서로가 숙지하는 시간을 갖는 등 사전 대응 활동을 통해 실제 상황에서의 공황장애를 감소시킬 수 있다.

넷째, 심리적 지지를 구축하는 것이다. 위급상황에서 자신을 도와줄 수 있는 동료가 있다는 사실과 의존할 수 있는 사람이 함께 있다는 사실만으로도 공황을 유발하는 자극들을 극복할 수 있게 된다. 구성원들 간의 신뢰, 개인적인 신앙 등도 공포를 극복하고 공황 발생을 예방하는 데에 도움이 된다.

공황 발생시 응급조치

그런데 공황 예방에 실패하였거나 일단 공황이 발생하였을 경우 공황에 대처할 수 있는 방안은 무엇인가?

첫째, 공황이 도피 반응으로 나타난 경우 사용할 수 있는 방법은 단호하게 공황상태를 저지하는 것이다. 공황이 진행 중일 때 사람들은 정신을 잃고 오로지 위험에서 벗어날 목적으로 우왕좌왕 한다. 이때 총성과 같은 높은 강도의 청각 자극을 사용하여 일단 사람들의 주의를 집중시킨다.

둘째, 사람들이 놀라서 옴짝달싹 하지 못하고 있는 경우 사용할 수 있는 방법이다. 한 병사의 불안스러운 행위가 전염병처럼 다른 병사에게 전파되어 전체가 순식간에 공황에 빠지듯이 한 병사의 용기 있는 행위는 곧바로 다른 병사들의 용기를 북돋워 준다. 위험한 상황에서 리더 혹은 구성원들 중 한 사람의 용기 있는 행위는 다른 사람들로 하여금 현재의 공황 상태에서 벗어날 수 있는 기폭제 역할을 한다. 유머와 상황을 전환시키는 언어 사용을 통하여 긴장감을 해소시키고 위험상황으로부터 주의를 분산시킬 수 있다.

셋째, 군대 조직은 일반사회의 조직과는 달리 명령에 대한 절대 복종에 길들여져 있다. 따라서 부대 행동이 와해될 위급한 상황에서는 무기의 사용과 더불어 강력한 명령을 통하여 공황을 극복할 수 있다.

이스라엘군은 1973년 욤키퍼 전쟁에서 수많은 군인들이 심리적 손상으로 인하여 낙오하는 것을 경험한 후, 전장스트레스 반응을 보이는 군인들을 처리하는 기본원칙을 수립하였으며, 1982년 레바논 전투에서 큰 효과를 보았다. 미군도 이러한 원칙을 1991년 걸프전에 적용하여 효과를 보았다. 이들이 활용한 네 가지 기본원칙은 다음과 같다(Steiger & Zwygart, 1994).

- 즉각 조치하라(Immediacy): 정신적인 타격을 받은 사람도 육체적인 부상을 입은 사람과 동일하게 가능한 빠른 시간 내에 치료될 수 있도록 조치한다.
- 전투지역 가까운 곳으로 옮겨라(Proximity): 심리적인 전투반응을 보이는 사람들은 후방 병원지대로 옮기지 말고, 현장과 유사한 환경 속에서 치료받게 한다. 참고로 북아프리카에서 초기 전투 시 미군 환자는 전선으로부터 후방 50마일 이내의 병원에 후송되었는데, 전선에 복귀한 병사는 10%내외였다. 같은 전투지에서 20마일 이내에서 즉시 치료를 받은 극도의 피로 환자의 60%가 전선에 복귀하였다.
- 단순하게 조치하라(Simplicity): 한편으로는 긴 휴식이나 대화처럼 간단한 방법으로 처리하되, 다른 한편으로는 가능한 빠르게 간단한 임무를 부여한다.

- 낙관적이게 하라(Expectancy): 심리적 부상을 입은 사람들로 하여금 올바른 희망을 갖게 하고, 무엇보다도 빠른 시일 내에 본대에 복귀할 수 있다는 점을 확신시켜 준다.

참고문헌

단 마사아키. (1998). 전투 스트레스 극복방안. **'98. 1월호, 육전연구**. 육군교육사령부 번역자료 제99-41호.

이재윤. (2014). **군사심리학의 이론과 실제**. 경기, 파주: 지문당.

Bartone, P. T. (1998). Stress in the military setting. In C. Cronin & S. L. College(Eds.), *Military psychology: An introduction*, (pp. 531-548). Simon & Schuster Custom Publishing.

Gifford, R. K., Jackson, J. N. & DeShazo, K. B. (1993). *Field research in Somalia during Operations Restore Hope and Continue Hope*. Paper presented at the 35th Annual Conference of the Military Testing Association, Williamsburg, Virginia.

Gifford, R. K., Martin, J. A., & Marlowe, D. H. (1991). *Operation Desert Shield: Adaption of soldiers during the early phase of deployment to Saudi Arabia*. Paper presented at the Biennial Conference of the Inter-University Seminar on Armed Forces and Society, Baltimore, Maryland.

Kennedy, C. H., & Zillmer, E. A. (2012). *Military psychology: Clinical and operational applications* (2nd ed.). Guilford Press.

Kobrick, J. L., & Johnson, R. F. (1991). Effects of hot and cold environments on military performance. In R. Gal, & D. Mangelsdorff (Eds.), *Handbook of military psychology*. John Wiley & Sons.

Schneider, R. J. (1991). *Operation just cause survey analyses: Phase III, Final Report*. Fort Detrick, MD: US Army Medical Research and Development Command, PR#DD3RMM-0333-8002-RPC.

Steiger, R., & Zwygart, U. (1994). *Militaerpaedagogik: Ein Leitfaden fuer militaerische Ausbilder und Fuehrer*. Huber Verlag.

제 9 장

심리전

심리전의 역사는 매우 오래전부터 시작되었다. 기습을 통하여 적을 공황상태로 몰아가고, 깃발, 횃불, 나팔, 북 등의 청각적, 시각적 효과를 이용하여 적에게 불안과 공포를 느끼게 하며, 피리소리와 고향에 대한 향수를 불러 일으켜서 전의를 상실케 하는 등 적을 무력화 시키고 아군의 피해를 최소화하는 이 모든 것들이 심리전 활동이다. 이러한 심리전은 고대의 전투에서부터 첨단과학무기와 대량살상무기가 동원되는 현대전에 이르기까지 다양한 형태로 사용되어 왔다. 이미 중국의 춘추시대에 저술된 손자병법의 모공(謨功)편을 보면 '백번 싸워 백번 이기는 것이 잘된 것 중에 잘된 용병이 아니며, 싸우지 않고 적을 굴복시키는 용병이 잘된 것 중에 잘된 용병이다'라는 부전승(不戰勝) 사상이 있다(김원증, 2016). 적으로 하여금 심리적으로 저항의 의지를 상실하게 하고 조직적인 대응을 하지 못하게 하는 전략의 구사를 의미한다. 트로이 목마를 이용하여 적을 기만하고 적의 빈틈을 노려 10여년에 거쳐 시도하였던 트로이성의 함락을 성공시킨 트로이 전쟁도 심리전을 활용한 대표적인 사례이다. 제1, 2차 세계대전을 통하여 적에게 고향에 대한 향수와 가족에 대한 그리움 등을 자극하고 안전과 안락을 보장하는 전단지 등을 뿌리는 활동 등은 우리에게 잘 알려져 있다. 남과 북이 대치상태인 한반도에서도 대남심리전과 대북심리전은 끊임없이 지속되고 있다.

한국군은 1951년 2월 육군본부 작전참모부에 심리전과를 최초로 설치하였으며, 1987년에는 육군본부에 민사심리전참모부가 창설되었다. 1990년 10월에는 합동참모본부에 민사심리전실이 창설되었고, 2005년 11월에는 민사심리전참모부로 개편되었다. 지금은 합참 군사지원본부 민군심리전부에서 심리전과 관련된 업무를 수행한다(최진형, 2013).

본 장에서는 심리전의 개념을 이해하고, 심리전의 기본 원칙에 대해 살펴보고자 한다. 또한 선전과 선동 그리고 세뇌에 대해서 살펴보고자 한다. 마지막에는 현대전에서의 심리전에 대해 소개하고자 한다.

1. 심리전의 개념적 이해

(1) 심리전(psychological warfare)

심리전은 사용하는 주체와 목적 그리고 적용되는 상황에 따라서 다양한 용어들이 사용되고 있다. 먼저 심리전이라고 하면 가장 보편적으로 사용하는 용어가 psychological warfare[1]이다. 여기서 warfare는 공중전(air warfare), 기동전(maneuver warfare), 정보전(information warfare) 등에도 사용되는 용어이다. 심리전이란 용어는 영국의 역사학자이면서 군사평론가인 풀러(J. F. C. Fuller)가 1920년 제1차 세계대전의 교훈을 학문적으로 분석한 논문에서 처음 사용하였다.

심리전에 대한 정의는 [표 9-1]에서 보는 바와 같이 주체마다 조금씩 다르게 표현하고 있지만, 각각의 정의들을 종합적으로 살펴본 결과, 심리전의 대상과 방법 그리고 목표를 고려하여 기술한 다음의 정의가 가장 적절할 것으로 판단된다: 심리전이란 '대적 면에서는 선전, 선동, 포섭, 유언비어, 갈등의 유발 및 확산 등의 자극을 제공하여 적의 내분 및 사기 저하를 유발시키고, 대내적인 면에서는 뉴미디어를 활용한 선전과 설득, 군중심리의 활용을 통하여 국민의 단결과 사기앙양을 도모하며, 대외적인 면에서는 협상과 경쟁적 갈등과 위협을 조성하여 정치적, 경제적 이익을 도모하는 방법'이다(이재윤, 2014). 이처럼 심리전은 전쟁의 포괄적인 개념이며, 그 대상이 적에게만 한정된 것이 아니라 아

[표 9-1] 심리전에 대한 정의들

- Linebarger(1954): 심리전이란 광의에 있어서는 정치적, 경제적 또는 군사적인 모든 조치를 촉진하기 위하여 심리학이라는 과학을 이용한 것이며, 협의로는 대적 선전이나 기타 선전을 보완하는 군사적·외교적·정치적 제반조치의 이용이다.
- 조영갑(1988): 심리전이란 평시나 전시를 막론하고 적대 국가나 그 외 국가, 그리고 대내적으로 국가 목표를 달성하기 위한 국가정책을 수행함에 있어 유리한 감정과 태도와 행위를 조성하기 위하여 사용하는 계획적인 정치·경제·사회·군사적인 제 심리적 활동을 총칭한 개념이다.
- 정치학 대사전(1994): 심리전이란 신문, 라디오, 영화, 인쇄물, 전단, 확성기 등을 매체로 고도의 심리적 기술 및 방법이 총동원된 선전의 전략적, 전술적 응용이다.
- 육군 야전교범 33-1 심리전(1998): 심리전이란 국가 정책의 효과적인 달성을 지원하기 위하여 주체 측 외의 모든 국가 및 집단의 견해, 감정, 태도, 행동을 주체 측이 유리하도록 유도하는 선전 및 기타 모든 활동의 조직적이고 계획적인 사용이다.

1 Warfare는 war와 혼돈되는데 양자는 엄연히 다른 개념이다. 일반적으로 war는 국가와 국가 간의 무력 충돌로 정의된다. 반면에 warfare는 공중, 지상, 해상, 우주, 사이버와 같은 영역에서 수행하는 전투를 의미한다.

측을 포함한다. 또한 심리전은 전시가 아닌 평시에도 운용되는 정치·경제·사회·군사적 인 제반 심리적 활동을 총칭하는 개념이다.

(2) 심리작전(psychological operations)

심리전과 혼용되어 사용되는 용어에는 군사적 운용 측면을 강조한 심리작전(psychological operations)이 있다. 심리작전이라는 용어는 미 해군 대령 자카리아스(E. M. Zacharias)가 일본의 항복을 촉진시키기 위해 작성한 특수작전계획에서 최초로 사용했다고 하며, 1951년 투르만 미 대통령 정부에서는 부처 간 전략위원회를 심리작전 협조위원회로 개칭하여 사용하기도 하였다(최진형, 2013). 한국 합동참모본부의 합동교범에 의하면 심리작전이란 '국방 및 군사작전의 목표달성을 지원하기 위하여 선정된 정보나 기도를 조직적이고 계획적으로 전달하여 상대 국가, 집단, 단체 및 개인의 견해, 감정, 태도와 행동을 주체 측에 유리하게 유도하는 작전'으로 명시하고 있다.[2]

이렇게 보면 심리작전은 작전형태의 하나로 공격작전, 방어작전, 공보작전, 민사작전, 특수작전 등의 용어와 등위의 전술적 차원에서 사용되는 개념으로서 심리전의 하위 개념이라고 볼 수 있다. 참고로 미 육군 특수작전사령부는 2010년 미 국방부의 승인을 받아 심리작전이라는 용어를 군사정보지원작전(Military Information Support Operations)이라는 용어로 변경하였다.[3]

(3) 정보전(Information warfare)

컴퓨터 테크놀로지의 발전과 더불어 IT시대에 들어서서 부상한 개념은 정보(information)이다. 오늘날 정보는 국가안보에 중대한 역할을 차지하며, 특히 전쟁 상황에서는 더욱더 중요하다. 정보를 선점하는 측이 상대에 맞서 우위를 점령할 수 있으며, 정보 획득에 실패한 경우 여타의 군사적인 차원에서 강력한 힘을 갖고 있다 하더라도 그 효과를 살리기 어려워진다. 이에 따라 기존의 심리전이나 심리작전이라는 용어와 더불어 정보전(information warfare)이라는 개념이 자주 등장한다. 미 국방대학교에서 발간한 책자 『What is information warfare』에 보면, 정보전의 범주에 다음의 7가지 전쟁(warfare)에 대

---

2 합동참모본부, (2005), 『합동심리작전』, 합동교범 3-14

3 미군은 심리작전이라는 용어가 조작자의 의미를 부각시킨다는 점과 심리작전이 전개되는 국가의 거부감을 완화시키기 위해서 심리작전이라는 용어를 군사정보지원작전으로 변경하였다.

해 언급하고 있다: ① 지휘통제전(command-control warfare), ② 정보원전(intelligence warfare), ③ 전자전(electronic warfare), ④ 심리전(psychological warfare), ⑤ 해커전(hacker warfare), ⑥ 경제정보전(economic information warfare), ⑦ 사이버전(cyberwarfare). 이에 따르면 심리전은 정보전의 한 영역으로 분류된다.[4] Bloom(1998)은 정보전을 '정치적 목적을 달성하는 데에 도움을 주는 정보의 수집, 보호, 전환 및 조절'이라고 설명한다.

(4) 선전과 선동(Propaganda & Agitation)

구 소련 연방에서 1972년에 발간한 『군사심리학, Military Psychology』에서는 심리전이나 심리작전이라는 용어를 사용하지 않고 있다. 그 대신에 선전(propaganda)과 선동(agitation)의 원리에 대해서 설명하고 각개 장병들이 이러한 선전과 선동에 어떻게 대응해야 하는지에 대한 교육을 강조한다.[5] Gal과 Mangelsdorf(1991)도 『Handbook of Military Psychology』에서 심리전이라는 표현대신에 특별 주제라는 세션을 통해 '선전과 적극적인 수단(Propagnada and Active Measures)'에 대해 언급하고 있다. Boring(1945)은 그의 저서인 『Psychology for the Armed Services』에서 22번째 장 제목을 선전과 심리전(Propaganda and Psychological Warfare)이라고 기술하면서도 내용에서는 선전(Propaganda)을 중심으로 설명하였다. 전체적으로 보면 대부분의 공산권에서는 심리전이라는 개념의 사용보다는 선전과 선동의 개념을 더 중시하고 있다.

(5) 심리전의 유형

심리전은 운용목적, 수행출처 그리고 목표대상에 따라 구분된다(심진섭, 2012).

운용목적에 따른 분류

운용목적을 어디에 설정하느냐에 따라 전략심리전, 작전심리전, 전술심리전으로 구분된다.

- 전략심리전은 국가의 전략적 목표를 달성하기 위하여 합참급 이상의 정부기관에서 수행하는 심리전이다. 쉽게 말하면 전략심리전은 국가적 차원에서 이루어지는

4 National Defense University, 『What is Information Warfare?』, 1990.
5 Military Psychology: A Soviet View, Soviet Military Thought, 1972.

활동이다.

- 작전심리전은 작전(operation) 수준의 목표달성을 위해 군사작전에 기초를 두고 군사령부 또는 군단급 제대에서 수행하는 심리전이다. 작전이 전략과 전술을 연계하는 의미와 같이 작전심리전은 전략심리전과 전술심리전을 연계하는 수준에서 이루어진다.
- 전술심리전은 전술작전을 지원하기 위해 사단급 이하 제대에서 단기적 목표 하에 즉각적인 효과를 기대하고 수행하는 심리전이다(육군본부, 1997).

수행출처에 의한 분류

수행출처에 따라 심리전을 분류하면 백색심리전, 회색심리전, 흑색심리전으로 구분된다.

- 백색심리전은 심리전의 주체가 누구인지 명확한 경우이다. 따라서 백색심리전에서는 사실위주의 정보제공이 이루어진다.
- 회색심리전은 심리전의 주체가 은폐된 경우이다. 이 경우는 누가 심리전의 주체인지 명확하지 않기 때문에 심리전의 목표대상으로부터 저항감을 유발시키지 않는다는 장점이 있다.
- 흑색심리전은 심리전의 주체를 모방 또는 도용하는 경우이다. 미국과 소련을 중심으로 한 냉전시대에 소련의 정보기관에 의해 이루어진 심리전 활동을 마치 미국의 정보기관에 의해 이루어진 것처럼 위장하는 경우이다.

목표대상에 따른 분류

심리전은 목표대상에 따라 대내심리전, 대외심리전, 그리고 대적심리전으로 구분된다.

- 대내심리전은 목표대상이 자국 내의 아군 및 주민이며, 국민들을 결집시키고 민관군의 상호신뢰를 강화시킬 목적으로 제공되는 선전활동이나 홍보활동 등이 여기에 해당된다.
- 대외심리전은 우방국이나 중립국 또는 적대관계에 있는 국가나 집단에 대하여 수행하는 심리전으로 우호관계나 동맹관계를 강화시키고 유지시키는 데에 그 목적을 둔다.
- 대적심리전은 가장 대표적인 심리전으로 적 또는 적국을 대상으로 적의 사기를 저하시키고 저항의지를 약화시키며 내부의 분열과 혼돈을 야기할 목적으로 실시되

는 제반 활동을 의미한다.

2. 심리전의 기본 원칙과 매체

(1) 기본 원칙

심리전은 인간의 심리적 특성을 이용하여 주체 측에 유리한 여건을 조성하고 궁극적으로 추구하는 목표를 달성하는 것이다. 따라서 심리전의 효과를 극대화시키기 위해서는 심리적 특성을 잘 활용해야 한다. 이곳에서는 심리전 활동이 영향력을 행사하기 위해 반드시 고려되어야 하는 기본 원칙들에 대해 설명하고자 한다.

인간의 원초적인 에너지 공략

매슬로우는 인간의 욕구를 단계별로 제시하고 있다. 매슬로우의 이론에 의하면 사람들은 가장 기초적이면서도 강력한 욕구인 생리적 욕구에서부터 가장 최상위 욕구에 해당되는 자아실현의 욕구에 이르기까지 다양한 욕구의 지배를 받는다. 그런데 욕구들 중에서도 가장 원시적이고 폭발력이 강한 욕구는 배고픔, 갈증, 성욕 등으로 표현되는 생리적 욕구이다. 생리적 욕구가 결핍된 상태에서 이러한 욕구들을 자극할 경우 욕구충족을 갈망하는 에너지들은 거의 반사적으로 매우 강렬하게 분출된다. 전통적으로 고착된 전선에 살포되는 삐라나 전단지들은 대부분 생리적 욕구를 자극하는 내용으로 구성되는 경우가 많다. 투항할 경우 따뜻한 식사와 안락한 생활 그리고 여성들과 함께 지낼 수 있다는 기대감을 제공함으로써 적의 저항의지를 약화시키는 것은 고대로부터 현재까지도 자주 사용되는 전형적인 심리전의 예이다.

인간의 정서 자극

인간에게 이성과 정서가 있다면, 심리전 활동은 이성보다는 정서적인 특성을 공략하는 것이 더 즉각적인 효과를 유발시킬 수 있다. 부상이나 사망에 대한 공포감을 공략하거나, 미래의 불확실성에 대한 불안감 등을 강화시키고, 반대로 공포감과 불안감에서 해방될 수 있는 선택방안을 제공한다. 극한 상황에서는 정서적 반응의 지배를 받아 이성적 판단이 약화되기 때문에, 이성적 판단을 유도하는 것보다는 정서적 반응을 촉진시키는 전략이 더 효과적이다.

학습된 자유연상 기제 활용

심리전에 사용되는 매체들의 효과를 극대화하기 위해서는 대상에게 생소한 자극을 제공하기보다는 심리전의 대상들에게 익숙한 자극을 제공하는 것이 더 효과적이다. 최근의 노래를 제공하는 것보다는 과거 어린 시절에 유행했던 노래를 제공하는 것이 고향에 대한 향수를 유발시키는 데 더 효과적이다. 타국에서 전투를 수행하는 적들에게 그들의 고향을 연상하게 하는 그림들은 낯선 배경보다 더 효과적이다. 멀리서 발생된 먼지구름은 이를 바라보는 대상들로 하여금 엄청난 수의 병력이 기동하고 있다고 생각하게 하는 착각을 일으킨다. 왜냐하면 실제 생활하는 과정에서 대규모의 병력이 이동할 때 지면의 먼지구름을 일으키는 경우를 경험하였기 때문이다.

정보의 신뢰도

삐라와 같은 매체에 제시된 정보들이 허위로 나타날 경우 심리전의 대상들은 제공되는 정보를 신뢰하지 않게 되고, 불안이나 공포 또는 기대감이 형성되지 않는다. 대규모의 공습이 있을 것이라는 정보를 제공하여 적으로 하여금 전선을 이탈하거나 투항할 것을 권유하는 삐라가 살포되었으나, 일정 시간 이후에 아무런 공습이 일어나지 않을 경우 허위정보라는 인식이 파급되고 그 이후에 제공되는 정보를 신뢰하지 않게 된다. 따라서 전단지나 삐라 등에 제시되는 사항들은 반드시 후속조치가 취해져야 한다.

지속성

제공되는 정보들이 너무 세세하게 변화되는 것보다는 몇 가지 정보가 지속적으로 제공되는 것이 더 효과적이다. 처음에는 제공되는 정보에 대해 다소 회의적이고 비판적인 입장을 취하더라도 계속해서 반복적으로 제시될 경우 그 사실을 그대로 수용하게 되는 경우가 많다.

문화적 특성

심리전의 대상이 되는 국가, 민족, 사회, 개인의 특성을 고려하지 않은 가운데 실시되는 심리전 활동은 역효과를 제공하거나 실패할 가능성이 크다. 심리전 활동의 효과를 극대화하기 위해서는 심리전 대상의 문화적 특성이나 그들이 중시하는 가치 기준들을 반드시 고려해야 한다. 서양문화와 다른 아랍권의 문화를 고려하지 않은 가운데 실시되는 심리전 활동들이 성과를 거두지 못하였을 뿐 아니라 오히려 더 큰 저항을 불러일으키는 결과를 초래한 사례들이 빈번히 발생한다. 문화적 특성을 잘 이해할 경우 이를 심리전 활동에 사용할 수도 있다. 예로서, 아랍인들은 남성으로서의 모욕감을 주는 자극에 극한 반응을 보이는데, 이를 활용하여 은둔해 있던 적군들로 하여금 스스로 위치를 노출시키게 할 수도 있다.

인지 부조화 유발

인간은 기본적으로 안정된 상태를 추구한다. 인지적 차원에서 한 개인 내에 상호 배치되는 가치기준들이 있다면 이를 불편하게 느끼고, 반대되는 가치를 격하시키거나 부인함으로써 가치체계의 일관성을 유지하려고 노력한다. 이러한 인지적 일관성은 기존의 태도와 일치되지 않는 정보를 회피하게 하며 호의적인 정보를 더 적극적으로 수용하게 한다(Festinger, 1957). 인지적 차원이나 감정적 차원 그리고 행동적 차원이 일치되지 않을 경우에는 인지 부조화를 경험하게 된다. 인지 부조화는 불편함을 제공하기 때문에 이들 차원들 간의 일관성 또는 조화를 이루고자 한다. 일반적으로는 이미 관찰된 행동적 차원보다는 인지적 차원을 바꾸어 일치시킨다고 한다. 그러나 전쟁과 같은 상황에서는 심리전의 대상들에게 인지적 차원과 다른 행동들을 행하도록 유도하기가 어렵다. 따라서 심리전 활동은 정보를 제공하여 행동적 차원보다는 인지적 차원을 공략하는 방안들이 더 선호된다.

(2) 심리전의 기본 논조

심리전에서 심리전의 대상으로 하여금 심리적인 반응을 유발시키는 데에 있어서 결정적인 영향을 미치는 요소는 주제의 전달시 활용되는 논조이다. 심지섭(2012)은 심리전의 주제전달에 사용되는 기본 논조를 다음과 같이 소개하고 있다.

■ 홍보(publicity): 홍보는 뜻을 널리 알리는 보도이다. 뉴스거리들을 각종 매체를 통해 대중에게 알리는 것으로서 공보를 포함한다.

■ 선전(propaganda): 선전은 말, 글, 그림 등 상징적 수단이나 추상적인 개념들을 계획적이고 조작적으로 활용하여 사람들이 갖고 있는 태도, 신념, 가치 등을 통제함으로써 기대한 방향으로 이끌어 가는 전파 기술이다.

■ 선동(agitation): 선동은 사회, 정치, 경제 문제에 대해 사실과 이미지를 사용하여 대중의 정서적(감정적) 반응에 호소함으로써 생각을 행동으로 유도시키는 것이다.

■ 비방(slander): 비방은 남을 나쁘게 말하거나 헐뜯고 욕하는 것이다. 독일연방군에서 1961년 심리전에 대비하여 연방군(Bundeswehr) 장병들을 대상으로 교육시킬 목적으로 작성된 문헌에 의하면 상대방에게 심리적으로 타격을 주기 위한 방책들 중 하나로서 욕설을 소개한다.[6] 대략 B.C. 800년에 고대 그리스 시인 호머는 그리스군과 트로이군의 전투장면에서 안전한 거리를 두고 양군이 서로 대치한 채 상대방을 향해 비방하는 내용을 크게 외치는 장면을 묘사하였다. 이와 유사한 전투장면으로 기원후 800년경 힐데브란트와 그의 아들과의 전투장면에서 그의 아들 하두부란트의 표현을 소개한다. 우리나라에서도 이와 유사한 장면을 묘사한 영화가 상영되기도 하였다. 이처럼 비방은 아군에게는 용기를 주고 적에게는 전투의지를 약화시키는 효과를 갖는다.

■ 비판(criticism): 비판은 태도, 행동, 견해, 정서 등에 대한 옳고 그름을 판단하여 정당성 내지는 타당성 여부를 밝히는 행위이다.

■ 비난(blame): 비난은 남의 잘못이나 흠 따위를 책잡아 나쁘게 말하는 것이다.

■ 독필(spiteful pen): 독필은 남을 비방하고 중상하여 해치려고 하는 악랄한 글을 말한다.

■ 중상(defamation): 중상은 터무니없는 말로 상대를 헐뜯어 명예나 지위를 손상시키는 것이다.

■ 모략(stratagem): 모략은 특정한 개인이나 단체에 누명을 씌워서 몰락 또는 매장시키는 행위로서 허위사실을 날조하여 선전하는 것이다.

■ 기만(deception): 기만은 자국 또는 아군의 내면적 의도나 목적, 능력을 오인 또는 오판하도록 사실을 은폐시키는 방법이다.

■ 날조(fabrication): 날조는 심리전에서 주최측이 어떤 사건이나 사실을 그럴듯하게

6 독일 국방부, 『무기로서 심리학: 심리전의 본질과 형식에 대한 개요』, 1961.

조작하여 특정 개인이나 집단을 모함하는 것으로 공산주의자들의 상투적인 심리전의 수단이다.

(3) 심리전 매체

심리전에서 매체는 선전하고자 하는 내용을 목표 대상자들에게 전달하는 수단들을 의미한다. 의사소통모델에서도 표현하고자 하는 내용을 전달하는 매체에 따라 의사소통의 정확성과 효과성이 달라지는 것과 같이, 심리전에서도 매체는 심리전의 목표달성 정도에 영향을 미친다. 따라서 심리전을 운용하는 입장에서는 심리전의 유형과 목적에 따라 가장 효과적인 매체를 선정하는 것은 매우 중요한 판단과제이다.

심리전에 사용되는 매체는 유/무선 방송, 인쇄물, 시설물, 상징물, 전시물, 인적 활동 등 다양하다. 그런데 심리전에 사용되는 매체들이 효과적으로 운용되기 위해서는 다음과 같은 요건들을 충족시켜야 한다.

첫째, 적합성이다. 심리전에 사용되는 매체를 선정할 경우 목표 대상들의 종교, 연령, 교육수준, 문화적 특성을 고려하여야 한다. 목표 대상들의 특성이 다를 경우 동일한 매체에 대해서도 상이한 반응과 효과가 나타난다. 문맹자들이 많은 지역에 살포되는 선전물이 언어형태로 되어 있다면 메시지의 전달이 어렵다. 방송심리전을 전개하는 경우, 목표대상들에게는 방송을 수신할 수 있는 기기와 기회가 마련되어 있어야 한다.

둘째, 매체의 신뢰성이다. 신뢰성은 일관성과도 관련되어 있다. 계속해서 사용되는 매체들과 다른 매체들에서 전달되는 내용들이 상이할 경우 목표대상들은 그들에게 전달되는 매체를 신뢰하지 않을 가능성이 높다. 2일 뒤에 폭격이 예정되어 있음으로 항복을 권유하는 전단을 살포하였다면, 2일 뒤에 폭격이 이루어져야 전단에 대한 신뢰가 형성된다.

셋째, 적시성이다. 아무리 좋은 매체라 하더라도 시기를 놓치면 효과가 떨어진다. 적의 저항 의지를 약화시키기 위한 매체라면 공격 작전 이전에 전달되어야 한다. 기구나 바람을 이용한 매체의 살포는 기상상태를 고려해야 하며, 또 기상주기에 맞추어 준비되어야 한다.

넷째, 반복과 집중이다. 다양한 심리전 매체가 특정한 주제에 집중하여 운용될 경우 더 큰 효과를 보장받을 수 있다. 방송심리전의 내용과 전단의 내용이 일치할수록 신뢰도가 높아지고 목표대상에게 나타나는 효과가 더 크게 나타날 수 있다. 또한 일회성의 정보 전달보다는 반복적으로 제공될 경우 더 큰 효과를 발생시킬 수 있다.

실제적으로 심리전이 전개되는 경우, 한 가지 매체만 사용되는 것이 아니라 다양한 매체들이 운용된다. 다음에서는 심리전의 가장 대표적인 매체인 방송심리전, 확성기심리전, 전단지심리전, 대면심리전, 물품심리전에 대해서 살펴보도록 한다.

방송

방송을 통한 심리전은 광범위한 지역을 대상으로 적시성 있게 정보 전달이 가능하다. 또한 방송심리전은 수신자들이 쉽게 접촉할 수 있으며, 문맹자들에게도 쉽게 정보를 전달할 수 있는 장점을 갖는다. 특히 흥미를 유발시키는 다양한 프로그램들을 송출할 수 있으며, 음악, 뉴스 등을 통해 감정차원의 조작이 가능하다.

하지만 방송은 고의적인 전파 방해에 취약하고 기상과 지형의 영향을 받는다. 아울러 목표 대상들에게 방송을 수신할 수 있는 수신 기기가 구비되어 있고, 또 자주 접촉할 수 있는 여건이 허용되어야 한다.

확성기

확성기는 대부분 전술 상황이나 후방지역에서 활용되는 심리전 활동으로, 고정식 확성기나 이동식 확성기를 사용하여 적의 의지를 약화시키고 투항을 권유하거나, 내부적인 단결과 참여를 독려한다.

확성기는 적에게 직접적으로 정보를 전달할 수 있다는 점에서 정보전달력이 강력하다. 또한, 차량이나 헬기 등을 이용할 경우 장소에 구애를 받지 않으며, 현장감을 높여준다. 그러나 송출역량에 따라 전달 가능한 거리가 제한적이며, 적의 포격이나 방어방송 등의 방해 활동으로부터 자유롭지 못하다.

전단지

전단지는 한 장의 작은 종이 양면에 주체 측의 선전 내용을 간단한 문자, 그림, 사진 등으로 수록하여 목표대상 지역에 살포하는 매체이다. 전단지는 그 내용에 따라 보도형, 설득형, 지시형으로 구분된다. 전단지를 살포하는 방법은 다양한데, 주로 기구, 항공기, 포 등을 이용하여 살포하지만 직접 살포하기도 한다. 전단지는 과거부터 가장 많이 사용되어 온 심리전 매체로서, 현대전에서도 여전히 가장 많이 사용되고 있다.

전단지는 목표대상자가 그 내용을 이해할 때까지 영구적으로 두루 볼 수 있으며, 휴대하여 타인에게 보여줄 수 있고, 취급이 간편하고 거리와 장소에 제한 없이 대량으로 살포할 수 있다. 하지만 기안, 제작, 살포에 이르기까지 시간 소요가 많고, 타 매체와 비교하여 신속성이 떨어진다는 단점이 있다. 또한 살포된 전단의 회수와 소각이 어려우며, 기상의 영향으로 전단이 상실되거나, 적시적인 살포가 어려울 수 있다.

대면심리전

대면심리전은 인적자원을 활용하여 목표 대상들에게 메시지를 직접적으로 전달하는 방식을 의미한다. 대면심리전을 수행하는 사람은 의지 및 사상이 투명하고 확고한 신념으로 무장되어야 하며, 박식한 전문지식과 임기응변의 기지를 보유하고 있어야 한다.

대면심리전은 목표하는 효과를 즉각적이고 직접적으로 판단할 수 있기 때문에 중간에 계획 수정이 실질적으로 가능하다. 그러나 임무수행을 위한 전문성이 요구되고 이러한 전문성을 보유한 자원을 확보하는 것이 쉽지는 않다.

물품심리전

물품심리전은 목표 대상들에게 필요한 물품을 제공함으로써 그들의 가치체계에 혼란을 야기시키고 궁극적으로는 주체 측이 의도하는 방향으로 행동하도록 유도하는 심리전이다. 물품심리전에 사용되는 물품들로는 기술력의 우위를 증명해주거나, 다른 방식의 심리전에 도움을 주는 것들이 우선적으로 선정되도록 한다. 물품 심리전에서 물품의 제공은 대부분 공중 살포를 통하여 이루어지는 경우가 많다. 공중살포는 항공기를 이용하거나 기구를 활용한다.

3. 선전과 선동

역사적으로 유명한 정치가와 명장들은 자신들의 목적을 실현시키기 위해 각자 나름대로 대중의 심리를 잘 활용하였다. 그들이 대중의 힘을 이용하여 정치적 힘을 조성하는 데에 주로 사용한 기술은 선전과 선동이다. 선전(propaganda)은 말, 글, 그림 등 상징적 수단이나 추상적인 개념들을 계획적이고 조작적으로 활용하여 대중의 인지적, 지적인 측면에 영향을 주는 것이다. 반면에 선동(agitation)은 사회, 정치, 경제 문제에 대해 사실과 이미지를 사용하여 대중의 감정적인 반응에 호소함으로써 생각을 행동으로 유도시키는 것이다. 선동은 선전을 통하여 형성된 상황을 기술적으로 활용하기도 하고, 선전활동 없이도 선동을 유도할 수 있다. 선동은 대중의 가려운 곳을 긁어주고, 아픈 곳을 환기시키며 어루만져주거나, 극히 동정적인 태도를 보이면서 암담한 자신들의 처지를 호소하거나, 분노를 야기하여 폭동과 날조를 조장하고 유언비어를 퍼뜨리거나, 선동조직을 구성하고 앞장 설 지도자를 선택하고 합법에서 불법으로 단계적인 확장을 시도한다. 선전과 선동이 비록 공산주의권에서 선호되는 기법이기는 하나, 민주주의 진영에서도 마찬가지로 선전과 선동에 해당되는 활동들이 끊임없이 일어나고 있다.

(1) 선전

선전의 개념과 특징

선전(Propaganda)이라는 개념에 대해 일반인들은 무언가 불순한 의도를 갖고서 조작된 정보를 제공하는 것과 같은 부정적인 이미지를 갖고 있다. 선전에 대한 연구와 활용이 자유주의 체제보다는 공산주의 체제를 유지하는 국가나 정부에서 더 적극적으로 사용해 왔으며, 보다 더 체계적으로 발전시켜 온 역사적 사건들도 일반인들의 인식에 영향을 주었다. 그래서 선전이라는 단어를 들으면 거짓말(lies), 왜곡(distortion), 기만(deception), 조작(manipulation) 등과 같이 연관된 단어들을 떠올리게 된다. 기존에 제시된 선전에 대한 정의들을 살펴보면 아래와 같다.

- 기호나 표상을 조작하여 인간의 행동, 태도에 영향을 미치는 기술(Lasswell, 1934)
- 개인의 인성에 영향을 주고 개인의 행위를 통제하려는 시도(Doob, 1935)
- 지각을 형성시키고, 인지를 조작하며, 행위를 지시하는 계획적이고 체계적인 시도(Jowett, O'Donnell, 1986)
- 명분을 더 강화시키거나 반대편의 명분에 해를 주기 위하여 계획적으로 전파된 교리, 아이디어, 논쟁, 사실, 주장(New Webster's Dictionary, 1984)

위에서 소개한 다양한 정의들에서 나타난 공통점은 선전에는 반드시 주체자의 의도(intention)된 목표가 있다는 점이며, 이 목표는 단순한 인식의 변화에 그치지 않고 더 나아가 집단행동의 유발에 있다는 점이다. 또 다른 공통점은 선전이 시대와 상황에 따라 사용되는 매체는 다르지만 감정 차원보다는 인지적인 차원을 공략한다는 점이다.

선전의 유형

선전은 주체자와 정보의 진실성에 따라 백색선전, 회색선전, 흑색선전으로 구분된다. 백색선전은 그 출처가 명확하고, 선전내용이 사실적인 경우이다. 평시에 대중매체를 통하여 편향되지 않은 내용이라고 하더라도 반복적으로 제시되는 정보에 일반대중들은 영향을 받게 된다. 주변국의 내전이나 국지전으로 인하여 해당 지역의 사람들이 고통 받는 처참한 모습들을 반복적으로 방송할 경우, 방송을 시청한 사람들은 자연스럽게 국가의 소중함과 현재 자신들의 삶에 감사하는 마음을 갖게 되고 어떠한 경우라도 현 체제를 불안정하게 만드는 세력들에 대해서 공격적인 입장을 갖게 된다. 회색선전은 정보의 출처가 정확히 밝혀지든 그렇지 않든 정보의 정확성이 확실치 않은 선전을 말한다. 1961년 미국의 쿠바 침공사건시에 미국의 소리방송은 이 침공 작전에 미국의 개입을 부인하였는데, 이 경우 미국의 소리방송은 회색선전으로 분류될 수 있다. 흑색선전은 출처를 속이는 선전이다. 독일이 제2차 세계대전 기간 중에 영국인들이 운영하는 것으로 생각하게 하는 방송프로그램을 통하여 전쟁에 관한 편향된 뉴스를 제공하였다. 그런데 사실 이 프로그램은 독일이 의도적으로 만든 비밀 지하 방송이었다.

선전의 원리

김기도(1989)는 선전이 효과적으로 작용하기 위해서 갖추어야 할 원리들에 대해 다음과 같이 소개하고 있다. 첫째, 선전에서 전달하고자 하는 메시지는 간결하고 명쾌해야 한다. '캐치프레이즈'나 '슬로건'도 단순화된 형태이다. 공격대상을 단일화하는 것도 단순화의 원리에 해당된다. 둘째, 상징을 활용한다. 상징은 기호의 일종으로 의식하지 않는 가운데에 보는 사람들에게 영향을 준다. 국기, 제복, 마크 등은 기호이면서 언어를 내포하며 이념과 신념을 제공한다. 또한 상징의 소유는 일체감을 갖게 한다. 셋째, 과장과 왜곡의 원리이다. 선전주체에게 유리한 내용은 과장하는 반면에 불리한 사실은 왜곡 내지는 축소하거나 무시하는 것이다. 넷째, 반복의 원리이다. 선전에서 중심이 되는 주제를 반복하여 되풀이하는 것이다. '거짓말도 큰소리로 반복하면 대중은 이를 믿는다.'라는 말이 있다. 반복이라고 해서 동일한 내용을 반복하라는 의미는 아니다. 중심이 되는 논점은 유지하되 제시하는 내용과 기법을 다양하게 변화시킨다. 다섯째, 이입과 동일시의 원리를 활용한다. 효과적인 선전은 기존의 태도를 포착하고 선전하고자 하는 내용을 기존의 태도와 결합시키는 전술이다. 동일시는 대상자의 어법과 수준에 적합한 말로서 생각과 주장을 표현하는 것이며, 대상이 되는 청중의 환경에 친근함을 보여주는 것이다.

선전 기법들

- 낙인찍기/비방이름 붙이기(name-calling): 상대방의 지도자 또는 추종자들에게 비방적이고 나쁜 칭호를 부여하는 것이다. 비방이름 붙이기는 정치상황에서 자주 사용되는 기법이며, 경쟁회사의 제품에 대해 낙인찍기 기법을 사용할 경우 오히려 부작용이 발생하기 쉽다.
- 화려한 추상화의 일반화(glittering generality): 어떤 대상을 좋은 말로 미화시키는 방법이다. 미국의 루즈벨트 대통령이 자신의 정책을 'New Deal'이라고 자찬한 경우나, '세계화', '문민정부' 등의 슬로건도 여기에 해당된다.
- 전이(transfer): 선전자의 행위가 유명한 사람과 연관되도록 연합시키는 기법이다. 인권을 설파하는 연설자의 배경화면에 링컨의 사진을 클로즈업 시킨다거나, 흡연광고의 배우를 연기파 남성배우를 활용하는 것이다.
- 증언법(testimonial): 대중의 존경을 받거나 인기 있는 인물로 하여금 특정인을 지지하거나 지원 연설하는 기법이다. 유명한 영화배우가 특정한 정치인을 지지하거나, 유명한 은퇴 정치인이 대선 후보를 지지하는 경우이다.
- 서민화 기법(plain folks): 서민과 함께 한다거나 국민의 처지에 항상 관심을 갖는다는 이미지를 구축하기 위하여 연출하는 방법이다. 선거를 앞두고 정치인들이 재래시장을 방문한다거나 농촌에서 모내기에 동참하는 모습을 보이는 경우이다.
- 인기 편승법(bandwagon): 대다수의 사람들이 추구하는 방향이라고 선전하여 동참하지 않으면 불편한 느낌을 갖도록 심리적인 영향을 주는 방법이다. '이 시대의 젊은이라면 이것 하나는 있어야지요!'라는 슬로건이나 '미를 아는 주부는 이것을 선택한다!'라는 광고카피 등으로 추종하게 만드는 기법이다.
- 왜곡선택법(card stacking): 지지하는 일방적인 면만을 부각하고 반대되거나 지지하지 않는 주장이나 증거는 무시해 버리는 기법이다.

(2) 선동

선동의 개념과 특징

선전은 목적달성을 위한 지식의 기초를 구성하는 것이라고 하면, 선동(agitation)은 주최 측에 유리한 방향으로 이끌거나 행동화시키는데 직접적이고 결정적인 방법이다. 네이버 국어사전을 보면 선동은 '남을 부추겨 어떤 일이나 행동에 나서도록 함'이라고 정의되며, 연관어로서 '고무', '책동', '충동' 등이 있다. 두산백과사전에서는 선동을 '문서나 언동으로 사회·정치적 문제에 대해서 대중의 정서적 반응에 호소함으로써 그들을 행동에 동원하는 행위'로 설명된다. 파울 요제프 괴벨스는 "선동은 문장 1줄로도 가능하지만 그것을 반박하려면 수십 장의 문서와 증거가 필요하다. 그리고 그것을 반박하려고 할 때면 사람들은 이미 선동당해 있다"고 하였으며, 아돌프 히틀러는 "대중들은 작은 거짓말보다 큰 거짓말에 더 쉽게 속을 것이다"라고 하였다. 선동가는 문제 자체보다 증오의 대상이나 투쟁 대상인물에 더욱더 큰 관심을 갖는다. 대중의 투쟁열은 조직이나 단체보다도 인간을 향할 때 더 강력하게 작용된다.

선동의 심리전 조건

선동은 선전과 달리 감정적이며 행동화되는 속성을 가지며, 마치 화약고에 불을 붙이는 것과 같다. 선동이 잘 되기 위해서 화약고에 해당되는 대중의 심리상태는 어떤 상태이어야 하는가? 가장 먼저 선전활동에 의해서 공격대상이 되는 주체에 대한 불신감이 팽배해야 한다. 다양한 매체를 통해 일부 검증되었거나 전혀 검증되지 않은 사실들에 의해 형성된 불신감을 자극한다. 대중은 속기 쉬운 존재라는 점을 부각시키거나 이용당하고 있다는 점을 부각시킨다. 둘째, 대중들이 소외감을 느끼고 있어야 한다. 갈수록 빈곤층이 늘어가고 사회의 모든 기회에서 소외된 계층이라는 확신을 갖게 되고, 상대적으로 부자계층이 모든 것을 독식하고 향유하고 있으며, 부유층이 향유하는 그 모든 것들은 본디 자신들의 것이었다는 생각이 강할 때 선동은 폭발적이다. 셋째, 인간의 본능적인 공격성을 자극해야 한다. 전쟁터에서 적에 대해 온건한 태도를 취하는 병사라 하더라도 적에 의해 동료가 피를 흘리게 되는 순간 물불가리지 않는 전사로 급변하는 광경을 쉽게 볼 수 있다. 시위를 진압하는 전투경찰의 경우도 마찬가지이며, 시위를 하는 데모대의 군중들도 마찬가지이다. 시위를 하는 도중에 시위대에 해당되는 한 여학생이 피를 흘리며 부상을 입었다거나 아이가 시위를 제압하는 경찰에 의해 죽음을 당했다는 등의 소식은 군중을 폭발적으로 움직이게 하며, 공격적인 행동을 서슴지 않게 만든다. 넷째, 불만과 불평 그리고 분노의 대상이 단일화될수록 선동에 유리하며 더 강렬한 힘이 분출될 수 있다. 선동가는 대중들에게 단일화된 분노와 불신의 대상을 심어주어야 한다.

선동가의 연설 효과에 영향을 미치는 요인들

선동가의 연설이 성공적이기 위한 조건들은 다음과 같다. 첫째, 주어진 자료에 대한 명료함과 이해이다. 사람들이 경험하는 곤경들에 대해 진실되게 이야기하고 세상에서 벌어지고 있는 일들에 대해 사람들에게 침착하고 현명하게 설명하는 것이 매우 중요하다. 둘째, 진지함과 고삐풀림이다. 진지함은 선동가와 대중들의 동일한 관심사를 도출시키고 경험의 공유로부터 그리고 동일한 원인에서 참여하고 있다는 느낌을 갖게 하며, 이러한 대화에서 대중은 자발적으로 일어나게 된다. 셋째, 연설의 효과는 선동가의 성격과 도덕성 그리고 전문성에 의해 결정된다. 선동가는 어떤 정보에 대한 정보를 전달하여 대중에 영향을 미치기도 하지만, 그가 일상생활 속에서 취하는 태도에 의해서도 영향을 받는다. 넷째, 선동가의 말들은 충분히 심오하게 이론적으로 언급될 경우에 확신을 줄 수 있다. 현재의 문제에 대해 단순히 대화하는 것이 아니라 확신한 개념이나 이론으로 설명할 경우에 대중들은 그에 의해 움직인다. 다섯째, 선동이 대중들에게 감정적인 반응을 유발하는 수단이 될 경우에만 효과적이다. 선동가가 사용하는 언어의 생생함과 활력 그리고 아이디어의 표현 방법 등이 선동을 열정적으로 그리고 설득력 있게 만드는 데 중요하다 (Shelyag, Glotochkin, & Platonov, 1972).

4. 세뇌

사람들은 타인에게 영향력을 행사하여 자신들이 원하는 것을 얻고자 노력한다. 다른 사람을 설득하기도 하고 권위를 통하여 복종을 유도하기도 한다. 때로는 사람들로 하여금 요구에 응종하게 하며, 다양한 압력을 사용하여 동조하게 한다. 그런데 복종이나 응종 그리고 동조보다도 더 강력한 결과물은 바로 세뇌이다. 세뇌는 본디 가지고 있던 의식을 다른 방향으로 바꾸게 하거나, 특정한 사상이나 주의를 따르도록 뇌리에 주입하는 것이다.[7] 세뇌가 된 사람은 세뇌가 된 내용에 따라 스스로 행동한다는 점에서 다른 사회적 압력보다 더 강력한 결과물이다.

세뇌(洗腦)는 중국어로 'hsi nao'이며, 영어는 Hunter에 의해 'brainwash'로 번역되었다. Hunter는 1951년에 공산주의자들의 교리와 세뇌 기법들을 정리하여 『Brainwashing in Red China』를 저술하면서 brainwash라는 용어를 사용하였다. Hunter에 의하면, 중국군의 세뇌기법은 30년대 스탈린식 숙청기술을 이용한 것으로 설명된다.[8] 반면에 영국의 정신과의사인 Sargent(1957)는 『Battle for the Mind』라는 저서에서 세뇌에 상응하는 개념으로 신념의 변화(belief change)라는 용어를 사용하였다. 그는 신념 변화의 범주에 개종, 정치적 교화, 정신질환자의 망상적 신념의 변화 등 다양한 유형의 범주를 언급하면서 이러한 원리들이 이미 고대 그리스 시대부터 이용된 것이라고 설명한다. 세뇌와 관련된 문헌자료들은 세뇌에 관한 개념적 정리와 기술적 발전이 대략 한국전을 통해 완성도를 이룬 것으로 보고 있다(Watson, 1978).

한국전쟁 중 약 7,000여명의 미군이 포로로 수용되었는데, 이들 중 30% 정도가 죽었으며 미군포로 3명 중 1명은 적측에 정보를 제공하였거나 선전활동에 동참하게 되었다. 특히 놀라운 일은 21명의 포로가 미국으로의 귀환을 포기하였으며, 미군에 대해 부정적인 태도나 비판적인 태도를 취하기까지 하였다.

세뇌 기법

Mayer(1956)는 북한에서 강제적으로 사상교육을 받은 전쟁포로 1,000명의 사례를 연구한 결과를 소개하였다. 그의 자료에 의하면 중공군은 크게 두 가지의 전략을 사용하였는데, 하나는 집단이나 조직의 와해이고 다른 하나는 인지부조화를 통한 공산주의의 교화이다.

먼저, 집단의 와해를 위해서 사용된 대표적인 방법은 밀고자 제도와 중심인물의 무력화이다. 중공군은 북한군이 사용한 무자비한 고문방식보다는 유화정책을 사용하여 포로들 스스로 서로 감시하고 고발하게 만들었으며, 기술적으로 또는 강제적으로 중심된 인물의 리더 역할을 단념하게 하거나 용기를 잃게 하여 포로들이 단합된 행동을 하지 못하도록 상황을 조성하였다. 확실한 보상과 비밀보장을 통해 누구나 쉽게 밀고자가 될 수 있도록 유도하였으며, 가급적 호의적인 태도로 포로들을 대우하였다. 이러한 방법의 적용은 포로들로 하여금 상호 불신을 갖게 하여 집단이 해체되는 결과를 유도하였고, 이를 통해 사상 개조가 더 용이하게 이루어지도록 만들었다.

---

7 네이버 국어사전

8 E. Hunter, 『Brainwashing in Red China』, Vanguard Press, 1951.

중공군은 공산주의의 교화를 위해 주로 '문간에 발 들여 놓기 기법(foot in the door technique)'과 '인지부조화(cognitive dissonance)'의 원리를 이용하였다. '문간에 발 들여 놓기 기법'은 일단 작은 것에 대한 부탁을 들어주고 나면 그 다음에 좀 더 큰 부탁을 거절하기 어렵게 된다는 논리이다. 영업 외판원들이 가정을 방문하여 일단은 문을 열게 하고 간단한 설명을 할 수 있는 기회를 잡게 되면 그 다음에는 물건을 소개하고 제품을 판매하게 되는 과정과 같다. 작은 것에 대한 비판에서 시작하여 더 본질적인 일에 대한 비판으로 확대되어 가는 방식이다. '인지부조화' 이론은 나중에 Festinger(1957)에 의해 이론화되었는데, 이는 사람들이 태도와 상이한 행동을 했을 때, 태도들은 외현적 행동과의 일관성을 유지시키기 위해 변화될 것이라는 논리이다. 배가 고픈 포로들이 비록 작지만 빵 덩어리 하나를 얻기 위해서 반미적인 행동을 하게 된 경우, 포로의 내부적으로 심한 불편감을 겪게 된다. 이러한 경우 반미적인 행동은 타인에게 이미 노출되었으나, 자신의 신념체계는 노출이 되지 않은 상태이기에 일관성을 유지하게 위해서 자신의 신념체계를 수정하는 것이 더 용이하다고 판단하게 된다. 그래서 원래 자신의 내면에는 반미주의적인 태도가 있었다고 스스로 생각하게 된다. 이처럼 문간에 발 들여 놓기를 통하여 처음에는 작은 것에서부터 더 크고 중대한 사안까지 행동으로 실천하게 되면 그 행위자의 내면에 있던 신념체계가 행동과 일관된 방향으로 수정되어 버린다. 중공군은 이러한 방식을 적용하여 민주주의 진영에서 성장한 미군 포로들을 서서히 공산주의자로 세뇌시켜 나갔다(Watson, 1978).

중공군이 포로수용소의 미군들을 교화시키기 위하여 사용하였던 방법들 중 하나는 정치 백일장이었다. 사소한 상품을 내걸고 중공군에 우호적인 작문을 요구하였다. 때로는 미국을 지지하면서도 몇 군데에서는 중공군에 우호적인 내용을 담은 글이 상을 타게 하였다. 그러면서 점점 수위를 높여가면서 중공군에 더 우호적인 내용을 작문하도록 유도하였다. 이렇게 미군 포로들은 점진적으로 변화되어 가면서 인지적인 일관성을 유지하기 위하여 그들의 신념체계를 수정해 버렸다. 이외에도 Watson은 공산주의자들이 개인의 응종을 유발하기 위해 사용하는 여덟 가지의 방법들을 아래의 [표 9-2]와 같이 소개하였다.

[표 9-2] 공산주의자들이 세뇌를 위해 사용하는 여덟 가지 방법과 효과

방법들	세부 내용들	효과들
사소한 요구의 강요	사소한 규칙과 일과의 강요, 작문쓰기	응종 습관을 개발
全能과 全知의 입증	직면과 대면, 협조를 당연하게 생각토록 꾸밈, 포로운명을 완벽통제함을 증명, 가능한 호의로 감질나게 함	저항이 무의미하게 인식하도록 함
간헐적 관대함	예측하지 않은 호의, 부분적 응종에 대한 보상, 더 나은 대우의 약속, 체포자 행동의 변동성, 기대하지 않은 친절	응종에 대한 긍정적 동기를 제공, 학습을 강화, 박탈에 대한 적응 손상
위협	죽음이나 고문, 송환불가, 끝없는 고립과 심문, 가족이나 동료에 반대, 대우의 미스테리한 변화, 애매하고 불길한 위협	불안, 공포, 절망감 조성
신분격하	개인위생 저해, 불결한 해충 환경, 모욕적인 처벌, 다양한 굴욕감, 조롱과 모욕, 사생활의 부정	지속적인 저항이 응종보다 자존심에 더 위협적으로 부이게 만들거나, 동물적인 가치수준으로 격하
지각의 통제	어둠이나 밝은 조명, 독서나 오락 금지, 삭막한 환경, 단조로운 음식, 제한된 움직임, 일반자극 박탈	곤경에만 관심을 고착시킴, 내면분석 육성, 응종과 불일치하는 제반 행동 좌절, 기분전환 저지
고립	완전한 신체적 격리, 독방감금, 반 정도의 고립, 소집단의 고립	자기에게 강하게 관여, 사회적 지지의 박탈, 심문자에게 종속되게 함
무기력감 유발	반 정도의 굶주림, 적발이나 폭로, 수면박탈, 질병 유발, 고통과 상처의 이용, 심문이나 강요된 작문의 연기, 구속의 연장, 서있기 연장, 과도한 힘의 발휘, 지속된 긴장	저항할 수 있는 신체적, 정신적 능력을 약화

5. 현대전에서의 심리전

(1) 6.25 한국전쟁에서의 심리전

전쟁 전 남한의 심리전

6.25 한국전쟁 전 남한의 심리전 전략은 없었으며, 수행능력도 갖추지 못했다고 보는 것이 옳다. 당시 남한은 대적 심리전보다는 대내 심리전에 해당되는 활동으로 반공사상 강화에 역점을 두었다. 그러나 북한은 이미 중국과 러시아로부터 심리전에 관한 기술을 지원받았다. 이 시기에 국군은 북한의 위장된 평화공세와 기말술책에 빠져들었다. 이 시

기에 대북심리전은 주로 전단 살포 위주로 수행되었다. 전단은 대부분 기구를 이용하거나 침투에 의해 살포되었으며, 부분적으로 1946년 9월에 미군으로부터 인수받은 IL-4연습기를 이용하여 공중 투하되었다. 약 42종의 전단이 살포되었는데, 이들 중 35종은 공산주의를 비판하면서 대한민국으로 귀순하라는 내용과, 김일성에 대한 불신을 조장하는 내용들이었다. 그런데 이 당시에 살포된 전단들은 심리적 의도가 직접적으로 표현되었거나, 혹은 격한 용어사용으로 반발심을 유발하였거나, 또는 1차적 욕구를 자극하기보다는 정치적인 소재를 한자로 표현하여 심리전의 효과는 그리 성공적이지 못하였다(이윤규, 2006).

이승만 초대 대통령의 '북진통일'

이승만 초대대통령이 자주 언급한 '북진통일'은 심리전 측면에서 볼 때 어떤 효과를 유발하였는가? 첫째, 대내 심리전 측면에서 국민들의 사기와 단결을 고취시켰다. 둘째, 대외 심리전 측면에서 대통령에 대한 호전적인 이미지를 각인시키는 역할을 하였다. 셋째, 대적 심리적 차원에서 '북진통일'은 북한을 침공하려는 전쟁선포와 같은 성격으로 인식되고, 북한은 이를 대내 단결과 적개심 고취수단으로 역이용하였다.

전쟁 전 북한의 심리전

북한은 1948년 9월 인민공화국 창설 당시부터 선전을 담당하는 내무성을 골격으로 북괴군 중대단위까지 '선전대'를 편성하였으며, 김일성의 전략적 기술과 전승을 위한 유리한 심리적 환경을 조성하기 위한 활동을 구사하였다. 북한이 구사한 심리전 활동의 주제는 '여성의 해방', '자본가의 착취로부터의 해방', '청년에게 기회를', '농지의 재분배' 등 이었다. 김일성은 해방 후부터 '조국의 평화적 통일'이라는 구호아래 조직적이고 지속적인 위장평화전술을 구사하였다. 실제 전쟁을 준비하면서 남침명령을 하달할 때도 작전명령이 아닌 훈련명령으로 위장하여 남침 준비를 은폐하여 기습을 강행하였다. 아울러 대남 혁명전위대를 양성하였으며, 게릴라를 침투시키고 사회혼란을 조성하였다. 또한 좌익계열을 통해 국군 내부의 분열을 조장하고, 38도선에서의 무장충돌을 빌미로 기습의 전략적 여건을 조성하고자 하였다. 심리전 차원에서 남한의 사회계층을 구분하고, 그 구분에 따라 북한 체제의 우월성을 선전하거나 남한 체제 및 사회상을 왜곡, 비난하면서 동조세력을 확보하는 데 주력하였다. 또한 선전과 선동을 조직적으로 체계화하여 남한 국민의 감정을 효과적으로 자극하였다. 대내적으로도 유언비어를 날조하고, 선전과 선동 등의 활동으로 북한주민들에게 남한과 미군에 대한 적개심을 고취시켰다.

전쟁 중 UN군과 한국군의 심리전

미국은 제2차 세계대전 후 대부분 심리전 조직과 부대가 해체되었으며, 소수의 인력으로 소련의 심리전에 대응하거나 일본인들에게 민주주의 교육을 시키고 반공주의를 강화시키는 심리전 활동을 전개하였다. 6.25 한국전쟁 발발 당시 미 육군의 심리전 부대는 미 캔사스 포트 라일리에 위치한 20명의 전술정보파견대뿐이었는데, 이 부대가 확장되어 전술심리전 부대인 '1전단 및 확성기 중대'가 되었고 1950년 11월 8일에 한국전선에 전개하였다. 이 부대는 중대본부와 선전소대, 출판소대 그리고 확성기소대로 구성되었다. 1951년 4월에는 '제1라디오 방송국 및 전단반'이 창설되었고 8월에 한국에 전개되었다. 이들은 한반도에 수행 중인 모든 전략심리전의 작전 통제권을 행사하면서 중공군과 북한군뿐만 아니라 남북한 주민들을 대상으로 전략심리전을 수행하였다. 이 부대의 생산중대는 1주일에 전단 및 뉴스형 신문 2천만 장을 컬러 및 흑백으로 인쇄하였으며, 포병과 항공기의 포탄을 통해 적 후방 40마일까지 살포할 수 있는 능력을 갖추고 있었다. 그러나 이 부대는 초기에 심리전에 경험이 부족하여 효과적인 심리전을 구사하지 못하였다. 1952년에서야 유엔참전국 16개 언어와 방어능로 전단을 제작할 수 있는 능력을 갖추었고, 1953년에 선무심리전을 위한 선무중대가 추가되었다.

전쟁 초기 수원으로 철수한 국군은 국방부 정훈국을 통해 최초로 소량의 전단을 제작하여 L-4를 통해 서울 주변에 살포하였고 피난민에 대한 조치가 시급하여 가두벽보선전을 수시로 전개하였다. 정훈국은 대내심리전 위주로 실시하여 전 국민을 국가 총력전의 대열에 굳게 결속시키는 데 기여하였다. 국군정훈국 소속으로 활동해 왔던 학생요원들을 포함한 '대적선전대'가 최초로 대구에서 발족하여 미군과 연합심리전을 개시하였다. 이들은 낙동강 방어선 기지를 돌아다니면서 대적방송의 실전경험을 쌓았으며 적에게 심리적인 출혈을 강요하는 일련의 활동을 전개하였다. 1951년 1월에는 국군에 제772, 773부대를 창설하였으며, 1·4 후퇴 후 선무공작을 위해 772부대는 경상도 방면으로, 773부대는 호남지역으로 파견되어 수복민과 공비토벌지구 주민에 대한 심리전을 지속적으로 실시하였다. 이후부터 대적선전대는 병무감실 소속으로서 미 '제1라디오 방송 및 전단반'과 연합작전을 수행하였는데, C-47을 통해 공중방송을, B-26/C-46을 통해 전략전술전단을 살포하였다. 북한의 남침 초기에는 퇴각하면서 대내심리전 전단을 살포하여 북한의 불법남침을 폭로하였으며, 반격/북진 시에는 전승소식을 전하고 북한군의 투항을 종용하였다. 중공군 개입과 후퇴 시에는 염전사상을 고취시키고 전선이탈을 강요하는 전단을 살포하였다. 전선이 고착되고 휴전 협정이 진행되는 시기에는 향수심을 고취시키고 전쟁

지도부에 대한 불만을 고조시키는 전단을 살포하였다. 전쟁기간 중에 살포된 전단은 1,000여종으로 수량은 약 25억 장이었다. 전단 살포의 최고 절정기에는 매주 2천만 장 이상을 살포하였다(이윤규, 2006).

전쟁 중 인민군의 심리전 활동

전쟁 초기에 인민군은 엄한 규율을 통해 남한지역으로부터 그들의 구호에 상응하는 이미지를 구축시키고자 노력하였다. 약탈과 방화를 자제하고 가급적 공정하다는 인상을 획득하고자 활동하였다. 남침 수개월 전부터 서울지역을 중심으로 선전대상자 집단을 수준별로 작성하였으며, 반동주의자 이외는 적으로 간주하지 않는다는 방송을 개시하였다. 여성의 해방, 자본가의 착취로부터의 해방, 농지의 재분배 등 매혹적인 슬로건과 사회복지 정책을 내세워 주민들의 공감과 동조를 유도하였다. 특징적인 전략은 일반 대중이 잘 모르는 미국에 대한 공격보다는 잘 알고 있는 이승만 정부의 무능력과 부패 등을 강조하였다. 서울 진입과 동시에 방송시설을 점거하고 방송을 통한 심리전을 구사하였다(국군정신전력학교, 1984).

전황이 열세로 전환되면서 각종 수단을 동원하여 다양한 심리전을 구사하였다. 기만작전을 실시하고, 공포를 유발시키는 활동, 미국과 한국군을 이간시키고 투항을 권고하는 전단을 살포하였다. 소음을 일으켜 아군으로 하여금 불면증과 전투피로증에 시달리게 하였다. 또한 허기를 자극하기 위해 콩기름 향을 날리고 연을 날리는 등 향수를 자극하였다. 전쟁중반기에는 휴전 협정의 주도권 장악을 위한 심리전을 전개하였다. UN군이 세균전을 준비하고 있다는 유언비어를 집요하게 퍼트리고, 국제여론의 유리한 고지를 차지할 목적으로 총 367종의 전단을 살포하였다.

(2) 걸프전에서의 심리전

개요

걸프전은 1990년 8월 2일 이라크의 쿠웨이트 침공을 시작으로 미국, 영국, 프랑스 등 34개 다국적군이 이라크를 상대로 1991년 2월 28일까지 전개된 전쟁이다.

걸프전의 원인은 이란-이라크의 전쟁으로 이라크의 경제가 피폐해지자 쿠웨이트와 인근 유전지대를 놓고 소유권 분쟁이 발생하였고, 쿠웨이트의 원유 과잉공급으로 유가가 하락하게 되었다. 이에 후세인이 1990년 8월 2일 30만 명의 이라크 병사를 동원, 쿠웨이트를 전격 기습 침공하여 함락시켰다. 이에 미국과 서방 각국은 대 이라크 유엔결의안을 통과시켜, 이라크군의 즉각적인 쿠웨이트 철수를 요구하였으나 이라크가 이를 거절함에 따라 국제연합이 응징을 결의하게 되었다. 걸프전의 34개국의 다국적인 68만 명(미군 43만)과 이라크의 100만여 명의 병력이 대치하게 되었다. 1991년 1월 17일 다국적군은 '사막의 폭풍작전'을 게시하였다. 압도적인 공군력으로 1개월 동안 10만 여 회에 걸친 공중 폭격을 감행하여 이라크의 주요 시설을 거의 파괴시켰다. 이에 따라 이라크군은 쿠웨이트로부터 물러나게 되었으며, 2월 28일 전쟁 종식을 선언하게 되었다. 걸프전에서 이라크군의 피해는 42개 사단 중 41개 사단이 무력화되었으며, 약 20만 명의 사망자가 발생하였다. 이에 반해 다국적군은 378명이 전사하였다.

목표와 주제

걸프전에서 심리전의 목표는 먼저 미국의 활동에 대한 국제사회의 지지를 확보하는 것이었으며, 미국 내부의 단결된 지지를 획득하고, 후세인과 이라크 국민 간의 관계를 이격시키고 전투의지를 약화시키는 데에 있었다.

심리전의 주요 주제들 중에서 첫째는 선전활동이다. 선전활동으로 '정의의 전쟁'이라는 슬로건을 제시하고 후세인을 인류의 적으로 지목하였다. 뉴스에서는 전쟁 상황을 속보로 전달하고 전쟁의 비인간성을 해부하였다. 공보활동으로는 걸프전이 '선과 악의 전쟁'이며, 후세인이라는 독재자를 물리치기 위한 전쟁이라는 것을 알리었다. 선동을 위해 후세인의 탈출에 대해 보도하고, 피난민이 쇄도하고 있으며, 주민들이 폭동을 일으켰다고 알리었다.

매체

걸프전 동안에 살포된 전단은 약 2천9백만 장 정도로 대략 29톤에 해당된다. 이들은 M129 전단탄이나 전단함에 의해 살포되었으며, 수중살포를 위해서 유리병을 사용하였다. 전단의 내용은 우선적으로 민심이반을 목적으로 현재 상황을 내부귀이토록 유도하였다. 즉 모든 문제는 후세인의 침략정책 때문이며, 미국은 항상 이라크와 우방이 될 준비가 되어 있으며, 부시는 이라크 국민이 아닌 후세인과 싸우고 있다는 것을 강조하였다. 또한 미국과 나토의 인도주의적 모습을 부각시키기 위해서 폭격은 군사시설에만 실시되고 있다는 점을 알리고, 주민들이 폭격될 장비로부터 멀리 떨어져 있을 것을 권유하였다. 이라크군의 전투의지를 저하시키기 위해 다국적군 공군이 공중우세권을 장악하고 있으며, 저항은 무의미하다는 것과 전쟁의 결과가 이미 증명되었다는 것을 알리었다. 이라크군 장병들의 투항을 유도하기 위해, 현재까지는 시작에 불과하고 향후 폭탄이 실제로 투하될 것이며, 공격준비가 완료되었다는 점을 부각시키었다. 또한 투항을 하는 자에게는 제네바 협약에 의한 포로 대우를 할 것이며, 투항하는 방법으로 '안전통행증'을 사용토록 하였다. 걸프전에서는 전단과 더불어 방송을 통한 심리전이 전개되었다. '걸프만의 목소리'라는 라디오 방송을 자체적으로 송출하였으며, 확성기를 통한 방송도 함께 실시되었다.

효과

심리전 활동의 결과 부시의 지지도는 57%에서 91%로 상승하였다. 아군의 전투의지를 고양시키었으며, 반전시위를 약화시켰다. 이라크군의 탈주병이 상당 수 발생하였다. 적의 사기가 저하되고 투항하는 사례가 많았다.

(3) 코소보에서의 심리전

개요

코소보 전쟁은 1999년 3월 24일부터 6월 25일까지 벌어진 전쟁이다. 1998년 코소보에서 알바니아 민병대가 세르비아군을 습격하자, 이에 대한 보복으로 세르비아가 공격을 가해 나토가 경고를 했지만, 세르비아는 이를 무시하였고, 결국에는 나토가 공습을 개시하였다. 다음 해 3월 24일 나토가 유고슬라비아에 공습을 개시하였고 러시아는 침략전쟁이라고 비난하였다. 이에 3월 27일 몬테네그로가 중립을 선언하고 나토는 코소보의 유고슬라비아군을 공습대상으로 정하였다. 5월 8일 G8이 유엔평화결의안에 필요한 원칙에 합의하고 6월 9일 세르비아가 평화안에 서명함으로써 6월 25일 종전되었다. 이로 인해 코소보가 독립을 하였으나 수많은 인명피해가 발생하였다. 세르비아의 인종청소가 전 세계에서 비난을 받았으며, 이를 지시한 유고슬라비아의 밀로세비치 대통령이 나중에 전쟁범죄로 체포되었다. 나토군의 공습으로 난민 100여명이 사망하여 인도주의적 문제가 제기되기도 하였다.

목표와 주제

미군은 코소보전에서의 심리전 활동 목표를 다음과 같이 설정하였다. 첫째, 미국의 활동에 대한 국제사회의 지지를 확보한다. 둘째, 미국 내 정치적 문제해결에 용이한 여론을 조성한다. 셋째, '밀로셰비치' 정부와 유고 국민 간의 갈등을 유발한다. 넷째, NATO의 유리한 협상 위치를 확보한다. 다섯째, 아군의 전투의지를 강화하고 적군의 전투의지를 약화한다. 이를 위해서 코소보전은 정의의 전쟁이라는 것을 강조하고 전쟁으로 인한 알바니아인들의 고통을 심화시켜서 알리며 '밀로셰비치' 정부는 반드시 붕괴될 것이라는 점을 부각시키고자 하였다.

매체

코소보전에서는 심리전을 위한 전용비행기를 활용하여 입체적인 활동이 이루어졌다. 코만도 솔로(EC-130E)라는 심리전 전용비행기를 통하여 전단과 심리전 방송을 실시하였다. 코만도 솔로는 5명의 승무원과 6명의 심리전 요원이 탑승하여서 전단 살포뿐만 아니라, 라디오와 TV방송을 직접 비행기에서 송출하였다. 코만도 솔로는 코소보전 기간에 약 80회를 출격하였다. 코소보전에서는 최초로 사이버전이 수행되었다. 유고는 웹사이트를 해킹하고 밀로셰비치 대통령의 해외예금계좌를 해킹하여 사용할 수 없게 만들었으며, 백악관과 나토의 웹사이트를 교란하고자 했다.

코소보전에 사용된 전단들은 나토 응징의 당위성을 확보하는 내용들을 실었다. 전단의 글과 그림들은 인종청소 장면, 피난민 행렬, 방화, 성폭행 장면, 코소보 난민촌의 참상을 보여주었다. 협상의 우위를 확보하기 위한 활동으로 '폭탄 한 두 발로 끝나지 않을 것이다'라는 강경발언을 하기도 하였다. 적의 전투의지를 약화시키기 위해서 나토군의 첨단무기를 과시하거나 전과를 확대하여 보고하였으며, 유고군의 피해상황을 알리는 사진을 살포하거나 전쟁능력이 상실되었음을 강조하였다. 또한 민심이반을 유도하기 위해서 유고 지도부의 내분 상황과 정책을 비난하고 영토상실의 실정을 부각시키었다. 군대의 불안감과 위기감을 고조시키고 탈영을 종용하기 위해 지상군의 투입을 암시하는 전단이나 방송을 보내고 '동맹의 소리'라는 라디오 방송을 송출하였다.

특징과 문제점

코소보전에서의 심리전 활동은 미국의 우월성을 과시하고 힘의 논리에 의거하여 불응 시 보복할 것임을 강조하는 위압적인 심리전이었다. 심리전의 효과를 대외적인 국제정치적 설득 수단으로 활용하였다. 심리전의 운용 전술에서도 변화가 있었다. 일반적인 사실 왜곡 중심의 심리전에서 사실 중심의 정보를 제공하는 심리전으로 변화하였다. 또한 인터넷을 활용한 최초의 심리전이었다. 전단의 신뢰성을 구축하기 위해서 공습을 예고하는 전단을 살포 후 반드시 공습이 이루어지도록 하였다.

그러나 코소보전에서의 심리전 활동은 몇 가지 문제점이 노출되었다. 첫째, 문화적 특성을 고려한 사전 준비가 미흡하였다. 둘째, 공습의 당위성에 대한 국제여론의 획득에 실패하였다. 셋째, 전쟁초기 유고의 언론매체를 차단하지 못함으로써 심리전 활동의 효과가 약화되었다. 넷째, 적의 심리전에 대비한 방어활동이 미비하였다.

(4) 아프가니스탄전에서의 심리전

개요

아프가니스탄전은 2001년 9월 11일 미국 뉴욕의 국제무역센터에 발생한 테러사건에 대응하기 위해 미국과 동맹국들이 오사마 빈 라덴과 아프가니스탄의 탈레반 정권을 상대로 벌인 전쟁이다. 미국은 테러 직후 아프가니스탄의 탈레반 정권에 빈 라덴의 인도를 요구하였으나 탈레반 정권은 이를 거부하였다. 이에 따라 9월 19일 '무한정의 작전'을 선포하고, 미 본토의 전투기와 전폭기들을 전개하였다. 9월 20일 유럽연합이 미국과 연합전선을 구축하고, 9월 26일 '항구적 자유'로 작전명을 변경하였다. 10월 8일 아프가니스탄 주요 도시와 군사시설에 대한 공습을 개시하였으며, 탈레반의 공군시설 거의 전부를 파괴하였으며, 10월 29일에는 군사시설 대부분을 파괴하였다. 11월 18일 반 탈레반 세력인 북부동맹군을 앞세워 아프가니스탄 국토의 80%를 장악하고 공격개시 한 달만에 전투를 종결하였다. 아프가니스탄은 다국적 평화유지군의 경비 하에서 과도정부가 출범하였고, 2014년 12월 28일 종전이 선언되었다. 이후에도 대규모의 반미시위는 계속되었고, 아프가니스탄에서만 약 150만 명에 달하는 난민이 발생하였다. 공중폭격 시 오폭으로 인해 수많은 민간인 사상자가 발생하여 국제인권단체의 비난을 받기도 하였다.

목표와 주제

아프가니스탄전에서의 심리전은 탈레반 정권과 아프가니스탄 정부를 분리시키고, 이슬람권과의 충돌로 비화되는 것을 예방하고자 수행되었다. 이를 위해 미군의 인도주의를 강조하고, 아프가니스탄 주민과 탈레반 정부의 갈등을 심화시키고, 미군에 대한 적개심을 약화시키며, 탈레반 군의 전투의지를 약화시키고자 하였다.

매체

아프가니스탄전에서의 심리전 활동은 미 육군 제4심리전단 예하의 제8심리전 대대에 의해 수행되었다. 이 대대에는 민간전문가 35명과 장병 1,200여명이 배치되었으며, 4대의 코만도 솔로(EC-130)를 직접 운영하였다. 아프가니스탄전에 사용된 대표적인 심리전 매체들 중 하나는 전단이었다. 전단은 공중살포 방식을 통하여 총 28종으로 약 4천 4백만 매가 B-52 폭격기를 이용하여 하루 평균 6회 이상 투하되었다. 지상을 통해서는 총 23종으로 38만 매 정도였다. 아프가니스탄전에 살포된 전단들은 대부분 미국의 인도주의적 모습을 부각시키고, 민심을 이반시키며, 전투의지를 약화시켜 투항을 권유하였다. 식량보급품의 사용법을 알려주거나, 국제 구호활동 상황을 보여주었으며, 불발탄에 대한 주의를 촉구하는 문구와 그림을 제시하였다. 탈레반 전사가 여인을 철몽둥이로 내려치는 모습을 보여주거나 탈레반의 부정적인 영향을 강조하였다.

심리전 방송은 주로 코만도 솔로를 통해 이루어졌다. 심리전 방송은 산악지대에 은신하고 있던 탈레반 병사들의 수많은 항복을 유도하는 데에 크게 기여하였다. 심리전 방송은 코만도 솔로를 통해 매일 05시에서 11시까지 그리고 17시에서 22시까지 3개 채널을 사용하여 송출되었다. 총 방송시간은 1,444시간으로 약 60일분에 해당되었다. 이외에도 43개 프로그램을 통해 224개의 방송원고가 나가고 3개 언어로 방송되었다. 라디오 방송뿐만 아니라 수신가능토록 라디오 수신기를 약 5,000여개 살포하였다. 아프가니스탄의 전래 노래인 '자장가 노래'를 들려주거나 탈레반 정권 이전의 민속음악과 사랑의 노래를 흘려보내어 향수를 자극하였다.

또한 구호품을 통한 선무활동을 하였으며, 국제적 언론매체를 적극 활용하였다. 전쟁난민 보호를 위해 엄청난 양의 구호물자를 투하하였다. 미군은 공습시작 이후 약 100만 개가 넘는 구호물자 상자를 공중투하하고 이를 적극 알림으로써 아프가니스탄 국민들에게 미국에 대한 이미지를 긍정적으로 전화시키고자 하였다(이재윤, 2014).

문제점

아프가니스탄전에서도 다양한 매체를 활용하여 적극적인 공세적 심리전 활동이 이루어졌으나 다음의 몇 가지 문제점도 함께 나타났다. 대상에 적절치 못한 내용이 제시되었다. 세계무역센터의 잔해를 보여주는 전단지는 미국의 존재를 모르는 아프가니스탄 국민과 병사들에게 별다른 영향을 주지 않았다. 문맹자가 다수인 점을 고려하지 못하였으며, 미국에 대한 정보가 전무한 집단에게 무의미한 정보를 제공하였다. 공습과 동시에 항복을 권유하는 방송을 보낸 점도 방송시기 선택에서 부적절하였음을 의미한다. 또한 적의 정보전에 대한 방어책이 미흡하여 해킹을 당하기도 하였으며, 매체의 승인에도 장시간이 소요되었다. 개발된 매체에 대한 훈련이 부족하였으며, 대대단위의 활동에는 비효과적인 것으로 나타났다.

(5) 이라크전에서의 심리전

개요

이라크전은 2003년 3월 20일부터 4월 14일까지 미국과 영국 등 연합군이 이라크를 상대로 벌인 전쟁이다. 전쟁의 원인은 9.11테러사건 이후 이라크의 대량살상무기를 제거해 세계평화에 이바지한다는 대외명분을 내세워 동맹국들과 함께 3월 20일 05시 30분에 바그다드 폭격으로 전쟁이 개시되었다. 작전명은 '이라크의 자유'이었으며, 전쟁 개시와 함께 이라크의 군사시설에 대한 3차례의 공습이 감행되었다. 3월 22일 바스라를 장악하고 이어서 바그다드를 공습하여 대통령궁과 통신센터 등을 집중적으로 파괴하였다. 4월 4일부터 바그다드에 진격하여 국제공항을 장악하고 비밀 벙커를 포격하였다. 4월 9일에는 영국군이 바스라에 임시 지방 행정부를 구성하고, 4월 10일에는 미국이 바그다드를 완전 장악하였다. 4월 14일 미군이 이라크 최후 보루인 티크리트 중심부로 진입하여 26일 만에 종전되었다. 이라크전에서는 미군 117명, 영국군 30명이 전사하고 400여명이 부상하였다. 종군기자 10명과 민간인 1,253명이 사망하고 5,100여명이 부상하였다. 이라크군은 최소한 2,320명이 전사하고 1만 3,800여명이 포로로 잡혔다. 이라크 전에 대해서 여론은 실질적인 목적이 원유를 확보하고 중동지역에서 친미 블록을 구축하며 미국 경기회복과 중동지역의 정치구도를 재편하는 데에 있었다고 말하기도 한다.

심리전 활동

이라크전에서 심리전 활동은 상당 기간 준비된 가운데에 실행되었다. 인내심을 갖고 전쟁준비를 하였고, 외교적 노력으로 우방국의 지지를 획득하였으며, 9.11테러로 인해 침체되었던 국민들의 마음을 테러의 공포로부터 회복시켜 나갔다.

이라크전에서 심리전으로 전개된 활동들 중에서 특징적인 것은 자국민을 대상으로 한 활동들이다. 9.11테러의 경우 테러상황이 언론을 통해 순식간에 전 세계에 전파됨으로써 테러리스트들의 의도에 용이한 상황이 조성되었다. 이러한 상황이 반복되지 않도록

TV를 포함한 메스미디어에 경쟁적인 보도를 자체토록 협조를 구하였고, 언론매체들은 국익차원에서 이에 협조하였다.

미 중앙정보국은 특수작전 그룹 3개 팀을 침투시켜서 이라크 정부의 고위급 지도부를 대상으로 신변보장과 막대한 보상을 제시하여 회유시키었다. 아울러 특수요원들과 첩자들을 이용하여 전쟁 지도부의 은신처를 정밀포격하게 하였다. 바그다드 장악을 서두르지 않고서 포위상태에서 표적공습, 후세인 사망설 등을 유포하고, 이라크 지휘부의 통제력 상실을 기정사실화하는 홍보전을 수행하여 이라크군의 항전 의지를 조기에 꺾어 버린 것도 매우 성과가 높은 심리전 활동들이었다. 사나이로서의 자존심이 강하여 타인의 모욕에 대해 불같이 대응하는 습성을 이용하기도 하였다. 예를 들면 '이라크 남자들은 성불능자!'라는 내용을 유포하여 비밀기지에 은둔해 있던 이라크 병사들이 노출되게 하였다. 이라크전에서는 항복을 권유하는 전단만 2,000만 장이 살포되었으며, 총 4,300만 장의 전단이 살포되었다. 또한 이라크 라디오 채널에 침투하여 심리전 방송을 보내기도 하였다.

성과 분석

이라크전에서 전개된 심리작전은 매우 성공적이었다. 그 배경은 심리전 대상국가와 주민의 문화적 특성을 충분히 연구하고 이해하여 심리작전에 적극 활용한 결과였다. 결과적으로 심리전 활동의 효과를 극대화시키기 위해서는 반드시 대상국가의 문화에 대한 탐구가 선행되어야 한다.

비행기를 이용한 심리전[9]

1991년 초, 미군이 걸프전쟁에서 지상전을 벌이는 첫날 밤에 미군은 완전무장하고 공격태세를 갖추고 있고 이라크군은 벙커에 몸을 웅크리고 예측할 수 없는 운명을 기다리고 있었다. 이때 갑자기 굉음과 함께 나타난 미군의 제트기 두 대가 이라크군의 상공에 흰색 연기를 뿜으면서 거대한 이라크 국기를 그렸다. 이를 본 이라크 군인들은 '위대한 알라신!'을 외치며 즐거워하였다. 그런데 잠시 후 두 대의 비행기가 서로 교차하면서 방금 하늘에 그린 이라크 국기에 커다란 'X'표시를 하고는 사라졌다. 이를 본 이라크 군인들의 얼굴은 하얗게 질렸고 순식간에 슬픔과 두려움으로 바뀌었다.

---

9 이아형 역, 『심리전쟁』(崔世雄 著), 연암사, 2013.

(6) 심리전 사례 종합

현대전에서 전개된 국내외의 심리전 사례를 종합하여 볼 때 대적면, 대내적, 대외적으로 정리하면 다음과 같다.

대적면

대적면에서는 먼저 지도부와 민중 간의 분리를 위해 지도부를 비난하였다. 전투의지 약화를 위해서는 대규모 공격이 예정되어 있다거나 자국의 피해가 막심할 것이라는 내용으로 불안감을 조성하고, 전세가 불리해지고 있으며 승리보다 패배의 가능성이 유력하다는 내용으로 전투동기를 저하시키었다. 지도부에 대한 불신의 내용을 통해 구심점을 와해시키며, 선과 악의 대결 등의 구호를 통해 항전의 명분을 상실케 하였다. 적군으로 하여금 탈영, 투항 등의 행동을 유도하기 위해 대안을 제시하는 활동을 전개하였다. 보상에 대한 확신을 갖도록 하고, 미래 생활에 대한 기대를 갖게 하였으며, 인도주의적 모습을 부각하였다.

대내적

대내적으로는 적의 비인도적 행위를 부각시키고 아군의 정당방위 행위를 강조하였다. 국민 개개인의 이익과 결부된 사안임을 강조하고, 첨단 기술전쟁의 이미지를 부각시켜서 전쟁수행의 도덕적 책임을 경감시키고자 하였다.

대외적

대외적으로는 집단 안보 및 집단 방위 행동을 유도하였다. '선과 악을 대비'시키는 슬로건이나 '악의 축'이라는 개념을 통하여 적의 행위를 도덕적으로 비난하고, 상대적으로 아군의 행위를 인도주의적 차원으로 승화시키었다. 그리고 국가전략 차원에서 전방위적 계획을 수립하였다.

참고문헌

국군정신전력학교 역 (1984). **심리전(岩鳥久夫 著)**. 국군정신전력학교.

김기도 편저 (1989). **정치선전과 심리전략**. 서울: 나남.

김원중 역 (2016). **손자병법(孫子 著)**. 서울: 휴머니스트.

심진섭 (2012). 심리전, 이론과 실제. 학지사.

육군본부 (1997). **심리작전.** 야교 33-1.

이아형 역 (2013). **심리전쟁(崔世雄 著)**. 서울: 연암사.

이윤규 (2006). **들지지 않던 총성 종이폭탄!**. 서울: 지식더미.

이재윤 (2014). **군사심리학의 이론과 실제**. 경기, 파주: 지문당.

조영갑 (1988). **한국심리전략론**. 서울: 팔복원.

최진형 (2013). **심리전과 심리작전 용어사용에 관한 제언**. 합참.

Bloom, R. (1998). The psychology of information warfare. In: C. Cronin (Ed.) (1998) *Military psychology: An introduction* (pp. 257-267). Needbam, MA: Simon & Schuster.

Doob, L. W. (1935). *Propaganda: Its psychology and technique*. New York: Henry Holt.

Festinger, L. A. (1957). *A theory of cognitive dissonance*. Evanston, IL: Row, Peterson.

Gal, R., & Mangelsdorf, A. D. (1991). *Handbook of military psychology*. New York: John Wiley & Sons.

Jowett, G. S., & O'Donnell, V. (1986). *Propaganda persuasion*. Beverly Hills: Sage Publishing, Inc.

Lasswell, H. (1934). *Propaganda in encyclopedia of the social science*, Vol. 12. New York: MacMillan.

Linebarger, P. M. A. (1954). *Psychological warfare* (2nd ed.). New York: Duell Sloan and Pearce.

Mayer, W. E. (1956). Why did many GI captives in?. *US News and World Report, 24*, 56-72.

New Webster's Dictionary. (1984). Delair Publis Publishing Co.

Sargent, W. H. (1957). B*attle for the mind: A physiology of conversion and brainwashing*. Doubleday.

Shelyag, V. V., Glotochkin, A. D., & Platonov, K. K. (1972). *Military Psychology: A Soviet View*. Moscow.

Watson, P. (1978). *War on the mind: The military uses and abuses of Psychology*. London: Hutchinson.

제 10 장

테러와 심리학

21세기의 시작을 알리는 2001년, 세계는 냉전체제로 얼룩진 20세기를 보내며 안정과 평화의 시대가 도래할 것으로 기대하였다. 그러나 미국의 9.11 테러는 미국의 세계무역센터를 잿더미로 만들고 미 국방부에 심각한 피해를 입히면서 수천 명의 피해자를 발생시켰다. 그 후 미국 전역에 발생한 일련의 탄저균 테러는 세계로 하여금 '얼굴 없는 전쟁'인 테러에 대한 관심을 극도로 고조시켰다. 그 이후에도 2002년 인도네시아 발리 폭탄테러, 2004년 스페인 마드리드 통근열차 폭탄테러, 2005년 영국 런던 지하철·버스 폭탄테러, 2007년 7월 아프가니스탄에서 한국인 23명 인질 납치, 2013년 보스턴 마라톤 폭탄 테러, 2015년 11월 프랑스 파리 연쇄 테러, 2016년 3월 벨기에 브뤼셀 동시테러 등 세계 곳곳에서 끊임없는 테러사건이 발생되면서 '안전지대는 없다'는 불안감이 전 세계에 확산되었다(강영숙, 2016).

이제 한국도 지금까지 유지되어온 테러의 안전지대를 유지하기 어려워지고 있다. 이에 한국도 국가적인 대비태세를 갖추어 가고 있다. 정부에서는 군, 경찰, 국정원으로 분산된 대테러업무를 '대테러센터'로 집중시키고 있다. 새로운 국가안보 위협에 효과적으로 대처하기 위해 '테러방지법'이 제정되어 2016년 국회를 통과하였다. 그런데 테러와 관련하여 제도적 장치를 마련하고 인원과 장비를 지원하는 것도 중요하지만, 테러의 근본적인 속성인 심리적인 요인을 소홀히 할 수 없다. 테러리즘은 궁극적으로 대상자들에게 심리적 불안감이 조성되는 것을 원한다. 그렇다면 우리는 테러리즘에 대해 어떠한 심리적 대응체계를 갖추어야 할 것인가?

1. 테러리즘의 개념과 역사

(1) 테러리즘의 정의

테러(terror)라는 용어는 원래 라틴어 'terrere'에서 기원하며, '공포', '공포조성', '커다란 공포' 혹은 '죽음의 심리적 상태'를 의미한다. 반면에 테러리즘은 특정 목적 달성을 위해 자행되는 폭력 행위이다(Schmid & Jongman, 1988). 테러와 테러리즘이라는 용어는 마땅히 구분되어야 하나, 일상용어로는 물론 전문용어로서도 구별하지 않고 혼용하는 경우가 많다.

테러리즘이란 무엇인가? 여기에 대해 명확한 답을 제시하기는 어려운 일이다. 테러리즘에 대해 정치적 목적과 폭력의 범위에 대한 한계를 구분하기 어렵고, 이념 대립, 종교와 민족 간의 갈등 및 집단 간의 이해관계에 따라 상반된 견해가 제기될 수 있기 때문에 합의된 정의를 사용하기 어렵다. 동일한 사건을 관점에 따라 테러리즘으로 규정하기도 하고, 어떤 경우에는 단순한 일반 범죄로 취급하기도 하며, 다른 시각에서는 애국적인 행위로 평가하기도 한다. 예로서 영국정부는 아일랜드 공화군(IRA)의 모든 공격을 테러리즘으로, 그리고 IRA 요원들을 테러리스트로 규정하고 있다. 반면에 IRA를 추종하는 사람들이나 리비아 등 IRA를 직접 혹은 간접적인 방법으로 지원하고 있는 국가들은 IRA 요원들을 자유 투사로 규정하고 있다(최진태, 2006). 그럼에도 불구하고 대표적인 정의들을 소개하면 다음과 같다.

- Hoffman(2006): 테러리즘은 정치적 변화를 추구하기 위해 폭력 또는 폭력의 위협을 통해 공포의 의도적 촉발 또는 이용이다.
- 미 국무부(2012): 테러리즘은 준국가 그룹들 또는 비밀요원들이 비전투 목표들에 대해 사전에 치밀하게 준비된 정치적 동기를 지닌 폭력이다.
- 위키백과: 테러리즘은 일반적으로 정치, 종교, 사상적 목적을 위해 폭력적인 방법의 수단을 통해 민간인이나 비무장의 개인, 단체, 국가를 상대로 사망 혹은 신체적 상해를 입히는 행위를 함으로써 이들에게 공포심을 불러 일으켜 어떤 행동을 강요하거나 혹은 어떤 행동을 중단하게끔 강요하는 행위를 말한다.
- 국가정보원: 테러리즘의 공통된 속성은 정치적 목적이나 동기를 가지고 있으며, 미리 계획되고 지속성을 지니고, 공포심을 수반한 폭력의 사용이나 위협이다.
- 최진태(2006): 테러리즘은 주권국가 혹은 특정 단체가 정치, 사회, 종교, 민족주의

적인 목표달성을 위해 조직적이고 지속적인 폭력의 사용 혹은 폭력의 사용에 대한 협박으로 광범위한 공포 분위기를 조성함으로써 특정 개인, 단체, 공동체 사회, 그리고 정부의 인식 변화와 정책의 변화를 유도하는 상징적, 심리적 폭력 행위의 총칭이다.

(2) 테러리즘의 역사

테러리즘의 기원과 경과

테러리즘의 역사는 인류의 유구한 역사와 함께한다. 어떤 학자는 성서에서 인류의 시조로 나오는 아담의 맏아들 카인이 동생 아벨을 시기한 나머지 돌로 쳐 죽인 것을 인류 역사상 최초의 테러리즘으로 보기도 한다. '조직적인 폭력의 사용'으로 정의되는 고전적 의미의 테러리즘은 기원전부터 있어 왔다. 기원전에 있었던 줄리어스 시저의 암살도 정치적 목적달성을 위해 자행된 일종의 테러리즘으로 볼 수 있다. AD 66년부터 77년 사이에 팔레스타인 종교집단들이 시카리(Sicarri)라는 테러리스트 단체를 결성하여 로마의 통치에 협력하는 유대인들에 대한 공격을 자행하기도 했다. 11세기에서 13세기까지는 페르시아에 흩어져 있던 이슬람 과격 종교단체들이 암살자를 고용하여 자신들의 종교적 자유와 확산을 위해 기독교의 고위 지도자들을 적으로 간주하고 이들을 살해하여 공포분위기를 확산시키는 수단으로 이용했다(Laquer, 1987). 종교적 목적달성을 위해 시작된 투쟁의 역사적 유산은 지금도 중동의 정치적 혼란 속에서 계속되고 있다.

테러리즘이라는 용어가 본격적으로 등장한 것은 1789년에 시작된 프랑스 혁명 과정에서 주도적인 역할을 했던 로베스피에르(Maximilien Francois Marie Isidore de Robespierre),

[그림 10-1] 카인과 아벨

마라(Jean Paul Marat), 당통(George Jacques Danton) 등이 공화당 집권정부의 혁명과업 수행을 위해 왕당파에 대해 고문, 처형, 살인 등 공포정치를 자행하면서부터이다(민석홍, 1989).

미국에서는 남북전쟁(1861~1865)이 끝난 후 정부에 도전하는 일부 극우파 남부인들이 KKK(Ku Klux Klan)라는 테러리스트 단체를 결성하여 남부 각주의 재건론자들을 협박했다. 같은 시기에 러시아에서는 비밀조직인 인민의지파(Narodnaya Volya)가 사회 혁명의 실현을 위해 정치 혁명이 선행되어야 한다고 선언하고 짜르 정치 체제를 타도하기 위해 테러리즘을 수단으로 삼았다. 이들은 1879년에 황제의 열차 폭파를 계획하였고, 1881년에 알렉산드로 2세를 암살하기도 하였다(Wardlaw, 1989).

[그림 10-2] KKK단의 활동 사진

19세기 후반에는 테러리즘이 서유럽과 러시아, 미국 등지에서 무정부주의자들에 의해 이용되었다. 이들은 혁명의 수단으로 정치적, 사회적 변화를 이끌어 내고자 하였으며, 이를 위한 여건 조성을 위해 테러리즘을 활용하였다. 20세기에 들어서면서 테러리즘은 극좌에서부터 극우에 이르기까지 수많은 정치적 목적 달성에 동원되었다. 독일은 히틀러에 의해서 구 소련은 스탈린에 의해서 국가 정책 수단으로 테러리즘이 이용되었다. 이들은 반대 세력을 제거하고 국민들로 하여금 국가 이데올로기에 대한 충성심을 고취시키기 위해 다양한 테러리즘을 사용하였다. 20세기 중반에는 제2차 세계대전 후 신생국들의 탄생과 더불어 식민 제국에 대항하는 민족 운동의 일환으로 테러리즘이 활용되었다(최진태, 2006).

현대적 의미의 테러리즘

현대적 의미의 테러리즘이 태동한 시기는 대략 1960년대라고 볼 수 있다. 이스라엘이 1948년에 건국되면서 치러진 제1차 중동전쟁(1948. 5월~1949. 3월)에서부터 제2차 중동전쟁(1956. 1월~11월)과 제3차 중동전쟁(1967. 6월 5일~6월 10일)에서 이스라엘이 승리하자 팔레스타인 해방기구(PLO)는 전면적인 무력투쟁이 불가능하다고 판단되어 테러리즘을 통한 투쟁을 선택하였다. PLO는 항공기 납치를 포함한 모든 유형의 테러리즘을 자행하였다. 이들은 1968년 7월에 이스라엘의 민간항공기(EI AI)를 공중 납치한 이래 1968년 한 해 동안 무려 35건의 비행기 납치를 단행했다(Choi, 1994). PLO의 존재에 대해 세계적인 관심을 일으킨 테러리즘은 1972년에 발생한 뮌헨 올림픽 학살 사건이다. 검은 구월단(Black September Organization) 소속 테러리스트들이 올림픽 선수촌의 이스라엘 선수단을 습격하고 인질을 내세워 동료와 연관 세력들의 석방을 요구하였으나 결국에는 교전이 발생하고 인질 전원이 사망하였다. 서유럽과 일본 그리고 미국 등지에서는 베트남전에 반대하는 반정부 시위가 격화되었는데, 정부의 극단적이고 성급한 대응은 오히려 투쟁하는 세력들 간의 협력관계를 더 공고하게 하는 계기가 되었다. 이 시기의 테러조직은 테러에 성공하면 반드시 성명을 발표하고, 자신들이 저지른 것이라는 것을 밝혔다.

1990년대에 들어서면서부터는 냉전종식으로 마르크스-레닌주의를 추종하는 집단의 지원이 사라지면서 마르크스식 테러리즘은 사라지고, 그 대신 종교 이데올로기, 종말론 등에 근거한 테러가 성행하게 되었다. 1995년 도쿄에서 발생한 옴 진리교의 사린가스 공격사건이 그 대표적인 사례이다. 이 사건으로 13명이 사망하고 5,000명 이상이 부상을 당했다. 1990년대 이후 번지기 시작한 테러리즘을 2000년대 들어서면서 그 발생건수가 폭발적으로 증가하며, 테러리즘의 성격 또한 그 이전과는 다른 양상으로 나타났다.

뉴테러리즘

전통적인 테러리즘은 인질납치, 암살, 차량·선반·항공기 납치 및 폭파 등을 통해 그 목적을 달성하려 해왔다. 그러나 이러한 테러리즘은 탈 냉전기에 접어들면서 민족적·문명적 갈등, 미국의 지역패권에 대한 반대 요인 증대 및 무차별적 대량 인명살상 등의 특징을 지닌 '뉴테러리즘'으로 변화되었다. 뉴테러리즘의 개념은 1999년 미국의 RAND연구소에서 처음 사용한 용어로서 대형화되고 무차별화되는 테러의 새로운 양상을 지칭한 용어이다(강영숙, 2016). 2001년 미국의 세계무역센터에서 발생한 9.11테러는 뉴테러리즘의 대표적인 사례에 해당된다. 9.11 테러는 알카에다 소속 테러리스트 19명에게 공중 납치된

4대의 미국 항공기가 세계무역센터 쌍둥이 빌딩 2개와 국방부 청사에 충돌하여 사망자만 2,981명에 달하는 재앙적 테러리즘이었다(윤태영, 2014).

[그림 10-3] 9.11테러 시 비행기의 충돌 후 화염을 내뿜고 있는 미국 세계무역센터(좌측), 테러 이후 추모공원으로 바뀐 모습(우측)

국가정보원에서 정리한 뉴테러리즘의 특징은 다음과 같다.

① 요구조건 및 공격주체가 불분명하여 추적이 곤란

과거의 테러리즘은 뚜렷한 목표를 가지고 있었으며, 테러리즘을 자행한 뒤에도 성명을 통해 자신들의 정체를 밝히고 요구조건을 제시하였다. 뉴테러리즘에서는 테러집단 자신과 비호세력을 보호하고 공포효과를 극대화하기 위해 요구조건도 제시하지 않고 정체도 밝히지 않는 소위 '얼굴 없는 테러'를 자행하여, 그 정체를 파악하기가 어렵다.

② 전쟁수준의 무차별 공격으로 피해가 막대

과거의 테러는 요인암살, 항공기나 인집 납치, 중요시설 점거 등 상징성을 띤 대상을 공격함으로써 많은 희생자를 내기보다는 극단적 수단을 동원한 의사소통 행위의 측면이 강했으나, 뉴테러리즘은 전쟁의 한 형태로 자행되어 막대한 피해를 초래한다.

③ 테러조직이 그물망 조직으로 되어 있어 무력화가 곤란

과거의 테러조직은 수직형 체제로 되어 있었으나, 뉴테러리즘 조직은 여러 국가와 지역에 그물망 조직으로 연계된 이념 결사체로서, 인터넷 비밀사이트, 전자메일, 채팅룸 및 첨단 이동통신 등을 연락수단으로 사용하고 있다. 또한 중심이 다원화되어 하나의 중

심을 제거해도 다른 중심이 그 역할을 대신하여 조직의 무력화가 어렵다.

[그림 10-4] 네트워크화된 테러조직

④ 테러장비가 따로 없어 방어 곤란

전통적인 테러리즘에서는 총기나 폭발물 등이 사용되어 공항이나 항만 보안검색을 강화하여 어느 정도 색출이 가능했다. 그러나 뉴테러리즘에서는 우리 생활 주변의 온갖 문명의 이기들이 테러리즘에 사용된다. 9.11테러에서는 서류절단용 칼만으로 여객기를 납치, 빌딩에 충돌시키는 초유의 수법을 구사하였다.

[그림 10-5] 뉴테러리즘에서는 다양한 장비와 무기가 사용된다

⑤ 대량 살상무기 사용

과거 화생방 무기의 사용은 제1, 2차 세계대전, 걸프전 등 주로 전쟁이나 대규모 분쟁에서 사용되었다. 그러나 1995년 옴 진리교의 동경 지하철 독가스 살포사건을 시작으로 9.11테러에서도 세균무기(탄저균)가 사용되어 인명피해가 극대화되었다. 특히 세균을 사용하는 생물테러는 저렴한 비용과 관리로 엄청난 인명살상 효과를 갖고 있어 '빈자의 핵'으로 불리고 있다.

⑥ 언론매체의 발달로 공포의 확산이 용이

글로벌 시대인 오늘날 한 지역에서 발생한 테러가 전 세계적으로 동시에 보도되어 테러리스트들이 노리는 공포가 여과 없이 확산되어진다. IS의 인질 참수 동영상은 온라인을 통해 전 세계의 사람들에게 공포감을 주기도 하였다.

⑦ 사건의 대형화로 정치적 부담 증대

과거의 테러리즘은 협상팀과 특공대의 투입으로 대부분 현장처리가 가능하였다. 그러나 뉴테러리즘에서는 사건이 국가적 재난으로 인식될 만큼 대형화됨에 따라 최고 통치자의 결심을 받아야 할 경우가 많아져 정치적 부담이 증대하고 있다.

⑧ 테러리스트들이 중산층의 인테리들로 테러가 지능화, 개인화

과거의 테러리스트들은 사회적 소외계층이 대부분이었으나, 뉴테러리즘 시대의 테러리스트들은 비교적 여유 있는 중산층 출신들로 대부분 대학생 재학 이상이고 이공계 전공자들이 선호하고 있다. 또한 뉴테러리스트들은 범죄 전력이나 정치적 활동이 전혀 없어 정보기관의 감시망에 잡히지 않으며, 이들은 정신병적인 종교적, 정치적 신념으로 무장하고 있어 그 위험성이 더욱 크다.[1]

2. 테러리즘의 발생 원인과 심리적 특성

테러의 발생 원인은 매우 다양하다. 정치적인 목적을 달성하기 위한 수단으로 이용되기도 하고, 종교적인 갈등에서 시작되기도 하며, 민족적 분쟁으로 인하여 전개되기도 한다. 그 외에도 여러 요인들이 작용하여 테러리즘이 수행된다.

최기남(2005)은 중동지역의 테러리즘에 대한 연구를 통해 테러리즘의 원인을 ① 종교적 이념의 대립과 갈등, ② 정치적 목적달성을 위한 투쟁, ③ 경제적 빈곤 및 이권에 의한 갈등, ④ 사회 환경구조의 발달 등 크게 네 가지로 구분하였다.

최진태(2006)는 테러리즘의 원인을 ① 사회·심리 이론(박탈감 이론, 동일시 이론), ②

1 국가정보원. (2001) 뉴테러리즘의 특징과 외국의 대테러 동향. 강영숙. (2006) 테러학. 진영사. 윤태영. (2014). 테러리즘과 대테러리즘. 경남대학교 출판부.에서 재인용.

폭력이론, ③ 국제 정치구조 이론, ④ 현대 사회구조 이론 등으로 구분하였다.

윤태영(2014)은 테러리즘의 원인을 ① 심리적 요인, ② 사회적 요인, ③ 정치 의지적 요인, ④ 문화적 요인, ⑤ 경제적 요인, ⑥ 종교적 요인 등으로 분류하였다. 여기에서는 먼저 세 연구자들이 공통적으로 제시한 정치적, 종교적, 사회적 원인에 대해 살펴보고, 심리적인 특성에 대해서는 별도로 정리하였다.

(1) 테러리즘의 발생 원인

정치적 원인

정치적으로 세력이 약하거나 소외된 집단이 가장 쉽게 자신의 정체성을 표현하는 수단이 테러리즘이다. 정치적인 영향력을 확장시키기 위하여 약소 정당집단에 테러리즘을 행사하는 경우도 있다. 국가와 국가 간의 국제적인 테러리즘도 정치적인 원인에서 수행되는 경우가 많다. 국가 간의 이권 문제, 민족적 자결권과 민족 감정대립, 세계 정치의 주도권을 쟁취하기 위해, 그리고 유리한 여건 조성을 위해 테러리즘이 사용되기도 한다. '한 사람의 테러리스트, 다른 한편에서는 자유의 투사'라는 이중적인 인식은 일부 주권국가로 하여금 테러리즘이라는 수단을 정치목적 달성을 위한 합리적 도구로 간주하게 하고, 테러리즘을 정치 목적 달성을 위한 도구로 수용하는 마키아벨리즘의 수용을 유발한다. 정치적 목적 달성을 위해 테러리즘을 사용하는 것을 합리화시키는 정치사상으로는 마르쿠제(Herbert Marcuse)의 정치사상과 브라질 공산주의자인 마리겔라(Carlos Marighella) 등의 이론이 있으며, 무정부주의(Anarchism), 허무주의(Nihilism), 스탈린주의, 모택동주의, 토로츠키주의, 카스트로주의, 나치즘, 파시즘 등도 여기에 포함된다. 정치적 원인에 의한 주요 테러단체는 PLO, IRA, 스페인 바스크조국해방, 세네갈 카사망스 민주세력운동, 콜롬비아 무장혁명군 등 민족주의적인 단체들이다(최기남, 2005).

제2차 세계대전 이후 핵무기를 보유한 국가들이 증가하면서 국제사회는 무장평화 상태인 '공포의 균형(balance of terror)'을 출현시켰고, 이에 따라 재래식 전쟁과 같은 강대국 간의 직접적인 군사 대결은 불가능하게 되었다. 이러한 상황에서 테러리즘은 재래전의 역할을 대신하여 국가 정책을 추구하는 수단으로서 사용된다. 즉 오늘날 테러리즘은 정치적인 목적달성을 위해 후폭풍이 거센 재래식 전쟁을 대신하여 저강도 수준의 폭력의 형태로 활용되고 있다.

종교적 원인

종교의 배타적 속성은 인간에 대한 폭력의 사용을 정당화한다. 종교가 다른 민족을 상대로 자행되는 여러 유형의 테러리즘을 용인하고 어떤 경우에는 이를 조장하기도 한다. 불신자와 타 종교를 따르는 자를 살해할 수도 있다는 해석에 기반하여 정치적 폭력을 행사하고 테러리즘으로 인한 민간인의 사망에 대하여 죄책감을 면제받는다. 종교는 자기 자신을 희생하는 이타적 행동과 순교자적 행동을 과격한 자기공격과 테러행위와 동일시하게 만들어주는 강력한 힘과 권위를 갖고 있다.

그러나 순수한 종교적 원인 그 자체만으로 테러리즘이 발생하는 경우는 드물다. 대부분의 종교적 배경을 갖는 테러리즘은 민족의식과 혼합되어 생존권 보장과 연관되어 있다. 소수민족의 대표권 문제를 해결하기 위해 사용되어 온 전통적인 테러리즘은 보다 더 강력한 뉴테러리즘으로 변화되어 가고 있다. 이슬람 원리주의 테러리즘은 알라신이 만든 신성한 세계를 미국과 서구사회의 기독교 문명이 오염시켰다고 주장하면서 타도의 대상으로 지목하고 이를 위한 테러는 성전(Jihad, Holly War)으로 정당화한다. 이러한 생각에서 알카에다 테러리스트들은 9.11 테러사건이 무슬림 국가들에 대한 계속적인 지배와 착취에 대한 보복으로 수행된 성전이라고 주장한다. 이와 같은 종교적 이념에 의한 테러리즘 단체로는 알카에다, 팔레스타인하마스, 팔레스타인지하드, 인민해방전선, 필리핀 아부샤아프 그룹, 제마이슬라미야, 우간다 신의 저항군 등이 있다.

사회구조적 원인

사회적인 관점에서 볼 때, 테러리즘은 상대적으로 소외받는 소수 집단이 취할 수 있는 전략적 수단이다. 사회적 원인으로 테러리즘을 설명하는 대표적인 이론은 거(Ted R. Gurr)가 제시한 '상대적 박탈감 이론(Relative Deprivation Theory)'이다. '좌절-공격 이론(Frustration-Aggression Theory)'으로 지칭되는 상대적 박탈이론은 개인 또는 집단 사이에서 발생하는 '기대와 실제 간의 괴리' 또는 '가치 기대와 가치 능력 간의 차이'로 인해 테러리즘이 발생한다고 보는 견해이다. 상대적 박탈감은 누구나 마땅히 누려야 한다고 스스로 생각하는 이상적인 삶의 조건들과 실제로 그들이 생활하고 있는 현실적 조건 간의 격차에서 비롯되는 사회·심리적 긴장을 말한다. 상대적 박탈감은 상실감과 불만이 쌓이게 하여 분노로 표출되고 폭력적인 행동으로 표현하게 한다. 다른 집단과의 상대적 비교에서 부당한 대우를 받는다고 느끼거나 상대적 빈곤에 처해 있다고 느끼는 집단들이 정치적인 폭력에 가담하게 되는 경우들을 자주 경험하게 된다. 세계적으로 보면 제2차 세계대전 이후 신생국들이 정치적, 사회적, 경제적으로 급격한 근대화를 진행해 오는 과정에서 겪게 되는 상대적 박탈감이 정치적 폭력행위를 조장하는 원인으로 작용하였다고 볼 수 있다.

사회적 원인으로 생각할 수 있는 또 다른 요인으로는 식민지 지배의 부당함이나 현대사회에 대한 비관적인 입장을 근거로 대중의 분노와 저항의식을 자극하여 폭력적인 행위를 유도하는 경우이다. 여기에 해당되는 이론으로는 파농(Frantz Fanon)의 폭력이론과 마르쿠제(Herbert Marcuse)의 폭력이론이 있다.

파농은 자신의 대표작인 『지상의 저주받은 사람들, The Wretched of the Earth』에서 서구 선진 자본주의 국가들에 의한 식민 지배가 폭력적이며, 억압, 착취, 불평등을 해소하기 위해서는 폭력사용이 유일한 방법임을 제시하였다. 이러한 주장은 식민지 상태의 국가에서 민족 해방이라는 정치 목적 달성을 위한 물리적 폭력 사용의 수용을 정당화내지 합리화시키는 이론적 배경을 제공한다. 마르쿠제는 현대산업사회가 불평등을 평등으로, 억압을 자유로 인식하게 하는 허위적인 제도를 갖추고 있다고 비판하였다. 마르쿠제는 이러한 모순된 현대사회를 변화시키기 위해서는 폭력을 통한 혁명적인 변화가 필요하다는 점을 역설하였다.

(2) 테러리스트들의 심리적 특성

앞에서 우리는 테러리즘에 대해 거시적 관점에서 정치적, 종교적, 사회구조적 원인을 살펴보았다. 여기에서는 관점을 전환하여 미시적인 차원에서 테러리즘과 관련된 개인의 심리적 특성에 대해 살펴보고자 한다. 테러리스트들은 일반인과 다른 독특한 심리적 특성을 갖고 있는가? 어떤 이유로 한 개인이 테러리즘에 관여하는가? 어떤 사람들이 아무런 관계가 없는 타인들을 죽음에 이르게 하며, 어떤 이유로 한 개인이 자살 폭탄을 안고 테러리즘을 자행하는가?

자살폭탄 테러범

자살폭탄 테러에 의한 피해는 끔찍하다. 최근의 자살폭탄 테러는 대부분 공공 집회장소에서 대량의 무차별 인명살상을 목적으로 자행되는 추세이며, 테러의 빈도 또한 증가하고 있다. 그렇다면 이처럼 잔인한 결과를 유발시키는 자살폭탄 테러범들은 어떤 심리상태인가?

[그림 10-6] 자살폭탄 테러범의 모습

자살테러는 한 가지 요인에 의해 이루어지는 것이 아니라, 정치적, 문화적, 사회적 특성과 개인적인 경험과 심리적 요인에 의해 영향을 받는 복잡한 현상이기 때문에 특정한 이유만으로 자살테러를 설명하는 것은 한계가 있다(Merari, 2010). 그럼에도 불구하고, 심리학 연구자들은 자살테러범들에게 심리적으로 비정상적인 무언가가 존재할 것으로 추정한다(Kennedy, & Zillmer, 2016).

일부 학자들은 심리학적 차원에서 자살폭탄 테러리즘을 자행하는 젊은이들을 연구하여 대다수가 과도한 나르시시즘 경향이 강한 사람들이고, 심지어 과거 잘못된 행위를 제대로 후회하지 않는 사이코패스 기질이 있다고 보았다(Araj, 2012). 다른 연구 결과에 따르면, 250명의 독일 좌파 테러리스트들에게서 공통적으로 '분절된 가족 출신', '부모와의 심각한 갈등', '소년원 전과', '교육적으로나 종교적으로 실패한 양상' 등을 보인다고 한다(김계동 외, 2008). 팔레스타인 자살폭탄 테러리즘 사례를 조사한 최근 연구에서는 조직적 차원의 합리적 목적에 속하는 팔레스타인, 예루살렘 해방보다는 직접적으로 자신의 친구나 친지의 억울한 죽음 및 사고를 보복하기 위한 동기에서 자살폭탄 테러리즘을 자행한 경우가 더 많았던 것으로 나타났다. 실제, 체첸 자살폭탄 테러사건을 조사한 연구에서는 전체 34명의 테러범 모두가 테러 감행 전에 인생에서 매우 충격적인 사건을 경험한 것으로 나타났다. 34명 중 16명은 한 명 이상의 가족을 잃었고, 8명은 형제를 잃었으며, 5명은 가족 구성원이 억울하게 끌려가 고문을 당하거나 죽음을 당하였다(조윤오, 2013).

그러나 또 다른 연구에서는 자살폭탄 테러범들의 정신적, 심리적 상태가 일반인들의 그것과 동일하며, 특정한 '폭탄 테러범 기질' 같은 것은 존재하지 않는다는 의견도 제기되었다. 실제 1980년부터 2003년까지 자살폭탄 테러리즘을 저지른 462명을 조사한 결과, 우울증과 같은 정신병리학적 문제를 보이는 사람은 단 한명도 없었다고 한다(Brym &

Araj, 2006). 팔레스타인 자살 테러범에 대한 연구결과들에서도 그들은 정신질환과 같은 특성을 보이지 않았고, 과거의 절망이나 빈곤에 대한 흔적도 보이지 않았으며, 오히려 이들은 친밀한 동료집단에 대한 충성심을 보였다(Argo, 2003, 2006). Pape(2005)는 전 세계에서 1980년부터 2003년까지 발생한 총 315건의 자살폭탄테러를 조사한 결과, 자살테러범들은 범죄 전과가 없었으며, 문맹이거나 빈곤한 상태도 아니었다고 했다. 오히려 그들 대부분은 종교에 크게 관여하지 않았고, 학식도 갖춘 중산층 가정 출신이었다.

Frankle(2000)은 자살폭탄 테러리즘을 심리학의 자기초월적 이론(self-transcendence theory)을 이용하여 설명한다. 그에 따르면, 한 개인이 자신의 존재를 뛰어넘어 자기 자신을 내어주는 초월적 행위를 할 때, 진정한 자기이해 및 타인과의 소통이 가능해진다고 보는 것이 자기초월적 이론의 의미이다. 즉 이러한 자살폭탄 테러리즘을 통해 종교적 순례행위로서 자신의 영원한 존재성이 증명되고, 타인과의 관계도 시간과 공간을 뛰어 넘어 안정적으로 유지될 수 있다고 본다.

자살폭탄 테러리즘에 대한 구조주의적 설명(structural explanation)은 철저한 비용-편익 중심의 합리적 계산에서 비롯된 행위라고만 보는 것도 아니고, 동시에 종교나 사회의 요구에 의해 이루어지는 이타적 순교행위라고만 보지도 않는다. 아무리 종교적 믿음과 신념이 강한 사람이라도 테러리즘이 성공할 수 있는 여건과 기회가 주어져야만 한다. 이때 기회란 피해자에게 쉽게 접근할 수 있는 상황, 폭탄 사전준비 가능성, 사회적 혼란 및 합의 정도, 반대 세력의 억압 약화 등을 광범위하게 포함하고 있다. 자살폭탄테러는 성공률이 가장 높은 장소와 시간, 수법, 피해 대상 등을 조사하여 그것이 가능할 때만 자행된다(조윤오, 2013).

지휘자와 추종자

제3제국 시절, 나치의 인류에 대한 범죄, 홀로코스트, 강제수용소와 집단처형장 건설 등 수많은 반인륜적 테러행위가 자행되었다. 이에 대해 많은 학자들이 나치 추종자들에 대한 심리적 특성을 파악하고자 시도하였다. 여러 연구결과 이 문제에 대한 입장은 크게 두 가지로 구분되었다. 하나는 나치 추종자들에게 가학적 성격과 독재적 성격, 즉 사악한 성격특성이 존재한다는 입장이고(Miale, & Selzer, 1975), 다른 하나는 평범한 사람들이 단순히 명령에 대한 복종의 결과로 나타난 것이라는 입장이다(Arendt, 1963). 나치 추종자들이 획일화된 병적 성격을 가지고 있다는 발상은 Arendt에 의해 정정되었다. 그 이후 90년대 중반에 제시된 연구들에 의하면, 나치고위관료(지휘자)와 일반 사병(추종자)을 구분하여 고찰하는 것이 타당하다는 관점이 우세해졌다. 지휘자에 해당되는 나치 지도자들은 지나치게 자시만만하고 권위적이었으며, 거만하고, 타인을 조종하는 데 능하고, 자기중심적이었다. 이들은 고등교육을 받고 두뇌가 명석하나 타인에 대한 공감능력이 결핍되었다. 그러나 추종자들에게서는 특별하게 정신질환적인 특성을 발견할 수 없었으며, 특정한 폭력 성향도 보이지 않았다.

평범한 범죄자

나치추종자들의 경우에서와 마찬가지로 평범한 사람들이 특정한 정치적, 경제적, 사회적 촉매에 의해 인류에 대한 범죄(테러 등)를 저지르게 될 수 있다는 것을 입증한 또 다른 사례가 1995년에 종결된 보스니아 내전이다. 내전 기간 동안 서로 다른 세 민족 집단이 다투면서 집단처형, 인종청소, 성폭행과 고문, 시민살해 등 이루 헤아릴 수 없는 범죄적 행위들이 자행되었다. 놀라운 것은 이러한 행위에 가담했던 사람들 대부분이 몇 십 년 동안 평화롭게 같이 살면서 폭력에 대한 어떠한 성향도 보이지 않았던 평범한 사람들이었다는 점이다.

알카에다의 특성

알카에다는 국제테러집단으로서 이슬람교를 지키기 위한 ‘지하드(Jihad, 성전의 의미)’ 이념으로 무장된 조직이다. 알카에다를 추종하는 사람들은 지하드를 비신도와의 종교전쟁으로 이해한다. 알카에다에 관한 연구결과들은 보면, 알카에다 추종자들은 대부분 유년시절 혹은 문화 및 종교적 사교모임을 통해 형성된 교우관계에 기반을 둔다. 이들은 지역사회, 가족, 지도자, 그리고 대의를 위해 희생할 것을 요구받으며, 명령에 대한 불복종은 ‘수치심’과 연관되어 교육된다. 알카에다 추종자들은 정신질환을 앓은 흔적이 없으며, 대부분 정상적인 생활을 하던 사람이다(Kennedy & Zillmer, 2016).

요약

테러범들의 심리적 특성에 대한 연구결과들을 종합해 보면, 테러리스트들이 보통사람들과 다른 독특하면서도 역기능적인 성격특성들을 갖고 있을 것이라는 가정은 지지받지 못한 것으로 나타났다. 테러범들은 대부분 지극히 정상적인 사람들이었다. 그들은 정신질환을 보이지 않았으며, 광신도나 범죄전과자들이 아니었다. 곧 테러행위는 이성적인 추종자들에 의해 발생하며, 추종자들은 비용과 효용을 산정하여 합리적으로 전략을 구사한다. 테러범들이 테러조직에 가담하는 것은 이념적 신념이나 급진주의적 성향 때문이 아니라, 친구와 가족을 통한 사회화 과정에서 테러 단체에 가담하거나 친밀함과 애착심을 느끼기 위해 조직원이 된다고 한다(Argo, 2006).

테러범들이 갖는 정서적 사회적 유대감은 이념에 선행하며, 세상에 대한 가치관을 공유한다. 테러범들은 자기희생적 행동을 의미 있고, 합리적인 것으로 믿으며, 매우 이로운 일을 하고 있다고 생각한다. 따라서 빈곤을 해결하고 교육을 제공함으로써 테러행위에 대응하는 전략은 매우 순진한 생각이다. 그보다는 테러의 동조자들을 줄여나가고, 테러범들이 구사하는 이념 전파와 홍보 전략에 맞대응하는 심리전을 펼치며, 테러범들에 대한 자금조달을 차단하는 대응전략들이 요구된다(Kennedy & Zillmer, 2016).

3. 테러리즘에 의한 심리적 피해

테러리즘은 테러리스라는 특정한 개인이 목표 대상들로 하여금 그들의 요구를 논의하도록 위협할 목적으로 높은 강도의 공포를 체계적으로 사용하는 것으로서, 무차별적이며 예고 없이 이루어진다는 점에서 어느 정도의 예고가 가능한 자연 재해와 사뭇 다른 결과를 야기한다. 테러리즘은 지속적인 후유증을 유발시키며 테러리즘에 직접적으로 노출된 사람들뿐만 아니라 간접적으로 노출된 사람들에게도 상당한 영향을 미친다(Parson, 1995). 특히 생화학 테러리즘은 폭풍이나 홍수와는 달리 경고도 없이 발생하면서 신체적 손상뿐만 아니라 급성 및 만성 정신질환과 같은 심한 심리적 외상을 겪게 하며, 질병과 조기 사망에 대한 공포뿐만 아니라 후대에까지 이어지는 유전적인 결손을 동반한다.

테러리즘에 의한 피해는 일반사람들이 생각하는 것보다 광범위한 대상에게서 발생한다. 우선적으로 과거에 외상 경험이 있는 생존자들(예, 전쟁 피난민, 테러 혹은 고문, 가정폭력 생존자, 아동학대, 노상범죄)에게서 가장 뚜렷하게 나타나는데 이들은 최고도로 상처받은 느낌을 갖게 된다. 다음은 테러 공격을 직접적으로 목격하였거나 희생이 되었던 사람들은 물론, 폭력이나 외상에 대한 보도를 미디어 매체를 통하여 간접적으로 경험한 사람들에게서도 나타난다. 흔히 테러가 발생하면 피해자들의 피해만을 생각하게 되는데 사실은 구조 활동에 참가하였던 인원들의 심리적 손상도 생각 이상으로 심각하다.

(1) 시간경과에 따른 심리적 장애

테러에 의한 심리적 장애는 크게 세 단계(유형)로 구분할 수 있다. 그 중 하나는 테러 직후 즉각적으로 나타나는 반응들이며, 다른 하나는 테러 후 어느 정도의 시간이 경과한 후에도 지속되는 반응들이다. 그리고 나머지 하나는 테러 후 장기간에 걸쳐 나타나는 만성적 반응들이다.

테러 직후의 심리적 장애

테러는 예기치 않은 상황에서 급작스럽게 발생하는 경우가 대부분이다. 이 경우 즉각적이고 직접적인 위험에 효과적으로 대처하기 위해, 자율신경계의 교감신경계가 작동하게 된다. 심장박동, 혈압, 호흡, 그리고 근육 긴장 등이 증가하는 반면에, 위장 근육운동, 혈관 괄약운동은 감소하고, 에피네프린과 코티솔 등의 호르몬이 방출된다. 이 호르몬들은 신체로 하여금 즉각적인 에너지 증가를 위해 지방과 글루코스를 혈관으로 유출토록 한다. 이 추가적인 에너지는 위험한 상황을 나타내기 위해서 혹은 그 상황에서 신속하게 도피하기 위해서 강압적으로 사용되어진다.

의학 연구자들과 의사들은 극단적인 스트레스에 동반되는 다른 유형의 신체적 증상들을 규명하였다. 여기에는 두통, 멀미, 복통 혹은 가슴 두근거림이 포함되며, 의학적인 주의가 요구되어진다. 다른 신체적 증상들로 피로가 쌓이거나 혹은 과잉행동이 증가된다. 어떤 사람은 목과 등에 통증을 경험하기도 하며, 다른 사람은 현기증을 느끼기도 한다. 간혹 기존의 건강상태가 스트레스로 인하여 더 악화되기도 한다.

신체적 반응과 행동적 반응에 추가하여, 사람들은 테러리즘에 대한 다양한 심리적 반응을 보인다. 저항할 수 없이 강도 높은 테러리스트들의 행동으로 유발되는 일반적인 즉각 반응은 멍한 상태에서 어리벙벙하게 되고, 방어기제를 통하여 불안 등의 위협에 대항한다. 테러와 연관된 대표적인 방어기제는 거부(denial)이다. 거부는 스트레스 유발 요인을 인지하지 않으려는 경향이다. 이것은 거부할 수 없는 불안으로부터 자신을 보호하기 위한 시도로서, 스스로에게 "잘못된 것은 없어, 모든 것이 정상이야!"라고 말한다. 거부에 대해 생각해야 할 중요한 것은 고통스러운 진실에 대한 비현실적인 견해를 유지하는 것이 한 개인에게 최대의 관심사가 아니지만, 엄청난 불안으로부터 잠시 도피하기 위해 부정하는 것은 필요하다. 인지적인 측면에서의 장애는 사고 기능, 심상, 주의집중력, 기억 등에서 나타난다. 사고의 논리성과 일관된 조직화에 손상을 입게 되며 자신의 행위에 대

[표 10-1] 테러리즘에 노출된 피해자들이 보이는 일반적인 반응들

증상	반응	세부 내용
생물학적	신경생리학적	• 신체적 긴장 • 피로 • 악몽 • 환각 • 두통 • 주기적 재경험 • 신경과민 • 신체 손상, 통증 • 수면 부족 피로 • 심혈관 반응 • 위장장애 • 성욕장애 • NE 수준 증가 • 불면증 • 과흥분 • 근육경련 • 식욕저하 • 회복지연
행동적	사회적/대인관계	• 사회적 고립 • 증가된 대인갈등 • 타인 불신 • 비난에 대한 과잉반응 • 공동체 의식 결여 • 긴장된 대인관계 • 테러장소 회피
심리적	자기경험	• 해리현상 • 실패와 자기효능감 결여 • 결핍감 • 낮은 자기확신 • 기쁨과 즐거움 상실 • 안전을 위한 지속적인 탐색 • 희망, 믿음 상실
	정서반응	• 공포 • 쇼크 • 불안 • 노여움 • 테러 • 드라마적 기분변화 • 슬픔 • 우울 • 비애 • 부끄러움 • 보복 동기 • 공황
	인지반응	• 정신혼란 • 기억상실 • 집중 곤란 • 거부 • 반복적인 기억회상 • 판단능력 저하 • 주의장애 • 테러리스트 종족기피

한 부정적 결과를 예상하고 걱정과 부정적 평가의 지배를 받게 된다. 불필요한 자극은 무시하고 필요한 자극에 주목하는 선택적 주의 집중능력도 감소한다. 그 결과 개인의 업무수행 능력과 문제해결 능력이 손상된다. 기억에서도 혼란과 망각이 일어나며 심할 경우 매우 일상적인 경험마저 잊어버리는 경우가 발생한다. [표 10-1]은 테러리즘에 노출된 피해자들에게서 나타나는 반응들을 종합하여 정리한 것이다(Parson, 2002).

급성 스트레스 장애(ASD)

테러 직후에 나타나는 심리적 증상과 생리적 증상 그리고 대인관계에서 나타나는 증상들의 대부분은 며칠이 경과하면서 사라지지만, 일부 증상들은 매우 심각하여 '정신장애의 진단 및 통계 편람 4판'(DSM-IV)에서 규정한 급성스트레스장애(ASD: Acute Stress Disorder)의 기준에 도달하게 된다. 피해자들은 자신이 환경으로부터 해리된 것 같은 느낌과 비현실적인 생각을 갖게 되고 회피와 과잉흥분을 호소하기도 한다. 이들의 증상은 사고 후 2일 이내에 나타나서 4주까지 지속된다. 만약 증상들이 4주를 넘어서까지 지속되면 그때는 '외상후 스트레스 장애'(PTSD)로 분류된다. 여러 연구 결과들에 의하면, ASD는 PTSD로 발전될 가능성이 매우 높다고 한다.

외상후 스트레스 장애(PTSD)

여러 연구결과들에서 테러를 경험한 사람들의 상당수가 PTSD에 시달리고 있다고 보고되었다. Abenhaim, Dab, & Salmi(1992)는 테러리즘의 생존자 254명을 5년간 추적하였다. 이들의 연구에서 테러리즘으로 인해 심한 손상을 입었던 생존자들의 30.7%가 사고 후 일 년이 지난 시점에도 PTSD를 겪었으며, 손상을 입지 않은 피해자들의 경우 10.5%의 인원이 PTSD를 경험하였다. 국내에서 발생한 대구 지하철 화재사고의 현장을 직접 경험하고 생존한 129명을 대상으로 한 연구에서는 사고 직후 이들의 50%가 PTSD를 겪었다고 잠정적인 보고를 하였다.

PTSD에 추가하여 많은 테러리즘 피해자들은 가족 구성원, 친구, 혹은 직장 동료들의 죽음을 겪게 되었으며, 이것은 우울, 자가 치료, 약물 남용 등의 복잡한 상황으로 발전되었다. 많은 연구들에서 우울은 PTSD에 동반되는 것으로 보고되고 있다. 불안과 관련된 반응의 일종인 심인성 후유증은 걸프전쟁 이후의 대부분의 PTSD 연구들에서 나타났다. Carmeli, Liberman, & Mevorach(1994) 등은 미국의 베테랑들 중에서 38%가 심인성 후유증을 겪고 있으며, Deahl 등(1994)은 걸프전에서 적군의 시체를 다루고 확인하였던 연합군의 영국군 병사들 중 50%정도가 PTSD로 인한 심리적 장애를 겪었다고 보고하였다. 이 보고서는 PTSD와 신체적인 질병 그리고 자살의 위험이 특히 생화학 테러에서 더 높은 비율로 나타났으며, 테러로 인해 직접적으로 피해를 본 사람들뿐만 아니라, 단순히 사건을 목격하였거나 사건처리과정에서 자원봉사자로 활동하였던 사람들에게서도 관찰되었다고 언급되었다. 9.11 테러사건을 TV를 통해 시청한 사람들 중에서는 심한 공포감과 우울증을 호소하는 경우도 있었다. 국내의 경우에도 이라크 테러단체에 의해 피살된 김선일씨 사건이 보도된 이후, 상당수의 국민들은 이유 없이 화가 나고 아랍계 외국인만 봐도 두렵고 적개심이 생겼으며, 세상이 싫어지고 무기력해지기도 하였다.

(2) 테러리즘의 피해 수준

테러리즘에 의한 피해 정도는 사건이 경과한 시간에 따라 차이가 나타나지만, 테러리즘이 발생한 현장에서 어떤 일을 수행하였으며 피해자들과 어떤 관계에 있는지 등에 따라 그 피해정도가 다르게 나타난다. 9.11테러를 예를 들어 피해자들을 수준별로 분류하면 다음과 같다.

직접 피해자들

- 수준 1: 빌딩에서 상처를 입었거나 속수무책으로 묶여 있다가 구조팀에 의해 구조된 사람들
- 수준 2: 빌딩에 있었다가 나중에 소방대원들과 경찰들에 의해 구조된 사람들, 구조작업을 위해 건물에 들어갔던 인원들
- 수준 3: 건물 속에 있었다가 폭발 전에 탈출하면서 건물이 무너지는 것을 목격한 사람들
- 수준 4: 소방대원 혹은 구조대원들
- 수준 5: 건물 잔해에서 실종자들을 발견하고 구출하는 것을 매일 경험한 구조대원들

주변-즉각적 피해자들

- 수준 1: 건물 가까이서 비행기가 빌딩에 부딪히는 것을 목격한 사람들, 지근거리에서 사람들이 빌딩에서 나와 피신하는 것을 목격한 사람
- 수준 2: 응급 대피 요원들, 응급 의료요원들, 언론 리포터들

유관 피해자들

- 수준 1: 재난으로 부모를 잃은 아이들
- 수준 2: 재난으로 배우자를 잃은 자녀를 둔 유족
- 수준 3: 재난에서 배우자를 잃은 유족
- 수준 4: 친구들이 잔해에 매몰된 사람들

대리 피해자들

- 매스컴과 다른 뉴스 스토리상에서 목격한 죽음과 파괴에 깊게 영향을 받은 사람들

9.11 테러 시 구조 활동에 참여하였던 소방대원, 경찰, 응급요원들의 스트레스 유발자들과 스트레스 반응들을 살펴보면 다음과 같다. 스트레스 유발자로는 도처에 널린 잔해와 죽음에 매일 매일 노출된 경험, 단체 폭력에 노출, 피로의 만성적 수준, 극한 환경, 독소와 화학 물질에 노출, 무너져 내리는 잔해에 노출 등이다. 스트레스 유발자들에 대한

반응들로는 통제할 수 없을 정도로 동료 구조대원들을 찾고자 하는 열망에 노출, 자책감, 신원파악 스트레스, 죽음에 의해 오염된 느낌, 회복 노력으로부터 이탈되었다는 무능력감, 생존자로서 죄책감, 환취, 환각, 환상, 슬픔 장애, 실패감의 지속, 과거 외상적 경험의 재생 등이다.

(3) 생화학 테러리즘의 심리적 파급효과

오늘날 테러리즘에 의한 인명피해와 재산상의 피해는 갈수록 증대되어 가고 있는 추세이며, 특히 생화학 테러리즘의 경우 시민들에 대한 즉각적인 위협보다 훨씬 더 큰 피해를 유발시킬 수 있다. 생화학 테러리즘은 일반적인 테러리즘에 의하여 유발되는 불안과 공포 형성 그리고 테러리즘 발생 후 장기간에 걸쳐 나타나는 PTSD에 추가하여 테러리즘에 대응하기 위해 구축된 시스템에도 여러 가지 영향을 미친다. 그 중 하나는 의료시설에 대한 가수요 처리문제이다. 생물학 작용제에 의한 대형사고 발생 시 가장 큰 문제점은 감염되어 치료를 요하는 환자들이 아니라, 실제로는 감염되지 않았으나 걱정 또는 공포에 의해 병원으로 몰려들 수 있는 수많은 의사(pseudo) 환자들의 처리이다. 이러한 의사환자들을 구분하고 처리하지 못할 경우 실제 환자들에 대한 처치인력이 부족하여 이들의 사망률이 증가할 수 있다. 또 다른 하나는 테러리스트들이 생화학 테러리즘을 통하여 가능한 많은 사람에게 최대의 공포감을 조성하고자 추구한다는 것이다. 생화학 테러리즘에 대한 사전교육 등의 조치를 통하여 심리적 파급효과를 사전에 예방하지 않는다면 그 결과는 상상을 초월하게 된다. 가장 최근의 대표적인 사례가 바로 9.11 테러 이후 전 세계적으로 확산된 탄저균에 대한 공포이다. 2001년 탄저균을 사용한 우편물 테러리즘은 생물학 작용제에 의한 사상자 수가 적더라도 심각하고 장기적인 사회적 효과가 나타날 수 있음을 보여 주었다.

2001년 9월 11일 이후, 미국은 언제 어디서 발생할지 모르는 정체불명의 테러에 대한 불안감과 공포에 시달렸다. 많은 미국인들이 비행기 타기를 겁내고, 고층건물이나 많은 사람들이 북적대는 장소를 꺼리게 되었으며, 심지어 편지 봉투를 개봉하기조차 꺼려하였다. 또한 기침이나 두통 그리고 고열 등의 흔한 독감 증세에도 혹시 탄저병에 걸린 것이 아닐까하고 몸을 움츠리며 병원을 찾았으며, 약국마다 탄저병 치료제인 시프로(cipro)가 불티나게 팔리는 등 심리적 공황상태를 보였다. 덩달아 고층 건물용 낙하산, 탄저균 검사시약, 우편물 개봉용 유리관 등 테러 공포에 떠는 사람들을 겨냥한 상품들이 시장에 쏟아지기도 하였다.

탄저균은 주로 워싱턴과 뉴욕, 뉴저지주 등 동부 일대를 집중적으로 휩쓸었으나 미주리주 캔자스시티의 한 우체국에서도 발견되어, 전국을 탄저균 공포 속에 몰아 넣었으며 급기야는 미국인들을 심리적인 공황상태에 빠트렸다. "탄저균은 전염성이 없지만 공포는 전염성이 있다"라는 인터내셔널 헤럴드 트리뷴紙의 지적처럼 미국인들은 치료약조차 없는 공포라는 질환에 집단 감염되었다. 사실 탄저균은 테러범이나 테러조직이 생물무기로 이용할 가능성이 가장 높은 세균으로 알려져 있다. 과거 1979년 옛 소련 군사연구소에서 탄저균 포자가 실수로 유출되었을 때 최소 79명이 호흡기를 통해 감염되었고, 이 중 68명이 사망하였다. 탄저균 10 g은 보통 인명살상용 신경가스인 사린가스 1톤과 맞먹는다. WHO에 따르면 항공기를 통해 인구 500만 명이 사는 도시에 탄저균 50 kg을 살포할 경우 약 25만 명이 병에 걸리게 된다. 워싱턴시 대기 중에 탄저균 포자덩어리 10 kg이 떠다닐 경우 약 13만~300만 명이 사망할 가능성이 있다. 탄저균 공격이 개인 또는 소집단을 겨냥한 무차별 테러라고 하지만 탄저균이 뿌린 불안감과 공포의 파급효과는 엄청난 것이었다.

CBS 뉴스가 2001년 10월 하순 미국인 성인 1,024명을 대상으로 여론조사를 실시한 결과 응답자의 절반이 넘는 53%가 정부가 탄저균과 같은 생물무기 테러에 대비한 준비태세를 충분하게 갖추지 못하였다고 부정적으로 답변하였다. 또 응답자의 28%는 자기 동네에서 탄저균과 같은 생화학 테러가 일어날 가능성에 대해 매우 우려하고 있었다.

미 질병통제센터(CDC)에 따르면 2001년 11월 8일 기준으로 감염이 확인된 사람은 사망자 4명을 포함해 모두 17명(10명: 호흡기 탄저병, 7명: 피부 탄저병) 정도에 불과하였지만 미국 전체가 '탄저병 공포'에 빠지게 되었던 사실을 알 수 있다. 일종의 집단 히스테리 증후군을 나타낸 것이다. 미 국회의사당이 문을 닫았다는 신문기사 한 줄을 읽고, 사람들이 탄저균 치료약 시프로나 방독면을 줄서서 사게 되었다. 또한 이 사건으로 미국인들 중에는 불면, 두통 등 '탄저병 불안증후군'에 시달려 정신과 치료를 받아야 했던 사람들도 다수로 나타났다.

이러한 논의는 생화학 테러리즘의 진정한 위협을 바르게 판단하는 것이 매우 중요함을 시사해준다. 실제로 1900년 이후 탄저균 우편테러 7회를 포함하여 생물학 작용제가 사용된 전례는 40회에 불과하지만, 2002년 이후 현재까지 총이나 폭탄 등 재래식 무기를 사용한 테러는 650회 이상이다. 또한 15명 이상이 사망한 생화학 테러리즘 사고는 단 한 번에 불과하며, 이러한 사망자 수는 재래식 무기를 사용한 경우 빈번하게 일어난다.

4. 테러리즘에 대한 심리학적 대응

(1) 테러리즘에 대한 심리학적 대응의 필요성

지금까지 우리는 테러리즘에 대한 개념과 역사 그리고 테러리즘의 발생원인과 심리적 특성에 대하여 살펴보았다. 테러리즘의 개념 정의에서 살펴보았듯이 테러리즘은 심리적인 측면과 매우 밀접한 관계를 갖고 있다는 것을 알 수 있다. 최근 들어 국가적으로 테러리즘을 예방하고 테러리즘 발생 시 그 피해를 최소화하기 위한 다양한 방안들이 강구되어지고 있다. 그런데 일반적으로 테러리즘에 대비하여 정책을 수립하는 입장에서 보면, 테러리즘으로 인한 외형적인 피해가 크기 때문에 테러에 노출된 사람들 개개인에게서 발생하는 심리적인 문제를 간과하기 쉽다. 하지만 테러리즘으로 인한 심리적인 문제들은 외형적으로는 잘 노출되지 않으면서도 테러리즘 직후부터 수십 년이 지난 시점까지 지속적으로 영향을 미칠 수 있다는 점에서 물리적인 피해보다 더 심각한 결과를 유발한다. 또한 원칙적으로 테러리즘은 "불특정 다수의 인명살상을 통하여 비인간적이고 비이성적인 측면을 극대화시켜 두려움, 스트레스, 불확실성 및 인생무상 등 심리적 요소를 확대시킨다"라는 목표를 갖고 있기 때문에, 테러리즘에 대응한 시스템 구축 차원에서 심리적인 고려가 간과되어서는 안 된다.

이러한 관점에서 테러리즘에 대한 심리학적 접근의 필요성과 아울러 테러리즘에 대한 심리학적 대응체계의 구축을 요구하는 주장들은 이미 여러 곳에서 제기되어 왔다. 세

[그림 10-7] 테러리즘에 대한 심리학적 대응체계 구축이 필요하다

계보건기구가 2001년에 발간한 책자인 『Public Health Responses to Biological and Chemical Weapons』에서는 생화학 무기의 의도적 사용과 대응에 관하여 새롭게 깊이 있는 논의를 통하여 심리적 대응체계의 확립을 요구하고 있다.

미국심리학회도 9.11 테러사건 이전까지만 하여도 테러리즘과 관련된 주제를 직접적으로 다루는 경우는 드물었다. 그러나 9.11 테러사건 이후 미국심리학회에서는 테러리즘과 관련된 주제가 심도 있게 다루어지기 시작하였다. 미국심리학회에서 운영하는 인터넷 사이트에 '일상생활에서의 심리학' 코너를 개설하고 테러리즘과 관련된 내용들을 다루고 있다. 미국의 의학연구소와 생활과학위원회는 미 건강관리국의 요청을 받아 '화학 및 생물학 테러로부터 민간방호를 개선하기 위해 요구되는 연구 및 개발 정책'을 검토하면서

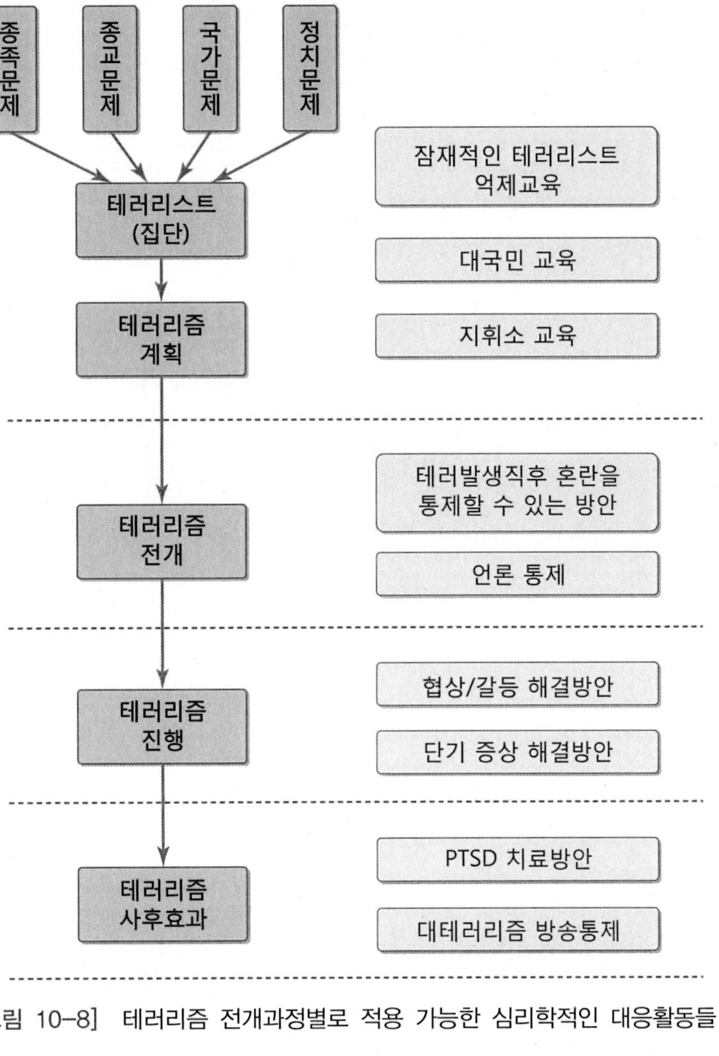

[그림 10-8] 테러리즘 전개과정별로 적용 가능한 심리학적인 대응활동들

테러리즘에 대한 심리적인 대응문제를 논의하였다. (IM & NRC, 2001).

[그림 10-8]에서는 테러리즘에 대한 대응체계를 구축할 때 심리적인 차원에서 고려될 수 있는 요소들이 테러리즘의 전개과정에 따라 제시되었다. 테러리즘의 전개는 크게 4단계로 구분하였다.

먼저, 첫 단계에서는 테러 발생 전 단계로서 잠재적인 테러리스트 교육, 대국민 교육, 그리고 지휘소 교육 등이 고려될 수 있다. 잠재적인 테러리스트 교육은 테러에 대한 정부의 일관성 있는 대응을 의미하며, 대국민교육은 국민들을 대상으로 테러에 대해 일반적인 사항을 인식시키고 유사시 행동요령에 대해 사전교육을 제공하는 것을 말한다. 두 번째 단계는 테러발발 초기 단계로서 심리적 혼란 방지가 가장 선결 과제이며 주로 언론 통제에 관한 사항을 다루게 된다. 세 번째 단계는 테러가 진행되는 단계로 협상과 단기적인 심리적 증상의 해결방안을 다루게 된다. 네 번째 단계는 테러 이후 단계로서 주로 테러의 후유증과 관련된 사항을 다룬다. 여기에서는 외상후 스트레스 장애의 관리가 가장 주된 문제가 된다.

(2) 테러리즘 전개과정별 심리학적 대응활동

테러리즘 이전의 대응활동

테러리즘의 잠재적 억제요인으로서 정치적 의지 먼저 테러리즘 이전의 대응활동으로 테러리즘의 잠재적 요인에 대한 정치적 억제를 생각할 수 있다. 국제적 정치를 통하여 새로운 법안이나 방향을 설정하는 것보다 정치적 의도 자체가 국제적인 테러리즘에 대응하는 노력에서 가장 중요한 요인으로 작용한다. 기업이나 정부는 납치범이나 테러리스트들의 요구에 승복할 것인지 아니면 거부할 것인지 여부를 결정해야 하는 경우가 빈번하다. 사실상 거부하는 것은 극히 어려운 일이지만 수용하는 것 또한 후속 테러리즘의 가능성을 높여주는 원인이 될 수 있다. 같은 입장에 있는 국가들 간에 적절한 대테러리즘 수단들을 협력함으로써 강경 노선의 정치적 의지가 제 역할을 할 수 있다. 하지만 실리적인 측면에서 일부 자본들이 테러리즘을 지원하는 국가들과의 관계를 유지하여 무기교역의 증가기회를 상실하지 않도록 하기도 한다. 이탈리아의 대 리비아 정책, 독일의 대 이란 정책의 검토는, 테러리즘을 후원하는 국가들의 통제를 위해 더 강력한 정치적 의지가 요구된다는 것을 명확하게 해주었다(최진태, 1997).

공공의 지지와 이해를 위해 대테러리즘 정책은 일관적이어야 한다. 미국 정부는 어떠한 경우에도 약탈자들과 거래하지 않는다는 것을 매년 반복하여 단언하면서도, 이란 콘트라 사건에서처럼 내부적으로 전혀 상반된 행위들을 계속해 왔다. 이러한 과거 행적은 현 정부의 공식적 의견에 불신을 제공하여 국가적 차원의 대테러 대응체계 구축을 약화시킬 뿐만 아니라 테러리스트 집단과의 협상에서도 부정적인 영향을 미치게 된다. 테러리스트 집단에의 양보는 또 다른 테러리즘을 불러일으킨다는 역사적 교훈이 여러 차례 관찰되어 왔다. 1993년 프랑스는 테헤란이 유럽에서 살고 있는 이란 이민자들에 대해 관대한 조치를 취할 것을 기대하며 이란계 살인자들을 감옥에서 풀어주었지만 현재 이란은 다른 어떤 지역에서보다도 더 많은 이란인들을 프랑스에서 살해하였다. 이와 유사한 사례는 이스라엘, 스웨덴, 그리스 등에서도 경험되었다. 결과적으로 대테러리즘 대응책이 효과성을 갖기 위해서는 일관성 있는 정치적 의지가 중요하다.

정치적 의지에 추가하여 테러리스트들로 하여금 테러리즘의 실행을 자제케 하는 심리적인 접근방법을 구사할 수 있다. 심리적 강압에 의한 테러리즘의 포기 가능성은 테러리즘이라는 폭력행위를 통해서 자신이 영웅적 존재라는 것을 알리거나, 정부 당국의 정책을 변경시키거나, 작전에 투입되어 체포된 동료 테러리스트의 석방을 달성하거나, 요인을 납치하여 석방조건으로 금전을 강탈하거나 그리고 국제관계를 악화시키고자 하는 목적 달성을 추구하는 것 등이 불가능하다는 것을 인식시킴으로써 가능하다. 즉, 이 방법은 테러리스트 자신의 행위가 이익보다 위험과 손해가 크다는 사실을 인식하게 될 경우 테러리즘이라는 폭력행위를 자제하게 된다는 억제논리에 근거하고 있다. 따라서 테러리스트가 스스로 테러리즘을 포기하도록 유도하는 방법은 그들이 이루고자 하는 목적 달성 가능성을 희박하게 하는 방법과 동시에 테러리즘을 자행한다는 것 자체가 자살행위라는 것을 인식시키는 것이 중요하다.

대 국민교육　테러리즘 이전의 대응활동으로 중요한 또 한 가지는 대 국민교육이다. 심리학적 의미에서 볼 때, 테러리즘은 인간으로 하여금 극도의 두려움을 느끼게 만들거나 위협을 느끼게 만드는 데에 그 목적이 있다. 다시 말해 목표달성을 위한 수단으로서 심리적 충격과 공포심의 조성은 테러리즘의 핵심 요인이라고 볼 수 있다. 특히 생화학 작용제는 살생효과 이외에도 일반인들로 하여금 극도의 공포와 공황상태에 빠지게 하여 사회질서를 파괴시키기도 한다. 실제로 1980년대의 걸프전쟁 말기에 테헤란에 대한 생화학 작용제 미사일의 투발위협은 실제 사용된 고폭탄 미사일의 경우보다 더 큰 혼란을 불러일으켰다. 테러리즘에 의한 심리적 혼란을 줄이는 방법은 평시에 국민을 대상으로 혼란 상황에서의 조치 요령에 대해 사전교육을 시키는 것이다.

국민을 대상으로 한 평시교육의 정도는 실제 상황 발생 시 혼란의 정도를 결정한다. 교육이 가능한 내용에는 실제적 위협에 대한 과거 정보, 위험과 위협에 대한 잘못된 지각 가능성과 그 영향, 생화학 테러리즘에 노출 시 행동요령, 생화학 테러의 작용과정과 증상, 테러리즘으로 인한 후유증 등이 포함될 수 있다.

테러리즘 발생 시 행동요령과 사태 인식에 대한 교육도 중요한 과제들 중의 하나이다. 정보시스템을 통하여 극도의 혼란 상태를 수습하는 방안 검토도 매우 긴요하며, 테러리즘에 의한 심리적 문제를 최소화할 수 있도록 계획적인 대응체계를 확립하는 것도 매우 의미 있는 활동이다. 최근에 박창호와 곽호완(2005)은 2003년에 발생한 대구지하철 화재사고를 중심으로 관련 당사자들의 행동과 인지를 분석하였다. 이들은 승객, 기관사, 사령실 및 역무실 근무자의 대처 행동을 인지심리학적 관점에서 분석하였으며, 이들의 대처 행동과 관련된 인지단계들을 지각, 평가, 지식-규범-태도, 의도와 하위 목표, 실행 측면에서 분석하였다. 재난이나 사고도 일상적인 행동과 인지의 연쇄로 일어날 수 있으므로 일상의 안전 행동을 훈련하고 숙지하는 것이 중요하다고 주장하고, 이런 분석을 바탕으로 대처 행동의 훈련에서 특히 주목해야 할 점들에 대해 논의하였다. 또한 안전과 방재문제와 관련해서 몇 가지 문제점들과 인지심리학의 기여에 대해 논의하였는데, 이러한 연구 결과들은 곧 테러리즘에 대한 대응책과 깊은 관련성을 갖는다.

일반 시민들의 의식에 내재된 지식이나 규범, 그리고 태도가 엄청만 재난의 예방활동에 매우 중요한 변수로 작용한다는 것을 알 수 있다. 그렇다고 재난에 대비한 다양한 지식들을 전달하기 위해 반복적인 광고나 책자 보급 등에 의존하는 것은 별다른 효과가 없는 것으로 나타났다. 최근 들어 지하철 승강장 주변에는 화재나 생화학 테러리즘에 대비하여 다양한 포스터와 장비들이 비치되어 있는 것을 쉽게 볼 수 있다. 그러나 이러한 것들이 사실만을 인지하고 있을 뿐, 구체적인 행동요령이나 사용법 등에 대해서는 거의 기억하지 못하고 있다. 안내 유인물을 쉽게 확보할 수 있으며 대부분 한 번씩은 읽어 본 경험이 있으나 실제로 유인물에서 전달하고자 하는 내용을 숙지하고 있는 시민은 거의 없다고 볼 수 있다.

지휘소 교육　의료 종사자들에게 생화학 작용제로 인한 환자 발생 시 초기 인지 및 초기 치료에 관한 훈련은 의료 기술적인 측면에서의 대비책으로 중요하지만, 공포감과 혼란에 대비한 사전교육 또한 매우 중요하다. 훈련을 통하여 대비태세가 잘 갖추어진 의료 종사자 집단이 그렇지 않은 집단보다도 훨씬 더 원활한 의료서비스를 제공할 수 있다는 연구결과가 이를 입증한다. 따라서 평시에 생화학 작용제로 인한 환자를 접해본 경험이 없는 민간 의료요원들을 대상으로 한 사전 대비 교육은 매우 중요한 의미를 갖는다(WHO guidance, 2001). 대책본부에서는 생화학 무기에 대한 막연한 두려움을 없앨 수 있도록 시민들에게 적정한 수준의 정보를 선별적으로 제공해야 하는데, 이러한 정보제공 계획은 사전에 충분히 준비되어야 한다.

생화학 테러리즘에 대한 대응 메커니즘을 보면, 여러 가지 상이한 단체기구들의 긴밀한 협조관계가 절실히 요구되기 때문에 효과적 조정과 훈련은 매우 중요하다. 화학작용제 대응에는 일반적 초기 대응요원(앰뷸런스, 소방서, 경찰 등), 특수대응요원(군화학 방어부대 등)들과 시민들의 협조가 필요하다. 따라서 사고 지역의 최고 책임자는 모든 관계 기구들과 협조를 이끌어 내어 위협을 감소시킬 수 있는 통제 전문가가 되어야 한다. 대응부서 조직에는 대략 24~48시간 정도가 소요될 수 있으며, 이 시간 내에는 사고지역내 시민들이 상호협조 하에 지원하게 된다. 통상적으로 자원자들이 가장 먼저 현장에 도착하여 지원하게 되지만, 이러한 지원자들은 비교적 단시간 동안만 활동하게 된다. 따라서 응급조치에 숙달된 의료지원 기관들의 긴밀한 협조관계를 유지하는 것은 매우 중요한 대비책 중의 하나이다.

대책본부에서는 생화학 무기에 대한 막연한 두려움을 없앨 수 있도록 시민들에게 적정한 수준의 정보를 선별적으로 제공해야 하는데, 이러한 정보제공 계획은 사전에 충분히 준비되어야 한다.

[그림 10-9]는 WHO에서 제공하는 대민 공보작성 지침이다. 테러리즘에 대비한 공보활동이 성공하기 위해서는 유사시 시민들 스스로가 어떻게 행동해야 하는지를 알고 있어야 한다. 통신계획은 시민들에게 라디오, 텔레비전 또는 안내 팜플렛을 통해 쉽고 흥분되지 않은 언어로 위협을 설명하는 내용이다. 테러리즘 발생 시 신고는 어떻게 하는지와 어떻게 대응하여야 하는가에 대한 명확한 지침을 포함하여야 한다. 사고 발생 전 교육 목적으로 그리고 사고 발생 시 과잉행위를 회피시킬 목적으로 잘 제작된 방송 계획이 매우 중요하다. 이때 보안을 요하는 정보의 전달과정과 통신경로에 대해 차분하고도 명확한 지침을 포함해야 한다. 물론 모든 대비태세 혹은 정보전파 프로그램은 과다정보가 오히려 위험할 수도 있다는 가능성을 고려하여 특별한 지역의 상황 측면에서 분석 평가되어야 한다.

곽호완과 박창호(2005)는 현대의 자동화된 시스템에서 인간의 사소한 실수가 얼마나 큰 재해로 귀결되는지를 예시하고, 시스템 인터페이스의 설계에서 인간실수를 신중히 고려해야 한다고 제안하였다. 이들은 대구지하철 화재사고가 대형 참사로 이어지기 전에 이를 차단할 수 있는 기회가 여러 차례나 있었지만 사령실, 기관사, 지하철 승객들 모두 주어진 상황에서 적절한 행동을 하는 데 실패하여 숱한 에러를 반복하였으며, 그로 인하여 엄청난 결과를 맞이하게 되었다고 설명한다. 이들은 Wickens와 Hollands(2003)가 제안한 다섯 가지 에러 유형을 기초로 대구 지하철 화재사고 현장에 있었던 사람들의 행동을

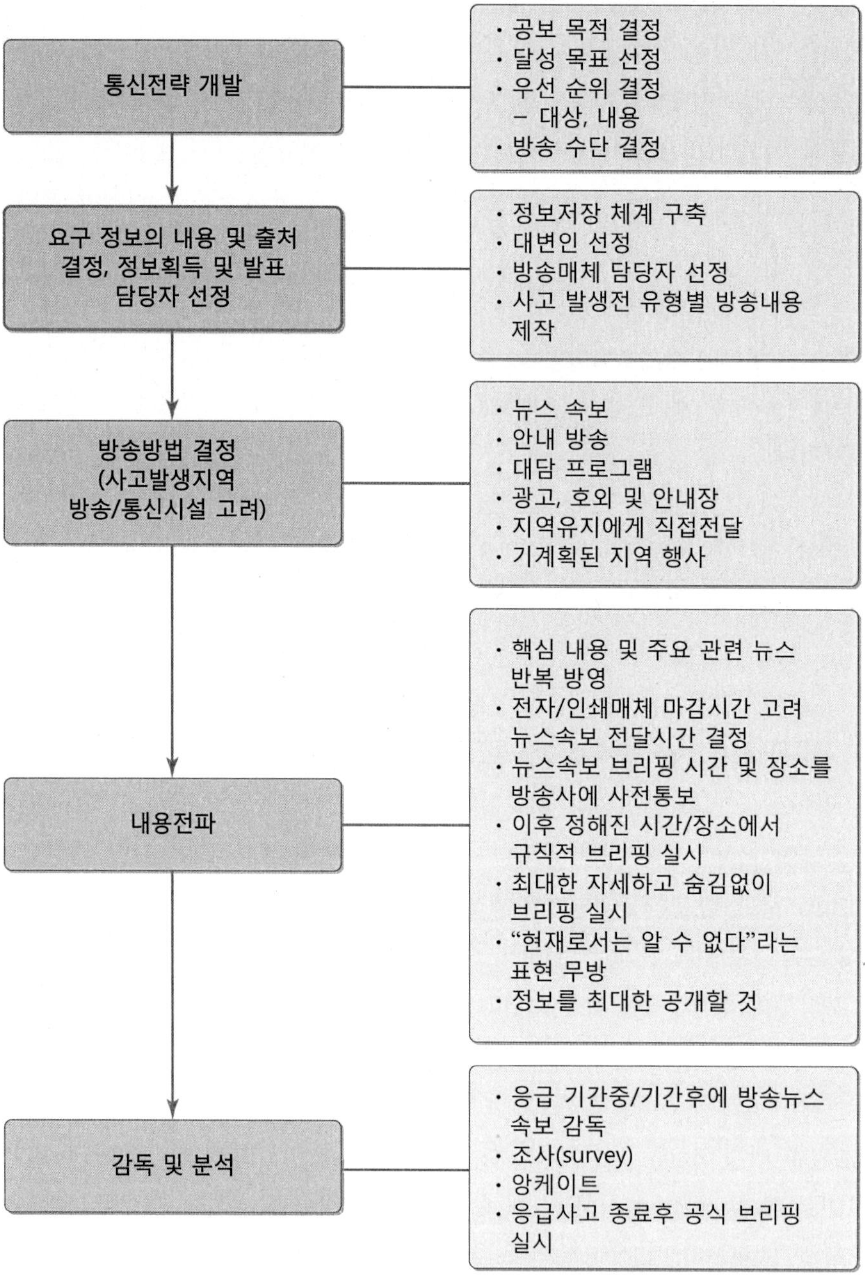

[그림 10-9] WHO guidance에 소개된 대민 공보작성 5단계

분석하였다. 다섯 가지 인간에러는 규칙기반 착오, 지식기반 착오, 실수(slips), 과오(lapses), 및 양식 에러(mode errors)이다. 규칙기반 착오는 작업자가 자신이 처한 상황에 대한 확신이 있거나, 상황 대처법이 정형화 혹은 고착화되어 있을 때 발생한다. 상황에 대처하기 위해 주로 if-then 형식으로 된 규칙을 인출하는 지각, 기억, 그리고 인지의 취약성에 기인한다. 지식기반 착오는 상황을 제대로 이해하지 못하였기 때문에 부정확한 행위 계획을 수립하게 하는 의사결정상의 에러와 같은 것들이다. 실수는 올바른 의도가 잘못 실행된 경우를 의미한다. 과오는 행동의 불이행을 의미한다. 과오는 일상용어로 건망증으로 표현할 수 있다. 양식 에러는 순간적 기억실패와는 다른 종류의 기억실패로 인해 발생한다. 이는 작업자가 상황을 제대로 파악하지 못하였기 때문에 부적합한 조작을 수행하는 것이다.

재난에 대처하기 위해 가장 효과적인 방법들 중 하나는 훈련이다. 훈련이 형식적이며 이론적으로 이루어질 경우 아무런 의미가 없다. 훈련은 최대한 사실적인 상황에서 구체적인 대처행동을 실연하여 그 과정을 몸으로 체험하게 해야 한다. 이를 위해 실제적인 훈련장, 모형, 시뮬레이션 장치 등이 활용될 수 있다. 특히 안전 요원의 경우 대피 행동은 자동화될 정도로 과잉 학습될 필요가 있다.

테러 발생 시 대응 활동

시민정보시스템을 통한 혼란 수습　　테러리즘은 예기치 않은 상황에서 급작스럽게 발생하는 경우가 대부분이다. 이러한 테러리즘에 의해 유발되는 대표적인 심리적 문제점은 불안, 공포, 공황 등의 단기적인 증상과 장기간에 걸쳐 나타나는 외상후 스트레스 장애이다. 불안과 공포는 유사한 정서이나, 공포는 두려움의 대상과 왜 두려워하고 있는가의 이유가 비교적 명백한 반면에 불안은 대상이 없이 막연하게 심한 근심을 하는 것이다. 또한 공황은 극심한 공포나 불안에 압도되어 평소의 자제력을 상실하고 방황하거나, 극도의 이상흥분으로 무기력, 허탈, 무감각하여 공포자극으로부터 무조건 이탈하려고 하는 군중의 도피행동을 의미한다.

테러리즘 발생 시 관심을 가져야 하는 것은 바로 불안에 의한 공황이다. 불안을 느끼는 군중이 어떤 하나의 동기 또는 자극물이라는 임계철선을 만나게 되면 군중은 조직적인 통제를 잃게 되고 오로지 생존의 불빛만을 찾아 사방으로 날뛰는 광분의 상태로 돌입하게 되며 이때 공황의 효과가 극대치를 기록하게 된다.

테러리즘이 발생하기 전, 테러리즘의 징후가 발견되었거나 테러리스트들에 의해 생화학 테러리즘이 경고되어 졌을 때, 일반 시민들의 불안과 공포에 의한 공황적 행동들은 앞에서 언급한 바와 같이 대 국민교육과 지휘소의 언론 통제를 통하여 어느 정도 사전에 예방할 수 있다. 그러나 아무리 사전 교육이 잘 되었다고 하더라도 생화학 테러에 의해 사고자가 발생하고 이러한 사실이 매스컴을 통하여 일반인에게 속속들이 보도될 경우 일반인들의 혼란스러운 반응은 불가피하다고 볼 수 있다. 생화학 테러리즘과 같은 대량살상 위협은 시민과 사회기반에 심각한 영향을 미칠 수 있지만 전문적인 대응을 통하여 어느 정도 그 심각성을 완화시킬 수 있다. 전문적인 대응이란 전문가에 의한 분석을 통하여 가장 효율적으로 시민들에 대한 서비스를 제공할 수 있는 시민방어체제를 수립하는 것으로서, 사고 발생 시 사상자 수와 손상정도를 약화시킬 수 있으며 생존자들을 구하고 피해를 입은 시민들을 관리하는 것을 의미한다.

생화학 테러리즘과 같은 비상사태 시 전문적인 대응을 구현하는 데에 있어 가장 중요한 것은 시민정보시스템이다.[2] 이 시스템은 지휘통제소에서 시민들에게 한 방향으로 전달되는 정보시스템이 아니라, 지휘통제소와 시민들 간에 서로 정보를 주고받을 수 있는 양방향적 정보시스템의 성격을 갖고 있어야 한다. 이 정보시스템의 일차적인 활동은 시민들에게 어떻게 행동하고 무엇을 해야 하는가에 대해 모든 통신수단을 이용하여 전달하는 것이다. 평시에 시민들에게 전달되었던 정보와는 달리 테러에 사용된 특정한 공격무기와 관련된 세세한 정보를 지속적으로 전달하는 것이 가장 우선적인 활동이다. 실제 비상사태에서는 평시의 연락체계와 통신수단이 정상적으로 작동하지 않을 수 있기 때문에 비상사태 시 관리될 수 있는 정보전달수단의 계획 및 확보는 필수적인 요소이다.

구조요원들에게 발생하는 문제들 테러리즘에 대비한 대책마련을 논의할 때 흔히 대부분의 관심은 테러리즘의 피해를 입을 가능성이 가장 큰 집단에 주어진다. 뉴테러리즘은 일반시민들을 테러리즘의 대상으로 이용하는 경향성이 높기 때문에, 최근의 대테러 대응체계는 일반시민들의 보호에 더욱더 많은 관심을 기울이게 된다. 그러나 테러리즘 발생 시 피해는 피해를 직접적으로 입은 일반시민들뿐만 아니라 피해자들의 구조 활동에 참여한 구조대원들과 자원봉사자들, 그리고 이러한 상황을 목격한 평범한 목격자들에게서도 심각한 수준의 신체적, 심리적 장애가 보고되어 진다. 특히 9.11 테러와 같은 대형사고 현장에서 구조작업에 참여한 사람들의 후유증은 일반 언론에 보도되는 정도보다 훨씬 더 심각한 수준에 이르고 있다.

2 Yoram Sofrin. (2003). 대량살상무기 시민방어 정책. '03 화랑대 국제심포지움. 화랑대연구소.

테러리즘에 의한 대응체계 수립에서 흔히 간과하기 쉬운 부분이 바로 구조 활동에 참여하였던 구조대원들의 사후 관리와 대국민 순화활동이다. 테러리즘의 직접적인 필해 상황에 대해서 연일 보도하던 매스컴은 어느 정도 시간이 흐른 뒤에는 무관심하게 방치한다. 더욱이 구조대원들에 대한 후속 조치는 계획조차 되어 있지 않기 때문에 더욱더 무관심하게 다루어진다. 하지만 높은 강도의 외상으로 인하여 발생하는 스트레스 장애의 심각성을 고려하여 이에 대한 대비책이 계획되어져야 한다. 아울러 테러리즘 당시의 상황을 접하면서 충격에 빠졌던 국민들을 대상으로 그들의 충격을 완화시켜줄 수 있는 내용의 프로그램이 준비 및 실시되어야 한다.

테러리즘이 발생한 비상사태 시, 구조 활동에 참여하는 구조대원들은 일종의 보호장비를 착용하게 되는데 이러한 보호 장비는 행동에 많은 제약을 준다. 가장 대표적인 제약은 체온 상승으로 인한 신체적 스트레스와 보호의 착용에 따른 심리적 스트레스이다. 심한 심리적 스트레스를 받으면 생리적 문제보다 더 큰 행동의 제약을 가져온다. 심리적 스트레스는 생화학적으로 오염된 환경, 호흡기 등 보호의 착용에 따른 폐쇄감, 동료와의 의사소통 제한, 무거운 보호의 착용에 따른 일반적 불편함, 체온상승 및 호흡과 관련된 생리적 스트레스 증가, 생존을 위해 요구되는 기능 및 임무수행 능력 저하 등에 기인한다. 따라서 구조 활동에 참여하는 구조대원들에 대한 대책이 사전에 수립되어 있어야만 테러리즘 발생 시 원활한 구조 활동을 전개할 수 있게 된다.

미디어 통제 일반적으로 테러리즘은 불안과 공포를 유발하여 목표하는 바를 달성하기 위해 수단과 방법상의 제한을 받지 않는다. 테러를 주도하는 입장에서 보면 보다 많은 사람들에게 더 강한 영향력을 행사할 수 있는 방법을 선호하게 된다. 매스 커뮤니케이션 기술의 발달은 이러한 요구를 충족시키기에 적합한 요건을 갖추고 있기 때문에 현대의 테러리스트들은 국제 매스미디어를 이용하는 행위의 선전을 통해 정치적 목적을 달성하고자 한다. 1964년 창설된 PLO는 민족해방과 독립을 위한 수단으로 자신의 존재를 알리기 위해 국제 매스미디어를 테러리즘에 본격적으로 이용한 최초의 단체이다. PLO의 테러리즘이 폭력적이고 비인간적일수록 국제 매스미디어는 그들의 행위에 주목하는 경향을 보였다. 그 결과 미디어가 소수민족의 독립을 추구하는 테러리스트들에게 그들의 메시지를 전달할 수 있게 해주는 주요한 매개물로 인식되었다(최효찬, 1998).

미디어를 통하여 유발되는 테러리즘의 효과는 여러 가지 요인에 의해 결정된다. 테러리즘의 시작에서부터 효과가 나타나는 과정을 보면, 일단은 테러리스트들에 의한 행위가 전제되며, 이러한 행위가 전달되는 과정과 수신자의 접수 그리고 최종적인 효과로 구분하여 생각할 수 있다. 테러리스트들은 자신들의 존재를 공중에 알리기 위해 다양한 무차별적인 방법을 사용한다. 미디어는 이들의 요구사항과 명분을 알리는 데에 기능하며, 이들의 사회적 지위 획득과 정당성을 구축하게 해준다. 테러리스트들의 행위가 그들이 의도하는 대로 전달되는 데에는 뉴스미디어가 결정적인 역할을 수행한다. 왜냐하면 어떤 정보를 유통시키고 그것을 어떻게 묘사할 것인가를 선택하는 문제는 여전히 뉴스미디어가 결정하기 때문이다. 오늘날의 테러리스트들은 인터넷이라는 새로운 매체를 통하여 과거 방송에서 추구하였던 것보다 몇 십 배의 효과를 창출시키고 있다. 최근 이라크 지역에서 만들어진 인질의 참수장면은 인터넷을 통하여 세계 각국으로 거의 통제되지 않은 채 전파되었다. 인터넷을 통한 정보의 확산은 또 하나의 새로운 고려요소가 되고 있다.

테러리즘 종료 후 대응활동

지금까지 테러리즘의 전개과정에 따라 심리학적인 대응활동으로 사전 예방활동과 테러리즘 발생 시 대응활동에 대해 살펴보았다. 테러리즘 이후에 요구되는 심리학적 대응활동으로 여러 가지 활동들을 생각할 수 있겠지만 가장 절실한 것은 바로 PTSD에 대한 진단과 치료활동들이다.

PTSD 진단　PTSD는 발생원인에 따라 증상들이 각각 다르기 때문에 진단자체가 더 복잡하다. 그 예로 전쟁 참전 병사나 전쟁 지역의 주민들에게서 나타나는 증상들은 장기간 반복적인 외상을 경험하는 경우 관찰되는 증상들과 다르다. 따라서 PTSD의 진단은 단일한 도구를 사용하여 진단하기보다는 여러 가지 도구를 종합적으로 검토하는 다차원적인 접근을 활용하는 것이 바람직하다. 다차원적인 접근을 위해서는 다양한 반구조화 또는 구조화된 면접법과 자기-보고에 의한 진단척도들이 사용된다.

구조화된 면접법은 임상장면에서 진단의 신뢰도를 크게 증진시킬 수 있으며, 개개인의 독특한 증상에 초점을 맞출 때 각 증상 수준에서 객관적 분석이 가능하기 때문에 진단의 개념화에 큰 도움이 된다. 최근에 PTSD의 진단에 사용되는 구조적 면접법으로는 구조화된 임상 면접(SCID), 진단면접 스케쥴(Diagnostic Interview Schedule), PTSD 면접법, PTSD만을 위한 구조화된 면접, 임상가를 위한 PTSD 척도 등 PTSD의 진단과 연구를 위해 다양한 면접법들이 개발되어 있다.

PTSD 치료　PTSD 환자의 치료는 매우 다양한 방법으로 운영될 수 있다. 본 장에서는 PTSD 환자를 치료하는 데에 있어서 일반적으로 고려되어야 할 사항들은 다음과 같다. 첫째, 치료는 곧 바로 실시되어야 한다. 둘째, 치료는 간단해야 한다. 셋째, 자아가 지지받도록 환경을 발달시켜야 한다. 넷째, 회피를 감소시켜야 한다. 다섯째, 비정상적인 면을 정상화해야 한다. 여섯째, 의미에 대한 귀인을 변경시켜야 한다. 일곱째, 치료과정 중에 재발하는 문제들에 대해 대처해야 한다.

PTSD의 치료에서 심리학적 디브리핑(PD)은 가장 우선적으로 사용되고 처방되고 있는 방법이다. 그러나 그 실효성에 대해서는 확실하게 검증되지 못하고 있다. 그럼에도 불구하고 PD는 응급요원들의 정서를 공유하고, 정서적 지지를 해 주며 스트레스 반응을 이해하게 해준다. 또한 PD는 알코올 혹은 약물 남용을 감소해주거나 제거해준다.

이승환(2004)은 대형 사고를 경험한 피해자들에게 일반인들이 해 줄 수 있는 응급조치들을 다음과 같이 제시한다. 먼저 생존자의 옆을 지켜주면서 이야기를 들어주고 위로한다. 이때 무엇을 해야만 하는지 언급하거나 지금 무엇을 하고 있는지 말해 주는 것은 별다른 도움이 되지 않는다. 둘째, 외상의 경험에 대해 대화할 수 있도록 안전한 장소를 마련해 준다. 셋째, 초점을 다른 곳으로 돌린다. 서로 마음을 이완시키고 편안한 활동을 할 여지를 제공한다. 넷째, 사회적지지 체제를 넓힌다. 친구들이 생존자에게 용기를 북돋아 주어 다른 지지를 받을 수 있게 한다. 다섯째, 조질 능력을 회복하는 데에 도움을 준다. 여섯째, 스스로 외상과 그 치유 과정에 대해 공부하도록 한다.

PTSD는 최근 들어 빈번하게 언론에 등장하는 개념이다. 그만큼 우리 삶 속에서 쉽게 경험하게 되는 심리적인 문제이다. 그러나 안타까운 현실은 PTSD의 진단과 치료를 위한 대응 노력들이 여전히 매우 미약하게 이루어지고 있다는 점이다. 이제는 정부차원에서 PTSD에 대한 대응체계 구축이 절실히 요구된다. 우리나라에 맞는 PTSD 진단도구의 개발이 시급하며, PTSD로 진단된 피해자들에 대한 치료 및 관리시스템의 구축이 조속히 이루어져야 한다.

참고문헌

곽호완, 박창호 (2005). 대구지하철 화재사고에 대한 분석 2: 행동과 인지측면. **한국심리학회지: 실험, 17**, 327-341.

강영숙 (2016). **테러학**. 인천: 진영사.

국가정보원 (2001). **뉴테러리즘의 특징과 외국의 대테러 동향**.

김계동, 김석우, 이상현, 장노순, 전봉근 (2008). **테러리즘: 개념과 쟁점**(Martin Gus 저). 서울: 명인문화사.

민석홍 (1989). **프랑스 혁명사론**. 서울: 까치.

박창호, 곽호완 (2005). 대구지하철 화재사고에 대한 분석 1: 인간에러와 시스템. **한국심리학회지: 실험, 17**, 311-326.

이승환 (2004). 대규모 사고. 대한불안장애학회 재난정신의학위원회 (편), **재난과 정신건강: 재난과 사고의 정신적 후유증에 대한 분석과 치료** (37-63). 서울: 지식공작소.

윤태영 (2014). **테러리즘과 대테러리즘**. 경남대학교 출판부.

조윤오 (2013). 자살 폭탄 테러범의 특성 및 동기에 대한 심리학적 고찰. **한국경찰학회보, 15**, 135-160.

최기남 (2005). 중동 테러리즘의 대두와 전망. **경호경비연구, 10**, 409-441.

최진태 (1997). **테러, 테러리스트, & 테러리즘**. 서울: 대영문화사.

최진태 (2006). **테러리즘의 이론과 실제**. 서울: 대영문화사.

최효찬 (1998). **테러리즘과 미디어**. 서울: 커뮤니케이션북스.

Abenhaim, L., Dab, W., & Salmi, L. R. (1992). Study of civilian victims of terrorist attacks (France 1982-1987). *Journal of Clinical Epidemiology, 45*(2), 103-109.

Ackerman, G. (2003). **바리오 테러리즘에 대한 교훈**. '03 화랑대 국제심포지움. 화랑대연구소.

Araj, B. (2012). The motivations of Palestinian suicide bombers in the second intifada (2000 to 2005). *Canadian Review of Sociology/Revue canadienne de sociologie, 49*(3), 211-232.

Arendt, H. (1963). *Eichmann in Jerusalem: A report on the banality of evil*. New York: Viking Press.

Argo, N. (2003). *The banality of evil, understanding today's human bombs* (Policy paper, Preventive Defence Project). Stanford, CA: Stanford University.

Brym, R., & Araj, B. (2006). Suicide bombing as strategy and interaction: The case of second Intifada. *Social Forces, 84*, 1969-1986.

Carmeli, A., Liberman, N., & Mevorach, L. (1994). Anxiety-related somatic reations during missle attacks. In Y. L. Danon & J. Shemer (Eds.). *Chemical Warfare Medicine* (pp. 186-190). New York: Gefen.

Choe, Jin-Tai. (1994). *Aviation terrorism.* London: Macmillan.

Deahl, M. P., Gillham, A. B., Thomas, J., Searle, M. M., & Srinivasan, M. (1994). Psychological sequelae following the Gulf War: Factors associated with subsequent morbidity and the effectiveness of psychological debriefing. *British Journal of Psychiatry, 165,* 60-65.

Frankle, V. E. (2000). *Man's search for ultimate meaning*. New York: Basic Books.

Hoffman, B. (2006). *Inside terrorism.* New York: Columbia University Press.

Institute of Medicine, & National Research Council. (2001). *Chemical and biological terrorism: Research and development to improve civilian medical response.* National Academy Press, NW: Washington.

Kennedy, C. H., & Zillmer, E. A. (2016). *Military psychology: Clinical and operational applications* (2nd ed.). The Guilford Press.

Laquer, W. (1987). *The age of terrorism.* London: Weidenfeld and Nicolson.

Merari, A. (2010). *Driven to death: Psychological and social aspects of suicide terrorism.* New York: Wiley.

Miale, F. R., & Selzer, M. (1975). *The Nuremberg mind: The psychology of the Nazi leaders.* New York: New York Time Book.

Pape, R A. (2005). *Dying to win: The strategic logic of suicide terrorism.* New York: Random House.

Parson, E. R. (1995). Post-traumatic stress disorder: Its biopsychobehavioral aspects and management. In B. Wolman & G. Stricker (Eds.). *Anxiety and related disorders: A handbook* (pp. 226-285). New York: Wiley.

Parson, E. R. (2002). *Victims of disasters: Helping people recover from acute distress to healing and integration.* Gift from within.

Schmid, A. P., & Jongman, A. J. (1988). *Political terrorism: A new guide to actors, authors, concepts, data bases, theories, and literature.* Amsterdam: SWIDOC.

Yoram Sofrin. (2003). **대량살상무기 시민방어 정책**. '03 화랑대 국제심포지움. 화랑대연구소.

U. S. Department of State (2012). *Country Reports on Terrorism 2011.*

Wardlaw, G. (1989). *Political terrorism: Theory, tactics and counter-measures.* Cambridge:

Cambridge University Press.

Wickens, C. D., & Hollands, J. G. (2003). *Engineering psychology and human performance* (3rd ed.). Upper Saddle River, NJ: Prentice-Hall. (곽호완, 김영진, 박창호, 남종호, 이재식 역. 《공학심리학 (3판)》. 서울: 시그마프레스, 2003.)

WHO guidance (2001). *Public health response to biological and chemical weapons* (2nd Ed.). Geneva: WHO.

제 11 장

정신전력

흔히 군 전투력은 유형전력과 무형전력으로 구분된다. 유형전력은 장비나 무기체계 등의 하드웨어적인 요소들을 의미하며, 무형전력은 기술전력, 운영전력, 정신전력 등의 소프트웨어적인 요소들을 의미한다. 그런데 정신전력은 무형전력의 일부이면서도 전승에 미치는 영향력은 다른 그 어느 요소보다도 더 크다.

역사적으로 유명한 명장들과 사상가들은 한결같이 정신전력의 중요성을 강조하였다. 이순신 장군은 "전쟁에서 이기고 지는 것은 군사의 많고 적음에 있지 아니하고 전장환경을 극복하려는 군인의 마음가짐에 달려있다"고 하였다. 나폴레옹은 전쟁승리의 요인으로 정신력을 강조하였으며, 클라우제비츠 또한 물질력보다 정신력에 더 큰 의미를 부여하였다. 이처럼 전쟁의 승패는 병력의 수, 무기, 장비 등의 강약에 의해서만 결정되는 것이 아니라, 실질적으로 이를 운용하는 인간에 의해 결정된다는 것을 의미한다(국방부, 1999). 정신전력의 중요성은 비단 과거의 전장에만 적용되는 원리가 아니라 최첨단의 무기체계와 장비가 사용되는 현대전에서도 동일하게 적용되고 있으며, 미래전에서도 역시 정신전력은 승리를 결정짓는 데에 있어서 결정적인 요소로 작용할 것이다.

정신전력의 측정은 1997년까지 국군정신전력학교에서 개발한 정신전력검사에 의해 이루어졌었는데, 이 검사는 신념, 사기, 단결, 군기를 핵심요소로 평가하였다. 1997년 이후 부터는 KIDA에서 개발한 정신전력검사를 사용하게 되었는데, 이 검사는 군인정신(명예심, 충성심, 희생정신), 사기(군생활만족, 직무만족, 자신감), 단결(응집력, 부대정신, 지휘관신뢰), 군기(복종심, 준법의식)를 핵심요소로 포함하고 있다. 본 장에서는 정신전력검사에서 다루는 여러 요인들 중에서 중심적인 의미를 갖는 군기와 사기 그리고 부대정신에 대해 집중적으로 살펴보고자 한다.

1. 군기

(1) 군기(軍紀)의 개념과 기능

군기의 개념

군기는 영어로 'military discipline'을 의미한다. Discipline는 명사로 '규율, 훈육, 단련법, 절제력' 등의 의미로 쓰이며, 동사로는 '징계하다, 훈육하다, 단련하다' 등으로 쓰인다. 군기라는 용어와 더불어 혼용되는 용어로서 '군기강(軍紀綱)'이 있다. 여기서 '기(紀)'는 그물의 코를 꿴 굵은 줄 또는 글의 뼈대가 되는 줄거리를 의미하며, '강(綱)'은 굵은 줄, 즉 사물의 근본이 되는 것을 의미한다. 기강은 바로 으뜸이 되는 중요한 기율과 질서를 의미한다. 군기와 군기강은 동일한 의미의 용어이나, 군기는 주로 군대에서 많이 사용되는 용어인 반면에 일반 국민은 군기강을 군기와 동일한 개념으로 사용하는 데에 더 익숙하다.[1]

군기의 개념은 여러 가지 관점에서 해석될 수 있다. 먼저, 처벌과 강압에 근거한 군기의 사례이다. 손자가 오나라의 왕인 합려로부터 군기를 세우는 실제적인 예를 보이라는 요청을 받고서 궁녀 180명을 모아 2개 부대로 나누고 왕의 내시 두 사람을 각각 그 대장으로 삼은 다음 구령에 따라 움직이도록 하였다. 그런데 반복하여 행동요령을 설명하였음에도 불구하고 궁녀들이 잘 움직이지 않자, 두 내시의 목을 베어 버렸다. 그 뒤 명령을 내리자 구령대로 일사불란하게 움직였다.

한편 자율과 자제에 근거를 둔 사례도 있다. 소크라테스가 민중을 호도했다는 죄로 사형선고를 받아 감옥에 갇혀 있었을 때, 그의 제자들은 판결의 부당함을 논하면서 탈옥을 권하였다. 그러나 소크라테스는 "악법이라도 준수해야 한다."고 말하고 죽음을 맞이하였다. 소크라테스의 정신은 군에서 명령에 대해 필히 복종해야 한다는 관점으로 준법정신을 군기의 기저로 삼게 한다.

군기와 관련된 군내의 문헌들을 살펴보면 대부분 '자발적 내지는 자율적 복종'을 강조한다. 먼저 군인복무규율은 군인으로서 지켜야 할 정신적 자세와 병영생활 전반에 걸쳐 질서와 제도를 유지하기 위해 정해 놓은 행동의 준칙인데, 여기에서는 군기는 '군대의

1 남기덕·김용주·고재원·이현엽·권성이 (2010) 군기강 수준 평가척도 개발 연구. 육군사관학교 화랑대연구소. p. 9.

규율과 질서'로 적시되어 있다. 군인복무규율에서 군기를 세우는 으뜸은 법규와 명령에 대한 자발적인 준수와 복종이라는 점이 강조된다. 육군 교육사령부에서 발행한 군사용어 사전에 따르면 군기는 '명령에 대한 능동적이고 자발적인 복종심과 법규에 대한 준법정신'을 의미한다. 미 육군의 경우 군기는 '자율적 판단에 입각한 임무수행과 복종'으로 설명된다.

군기와 관련된 연구들에서도 군기의 개념은 '명령에 대한 복종'이나 '법규, 규범, 예절의 준수'의 의미를 갖는다. 한국국방연구원의 연구들에서 군기는 '명령, 기준, 규율, 예절 준수의 태도 및 행동'으로 정의되거나, '준법정신, 복종심, 질서, 예절'로 정의되었다. 미 합참대의 연구(1994)에서는 군기가 '규정준수와 명령복종에 대한 자발적 의식과 행동'으로 정의되었다.

이상의 연구들에서 언급된 군기의 개념을 종합하면, 군기란 '법규, 지침, 명령, 예절 등에 대한 자발적인 준수와 복종의 실태'라고 정의할 수 있다. 이러한 군기의 개념에는 세 가지 특징적인 면을 발견할 수 있다. 첫째, 군기의 구현 형태에서 차이이다. 군사용어 사전 등에서는 군기를 내부적 정신 상태나 의식으로 정의하는 측면이 강하고, 군인복무규율 등에서는 군기를 외부적 표출 행위로 정의하는 측면이 강하다. 따라서 군기는 의식과 행위를 모두 포괄하는 개념으로 정의되는 것이 바람직하다고 볼 수 있다. 둘째, 군기에 관한 모든 정의가 자발적 내지는 자율적 복종을 강조한다는 점이다. 과거에는 무조건적 복종을 군기의 핵심으로 보았으나, 이러한 관점은 현대전의 특성과 사회문화적 변화에 따라 자율적 군기를 강조하는 방향으로 변화된 결과라고 볼 수 있다. 셋째, 통상 군기를 사건이나 사고예방과 관련해서 생각을 하나, 군기의 개념에는 기본적으로 사건이나 사고와의 관련성이 거의 없는 것으로 설명되고 있다.

A형 군기와 B형 군기

미 육군은 군기를 크게 두 가지 유형으로 구분한다. 한 가지 유형은 A형 군기로서 태도(attitude)와 연관성이 높다. A형 군기는 자발적이고 자기 유지적이며 가치에 기반 한다. A형 군기는 용기를 주도하고, 동일시를 유도하며, 가치의 내면화를 유도한다. A형 군기의 이러한 특성에 기초하여 이를 내면적 군기로 표현된다. 다른 한 가지 유형은 B형 군기이다. B형 군기는 행동(behavior)과 연관성이 높다. B형 군기는 외부에서 강요되어, 습관적인 행동반응으로 학습된 의식적 내지는 무의식적 행동을 의미한다. B형 군기는 복종을 유도하며 세부사항에 주의를 기울이게 하고, 절제된 행동을 유도한다. 이러한 특성으로 인하여 B형 군기는 외형적 군기로 표현된다(Donohue, 1994).

과거의 군대에서는 B형 군기만이 필요충분조건이었다. B형 군기가 가장 잘 활용된 사례로서 로마군단을 예로 들 수 있다. 최고 지휘관의 가시적 통제 하에 있는 병사들의 대열이 수시로 하달되는 명령에 의해 일사불란하게 움직여야 하는 상황에서 명령에 대한 즉각적이고 절대적인 복종은 생명처럼 강조되었다. 이 시기에 사소한 명령이라도 불복종한 경우 곧 즉결처분으로 이어져서 죽음 그 자체였다(최세인, 193). B형 군기에 의한 지휘는 오합지졸인 병사집단에 즉각적인 효과를 발휘할 수는 있지만, 숙달되고 경험이 많은 집단에게는 오히려 최대한의 노력을 유도하지 못한 채 응종(compliance)의 수준에 머물게 되는 문제점이 있다.

전장상황의 변화와 사회적 변화는 응종과 같은 B형 군기에 의한 부대지휘 유형에서 참여 또는 관여(commitment)와 같은 A형 군기에 의한 부대지휘 유형으로의 변화가 이루어지게 만들었다. A형 군기에 의한 부대지휘 사례는 이미 아테네 시절에도 있었다. 아테네의 경우에는 강제에 의한 복종보다는 후한 보수로서 동기를 유발시켰다. 그러나 전반적으로는 근대에 이르기까지 군기의 강제성이 크게 작용하였다. 그러다가 미국에서는 남북전쟁 이후에 그리고 유럽에서는 2차 세계대전 이후에 새로운 군기확립의 필요성이 강조되었다. 즉 A형 군기라고 하는 자발적인 군기에 의해 부대가 움직이도록 유도하였다.

[표 11-1] A형 군기와 B형 군기

구 분	A(ttitude)형	B(ehavior)형
특징	• 자발적 • 자기-유지적 • 가치-기반적 태도	• 외부에서 강요된 • 습관적 행동반응으로 학습된 • 의식적/무의식적
기능	• 용기 유도(courage) • 동일시 유도(identification) • 가치 내면화 유도(internalization) • 주도성 유도(initiative)	• 복종 유도(obedience) • 시너지 유도(synergism) • 세부사항 주의 유도(attention to detail) • 절제된 행동 유도(restraint) • 스트레스 지향성 강화(stress resistance)

군기의 기능

군인복무규율에 따르면, 군기는 지휘체계를 확립하고 질서를 유지시키며, 전투력을 보존 및 발휘하게 한다. 교육사령부의 군사용어사전에서는 군기가 지휘계통을 확립시키고 상경하애 문화를 구축하며, 일정한 방침에 의거하여 일률적으로 활동하게 한다. 미 육군의 야전교범에서는 군기를 통하여 싫어도 해야 하는 일을 하게 만들며, 감독이 없거나 불확실한 상황에서도 할 일을 하게 만든다고 한다. 미 합참대의 Donohue(1994)는 군기가 다음과 같은 기능을 갖는다고 한다.

- 첫째, 복종을 통해 부대원의 활동과 행동을 일치시켜 질서를 유지하며 전투효율성을 극대화시킨다.
- 둘째, 효과적으로 행동을 조율시켜 '부분의 합이 전체 이상'이 되는 시너지 효과를 발휘하게 한다.
- 셋째, 사소해 보이지만 전투 손실을 초래할 가능성이 있는 사항들이 누락되지 않도록 한다.
- 넷째, 자제력을 발휘하게 하여 부대원간의 갈등과 대민물의 사고를 방지하는 데에 도움을 준다.
- 다섯째, 누적된 피로나 극한 상황에서도 전투력을 발휘할 수 있도록 한다.
- 여섯째, 전우애와 단결심을 고양시켜 부대와 지휘관에 대한 신뢰와 유대감을 강화시킨다.
- 일곱째, 외형적 복종을 넘어서서 임무에 대한 소명의식을 갖게 한다.
- 여덟째, 지시가 없을 때도 필요한 것을 신속하고 효과적으로 조치할 수 있는 주도성을 갖게 한다.

(2) 군기에 대한 인식과 구성요소

앞에서 우리는 군기를 법규, 지침, 명령 예절 등에 대한 자발적인 준수와 복종의 실태로 정의하였으며, A형 군기와 B형 군기를 구분하였다. 그렇지만 아직까지도 군기의 개념에 대한 구체적인 그림을 갖지 못하고 있다. 군기의 개념을 보다 더 세부적으로 이해하기 위해서는 기존에 군기라는 개념이 사용되어 분석되고 평가되는 사례들을 살펴보아야 한다.

군기에 대한 인식 및 의식구조 실태조사

군기의 개념에 대해 일반인들과 군인들은 어떤 생각을 갖고 있을까? 이에 대한 해답을 얻기 위해 남기덕 등(2010)은 군기와 '사건 및 사고'와 '외적 자세 및 행동'과의 관련성에 대한 인식을 조사하였다. 이들은 이를 통해 군기에 대한 집단별 인식의 차이를 조사하고, 군기에 대한 국민 인식의 주요 결정요인을 탐색하고자 하였다. 조사는 1차적으로 성인 350명을 대상으로 실시하였으며, 본조사 격인 2차 조사는 전국의 20~60대 민간인 2,672명과 영관장교 74명을 대상으로 실시되었다. 조사 결과는 [표 11-2]에 제시되었다.

이 조사에서 일반인과 영관장교들 두 집단 모두에서, '지휘계통 문란, 경계대응실패, 군용품 분식 및 비리 등 부대지휘관리와 관련된 사고를 군기와 관련성이 높은 것으로 인식하였으며, 단순한 사고나 개인적 사고는 군기와의 관련성이 낮은 것으로 인식하였다. 응답자들은 외적자세의 경우 군인기본자세와 관련된 행태들을 군기와 연관성이 높은 것으로 인식하였으며, 개인적 품행들에 대해서는 군기와의 연관성이 상대적으로 낮은 것으로 평가하였다.

[표 11-2] 군기와 사건/사고 및 외적 자세/행동 간의 관련성 인식 조사 결과[2]

사건/사고와의 관련성			외적 자세/행동과의 관련성		
내 용	영관	민간	내 용	영관	민간
지휘계통 문란 사고	7.85	6.77	상급자에 대한 결례	9.23	8.67
경계대응실패(총기피탈)	7.82	6.96	군 관련 사항 누설	8.91	8.64
경계해이 사고	7.47	6.71	입수 보행	8.54	7.34
군용물 분실(총기/탄약)	7.19	6.91	탈모 보행	8.32	7.00
군용물 범죄(절취/유용)	7.08	6.25	하기식 부동자세 미실시	8.27	7.98
군용물 납품 비리	6.95	6.58	보행 중 흡연	7.72	6.89
군무이탈(탈영) 사고	6.68	6.50	용모 불량	7.65	7.52
군내 폭행 사고	6.67	6.24	모자창 구부리는 것	7.62	6.90
군내성범죄/성문제 사고	6.37	5.96	지나가는 여성 희롱	7.16	6.97
폭발물 사고	6.32	6.03	민간 말투 사용	6.96	7.04
총기 강력사고	6.18	6.35	과도한 입주 후 비틀거림	6.75	6.71
음주운전 사고	6.25	5.43	공중도덕 위반	6.58	7.08
금전비리 사고	6.04	5.94	교통법규 위반(무단횡단)	6.15	6.78
화재사고	4.74	4.75	군에 대한 불평불만	5.84	6.68
익사/추락사고	4.73	4.55	버스/지하철에서 조는 것	4.54	4.36
자살 사고	3.92	4.94	PC 방에서 게임	4.54	4.36

2 남기덕·김용주·고재원·이현엽·권성이 (2010) 군기강 수준 평가척도 개발 연구. 육군사관학교 화랑대연구소. p. 10-12.

군기의 구성요소

군에서는 나름대로 군기를 확립하기 위한 활동들을 규정하고 이에 근거하여 군기 수준을 평가하고 있다. 국방부에서는 사고의 유형을 구분할 때 안전사고와 군기사고로 구분한다. 여기서 군기사고는 군무이탈, 총기 및 폭발물 사고, 군용물 사고, 자살, 구타 및 가혹행위, 보안사고 등을 의미한다. 헌병병과에서 군기강 확립을 위해 주된 군기위반으로 거론하는 행위들에는 계급장 위조, 계급사칭, 고의적 결례, 음주소란, 노상방뇨, 오물 투기, 외출외박 허가구역 이탈, 군기위반 단속 불응 등이 있다. 일반적인 군기 위반으로는 복장불량, 보행군기불량, 두발 불량, 증명서 미소지, 무단 횡단 등이 있다. 미 육군 규정(600-200)의 개인 및 부대의 군기 지표에도 사기와 단결, 단정한 외모 및 행동, 복장과 장비 그리고 시설의 청결, 상관존경 및 상호존중, 지시의 즉각적이고 자발적인 시행, 차별금지 등이 포함되어 있다. 미 육군 행동 및 사회과학 연구소의 연구논문에 제시된 '군기해이 증상 및 군기 지표'들에서는 무단이탈, 탈영, 근무시간 미준수, 상관살해 및 상해, 명령 불복종, 집단 항명, 하극상, 인종차별, 마약복용, 알콜 중독 등이 언급되었다.

Bauer, Stout, Holz, & Katz(1976)는 미 육군의 군기에 대한 개념적 예측모델을 개발하는 연구보고서에서 부대군기를 업무군기(Performance), 외현군기(Appearance), 행동군기(Conduct) 등의 세 차원으로 구분하였다. 성과군기는 업무협조, 팀워크, 준비태세, 문서처리, 업무처리 등이다. 외모군기는 복장단정, 사무실 및 주변 청결, 외모단정 등이다. 행동군기는 상관존경, 정시출퇴근, 단정한 행동, 성실한 임무수행 등이다.

이상의 지표들을 종합적으로 살펴보면 기존의 지표들은 '군기사고'라는 용어 사용으로 인하여 군기를 사고와 직결시키는 고정관념의 지배를 받고 있다. 또한 일반적인 품행의 문제도 군기 문제로 처리하고 있음을 알 수 있다. 그러나 바람직한 방향은 '군기'라는 용어를 전투효율성과 관련된 지표들로 정의하는 것이다.

한편 다른 관점에서 군기개념이 세부적으로 조사되기도 하였다. 남기덕 등(2010)은 군기수준을 평가하는 척도개발 연구를 진행하면서 군기의 구성요소를 크게 내면적 군기와 외형적 군기로 구분하였다. 내면적 군기는 다시 복종심, 준법정신, 희생정신, 단결심, 부대분위기 등 5개 세부요소를 포함하였다. 외형적 군기는 업무수행 군기, 행동군기, 외모군기, 성군기 등 4개 세부요소를 포함하였다. 연구자들은 실제적인 설문조사 결과에 기초하여 내면적 군기와 외형적 군기간의 중요도를 약 7:3의 비율로 판단하였으며, 9개 세부요소들에 대한 가중치를 계산하였다([표 11-3] 참조).

[표 11-3] 군기수준 측정 척도와 가중치(남기덕 등, 2010)

구 분		가중치		문항 수
군기차원	군기세부요소	요소별	차원별	
정신적 군기	복종심	0.24	0.70	5
	준법정신	0.23		5
	희생정신	0.22		6
	단결심	0.18		6
	부대 정신	0.13		11
행위적 군기	업무 군기	0.32	0.30	6
	행동 군기	0.30		10
	외모 군기	0.19		4
	성 군기	0.19		5

(3) 군기 영향요인

미군에서는 군기에 영향을 주는 요인에 대한 연구를 이미 1950년대부터 시작하였다. 군기에 영향을 줄 것으로 판단되지만 그 영향력이 낮은 요인들은 사회경제적 배경(가정 형편, 중고 교사 생활기록, 민간 범죄 경력), 정신병질적 특성, 성격특성 등이었다. 군기에 주된 영향을 주는 요인들은 지휘관의 리더십, 근무여건, 진급, 여가활용시설, 고충처리 활동, 사기, 이사, 인간차별, 약물/알콜 중독, 군범죄경력 등이었다. 미 육군 행동 및 사회과학 연구소에 제출된 연구보고서(1976)에서는 군기에 영향을 주는 요인들의 상대적 비중에 대한 연구 결과를 [표 11-4]과 같이 제시하였다. 이 연구에 따르면, 상황적 요인이 개인적 요인에 비해 군기에 대한 영향력이 더 크게 작용한다. 세부적으로 살펴보면 지휘관의 리

[표 11-4] 군기 영향요인의 상대적 비중(Bauer 등, 1976)

군기 영향요인		비중
상황적 요인	지휘관의 리더십(부하복지 관심, 팀워크 강조, 업무 동참, 부하존중, 업무피드백 제공, 개인적 문제해결 도움)	39.2%
	근무 여건(부대 정책, 근무 조건, 동료 협조, 보수 교육 이수, 부대 임무, 일과 부담, 주특기 적성)	12.9%
	기타 상황요인(여가 활용시설, 인종 차별, 부대 생활환경)	18.6%
개인적 요인	심리 특성(성격 특성, 신경증, 정신병)	18.3%
	사회경제적 배경(가정 형편, 중고교 생활, 민간 경력)	11.0%

[표 11-5] 군기의 3가지 차원과 군기 영향요인들 간의 상관관계(Bauer 등, 1976)

군기 영향요인	군기차원		
	업무 군기	행동 군기	외현 군기
부대정신	0.40	0.60	0.47
지휘관 리더십	0.31	0.54	0.29
근무여건	0.27	0.51	0.33
여가 활용시설	0.19	0.35	0.16
부대 내 인종차별	−0.22	−0.32	−0.38
일반적 인종차별	−0.10	−0.10	−0.03

더십은 39.2%로서 가장 큰 영향요인으로 작용한다. 기타 상황요인(여가 활용가마시설, 인종 차별 등)과 심리적 특성은 그 다음으로 각각 18.6%와 18.3%로 나타났다.

위와 같은 보고서에서는 앞에서 언급한 군기의 세 가지 차원(업무군기, 외형군기, 행동군기)과 군기 영향요인 간의 상관 관계가 조사되었다. [표 11-5]에서 보는 바와 같이 세 차원의 군기지표와 상관도가 가장 높은 영향요인은 부대정신이었다. 그 다음으로는 지휘관의 리더십과 근무여건으로 나타났다.

한편, 남기덕 등(2010)은 군기의 차원을 정신적 군기와 행위적 군기로 구분하고, 이들과 군기 영향요인들 간의 상관관계를 조사하였다. 결과는 [표 11-6]에서 보는 바와 같이, 부대정신, 소속감, 리더십, 근무여건, 인간차별, 여가 생활의 순서로 높은 상관관계를 갖는 것으로 나타났다. 군기 영향요인들을 동기요인과 위생요인으로 구분해서 살펴 볼 수도 있는데, 여기서 동기요인은 소속감이나 부대정신과 같은 요인들로서 부족한 경우 동기를 저하시키고 충족된 경우 동기가 강화시키는 요인들이다. 반면에 위생요인들은 근무여건, 여가생활과 같은 요인들로서 부족한 경우 불만을 유발시키지만 충족되었다고 해도

[표 11-6] 정신적 군기 및 행위적 군기와 군기 영향요인들 간의 상관관계(남기덕 등, 2010)

군기 영향요인	정신적 군기					행위적 군기		
	복종	준법	희생	단결	분위기	업무	행동	외현
부대 정신	0.70	0.77	0.71	0.74	0.67	0.76	0.71	0.62
소속감	0.72	0.72	0.68	0.72	0.70	0.76	0.64	0.60
리더십	0.71	0.66	0.60	0.60	0.61	0.60	0.58	0.53
근무 여건	0.65	0.71	0.64	0.64	0.61	0.67	0.60	0.52
인간 차별	0.48	0.53	0.46	0.52	0.53	0.57	0.59	0.48
여가 생활	0.45	0.54	0.46	0.43	0.48	0.50	0.45	0.36

동기가 강화되는 것이 아니라 불만이 해소되는 요인들을 의미한다. 이 두 요인들과 군기와의 관계를 살펴보면, 두 요인 모두 군기확립에 필요한 조건이지만 동기요인이 위생요인보다 더 중요하다. 특히 동기요인은 정신적 군기와 행위적 군기 중에서 업무 군기의 강화에 더 효과적이다.

2. 사기

역사적으로 수많은 명장들과 전략가들은 전투승패를 가늠하는 최대의 요소로서 사기의 중요성에 대해 언급하였으며, 실제 전장에서도 사기진작을 위해 다양한 노력을 경주하였다. 클라우제비츠는 전투력과 관련하여 물질력과 정신력의 양가성에 대해 논하면서, 물질력 못지않게 정신력의 중요성을 강조하였다. 나폴레옹은 모든 지휘관들이 수단과 방법을 다 동원하여 사기를 고무시키는 데에 주력해야 한다는 것을 주지시키면서 정신력을 물질력의 우위에 설정하였다. 일본 전국시대를 배경으로 한 『대망』에서도 '전투의 승패에 크게 영향을 미치는 요인은 전략이나 전술보다도 사기이며 전승에 대한 자신감 여하이다.'라고 강조되고 있다(최세인, 1973).

(1) 사기의 개념과 효능

사기의 개념

사기(Morale)란 용어는 군대뿐만 아니라 일반사회에서도 널리 사용되고 있으면서도 정확하게 그 개념을 설명한다는 것은 쉽지 않다. 왜냐하면 사기의 개념이 시대별로 그리고 관심도에 따라서 조금씩 다르게 정의되고 있기 때문이다. 사기에 대한 다양한 설명들을 예시하면 다음과 같다.

- 사람이 스스로 선택한 영역에서의 업적이나 작업에 대한 자부심에서 나오는 지적, 도덕적 만족감을 토대로 하여 자기가 종사하는 일에 자발적으로 전력을 기울이는 일종의 심리상태(White, 1955)
- 개인과 조직의 목적을 달성하는 데 요구되는 일에 대한 자발적 의지를 좌우하는 개인의 정신과 감정 상태(Jucius, 1959)
- 개인이나 집단이 조직의 최고이익을 위하여 그들을 작업환경에 자발적으로 협동

하고 그들의 능력을 충분히 발휘하려는 태도(Davis, 1972).

- 자신의 책임을 자발적으로 수행하려는 또는 집단목표를 달성하려는 의욕과 열성(김명훈, 1979)
- 인간차원에서 가장 중요한 무형 요소로서 사람들이 자신과 자신의 팀 그리고 자신의 리더들에 대해 느끼는 척도(Army Leadership, 2006)
- 의욕이나 자신감 따위로 충만하여 굽힐 줄 모르는 기세(네이버사전).

1950년대를 기점으로 학계에서는 사기의 개념이 '직무태도'라는 개념으로 대치되고, 다시 '직무 만족도'라는 축소화된 개념으로 전환되었다(Organ & Bateman, 1986). 이러한 개념의 전환에 대해 조남국(1988)은 무엇보다도 사기를 측정하려고 제작된 도구의 내용이나 틀이 심리학의 태도 측정방법으로부터 결정적인 영향을 받은 것에서 기인했을 것이라고 설명하였다.

Manning(1991)은 직무만족은 직무태도를 구성하는 요소이며, 사기를 만족의 결과로 보는 것에는 다소 문제가 있다고 보았다. 그에 따르면, 만족은 개체적이고 개인적인 정서반응의 특성을 지닌 용어로 사용되는 반면에, 사기는 개념적으로 집단적이고 전체적인 것에 관계되는 심리적 특성의 의미로 사용된다. 또한 만족은 비교적 현재와 과거지향적 개념인 반면에 사기는 미래지향적인 개념이다. 따라서 현재에 최상의 만족감을 느끼게 하는 것인 사기 앙양에 충분하다. 그러나 현재가 불만족스럽다고 하더라도 미래의 욕구 충족을 조건부로 제시할 경우 사기앙양이 가능하다. 많은 전투사례에서 장군들이 전투에 임하기 전에 부하들에게 적진의 금은보화들을 개인소유로 인정하겠다고 공표함으로써 엄청난 전투사기를 고양시키는 것을 쉽게 볼 수 있다.

오석홍(1983)은 사기개념에 내포된 사기의 본질에 대해 다음과 같이 기술한다. 첫째 사기는 동기에서 요구하는 직무를 수행하려는 동기이다. 둘째, 사기는 개인적 현상일 뿐 아니라, 집단적인 현상이라고 할 수 있다. 셋째, 사기는 어떤 정신적인 상태의 상대적인 수준에 관한 개념이다. 넷째, 사기의 본질은 의존적이며 가변적인 것이다. 다섯째, 사기의 심리적 기초에는 여러 가지가 있겠으나 그 가운데서 가장 중요한 것은 인간의 욕구이다. 여섯째, 사기의 심리적 기초가 욕구라고 하지만 욕구의 충족이 바로 사기를 뜻하는 것은 아니다. 일곱째, 사기는 일정한 행태적 상태를 수반하는 정신적 상태이다. 여덟째, 사기는 조직의 생산성 향상에 기여하는 하나의 요인이다.

최세인(1973)은 사기의 본질에 관한 논의에서 사기의 기초를 크게 정신적 기초, 지적 기초, 물질적 기초로 구분하였다. 정신적 기초에는 위대하고 고귀한 목적이 있어야 하며,

그 목적 완수가 사활에 관한 중요한 것이어야 하고, 그 목적 수행방법이 적극적이고 능동적이어야 한다는 것이다. 지적 기초에서는 목적이 달성 가능해야 하며, 부대의 능력과 개인의 능력에 대한 자신감이 있어야 한다. 그리고 지휘관에 대한 신뢰가 공고해야 한다. 물질적 기초에서는 지휘관과 부대 전반으로부터 공정무사(公正無私)한 처우를 받고 있다고 느껴야 하며, 최선의 무기와 장비가 그의 임무수행에 지급되었다고 느껴야 한다.

조남국은 사기 연구(1988)에서 개인 심기상태 및 부대 분위기로서의 사기 개념이 'mood'라는 심리적 구성 개념에 가장에 가장 유사하다고 보았다. 사기는 요인분석 결과 ① 만족감, ② 근무의욕, ③ 생동감, ④ 자신감으로 구성되었다고 보고되었다.

KIDA에서 개발된 사기측정도구는 사기를 개인사기와 부대사기로 구분하였으며, 개인사기의 구성요소들로서 ① 만족사기(생활만족과 직무만족), ② 자신감, ③ 응집력, ④ 단체정신을 설정하였다.

사기의 효능

군대 리더들은 높은 사기를 군사적 성공의 주된 원인으로 인식하고 있다. 특히 사기는 정신의학적으로 보호적인 힘을 갖고 있는 것으로 인식되고 있다. 2차 세계대전 동안에 이루어진 많은 연구들에서 사기의 정도와 비전투사고자의 비율은 매우 높은 상관관계를 갖는 것으로 입증되었다. 부대의 사기가 높을수록 비전투사고자의 수가 적었다. 예로서 소총 중대의 '전투의지'와 비전투 사고자간의 상관계수(r) 값은 −0.33으로 나타났으며, 중화기 중대의 상관계수는 이보다 조금 높은 −0.41로 나타났다. 낮은 사기 점수를 가진 부대는 높은 사기 점수를 가진 부대보다 비전투 손실이 62%나 더 높았다(Manning, 1991).

(2) 사기 영향요인

군에서 장병의 사기에 영향을 미치는 요인들은 사실상 장병을 둘러싼 모든 물리적환경과 심리적 표현들이 될 수 있다. 그렇지만 여러 가지 많은 변수들 중에서 사기에 결정적인 영향을 미치는 요인들을 찾고자 하는 노력들은 군사심리학자들의 연구를 통하여 지속적으로 추진되어 왔다.

Davis(1957)는 사기 영향요인으로 다음과 같이 6가지를 제시 한다: ① 상급자의 감독, ② 직무 만족감, ③ 구성원간의 인간관계, ④ 조직의 목적과 효율성에 대한 만족감, ⑤ 보수에 대한 만족도, ⑥ 심리적, 육체적 건강상태.

박연호(1983)는 사기 영향요인으로 9가지를 언급하였다. 그가 제시한 내용은 다음과 같다: ① 보수에 대한 만족도, ② 직무에 대한 만족도, ③ 신분 안정문제, ④ 동료와의 인간관계, ⑤ 직무 제약조건과 환경여건, ⑥ 상급자의 인간관리 방식, ⑦ 조직목표와 개인목표의 합치정도, ⑧ 개인적 발전의 보장정도.

이연우(1983)는 사기에 영향을 미치는 요인들에 대한 문헌조사 결과를 바탕으로 다음과 같은 9개의 영향요인들을 제시하였다: ① 지휘통솔, ② 직무 만족도, ③ 참여의식, ④ 자신감, ⑤ 사명감, ⑥ 긍지, ⑦ 인간관계, ⑧ 공정성, ⑨ 후생 및 복지.

Manning(1991)은 사기에 영향을 미치는 결정적 요인들을 개인적 차원과 집단적 차원으로 구분하였다. 그가 제시한 개인적 차원에는 기본적인 욕구만족, 이념적 책임감, 목표 및 역할인식 등이 포함되었으며, 집단적 차원에는 신뢰, 집단응집력, 부대정신 등이 포함되었다.

개인적 차원에서 기본적인 욕구의 충족은 전투요원에게 있어 법규보다 오히려 더 중요하고 특별한 효과를 갖는다. 특히 동료들과의 뜨거운 한 끼 식사는 사기에 놀라운 영향을 미친다. 목욕과 청결한 복장도 사기를 진작시키는 가장 효과적인 요소들 중의 하나이다. 흔히 이데올로기가 사기에 큰 영향을 줄 것으로 믿고 있지만, 실제로 이데올로기는 전쟁 전에 인간을 전쟁 속으로 몰아넣고, 전쟁 초기에 전쟁 이탈 심리를 방지해 주는 기능을 수행한다. 그러나 전투가 전개되는 과정에서 이데올로기는 큰 역할을 수행하지 못하고, 오히려 인간들이 그들에게 기대하는 행동, 즉 역할이 더 중요한 의미를 갖는다. 역할을 잘 수행하기 위해서는 기술을 잘 쌓아야 하고, 기술연마는 곧 훈련을 통하여 가능하다. 그렇기 때문에 강한 훈련이 강한 사기를 앙양시켜준다.

집단적 차원에서는 응집성이 매우 중요하다. 응집성은 어떤 성공감이나 성취감을 경험함으로써 고양되고, 상부상조하고 상호의존적일수록 더 큰 응집성이 유발된다. 또한 공통된 경험을 많이 할수록 응집성은 배가된다. 지휘관의 병사에 대한 관심과 배려는 지휘관에 대한 신뢰를 강하게 구축시켜 집단응집력과 부대정신을 강화시켜준다. 또한 분명하고 의미 있는 임무의 필요성을 인식하는 것도 부대정신 고양에 영향을 미치며 궁극적으로 사기 증진에 기여한다.

KIDA의 사기측정 연구에서 사기에 영향을 주는 대표적인 요인들은 지휘관의 리더십과 의사소통, 복지관련 요소들, 그리고 보상과 관련된 요인들이다. KIDA에서 매년 측정하는 사기 영향요인들은 아래의 [표 11-7]과 같다.

조남국(1988)은 군 사기 앙양에 기여하는 지휘유형에 관한 연구에서 지휘유형을 과업지향, 관계지향, 원칙지향으로 구분하고, 이들이 사기요인들에 미치는 영향정도를 측정

[표 11-7] KIDA에서 평가하는 사기 영향 요인들

요 인	내 용
직속상관 리더십	부대 직속상관 리더십의 질, 부하들에 대한 태도, 존중과 배려
지휘관 리더십	부대 지휘관의 지휘행동에 대한 부하들의 인식
의사소통	부대 내 상하 및 동료 간 의사소통
보상과 교정활동	훌륭한 업무수행에 대한 보상과 업무수행의 실패에 대한 처리
교육훈련의 질	체력단련, 특기교육 및 전투훈련의 질
병영 생활	병영생활의 제반 활동들(내무생활, 근무 등)이 잘 되고 있는 정도
보급 및 정비	직무수행에 필요한 도구, 장비, 보급품들의 획득 가능성 및 상태
후생 복지	의식주와 관련된 항목들의 관리 정도
군대예절과 군기	부대 규칙, 규제, 방침들의 수용성 및 시행 여부
여가 활용과 여건	오락, 체육활동, 진중 문화활동 등 여가와 휴식을 위한 여건
진급 및 표창	교육 선발, 개인 표창, 진급의 공정성
장교 리더십	장교 리더십의 질, 병사들에 대한 부사관들의 존중과 배려
부사관 리더십	부사관 리더십의 질, 병사들에 대한 부사관들의 존중과 배려
여가 선용(간부)	간부들의 여가와 휴식 여건(휴일, 퇴근시간 보장 등)
복무 여건(간부)	간부들의 생활여건, 처우 및 전역 후 생활대책에 대한 만족도
조직일체감(간부)	간부들의 직업으로서 군에 대한 선호(직업군인 권유 및 재 선택)

하였다. 그 결과 사기의 구성요인들과 총 사기 지수에 대한 지휘유형들의 우선순위를 아래의 [표 11-8]과 같이 제시하였다. 표에서 보는 바와 같이 만족감을 증진시키는 데에는 과업지향적 행동이 가장 우선시 되어야 하며, 그 다음으로 관계지향적 행동, 그리고 원칙중심적 행동이 나타나야 한다. 그러나 생동감의 경우에는 원칙지향적 행동을 먼저 최소화하고 관계지향적 행동에 관심을 기울여야 하며, 과업지향적 행동을 축소시켜야 한다. 전체적인 사기지수를 고려한다면 과업지향적 행동, 관계지향적 행동, 그리고 원칙 지향적 행동의 순서로 작용되는 것이 바람직하다. 지휘관의 입장에서 보면 이것은 지휘 착안 순서라고도 볼 수 있다.

[표 11-8] 사기 앙양을 위한 효과적인 지휘유형의 순서(조남국, 1988)

	F1 만족감	F2 근무의욕	F3 생동감	F4 자신감	총지수 순위
F1 과업 지향	1	1	(−) 3	1	1
F2 관계 지향	2	3	2	2	2
F3 원칙 지향	3	2	(−) 1		3

(3) 사기의 측정

외국의 모든 군대가 사기의 중요성을 강조하고 있으나, 대부분 관념적인 개념 설정이나 설명에 국한되며, 사기의 대한 실증적 연구는 그리 많지 않다. 1960년대 초부터 한국군에서 관심을 갖기 시작한 무형전력의 계량화 추세는 '사기'개념으로 집중되었다. 1982년부터 육군본부에 '사기과'를 신설하면서 군 사기 측정에 대한 관심이 고조되었으며, 여러 편의 연구논문들이 제출되었다. 그러나 이들 연구들은 대부분 사기의 일반적인 개념, 이론 및 영향요인들의 일차원적인 나열에 치중하였으며, 사기개념의 핵심을 제시하지 못하였다(조남국, 1988).

일반적으로 사기를 나타내는 부대의 지표로는 해당 부대의 징계자 수, 부대 이탈 정도, 외형적인 단정함, 장비에 대한 관심, 심리적 회복탄력성, 의료시설 환자 수, 훈련과 운동시합에서의 부대성적, 부대의 전통과 업무에 대한 자부심 등이 있다(Manning, 1991).

Gal과 Manning(1987)은 31개 문항으로 구성된 '전투준비 사기 질문지(Combat Readiness Morale Questionnaire: CRMQ)'를 개발하였다.

미 육군의 행동연구소(ARI)는 82개 문항의 구성된 '부대 분위기 프로파일(Unit Climate Profile)을 개발하여 부대의 심리적인 준비상태를 측정하는 데에 사용하였다.

한국국방연구원(KIDA)이 2000년에 개발한 사기측정 도구는 현재 전군을 대상으로 사용되고 있으며, 매년 1회씩 대대급 이상 부대를 대상으로 시행되고 있다. 2013년부터 사기측정은 부대정신 측정과 함께 실시되고 있다. KIDA에서 개발한 사기측정 도구는 [표 11-9]와 같이 장병용과 지휘관용으로 구분되어 있다.

[표 11-9] KIDA 사기 측정 도구

구분	사기수준	사기영향요인 및 전비태세	기타	총 문항수
장병용	개인사기 (43문항)	사기 영향요인 (79문항)	29문항	151문항
지휘관용	부대사기 (8문항)	부대 전비태세 (9문항)	1문항	18문항

개인사기는 만족사기와 구성되어 있다. 만족사기는 군생활의 만족도와 직무 만족도를 평가하며, 전투사기는 자신감, 응집력, 단체정신을 평가한다. 자신감은 자기신뢰와 팀 및 무기 신뢰를, 응집력은 동료 간, 상하 간, 지휘관에 대한 신뢰를, 단체정신은 부대정신과 군에 대한 긍지를 평가한다. 부대사기는 팀워크와 상호협력, 고난 대응, 상하관계, 임

무수행, 근무자세, 부대에 대한 긍지, 대민관계, 일과 외 활동 등을 평가한다. 부대 전투준비태세는 간부들의 부대통솔, 부대의 임무수행 수준, 부대원의 임무수행능력, 비상시 대응수준, 계획된 훈련 실시 여부, 장비 및 보급품의 정비 및 보관 상태, 검열 시 요구기준 충족 여부, 부대의 부대원에 대한 관심과 배려, 보급 충족 등이 포함되었다.

사기의 측정 결과는 대대급 단위로 장교, 부사관, 병으로 구분하여 수치화할 수 있으며, 육군의 평균값과 해당 대대의 값을 비교할 수 있다. 평가결과에서 제공되는 개인 사기나 부대 사기 등의 수치는 상대적 수준을 나타내는 백분위로 나타난다.

3. 부대정신

(1) 부대정신의 개념

부대정신(部隊精神, Esprit de Corps) 정의

Merriam-Webster 사전에 의하면, 부대정신은 1780년 프랑스에서 처음 사용된 용어로서, 집단 구성원들에 내재된 공동된 정신이며 집단의 명예를 위한 영감적 열정, 헌신 그리고 강한 자존감을 의미한다. 옥스퍼드 사전에서는 부대정신을 '집단 구성원들에게 공유된 자긍심과 충성심'으로 설명한다. Schuler와 Weber(2005)는 부대정신을 '부대 구성원들이 개인수준에서 부대에 대해 느끼는 감정, 신념, 가치관과 팀 수준에서 공유된 감정과 신념'이라고 정의하였다.

한편 여러 연구자들은 부대정신의 개념을 단결과 비교하여 설명하고 있다. 최세인(1973)은 저서 『지휘·통솔』에서 부대정신을 집단속의 모든 구성인자들이 결합되어 표현되는 힘(단결력)에 타 집단보다 강하다고 느끼거나 집단 속으로 흡수되려는 힘(소속감)이 결합된 것으로 보았다(부대정신=단결력+소속감). Manning(1991)도 부대정신의 개념을 응집력과 비교하여 설명하고 있다. 그에 따르면, 단결은 소부대급 리더와 구성원들이 부대원들, 단위부대, 그리고 임무성취에 몰입되고 의지를 유지하는 방식으로 뭉쳐진 것인 반면에, 부대정신은 부대원들이 일차적인 집단(분대, 소대 혹은 중대)을 넘어서서 더 큰 단위의 부대와 결속된 상태로서 공식적인 조직의 명성에 자부심과 헌신을 보이는 것을 의미한다. 즉 그는 동료들 간의 결속을 단결이라고 보았으며, 부대정신은 연대급 단위의 부대에 대한 결속력을 의미하는 것으로 보았다.

한편, Blaufarb(1989)는 응집력(Cohesion)을 집단수준의 개념으로 그리고 부대정신을 개인수준의 개념으로 설명하였으며, 부대정신의 개념을 '조직이나 목표에 대한 개인의 열정, 활력, 헌신, 전념'으로 설명하였다. 김원형(1995)은 '충성, 애착, 멤버십 유지 욕구와 같은 감정적 몰입과 조직과 자신을 공동 운명으로 지각하는 조직 동일시'로 정의하였다. Jones와 James(1979)는 부대정신을 세분하여, 조직적(organizational) 부대정신, 작업집단(workgroup) 부대정신, 그리고 전문적(professional) 부대정신으로 구분하여 설명하였다.

이처럼 다양한 부대정신에 대한 정의들을 종합하면, 부대정신은 '부대원들에게 공유된, 부대와 부대 구성원들에 대한 감정과 신념 그리고 몰입감'으로 정의될 수 있으며, 존재차원에서 부대원 전체에 공유되고, 대상차원에서 부대와 부대 구성원 그리고 부대의 목표에 해당되는 것으로 볼 수 있다.

부대정신은 자신이 소속된 부대에 대한 특별한 가치와 신념이라는 점에서 군인에게 공통적으로 적용되는 군인정신과 구분된다. 개인적 차원의 대표적인 요소인 군인정신은 '명예를 존중하고 투철한 충성심, 진정한 용기, 필승의 신념, 임전무퇴의 기상과 죽음을 무릅쓰고 책임을 완수하는 숭고한 애국애족의 정신'을 의미한다(군인복무규율, 2016). 군인정신은 개인과 국가와의 관계에서 개인의 감정과 신념 그리고 행동에 관한 것으로서 군인이라면 누구나 다 공히 갖추어야 할 일반론적인 가치와 사명이다. 군인정신에서 강조되는 속성들을 보면, 필승신념, 임전무퇴와 같이 전투력 발휘에 직접적인 영향력을 미치는 요인들도 있지만, 애국애족, 명예존중, 책임의식과 같이 개인과 국가에 대한 행위규범들이 포함되어 있다.

부대정신은 국가보다는 보다 더 실제적인 관계를 갖는다는 점에서 군인정신보다 더 강력한 영향력을 갖고 있다고 볼 수 있다. 부대정신은 한 개인을 조직에 몰입시키는 힘이 군인정신보다 더 강하다. 부대정신은 실생활 속에서 군인정신보다 더 가시적으로 나타난다. 이러한 특성들을 고려할 때, 군인정신의 의미와 가치도 중요하지만 부대정신에 대한 관심 제고가 전투력 발휘를 위한 직접적인 영향력과 실제적인 측면에서 보다 더 중요한 의미를 갖는다고 볼 수 있다(Manning, 1991).

부대정신 구성요소

부대정신의 개념에서 살펴보았듯이, 부대정신은 현재 집단의 구성과 집단의 속성에 연관되어 구성원의 개별적인 차원에서 일어나는 심리적인 상태를 의미한다(Boyt, Lusch, & Mejza, 2005). 그렇다면 부대정신은 어떤 하위요소들로 구성되어 있는가?

미 해군은 부대정신을 크게 3가지 영역으로 구분하고, 각 영역별로 2~4가지 요소들을 제시한다.

첫째, 해군에 대한 태도영역으로 소속감(Affiliation, 해군의 일원임을 자랑스럽게 느끼는 경향), 권위의 인정(Authority, 해군의 일원으로서 그 권위를 인정하고 받아들이는 경향), 헌신(Commitment, 해군에서 높은 수준의 과업을 수행하고 달성하려는 경향), 만족감(Satisfaction, 해군에 대해서 생활을 만족하고 긍정적으로 평가하는 경향)의 4가지 요소를 제시한다.

둘째, 리더십 영역으로 리더의 임무지시(무엇을 언제 해야 하는지 부하들에게 명확하게 훈련 및 임무를 지시하는 경향), 리더의 지지(소대의 복지에 대하여 관심을 가지고 대화를 나누려는 경향), 모범보이기(부하들이 본받을 만한 행동을 하려는 경향), 전문성(전문적인 지식을 보이려는 경향) 등 4가지 요소를 제시한다.

셋째, 집단응집성 영역으로 집단 팀워크(임무를 완수하기 위해서 다른 팀과 협동을 잘하려는 경향)와 집단 지지(부대 단결에 필요한 실제적인 도움을 제공하려는 경향)를 제시한다.

한편 미 육군(1976)은 부대정신의 구성요소로서 전문적 능력, 협동심, 신뢰감, 일반적인 호감을 제시하였다. 김원형(1995)은 조직몰입에 대한 연구에서 부대정신을 몰입과 같은 개념으로 보고, 세부적으로 감정적 몰입, 타산적 몰입, 규범적 몰입으로 구분하여 설명하고 있다.

이러한 연구결과들을 종합해 볼 때, 부대정신은 크게 네 가지 항목으로 이해하는 것이 바람직하다. 첫째는 감정차원으로 자부심(pride)이다. 자부심은 부대의 역사와 전통에 대한 자부심, 부대의 임무와 과업에 대한 자부심을 의미한다. 둘째는 신념차원으로 믿음(belief)이다. 믿음은 자신과 자신의 부대가 결정적인 상황에서 승리하고 성공할 수 있다는 신념을 의미한다. 아울러 강한 훈련에 대한 욕구와 기필코 임무를 완수하겠다는 의지를 포함한다. 셋째는 몰입차원으로 일체감(a sense of unity)이다. 일체감은 부대와 자신을 동일시하는 것이며, 부대를 사랑하고 부대를 위해 헌신하는 것을 의미한다. 또한 자신보다 조직을 우선시하고 영속적으로 소속되어 있다는 각오와 마음자세를 의미한다. 넷째는 집단차원으로 팀정신(team spirit)이다. 팀정신은 부대원간의 화합과 상호신뢰를 의미하며, 부대원 상호간에 호의적인 태도와 부대의 성과와 역량에 대한 확신을 의미한다. 부대정신의 차원별 세부 구성요소들은 [표 11-10]에 제시되었다.

추가적으로 부대정신을 군인정신과 비교하여 살펴보면, 부대정신은 군인정신에서 강조하는 '충성심, 필승신념, 임전무퇴, 책임의식'과 같은 요인들을 포함하면서도, 자부심(부대, 임무), 조직몰입, 애대심, 헌신, 소속감, 팀정신 등등에서 군인정신과 차별되는 특성을 갖는다.

[표 11-10] 부대정신의 구성항목 및 세부요인

항목	자부심 (Pride)	신념 (Belief)	일체감 (Unity)	팀정신 (Spirit)
세부 문항	역사 전통 부대역할 자신의 임무 특별한 과업 외부의 신뢰	필승의 신념 불굴의 의지 성공의 확신 임무완수의지 독특성 강한 훈련요구	부대동일시 애대심 부대헌신 애착 조직우선 영속적 소속감	부대원간 담함 상호간 신뢰 상호간 호의적 팀성과 확신 팀역량 확신 공통 가치관

부대정신의 기능

일반적으로 정의, 애국심, 이념 등이 청년들로 하여금 군에 복무하게 하고, 전투에 자발적으로 참여하게 하는 데에 중요한 역할을 수행하는 것으로 설명된다. 그러나 실제로 총탄이 날아다니는 전장 상황에서는 그러한 요소들의 효능이 의문시 된다는 여러 가지 증거들이 제시되었다. 그보다는 단결이나 전우애가 오히려 더 전투의지에 강력한 영향요인으로 작용한다고 한다(Bayes, 1967). Manning(1991)은 무엇이 병사들로 하여금 싸우게 만드는가?에 대한 해답으로서 이념이나 애국심보다 단결, 전우애 그리고 부대정신을 제시하였다. 최근의 관리이론은 부대정신이 팀효과성에 중요한 영향을 미치며, 팀원들의 참여와 정체성 확립에 기여하고 팀성과의 조절자 역할을 한다고 보고한다(Lawler, 1986).

Schuler와 Weber(2005)는 [그림 11-1]과 같이 부대정신이 개인수준과 집단수준의 요소들을 연결시키는 고리역할을 한다고 제안하였다. 이들이 말하는 개인수준은 직무만족, 조직관여, 도움행동 그리고 시민적 가치를 의미하며, 집단수준은 부대 단결과 규율에 동조 그리고 집단성과를 의미한다. 두 연구자에 의하면 직무만족도와 조직몰입도가 높을수록 부대정신이 강하며, 상호 도움행동이 많을수록 부대정신이 강하다. 또한 부대정신이

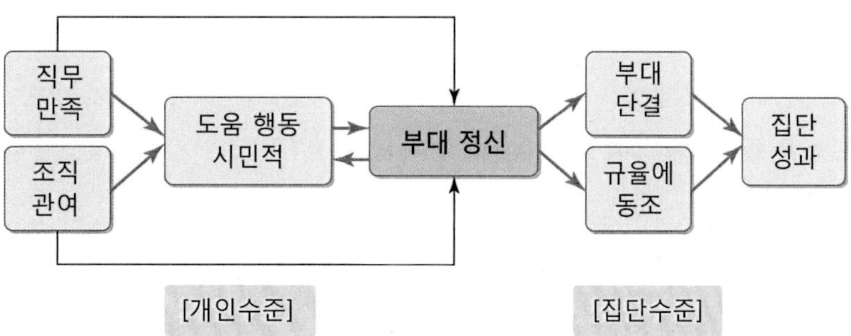

[그림 11-1] 개인수준과 집단수준에서 부대정신의 기능

강할수록 부대의 단결력과 규율에의 동조가 강하고 이것이 곧 집단성과에 연결된다. 부대정신은 부대성과와 의미 있는 상관관계를 보이고 있으며, 특히 외적 모습이나 행동들과는 더 높은 상관관계를 보인다고 한다.

부대정신 사례

부대정신이 어떤 요인들에 의하여 어떻게 형성되는가를 이해하기 위하여 보편적으로 부대정신이 강하다고 인식되어 있는 3개 부대를 조사하였다. 조사 대상은 해병대, 특전사, 백골사단으로, 조사 자료는 해당 부대와 관련된 보고서와 책자 그리고 부대별 홈페이지 등을 통하여 획득하였으며, 부족한 부분은 해당 부대 교육담당자와의 유선통화를 통하여 확인하였다. 조사내용은 각 부대에서 작용되고 있는 부대정신의 형성요인들과 형성과정이었다.

조사 결과 각 부대에서 공통적으로 관찰된 특징은 먼저 부대의 역사와 전통을 중시하며 이에 대한 교육활동을 지속적으로 강조하고 실시하고 있다는 것이다. 다음으로는 부대별 고유의 정신, 계명, 가치가 일상생활 속에서 강조되고 있었다. 해병대와 특전사는 타 부대와 차별화된 복장을 하고 있었으며, 백골사단은 차별화된 복장은 없었지만 부대상징과 마크 그리고 군가 등에서 다른 부대와 차별화된 외형적 특성을 갖고 있었다. 또한 세 개의 부대가 공통적으로 신병훈련 과정에서 부대의 특성을 살린 특별훈련을 실시하고 있었으며, 훈련과정에서 부대의 고유가치가 강조되었다. 아울러 세 개의 부대가 모두 예비역으로 구성된 전우회 내지는 동지회가 가동되고 있었으며, 이들은 부대와 주기적인 회동을 통하여 사회적인 지지를 적극적으로 표시하고 있었다.

(2) 부대정신의 형성에 영향을 미치는 요인들

지휘관의 노력

지휘관의 노력은 부대정신 형성에 매우 커다란 영향을 미친다. 지휘관의 노력은 부대정신이 최초에 형성되는 시기뿐만 아니라, 기 형성된 부대정신이 유지 및 강화되는 시기에도 큰 영향을 미치는 중요한 요인이다. 지휘관의 관심은 부대정신 형성에 영향을 미치는 다른 모든 요소에도 영향을 미친다. 이는 마치 촉매의 역할과도 같다. 기업현장에서 이루어진 연구결과에 의하면, 최고경영진의 시장지향 강조는 구성원의 조직적 개입과 부대정신을 강화시킨다고 한다(Kohli & Jaworski, 1990).

역사와 전통

부대의 역사와 전통은 부대정신 형성에 매우 강력한 요인이었다. 부대정신이 강한 부대들은 공통적으로 역사적인 전승 기록을 갖고 있었으며, 그 역사와 전통이 과거에만 머물지 않고, 현재에도 영향을 미치고 있었다. 따라서 부대정신의 형성과정에서 역사와 전통에 대한 관심과 활용은 매우 의미가 크다고 볼 수 있다.

특별훈련

부대 고유의 강도 높은 훈련과정은 성취감을 느끼게 하고, 더불어 자신감을 배양할 수 있는 기회를 제공한다. 고되고 강도 높은 훈련이라 하더라도, 자긍심을 고취시켜 줄 경우 기피하려는 경향보다는 도전해 보고자 하는 의욕을 고취시킨다. 예로서 해병대 지옥주 훈련, 특전사 특전훈련 등이 있다. 부대정신이 강한 부대들에서는 각자 고유의 의미를 부여한 특별훈련이 실시되고 있었다. 이들 부대들은 특별훈련에 특별한 의미를 부각시켜 부대정신의 고취에 활용하고 있었다.

부대 고유의 가치

다른 부대와 차별화된 가치나 부대원에게 강한 정서적 공감을 불러일으키는 가치이다. 부대정신이 강한 부대는 부대 고유의 가치나 계명 등이 있다. 예로서 해병대에는 해병대 정신이 있으며, 특전사에는 특전 정신이 있고, 백골사단에는 백골정신이 강조된다. 부대고유의 가치는 인지적 수준에서 그리고 잠재적 수준에서 구성원들의 의식과 행동에 영향을 미친다.

부대원의 행동을 고양시키는 신념

부대 고유의 신념은 구성원들에게 남다른 멋스러움을 느낄 수 있게 한다. 해병대 8계명으로 '비굴하게 굴지 말라', '나약하지 말라' 등이 있고 특전부대 신조로는 '안 되면 되게 하라', '사나이 태어나서 한 번 죽지 두 번 죽나' 등이 있다. 이러한 부대에 고유한 신념들은 잠재적인 수준에서 부대정신의 형성에 영향을 준다.

부대 구호

일상생활 속에서 반복적인 표현을 통하여 부대정신의 의식화를 이루게 한다. 매일 외치는 구호에 의거 사고가 종속되는 효과이다. 예를 들어 "살아도 백골! 죽어도 백골! 필사즉생 골육지정 백골 백골 파이팅!"이라고 외친다면, 이미 이러한 행동은 부대의 정신을 반영하는 것이므로 자신의 태도 또한 이미 그러한 것으로 수정하게 된다. 따라서 부대 구호는 부대정신의 형성을 촉진시켜주는 기능을 한다.

부대 제복

독특성을 느끼게 하는 고유의 제복이나 멋스러움을 느끼게 하는 복장, 일정한 자격을 갖춘 자만이 착용 가능한 복장은 부대정신의 형성에 영향을 미친다. 신병훈련을 성공적으로 마친 자만이 획득의 자격이 부여되는 고유의 제복은 구성원들에게 성취감과 소속감 그리고 자신감을 제공해 준다. 예를 들면 해병대는 세무 군화를 신고 빨간 명찰을 달고 있으며, 특전사는 검은 베레모가 있다. 이러한 요소들은 신병훈련을 통하여 형성된 부대정신들이 지속적으로 유지되고 또 한층 더 강화되는 데에 효과적이다.

부대 마크 및 부착물

단순한 부대표시 이상의 특별한 의미를 부여하는 마크, 자격의 의미를 갖는 마크(특별훈련을 통과해야만 획득 가능한 마크) 등은 형성된 부대정신의 유지와 강화에 도움이 된다. 예를 들면 특전사의 공수마크, 3사단의 연대별 백골마크 등이다. 이들 자체만으로 부대정신이 형성되기는 어렵지만, 기 형성된 부대정신을 강화시키는 강화물의 성격을 갖는다.

의식행사

부대원에게 자긍심을 고양시켜주는 행사는 부대정신의 내면화에 영향을 준다. 3사단의 경우 의식행사로서 화형식, 결의대회, 백골의식 등이 있었다. 이들은 부대정신의 형성과 유지에 영향을 미친다.

전우회 활동

부대정신의 강화에 영향을 미치는 대표적인 사회적 지지활동이 바로 전우회 활동이다. 전우회 활동은 부대정신이 단순히 부대 내부에서만 요구되고 인정되는 것이 아니라 평생을 좌우명으로 삼아도 될 만한 가치 있는 정신이라는 생각을 갖게 해 준다. 전우회 활동은 현재 부대에 소속된 인원들에게 자신들의 현재의 모습이 의미가 있으며 사회적으로 인정받고 있다는 인식을 제공해 준다.

부대 상징물

부대에 설치된 상징물들은 일종의 강화물이다. 기 형성된 부대정신이 지속될 수 있도록 도와주는 역할을 한다. 상징물은 부대정신의 가시적 수준에 해당되는 것으로서 인

[표 11-11] 부대별 부대정신 영향요인 비교(● 매우 활성화, ○ 보통, △ 미약)

부대	○사단	○○사	○사단	○공수	○공수	○함대	해병 ○사단	○전비
역사/전통	● 48년 창설	● 49년 창설	● 55년 창설	● 69년 창설	● 77년 창설	● 46년 창설	● 55년 창설	● 61년 창설
부대 성과	● 대간첩 작전	● 월남전	○	● 강릉 무장공비	● 파병	● 연평해전	● 파병	● 대통령표창
고유 가치	● 백골 선서	○	○	● 특전혼	● 특전혼	○	● 해병 8개명	○
고유 신념	● 백골혼	○	○	● 특전신조	● 특전신조	○	● 자부심	○
특별 훈련	● 신병교육	○	△	● 공수교육	● 공수교육	○	● 지옥주훈련	○
부대 구호	● 백골 구호	○	○	● 절대 충성	● 무적 흑표	○	● 다수	△
부대 제복	△	△	△	● 베레모	● 베레모	△	● 팔각모	△
부대 마크	● 부대별마크	● 맹호	○	● 비호	● 흑표	○	● 사단별존재	○
부대상징	● 백골잔	● 맹호상	△	○	○	○ 함대비	● 독수리, 별	△
의식 행사	● 화형식	△	△	○	○	△	● 지옥주훈련	△
전우회	● 9개 지부	● 맹호전우회	△	● 다수	● 다수	△	● 다수	△
지휘노력	● 79.6	● 76.0	△ 27.4	○ 50.7	○ 50.4	○ 56.4	○ 65.6	△ 32.6

식적 수준과 잠재적 수준에도 영향을 미친다. 0사단의 백골상과 백골잔이 대표적이다.

[표 11-11]은 각 부대별로 부대정신의 형성에 영향을 미치는 요인들을 정리한 것이다. 부대정신이 강하다고 알려진 백골사단과 해병사단의 경우 전체적으로 대부분의 부대정신 영향요인들이 검색되었다. 그런데 예상과는 달리 육군의 경우 공수여단에서는 부대정신의 형성요인들이 백골사단에 대비하여 상대적으로 약간 약한 것으로 나타났다. 특히 부대 상징물이나 의식행사 그리고 지휘관의 노력부분에서 공수여단보다도 백골사단에서 더 활발하게 이루어지고 있었다.

부대정신이 잘 알려지지 않은 사단의 경우에는 역사와 전통에 대한 교육은 상당부분 활성화되어 있지만 그 외의 제반 요인들은 보통 혹은 미약한 수준에서 작용되고 있는 것으로 관찰되었다. 이러한 경향을 공군의 전투비행단에서도 유사하게 관찰되었다. 해군의 경우에도 해병대와는 달리 부대정신의 영향요인들이 활발하게 적용되고 있지는 않은 것으로 조사되었다.

(3) 부대정신 진단척도 개발

이곳에서는 부대정신의 수준을 진단할 수 있는 도구를 개발하고, 개발된 도구를 활용하여 각 부대별 부대정신을 측정하였다. 이를 위해서 앞에서 제시한 부대정신의 구성요소들을 기초로 부대정신 진단지를 제작하였으며, 제작된 진단지를 갖고서 야전 부대를 대상으로 부대정신을 측정하였다. 아울러 진단도구의 타당도를 검증하기 위하여 부대정신으로 진단되는 요인들(자부심, 신념, 일체감, 팀정신)과 단결력, 사기, 만족도와의 관계를 분석하였다.

진단 문항 개발

먼저, 부대정신을 진단하기 위하여 앞에서 설명한 부대정신의 구성요소들을 참고 하였다. 부대정신은 자부심, 신념, 일체감, 팀정신 등 4개 척도로 구성되어 있으며, 각 척도별로 6개의 하위요소들을 포함하고 있다. 자부심 척도는 총 6문항으로, 부대의 역사와 전통, 부대의 역할과 자신의 임무에 대한 자긍심을 묻는 문항들이다. 신념 척도는 총 6문항으로, 적과 싸우면 반드시 승리한다는 필승의 신념과 불굴의 의지, 성공의 확신, 그리고 주어진 임무를 완수해 내고야 마는 의지 등에 관한 문항이다. 일체감 척도는 총 6문항으로, 자신과 부대의 동일시와 애대심, 부대에의 헌신, 조직 우선적인 사고와 영속적인 소속감 등의 내용으로 구성되어 있다. 팀정신 척도는 총 6문항으로, 부대원간의 단합과 상호 신뢰, 팀역량과 성과에 대한 확신, 공통된 가치관의 보유 등의 문항을 포함하고 있다. 이렇게 하여 부대정신을 진단하는 문항은 총 24개 문항이다.

부대정신을 진단하는 문항들과 더불어 부대정신의 형성에 영향을 주는 요인들에 대한 조사문항으로 20개 문항을 추가하였다. 부대 역사와 전통, 역사관, 동상 및 상징물, 제복, 부대구호, 부대가, 인쇄매체, 전우회, 지휘관의 노력, 부대 마크, 부대고유훈련, 의식행사 등 12가지 요소에 대하여 알고 있는 정도와 부대정신을 높이는데 도움이 되는 정도 등을 질문하였다. 특히 위의 12가지 요소 중에서 부대정신에 가장 크게 영향을 미치는 순서대로 5가지를 중복 선택하도록 하는 문항을 포함하였다.

부대정신의 타당도를 검증을 위해 사기 척도 11문항, 단결력 척도 8문항, 만족도 척도 10문항을 추가하였으며, 인적 사항을 묻는 문항 3개를 추가하였다. 사기를 측정하기 위해 남기덕 등(2010)의 연구에서 사용된 문항 8개와 자체적으로 추가한 3문항 등 총 11문항이 사용되었다. 단결력 척도는 총 8문항으로 Stokes(1983)가 제작한 단결력 척도를 번안하여 사용하였다. 대표적인 문항은 "우리 중대원들은 중대의 여러 가지 활동에 나를 끼워준다", "우리 중대는 강한 일체감을 갖고 있다" 등이며, 5점 리커트 척도를 사용하였다. 만족도 척도는 최광현 등(2000)이 개발한 만족도 척도를 사용하였다. 만족도 척도는 총 10문항으로, 군생활 만족과 직무 만족으로 구분되었다.

이렇게 해서, 본 연구에 사용된 질문지는 부대정신 진단문항 24개, 부대정신의 형성에 영향을 미치는 요인 진단문항 20개, 타당도 진단 문항 29개, 인적사항 조사문항 3개 등을 포함하여 총 76개 문항으로 구성되었다.

조사대상 및 조사방법

조사대상으로는 육군 6개 부대, 공군 2개 부대, 해군, 해병대 각 1개 부대가 선정되었다. 육군의 경우, 총 4개 사단과 특전사 2개 여단이 선정되었다. 이들 중 2개 사단은 역사와 전통이 잘 알려져 있는 부대이며, 나머지 2개 사단은 비교적 부대 역사가 길지 않은 부대이다. 공군의 경우, 비교적 역사와 전통이 있는 부대로서 1개 비행단과 최근에 창설된 1개 비행단이 선정되었다. 마지막으로 해군의 경우, 부대의 역사와 전통, 전투력 등을 감안하여 해병 1개 사단과 함대사령부가 선정되었다.

선정된 부대별로 2개 대대를 무작위로 선정하였으며, 2함대 사령부의 경우에는 2개 함정으로 대체하였다. 공군의 경우, 대대 편제의 다양성과 인원을 고려하여 각 전투 비행단 내에서 대대 구분 없이 인원을 선정하도록 하였다. 각 대대별로 계급별 조사인원을 할당하였는데, 1개 대대에서 조사인원은 이병·일병·상병·병장 각 30명, 하·중사 10명, 상·원사 6명, 준위 1명, 소·중위 8명, 대위 3명 등 총 148명이었다. 가급적 위의 기준에 맞추어 인원을 선정하도록 하였으며 부득이한 경우에는 부대 사정을 감안하여 인원을 선정토록 하였다. 부대별 계급별 조사대상 현황은 [표 11-12]에 제시되었다.

[표 11-12] 부대별·계급별 조사대상 현황(무응답 6명 포함)

부대		계	이병	일병	상병	병장	하사	중사	상/원사	소위	중위	대위
육군	3사	299	85	72	76	11	13	5	11	13	7	6
	수기사	271	57	51	95	25	14	16	5	0	6	2
	17사	270	51	56	73	49	16	4	10	0	7	4
	30사	276	56	56	60	53	12	6	12	5	12	4
	3공수	148	8	3	5	5	88	22	5	5	2	5
	13공수	271	4	2	4	6	157	49	15	5	12	17
공군	8전비	89	12	15	17	12	7	4	13	4	3	2
	19전비	286	52	52	66	64	11	8	12	6	8	7
해군	2함대	92	14	6	15	1	31	15	2	4	2	2
	해병1사	284	58	58	75	35	19	7	11	7	8	6
계		2,286	397	371	486	261	368	136	96	49	67	55

설문 조사는 조사팀이 방문조사 일정을 해당 부대와 사전 협조한 후 부대를 직접 방문하여 실시하였다. 조사 당일 설문 대상자들을 한 장소로 집합시키도록 한 후, 조사팀에 의해 설문취지에 대한 간단한 안내와 유의사항을 전달하였다. 그 후 조용한 가운데 설문조사가 이루어지도록 하였다. 설문 소요시간은 20분 안팎이었다.

설문은 총 2,359명을 대상으로 실시되었다. 설문응답자 중 무성의하게 응답한 55명과 무응답 12명 등 총 67명을 제외한 2,292명이 분석에 사용되었으며, 계급별·부대별 분석 대상자는 표 1에 제시된 바와 같다. 계급에 대한 무응답자 6명을 제외한 2,286명 중 육군은 1,535명(67.15%)이었으며, 공군은 375명(16.40%), 해군은 376명(16.45%)의 분포를 보였다.

계급별로는 병사가 1,515명(66.27%) 이었으며, 부사관 및 준위가 600명(26.25%), 장교가 171명(7.48%) 이었다. 병사는 상병 486명(21.3%), 이병 397명(17.4%), 일병 371명(16.2%), 병장 261명(11.4%)의 분포를 나타냈다. 부사관은 하사가 368명(16.1%), 중사가

136명(5.9%), 상사·원사·준위가 96명(4.2%)이었다. 위관급 장교는 소위, 중위, 대위가 각각 49명(2.1%), 67명(2.9%), 55명(2.4%)으로 비슷한 분포를 보였다.

분석 결과

요인분석 부대정신을 진단하는 문항 24개를 대상으로 주축 요인방법(principal axis factoring)과 oblimin 회전 방식을 이용한 탐색적 요인분석을 실시하였다. 그 결과 고유치가 1을 넘는 요인은 3개만이 추출되었다. 즉 최초에 각각의 요인으로 추출될 것으로 생각되었던 자부심 척도와 신념 척도가 합쳐져서 단일요인으로 산출되었으며, 일체감 척도와

[표 11-13] 부대정신 척도에 대한 탐색적 요인분석 결과

문 항	요 인			
	1(자부심)	2(신념)	3(일체감)	4(팀정신)
(자부심)부대의 역사	0.78	-0.03	0.12	0.06
(자부심)부대의 전통	0.84	-0.02	0.03	0.06
(자부심)국민의 신뢰	0.67	0.14	0.01	0.09
(자부심)부대의 역할	0.50	0.30	0.04	0.02
(자부심)특별한 부대	0.40	0.31	0.17	0.03
(신념)필승의 신념	0.12	0.70	0.07	0.00
(신념)불굴의 의지	0.05	0.63	0.14	0.12
(신념)승리의 확신	-0.03	0.87	0.01	0.07
(신념)임무완수 의지	0.01	0.84	0.05	0.02
(신념)부대의 독특성	0.23	0.41	0.03	0.14
(일체감)부대와 동일시	0.03	0.14	0.70	0.03
(일체감)애대심	0.07	0.09	0.70	-0.01
(일체감)부대에의 헌신	-0.04	0.10	0.85	-0.01
(일체감)부대의 전통 자랑	0.34	-0.07	0.60	0.02
(일체감)조직 우선	-0.06	-0.06	0.86	0.06
(일체감)영속적 소속감	0.10	0.01	0.62	0.10
(팀정신)부대원간 단합	0.07	0.04	-0.02	0.82
(팀정신)상호간 신뢰	0.02	-0.05	0.01	0.92
(팀정신)상호간 호의적	0.03	-0.09	-0.02	0.92
(팀정신)팀 성과 확신	0.04	0.13	-0.04	0.74
(팀정신)팀역량 확신	-0.08	0.16	0.04	0.66
(팀정신)공통된 가치관	0.35	0.02	0.25	0.62

팀정신 척도는 예상대로 각각의 단일 요인이 추출되었다. 그러나 자부심 척도와 신념 척도의 개념적 차이를 고려하였을 때, 두 요인을 하나의 단일 요인으로 볼 수 없다고 판단하였다. 그러므로 요인의 수를 4개로 하는 강제추출 방식을 적용하여 다시 분석하였다. 요인분석 결과는 [표 11-13]에 제시된 바와 같다.

그 결과, 자부심 척도의 1문항("나는 현재 내가 하고 있는 일이 매우 자랑스럽다")과 신념 척도의 1문항("우리 부대원들은 힘든 훈련을 통하여 더 강해진다")이 중복 적재되어 요인분석에서 제외되었다. 최종적으로 자부심 척도와 신념 척도는 각각 5문항, 일체감 척도와 팀정신 척도는 각각 6문항으로 요인이 형성되었다. 총 22문항으로 구성된 4 요인의 누적 총설명 변량은 75.25%로 나타났다.

신뢰도와 타당도　각 요인별 Cronbach α값은 매우 높은 수준을 나타내었다. 즉 자부심 요인과 신념요인은 0.92, 일체감 요인과 팀정신 요인은 0.93의 Cronbach α값을 보였다. 그러므로 부대정신 척도의 하위척도들은 매우 높은 내적 일관성 신뢰도를 보유하고 있음을 알 수 있다.

부대정신 구성요인들의 안면타당도는 매우 우수한 수준으로 볼 수 있다. 이론적 배경에서 살펴본 바와 같이, 다수의 학자들이 부대 역사, 전통에 대한 자긍심은 자부심 요인을, 부대 성과 및 부대원의 역량에 대한 믿음은 신념 요인을, 부대에 대한 구성원들의 동일시, 헌신, 조직을 우선시하는 태도는 일체감 요인을, 부대 구성원들 간의 결속, 호감, 신뢰, 가치의 공유 등은 팀정신 요인을 대표하는 특성으로 파악하고 있다.

구인 타당도의 검증을 위해 요인분석과 상관계수법을 사용하였다. 요인분석 결과는 앞서 설명한 바와 같으며, 부대정신의 구인들과 사기, 단결, 만족도와의 상관은 [표 11-14]과 같이 매우 높게 나타났다.

[표 11-14] 부대정신 척도와 타 척도와의 상관 계수

	자부심	신 념	일체감	팀정신	사 기	단결력	만족도
자부심	1	-	-	-	-	-	-
신 념	0.79	1	-	-	-	-	-
일체감	0.76	0.73	1	-	-	-	-
팀정신	0.70	0.72	0.74	1	-	-	-
사 기	0.72	0.80	0.75	0.84	1	-	-
단결력	0.65	0.65	0.65	0.77	0.79	1	-
만족도	0.60	0.55	0.68	0.67	0.65	0.66	1

표와 그림에서 볼 수 있는 바와 같이, 모든 상관계수 값들은 통계적으로 매우 유의미한 결과를 보였다(p<0.001). 부대정신 척도의 하위척도인 자부심, 신념, 일체감, 팀정신 간에는 0.70~0.80의 높은 상관관계를 보였다. 그리고 부대정신 요인들과 타 척도와의 상관관계도 매우 높은 것으로 나타났는데, 사기와는 0.74~0.84의 상관계수를, 단결력과는 0.65~0.77의 상관계수를, 만족도와는 0.55~0.68의 상관계수를 나타내었다. 다만, 사기 및 단결력 척도는 부대정신과 높은 상관관계를 보였으나, 만족도 척도는 부대정신과 상대적으로 낮은 수준을 보인 것으로 나타났다.

(4) 부대정신 영향요인 분석

부대정신에 영향을 미치는 12개 요인들의 영향력 정도를 검증하기 위해 회귀분석을 실시하였다. 이때, 소속부대나 계급의 영향력을 배제하기 위해 위계적 중다 회귀분석(hierarchical multiple regression) 방법을 채택하였다. 즉 1단계에 소속부대와 계급을, 2단계에 12가지 영향 요인을 채택하여 소속부대와 계급의 영향을 배제하고 순수하게 12가지 영향 요인이 부대정신 함양에 미치는 영향을 분석하고자 하였다. 분석결과는 [표 11-15]에 제시되어 있다. 1단계에서 소속부대와 계급의 영향력은 부대정신과 통계적으로 유의미하게 관계되어 있었는데, 변량의 4.1%만을 설명하고 있다, $F(2, 1253)=26.78$, $p<0.001$. 2단계에서, 12개의 부대정신 영향 요인들도 통계적으로 유의미한 결과를 보였으며, 50.3%의 추가적인 변량을 설명하고 있다, $F(13, 1240)=105.31$, $p<0.001$. 부대정신에 대해서 가장 높은 설명력을 지니는 변수는 역사와 전통(β=0.15)이었으며, 지휘관의 노력(β=0.13) 또한 매우 중요한 영향 요인으로 작용하고 있다. 이외에 선서식이나 행사(β=0.11), 부대마크(β=0.10), 특별훈련(β=0.10)의 순서를 보였다.

[표 11-15] 부대정신 척도에 대한 영향요인들의 위계적 회귀분석 결과

요인	역사/전통	지휘관 노력	선서식/행사	부대 마크	특별 훈련	조형물	부대가/군가	제복	부대 신문	부대 구호
부대정신	0.15	0.13	0.11	0.10	0.10	0.08	0.08	0.08	0.07	0.06

부대정신의 하위 요인들에 대한 회귀분석결과([표 11-16] 참조), 대체적으로 역사와 전통과 지휘관의 노력이 높은 영향력을 보여준 반면, 팀정신에서는 지휘관의 노력이 가장 높은 영향력을 보였다. 그리고 특별 훈련은 신념 강화에 중요한 영향 요인으로 작용하

나, 자부심, 일체감, 팀정신에는 상대적으로 영향이 크지 않음을 알 수 있다. 그리고 선서식이나 행사(β=0.13), 부대마크(β=0.10) 등의 요인은 상대적으로 일체감 형성에 큰 영향요인으로 작용하고 있음을 알 수 있다.

[표 11-16] 부대정신의 하위요소에 대한 영향력 분석 결과

부대정신 하위요소							
자부심		신 념		일체감		팀정신	
영향요인	β	영향요인	β	영향요인	β	영향요인	β
역사/전통	0.19	역사/전통	0.13	역사/전통	0.14	지휘관노력	0.12
지휘관노력	0.16	지휘관노력	0.12	선서식/행사	0.13	역사/전통	0.10
조형물	0.13	특별훈련	0.12	부대마크	0.10	부대구호	0.10
부대가/군가	0.10	부대마크	0.09	지휘관노력	0.09	선서식/행사	0.10
부대마크	0.09	조형물	0.09	제복	0.08	특별훈련	0.09
특별훈련	0.09	선서식/행사	0.08	조형물	0.07	부대신문	0.09
제복	0.07	훈련강도	0.08	계급	0.07	부대가/군가	0.08
선서식/행사	0.06	부대신문	0.07	부대구호	0.07	부대마크	0.07
				부대신문	0.07	제복	0.07
				특별훈련	0.06		

다음에서는 부대의 역사와 전통에 대한 인식이 부대정신에 어느 정도 영향을 미치는지 여부를 검증해 보았다. 먼저, 부대의 역사와 전통에 대한 인식을 묻는 문항에서 '잘 알고 있다'와 '매우 잘 알고 있다'라고 응답한 비율을 산출하였으며, 이 값들과 부대정신 측정 값 간의 상관관계를 분석하였다. 그 결과 양자 간의 상관 값이 0.54(p<0.001)로 매우 높게 나타났다. 각 부대별 인식비율과 부대정신 값이 [표 11-17]에 제시되었다.

[표 11-17] 부대의 역사와 전통에 대한 인식과 부대정신(각 부대별)

부대	1	2	3	4	5	6	7	8	9	10
인식비율	81.3	78.8	25.0	30.0	62.6	59.8	51.1	79.8	29.2	16.7
부대정신	4.32	4.39	3.60	3.77	4.18	4.22	4.16	4.33	3.81	3.65

다음은 군사훈련의 강도에 대한 인식과 부대정신의 관계를 알아보기 위해, 위와 동일한 방법을 사용하였다. [표 11-18]에 제시되어 있는 바와 같이, 군사훈련 강도에 대한 인식과 부대정신간의 상관관계는 0.30(p<0.001)으로 나타났다. 종합해 보면, 3사단, 수기

사, 공수여단, 해병대가 대체적으로 높은 군사훈련 인식 비율과 부대정신을 보이는 것을 알 수 있었다.

[표 11-18] 군사훈련의 강도에 대한 인식과 부대정신 진단 값

부대	1	2	3	4	5	6	7	8	9	10
인식비율	93.3	90.3	72.7	63.3	93.2	91.9	77.7	86.0	43.2	61.3
부대정신	4.32	4.39	3.60	3.77	4.18	4.22	4.16	4.33	3.81	3.65

(5) 종합 및 부대정신 제고방안

본 연구에서는 부대정신의 개념과 구성요소에 대해서 살펴보고, 부대정신을 진단할 수 있는 척도를 개발하여 제시하였다. 또한 부대정신의 함양에 영향을 미치는 요인들을 살펴보고, 이들이 실제적으로 어느 정도의 영향력을 갖는지에 대해서도 살펴보았다. 연구결과, 부대정신은 크게 자부심, 신념, 일체감, 팀정신의 4가지 요인으로 검증되었으며, 부대정신을 진단하기 위해 총 22개 문항이 선정되었다. 선정된 문항들의 요인별 내적신뢰도는 매우 만족스러운 수준이었으며, 타당도 검증을 위한 상관관계 분석에서도 높은 상관관계를 보여주었다. 또한 부대정신의 형성에 영향을 미치는 요인에 대한 분석 결과, 역사와 전통이 가장 강한 영향력을 미치는 것으로 나타났으며, 그 다음으로 지휘관 노력, 선서식이나 행사, 부대마크, 특별 훈련 등의 순서로 나타났다.

본 연구에서 육, 해, 공군과 해병대를 대상으로 부대정신을 측정하고 동시에 사기, 단결력, 만족도를 측정한 결과, 매우 신뢰로운 결과값을 얻을 수 있었다. 예상했던 바와 같이, 부대정신이 강하다고 알려진 부대들의 부대정신 평균값은 4.16~4.39로 나타난 반면에, 부대정신이 뚜렷하지 않거나 부대역사가 오래되지 않은 부대들의 부대정신 값은 3.60~3.81로 낮게 나타났다. 또한 부대정신의 평균값이 높게 나타난 부대들은 사기, 단결력, 만족도 평가 값에서도 높게 나타났다. 육군에서 역사와 전통을 고려하여 3개 부대를 선정하여 비교분석한 결과, 세 집단 간에 통계적으로 유의미한 차이가 있었다, Wilks' λ =0.62, $F(16, 1426)=24.39$, $p<0.001$.

이제 본 연구를 통하여 개발된 진단지를 활용하면 부대별로 부대정신의 수준을 진단할 수 있게 되었다. 그런데, 만약 부대정신의 진단 결과 그 수준이 낮게 평가된 경우, 어떻게 하면 부대정신을 고양시킬 수 있을까? 부대정신을 고양시킬 수 있는 방법에는 여러 가지가 있겠지만, 본 연구에서는 크게 다섯 가지 방법을 제시하고자 한다.

첫째는 부대정신의 중심이 되는 자부심을 함양하는 것이다. 자부심 함양을 위해서는 우선적으로 자부심을 느낄 수 있는 대상을 형성해야 하는데, 부대의 경우 역사와 전통이 여기에 해당된다. 자부심 함양에 활용될 수 있는 또 다른 소재는 부대의 역할과 임무에 대한 의미 부여이다. 즉 부여된 임무의 중요성을 강조하여 부대에 대한 자부심을 형성하게 하는 것이다. 자부심은 외부의 평가에 의해서 영향을 받기 때문에, 부대의 성과, 전우회 활동 등에 대한 외부 평가 자료를 효과적으로 활용하여 자부심을 강화시킬 수 있다. 아울러, 그 부대만이 가지고 있는 독특하고 차별화된 특성은 자부심을 제공하는 데 효과적이다. 예를 들어 부대만의 마크나 심볼, 제복, 특수한 훈련 유형이나 강도 등에 대한 홍보를 통해 차별성을 강조할 수 있을 것이다.

둘째는 부대원들의 신념을 강화시키는 것이다. 이를 위해 필요한 것은 긍정적인 사고이다. '할 수 있다'는 자신감과 '싸우면 반드시 이긴다'는 믿음을 갖도록 유도하여 신념을 강화할 수 있다. 긍정적 사고는 가시화된 행동 프로그램을 통하여 강화될 경우 효과적이다. 예를 들어, 부대만의 특색 있는 구호 혹은 의식을 통하여 행동하게 함으로써 신념화를 유도할 수 있다. 또한 강도 높은 특별훈련으로 역량을 강화시킴으로써 자신감과 성취감을 갖게 할 수 있다. 예를 들어 훈련과정을 성공적으로 이수할 경우, 자격증 수여, 특별마크 부여 등 성취감 고양 프로그램을 활용할 수 있다.

셋째는 부대와의 일체감을 갖게 하는 것이다. 이를 위해서는 먼저 소속감을 인식하고 강화시키는 도구를 개발할 필요성이 있다. 부대 고유의 표식, 부착물, 구호 또는 신조 등은 부대원들에게 일체감을 심어줄 수 있는 효과적인 방법이다. 또한 부대에의 소속감을 체험할 수 있는 의식행사나, 부대에의 헌신을 다짐하는 서약식 등도 효과적인 일체감 형성 방법이 될 수 있다. 또는 부대 상징물의 제작을 통해 일체감을 형성할 수도 있다. 또한 전우회와 동지회 등을 통한 외부의 격려와 지지활동도 부대와의 일체감 형성에 도움이 된다. 따라서 전역자들의 부대방문 행사나, 부대원으로서의 소속을 평생 유지토록 하는 방안 등을 마련할 필요성이 있다.

넷째는 팀정신을 강화시키는 것이다. 이를 위해서는 우선적으로 팀 단위 활동의 중요성을 주기적으로 인식시키는 교육을 실시하고, 팀 단위 활동 기회를 제공하도록 한다. 아울러 팀단위 평가 및 보상의 방법을 활용하여 동기를 유발시킨다.

다섯째는 부대원의 만족도를 높이는 것이다. 군생활에 대한 만족도가 높을수록 부대정신이 더 강하게 나타나며, 강한 부대정신은 다시 군 생활에 대한 만족도를 높이는 데 중요한 역할을 담당할 수 있다. 그러므로 부대정신 제고방안은 생활 만족도와 연관성이 높은 병영문화의 개선과 병행하여 이루어져야 함을 잊어서는 안 된다.

앞선 설문조사 결과에서 부대정신의 다양한 형성요인들이 부대정신과 밀접한 관련이 있음을 살펴보았다. 그러므로 부대정신 형성요인을 효과적으로 활용하기 위해서는, 우선 부대정신 형성에 영향을 미치는 요인들의 활용 유무를 정확하게 파악할 필요가 있다. 만약 미 활용되고 있는 요인들이 있다면, 적극 활용할 수 있는 방안을 모색해야만 할 것이다. 또한 부대정신 형성요인들 각각이 가지고 있는 영향범위와 기능을 고려할 필요성이 있다. 예를 들어, 부대의 역사와 전통교육은 자긍심 배양에 효과적인 반면, 특별훈련과 의식행사는 일체감과 팀정신 형성에 효과적이었다. 그리고 부대마크, 제복, 전우회 등은 부대정신의 지속적인 유지에 효과적으로 활용될 수 있을 것이다.

본 연구 결과에서, 지휘관의 노력은 역사와 전통에 이어 부대정신 함양에 두 번째로 큰 영향을 미치는 요인이었다. 이러한 지휘관의 노력은 다른 영향 요인들 모두에 영향을 미치는 중요 요인임을 간과해서는 안 될 것이다. 아무리 훌륭한 역사와 전통, 제도 등을 보유하고 있더라도, 이러한 요인들을 부대정신을 함양하는 데 지휘관이 무관심으로 일관한다면 효과적인 부대정신을 발휘하기 어려울 것이다. 더불어 지휘관의 노력은 최초에 형성된 부대정신의 유지 및 강화에도 큰 영향을 미칠 수 있음을 잊지 말아야 할 것이다.

참고문헌

국방부 (2016). **군인복무규율**.

김명훈 (1979). **리이더쉽론**. 경기, 파주: 대왕사.

김원형 (1995). 조직 몰입 세 성분 모형의 개념화. **한국심리학회지: 산업 및 조직, 8**, 51-74.

남기덕, 김용주, 고재원, 이현엽, 권성이 (2010). **군기강 수준 평가 척도 개발 연구**. 화랑대연구소.

미육군 (1976). **부대정신**.

박연호 (1983). **인간관계론**. 서울: 박영사.

오석홍 (1983). **인사행정론**. 서울: 박영사.

이연우 (1983). **육군 사병의 사기에 관한 실증적 연구**. 경남대학교 경영대학원 석사학위 청구논문.

이종현, 최광현 (1998). **정신전력 평가 모형 및 지침 정립.** 한국국방연구원 연구보고서 인 98-1331, 서울: 한국국방연구원.

조남국 (1988). 군 사기 앙양에 기여하는 효과적인 지휘유형 연구: Multivariate Analysis의 응용. **사회심리학연구, 4**, 289-323.

최광현, 김광식, 김인국, 이정언 (2000). **군 사기 측정 모형 및 측정도구 개발(I)**. 한국국방연구원.

최세인 (1973). **지휘·통솔: 그 실제와 본질.** 제1 야전군 사령부.

Bauer, R. G., Stout, R. L., Holz, R. F., & Katz, M. S. (1976). *Developing a conceptual and predictive model of discipline in the U.S. Army*. U.S. Alexandria, VA: Army Research Institute for the Behavioral and Social Sciences.

Baynes, J. C. (1967). *Morale.* New York: Praeger.

Blaufarb, P. N. (1989). *Air force officer cohesion*. Air War college Research Report, Maxwell Air Force Base, Alabama.

Boyt, T., Lusch, R., & Mejza, M. (2005). Theoretical models of the antecedents and consequences of organizational, workgroup, and professional esprit de corps. *European Management Journal, 23*(6), 682-706.

Davis, K. (1957). *Human Relations in Business*. New York: McGraw Hill.

Davis, K. (1972). *Human Behavior at Work*. New York: McGraw Hill.

Donohue, K.S. (1994). *The anatomy of discipline.* School of Advanced Military Studies United States Army Command and General Stall College. First Term AY 93-94. Fort

Leavenworth, Kansas.

Gal, R., & Manning, F. J. (1987). Morale and its components: A cross-national comparison. *Journal of Applied Psychology, 17*, 369-391.

Jones, A. P., & James, L. R. (1979). Psychological climate: dimensions and relationships of individual and aggregated work environment perceptions. *Organizational Behavior and Human Performance, 23*, 201-250.

Jucius, M. J. (1959). *Personnel management.* New York: Irwin Inc.

Kohli, A. K., & Jaworski, B. J. (1990). Market orientation: The construct, research propositions, and managerial implications. *Journal of Marketing, 54*, 1-18.

Lawler, E. (1986). *High−involvement management: Participative strategies for improving organizational performance*. San Francisco: Jossey Bass.

Manning, F. J. (1991). Morale, cohesion, and esprit de corps. In R. Gal & A. D. Mangelsdorff (Eds.). *Handbook of military psychology* (pp. 453-470). John Wiley & Sons Ltd.

Organ, D. W., & Bateman, T. H. (1986). *Organizational behavior.* Plano: Business Publ.

Schuler, D. K., & Weber, P. S. (2005). Individual and team behaviors: Exploring the role of Esprit de Corps. *Mountain Plains Journal of Business and Economics, 6*, 49-60.

Stokes, J. P. (1983). Components of group cohesion: Intermember attraction, instrumental values, and risk taking. *Small Group Behavior, 14*, 163-173.

U. S. Army (2006). *Army leadership.* Headquarters, Department of the Army.

White, L. D. (1955). *An introduction to the study of public administration.* New York: McGraw-Hill.

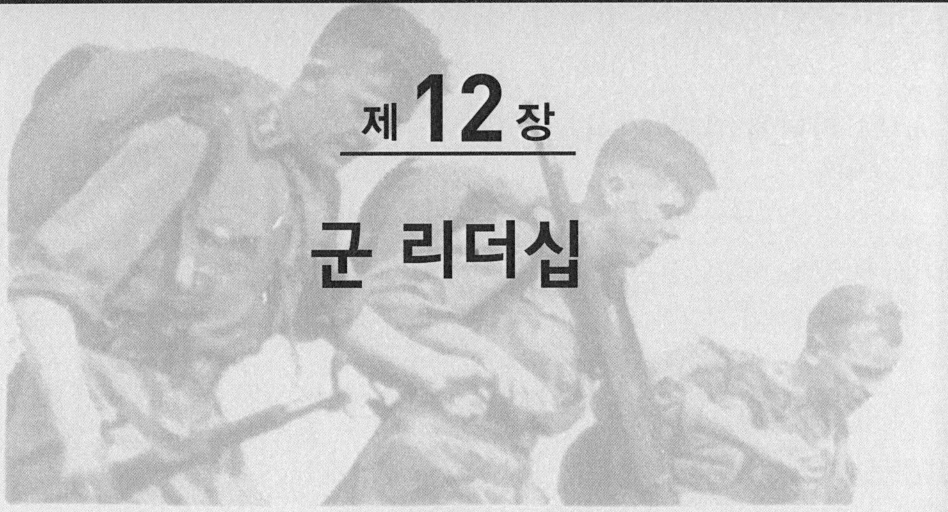

제 12 장

군 리더십

리더십은 조직을 이끌어가야 하는 리더들에게 요구되는 대표적인 필수 요소이다. 군대조직에서 부하들을 지휘하는 리더들과 장교들에게도 리더십은 매우 중요하다. 그런데 군에서 간부들에게 요구되는 리더십은 일반사회 조직에서 유용하게 작동되고 있는 리더십과 다른 것인가? 죽음의 사선을 넘나드는 전장의 위기 상황에서는 평상시와 다른 리더십이 요구되는가?

흔히 리더십은 리더와 구성원 그리고 상황의 세 변수에 의해 결정된다고 한다. 군대는 일반사회와 확실히 구분되는 조직적 특성을 갖고 있으며, 그 구성원들의 특성 또한 일반적인 사회 조직의 구성원들과 다른 면이 많다. 군의 존재 목적과 군의 리더들에게 요구되는 내용도 일반사회 조직에서 요구되는 것과 사뭇 다르다. 그렇다면 군에서 요구되는 리더십은 분명 일반적인 리더십과 다른 특성을 갖고 있어야 할 것이다.

본 장에서는 일반적인 리더십에 대한 이해를 바탕으로 군에서 요구되는 리더십의 특성을 파악하고, 위기상황에서 효과적인 리더십에 대해 살펴보고자 한다. 아울러 미군과 독일연방군에서 정립된 리더십 모델을 분석하고, 한국군에의 응용가능성을 모색해 보고자 한다. 마지막으로 리더십과 동전의 양면 격인 팔로워십에 대해서 살펴보고자 한다.

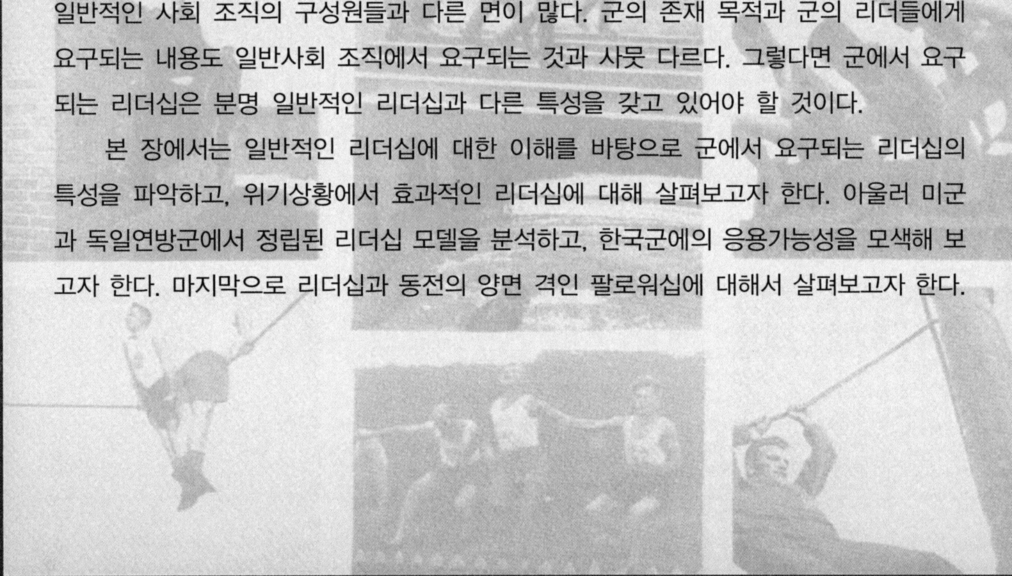

1. 리더십에 대한 기본적 이해

(1) 리더에 대한 관심

인류의 역사는 황제, 군주, 장군, 교황 등과 같이 조직을 이끄는 리더들의 역사라고도 볼 수 있다. 가족과 같은 소수의 집단에서부터 단체나 기업 혹은 국가와 같은 거대한 조직에 이르기까지 사람들이 모이는 곳에는 항상 리더가 존재하여 왔으며, 리더는 그 조직의 흥망성쇠에 결정적인 영향을 미쳤다. 그렇기 때문에 오래 전부터 성공적인 리더들은 자신의 대를 이을 후계자의 양육에 지대한 관심을 쏟았다. 옛 성현의 말씀과 전공이 뛰어난 장군의 업적을 기록하여 후대의 사람들이 그 본을 따르게 하거나, 위인의 일대기를 통하여 그들의 생각과 활동을 익히게 하였다. 또한 성공적인 리더가 되기를 갈망하는 사람들은 어떤 사람들이 어떻게 리더로 성장할 수 있었는지에 대해 관심을 갖고서 그들의 성장과정을 살펴보고, 그들의 사고와 행동상의 특징을 롤모델화하고자 한다. 그러나 이러한 관심은 대부분 개별적인 경험연구로 이루어지는 경우가 많았다.

리더에 의해 이루어지는 그 모든 것 즉, 리더십에 대한 연구가 개별적인 경험연구에서 하나의 학문체계로 발전하게 된 것은 제1, 2차 세계대전을 통해서라고 볼 수 있다. 그 이전까지만 하더라도 리더가 되는 장군이나 장교들은 왕족이나 귀족과 같이 한정된 출신에서 거의 자동적으로 선임이 되었다. 그러나 세계대전이 발발하면서 장교들의 소요가 급격하게 증가되고, 장교단의 질적 향상을 위한 모집방법을 개선시켜야 한다는 주장들에 의해 장교들을 일반 시민들 중에서도 선발하게 되었다. 따라서 유능한 장교후보생을 선발하기 위한 다양한 시스템이 강구되었으며, 이 과정에서 유능한 리더란 어떤 사람인가?, 어떤 사람이 효과적인 리더인가? 등에 대한 관심이 체계적으로 연구되었다.

리더와 관련하여 제기되는 또 다른 이슈는 '리더는 태어나는 것인가, 아니면 길러지는 것인가? 이다. 리더로서의 소양이 온전히 유전적으로 결정되어 지는 것이라면, 리더를 양성하고자 하는 다양한 노력들은 그 의미를 상실하게 될 것이다. 그러나 다행스럽게도 대부분의 리더십 학자들은 리더의 유전적 소양을 어느 정도 인정하면서도, 후천적인 학습과정을 통하여 성공적인 리더로 성장할 수 있다는 것을 굳게 믿고 있다.

(2) 리더십의 개념

리더십의 정의

리더십(Leadership)을 정의하는 것은 쉬운 일이 아니다. 왜냐하면 리더십은 리더, 팔로워, 그리고 상황으로 구성된 복잡한 현상이기 때문이다. 이 복잡한 현상을 연구자가 어떤 관점에서 조망하느냐에 따라 리더십이 다르게 정의된다. 리더십 연구의 대가인 Stogdill(1974)은 리더십을 '집단의 공유된 목표를 향하여 구성원들의 활동을 이끌어 가는 행동'이라고 정의하였다. Hersey와 Blanchard(1982)는 리더십을 '주어진 상황에서 개인이나 집단의 목표달성을 위한 활동에 영향을 미치는 과정'으로 정의하였으며, Yukl(2006)은 리더십을 '공유목표를 달성하기 위하여 개인과 집단의 전체 노력을 촉진하는 과정'으로 정의하였다. 이 외에도 다양하게 제시된 리더십에 대한 여러 정의들을 살펴보면, '목표', '영향력', '이끌기', '자발성', '동기화' 등의 개념들을 사용하고 있다. 『집단역학(Group Dynamics)』의 저자인 포사이스(D. R. Forsyth)는 리더십의 영향력 과정을 상호적(reciprocal), 교환적(transactional), 변환적(transformational), 협동적(cooperative), 적응적(adaptive)인 과정으로 세분화하여 설명하였다(남기덕 외, 2013).

이러한 다양한 정의들을 종합하면, 리더십이란 '집단의 목표를 달성하기 위하여 구성원들을 동기화시키고, 그들에게 영향력을 발휘하는 과정'이라는 정의로 귀결된다고 볼 수 있다.

리더십과 관리

리더십의 개념을 논할 때 항상 제기되는 질문은 관리(management)와의 구분이다. 리더십과 관리는 같은 것인가? 아니면 리더십과 관리는 다른 것인가? 분명한 사실은 관리자가 되지 않고도 리더가 될 수 있으며(예, 비공식 리더), 리더십을 발휘하지 않고서도 관리자가 될 수 있다(예, 재무 회계 담당 관리자). 일부 연구자들은 리더십과 관리가 동일한 것이 아니라는 입장이다. 리더십은 감성적인 측면이 더 강조되며 '모험, 역동성, 창조, 변화, 혁신, 비전' 등과 같은 단어가 연상된다. 반면에 관리는 이성적인 측면이 더 강조되며 '효율성, 안정, 규정과 절차, 통제' 등과 같은 단어가 머리에 떠오른다. Bennis와 Nanus(1985)는 '관리자들은 일이 올바르게 되도록 하는 사람이고, 리더는 옳은 일을 하는 사람이다'라는 말로써 리더십과 관리를 구분한다.

그러나 실제에 있어서는 리더도 전통적인 관리자의 기능에 해당하는 역할들을 수행하며, 관리자 역시 리더가 수행한다고 말하는 기능들을 수행한다. 학교장의 경우 관리의 고유 기능인 계획, 조정, 통제와 같은 기능을 수행하면서 교사와의 직접적인 접촉을 통해 교육 업무를 추진해 나간다. 대부대를 지휘하는 지휘관의 경우에도 집단 목표 달성을 위해 부하들을 동기화시키고 자발적인 복종을 유도하면서 계획, 조정, 통제와 같은 업무를 병행하게 된다. Mintzberg(1973)는 관리자의 역할을 크게는 세 가지 영역(정보처리, 의사결정, 대인역할)으로 구분하고, 세부적으로는 10가지의 역할을 제시하였다. 그 중 대인역할에 연락자, 상징인물, 리더의 역할이 포함된다. 이러한 경우들을 고려한다면 리더십은 관리와 중첩되거나 관리의 하위영역에 해당된다고 볼 수 있다. 결론적으로 리더십과 관리는 구분이 되는 용어이면서도 기능상으로 밀접하게 관련이 되어 있는 개념으로 보는 것이 적절하다.

리더십 효과

어떤 리더가 성공적인 리더인가? 어떤 리더가 훌륭한 리더인가? 이 질문에 대한 답은 리더십의 효과성을 살펴보는 것이다. 리더십을 발휘한 결과 그 효과가 우수한 리더가 곧 성공적인 리더이며 훌륭한 리더라고 볼 수 있다. 그렇다면 리더십의 효과는 무엇으로 판단할 수 있는가? 리더십의 효과성을 평가하는 준거들은 연구자마다 보는 관점에 따라 상이하다. 리더십의 효과를 평가하기 위해 가장 보편적으로 사용하는 기준들을 열거해 보면 다음과 같다(신응섭 외, 1999).

① 집단의 업무 성과
② 집단의 목표 달성 여부
③ 집단의 생존 여부
④ 집단의 성장
⑤ 집단의 준비 태세
⑥ 집단의 위기 대처 능력
⑦ 리더에 대한 부하의 만족도
⑧ 집단 목표에 대한 부하의 헌신 정도
⑨ 부하 복지와 발전

이처럼 다양한 리더십 효과의 기준들 중에서 어떤 것이 가장 적합한 기준이냐의 문제는 리더십 효과의 기준을 선택하는 연구자의 가치관이나 연구 목적에 따라 달라진다.

상사들은 집단의 업무성과나 목표달성 여부에 더 큰 의미를 두는 반면에, 부하들은 리더에 대한 만족도나 복지를 더 적합한 기준으로 생각할 수 있다. 전반적인 사회적 추세는 집단의 목표달성이나 성과향상과 더불어 구성원들의 만족도와 복지향상을 함께 중시하는 방향으로 변화되어 오고 있다.

(3) 리더십 연구의 주요 이슈

리더십 연구 패러다임

리더십은 리더와 구성원 그리고 상황의 상호작용으로 이루어지는 과정이다. 따라서 리더십을 연구한다는 것은 [그림 12-1]에 제시된 바와 같이 리더, 구성원, 상황의 세 변인들을 리더십의 효과 측면에서 검증하는 것이다.

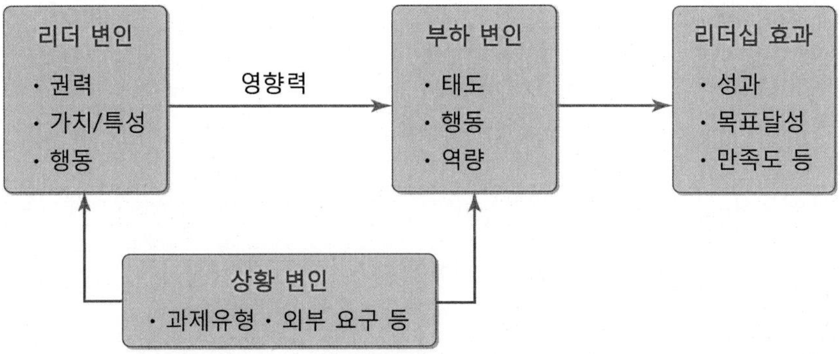

[그림 12-1] 리더십 연구와 관련된 변인들의 관계

먼저, 리더 변인으로는 리더가 갖고 있는 권력, 리더의 가치와 특성, 리더의 행동 등이 분석의 대상이 된다. 부하변인으로는 부하의 태도와 행동 그리고 만족도 등이 고려된다. 상황변인에는 과제의 특성이 해당되며 부하의 특성 또한 상황변인에 해당될 수 있다. 리더십 연구는 이러한 변인들의 관계구조 속에서 어떤 측면에 관심을 갖느냐에 따라 권력-영향력 접근, 특성적 접근, 행동적 접근, 상황부합적 접근, 상황적 접근으로 구별된다. 여기에 1970년대 후반부터 추가적으로 관심을 갖게 된 주제로 리더와 구성원들의 인지적 특성, 리더의 카리스마, 리더의 변환적 리더십 등이 있다.

권력-영향력 접근

일부 리더십 연구자들은 리더가 갖고 있는 권력의 양이나 권력의 유형 그리고 권력의 행사방식에 따라 리더십의 효과가 어떻게 차이를 보이는지에 대해 관심을 가졌다. 가장 대표적인 연구는 French와 Raven(1959)의 5가지 권력유형에 관한 것이다. 이들은 리더의 권력을 크게 ① 보상 권력, ② 강제 권력, ③ 합법적 권력, ④ 전문성 권력, ⑤ 준거 권력으로 구분하였다. 후속연구들은 5가지 권력에 정보권력과 배경권력을 추가하여 리더십의 효과성을 연구하였다.

특성적 접근

특성적 접근은 리더가 갖고 있는 개인적 특성에 연구의 초점을 둔다. 리더와 비리더를 구분하는 특성들은 무엇인가? 어떤 특성을 가진 리더가 더 효과적인 리더십을 발휘하는가? 리더의 특성은 리더의 흥미와 가치관, 리더의 동기 혹은 욕구, 리더의 성격 특성, 리더의 능력과 기술 등을 의미한다. 특히 Katz(1955)에 의해 처음 제안되었고, Mann(1965)에 의해 제시되었던 세 가지 기술 유형론은 리더가 갖추어야 할 기술로서 전문적 기술, 대인관계 기술, 개념적 기술을 제시하였다. 아울러 이 연구자들은 리더가 갖추어야 하는 세 가지 기술들이 리더의 직급에 따라 각각의 상대적 중요도가 달라진다는 것을 주장하였다.

행동적 접근

행동적 접근에서는 눈에 보이지 않는 리더의 특성보다 우리가 가시적으로 관찰할 수 있고 측정이 가능한 리더의 행동이나 활동을 연구한다. 이 접근에서는 성공적인 리더와 실패한 리더를 구분해 주는 리더 행동이 무엇인지를 밝혀내기도 하고, 가장 효과적인 리더의 행동이 어떤 것인가를 연구하기도 한다. 리더의 행동에 관한 초기 연구에 해당되는 오하이오 주립대 연구에서는 리더의 행동을 배려(consideration)와 업무 선도(initiating structure)로 구분하였다. 배려 행동은 리더가 우호적 및 지지적으로 행동하고 부하와 부하의 복지에 대해 관심을 갖는 것을 의미하며, 업무 선도 행동은 자신과 부하의 역할을 규정 및 구조화하고, 성과에 기초하여 평가하고, 과업을 할당하며 부하간의 활동을 조정하는 등의 활동을 의미한다.

상황부합적 접근

특성적 접근이나 행동적 접근에서는 모든 상황에서 효과적인 특성이나 행동을 찾고자 노력하였다. 그러나 후속 연구들을 통하여 효과적일 것으로 추정되었던 특성이나 행동들이 상황의 변화에 따라 그 효과가 다르게 나타난다는 것을 발견하였다. 상황부합적 접근에서는 리더의 특성과 행동의 효과를 다르게 만드는 상황요인이 무엇인가를 밝히고 그 작용과정을 연구하는 데에 방점을 둔다.

상황적 접근

상황적 접근에서는 어떤 상황적 요인이 리더로 하여금 어떤 행동을 하게 만드는가를 알아보려고 한다. 이 접근에서는 상황이 원인으로 작용하고 리더의 행동이 결과로 나타난다고 본다. 예로서 리더가 보유하고 있는 권한의 크기, 집단에 부여된 임무의 성격, 부하의 능력과 동기화 정도, 환경적 여건, 상사와 부하 및 동료들의 역할 요구 등에 따라 리더의 행동이 영향을 받는다는 입장이다.

인지적 접근

기존의 특성적 접근이나 행동적 접근에서는 리더의 특성과 행동이 객관적으로 존재한다고 가정한다. 그러나 인지적 접근에서는 동일한 리더의 행동과 특성이 부하들의 인식과정에 따라 다르게 인식되고 평가된다는 입장이다. '나를 따르라'라는 식의 리더 행동에 대해 강력한 리더십으로 받아들이는 구성원들이 있는가 하면, 이와는 반대로 너무 권위주의적이며 독선적이라는 부정적인 평가를 내리는 구성원들이 있을 수 있다는 견해이다. 따라서 인지적 접근에서는 리더의 특성과 행동이 긍정적으로 평가될 수 있는 조건들에 대해 관심을 갖는다.

카리스마 리더십과 변환적 리더십

카리스마 리더십은 1980년대 들어서서 새롭게 재부각된 주제로서 House(1977)의 연구가 선구적인 기여를 하였다. 카리스마적인 리더의 행동방식과 독특한 특성 그리고 카리스마적 리더가 출현하는 상황에 대해 연구하였다. 또한 Conger와 Kanungo(1987)는 카리스마적인 리더로 평가되게 만드는 원인변인들에 대해서 관심을 갖고 연구하였다. 카리스마적 리더십의 연구는 이어서 소개되는 변환적 리더십과도 연관성이 크다.

변환적 리더십(transformational leadership)은 리더가 높은 수준의 도덕성과 동기를 자극하여 부하들 스스로의 역량을 강화시킴으로써 리더십의 효과를 극대화시켜나가는 과정을 의미한다. Avolio(1999)는 변환적 리더십을 4개의 'I'로 설명하는데, 여기에는 개인적 관심(individualized attention), 지적인 자극(intellectual stimulation), 영감적 동기화(inspirational motivation), 이상적인 영향력(idealized influence)이 포함된다.

기타

미국의 엔론 스캔들 이후 관심을 갖게 된 리더십으로 진정성 리더십(authentic leadership)이 있다. 여기서 진정성이란 명확한 자기인식을 바탕으로 확고한 가치와 원칙을 세우고 투명한 관계를 바탕으로 내적인 자아와 외적인 자아의 격차를 최소화하여 주위사람들에게 긍정적인 영향을 미치는 능력을 의미한다. 진정성 리더십은 특정한 리더십 스타일을 지향하지 않으며, 다른 리더십 스타일에 기본 바탕을 제공한다.

2. 군 리더십에 대한 개념적 이해

앞에서 우리는 일반적인 리더십(leadership)에 대해 개념적으로 살펴보았으며, 리더십에 대한 연구 모델들을 리더십의 효과 차원에서 개략적으로 살펴보았다. 본 장에서는 일반적으로 언급되는 리더십과 군에서 요구되는 군 리더십(military leadership)은 어떻게 구분되어 지는지에 대해 알아보고자 한다. 일반적으로 사람들은 군대조직의 경우 생사가 걸려있는 전투 상황에서 상관에 대한 절대복종이 요구되는 등 일반사회와 다른 조직문화를 갖고 있기 때문에 군 리더십은 일반사회에서 통용되는 리더십과 다르게 정의되어 있을 것으로 추정한다. 실제로 군 리더십은 일반적인 리더십과 전혀 다르게 정의되고 있는가? 군 리더십은 일반적인 리더십과 전혀 다른 특성을 갖고 있는가? 군에서 통용되는 지휘(command)는 리더십과 어떤 관계에 있으며, 더 나아가서 지휘, 통솔, 지휘통솔, 리더십 등의 개념들은 어떻게 구분되어 지는가? 등에 대해서도 살펴보고자 한다.

(1) 군 리더십이란

리더십과 군 리더십은 비교하는 첫 번째 방법은 양자에 대한 개념적 정의를 살펴보는 것이다. 일반적으로 리더십은 '집단의 목표를 달성하기 위하여 구성원들을 동기화시키고, 그들에게 영향력을 발휘하는 과정'으로 정의한다. 그렇다면 군 리더십은 어떻게 정의되고 있는가? [표 12-1]에는 한국군을 비롯하여 미군과 캐나다군에서 군리더십을 정의한 내용들이 제시되어 있다.

최병순(2010)은 아래의 도표에 제시된 바와 같이 미군과 캐나다군 그리고 한국군에서 사용되는 군 리더십에 대한 정의들을 살펴본 결과, 군에서의 리더십에 대한 정의나 일반적인 리더십에 대한 정의는 본질적인 측면에서 차이가 없다고 주장한다. 최병순에 의하면, 언뜻 보기에 외국군과 한국군의 리더십에 대한 정의가 서로 다르고 한국군 내에서도 각 군 마다 리더십을 서로 다르게 정의하고 있는 것처럼 보이지만 모두가 다 '목표', '팔로워', '영향력'의 요소를 정의에 포함하고 있고, '리더가 목표를 달성하기 위해 영향력을 행사하는 과정이 리더십'이라는 전제를 공유하고 있다는 점에서 군 리더십은 정의적인 측면에서 볼 때 일반적인 리더십과 차이가 없다고 말한다. 즉 리더십의 본질적인 측면에서 보면 거의 유사하다고 보는 입장이다.

그러나 정의적인 차원보다 조금 더 구체적으로 살펴본다면, 군 리더십은 일반적인 리더십과 사뭇 다르게 접근해야 한다는 점을 발견할 수 있다. 먼저 목표차원에서 살펴본다면 일반적인 리더십에서는 조직의 목표추구와 구성원의 목표추구 양자 모두를 중시한다. 오늘날 리더십에서 개인의 목표추구를 무시하고 오로지 조직의 목표추구를 우선시한

[표 12-1] 각 군의 군 리더십에 대한 정의 (최병순, 2010에서 인용)

구분	정의
미 육군	부여된 임무를 완수하고, 조직을 발전시키기 위해 목표와 방향을 제시하고, 동기부여시킴으로써 성원들에게 영향력을 행사하는 과정(Department of the Army, 2006)
캐나다군	임무완수에 기여하는 역량을 개발 또는 향상시키면서 다른 사람들이 직업적 전문성과 윤리성을 바탕으로 임무를 완수하도록 명령하고, 동기부여시키며, 실현 가능하도록 지원하는 것(Canadian Forces Leadership Institute, 2005)
한국군 육군	리더가 조직의 목표와 임무를 달성하기 위하여 구성원들과 상호작용하면서 영향력을 미치는 과정(육군본부, 2009)
한국군 해군	지휘관이 자기에게 부여된 책임과 권한에 의해서 부대의 목표를 보다 효율적으로 달성하기 위해 예하부대 및 부하의 능력을 극대화하도록 강화시키고, 모든 노력을 부대목표에 집중시키는 기술(해군본부, 2000)
한국군 공군	공군 고유의 문화적 가치관에 바탕을 두고, 미래의 항공우주군 건설 및 운용을 위해서 전 공군인들이 자발적이고, 지속적으로 몰입할 수 있도록 이끌어 가는 영향력 행사 과정(공군본부, 2002)

다는 것은 어려운 일이 되었다. 다행스럽게도 일반사회의 기업이나 공동체의 경우, 조직의 목표와 개인의 목표가 이윤 추구 내지는 이익추구라는 유사성을 더 많이 갖고 있기 때문에 조직과 개인에게 공통된 목표를 설정하는 것은 어려운 일이 아니다. 그러나 군대 조직의 경우 조직의 목표와 개인의 목표가 매우 이질적인 구조로 되어 있다. 부대는 전투력을 강하게 유지하고, 때에 따라서는 전투임무를 수행해야 한다. 이 경우, 군인들은 생명의 위협을 받으면서도 임무를 수행할 것을 요구받는다. 군의 리더는 부하들의 개인적 이익에 반하는 방향임을 알면서도 그들을 이끌고 나가야 한다. 근본적으로 군 조직에서는 임무의 특성상 조직의 목표와 개인의 목표를 동일하게 유지해 나간다는 것은 매우 어려운 과업에 해당된다. 이처럼 목표 차원에서 이질적인 군대의 특성은 군의 리더들에게 일반 사회의 리더와는 다른 특성과 행동을 요구한다.

군 리더십에서 또 다른 차이점은 군의 리더들에게 요구되는 특성과 행동차원이다. 일반적인 리더십 연구들을 살펴보면, 어떤 연구들은 효과적인 리더들의 특성을 다루는 한편, 다른 연구들은 리더들의 행동을 분석한다. 또는 특성이나 행동들이 상황에 의해 어떻게 그 효과가 달라지는지에 대해 살펴본다. 특히 일반적인 리더십에서는 리더들에게 가치(Values), 품성(Attributes), 인성(Character) 등과 같은 항목들을 잘 요구하지 않는다. 그러나 미군과 한국군에서 다루어지는 리더십에서는 군의 리더들이 갖추어야 할 요소로서 품성과 역량을 모두 다 요구한다. 특히 가치 분야에 있어서는 미군의 7대 가치와 한국군의 5개 가치가 요구된다. 이와 같은 특징은 조직의 목표와 이질적인 목표들을 갖고서 군 조직에 들어 온 구성원들을 이끌고 나가야 하는 군 리더들의 실질적인 상황을 반영한 결과로 보아야 한다.

군 리더십은 리더가 영향력을 미치는 과정에서도 차이를 갖는다. 일반적인 리더십에서는 Forsyth가 언급하였듯이 교호적, 교환적, 변환적, 협동적 과정으로 이루어진다. 특히 거래적 과정은 매우 일반적으로 나타나는 영향력 과정이다. 그러나 군 조직에서는 거래적 과정이라는 것은 표방한다는 것 자체를 꺼려한다. 군 조직에서는 군 구성원들이 '위국헌신'. '봉사', '헌신', '충성' 등과 같은 보다 더 고차원적인 가치를 추구하는 것은 매우 중시한다. 군의 리더에게는 거래적 과정보다는 오히려 변혁적 과정이 더 강하게 요구되어 진다.

이처럼 군 조직에서 나타나는 목표의 이질성과 리더들에게 요구되는 속성들에서의 차이들을 고려할 때, 군 리더십은 일반적인 리더십과 분명 다르게 정의되어야 할 필요가 있다.

(2) 지휘, 통솔, 지휘통솔, 리더십의 관계

앞서서 우리는 리더십과 관리의 구분에 대해 논의하였다. 리더십을 관리와 질적으로 다르며 상호배타적인 개념으로 보는 입장(Bennis와 Nanus, 1985; Zaleznik, 1977)과 리더십을 관리의 한 범주로 보는 입장(Minzberg, 1973)에 대해 소개하였다. 리더십을 관리의 한 범주로 보는 견해는 리더십을 매우 협의의 관점에서 바라보는 입장이다. 이와 유사하게 리더십은 영향력 행사유형에 의해 두 가지 관점으로 설명된다. 먼저 하나의 관점은 리더십을 협의의 관점에서 보는 것으로서, 리더가 자신의 카리스마나 준거권력 혹은 전문성에 기초하여 부하들로 하여금 진심에서 우러난 자발적인 복종을 행하도록 유도하는 것을 진정한 리더십이라는 보는 입장이다. 반면에서 광의의 입장은 보상이나 처벌을 비롯한 합법적인 권한을 사용하여 부하를 통제하고 강제하는 것까지도 포함하여 모든 영향 방법을 리더십으로 인정하는 견해이다.

한국 육군에서 지휘(Command)는 미 육군의 개념을 그대로 차용하여 사용하고 있다. 한국 육군에서는 미군의 것과 동일하게 지휘란 “지휘관이 지휘권에 입각하여 합법적으로 부대를 이끌어 가는 일체의 행위”로 규정하고 있다. 여기서 지휘권이란 지휘관이 계급이나 직책을 통해 예하부대에 대해 합법적으로 행사하는 권한을 의미한다. 지휘에는 가용한 자원의 효과적인 이용, 부여된 임무달성을 위한 부대의 운영계획, 편성, 지도, 협조, 통제를 위한 권한과 책임이 포함된다. 또한 예하 병력의 건강, 복지, 사기, 규율에 대한 책임 역시 포함된다. 미 육군은 『미 야교 6-0 임무형 지휘』에 명확하게 지휘의 주요 요소에 권한, 결심수립, 리더십을 포함시키고 있다. 여기서 리더십은 “목적, 방향, 동기를 부여함으로써 장병들에게 영향을 미침과 동시에 그들이 임무를 달성하고 조직을 향상시키도록 이끄는 것”이다. 지휘관은 모범, 설득, 강요의 방법을 결합하여 부대를 이끌어가며, 리더십은 궁극적으로 ‘의지의 강요’임을 강조한다. 이렇듯 미군을 비롯한 한국군에서는 지휘를 리더십을 포함한 개념으로 보고 있다. 다시 말해서 리더십을 협의의 관점에서 보고 있다.

군에서의 ‘통솔’은 “부하에게 믿음과 감동을 주어 동기를 유발하는 것”으로 정의하고 있다. 이렇게 보면 통솔은 협의의 리더십 개념과 완전히 일치한다. 그런데 한국군에서는 리더십을 ‘지휘통솔’과 같은 개념으로 사용하고 있다. 지휘가 더 넓은 개념으로서 리더십을 포함한다고 했는데, 지휘통솔을 리더십과 동격으로 사용한다면 개념의 혼돈을 초래하는 것이다. 따라서 리더십을 ‘지휘통솔’에 상응하는 개념으로 사용하는 것은 타당치 않으며, 오히려 ‘통솔’이라는 개념으로 사용하는 것이 타당하다.

독일연방군에서도 리더십을 일종의 협의의 개념으로 보고, 임무형 지휘가 효과적으로 이루어지기 위한 전제조건으로 규정하고 있다. 독일연방군에는 지휘원칙 내지는 지휘철학으로 강조되고 있는 내적 지휘(Innere Führung, 영어로 leadership and civic education의 의미)가 있으며, 내적 지휘는 임무형 지휘가 효과적으로 발휘될 수 있는 여건 조성의 기능을 수행한다. 내적 지휘에는 10개 하위영역들로 구분되는데 이들 중 한 영역이 리더십과 연관성이 가장 높은 인간 통솔(Menschenführung)이다. 이러한 입장은 앞서서 Mintzberg가 관리자의 10개 역할 중 하나로서 리더의 역할을 제시한 것과 같은 맥락이다. 독일연방군에 의하면 인간통솔은 부하의 인격을 존중하고 솔선수범함으로써 자발적인 복종을 유도하는 기술이라고 정의한다. 일반 기업이나 사회 조직에서는 하급자가 상급자의 요구에 응하는 경우, 절대적인 복종을 의미하는 것은 아니다. 그러나 군에서의 지휘권은 부하로 하여금 절대복종을 요구한다. 전장과 같이 생사가 걸려있는 위급한 상황에서 상급자의 명령에 대한 절대복종은 선택사항이 아니라 필수적인 전제조건이기 때문이다. 군 리더십은 이러한 절대복종이 강압에 의해서 이루어지기 보다는 부하들의 자발적인 의지에 의해서 이루어지도록 만드는 기능을 수행한다. 결론적으로 독일연방군은 리더십의 개념을 통솔과 같은 개념으로 보고 있다.

결론적으로 종합하여 생각해 볼 때, 군에서는 지휘의 개념을 넓은 개념으로 사용하며 리더십은 통솔과 유사한 개념으로 지휘를 위한 하위개념으로 보는 것이 타당하다. 따라서 군에서는 지휘통솔이라는 용어의 사용을 자제함으로써 개념상의 혼돈을 제거해야 한다.

(3) 평시리더십과 전장리더십

앞서서 우리는 군 리더십이 일반적인 리더십과 어떻게 다른가에 대해 살펴보았다. 그렇다면 군 리더십에는 평시리더십(Leadership in Garrison)과 전장[1]리더십(Leadership on the battlefield)이 구분되어 있는가? 이에 대해서는 다양한 의견이 있다.

첫 번째 의견은 전장리더십과 평시리더십을 구분하지 않는 것이다. 미군에게 전장리

---

1 전장(battlefield)이란 "작전, 전투, 교전이 전개되고 있거나 이와 직·간접적으로 관련되어 영향을 받을 것으로 예상되는 공간"을 의미한다. 전장리더십과 같이 사용되는 용어로서 전시리더십이 있다. 전시 리더십은 전투 시기라는 시간에 한정된 리더십으로 볼 수 있다. 하지만 '전시'라는 개념에는 교전행위가 중단된 시기도 있기 때문에 오히려 시간개념보다는 공간개념에 따라 '전장(battlefield)'이라는 용어의 사용이 더 적절하다(육군본부, 2016).

더십에 대해 질문을 하면, 미군은 항상 전투를 하고 있는 군대이기 때문에 평시와 전장리더십을 구분하지 않는다는 대답을 듣게 된다. 육군본부가 2016년도에 작성한 교범『육군리더십』에서는 전장리더십을 별도의 장으로 편성하고, 전장리더십은 평시리더십과 본질적으로는 동일하다고 보고 있다. 즉 리더에게 요구되는 기본자질과 핵심역량은 평시리더십과 전장리더십 발휘에서 공통적으로 요구되며, 리더십 원칙도 공통적으로 준수된다고 보고 있다.[2]

두 번째 의견은 전장리더십과 평시리더십을 리더십 상황에 따라 구분하는 것이다. Quinn(1984, 1988)은 기존의 연구들이 너무 결정론적인 시각과 단순화된 시각에서 리더십을 연구한다고 논하면서 리더들이 상황에 따라서 변화된 가치를 추구해야 한다는 경쟁가치 모델(competing values framework)을 제시하였다. 그는 리더들이 당면하게 되는 상황을 크게 두 차원(집중화/통합-분권화/세분화, 사회기술시스템의 유지-전체 시스템의 경쟁)으로 분석하였다. Hunt와 Phillips(1991)는 Quinn의 상황분석 모델을 토대로 군사적 임무 수행환경을 크게 두 차원(특이성-정례적, 고위험-저위험)으로 구분하고, 각 사분면에 처한 리더들이 어떤 역할을 수행해야 하는가에 대해 아래의 [그림 12-2]에서와 같이 명세하였다.

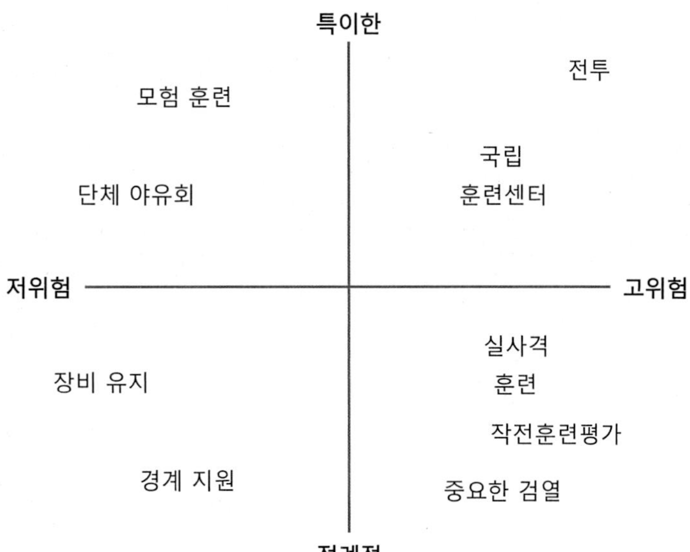

[그림 12-2] 평시와 전시 리더십 모델(Hunt & Phillips, 1991)

2 육군리더십 교범에서는 평시리더십과 전장리더십의 본질은 동일하다고 명시하면서도, 이어서 제시된 항목에서는 평시리더십과 전장리더십에는 분명한 차이가 있다고 명시하고, 전장리더십이 상황적합적으로 발휘되어야 한다고 말한다.

이 모델에 따르면, 특이하고 위험성이 높은 1사분면이 전투 상황으로서 리더는 혁신자와 중개자의 역할을 수행해야 한다. 이때 혁신자는 통찰력, 혁신, 적응력이 요구되며, 중개자는 외부 지원 및 자원의 획득과 조직의 성장에 대한 요구를 받는다. 반면에 정례적이고 위험성이 낮은 3사분면에서는 평시 부대를 지원하는 상황으로서 리더는 평가자와 조정자의 역할을 요구받는다. 이때 평가자는 측정, 문서화, 정보관리의 요구를, 조정자는 안정성 유지, 통제, 지속성의 요구를 받는다.

세 번째 의견은 군사적인 임무수행과 군대의 특수한 환경과 여건을 고려하여 군에 특수한 리더십을 설정하는 것이다. 이러한 입장의 연구들은 대부분 전투, 재난, 해외파병 등과 같은 위기 상황에서 요구되는 리더들의 특성과 행동역량들을 조사하여 모델을 구성하거나, 위기상황에서 성과를 보인 리더들을 연구한다. 요윤진(2003)은 월남전 참전자를 대상으로, 최병순(1988)은 월남전과 6.25참전자를 대상으로 전장에서의 효과적인 리더 행동을 조사하였으며, Anderson(1980)은 소방대원을 대상으로 모의 극한 상황에서의 리더십을 연구하였으며, Kolditz(2007)는 이라크전, 고산 등반, 정글 탐험, 고공 낙하 등과 같은 위험 상황에서의 효과적인 리더십을 연구하였다. 독일연방군의 경우 임무형 지휘가 효과적으로 작동되기 위해서는 인간통솔(협의의 리더십)을 비롯한 내적 지휘교육을 통해 문민통치와 '제복을 입은 시민'의 개념에 충실한 병영문화를 조성해 나가야한다는 것을 강조한다.

3. 위기상황에서 효과적인 리더십

본 장에서는 전장 리더십을 평상시의 리더십과 다르게 설정한 의견에 기초하여 위기상황에 효과적인 리더십에 대해 살펴보고자 한다. 여기서 위기상황이라 함은 전투 상황뿐만 아니라 해외파병, 테러, 공황, 천재지변에 의한 재해 상황 등을 의미한다.

위기상황에서 효과적인 리더십을 다루는 연구들은 연구방법 면에서 크게 세 가지 유형으로 구분된다. 그 중 첫 번째 유형은 전쟁이나 위기상황에서 성공적인 업적을 남긴 리더들을 분석하는 것이다. 전쟁 중에 활약한 명장들의 사례를 연구하면서, 성공과 실패 사례에 나타난 리더의 특성이나 행동을 파악하는 것이다. 이러한 접근방식은 효과적인 리더십에 대한 경험적이고 요소적인 접근이라고 볼 수 있다. 이 접근이 갖는 한 가지 문제점은 사례에서 관찰되지 않은 특성이나 행동들에 대한 논의가 없다는 점이다.

두 번째 유형은 상황적 리더십 이론 차원에서 효과적인 리더십 유형을 분석하는 것이다. 예로서, 카리스마 리더십과 변환적 리더십 중에서 전시에 더 효과적인 리더십은 무엇인지를 살펴보는 방법이다. 또한 부하의 성숙도에 따라서 리더가 취하는 관계지향적 행동과 과업지향적 행동의 정도가 달라져야 한다는 Hersey와 Blanchard의 상황적 리더십 이론을 살펴볼 수 있다. 하지만 이러한 접근 방식은 리더 변수를 이분법적 혹은 삼분법적인 방식으로 구분하기 때문에 리더의 특성이나 행동을 너무 단순화시키고, 아울러 지휘 행동 범위를 부하와의 상호작용에만 한정시키고 있다는 지적을 받기도 한다.

세 번째 유형은 보다 다양한 리더의 행동 유형을 설정하고 전시에 효과적인 행동 유형들을 선택하는 방식이다. 즉, 평시에 강조되는 리더의 자질과 역량들 중에서 전시에 더 강조되는 요소들을 구분하는 방법이다. 이러한 방식의 연구들은 일반적으로 전투참가 경험이 있는 사람들이나 훈련 경험이 풍부한 사람들을 대상으로 이루어진다. 다음은 위에서 언급한 각각의 유형에 대하여 좀 더 자세히 살펴보도록 한다.

(1) 전사 기록의 분석을 통한 연구 방법

전사 기록을 통하여 전시에 효과적인 리더십을 도출하는 방식은 크게 두 가지로 구분된다. 한 가지 방법은 전사에 기록된 성공적인 전투사례를 분석하여 전투를 승리로 이끌었던 리더의 결정적인 행동 특징들을 도출하는 것이다. 이 방식은 리더의 특성과 행동에 관한 기존의 틀을 바탕으로 접근하기 보다는 다소 귀납적인 방식으로 접근하는 것으로서 경험적 관찰 자료가 다양하게 구축될 수 있는 반면에, 리더의 특성과 행동 분야 전체에 대한 평가에 한계가 있다. 다른 한 가지 방법은 기존에 잘 정립된 리더 상 구성요인들을 전사 기록을 통하여 검증해 나가는 방식이다. 이 방식은 리더 상에 대한 전체적인 평가가 가능하다는 장점이 있지만, 한편으로는 분석의 다양성에서 다소 제한된다는 단점을 갖는다.

[표 12-2]를 보면, 전사 기록 분석에서 가장 우선적으로 언급되고 가장 빈번하게 언급되는 것은 '리더의 솔선수범'이다. 전투 상황에서 지휘관의 솔선수범은 진두지휘를 말한다. 솔선수범의 중요성은 6.25 전쟁 경험에서만 언급되는 것이 아니라 동서를 막론하고 역사적인 경험에서 공통적으로 강조되고 있다. 『평상시의 지휘관, 유사시의 지휘관』을 저술한 사사 아츠유키는 위급한 상황일수록 리더는 'Hands on manager'가 되어야 하며, 'Hands off manager'가 되는 것을 경계해야 한다고 주장한다(조학제, 1999). 두 번째는 책임감이다. 아무리 어려운 상황에서도 임무를 완수하겠다는 지휘관의 의지와 부하의 안위에 대한 지휘관의 책임 있는 행동은 리더와 부하간의 굳건한 상호신뢰를 구축하고 강한

[표 12-2] 전사 사례연구에서 도출된 리더의 특성과 행동

전투 사례	효과적인 리더의 행동과 특성
장진호 전투	비전, 의사소통, 솔선수범, 단결/사기, 책임감
유학산 전투	솔선수범, 신뢰, 언변력, 의사소통, 책임감
진천지구 전투	카리스마, 의사소통, 신뢰, 사기, 솔선수범
현리 전투(패인)	솔선수범, 책임감, 단결/사기, 건전한 판단 등이 부재
이순신의 노량해전	솔선수범, 창의성, 신뢰, 책임감

단결력을 형성하는 원동력이 된다. 세 번째는 의사소통이다. 상하간의 긴밀한 정보교환은 구성원 전체가 집단이 처한 상황을 정확하게 인식할 수 있게 하며, 비전을 공유하고 공감할 수 있는 기초가 된다. 아울러 의사소통은 같은 계층 내에서도 상호간의 의사소통을 통하여 공고한 단결을 구축할 수 있게 해준다.

한편, 박연수와 심재광(2006)은 위에서 설명한 첫 번째 방식과는 달리 리더의 자질과 역량의 구성요소에 관한 준거 틀을 기준으로 이순신 장군의 지휘통솔 원칙을 평가하였다. 이 연구에서는 이순신 장군의 가치관이 검증되고, 특성으로서의 인격적 속성과 행동화 역량이 검증되었다. 이들은 이순신 장군의 가치관을 충성, 정의, 인간애, 책임과 의무, 용기 차원에서 검증하고, 인격적 속성은 지성, 정서, 의지 차원에서 고찰하였다. 그 결과 창조적 지성, 부동의 침착성, 필승의 신념과 불굴의 정신이 강조되었다. 이순신 장군의 행동화 특징으로는 합목적적 지휘통솔, 인재의 존중과 활용, 개방적 지휘통솔, 기강확립과 사기 고양, 솔선수범, 합리적 지휘통솔 등이 언급되었다.

(2) 상황적 리더십 이론에 기초한 연구 방법

모든 상황에서 효과적인 리더 특성과 행동 특징들을 찾으려고 시도되었던 리더십 특성 이론이나 행동이론과는 달리, 리더십의 상황 부합 이론들은 리더 특성과 행동의 효과가 상황변인들에 의하여 영향 받는다고 전제하고 있다. 특성이론에서 대표적인 상황 부합 이론은 Fiedler의 LPC 모델이며, 행동이론에서는 House의 경로-목표 이론, Hersey와 Blanchard의 부하성숙도 이론, Kerr와 Jermier의 리더십 대체 이론, 그리고 Yukl의 다중연결 모델 등이 있다. 예로서, Hersey와 Blanchard의 부하 성숙도 이론은 부하들의 성숙도 수준을 4단계로 구분하고 각각의 수준에 효과적인 리더의 행동 유형을 제안한다. 전투 상황에서 새로 충원된 신병들이 주류를 형성하는 부대 지휘 상황은 부하 성숙도 수준이 가장 낮은 1단계 상황이므로 리더는 부하들에게 일하는 방법에 대해 일일이 '지시

(telling)' 해 주어야 한다. 즉 역할을 명시해 주고, 목표와 기준 그리고 절차를 설정해 주는 등 주로 과업지향적 행동에 주력해야 한다.

일부 연구들은 위기 상황에서 효과적인 리더십으로 카리스마 리더십을 제안한다. 이들에 따르면, 극단적으로 존경을 받고, 부하들로 하여금 무조건적으로 복종하고 신뢰하게 하는 카리스마적인 리더들이 비정상적인 육체적, 감정적 노력을 요구하는 상황이나 위기가 항상 존재하는 전투 상황에서 높은 리더십 효과를 나타낸다고 한다. 아울러 카리스마적 리더십은 부하들의 과업이 중요한 이념적 요소를 갖고 있을 때 더 적절하다고 본다. 어떤 군대 조직이건 간에 그 목표는 국가적인 이상과 목적을 수호, 유지하고, 개인보다는 집단의 가치를 추구하며, 또한 임무완수에 있어서는 무조건적인 복종을 요구하기 때문에 카리스마적인 리더십은 특히 군대 장면에서 효과적이라는 주장이다(신응섭 외, 1999).

House(1977)가 제시하는 카리스마적인 리더의 주요 특징은 다음과 같다. 먼저 카리스마적 리더는 극단적으로 높은 수준의 자기 신뢰성, 지배성에 대한 강한 욕구, 그리고 자기 신념의 도덕적 정당성에 대한 강한 확신 등이 있다. 카리스마적인 리더들은 부하들이 리더를 능력 있고 성공적인 리더로 보도록 인상을 관리하는 행동을 한다. 카리스마적인 리더들은 부하들의 가치나 이상을 조직 목표와 관계된 이상적인 목표로 결집시킨다. 카리스마적인 리더들은 부하들이 모방하도록 자신의 행동모델을 제시한다. 카리스마적인 리더들은 부하들의 수행에 대해서 높은 기대를 가지고 의사소통을 하는 동시에 부하들에 대한 자신감을 표현한다. 카리스마적인 리더들은 집단 업무에 관련된 동기들을 고양시키는 방향으로 행동한다.

(3) 전시 리더십에 대한 설문조사 연구

최병순(1999)은 전투 상황에서 효과적인 지휘행동에 관한 연구 문헌들을 조사한 결과, 리더가 과업과 인간관계 양 차원 모두에 관심을 가져야 한다는 결론에 이르렀다.

[표 12-3] 전투 상황에서 효과적인 지휘행동(최병순, 1999에서 인용)

연구대상	효과적인 지휘행동	연구자
공군	관심, 구조주도	Haplin('66)
소방대원	과업지향적인 행동	Anderson('80)
해군/공수부대	전문적 권력의 행사	Mulder('71)
모의 전투 상황	단호한 대응, 명확한 지시, 솔선수범, 관심	Heleme 등('71)

박호순(2002)은 전시 및 전투 상황에서의 지휘행동을 진단하고, 부하의 특성이 리더의 지휘행동 효과에 미치는 영향 정도를 검증하였다. 이를 위해 월남전에서 실전 경험이 있는 무공훈장 수훈자들을 대상으로 설문조사를 하였으며, 6.25전쟁과 월남전 그리고 국내의 대 간첩 작전 기록에서 자료를 발췌하였다. 그 결과, 지휘행동 유형에 있어서는 과업지향적 행동과 배려적 행동 모두가 리더십 효과에 영향을 미치는 것으로 나타났다. 특히 과업지향적 행동은 배려적 행동보다 상대적으로 더 효과적인 것으로 밝혀졌다. 이 연구를 통하여 검증된 전투 상황에서 효과적인 리더 행동은 문제해결과 위기관리, 동기유발, 부하에 대한 관심, 인화단결 등 4가지로 나타났다.

최병순(1999)은 Yukl의 지휘행동 분류법을 채택하여 지휘행동 유형을 13개 차원으로 분류하고 전시와 평시에 효과적인 지휘행동 유형을 계급에 의한 계층별(소대장, 중대장, 대대장)로 조사하였다. 연구에 사용된 13개 지휘행동 유형은 다음과 같다.

- 정보의 전파
- 계획 및 조직화
- 문제해결 및 위기관리
- 역할 과업의 명확화
- 동기부여
- 인정 및 보상
- 교육훈련과 훈계
- 권한 위임 및 참여
- 확인 감독
- 부하에 대한 관심
- 인화 단결
- 대표로서의 역할
- 섭외 활동

조사 결과 평시 상황에서 효과적인 지휘행동은 인화단결, 인정 및 보상, 교육훈련 및 훈계 행동 등 주로 대인관계와 관련된 행동들이었으며, 전투 상황에서는 역할 및 과업의 명확화, 계획 및 조직화, 확인감독, 문제해결 및 위기관리 등과 관련성이 높은 지휘행동들이 효과적인 것으로 나타났다.

(4) 야전 교범 및 리더십 전문가 의견

육군 지휘통솔 교범(야교 6-0-1)은 역사적으로 성공한 전투지휘 사례를 통하여 위기 상황에서의 리더십이 갖추어야 할 요소에 대해 설명한다. 그 첫째는 도덕적 용기이다. 전투 시 전장상황을 올바르게 판단하여 자신의 안전에 집착하지 않고 더욱 위험한 임무를 스스로 찾아서 행하는 도덕적 용기는 지휘관이 구현할 수 있는 책임감의 중요한 요소다. 둘째는 과단성이다. 지휘관은 가능한 한 정확한 정보를 수집하고 예상치 않았던 상황이 발생하였을 경우 짧은 시간에 결단을 내릴 수 있도록 준비해야 한다. 셋째는 고도의 용기이다. 전장에서 지휘관은 몸을 도사리지 않고 부하들에게 앞장서는 용기로써 전투의지를 보여 주어야 하고 그러한 지휘관의 행동에 의하여 부하들의 신뢰와 사기가 높아지게 된다. 넷째는 냉정과 침착이다. 지휘관은 어떠한 상황에서도 침착하고 여유가 있는 모습을 부하들에게 보임으로써 그들이 자기가 처해 있는 상황이 그렇게 두려워 할 정도는 아니라는 확신을 갖게 해야 한다. 다섯째는 인기에 영합하지 않는 것이다. 부하들의 기호에 맞춰서 임무를 부여하는 소심한 지휘관, 일시적인 인기와 불평에 동요하는 지휘관의 태도는 책임을 망각한 행동이며 유사시 자신과 부하들의 생명을 보장할 수 없다.

김세영(2003)은 전시 리더의 효과적인 리더십 행동전략으로 다음의 네 가지를 제안하였다. 그 중 첫째는 미래에 대한 공유할 수 있는 비전의 제시이다. 비전은 조직의 핵심가치와 믿음, 목적 그리고 사명을 제공하기 때문에 비전의 공유가 없이는 전쟁에서 리더의 어떤 리더십도 효과적일 수가 없다. 둘째, 원활한 의사소통을 통한 의미의 창출이 중요하다. 비전의 불가피성과 그 내용을 몇 번이고 조직 구성원들에게 전달하여 여기서 파생되는 조직의 핵심가치, 진정한 임무와 사명을 이해하도록 하여야 한다. 셋째, 신뢰의 구축이다. 신뢰는 조직 구성원에게 개방적인 태도, 위험을 기꺼이 감수하고자 하는 자세, 혁신적인 생각과 행동을 이끌어주며, 높은 수준의 협력을 가능케 하는 가장 본질적인 요소이다. 넷째, 자기관리이다. 전쟁에서 성공적인 리더는 군인의 인격에 손상됨이 없도록 스스로를 관리하며, 자신의 강점과 약점을 알아서 약점을 강점으로 보완하여 나가야 한다.

Kolditz는 이라크전 참전부대, 고산 등반대원, 정글 탐험대, 고공낙하팀, 특수전 부대, FBI 대원을 대상으로 위험상황에서 효과적인 리더십을 연구하였다. 그는 위험상황에서는 부하를 동기화시키는 데에 큰 노력을 들일 필요가 없다고 본다. 그 이유는 위험상황 자체가 전투에 임하게 만들기 때문이라고 설명한다. 또한 위험상황에서 효과적인 리더는 진두지휘하고 부하들과 동고동락하며 임무수행 능력을 갖추고서 부하와의 신뢰를 형성하고 서로 간에 충심을 갖는 지휘관이라는 점을 강조한다.

(5) 기존 문헌연구 결과 종합

지금까지 우리는 전사기록에서 강조되는 리더의 행동과 리더십 이론측면에서 효과적인 것으로 평가된 리더십 유형 그리고 전시상황에 효과적인 리더의 특성과 행동에 대한 설문조사 결과에 대하여 살펴보았다. 연구 접근방법에 따라 제 각기 다른 리더 특성과

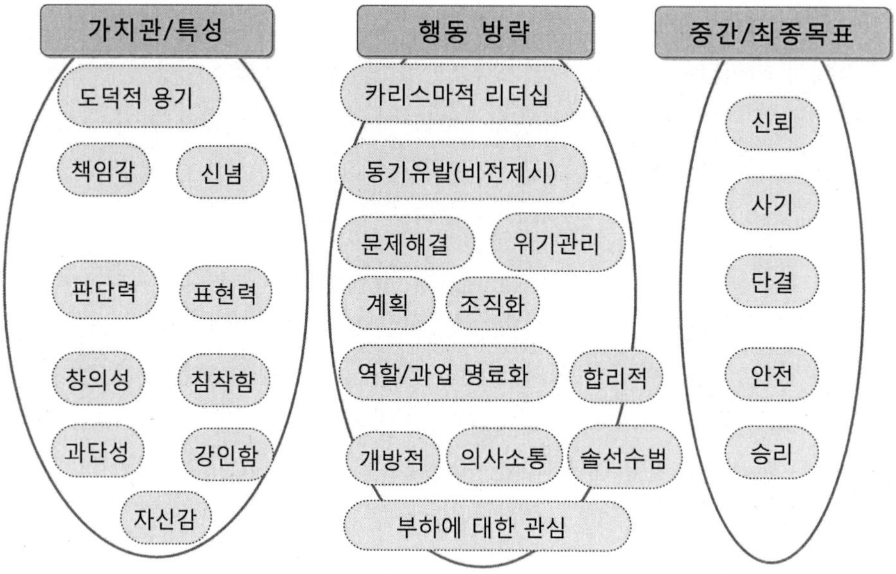

[그림 12-3] 전시 리더십 관련 기존 연구 문헌들에 나타난 리더의 특성과 행동들

행동을 제안하고 있으며, 일부 연구 결과들은 리더십의 원인이 되는 리더의 행동이나 특성에 대해서 언급하기 보다는 리더십의 결과에 해당하는 '인화단결'이나 '사기'에 대해 언급하기도 하였다. 아래의 [그림 12-3]은 지금까지 위에서 전시에 효과적인 리더십에 대하여 설명된 연구 결과들을 종합한 것이다.

[그림 12-3]에는 리더가 갖추어야 할 가치관과 특성, 리더의 행동 방략, 리더십의 중간 목표, 그리고 리더십의 궁극적인 목표가 제시되어 있다. 리더의 가치로서 도덕적 용기, 책임감, 그리고 신념이 제시되고, 속성으로는 판단력, 표현력, 창의성, 침착함, 과단성, 강인함, 그리고 자신감이 언급되었다. 리더의 행동은 문제해결 및 위기관리 능력, 계획 및 조직화, 역할 및 과업의 명료화, 합리적인 업무처리와 같은 과업지향적인 행동과, 개방적 마인드, 의사소통, 부하에 대한 관심, 솔선수범과 같은 관계지향적 행동이 강조되었다. 동기유발을 하고 비전을 제시하며 카리스마적인 리더십을 발휘해야 한다는 주장도 있다. 리더십의 결과로 신뢰구축, 사기, 인화단결이 선정되고 궁극적인 목표는 안전과 승리로 나타났다.

4. 외국군 리더십 모델

리더십의 개념과 정의 그리고 리더십에 대한 연구의 틀을 리더, 상황, 효과의 차원에서 살펴보고, 군 리더십이 일반적인 리더십과 어떻게 구분되어 지는지를 비교해 보았다. 또한 평시 리더십과 전장 리더십이 구분될 수 있는지 여부와 위기상황에서 효과적인 리더십에 대해서도 검토하였다. 본 장에서는 실제적으로 한국과 외국군(미군, 독일군)에서 교육되고 있는 리더십에 대해 알아보도록 한다.

(1) 미 육군 리더십

미 육군은 평시리더십과 전장리더십을 구분하지 않고 단일한 리더십 모델을 발전시켜 왔다. 미 육군은 1999년도에 『ARMY LEADERSHIP: BE, KNOW, DO』라는 제목으로 교범 FM 22-100을 발간하였다. 이 교범에서 리더들은 "인성(character)과 역량(competency)을 갖추고 전장에서 승리할 수 있는 힘을 키움으로써 최우수성을 보이고 국가방위에 헌신" 해야 한다는 점이 강조되었다. 여기에서 'BE'는 인성(character)으로서 미 육군의 7대 가치(value)와 신체적, 정신적, 정서적 특성을 포함한 품성(attributes)을 의미하고, 'KNOW'는 개념적 기술, 대인관계 기술, 전문적 기술, 전술적 기술을 포함하는 기술(skill)을 의미하며, 'DO'는 영향력을 미치고 임무를 수행하며 향상시키는 활동을 지칭한다. 즉 미 육군의 리더십은 리더가 익히고(be), 배우는(know)데에 그치지 않고 결국은 행동으로 실천(do) 해야 한다는 것을 강조한다. [그림 12-4]는 Be-Know-Do 개념에 기초하여 구성된 리더십 요구 모델이다.

미 육군은 2006년에 기존의 모델을 다소 수정하여 [그림 12-5]와 같이 새로운 리더십 모델을 제시하였다. '육군 리더십(Army Leadership)'이라는 표제는 동일하나 부제가 수정되었다. 1999년에는 'Be, Know, Do'라는 부제를 사용하였으나, 2006년도에는 'Competent, Confident, and Agile'이라는 부제를 사용하였다. 역량을 갖추고 확신에 찬 그리고 명민한 리더의 모습을 부각시키었다. 아울러 리더에게 요구되는 종합적인 상(像리)으로서 '리더십 요구모델'이라는 명칭을 사용하였는데, 이 명칭은 2006년도에도 동일하게 사용하였다. 그러나 세부적인 구성에서는 상당한 변화가 있었다. 먼저 1999년도에는 인성과 역량이라는 범주를 사용하였으나, 2006년도에는 오히려 품성(attributes)과 핵심 리더 역량(core competencies)이라는 범주를 사용하였다.

1999년도에는 인성(character)이 품성(attributes)을 포함하는 상위범주로 명시되었는데, 2006년도에는 인성이 품성의 하위범주로 수정되었다. 즉 품성(attributes)을 상위 개념에 두고 그 안에 인성과 기술에 해당되던 요인들을 포함시키었다. 과거에 구분하던 'Be'와

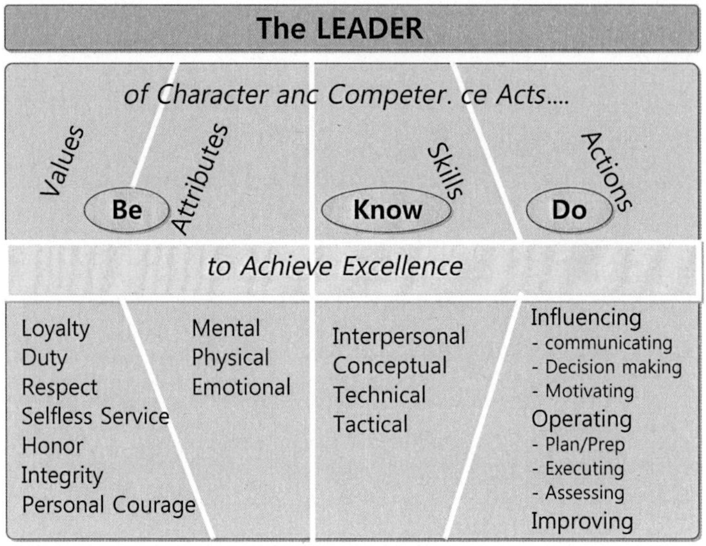

[그림 12-4] 미 육군의 리더십 요구 모델(미 육군 FM 22-100, 1999)

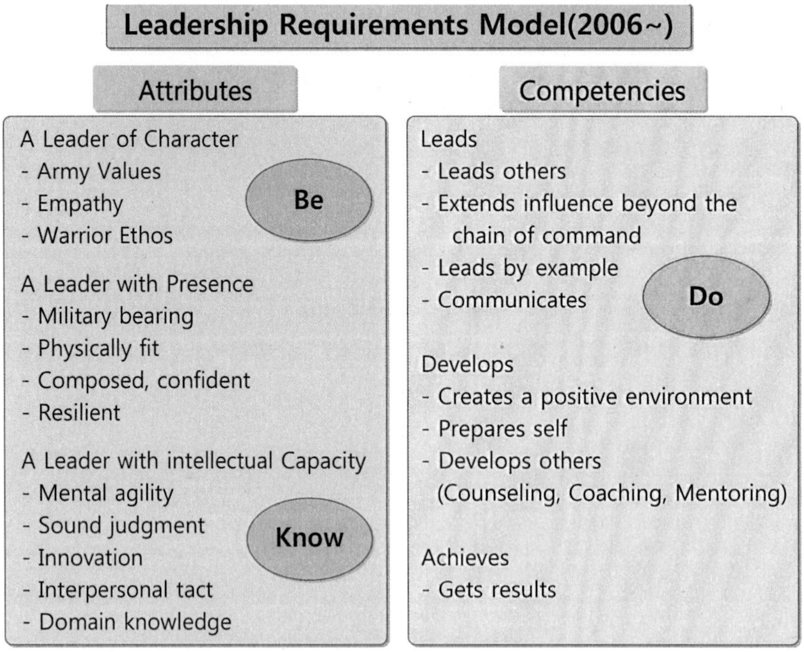

[그림 12-5] 미 육군의 리더십 요구 모델(미 육군 FM 6-22, 2006)

'know'를 합쳐서 품성(attributes)으로 표현하였다. 1999년에 'Be'에 해당되었던 영역과는 달리 2006년도에는 '품성'에 해당되는 영역 에 종전에 언급되지 않았던 요인 두 가지가 새롭게 부각되었다. 하나는 '전사 정신(warrior ethos)'이고 다른 하나는 '회복탄력성(resilience)'이다. 또한 1999년에 'Know'에 해당되었던 네 가지 기술(개념적, 대인관계적, 전문적, 전술적)은 원래 Katz의 세 가지 기술 유형론의 개념에 기초하였는데, 이 부분이 2006년도에는 자질의 세 번째 항목인 '지적능력을 갖춘 리더'로 표현되었다. 비록 외형적인 모습은 달라졌으나 본질적으로는 기존의 세 가지 기술을 표현하고 있다. 정신적 민첩성과 건전한 판단 그리고 혁신 능력은 기존의 개념적 기술에 해당되며, 대인관계 능력과 분야별 업무지식은 그대로 유지되었다.

행동화(Do)에 해당되는 부분인 역량은 핵심 리더역량으로 개칭되었으며, 내용면에서도 'Influencing-Operating-Improving'을 'Leads-Develops-Achieves'로 새롭게 정리되었다. '이끌기 역량'에는 타인을 이끌기, 지휘계통을 넘어선 영향력 확대, 솔선수범, 의사소통이 요구되었다. '개발역량'에는 긍정적 환경조성, 자기 개발, 부하 개발(상담, 코칭, 멘토링) 등이 요구되었다. '성취 역량'에는 결과 도출이 요구되었다.

미 육군의 리더십 개념은 1999년도의 모델과 비교하여 볼 때 상당한 수준으로 발전되어 왔다고 볼 수 있다. 혼돈스러운 개념들을 정리하고 위계 관계를 제대로 정립하였으며, 전사 정신이나 군인으로서의 외적자세와 같이 군 리더십에 특수한 요인들을 강조하였다. 개발역량은 변환적 리더십의 개념을 도입하여 자기개발과 더불어 부하들을 개발시키고 여건을 조성하는 것을 강조하였다. 이러한 변화를 살펴보면 미 육군의 리더십 개념체계는 군대 조직에만 적용되는 요인들뿐만 아니라 일반사회의 리더십 개념까지 통합하여 정립된 것이라는 것을 알 수 있다.

(2) 독일연방군 리더십

독일연방군의 리더십은 크게 두 가지 측면에서 살펴볼 수 있다. 하나는 독일연방군을 이끌어가는 지휘철학과 지휘원칙에 관한 것이며, 다른 하나는 리더십 역량에 관한 것이다.

독일연방군의 지휘철학과 지휘원칙

독일연방군의 지휘철학과 지휘원칙을 이해하기 위해서는 독일연방군을 이끌어가는 두 가지의 지휘원칙 내지는 지휘철학에 해당되는 개념에 대한 이해가 필요하다. 하나는 임무형 전술의 개념에서 진화적으로 발전된 '임무에 의한 지휘(축약하여 임무형 지휘)' 개념이며, 다른 하나는 임무형 지휘가 효과적으로 작동되게 하는 기반조성으로서 '내적 지휘'이다.

임무형 지휘는 "주어진 임무를 효과적으로 달성하기 위하여 지휘관은 명확한 의도, 부하의 달성 가능한 임무 및 목표를 포함한 임무형 명령을 제시하고, 가용한 자원을 제공하며, 부하는 임무형 명령에 기초하여 자율적이고 창의적으로 임무를 수행하는 개념"이다(국방부, 2016). 기본적으로 임무형 지휘는 모든 것을 상급부대가 세세하게 지시하고 관리하는 통제형 지휘가 제대로 작동되지 않는 상황, 예를 들어 통신체계가 원활하게 유지되지 않는 전투 상황 등에서 요구되는 필수적인 지휘방식이다. 임무형 지휘가 유사시에 제대로 작동되기 위해서는 평시에도 임무형 지휘에 익숙해져 있어야 한다. 임무형 지휘를 구사하는 데에 반드시 유지되어야 하는 원칙 6가지가 있는데, 그 원칙들은 1) 상호신뢰 형성, 2) 전술적 공감대 형성, 3) 명확한 지휘관 의도 전달, 4) 보장된 주도성 발휘, 5) 임무형 명령 사용, 6) 발생 가능한 위험 감수 등이다. 임무형 지휘의 원칙들은 평상시에 원활하게 작동되어야 위급한 상황에서도 작동될 수 있는데, 이러한 원칙들이 실제적으로 작동되는 데에 결정적인 영향을 주는 것이 바로 내적 지휘이다.

독일어로 내적 지휘(Innere Führung)는 영어로 '리더십과 시민화 교육'을 의미한다. 내적 지휘의 목적은 군 조직차원에서 '문민통치'를 구현하고, 구성원 차원에서는 '제복을 입은 시민'의 개념을 정착시키는 것이다. 이는 과거 나치정권에 의해 군이 이용당하는 과오를 다시는 반복하지 않아야 한다는 역사적 반성에서 출발하였으며, 의회에 의해 군이 감독되어져야 한다는 정신을 반영하고 있다. 또한 내적 지휘는 구성원들이 군인이면서도 독일 기본법에 의해 시민의 권리를 보장받는 자유로운 인격체인 '제복을 입은 시민'이라는 개념을 구현시키고자 한다. 엄밀하게 보면 독일연방군의 내적 지휘는 미국식의 관점에서 정의하는 '협의의 리더십'과 더불어 부대를 관리하는 지휘관이 지켜야 하는 원칙들을 규정한 것이다.

내적 지휘는 크게 정당화(Legitimation), 통합(Integration), 동기화(Motivation), 내적질서 형성(Gestaltung der Innere Führung)이라는 네 가지 목표를 가지며, 군의 제반 업무는 모든 시, 공간에서 이러한 목표에 조율되어 있다. 첫째로 정당화는 군 구성원들이 군사적 임무, 군인 각자의 임무, 나아가 부대의 임무 등을 명확하게 이해할 수 있도록 하고, 군 복무에 대한 윤리적 규범, 정치적, 법적 근거와 이유를 인식토록 한다. 둘째로 통합은 군과 사회의 통합을 의미한다. 연방군이 국가와 사회에 소속될 수 있도록 지속적으로 도와주고, 독일의 안보와 국방정책에 따른 연방군의 임무에 대해 국민이 이해할 수 있도록 도와준다. 셋째로 동기화는 장병들이 성실하게 군 복무를 수행할 수 있도록 준비시키며, 자발적인 규율 준수, 책임감, 협동력을 강화하고 부대의 규율과 단결을 유지하게 한다. 넷째로 내적 질서 형성은 군의 질서를 법 질서에 조율하고 효율적인 임무수행 능력을 배양하는 것이다. 또한 이것은 군법, 규정, 군인참여법, 징계규정 등과 교범, 방침 등을 통하여 인권을 보장하고 자유를 최소한으로 침해하며 효과적이고 합법적으로 운영되도록 한다(김용주 & 채정민, 2017).

내적 지휘는 인간통솔(Meschen Führung)이라는 협의의 리더십 교육, 군사적 활동의 정당성과 필요성을 자각케 하는 정치 교육, 지휘행동이 법과 규정에 의해 이루어지도록 하는 군법교육, 교육과 훈련에 관련된 지휘 원칙들, 부하의 복지에 관한 원칙들, 종교행사와 의무활동에 관한 원칙들, 조직 및 인사운영과 관련된 원칙들, 그리고 구성원들에게 충분한 정보 제공에 관한 원칙들을 교육시키고 실제 부대 관리에 적용될 것을 요구한다. 내적 지휘는 [표 12-4]에 제시된 바와 같이 인간통솔을 포함하여 모두 10개 영역에 대해 행동지침을 제공하고 있다.

미 육군의 리더십 모델과 유사한 교육은 인간통솔 교육인데, 여기에서 통솔은 부하의 인격을 존중하고 솔선수범함으로써 자발적인 복종을 유도하는 기술을 일컫는다. 자발적인 복종 유도는 크게 두 가지 방향에서 이루어진다. 첫째는 인지적 것으로서 인격존중, 성인대우, 신뢰형성, 정보제공, 참여고취 등이며, 둘째는 행동적인 것으로서 솔선수범, 원활한 의사소통, 복지개선, 의무에 대한 요구 등이다.

독일연방군은 내적 지휘에 관한 내용들을 독일연방군의 구성원들 모두에게 교육시키고 있다. 특히 후보생 시절 또는 군경력 초기부터 상당한 시간을 이 교육에 할애하고 있다. 독일연방군에서 리더의 역할은 구성원에게 주어지는 두 가지 상충된 요구의 조화를 이루는 것이라고 볼 수 있다. 두 가지 요구 중 하나는 전투준비가 갖추어진 전투원이어야 한다는 것이며, 다른 하나는 자유로운 인격체로서 민주시민의 권리와 의무를 지닌 존재라는 것이다. 즉 리더는 가능한 개인의 기본권 보장에 최선을 다하면서도 전투원으로서의 요구를 충족시키도록 해야 한다. 리더는 인간통솔에서 강조되는 원칙들을 준수하면서 구성원들로 하여금 자발적으로 충성하도록 만들어야 한다. 이러한 배경에서 내적 지휘를 영어로 '리더십 및 시민화 교육'이라고 번역하는 것이다.

독일연방군 리더 역량

독일연방군에서 군을 이끌어 갈 장교단에게 요구하는 역량은 장교후보생 선발과정에서 찾을 수 있다. 독일연방군의 장교선발은 일원화되어 있으며, 선발에 관한 모든 업무는 국방부 소속의 '장교선발센터'에서 연중 담당하고 있다. 장교선발센터는 민간 심리학 전문가들이 중심이 되고, 선발업무교육을 받은 현역장교들이 함께 근무하는 방식으로 운영된다. 이곳 장교선발센터에서 지원자들을 대상으로 장교후보생들을 선발할 때 사용되는 평가기준은 11가지이다. 요소들을 보면 성실, 지도력과 추진력, 사회적 역량과 협동, 심리적 내구성, 언어적 표현능력과 소통, 판단력, 사고력, 학습 및 수행준비성, 계획 및 결

[표 12-4] 독일연방군 내적 지휘 적용 10개 영역과 내용

영 역	내 용
인간 통솔	협의의 리더십이며 기본법에서 강조되는 인권, 평등, 공정, 책임, 관용의 개념들을 강조한다. 또한 신뢰구축, 공감능력, 부하들을 이해하려는 노력, 부하들과의 교감과 참여 등을 강조한다.
정치 교육	군복무 및 군사적 활동의 정당성을 인식시킨다. 자유민주주의의 질서와 가치 및 규범을 교육시켜 사회적, 정치적 책임을 인식시킨다. 역사적 인식을 심화시키고, 정치적 연관성을 설명하며 정치적 판단능력을 배양시킨다.
법적 권리/ 군 질서	군 내부의 질서를 유지하고 장병의 권리를 보호하여 국가 질서 유지를 도모한다. 국가와 국민 또는 군대와 군인 간에 권리와 의무의 균형을 유지하게 한다. 상급자가 법과 규정에 의거 지휘를 하게 한다.
업무구성/훈련	미래 예측을 통해 도달가능한 목표를 제시하고, 부하에게 충분한 시간적 여유를 보장하며, 임무완수에 필요한 수단을 제공한다. 교육과 훈련을 통해 전문지식, 준비태세, 능력배양을 도모하되 인권보장과 안전수칙을 준수한다.
정보 제공	국방부 의도와 연방군의 제반 상황, 임무와 투입에 대한 정보를 제공한다. 연방군은 사회와 결속된 조직임을 강조하며, 정보는 단순한 전달방식이 아니라 면담이나 토론의 기회를 통해 이루어진다.
조직 및 인사운영	명확한 조직기준과 투명하고 공감되는 계획을 설정하고 변동 시 충분한 시간적 여유를 제공한다. 우수 인력을 선발 및 관리하고 인원의 적재적소 배치에 관심을 갖는다. 주도적인 업무수행 여건을 보장한다.
후생 복지	부하와 그 가족의 복지에도 책임을 진다. 후생복지는 작전투입 시 성공적인 인간통솔의 해결단서이다. 부하들이 손상이나 불이익을 당하지 않도록 배려한다.
가족 보호	가족의 생활보호가 곧 직업만족도와 작업 동기를 고양시켜준다. 복지관련 정보를 제공한다. 특히 해외파병 중인 장병의 가족들에게도 군의 관심과 보호기능을 작동시킨다.
종교 활동	종교의 자유를 보장하며, 종교 활동이 장려되고 지원된다. 종교적, 개인적 문제를 상담한다.
의무 지원	최상의 의료지원을 제공하기 위해 전문 의료진과 밀접하게 협력하며, 장병들이 질병 예방, 건강유지, 건강회복을 할 수 있도록 모든 수단을 동원한다.

정력, 직업관, 전체적 수행능력과 내구성 등이다.

(3) 한국군 리더십

한국 육군은 2005년에 육군 리더십센터를 창설하면서 군 리더십에 대한 연구와 교육 활동을 본격적으로 시작하였다. 리더십 센터의 창설 이후 초기에는 주로 교육 업무에 집중하였으며, 연구 활동은 사관학교, 한국국방연구원, 국방대학교, 일반 대학 등 외부의 전문가 집단에 의존하여 왔다. 리더십 센터의 자체적인 연구는 주로 미 육군의 리더십을 벤치마킹하는 수준에 머물렀다. 2011년도 이후부터는 초급장교의 리더십 평가, 대대장 및 연대장 리더십 평가, 사/여단장 리더십 평가 등 리더십 역량 평가 도구의 개발에 관심을 가졌으며, 자체적으로 리더십 교육 콘텐츠 개발에 주력하였다. 최근 들어 육군은 '육군 리더십 규정'을 통하여 리더십에 대한 개념을 정립하고자 노력하고 있다. 육군리더십 규정에 의하면, 한국 육군은 육군의 바람직한 리더상으로 '위국헌신의 강한 리더'를 설정하고 육군의 리더에게 다음과 같은 사항들을 요구하고 있다.

- 헌법에서 명시하고 있는 자유민주주의, 국민주권주의, 시장경제주의, 기본권 존중주의 등 대한민국의 기본 가치를 수호
- 국군의 이념을 구현하고 사명을 완수하기 위해 육군의 임무와 목표를 달성
- 임관선서를 통해 국가와 국민에 충성할 것을 다짐
- 내면의 인격도야와 심신수련을 통해 높은 인격과 도덕성, 강건한 신체를 갖추고 임무수행에 필요한 전문능력을 구비

[그림 12-7]은 2016년부터 검토 중인 『육군 리더십 규정』에서 제시하고 있는 '리더 요구 자질 및 핵심역량'에 관한 것이다. 내용면에서 보면 미 육군의 리더십 모델과 거의 대동소이하다고 볼 수 있다. 미 육군과 차이를 보이는 몇 가지 사항은 다음과 같다. 먼저 품성에 윤리의식과 공정성을 포함시켰다. 아마도 이 부분은 한국군의 정서적 특성을 고려한 것으로 판단된다. 두 번째는 미 육군의 경우 '관계유지'는 지적능력의 범주에 포함되어 있으나, 한국 육군은 주도적 이끌기 역량의 하위범주에 포함시키고 있다. 세 번째는 미 육군의 경우 성취역량에 '결과 도출'이라는 개념만을 사용하고 있는 반면에, 한국 육군은 '임무수행'을 강조하여 하위 항목을 '목표설정-방향제시-상황조치-지도와 평가'로 세분화하면서 지휘관의 실제적이고 구체적인 역할을 강조하고 있다.

품성	핵심 역량
• 인성 – 육군 5대 가치 – 군인정신 – 윤리의식 – 공정성 • 지적 능력 – 군사 지식 – 판단력 – 지적 수용력 • 리더다운 모습 – 군인다움 – 육체적 강건함 – 주도성 – 회복 탄력성	• 주도적 이끌기 – 솔선 수범 – 동기 부여 – 의사 소통 – 관계 유지 • 임무수행 – 목표 설정 – 방향 제시 – 상황 조치 – 지도와 평가 • 조직 개발 – 자기 개발 – 부하개발 – 긍정적 기풍 조성

[그림 12-7] 한국 육군의 리더십 요구 모델

5. 팔로워십

(1) 왜 팔로워십인가

군에서 팔로워십에 대해 관심을 가져야 하는 이유는 무엇인가? 그것은 군에서 지휘관인 리더가 해당 제대에서 부하들을 지휘하는 리더이면서, 동시에 상급제대 지휘관의 부하에 해당되기 때문이다. 군에서의 리더는 동전의 양면처럼 항상 리더의 역할과 부하의 역할을 동시에 수행해야 한다. 이러한 역할은 계급과 직책이 다를지라도 대부분의 군 리더에게 동일하게 적용된다. 팔로워십에 대한 관심을 기울여야 하는 또 다른 이유는 갈수록 부하의 역할이 증대되어 가고 있는 추세이다. 일반기업의 경우 구조조정 등으로 리더가 관리해야 할 대상이 넓혀짐에 따라 리더에 의해 행해지던 기능들이 팔로워들에 의해 이루어지는 추세이며, 조직이 수평화되면서 조직 내의 파워가 리더 중심에서 구성원들에게 분산되어지고 있다. 특히 군대장면의 경우 급변하면서도 신속하게 대응해야 하는 전장 환경에서 부하들 개개인의 역할이 더욱 더 중요한 기능을 차지하고 있다. 과거에는 리더 중심의 리더십이 강조되고 부하들의 역할은 수동적이며 피동적인 모습이었다면, 오늘날 리더십에서는 리더와 부하간의 상호작용이 강조된다. 리더와 부하가 하나가 되었을 때 보다 더 큰 시너지 효과를 나타낸다. Kelley(1994)는 조직의 성공에 기여하는 리더의 비율은 불과 20%이며, 나머지는 팔로워들에 의해 이루어진다고 하였다.

그렇다면 왜 팔로워십을 별도로 다루어야 하는가? 그 이유는 훌륭한 리더가 반드시 훌륭한 부하가 되는 것은 아니기 때문이다. 예를 들어 어느 소대장은 부하로부터 존경을 받고 있으나, 중대장으로부터는 인정받지 못하는 경우가 있다. 또 부하와 상관은 소대장을 인정하고 있으나, 동료 소대장들은 그를 인정하지 못하는 경우도 있다. 그런데 리더십의 상당부분은 부하로서의 역할에 관한 것을 가르쳐 주기는 하지만 훌륭한 부하로서의 모든 것을 제공하지는 않는다. 팔로워십은 리더십과 다른 차원에서 별도의 교육이 필요하다.

한국군에서 팔로워십에 대해 관심을 갖고 팔로워십의 중요성을 강조하기 시작한 것은 불과 몇 년 되지 않는다. 팔로워십에 대한 연구 자료도 거의 찾아보기 어려운 실정이다. 본 장에서는 지금까지 제시된 팔로워십에 대한 연구 결과들에 대해서 간략하게 살펴본 다음, 군 특성에 맞는 팔로워십을 새롭게 정의해 보고자 한다.

(2) 팔로워십에 대한 연구결과들

팔로워십에 대한 대표적인 연구는 Robert Kelley가 제시한 팔로워십 유형분류이다. Kelley는 Abraham Zaleznik, Carnegie Mellon, Ira Chaleff 등과 함께 하버드 비즈니스 스쿨에서 활동한 연구자이다. Kelley(1994)는 [그림 12-8]에 제시된 것과 같이 '적극적-소극적'과 '독립적-의존적'이라는 두 개의 차원을 이용하여 팔로워들의 유형을 모범형(exemplary), 순응형(conformist), 수동형(passive), 소외형(alienated), 실용주의형(pragmatist)으로 분류하였다.

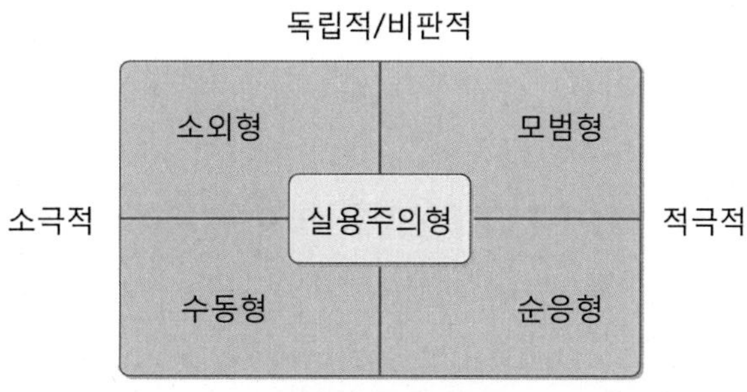

[그림 12-8] Kelley가 제시한 팔로워 유형

모범형은 가장 바람직한 팔로워 유형으로 적극적으로 참여하면서도 비판적인 사고와 건설적인 대안을 제시하는 팔로워이다. 즉 리더의 결정을 무조건적으로 수용하는 것이 아니라 조직차원에서 분석하고 파악된 문제를 적극 건의하며, 반대 의견만을 제시하는 것이 아니라 대안을 함께 제시한다. 또한 이들은 솔선수범하고 주도적이며 매우 협력적이다.

순응형은 적극적으로 참여하지만 독립적인 사고가 부족하고 리더에 의존적이며 비판적 사고가 다소 약한 팔로워이다. 소위 말하는 '착하고 성실한 예스맨'들이다. 이들은 리더의 결정이 잘못된 경우에도 침묵하면서 순종하는 경우가 많다. 조직이 독재적이고 지나치게 까다로운 문화를 갖고 있는 경우, 이러한 문화에 순종적인 구성원들만 남아있는 결과일 수 있다.

수동형은 소극적이면서 무비판적이고 리더에게 의존적인 팔로워이다. 이들은 일에 대한 열정이 부족하고 결단력도 약하며 책임감이 결여되어 있고 솔선하지 않는다. 리더들이 보기에 유용성이 떨어지는 부하로 여기어지는 팔로워들이다.

소외형은 독립적이며 비판적 사고를 하지만, 적극적으로 참여하지 않는 팔로워이다. 이들은 습관적으로 다른 사람들의 부정적인 측면을 비판하고 불평이 많으며 냉소적이다. 그러면서도 스스로는 노력을 하지 않으며 자기 잘난 멋에 사는 듯한 존재들이다.

실용주의형은 두 개의 축에서 중앙에 해당되는 팔로워들로서 실리를 추구하는 모사꾼에 해당한다. 타인과의 대립을 가급적 최소화하고, 실패하지 않으려고 무리하지 않으며, 실패한 경우를 대비하여 변명할 거리를 준비한다. 경험에 기초하여 모험하지 않는 보신주의적인 업무스타일을 보인다.

Kellerman(2007)은 팔로워의 유형을 구분하는 새로운 기준으로 '개입수준(level of engagement)'을 제시하였다. 즉 그는 팔로워들이 조직이나 리더의 일에 얼마나 개입하고 헌신하느냐에 따라 팔로워의 유형을 고립형(isolates), 방관형(bystanders), 참여형(participants), 행동형(activities), 골수분자형(diehards) 등 다섯 가지 유형으로 구분하였다.

고립형 팔로워는 조직에 무관심하고 오로지 자기 할 일만 하는 유형이다. 이러한 유형은 조직이 큰 경우에 더 많이 나타난다. 방관형 팔로워는 대부분의 조직 활동에 무관심하고 수동적이나 자기의 관심사와 조금이라고 일치하면 관심을 갖는 유형이다. 이들은 고립형과 달리 주변 일에 대해서는 잘 알고 있으나 관심이 없는 무임승차자들이다. 참여형 팔로워는 참여는 하지만 적극적이지 못한 유형이다. 이들은 통상 시간과 돈을 투자하지 않으며, 개인적인 희망이나 열정에 따라 움직인다. 하지만 이들은 개인적인 생각이 리더의 비전과 일치할 경우에는 적극적인 지지자가 된다. 행동형 팔로워는 리더의 의견에 동조할 경우 발 벗고 나서서 도와주나, 반대할 경우에는 사임시키고 물러나게끔 다양한 행동을 취한다. 마지막으로 골수분자형 팔로워는 리더에게 전적으로 의존하고 동조하는 유형이다. 이들은 경우에 따라서 리더를 축출하거나 조직의 암적 현상을 외부로 드러내는 역할을 한다.

Latour와 Rast(2004)는 Kelley 등이 제시한 팔로워의 유형 분류 연구와 추가적인 연구들을 검토한 결과, 성과 주도성(performance initiative)과 관계 주도성(relationship initiative)이라는 두 가지의 이상적인 팔로워 역량차원을 조명하였으며, 이상적인 팔로워는 리더-부하관계에서 파트너와 같이 행동하는 부하임을 강조하였다. 성과 주도성은 타인과 효과적으로 작업(타인의 관심과 개인적 관심의 균형을 유지하면서 공통된 목표를 발견)을 하고, 변화를 수용(지속적인 개선, 모든 낭비요소를 감소, 솔선수범)하며, 성과를 보이고(기대에 부응하여 최선을 다함), 자신을 자원으로(자신의 조직적 가치를 인식하고 자기를 관리) 여기는 것을 의미한다. 관계주도성은 신뢰를 형성(정직한 피드백과 진행과정을 공유)하며, 용기 있는 소통(조직을 위해 불쾌한 진실을 말함)을 하고, 리더를 발견(리더의 성공에 만족해하고, 파트너에 충성), 리더의 비전을 수용(리더의 관점에서 큰 그림을 봄)하는 것을 의미한다. 두 연구자는 팔로워십과 관련된 자료들을 종합적으로 분석하고, 역동적이며 성공적인 팔로워가 갖추어야 할 요소들에 대해 다음과 같이 언급하였다.

- 충성심: 조직에 관심을 보이고, 리더의 비전과 의도를 지향하며, 개인의 목표를 조직의 목표에 조율
- 변화지향적 환경에 잘 기능: 변화원으로 기능하고, 리드와 추종 간을 유연하게 이동
- 팀에 잘 기능: 협력하고 신뢰를 공유하며, 책임감 있는 행동
- 독립적, 비판적 사고: 용기 있는 부동의와 주도성, 자기관리를 실천
- 정직성을 최선으로 중시: 신뢰를 확보하고 진실되며, 최상의 표준을 갖되 실수를 허용

한편 미 육사에서는 생도들이 지향해야 할 장교상으로서 8가지 원칙을 제시하고 리더와 부하들이 이 원칙에 어떻게 행해야 하는지를 명시하고 있다. 8가지 원칙은 1) 의무(Duty), 2) 명예(Honour), 3) 충성(Loyalty), 4) 봉사(Service), 5) 노력(Effort), 6) 팀워크(Teamwork), 7) 복종(Subordination), 8) 리더십(Leadership) 이며, 이에 대해 다음과 같은 행동강령을 요구한다.

- 리더와 팔로워는 윤리적 표준을 준수해야 한다.
- 리더와 팔로워는 상호 직업적 충성과 팀워크를 표출해야 한다.

- 리더와 팔로워는 타인의 희생을 통한 이득을 추구하지 않는다.
- 리더와 팔로워는 존엄성과 가치를 존중해야 한다.
- 리더와 팔로워는 자신의 행동에 책임을 진다.
- 리더는 도달가능한 목표를 설정하고, 팔로워는 임무완수를 위해 최선을 다한다.
- 리더는 부하를 동기화하고 신뢰를 구축하며, 팔로워는 규정을 준수하고 상급자의 합리적 지시를 이행한다.
- 리더는 의사소통을 가능케 하고 팔로워는 정성을 다해 지지한다.

미 해군은 외부 연구팀의 도움을 받아서 높은 수행성과를 보이는 팀이나 조직의 특징을 조사하였다. 그 결과 답은 매우 간단하였다. 좋은 성과를 보이는 조직은 훌륭한 리더와 훌륭한 팔로워들이 있었다. 팔로워들 중에서도 특히 젊은 장교들 집단이 매우 중요한 역할을 하였다. 먼저 훌륭한 팔로워 집단은 단결되어 있었다. 이들은 업무를 팀단위로 수행하였으며, 서로 차이가 많음에도 불구하고 상호작용을 많이 하였다. 높은 성과를 보인 함정의 젊은 장교들은 함장의 리더십에 적응하고 순응하려 했으며, 함장의 지휘 목표와 철학을 잘 알고 추종하였다. 이들은 의문점을 풀기위해 질문을 하고 관심을 보였으며 업무에 대한 경과보고를 잘하였다. 또한 성공적인 성과를 보인 함정의 젊은 장교들은 매우 주도적이었으며, 팀의 성과에 대한 책임의식이 강하였다(Whiteside, 1985).

Yung과 Tsai(2013)는 훌륭한 팔로워에 대한 다양한 연구 결과들을 살펴본 다음, 조직 환경에서 효과적인 팔로워가 되기 위한 세 가지 핵심 요소들을 같이 제안하였다. 첫째는 작업관련 지식인데, 특히 창의적이고 비판적인 사고 기술을 제안하였다. 팔로워는 리더가 정확하고 합리적인 의사결정을 할 수 있도록 도와주는 역할을 수행해야 한다. 이를 위해서는 창의적인 대안을 제시하고, 대안들을 평가할 수 있어야 한다. 둘째는 의사소통 기술이다. 팔로워가 좋은 생각을 갖고 있다고 하더라도 리더에게 전달되지 않으면 소용이 없다. 정직하고 긍정적인 태도를 취하고서 공동된 목표를 위해 관심과 흥미를 보이는 것이 중요하다. 셋째는 동기이다. 강한 동기가 없이는 과업을 수행할 수 없다.

Leadership Excellence를 이끄는 G. L. Thomas(2003)는 인터넷 사이트를 통하여 훌륭한 팔로워가 갖추어야 할 행동지침에 대해 다음과 같이 기술하고 있다.[3]

- 자신에게 기대되는 것을 파악하라.
- 주도성을 갖고서 리더에게 정보를 제공하라.

3 https://www.linkedin.com/pulse/good-followership-qualities-part-1-greg-l-thomas

- 정확한 정보를 제공하고 피드백하라.
- 리더가 긍정적인 변화를 이룰 수 있도록 지원하라.
- 결점이 있는 리더의 계획이나 전략에 도전하라.
- 적절한 인정을 보이고 리더의 진가를 인정하라.
- 필요한 경우 상향식 상담과 코칭을 제공하라.
- 필요한 경우 'No'라고 말하라.

(3) 팔로워십 모델

가장 효과적인 팔로워십은 어떤 것인가? 이에 대한 답을 찾는 방법으로 앞에서 논의된 팔로워십의 유형에 대한 논의들과 훌륭한 팔로워의 행동수칙들을 종합적으로 검토하여 일관되게 강조되는 특성들을 정리해 보았다. 그 결과 이상적인 팔로워(Good Follower)는 "조직과 리더 중심의 사고를 견지하면서 열린 마음으로 자기개념이 확실한 부하"이며, 이들에게 요구되는 특성과 행동은 크게 조직차원과 리더와의 관계차원 그리고 개인차원으로 정리되었다.

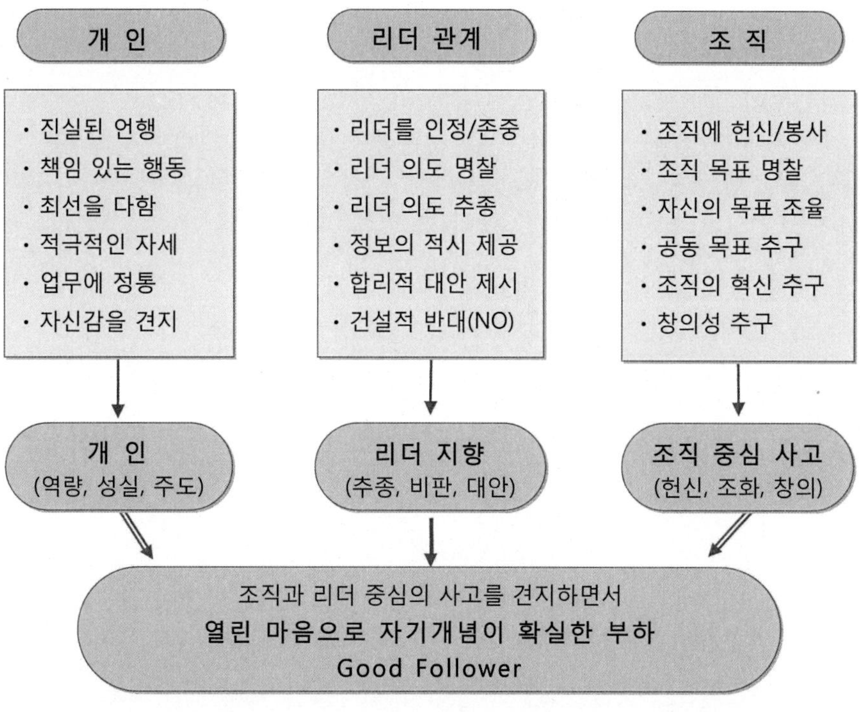

[그림 12-9] 훌륭한 팔로워에게 요구되는 특성 및 행동들

먼저 개인차원에서는 개인의 능력과 성실 그리고 주도성에 관한 요인들이 요구되었으며, 리더와의 관계 차원에서는 리더지향적인 추종과 비판적인 사고 그리고 건설적인 대안제시가 주된 요인으로 나타났다. 조직차원에서는 헌신과 리더의 목표 지향 그리고 창의성 지향이 요구되었다. 이를 구체적으로 살펴보면 [그림 12-9]에 제시된 것과 같다.

참고문헌

https://www.linkedin.com/pulse/good-followership-qualities-part-1-greg-l-thomas

김세영 (2003). 전시리더십과 평시리더십, **합참, 23**, 264-275.

김용주, 채정민 (2017). 민주주의 이념의 군사적 구현. **정신전력연구, 48**, 105-137.

박연수, 심재광 (2006). 이순신 장군의 지휘통솔 원칙의 근거. **육사논문집, 62**, 203-241.

신응섭, 이재윤, 남기덕, 문양호, 김용주, 고재원 (1999). **리더십의 이론과 실제.** 서울: 학지사.

오윤진 (2003). 월남전에서 얻은 리더십. **자유지**. 358호.

육군본부 (2016). 육군리더십(초안).

조학제 (1999). **평상시의 지휘관 유사시의 지휘관** (사사 아츠유키 저).

최병순 (1988). **상이한 상황하에서의 효과적인 지휘 행동에 관한 연구: 군대조직을 중심으로.** 연세대학교 박사학위 청구논문.

최병순 (1999). 한국군에서의 효과적인 지휘행동. 오점록, 이종인 편저. **한국군 리더십**. 서울: 박영사.

최병순 (2010). **군 리더십: 이론과 사례를 중심으로**. 북코리아.

Anderson, J. W. (1980). *The prediction of combat effective leadership.* Doctorial Dissertation. University of Washington.

Bass, B. M. (1990). *Bass and Stogdill's handbook of leadership* (3rd ed.). New York: Free Press.

Bennis, W. G., & Nanus, B. (1985). *Leaders: The strategies for taking charge.* NY: Harper & Row.

Forsyth, D. R. (2013). *Group dynamics*. Wadsworth Publishing. (남기덕, 노혜경, 안미영, 이종택, 이진환, 최훈석 역. 《집단역학 (5판)》. 서울: Cengage learning, 2013.)

French, J. R. P., & Raven, B. (1959). The bases of social power. In D. Cartwright (Ed.), *Studies in social power* (pp. 150-167). Ann Arbor, MI: University of Michigan, Institute for Social Research.

Hersey, P., & Blanchard, K. H. (1988). *The management of organizational behavior* (5th ed.). NJ: Prentice Hall.

House, R. J. (1977). A 1976 theory of charismatic leadership. In J. G. Hunt & L. L. Larson (Eds.), *Leadership: The cutting edge*. Carbondate: Southern Illinois University Press.

Hunt, J. G., & Phillips, R. L. (1991). Leadership in battle and garrison: A framework for understanding the differences and preparing for both. In R. Gal & A. D. Mangelsdorff (Eds.), *Handbook of military psychology* (pp. 411-429). NY: John Wiley & Sons.

Katz, R. L. (1955). Skills of an effective administrator. *Harvard Business Review*, Jan.-Feb., 33-42.

Kellerman, B. (2007). Followers what every leader need to know about followers. *Harvard Business Review*, December, 84-91.

Kelley, R. E. (1994). *The power of followership*. NY: Double Day.

Koltitz, T. A. (2007). *In extremis leadership.* San Francisco: Jossey-Bass.

Latour, S. M., & Rast, V. J. (2004). *Dynamic followership: The prerequisite for effective leadership.* Air & Space Power, Winter.

Mann, F. C. (1965). Toward an understanding of the leadership role in formal organization. In R. Dubin, G. C. Homans, F. C. Mann and D. C. Miller (Eds.), *Leadership and Productivity* (pp. 68-103), San Francisco: Chandler.

Quinn, R. (1984). Applying the competing values approach to leadership: Toward an integrative framework. In J. G. Hunt, D. M. Hosking, C. A. Schriesheim, & R. Stewart (Eds.), *Leaders and Managers: international perspectives on managerial behavior and leadership.* Elmsford, NY: Pergamon.

Quinn, R. (1988). *Beyond rational management: Mastering the paradoxes and competing demands of high performance.* San Francisco: Jossey-Bass.

Stogdill, R. M. (1974). *Handbook of leadership: A survey of the literature*. NY: Free Press.

Whiteside, D. E. (1985). *Command Excellence: What It takes to Be the Best!* Department of Navy, Washington, D.C.: Leadership Division, Naval Military Personnel Command.

Yukl, G. A. (2006). *Leadership in Organization* (6th ed.). NY: Prentice Hall.

Yung, C. T., & Tsai, K. C. (2013). Followership: An important partner of leadership. *Business and Management Horizons, 1*(2), 47.

Zaleznik, A. (1977). Managers and leaders: Are they different? *Harvard Business Review, 55*(5), 67-78.

제 13 장

군과 민주주의

6.25 한국 전쟁 당시 낙동강 방어선을 사수하던 워커 장군은 "부산으로 후퇴할 수 없으며, 최후까지 싸워야 한다"는 요지의 훈시를 내렸고, 이에 대해 언론은 '비민주적이고 광신적인 명령'이라고 비난하였다. 이에 워커 장군의 상관이었던 맥아더 장군은 "군대에 민주주의는 없다"는 말로 워커 장군을 두둔했다고 한다. 크림슨 타이드(Crimson Tide)라는 영화에서 핵잠수함의 함장이 부함장에게 건네는 "우리는 민주주의의 수호자일 뿐 실천자는 아니다"라는 대사가 나온다. 그렇다면 군에 민주주의는 존재할 수 없다는 의미인가?

한편, 1978년에 발표된 미 육군의 한 연구보고서에서는 군대문화를 시민문화의 반정립으로 보는 견해를 취하면서도, 원숙한 장교가 생각하고 결심할 일은 시민문화와 군대문화의 모순된 가치를 합리적으로 조화시키는 것이라는 점을 강조하였다. 프러시아의 군사개혁가인 샤른호르스트는 프러시아 군대를 '국민의 군대'로 육성하고자 병역의무제를 채택함과 동시에 시민사회의 합리적 가치를 군에 도입하였다. 제2차 세계대전 이후 새롭게 창설된 독일연방군이 추구하고 있는 '내적 지휘(Innere Führung)'는 군대문화와 시민문화가 융합될 수 있음을 보여주는 가장 대표적인 사례라고 볼 수 있다.

본 장에서는 군대의 본질적인 속성과 민주주의적 가치가 조화롭게 융합된 사례들이 소개되고, 우리 군에서 지속적으로 추진하는 병영문화 혁신이 궁극적인 성과를 나타내기 위해 고려되어야 할 사항들이 소개된다. 민군 리더십과 민군문화라는 새로운 개념에 대해서도 살펴보고자 한다. 또한 군에서 이루어지고 있는 정신교육이 우리 군의 정체성에 기반하여 어떤 방향으로 발전되어 가야 하는지에 대해 논해 보고자 한다.

1. 병영문화 혁신과 정체성

(1) 병영문화 혁신 노력

한국군에서 병영문화의 혁신은 오래 전부터 지속적으로 제기되어 온 주제이다. 아마도 병영문화의 혁신 내지는 개선에 대한 기본적인 관심은 1980년대 말부터 시작되었다고 볼 수 있다. 1987년에 구타금지를 공식적으로 천명하고, 1990년대 들어서서 병 5대 금지사항을 명문화하였으며, 1999년에는 '신병영문화 창달' 계획을 발표하였다. 2003년에는 '병영생활 행동강령'을 하달하여 군 내부적으로는 병영문화 개선을 위한 통합적인 접근 및 대응을 시도하였다.

그러나 2005년 1월에 발생한 육군훈련소 인분사건과 그 해 6월의 GP 총기사건은 군 자체의 병영문화 개선에 한계를 보여주는 증거가 되었고, 이에 따라 민관군 전문가들로 구성된 병영문화개선위원회가 출범하여 '선진병영문화 Vision'을 추진하였다. 2008년에는 군에서 발생한 잇따른 안전사고와 병영사고를 줄이기 위하여 '군재조형(Military Reshaping)' 과제들을 발표하였다. 그런데 또 다시 2011년 해병대에서의 총기사고와 육군부대의 가혹행위 사건을 계기로 군에서의 병영문화 개선을 위한 정책의 실효성 여부에 의구심이 증가되었으며, 이러한 의구심을 해소하기 위한 후속조치로서 국방부는 '병영문화선진화' 추진계획을 수립하여 발표하였다. 이어서 2014년에 발생한 육군의 수류탄 및 총기난사 사고와 28사단의 가혹행위로 인한 사망사고는 국방부로 하여금 또 다시 '병영문화혁신위원회'를 구성하게 하였으며, 이 위원회를 통하여 다양한 혁신과제를 발표하여 추진하였다(김세훈, 김용주, 2015).

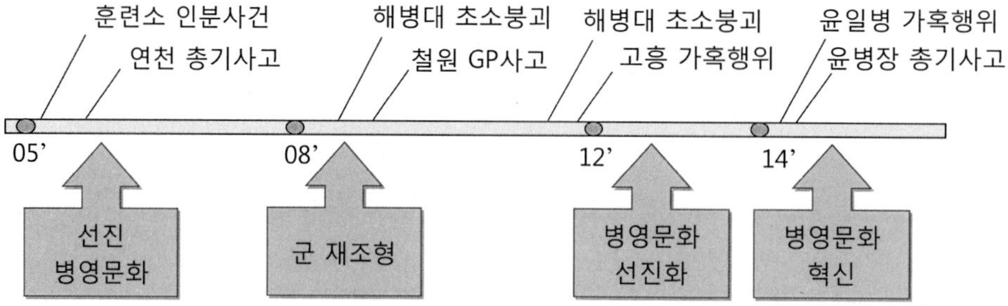

[그림 13-1] 병영문화 혁신을 위한 노력들

최근 들어 국방부는 국민이 신뢰하는 병영문화 정착을 목표로 설정하고, 혁신을 위한 중점으로 '건강하고 안전한 병영', '사회와 소통하는 열린 병영', '인권이 보장되는 병영', '자율과 책임이 조화된 병영', '기강이 확립된 병영'을 제시하고 있다. 그런데, 국방부에서 제시하고 있는 병영문화 혁신에 인용되는 용어나 개념들을 보면 거의 15년여 전부터 지속적으로 강조되어 오고 있는 것들이다. 특히 '인권'에 관한 사항은 이미 2005년도에 전 군적으로 강조된 적이 있었는데, 최근 들어 다시 새롭게 강조되고 있다. 왜 이러한 현상이 나타나는 걸까? 왜 10여 년전부터 대대적으로 강조되고 교육되었다는 이슈가 여전히 혁신의 대상이 되고 있는가? 이러한 현상의 원인은 무엇일까? 행여 병영문화 혁신이 본질적으로 추진되기 보다는 문제가 발생하였을 때 현상에 대한 대처 혹은 조치를 취하는 '대증요법적 대응'으로 이루어져 온 것은 아닌가?

국방부와 각 군에서 진행되고 있는 병영문화혁신 과제들과 추진활동 들을 종합적으로 살펴보면, 사고예방을 위한 과제들, 장병들의 복지 개선을 위한 과제들, 인권과 자율성을 보장하는 과제들이 중심이 되어 있다. 그렇다면, 이러한 과제들을 지배하는 중심이 되는 개념이나 원칙은 무엇일까? 우리 군이 추구하는 올바른 병영문화는 어떤 모습일까? 현재 우리의 모습은 목표 대비 어느 정도의 수준일까? 현재 기간 장병들은 병영문화에 대해 어떤 인식을 하고 있는가? 그들은 무엇이 부족하다고 보며, 어떤 방향을 추구하는가?

만약 구성원들 스스로가 '신뢰하는 병영문화'에 대한 이해가 구체적으로 이루어지지 않고 있다면, 병영문화의 혁신을 위한 활동들이 일관성 있게 추진될 가능성은 매우 낮을 것이다. '인권이 보장되는 병영'에 대한 개념이 지휘관에서부터 병사에 이르기까지 올바르게 공유되지 않을 경우, 인권이 보장된 병영의 구현은 어렵다. 혁신을 추진하는 과정에서 개념의 공유는 혁신의 성공을 위해 매우 중요한 전제 조건이라는 것은 잘 알려진 사실이다. 병영문화의 혁신이 성공적으로 추진되기 위해서는 우리가 꿈꾸고 지향하는 올바른 병영문화에 대한 개념작업이 선행되어야 한다. 예를 들어 '신뢰하는 병영문화'라고 하면 어떤 제도와 규정들이 존재해야 하는가에 대한 개념적 이해가 이루어져야 한다. 즉 개념의 공유를 통한 행동의 실천이 이루어져야 한다.

(2) 정체성의 의미

병영문화 혁신을 위해 선행되어야 할 중요한 과제들 중 하나는 병사들의 정체성을 올바르게 정립하는 문제이다. 정체성(Identity)이란 개인이나 집단의 자기 인식으로서 남들과 다른 고유한 특성을 갖고 있다는 인식의 산물이다(Huntington, 2004). 정체성 분야에서 세계적인 학자인 에릭슨에 의하면, 정체성이란 상당기간 동안 비교적 일관되게 유지되는 고유한 실체로서의 자기에 대한 주관적 경험을 의미한다. 정체성은 '나는 누구이며, 어디로 향하고 있으며, 나에게 맞는 사회는 어떤 사회인가?'에 대한 확고한 인식이며, 여러 가지 역할 속에서 통일된 자아이다(Erikson, 1956, 1968).

한 개인이 특정 집단의 일원이 되면, 개인의 정체성과 더불어 그 집단에 대한 정체성도 함께 형성되어 간다. 집단 정체성은 여러 가지 면에서 중요한 의미를 갖는다. 무엇보다도 집단 정체성은 개인이 속한 집단에의 일체감 내지는 집단에 대한 소속감을 제공한다(김효창, 2005). 집단 정체성은 사람들의 행위를 규정하며, 행위의 정당성을 제공하고, 행위의 합목적성을 판단하는 근거를 제공한다. 올바르고 긍정적인 집단 정체성은 집단에 대한 소속감과 일체감 그리고 자긍심을 고취시켜 집단에 대한 애착과 관여를 강화시켜준다. 반면에, 부정적인 집단 정체성은 집단으로부터 이탈감과 조직에 대한 무관심을 유발하며, 조직에 위해가 되는 행위를 초래하기도 한다.

부정적인 집단 정체성의 형성에 영향을 주는 여러 요인들 중 하나는 고정관념(stereotype)이다. 고정관념은 한 집단에 속한 사람들의 실제적인 차이에 관계없이 그 집단 속에 있는 모든 사람들에게 동일한 특징을 부여하는 것이다(Aronson, 1999). 특히 어느 집단에 소속되어 있는 사람들에 대한 부정적인 평가를 편견(prejudice)이라고 한다. 이러한 고정관념이나 편견은 행위의 결과에 대한 귀인이나 의사결정에 영향을 주어 잘못된 결론에 도달하게 할 수 있으며, 잘못된 결론은 재차 부정적인 감정을 정당화시키고 강화시켜 나간다. 고정관념 내지는 편견은 태어나면서부터 형성되어진 것이 아니다. 편견은 사회화 과정에서 주변인들과의 상호작용을 통하여 학습되어진다(Watson, 1950). 가정에서는 부모가 아동의 편견습득에 중요한 역할을 수행하며(홍대식, 2012), 군대의 경우에는 기존의 구성원들, 즉 장교나 부사관 또는 병사들 스스로가 갖는 의식이 편견의 형성에 영향을 준다.

군에 입대하는 병사들은 군생활을 통하여 서서히 군인으로서 그리고 병사로서의 정체성을 형성해 나간다. 물론 집단의 일원이 되기 이전에 이미 간접적인 경험을 통하여 특정집단의 정체성에 대한 학습이 이루어질 수 도 있다. 하지만 대부분의 병사들은 군 복무 중에 장교나 부사관 혹은 병사들과의 상호작용을 통하여 개인 정체성과 집단 정체성을 형성해 나간다. 군생활을 통하여 병사들에게 형성된 잘못된 정체성은 군에 대한 부정적 인식의 근원이 되며, 전역 이후에도 그러한 부정적 인식은 주변에 확산되어간다. 따라서 군생활을 통하여 병사들에게 형성되어지는 군인으로서의 개인적 정체성과 병사집단의 일원으로서 집단 정체성을 올바르게 정립시키는 일은 건강하고 긍정적인 병영문화의 구현에도 매우 중요한 의미를 갖는다고 볼 수 있다.

(3) 한국군의 정체성에 대한 역사적 고찰

병사들에게 형성되는 개인적 정체성이나 집단적 정체성을 이해하기 위해서는 우선적으로 군의 정체성 형성에 영향을 미치는 요인들에 대해 살펴보아야 한다. 왜냐하면, 병 정체성은 군 정체성과 밀접하게 연관되어 있기 때문이다.

한국군의 정체성에 가장 큰 영향을 미치는 것은 군대문화이다. 건군과정에서 한국군의 군대문화는 일본군 출신과 만주군 출신 그리고 광복군 출신 등 이질적인 성격을 가진 집단들의 경합으로 고유한 정체성을 갖지 못하였다. 그러다 일본군 출신에 의해 창군과 건군이 주도됨으로써 한국군에 구 일본군의 병영문화가 이식되고, 구일본군 군대의 관행이 답습되는 결과가 초래되었다. 이러한 상황에서 국군의 문화는 내면의 의식구조는 구 일본 군대식이면서도 외형적인 군사제도는 미국 군대식을 따르는 이중구조를 갖게 되었다(조승옥, 문양호, 조은상, 1998). 70년대에 들어서서 국군은 민주주의의 수호자, 평화유지자, 국민의 군대라는 개념 등을 차용하여 서구 민주주의 국가에서 추구하는 군사적 이념을 표방하였으나, 80년대에 이르러서도 한국군 특유의 군대문화를 정립시키지 못하였다. 90년대를 거치면서 한국 사회의 민주화와 자유화 물결이 군내에 유입되었으나 여전히 민주주의 이념에 충실한 군대문화의 구현에는 미치지 못한 상태가 2000년대까지 계속되었다. 하지만 외형적으로는 '군복입은 국민의 군대'가 강조되고, 국가안보의 책임자요 자유민주주의 수호자로서 그리고 국위선양의 대표자로서의 정체성을 표방하고 있다.

현재 한국군의 정체성을 가장 잘 이해할 수 있는 것은 국군의 이념과 사명이다. 군인복무규율에 명시된 국군의 이념은 "국민의 군대로서, 국가를 방위하고 자유민주주의를 수호하며 조국통일에 이바지 한다"는 것이다. 국군의 사명은 "자유와 독립을 보전하고, 국토를 방위하며, 국민의 생명과 재산을 보호하고, 국제평화유지에 기여하는 것"이다(군인복무규율 길라잡이, 2014). 국군의 이념과 사명에서 관심을 끄는 용어는 '국민의 군대'와 '자유민주주의'이다. 국군의 이념과 사명을 통하여 한국군의 정체성을 특징짓는 핵심 개념은 '국민의 군대'와 '자유민주주의 이념'이라는 것을 알 수 있다.

[표 13-1]은 한국군의 역사, 산업체제, 군의 국제적 활동, 사회의 변화에 따른 군 정체성의 변화를 간략하게 제시한 것이다. 도표에 제시된 바와 같이 한국군의 정체성은 군대문화와 더불어 사회적 가치변화의 영향을 받았다. 한국 사회에서의 사회적 가치는 매

[표 13-1] 한국군의 역사, 산업체제, 군의 국제적 활동, 사회의 변화에 따른 군 정체성의 변화

구분 \ 시대	~1940 년대	1950 년대	1960 년대	1970 년대	1980 년대	1990 년대	2000 년대
군의 역사	항일운동 국군창설	한국 전쟁	월남 파병	자주국방 기반조성	자주국방 강화기	자주국방 발전기	선진군대 (국방개혁 2020)
산업체제	농업 및 상업 중심		공업화 시작과 발달			정보화 사회	
군의 국제 활동			월남파병 (1964~1973)			• 걸프전 파병 • 이라크전 파병 • 자이툰 부대 • 동명부대 • PKO활동 등	
전쟁	독립군 전투 광복군 전투	한국 전쟁	북한의 무장침투, 무력 도발				
<사회변화> • 민주주의 • 개인주의 • 정보화 • 인권 의식 • 핵가족화	점진적 증가 ↗						
군 정체성	• 국난극복의 주체(강조) • 국가안보의 책임자(기본) • 한국전쟁의 수행자(강조)		• 국가 안보의 책임자(기본) • 국위 선양의 대표자(강조) • 자유민주주의 수호자(기본) • 국가 경제·산업발전의 선구자(강조)			• 군복 입은 시민(강조) • 국가 안보의 책임자(기본) • 국위 선양의 대표자(강조) • 자유민주주의수호자(기본)	

우 빠르게 변화되어 왔고 앞으로도 상당부분 변화되어 갈 추세이다. 한국사회는 서구사회의 역사적 발전 과정과 마찬가지로 인간의 기본권에 대한 관심이 증가하고 있으며, 특히 도시화가 진행됨에 따라 핵가족화가 빠르게 진행되고 있다.

한국사회에서는 사회구성원들의 개인주의적 성향이 강화되었고, 개인의 자율성, 자유, 자기성취 등에 더 많은 가치를 부여하는 사회문화가 형성되어 가고 있다. 산업구조 역시 농업 및 상업 중심에서, 60~80년대의 경·중공업 중심, 그리고 지금의 정보화 산업 중심으로 변화되면서 사회 구성원들의 민주주의 의식, 개인주의 의식, 인권의식이 급속도로 증가하는 추세에 있다.

이와 같은 사회적 가치의 변화는 사회의 하위 구조인 군대에도 영향을 미치게 된다.

최근 들어 범정부적으로 그리고 국방부 차원에서 '인간중심의 리더십', '국민의 군대', '인간다운' 등의 개념들이 강조되는 것도 같은 맥락에서 바라보아야 할 것이다. 즉, 군대 역시 개인의 자율성과 자유, 인권을 보장해야 하는 조직으로서의 정체성을 요구받는다는 것을 의미한다(김용주, 이현역, 김세훈, 심호섭, 김상수, 2013).

상기 내용을 종합해 보면 한국군이 지향해야 할 정체성은 다음과 같은 원칙을 따라야 한다. 첫째는 민주주의 국가의 헌법적 가치가 반영되어야 한다. 둘째는 국민의 군대, '제복을 입은 국민'의 정신이 반영되어야 한다. 셋째는 싸워서 이기는 강한 군대의 본질에 충실해야 한다. 넷째는 한국적 상황에 적합해야 한다.

(4) 이상과 현실의 괴리

그렇다면, 현재 우리의 모습은 어떠한가? 이상적인 모습과 현재의 모습에 괴리가 클수록 조직 구성원의 불만이 증대되는 것이 일반적인 현상이다. 현재 한국군에는 우리가 지향해 나가야 하는 정체성과 상당히 괴리된 여러 가지 문제들이 존재하고 있다. 가장 대표적인 문제는 군의 제도 및 규정에서 군인의 기본권이 과도하게 제한되고, 군 구성원 사이에 과도한 차별 문화가 존재하며, 희생 및 봉사 가치가 남용되고, 소통이 부재된 조직문화가 여전히 존재한다는 것이다.

먼저, 군의 제도 및 규정에서 군인의 기본권이 과도하게 제한되는 사례들이다. 현재의 병영생활관련 규정들을 살펴보면 대부분 '제한속의 허용'이라는 개념에 기초한다는 것을 발견할 수 있다. 한국 국민은 군인으로의 신분 전환과 동시에 우선적으로 대부분의 기본권을 제한받게 되고, 지휘관의 판단과 부대상황에 따라 점차 부분적으로 허용되어진다. 예를 들어 병사들의 외출은 기본적으로 제한된 가운데에 연가와 면회를 통하여 외출이나 외박이 허용되는 제도를 운영하고 있다. 군인과 관련된 법과 규정을 살펴보아도 헌법에서 표방하는 의무와 권리의 균형이 하위법이나 규정으로 내려오면서 권리보다는 의무가 지배적으로 증가하는 형식을 취한다. 이러한 모습은 군 인사법과 군인복무규율에 여실히 나타나 있다.[1] 더 나아가 군에서 실시하는 정신교육교재에서는 이러한 경향성이

1 군 인사법에서는 성실 직무수행 의무와 소청 심사권을 중심으로 개인의 기본권을 제한적으로 보호하고 있다. 즉, 개인의 책무를 헌법보다 강조하게 되는 것이다. 이보다 더 하위 법인 군인복무규율에서는 개인의 권리 보다는 개인의 책무를 중점으로 기술되어 있다. 즉, 개인의 책무는 충성의 의무, 성실의 의무, 국민에 대한 친절의 의무, 정직의 의무, 품위유지와 명예존중의 의무, 비밀엄수의 의무, 전쟁법 준수의 의무, 청렴 및 검소의 의무, 환경보전의 의무, 직무유기 및 근무지 이탈 등의 금지, 상관의 명령에 복종의 의무 등을 기술하고 있으나 개인의 권리로서는 인격적으로 존중하고 배려 받을 권리, 지휘계통에 따라 의견을 건의

더욱 더 강하게 나타난다. 정신교육 교재에 실린 대부분의 내용이 군복무의 당위성 및 군인정신을 설파하는 내용으로 구성되어 있으며, 개인의 권리와 이에 대한 보호에 대해서는 거의 언급되지 않고 있다.

둘째로, 존중과 배려가 미흡한 차별문화가 여전히 존재하고 있다는 점이다. 물론 군 조직의 특성상 엄격한 계급적 위계 문화가 어느 정도는 요구되고, 각 계층 간에 보수나 직무양식에서 차이가 존재할 수 있다. 그러나 계급의 차이로 인하여 기본적인 병영에서의 식사가 다르고 계급에 따라 복장이 상이한 차별적인 문화는 바람직하지 못하다. 병사들은 자신들을 먼저 존중해주기를 원하고 그런 조직에 기꺼이 충성하기를 원하는데, 간부들은 먼저 충성하는 병사들에게 존중과 배려를 해 주겠다는 의식이 존재한다면 문제일 것이다.

셋째로, '희생과 봉사'라는 군인의 최대 덕목이 무분별하게 남용되는 경향이 강하다. 군인에게 있어서 희생과 봉사의 가치는 유사시 생명의 위험을 무릅쓰고 국가 방위의 임무를 수행하는 숭고한 가치이다. 그렇지만 모든 일상생활 속에서마저 군인이기 때문에 더 많은 희생을 감수해야 한다는 식의 논리 비약은 오히려 군 구성원들에게 군에 대한 부정적인 태도를 강화시키는 부작용을 유발한다.

마지막으로 실제적인 소통이 부재한 조직문화이다. 외부적으로는 조직 내의 소통을 강조하면서도 실제적으로 소통이 잘 이루어지지 않고 있다. 소통을 강조하면서도 실제로 소통을 위한 실효성 있는 시스템이나 제도의 도입은 거의 미약하다. 이러한 소통의 부재는 대외 진정이 제한되는 군인의 모습에서도 나타난다. 즉, 기본권이 침해당한다고 하더라도 항변하거나 대외 진정을 할 수 없으며, 오로지 지휘계통을 통해서만 의견개진이 가능한 폐쇄적인 구조를 가지고 있다(고재원, 김용주, 이현엽, 2008).

(5) 병 정체성에 대한 인식조사

병 정체성에 대한 인식조사는 여러 가지 면에서 의미를 갖는다. 먼저 가장 큰 의미는 병사들 스스로가 느끼는 병 정체성을 파악할 수 있다는 점이다. 두 번째 의미는 병 정체성에 대한 계급 그룹별 인식의 차이를 파악할 수 있다는 점이다. 세 번째 의미는 올바른 병 정체성 형성을 위한 교육 소요를 확인할 수 있다는 점이다. 병 정체성에 대한 인식조사는 2013년 8월 한 달간에 거쳐 전국의 TMO를 이용하는 전, 후방 장병과 교육기관 교

할 수 있는 권리, 종교생활을 할 수 있는 권리 등으로 책무에 비해 내용이 많이 미약한 것이 사실이다.

[표 13-2] 병사들 스스로가 자신들의 정체성에 대해 응답한 결과 (790명)

순위	본인이 군에 어떠한 존재라고 생각하는가?	응답비율
1	병역의무를 이행하는 인원/동료 전우	49.7%
2	직업과 임무를 수행할 수 있는 존재, 일꾼	24.2%
3	국가의 안전을 보장하는 전투력의 근원	21.7%
4	군에 꼭 필요한 존재, 소중한 존재	21.3%
5	있으나 마나한 존재/하찮은 존재	18.9%
6	군생활로 성격, 대인관계 개선, 사회경험 도전자	15.4%
7	군복무를 인생의 소중한 시간으로 인식	13.5%
8	격려 시 최선을 다해 임무 수행	12.4%
9	그냥 시키는 대로 하면 되는 수동적 존재	9.9%
10	군 복무를 잃어버린 시간으로 인식	9.9%

육생, 전방 3개 보병 사단 병사를 포함하여 총 1,484명을 대상으로 이루어졌다. 계급별로는 이병 108명, 일병 233명, 상병 287명, 병장 162명, 부사관 251명, 위관장교 231명, 영관장교 212명이 조사에 참여하였다.

조사에 사용된 질문은 병사의 자기상(본인이 군에 어떠한 존재로 생각 하는가?), 병사에게 지각된 상(간부들이 본인을 어떤 존재로 바라보는가?), 그리고 간부의 병사상(병사들의 존재가치에 대해 어떻게 생각하십니까?) 등 3가지였다. 설문조사는 3개의 질문이 인쇄된 질문지를 주고 응답하게 하는 방식으로 이루어졌다. 설문 결과는 다음과 같다.

먼저 병사들 스스로 자신들의 정체성에 대한 응답 결과는 [표 13-2]와 같다. 790명의 응답자들 중에서 "본인이 군에 어떠한 존재로 생각하는가?"라는 질문에 대해 "병역 의무를 이행하는 애국자"라는 응답이 49.7%로 가장 많았다. 그 다음으로는 "작업하는 일꾼"이라는 응답이 24.2% 이었으며, "국가의 안전을 보장하는 전투력의 근원"은 21.7%, "군에 꼭 필요한 존재"는 21.3%, "불필요한 존재"라는 응답은 18.9% 등의 순서로 나타났다. 전체적으로 보면 긍정적인 인식이 더 우세하게 나타났다.

[표 13-3]은 병사들의 응답내용을 계급별로 분석한 결과인데, 매우 흥미로운 결과가 나타났다. 군에 입대한 지 얼마 되지 않은 이병들은 자신들의 역할에 대해 매우 긍정적이고 자긍심을 갖고 있었다.

이들은 자신들을 "병역의무 애국자", "격려 시 최선을 다해 임무수행", "국가안전을 위한 전투력의 근원" 등으로 표현하였다. 그러나 군에서의 생활기간이 길어질수록 "작업하는 노동력"이라는 응답이 증가한 반면에, "격려 시 최선을 다해 임무를 수행한다."는 응답은 점점 더 낮은 순위로 하락하였다. 특히 이병 그룹에서 5순위로 응답된 "제복을 입

[표 13-3] 병사들 스스로가 자신들의 정체성에 대해 응답한 결과 (계급별)

순 위	이병	일병	상병	병장
1	병역의무 애국자	병역의무 애국자	병역의무 애국자	병역의무 애국자
2	격려 시 최선을 다해 임무수행	군에 필요한 존재	작업하는 노동력	국가안전 전투력 근원
3	국가안전 전투력 근원	작업하는 노동력	자기발전위해 도전	군에 필요한 존재
4	불필요한 존재	국가안전 보장 전투력	불필요한 존재	작업하는 노동력
5	군복입은 민주시민	불필요한 존재	국가안전 전투력 근원	불필요한 존재
6	작업하는 노동력	평범한 군 구성원	도움을 주는 존재	자기발전 위해 도전

은 민주시민"이라는 응답은 일병, 상병, 병장으로 갈수록 순위가 떨어졌다.

[표 13-4]는 "간부들이 병사들을 어떤 존재로 바라본다고 생각하는가?"에 대한 병사들의 응답결과이다. 응답결과를 보면, 병사들은 전체적으로 간부들이 병사들을 부정적으로 바라볼 것이라고 생각하고 있다는 것을 알 수 있다. "작업하는 노동력"이나 "수동적인 존재" 그리고 "하찮은 존재" 등의 응답들이 모두 7순위 안에 위치하였으며, 병장의 경우 상당히 부정적으로 인식하고 있었다.

[표 13-4] 간부들이 병사를 바라보는 태도에 대해 병사들에게 질문한 결과

순위	간부들이 본인을 어떤 존재로 바라본다고 생각하는가?	빈도수
1	목적 달성을 위한 도구/일꾼/노동자	38.0%
2	사랑과 정성으로 보호하고 아껴주어야 할 존재	26.2%
3	소중한 존재/꼭 필요한 존재	25.9%
4	시키는 대로 하는 수동적인 존재	23.9%
5	열악한 환경의 하찮은 존재/불필요한 존재	21.3%
6	격려 시 최선을 다해 임무수행하는 존재	19.4%
7	감시, 감독의 대상	13.4%
8	병역의무 이행하는 자	10.0%
9	서로 돕고 관심주는 관계, 임무수행하는 전우	9.6%
10	기본적인 대우만 받아도 되는 존재	9.4%

[표 13-5]는 간부들을 대상으로 병 정체성에 대한 인식을 조사한 결과이다. 응답인원은 694명이었다. 병사들의 정체성에 대한 간부(하사~소령)들의 인식은 대체적으로 긍정적인 인식이 부정적인 인식보다 조금 더 우세한 것으로 나타났다. "국가의 안전을 보장하는 전투력의 근원"이라는 응답이 43.4%로 가장 높게 나타났고, "가족처럼 보호하고 아껴주어야 할 존재"라는 응답이 32.1%, "그냥 시키는 대로만 하려는 수동적인 존재"라는 응

답이 31.8%로 나타났다. 그 다음으로는 "군복무를 잃어버린 시간으로 생각하며 전역만 생각"이 24.4%, "동기부여에 따라 능력을 잘 발휘할 수 있는 존재"가 14.3%이었다.

[표 13-5] 간부들이 인식하는 병 정체성(간부전체 응답결과)

순위	간부들의 병 정체성에 대한 인식	빈도수
1	국가의 안전을 보장하는 전투력의 근원	43.4%
2	가족처럼 보호하고 아껴줄 대상	32.1%
3	그냥 시키는 대로만 하려는 수동적인 존재	31.8%
4	군복무를 '잃어버린 시간'으로 생각하며 전역만 생각	24.4%
5	동기부여에 따라 능력을 잘 발휘할 수 있는 존재	14.3%
6	가르쳐야 할 존재(적극성 부족, 훈련 필요)	13.4%
7	신성한 병역의무를 이행하는 전우	12.2%
8	인내심 부족, 개인주의적, 휴가/외출만 생각	8.8%
9	관심과 격려제공 시 최선 다해 임무 완수	8.4%
10	관리, 보호의 대상	7.2%

[표 13-6]은 간부들의 인식을 계급별로 구분한 것이다. 표에서 보는 바와 같이, 병 정체성에 대한 계급별 인식차이가 뚜렷하게 나타났다. 상사계급 집단은 하사계급집단보다 훨씬 더 부정적인 시각으로 병사들을 인식하였다. 이러한 경향성은 장교집단에서도 유사하게 나타났다. 중, 대위급 장교들보다도 소령 계급에서 더 부정적인 평가가 많이 나타났다. 즉 군 복무경험이 많을수록 병사에 대한 인식이 더 부정적으로 나타났다.

[표 13-6] 간부들이 생각하는 병 정체성(계급별)

순위	하사	상사	중위/대위	소령
1	국가안전 전투력 근원	인내심부족, 개인주의	임무수행 전투력	피동적, 통제의 대상
2	보호하고 아껴줄 대상	의무복무로 끌려온 존재	가족같은 사랑 대상	편안함 추구, 개인주의
3	가족같은 사랑 대상	국가안전 전투력 근원	피동적, 통제 대상	임무수행 전투력
4	병역의무이행 동료	수동적인 존재	의무복무 끌려온 존재	가르쳐야 할 존재
5	간부이상 능력 보유자	병역의무이행 동료	가르쳐야 할 존재	존중받아야 할 존재
6	수동적인 존재	간부이상 능력보유자	통제와 감독 필요 대상	피해의식을 가진 존재

이상의 결과들을 종합해 보면, 병 정체성에 대한 긍정적 인식과 부정적 인식이 공존하는 것으로 나타났다. 이러한 결과는 현재 군 구성원들이 병 정체성에 대한 올바른 인식을 갖고 있지 못하다는 것을 입증해 준다. 간부들의 병에 대한 인식이 군 경험이 적은 집단(하사, 소위, 중위) 보다 군 경험이 많은 집단(소령)에서 더 부정적으로 나타난 것은 병에 대한 올바른 정체성이 없는 상황에서 현실적인 경험을 근거로 정체성을 판단하였을 가능성이 높다. 이러한 의미에서 병 정체성에 대한 올바른 인식과 공유가 절실히 요구된다.

2. 민군 리더십과 민군 문화

(1) 병 정체성 개념과 민군 리더십

군대는 국가 내에 존재하는 여러 사회적 조직의 하나로 존재해야 하며, '국가 속의 또 하나의 국가'가 되어서는 안 된다. 따라서 군 조직 자체도 헌법적 가치에 충실한 조직, 사회와 연결된 조직, 인간적 가치가 존중되는 합목적적 조직이어야 하며, 이와 같은 군 조직에 존재하는 군인들은 곧 '제복을 입은 국민'이라는 개념으로 이해되어야 한다. 제복을 입은 국민이라는 용어는 이미 우리에게 상당부분 익숙해져 있지만, 정작 그 본질적 의미와 개념에 대해서는 이해가 부족한 상태이다. 그 결과 군에서 운영되는 제반 법규와 생활 규칙에 그 개념이 제대로 반영되지 못하고 있다.

제복을 입은 국민의 개념에는 크게 3가지의 실체가 포함된다. 첫째는 군인은 자유로운 인격체이며 인간으로서 존엄성과 헌법에 명시된 시민적 권리를 보유한 존재로 인식되어야 한다는 것이다. 과거의 전제적인 사고방식은 한 사람이 군에 입대하는 순간 그 이전의 모든 개인적인 경험과 행동방식을 군인적 가치로 새롭게 대치시켜야 한다고 생각하였다. 그러나 민주시민적 가치가 중시되는 군에서는 입대 전의 경험과 개인적 특성이 군인적 가치와 조화를 이루어 시너지 효과를 얻게 된다. 또한 군대 내에서의 제반 생활 규정과 방침이 '제한 속의 허용' 개념이 아니라 '허용 속의 제한'이라는 개념에 의해 제정되고 시행된다. 예로서, '허용속의 제한'의 개념이 통용되는 군대에서는 기본적으로 병사들의 외출이나 외박이 허용되나, 훈련이나 특별한 사유에 의거하여 일시적으로 외출이나 외박이 제한 받는다.

둘째는 민주시민에게 부여되는 책임을 지닌 사회의 일원이며, 공동체의 목표달성에 협력하고 개인적 관념을 타인의 것과 조정하고 양보할 줄 아는 존재이다. 군인은 민주주의 체제의 수호를 위한 군사적 활동에 자발적으로 적극 참여할 것을 요구받는다. 아울러 민주주의 이념의 다양한 가치들을 일상생활 속에서 적극 실천할 것을 요구 받는다.

셋째는 전투준비가 완료된 군인으로서 태도와 역량을 갖추어야 하는 존재이다. 군인은 전평시에 작전임무를 수행하고자 하는 마음태세를 갖추고 군복무가 국가방위, 세계평화유지, 인권보호에 중대함을 인식하고, 생명의 위협을 무릅쓰고 전투에 임하고자 하는 군인적 정신자세를 견지해야 하는 존재이다(김용주, 2012).

결과적으로 『제복을 입은 국민』으로서 군인은 민주시민으로서 책임의식이 강하며, 모든 결정에 자의식이 충만하고 행위의 주체로서 주도성을 발휘하는 존재이다. 또한 제복은 입은 국민으로서 군인은 목적의식이 강하고 자발적인 충성을 중시하며 자유와 평등, 존중과 배려, 권리에 따른 책임과 같은 민주적 가치가 내재화된 사람들이다. 군에 복무하고 있는 모든 장병들과 군무원들이 제복을 입은 국민으로서 군인(병사)의 정체성을 올바르게 인식하고 있다면, 정체성과 관련해서 앞에서 조사되었던 부정적인 평가들은 상당 부분 해소될 수 있을 것이다.

그런데, '제복을 입은 국민'의 개념에 포함된 두 가지 요소('자유로운 인격체'와 '전투원')는 이질적인 속성을 갖고 있어서 상호 공존하기가 어렵다. 자유로운 인격체로서의 요구(기본권 보장)를 너무 인정할 경우 전투원으로서의 요구를 충족시키기 어렵게 된다([그림 13-2]의 A). 반면에 전투원으로서의 요구를 너무 강하게 주장할 경우 자유로운 인격체로서의 요구(기본권 보장)가 수용되기 어렵게 되고, 과거와 같은 전제주의적 군대의 모습을 갖게 된다([그림 13-2]의 B). 이러한 갈등적 관계를 조화롭게 해결해 주어야 할 임무를 부여받은 사람들이 바로 지휘관(지휘자)들이다. 두 가지 요구의 조화를 유지하는 해결 방안이 바로 '허용 속의 제한'이라는 개념이다. 기본적으로 자유로운 인격체로서 기본권을

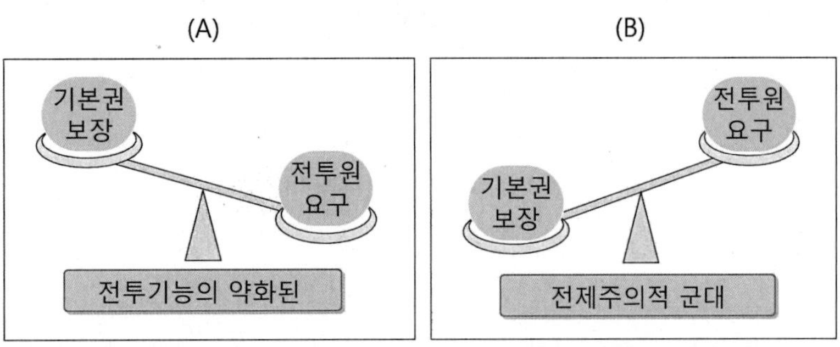

[그림 13-2] 기본권 보장과 전투원으로서의 요구간의 균형을 유지하는 것이 리더들의 역할(좌측은 지나치게 기본권을 보장한 경우, 우측은 지나치게 전투원으로서의 요구를 요구하는 경우)

최대한 보장하되 전투원으로서의 역할요구가 합당하게 주어질 경우 그 기본권을 일시적으로 제한하며, 그러한 필요성이나 명분이 없어질 경우 가급적 신속하게 제한을 해제시켜야 한다는 의미이다.

민군리더십은 병사를 포함한 군인에 대해 '제복을 입은 국민'의 개념으로 인식하고, '허용속의 제한'의 개념으로 제반 규정과 생활 규칙들이 일관성을 유지하도록 부대를 운영하는 리더십을 의미한다. '민군 리더십'이라는 용어는 풀어서 기술하면 '민주주의 국가의 군 리더십'이다. 부하들을 존중하고, 부하들과 원활하게 소통하고, 부하들과 상호 신뢰하는 관계를 구축하면서도, 부하들에게 전투원으로서 요구되는 전문성과 상황대처 및 적응능력을 갖추게 하는 리더십, 그것이 바로 '민군 리더십'이다.

(2) 민군문화 기반 조성

대한민국의 우리 군은 지난 반세기를 통하여 양적·물적으로 놀라울만한 발전을 이룩하였지만, 우리 군의 문화 속에는 아직도 구태의연한 면모들이 잔존하고 있다. 미래의 전쟁에서는 창의력이 중시되고, 수평적이고도 신속한 의사결정의 조직문화가 필수적이며, 신속하게 편조할 수 있는 팀별 조직의 운용방식 등이 필수적이다. 이를 위해 군의 조직과 문화가 산업사회형의 관리통제 위주에서 정보화사회형으로 새롭게 창출 및 발전되어야 한다. 정보화시대에 있는 우리 사회는 급속히 변화되고 있으며, 사회적으로 전통적인 비민주적 요소들이 현저히 퇴조하는 모습이다. 그렇다고 일정한 수준이나 범위를 넘어서 무작정 민주화를 수용할 수도 없다. 따라서 민주화와 국가 방위를 위한 헌신의 두 가지 목적을 충족시킬 수 있는 효과적인 방안의 모색이 절실히 요구되고 있다.

김동식·김용주·조은영(2003)은 육군문화의 발전을 위해 '조직문화의 발전'이 관건이라고 주장하였다. 연구자들은 육군의 조직문화를 진급을 위해 경력 관리를 하는 가족중심주의적 성향이 강한 부하들이 매우 권위주의적인 상관이나 독선적인 지휘관의 통제에 따라, 비교적 단기적 안목에서 업무를 수행하는 수직적·경직적·보수적 조직으로 보았다. 그리고 이러한 육군의 조직문화를 근본과 핵심에서 개선할 수 있는 가장 중요한 방안으로서 '미래전의 양상변화와 군대의 변화를 고려하여 지휘관과 부하의 관계를 개선'하는 것을 제안하였다.

그러나 병영문화의 성공적인 혁신을 위해서는 리더십 개념의 변화만으로는 불충분하다. 리더십 개념의 변화와 더불어 병영문화를 구성하는 제반 요소들이 함께 변화되어야 한다. 즉 리더십을 포함하여 정신교육, 법과 규정, 복지 여건, 종교 활동 및 의무지원,

정보제공 등 병영문화(군대문화)를 구성하는 광범위한 영역에서의 변화가 함께 이루어져야 한다는 의미이다.[2] 예를 들어 정신교육의 경우, 지금까지는 조직과 개인 모두를 위한 논리보다는 오로지 조직중심적인 희생과 헌신을 요구하는 논리만을 제시하였다. 이제는 정신교육의 내용과 기술방식이 조직과 개인 모두에게 필요한 논리적 근거를 바탕으로 군사적 활동의 정당성을 인식할 수 있도록 재구성되어야 한다. 법과 규정의 경우에도 지나치게 개인의 기본권을 제한하는 규정이나 규칙, 상위법에 위배되는 규정들, 헌법에서 보장되는 권리에 대한 온전한 인정, 지휘관의 지휘권 오용과 남용을 통제할 수 있는 제도적 장치 등에 대한 전반적인 수정작업이 이루어져야 한다. 새로운 개념을 통하여 법과 규정에 의한 지휘, 시스템에 의한 지휘가 가능하게 해야 하며, 합법적이고 실효성 있는 고충처리 제도 등이 갖추어져야 한다. 충실한 정보제공을 통하여 훈련 및 보직결정, 교육 및 진급 선발 등이 투명하게 이루어지고 맹목적인 이행 보다는 자발적이며 주도적인 참여가 이루어지도록 해야 한다. 종교 활동이 보장되고, 보다 더 양질의 의무지원이 이루어지도록 지원시스템이 개선되어야 한다. 지휘관의 관습적인 근무방식과 자기 편의주의 내지는 자기 보신주의적 부대운영으로 부하들이 지나치게 야근에 시달리거나, 부대의 본질적인 임무수행보다 관리위주의 부대활동으로 실질적인 전투력을 유지하지 못하는 부작용들은 이제 근절되어야 한다.

이러한 제반 문화적 요소가 개선된 군대의 문화가 바로 '민군문화'이다. 민군문화란 민주주의 국가에서의 군대 문화라는 의미의 준말이다. '민군문화'가 정착된 군대에서는 구성원들이 자발적으로 충성하고 헌신하게 되며, '민군문화'를 갖춘 군대가 실질적으로 강한 군대이다.

민군문화를 효과적으로 구현하기 위해서는 다음의 네 가지가 충족되어야 한다. 첫째는 '민군문화' 지침서의 제작이다. 『민군문화 지침서』는 민군문화에 대한 개념과 핵심가치 그리고 실천 지침을 포함한다. 여기에는 한국군의 정체성에 대한 개념과 군인(병사)에 대한 정체성, 즉 '제복을 입은 국민'의 개념이 바탕이 되며, 문화를 구성하는 제반 영역에 대한 운영기준들이 상위수준에서 제시되어야 한다. 아울러 민군문화가 추구하는 핵심가치들이 명확하게 제시되도록 한다.

둘째는 '민군문화'의 교육과 실천이다. 아무리 좋은 개념이라고 하더라도 구성원들의

2 여기서는 병영문화를 군대문화와 같은 의미로 사용하였다. 조승옥 등(2011)에 따르면, 원칙적으로 군대문화란 군대라는 특수한 사회집단 안에서 그 구성원들이 개발, 생산, 발전시킨 사고방식과 행동양식의 총체적 생활양식을 의미한다.

공감이 없다면 지속적으로 실행될 가능성이 낮다. 아직까지도 상당수의 장교들은 인권보호와 지휘권이 상충된다고 생각하고 있으며(고재원, 김용주, 이현엽, 2008), 인권보다 임무를 더 우선시하는 가치체계와 권위주의적이고 통제적인 군대문화에 더 익숙해져 있다(김병조, 2008). 따라서 구성원 전체를 대상으로 전방위적인 교육을 실시하고, 양성교육 과정과 보수교육 과정들에서도 '민군문화' 교육을 실시하여 지속적인 개념의 공유가 이루어지도록 해야 한다.

셋째는 '민군문화'에 상응하도록 제반 규정을 수정해 나가는 것이다. 최근 들어 언론에 '위수지역 폐지', '병사들의 평일 외출 허용' 등의 이슈가 제기되고 있다. '민군문화'에 충실한 군대라면, 이러한 이슈들은 이미 현실화 되었어야 했다. 선진국의 경우를 살펴보아도, 민주주의(또는 사회민주주의) 이념을 수호하는 대부분의 군대들에서는 이미 이러한 제도들이 오래 전부터 시행되어 오고 있다.

넷째는 '민군문화'를 전문적이고 체계적으로 연구하고 추진할 수 있는 전문기관의 신설이다. 이러한 전문기관('민군문화 교육센터')을 통하여 '민군문화'에 대한 교육을 전문적으로 실시하고, 이와 관련된 전문 인력을 관리하도록 해야 한다. 아울러 '민군문화 교육센터'를 통하여 현재 개별적으로 운영되고 있는 제반 문화적 요소들이 통합적으로 운영되도록 해야 한다. 정신교육, 리더십 교육, 군법교육, 상급부대 통제 교육 등의 내용들이 각자의 독립된 개념에 의해 움직이기 보다는 '민군문화'의 범주에서 통일된 개념 하에 운영되도록 해야 한다.

현재 국군의 이념에는 '국민의 군대', '자유 민주주의 수호'라는 개념이 사용되고 있지만, 정작 이러한 개념을 올바르게 설명하는 해석서는 보지를 못하였다. 국민의 군대 그리고 민주주의 국가의 군대란 어떤 군대이어야 하는가에 대해 반성적 논의가 없이 당연한 주장으로 설파되었고, 듣는 이들도 당연한 의미로 받아들이고 있다. 그런데 민주주의를 수호해야 하는 군대 스스로가 '제한속의 허용'과 같은 전제주의적 문화를 갖고 있다면 국군의 이념은 허상에 불과한 존재가 된다. 민주주의 이념을 지키기 위해 존재하는 군대라면, 대한민국 국민의 군대라면, 그 군대는 '제복은 입은 국민'의 개념이 구현되고 '민주주의 국가의 군대' 문화가 정착되어야 한다.

3. 군 정신교육과 정체성

(1) 정신교육의 현 평가

군에서 정신교육은 "주어진 상황에 대한 의문을 해소해 주고, 행동의 방향을 정립시켜 주는 역할"을 할 뿐만 아니라, "장병들에게 필요한 교육 내용을 전달, 주지시킴으로써 군인으로서 견지해야 할 가치관을 정립하고 행동화시키는 교육활동"이다. 정신교육은 주로 개인차원의 군인정신과 직접적인 관계를 갖지만, 군기와 사기 그리고 단결과 같은 요소들에게도 직, 간접적으로 영향을 준다. 따라서 정신교육은 정신전력 육성차원에서 다른 그 어떤 요소들보다도 더 중요한 의미를 갖는다고 볼 수 있다.

군의 정신교육은 일종의 교육활동으로서 교육목적과 목표(왜 가르쳐야 하는가?), 교육내용(무엇을 가르쳐야 하는가?), 교육방법(어떻게 가르쳐야 하는가?), 교육평가(제대로 가르치고 있는가?) 차원에서 상호일관성을 유지해야 하며, 대내·외적인 환경변화에 따라 끊임없이 변화하여야 한다. 특히 교육목적은 목표, 내용, 방법, 평가 등 다른 요소들에게 지침을 제공해 주는 기준 역할을 하기 때문에 다른 그 어떤 요소들보다도 최우선적으로 고려되어야 한다(윤정일, 허형, 이성호, 이용남, 박철홍, 박인우, 2002).

지금까지 한국군의 정신교육과 관련하여 많은 연구들이 수행되었다. 이들 중 일부는 신세대의 특성에 따라 교육방법이 변화되어야 한다는 것을 제안하거나(박장현, 2006; 최광표, 최광현, 김인국, 2007; 최광현, 이종현, 조관효, 김인국, 2000, 한광민, 2005), 시대변화에 따라 교육내용이 수정되어야 한다는 것을 주장하였다(진양갑, 2006). 또한 일부는 정신교육의 평가와 관련하여 평가의 필요성 내지는 평가도구에 대해 논의하였으며(국방부, 1999), 정신교육의 영향요인에 대해 언급하기도 하였다(문홍식, 2007; 한동원, 이춘식, 2006). 이처럼 군의 정신교육과 관련하여 다양한 연구들이 수행되었지만 대부분 교육내용과 방법에 관한 것들이며, 정작 모든 정신교육 활동의 기준이 되는 교육목적에 대해 논의한 연구는 거의 찾아보기 어렵다. 유명덕, 김경규, 남봉균, 제정관, 한용섭, 이민수(2006) 등이 선진국의 군 정신교육 사례연구를 통하여 장병 정신교육의 발전방안을 제시하면서 정신교육의 목적에 대해 언급하였으며, 한동원과 이춘식(2006)이 정신교육 발전방안으로 공유가치 주장을 주장하였다. 정신교육의 영향요인을 다룬 연구들에서 안보환경이나 사회 환경 혹은 신세대 특성 등이 언급되기는 하지만, 이들 요인들의 대부분을 교육내용이나 교육방법과 연관시킬 뿐이었으며 교육목적이나 목표와의 연관성에 대해서는 논의가 이루어지지 않았다.

이러한 사실은 군의 정신교육에 대한 관심이 대부분 교육내용과 방법에 치중되었으며, 교육목적에 대해서는 매우 무관심하였다는 것을 입증해 주고 있다. 실제로 창군이후부터 지금까지 군에서 실시된 정신교육의 내용을 살펴보면, 시대상황에 따라 많은 변화가 있었으나, 그 변화가 어떤 일관된 목적 하에 이루어지기 보다는 필요에 따라 교육내용이 첨가되거나 삭제되는 과정을 반복하여 왔다는 것을 알 수 있다. 그러다 보니 교육목적이 불명확한 가운데 정신교육이 이루어지는 과정에서 장병들이 정신교육에 대해 다소 부정적으로 인식하는 결과가 초래되기도 하였다. 일부 지휘관들은 정신교육의 무용론에 동의하기도 하고 특정부서의 참모업무로 인식하는 경향이 강하였다. 병사들의 상당수는 정훈에서 실시하는 정신교육을 도덕교육 혹은 지휘관 훈시와 동일하게 여기고 그저 시간을 때운다는 생각으로 수동적이며 소극적인 자세로 참여하는 실정이다. 교육을 주관하는 간부들 스스로도 정신교육의 목적에 대해 명확한 개념을 갖고 있지 않기 때문에 정신교육의 중요성을 간과하고 관행적이며 피동적인 자세로 교육에 임하는 경우가 많다. 이처럼 군의 정신교육이 효과적으로 운영되지 못하는 결정적인 원인은 정신교육의 목적에 대한 개념이 불명확하고, 이로 인하여 정신교육의 중요성에 대한 공감대 형성이 미약한 데에 있다. 교육목적이 명확하지 않으면 교육내용을 체계적으로 운영하기 어려우며, 교육방법 역시 합목적적이지 못하게 된다.

(2) 군 정신교육 영향요인

군 정신교육과 관련하여 수행된 여러 연구들에서 군의 정신교육에 영향을 미치는 다양한 요인들이 검토되었다. 그러나 기존의 연구들에서는 제시한 영향요인들이 주로 정신교육의 내용 혹은 방법과 연관되어 논의되었으며, 정신교육의 목적이나 목표와의 연관성에 대해서는 거의 논의되지 않았다. 이에 본 연구에서는 기존의 연구들에서 언급된 영향요인들이 정신교육의 목적 설정에 어떤 영향을 주는지에 대해 새롭게 해석하고자 하며, 전혀 언급되지 않고 있으나 매우 중요한 영향요인에 대해 추가적으로 살펴보고자 한다. 아울러 교육내용과 교육방법 면에서도 기존의 연구들이 간과한 영향요인들에 대해 새로운 의미를 부여하고자 한다.

기존의 연구들에서 언급된 영향요인들을 크게 대별하면 안보환경 요인과 사회 환경 요인 그리고 신세대 특성 요인으로 구분되어진다([그림 13-3] 참조). 먼저 안보환경 요인을 살펴보면, 냉전구도의 종식과 세계화에 따른 평화적 무드를 언급하면서도 국제적인 규모의 전쟁과 국지적인 내전 그리고 뉴테러리즘을 포함한 다양한 위협들에 대해 언급되고 있다. 북한에 대해 포용적인 입장에서 다소 강경한 압박모드로 전환된 대북정책의 변화도 큰 요인으로 작용하고 있다. 가장 최근에는 천안함 폭침과 연평도 포격도발과 같은 만행을 저지른 북한의 위협이 강력한 영향요인으로 부각되고 있다. 이러한 안보상황은 군의 정신교육이 과거와 같이 반공교육과 대적관 교육 중심으로 나갈 것을 요구한다고 해석할 수 있다. 이를 다르게 표현하면 '무엇에 대항하기 위한(against what)' 교육 개념이다.

그러나 이를 역으로 생각해 보면 '무엇에 대항하기 위한' 개념은 그 전제가 '무엇을 지키기 위한' 것을 의미한다. 그렇다면 우리는 무엇을 지키기 위하여 무엇에 대항하는 교육을 시키는가? 여기에 대한 답은 확실하다. 우리는 민주주의적 가치를 지키기 위하여 공산주의와 북한 그리고 민주주의를 저해하는 여하한 잠재대상에 대항하는 것이다. 이는 곧 '무엇을 지키기 위한(for what)' 개념에서의 교육도 필요하다는 것을 의미한다. 독일의 경우 1960년대에 이미 반공산주의 교육 중심에서 민주주의 교육을 강화시켜 나가는 방향으로 대국민 교육 및 군 교육정책을 수정하였다. 그 이유는 '무엇에 대항하는(against what)' 개념만으로는 분쟁지역에 대한 개입과 같은 넓은 의미에서 군사적 활동의 정당성을 충족시킬 수 없기 때문이었다.

그러나 실제적인 위협세력인 북한과 대치하고 있는 우리의 현실에서는 대적관 교육을 강조하지 않을 수 없다. 따라서 우리 군의 정신교육은 완전한 'for what' 개념보다는 'against what'과 'for what' 개념 양자를 절충한 모드가 적합하다고 판단된다. 즉 반공교육과 대적관 교육을 실시하면서도 우리가 지켜야 할 것에 대한 철저한 인식교육이 병행되어야 할 것이다.

두 번째로 사회환경을 살펴보면, 우리는 지식정보화시대에 살고 있으며 인터넷 환경과 네트워크의 중요성이 언급되었고, 삶의 질이 향상됨에 따라 개인의 기본권에 대한 배려와 보장에 대한 요구가 증대되고 있다는 점이 부각되었다. 이에 따라 개방적인 문화와

안보환경 변화	사회환경 변화	신세대특성 변화
· 세계화	· 지식정보화시대	· 탈권위적, 수평적
· 실리추구	· 소셜네트워크	· 개인주의적
· 위협의 다양화	· 기본권보장 요구	· 개인가치 중시
· 안보차원 다층화	· 인터넷/웹시대	· 흥미, 감성적
· 북한의 위협	· 교육패러다임	· 영상세대
· 대북정책	· 개방적	· 안보의식 약화

[그림 13-3] 정신전력 및 정훈교육 영역과 영향변인

인식 패러다임의 변화에 대한 논의도 이루어졌다. 무조건적인 자기희생과 봉사를 종용하는 대신에 보상이 수반되어야 하는 사회적 교환 관계가 일반화되었다. 자발적인 복종과 적극적인 전투참여 의지는 평시 개인적 가치가 존중됨으로써 가능하다는 인식이 보편화되었다. 이러한 변화는 군인들에게 전투원으로서의 고유 가치와 민주시민으로서의 개인적 가치 간의 조화가 매우 중요함을 일깨워준다. 사기는 전투사기와 만족사기로 이루어져 있는데, 전투사기는 자신의 전투역량과 군의 전력에 대한 신뢰를 통하여 가능하며 만족사기는 결국 생활 및 보상체계를 통하여 가능하다. 따라서 단순한 교육을 통하여 정신전력을 강화시키려는 생각보다는 복지여건이 개선된 생활을 통하여 정신전력이 강화되어야 할 것이다. 이러한 상황요소들은 정신교육 영역에 복지에 대한 논의가 반드시 포함될 것을 요구한다. 즉 복지에 대한 배려가 수반될 경우 최선의 노력이 주어질 가능성이 더 높아진다는 인간 본연의 속성을 인정해야 한다는 의미이다.

세 번째 요인은 신세대 특성에 관한 것으로서, 입대하는 병사들은 탈권위적이고 수평적이며 개인주의적 사고와 개인의 가치를 중시하고 흥미와 감성에 의해 움직이는 영상세대라는 특징을 갖는다. 그러면서도 이들은 안보의식이 다소 약하고 근현대사에 대한 지식경험이 부족하며 북한의 실제적인 위협을 경시하는 경향과 정부의 보도내용에 대해 약간의 불신적 태도를 취한다는 특징들을 함께 갖고 있다. 신세대 특성으로 언급되는 여러 가지 요인들 중에서 정신교육과 연관성이 높은 것은 개인주의 및 개인의 가치를 중시하는 성향이다. 개인주의는 현재 설정된 정신교육의 범주와 연관성이 적은 반면, 정신전력의 '단결'요소와 '군기요소'와 연관성이 높으며, 양자의 공통 영역인 '군인정신'과도 연관성이 높다. 개인주의는 이들을 약화시키는 요인으로 군에서는 이에 상응하는 대응책이 구체적으로 마련되어야 한다. 그러나 개인주의가 무조건 나쁜 것은 아니다. 선진국일수록 개인의 가치가 존중되고 개인주의가 더 뚜렷하게 나타나기 때문이다. 과도한 집단주의는 오히려 각 개인들로 하여금 피동적이며 소극적으로 응종하게 만들기 때문에, 개인의 가치와 조직의 가치가 조화를 이루며 존중되는 방식의 문화정착과 교육이 중요하다.

(4) 군 정체성에 기초한 정신교육

군의 정신교육은 정신전력 육성의 핵심적인 활동으로서 명확한 목적 하에 운영되어야 한다. 그러나 한국군에서 이루어지고 있는 정신교육의 내용을 살펴보면 공유된 목적이 도출되지 않는다는 것을 알 수 있다.

국군 창군기에 군 정신교육은 매우 미진한 상태였으며, 애국애족과 선무활동 중심으로 전개되었다. 6.25 한국전쟁기간에는 공산주의 침략과 죄악상을 밝히고 국방의무를 적극 이행하여 군무이탈과 병역기피를 막는 교육이 실시되었다. 6.25 한국전쟁을 거치고 50년대 후반에 들어서면서 교육체계가 어느 정도 정립되었다. 이때에는 지휘관에 의한 정신교육을 통하여 군인정신과 기본정신자세를 교육하였으며, 기본정신교육을 통하여 장병들의 사상을 선도하고 국가관을 확립시켰다. 근대화시기인 60년대에는 멸공사상, 군인의 사생관 확립, 전쟁목적 주지 등에 중점을 두고 공산주의 비판과 국가의 목표 및 정부시책을 주입시키는 교육을 시행하였다. 70년대에는 북한의 위협에 대한 교육과 더불어 멸공교육, 역사교육, 유신교육, 정부시책 교육 등을 실시하였다. 80년대에는 반공교육과 더불어 좌경사상을 비판하는 이념교육이 강화되고, 투철한 군인정신의 함양과 확고한 대적관 교육이 강조되었다. 90년대에는 대적관과 통일관에 대한 교육이 확대되고 형식적이나마 민주시민에 대한 논의가 새롭게 부각되었으며 인성교육과 충·효·예 교육이 추가되기도 하였다. 90년대 후반에 들어서서 남북한의 화해무드는 통일교육과 반공교육의 부조화문제를 유발하였다. 90년대 후반부터 지금에 이르기까지 정신교육은 정신전력의 4대 요소를 육성하는 활동으로서 국가관, 안보관, 군인정신을 주된 내용으로 설정하고 있다(최광현, 이종현, 조관호, 김인국, 2000).

이상의 내용들을 종합하여 보면 한국군에서의 정신교육은 가장 우선적으로 반공교육을 중시하여 공산주의 비판과 이념무장에 관한 내용을 중심으로 이루어져 왔으며, 여기에 국가관 확립과 군인정심 함양 그리고 대적관 교육 등이 추가되었다는 것을 알 우 있다. 이러한 교육내용들은 궁극적으로는 "무엇에 대항하기 위한(against what)" 개념을 지향하고 있다고 볼 수 있다. 여기에는 왜 이러한 교육이 필요한가에 대한 논의를 찾아보기 어렵다. 예로서 군인복무규율에 국군의 이념은 "국군은 군민의 군대로서 국가를 방위하고 자유민주주의를 수호하며 조국의 통일에 이바지함을 그 이념으로 한다."라고 명시되어 있다. 그렇다면 군 정신교육은 가급적 군인복무규율에서 추구하는 이념의 전반을 구현하는 방향으로 운영되어야 하면, 이러한 논리에 따르면 정신교육의 영역이 지금과 같이 제한되기 보다는 더 넓게 확장되어야 한다. 특히 민주군대, 국민의 군대를 지향한다는 개념 하에서는 반공주의 교육만을 추구하기보다는 민주주의에 대한 실천적 반성도 함께 지향되어야 한다. 이처럼 현 정신교육의 내용이 "무엇에 대한하기 위한" 개념으로 제한될 수밖에 없었던 근원은 바로 정신교육의 목적을 상위개념과 연계하여 개념화하는 과정이 허술하기 때문이다.

한국군과는 달리 선진국 군에서 운영되는 정신교육은 명확한 목적이 설정되고 그에 따라 정신교육의 목표와 내용이 결정되는 방식으로 운영되고 있다. 독일 연방군의 경우 개인적 가치와 군이라는 조직적 가치를 조화시킨 '제복을 입은 시민' 이라는 슬로건을 구현하기 위해 군 정신교육의 목적이 군 구성원에게 군사적 활동의 정당성을 인식시키고 군과 사회를 연계시키며 군사적 활동이 동기화의 원리에 기초하고 법과 규정에 따른 내적 질서를 유지시키는 데에 있음을 명시하고, 이를 위해 정치교육, 지휘통솔교육, 법규교육, 복지교육 등 10대 영역에 대한 교육을 실시하고 있다(김용주, 신인호, 2007). 미군의 경우에는 정신교육의 가장 중요한 목적을 상황에 따라 진실하고 정확한 정보를 알려주어 임무를 스스로 판단하고 행동으로 실천할 수 있도록 하는 데에 두고 있다. 대만의 경우에는 국가이념인 '삼민주주의'를 지도이념으로 설정하고 교육영역을 부대단결, 심리전, 문화선전, 정치교육 선무공작 등 부대활동 전 분야로 확대하여 실시하고 있다.[3]

지금까지의 논의를 종합하여 볼 때, 한국군의 정신교육 발전을 위해 가장 시급하게 확립되어야 할 과제들 중 하나는 바로 정신교육의 목적을 구체화하는 것이다. 이를 위해서는 앞서서 우리 군의 정체성과 우리 군이 추구하는 핵심가치가 개념화되어야 하며, 정신교육의 목적은 이를 구현하기 위한 수단으로 활용되어야 한다. [그림 13-4]에서 제시한 바와 같이 역사적 경험과 안보환경 그리고 헌정질서 및 사회적 가치에 따라 군의 정체성과 핵심 공유가치가 설정되고, 이에 근거하여 정신교육과 리더십 교육의 방향이 결정되고 추진됨으로써 정신전력이 강화되어야 한다. 다시 말해서 정신전력 육성체계가 개념주

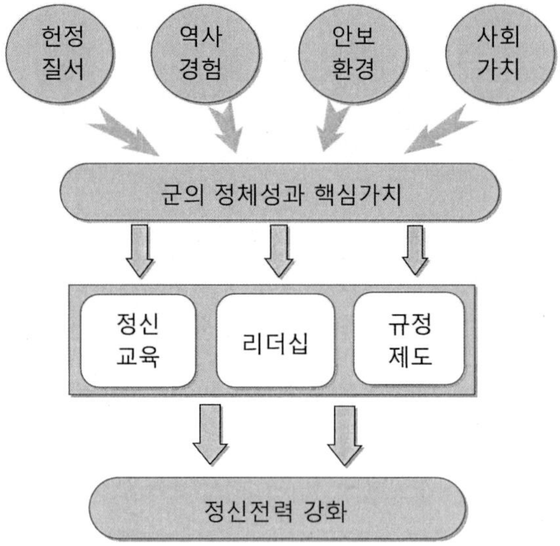

[그림 13-4] 개념주도방식(Top－down식)에 의한 정신전력 육성체계

3 유명덕, 김경규, 남봉균, 제정관, 한용섭, 이민수 (2006). 선진국 군 정신교육 사례연구를 통한 장병 정신교육 발전방안. 국방대학교. 77쪽, 147쪽,

도방식으로 설정되어야 한다.

지금까지 한국군에서는 군의 정체성이나 공유가치에 대한 논의가 거의 이루어지지 않았으며, 간부 양성교육 과정에서 이러한 내용을 다룬 과목은 거의 전무하다. 정신교육의 목표와 내용의 방향을 결정하는 것은 정신전력 자체가 아니라 군의 정체성과 핵심 공유가치들이다. 정신교육은 리더십과 함께 군의 정체성을 확립하고 보전하기 위한 수단이며, 정신전력은 이를 통하여 얻어지는 결과물이다. 이렇게 보면 현재 정신전력의 구성요소를 미리 설정해 놓고, 정신교육이 이를 충족시켜주기 위해 존재하는 것으로 간주하고 있는 한국군에서의 정신교육은 교육영역을 한정시켜버리는 문제점을 안고 있다. 따라서 합목적적인 시대상을 반영한 정신교육으로 거듭나기 위해서는 우선적으로 군의 정체성과 핵심공유가치를 설정하는 노력이 이루어져야 한다.

국방부에서 매년 각급 부대에 하달하는 「정훈·문화활동 지시」에 의하면 정훈교육의 목표를 군인다운 군인 육성으로 설정하고, 하위 목표로서 '필승의 대적관 확립 및 군인정신 무장', '확고한 안보의식 및 역사관 정립', '건전한 국가관 및 민주시민의식 정립'으로 정하고 있다. 이 지시문에는 정훈교육 내지는 정신교육의 목적에 대해서는 전혀 언급이 없다.

선진국의 사례와 우리의 현실적 여건을 고려할 때 우리 군의 정신교육의 목적에 포함되어야 할 개념으로 다음과 같은 사항이 고려되어야 한다고 생각한다. 첫째, 정신교육 활동은 제반 군사적 활동의 정당성을 인식시키는 데 기여한다. 둘째, 분단 상황을 고려하여 '무엇에 대해 대항하는 개념(against what)' 개념과 더불어 민주주의 가치를 수호한다는 의미에서 '무엇을 지키기 위한 개념(for what)' 개념을 도입한다. 셋째, 조직차원과 더불어 개인차원을 포괄하는 개념을 설정한다. 넷째, 단결을 고취시키는 정신을 포함한다. 상기한 사항들을 고려하여 우리 군의 정신교육의 목적을 "군의 존재 목적과 군사적 활동의 정당성을 인식시키고, 역사적 소명의식과 시대정신에 따른 군인화를 통하여 정신전력의 극대화에 기여한다."라고 정의할 것을 제안한다. 아울러 정신교육의 목표는 '군인다운 군인 육성'이라는 슬로건 하에, 대적필승의 대적관과 군인정신 무장(against what), 확고한 안보의식과 민주시민의식 정립(for what), 명확한 역사관과 건전한 가치관 정립(for me)으로 설정할 것을 제안하다.

4. 군 정신교육의 혁신

(1) 군 정신교육의 교육영역 확장

앞서서 군 정신교육의 목적과 목표가 군 정체성과 같은 상위개념과 영향요인에 대한 새로운 해석을 통하여 어떻게 나타나야 하는가에 대해 언급하였다. 그렇다면 군 정신교육의 교육영역 즉 교육내용은 어떻게 구성되어져야 하는가?

앞서서 언급한 바와 같이 정신전력은 개인적 차원의 군인정신과 집단적 차원의 군기와 사기 그리고 단결을 통하여 발현된다고 하였다. 여기서 군인정신은 전쟁의 승패를 좌우하는 필수적인 요소로서. 명예를 존중하고 투철한 충성심, 진정한 용기, 필승의 신념, 임전무퇴의 기상과 죽음을 무릅쓰고 책임을 완수하는 숭고한 애국애족의 정신으로 정의되고 있다. 정신전력 지도지침서에 의하면 정신교육은 정신전력 배양을 위한 5대 활동 중의 하나이면서 중심적 역할을 수행한다고 명시되어 있다(국방부, 1998).

그러나 2011년도에 국방부에서 하달된 '정훈·문화 활동지시'에는 정훈교육(정신교육)의 목표를 다음과 같이 기술하고 있다.[4] 정훈교육(정신교육)의 목표는 군인다운 군인을 육성하는 것이며, 세부적으로 필승의 대적관 확립 및 군인정신 무장, 확고한 안보의식 및 역사관 정립 그리고 건전한 국가관 및 민주시민의식 정립에 있다. 이를 보면 정신교육이 정신전력 육성의 중심적 활동이라고 설정하였음에도 불구하고 실제로는 정신전력의 구성요소들과 정신교육을 통하여 추구하는 요소들이 상당부분 상이하다는 것을 알 수 있다. 그렇다면 정신교육에서 중점적으로 다루는 국가관, 안보관, 역사관, 대적관, 민주시민의식 등의 근거는 어디에서 유래하는가?

결과적으로 정신전력을 구성하는 4대 요소의 적절성 여부를 고려하지 않는다 하더라도, 현재의 정신교육은 정신전력 강화를 위한 활동으로서 부분적인 역할만을 수행하고 있다고 평가될 수 있다. 어떻게 보면 현재 설정된 정신전력 개념 자체가 정신교육의 범위를 제한하고 있다고도 볼 수 있다. 앞에서 언급한 바와 같이 군의 정체성과 핵심공유가치를 내면화시키기 위해 정신교육 활동이 이루어지고 이를 통하여 정신전력이 강화된다고 보면 정신교육의 범위는 지금과 같이 정훈교육처럼 축소되어 운용되기 보다는 [그림

4 2011년에 하달될 국방부 정훈문화활동지시에서는 종래의 정신교육이라는 명칭대신 정훈교육이라는 명칭을 사용하고 있다.

13-5]에서와 같이 오히려 확대되어져야 하며, 정신전력의 개념 또한 새롭게 논의되어야 할 것이다.

선진국 군의 정신교육에 내재된 공통점을 살펴보면, 먼저 정신교육의 중요성에 대한 인식이 강하고 민주주의 가치의 실현이 강조되고 있으며, 정신교육이 군과 사회의 통합에 기여토록 하고, 지휘관 중심의 교육과 정보제공 중심의 교육방식을 적용하고 있으며, 교육영역이 매우 광범위하다는 것을 알 수 있다.[5] 특히 정신교육의 영역이 특정한 가치교육에 한정된 한국군과는 달리 선진 외국군에서의 정신교육은 군의 모든 업무와 개인의 활동에 이르기까지 전 범위를 대상으로 설정하고 있으며, 군인 개개인의 정신적, 정서적인 분야까지도 정신교육의 영역으로 포함시키고 있다

교육내용을 구성하는 방법에 있어서도 공산주의나 여타 위협세력에 대한 직접적인 비판 노력보다는 민주주의의 훼손이 초래하게 되는 비참한 현실들을 제시함으로써 간접적으로 민주주의를 수호하기 위한 군사적 활동의 중요성을 인식시켜줄 필요가 있다. 우리 군에서는 지금까지도 군사적 활동의 필요성을 주장하기 위하여 북한의 대남공작활동과 잠재적인 군사적 위협을 인식시키려 노력해 왔다(직접적 전략). 그러나 이러한 노력들은 정치적인 수단으로 악용되는 등의 학습경험을 통하여 정보에 대한 의구심과 정서적인 거부감을 유발시킴으로써 교육의 효과를 반감시킬 수 있다. 따라서 북한의 대남도발 사례에 대한 다큐형식의 교육과 더불어 가급적 다른 나라의 분쟁상황과 그로 인하여 겪는 국민들의 처절한 고통을 객관적인 입장에서 전달함으로써 국가안보 및 국방의 필요성을 절감하고 이에 적극적으로 동참해야겠다는 인식을 강화시켜 나가야 한다(간접적 전략). 국

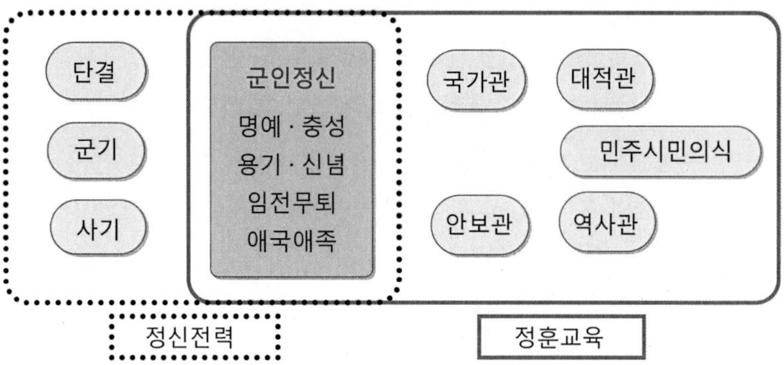

[그림 13-5] 정훈교육과 정신전력의 영역

5 유명덕, 김경규, 남봉균, 제정관, 한용섭, 이민수 (2006). 선진국 군 정신교육 사례연구를 통한 장병 정신교육 발전방안. 국방대학교. 211-213쪽,

방일보 등의 매체에서 평화유지군의 활약상을 홍보하는 것보다 파병대상국가의 처참한 현실을 그대로 보여줌으로써 원하는 교육적 효과를 더 증대시킬 수 있다. 이러한 의미에서 현재 대북관 중심으로 구성된 안보관 교육내용에서 주변국의 분쟁실상과 안보환경을 더 확대하는 쪽으로 변화가 요구된다.

(2) 정신교육 방법의 문제점 및 개선방안

현재 군 정신교육 활동은 신병정신교육, 부대정신교육, 학교정신교육으로 이루어져 있다. 신병 정신교육은 기본정훈교육(국가관/안보관/군인정신)과 지휘관 교육으로 구성되어 있다. 부대정신교육은 일일, 주간, 반기집중, 수시 정신교육으로 이루어져있다. 일일정신교육시간에는 복무결의를 다짐하고 부대단결을 도모하는 교육이 실시된다. 주간정신교육은 문화단결활동, 기본정훈교육(국가관/안보관/군인정신), 시사안보교육으로 이루어져 있다. 반기집중정신교육에서는 시사안보, 인성교육, 부대단결, 봉사체험 등의 프로그램으로 구성되어 있다. 여기에 추가적으로 민간 전문 인력의 초빙교육, 정신교육지원단 순회교육이 운영되고 있다.

군 정신교육의 실시 형식은 기본적으로 중앙 통제형과 집중교육 형식을 취하고 있다. 국방부에서 정신교육에 대한 주통제권을 행사하며, 교육내용이나 교육자료가 국방부에서 제작되어 지원되고 있다. 아울러 매주 주간정신교육의 날에는 전군이 통일된 교육과목과 내용을 동일한 시간대에 교육하고 있다. 주간정신교육은 국군 TV의 '정훈교실'과 '명강특강'을 시청 후 국방일보 게재자료를 윤독 및 토의하고, 국방부에서 발행한 책자와 영상교재를 활용하여 수시 반복교육을 실시토록 되어 있다.

그러나 정신교육의 운영 실태를 살펴본 결과, 실제 운영에 있어서는 군별, 부대별로 차이가 있는 것으로 조사되었다. 주간정신교육시간에 계획된 TV시청이 여건상 불가능한 부대도 있었으며 국방일보를 윤독 한 후 토의를 하는 데에 있어서 미온적인 참여도를 보이기도 하였다. 실시 요일에 대한 불만도 제기되었다. 교육의 운영과 내용구성이 수요자 중심으로 이루어지지 않은 점도 문제가 되었다. 육, 해, 공군의 군별 차이와 부대임무(전투, 기행, 경계 등)의 특성에 맞추어서 운영지침이 차별화되지 않고, 계급과 경력의 구분 없이 동일한 내용이 교육되어짐으로써 교육의 흥미와 수준이 저하되는 결과를 초래하기도 하였다. 정신교육 기본교재[6]의 내용분석 결과, 국가관, 안보관, 군인정신 3개 영역의

6 국방부 (2008), 『정신교육 기본교재』.

제목들이 고전적이고 딱딱하며, 영역별 세부과제들 간에 중복된 내용이 있으며, 북한의 대남전략 실체에 대한 내용이 부족하였다.[7] 또한 신병교육과정에서 전역 시까지 연계성 있는 구조화가 이루어지지 않은 점도 지적되었다.

국방부 조사위원회가 2010년 전반기에 실시된 정신교육을 분석한 결과, TV를 활용하지만 기본적으로 강의중심의 주입식, 일방통행식 방법이 주로 사용되었다. 총 25회 중 강의가 19회, 좌담 3회, 대담 2회, 다큐 1회로 이루어졌었으며, 교육패턴이 딱딱하고 지루하였다는 평가를 받았다. 대담프로그램은 기계적인 진행으로 역동성이 부족하고, 특히 e-세대(영상세대, 인터넷 세대)의 특징을 고려한 콘텐츠가 부족하다거나, 새로운 자료화면 또는 컴퓨터그래픽의 활용이 미흡할 뿐만 아니라 어려운 내용을 많이 포함하고 있다는 점도 지적되었다. 교육의 진행에서는 태도변화의 단계(해빙-변화-응고)나 학습의 원리가 고려되지 않고 있다는 점도 지적되었다.[8]

일반사회의 교육장면에서는 첨단 정보화시설, e-Learning, 소셜네트워크, 멀티미디어 등을 활용한 교육을 거론하고 있으나, 군 정신교육 환경은 여전히 열악한 수준이다. 조사한 바에 의하면, 시청각 장비가 절대적으로 부족하여 GOP나 격오지 부대에 대해서는 교육이 제한되고 있으며, 대다수 부대가 브라운관 형태의 중소형 TV 수상기만을 보유하고 있어 최신의 교육자료를 활용할 수 없다. 국방부에서 제공하는 『정신교육 기본교재』마저도 간부들에게 충분히 제공되지 않은 상태이다. 교육시설 또한 독립된 시설을 확보하지 못하여 대부분 식당이나 종교시설 혹은 비좁은 생활관을 활용함으로써 교육효과를 약화시키고 있다.

선진국 군들은 매스미디어를 군을 유지하고, 정책을 홍보하며, 장병들을 이해시키고 하나로 묶는 수단으로 적극 활용하고 있다. 반면에, 한국군 관련 매스미디어는 다양하고 유익한 정보를 제공한다는 측면이 약하며 지나치게 의도적이거나 작의적인 성격도 존재하고 있다는 평가를 받아 왔으며, 이러한 부분들이 점차 개선되어 가고는 있으나 여전히 보완될 여지가 많은 것으로 평가되고 있다.[9]

정신교육 운영상의 문제점들을 고려할 때, 가장 우선적으로 고려되어야 할 방법은 중앙통제식 집중교육이다. 60여만 대군의 교육이 동일한 날짜, 동일한 시간대에 일사불란

7 김용주, 김미정, 김용식, 백승주, 제승호, 정길화 (2010). 정신전력 강화를 위한 정신교육 개선방안. 화랑대연구소. 21쪽.

8 김용주, 김미정, 김용식, 백승주, 제승호, 정길화 (2010). 정신전력 강화를 위한 정신교육 개선방안. 화랑대연구소. 17~18쪽.

9 유명덕, 김경규, 남봉균, 제정관, 한용섭, 이민수 (2006). 선진국 군 정신교육 사례연구를 통한 장병 정신교육 발전방안. 국방대학교. 240-241쪽,

하게 운영될 수 있다고 믿는 것 자체가 무리이기 때문이다. 지금과 같이 주간정신교육의 실시 요일을 획일적으로 지정하여 운용하는 방법보다는 부대별로 가용한 최적의 요일에 실시할 수 있도록 해야 한다. 국방부와 각 군 본부에서는 예하 부대에 공통된 지침을 하달하고, 세부적인 실시방법은 예하부대의 자율에 맡기는 방식이 더 효과적일 것이다. 아울러 선진국 군의 경우와 마찬가지로 정신교육내용을 신분별, 계층별로 차별화함으로써 수요자의 지적 욕구를 충족시킬 수 있도록 해야 한다. 아울러 병사들의 경우 입대하여 제대할 때까지 약 2년에 걸친 기간 동안에 교육내용의 반복이 없도록 단계화시켜야 한다.

교수-학습 기법의 발전(CBT-WBT-e-Learning-ICT)[10]에 따라, 정신교육 장면에 컴퓨터, 인터넷, 웹 등 디지털화된 교수매체를 활용하는 방법적 개선이 요구된다(최광표, 최광현, 김인국, 2007). 아울러 신세대 특성을 고려한 다양한 기법(질문, 인터뷰, 애니메이션, 실험영상 등)을 활용하고 영상세대 장병들의 특성을 고려하여 흡입력과 전달력이 높은 다큐형식을 활용하는 방안도 고려되어야 할 것이다. 국민적 안보의식 강화를 위해 북한의 위협과 만행에 대한 정보만을 제공하는 것보다는 대북 정보와 더불어 분쟁국가의 처참한 실상을 보여줌으로써 국가안보를 위한 방위노력의 필요성과 중요성을 인식토록 하는 것이 더 효과적이다.

정신교육을 담당하게 되는 교관들의 역량에 대해서도 관심을 가져야 한다. 현재 간부들의 정신교육 역량은 학교교육(간부양성 및 보수과정)과 부대 간부교육을 통하여 배양된다. 양성과정에서는 정신교육 기본교재 18개 과목의 내용을 이해하고 숙지하고, 보수과정 중 초군반에서는 토의 및 발표능력 배양을, 그리고 고군반에서는 교육계획과 지도능력을 중심으로 교육된다. 부대에서 이루어지는 간부교육은 주간정신교육 동참을 원칙으로 하며, 지휘관에 따라 수시교육이 실시된다. 이런 과정을 통하여 양성된 초급지휘자들은 해당 부대에서 병사들을 대상으로 교육과 토의를 주관해야 한다.

여기서 문제는 초급간부들 중 일부는 시사현안에 어둡고, 『정신교육 기본교재』의 존재조차 인지하지 못한 경우도 있다는 점이다. 대부분의 초급장교들은 상급부대 지시사항이 과다하고 부대관리 임무를 우선적으로 수행하다보니 정신교육에 대한 관심이 부족하고, 정신교육을 위한 준비여건도 매우 미흡한 상태이며 주기적인 집체교육이나 연수의 기회도 거의 전무한 상태이다. 특히 정신교육의 교관화 과정을 경험하지 않은 채 부임하

10 CBT: 컴퓨터가 교사의 수업기능을 하도록 되어 있는 개별화 수업 체재, WBT: 인터넷의 웹이 제공하는 자료를 활용하여 전개하는 교수 프로그램, e-learning: Off-line/On-line상에서 전자적 매체를 이용한 학습방법 총칭, ICT: 정보, 통신, 공학적 HW/SW를 이용한 능동적 교수-학습 방법.

는 경우가 많으며, 자대에서 스스로 준비해야 하는 고충을 겪기도 한다. 한편, 군에 입대하는 병사들은 인터넷을 통하여 특정 주제에 대해서는 상당한 수준의 정보를 획득한 상태이다 보니 제대로 준비되지 않은 채 교육을 주관하는 초급장교보다 더 높은 수준의 지식을 보유한 경우가 발생한다.

일부 지휘관들은 이렇게 준비되지 않은 초급 지휘관들이 교육의 전면에 나서는 것 자체가 병사들의 불신을 초래할 수 도 있다고 우려한다. 매년 실시되는 전군 안보의식 조사 결과에서도 초급간부들의 안보의식 수준은 병사들과 크게 다르지 않은 것으로 조사되었다(김용주, 2010). 특히 정신교육을 주관하는 정훈장교들의 경우 공보업무에 치중하거나 잡무과다로 인하여 정신교육에 대한 여력이 부족한 경우가 많고, 위탁교육 등의 제한으로 전문성을 강화할 기회가 적다는 것도 문제로 제기되고 있다.

상기한 문제점들을 고려할 때, 가장 우선적으로 요구되는 것은 간부들의 교육자 역할 교육이다. 간부들의 경우는 스스로가 정신교육의 내용을 숙지하는 것과 더불어 정신교육 체계 전반에 대해 이해를 해야 하며, 어떻게 가르칠 것인가에 대한 교관화 교육을 경험토록 해야 한다. 이를 위해서 양성 및 보수교육과정에서 정신교육관련 시간을 확대해야 한다. 아울러 지휘관에 의한 간부교육을 활성화하여 부대 근무 간에도 지속적으로 간부들의 교육역량을 강화시켜 나가야 한다.

끝으로 많은 연구자들과 지휘관들이 이미 오래전부터 정신교육의 발전을 위한 다양한 의견들을 제시하였음에도 불구하고 아직까지 정책에 반영되지 못하고 있는 이유는 무엇일까? 아마도 가장 큰 이유는 한국군의 정신교육 운영이 시스템에 의하여 이루어지기보다는 지휘관의 지휘기조에 의하여 크게 영향을 받기 때문일 것이다. 실제로 연대 및 대대급 부대에서 정신교육의 내실 있는 운영은 지휘관의 관심과 노력에 의해 좌우되었다. 따라서 정신교육의 내용과 방법의 개선보다도 정신교육에 대한 지휘관심 제고방안들이 더 시급하게 이루어져야 할 것이다. 현재 부대평가에서 정신교육분야가 차지하는 비중은 5%에 불과하다. 이러한 평가비중은 정신교육 업무가 타 업무 대비 후순위로 밀려나는 원인이 되기도 한다. 따라서 부대평가 시 정신교육 분야에 대한 평가 비중을 상향 조정함으로써 지휘관들이 정신교육에 관심을 갖도록 유도해야 한다.

정신전력이나 정신교육의 필요성에 대한 교육의 부재 역시 문제가 되고 있다. 지휘관 및 참모들 스스로가 정신전력의 개념과 역할에 대한 이해가 부족하여 '정훈교육이 곧 정신교육'이라고 인식하는 경우가 다반사이다(임명수, 2008). 독일군의 경우 정신교육과 유사한 기능을 수행하는 '내적 지휘' 개념은 임무형 지휘와 더불어 독일군을 이끄는 양대 정신적 지주임을 강조하면서 실제적인 교육적 활동으로 그 중요성을 구현시키고 있다.

따라서 우리 군의 정신교육이 효과적으로 작동되기 위해서는 정신교육 자체에 대한 인식을 바로 잡아줄 수 있는 지휘부의 관심과 교육이 필요하다.

무한 경쟁의 시대에서 조직의 경쟁력은 조직의 문화에 의해 결정 된다. 세계 일류의 우수 기업이 지속적으로 유지되고 성장할 수 있는 원동력은 우수한 기업문화를 소유하고 발전시켜 나가고 있기 때문이다. 미국과 독일을 비롯한 선진국 군대 또한 문화적 혁신을 통하여 거듭남으로서 효율적이며 효과적인 군사력을 운용할 있게 되었다. 조직문화를 구성하는 여러 요인들에는 리더십 스타일, 구성원, 제도, 구조, 전략, 기술, 공유가치 등이 있다. 이들 중에서 '공유가치'는 구성원들 모두가 공통으로 소유하고 있는 가치관, 이념 그리고 전통가치와 조직의 기본 목적 등을 의미하며 다른 요소들에 영향을 미치는 가장 중요한 요인이다. 그런데 공유가치를 형성하고 유지시키는 가장 주된 활동이 바로 정신교육이다. 즉 정신교육은 장병들에게 군을 유지시키는 핵심 공유가치를 인식시킴으로써 부여된 임무를 능동적으로 완수하는 전투의지력을 극대화시켜주는 가장 중요한 활동이다. 이러한 의미에서 본 연구가 한국군의 정신교육 발전을 위한 지휘관심과 과감한 투자에 조금이나마 보탬이 되기를 바라는 마음이다.

참고문헌

고재원, 김용주, 이현엽 (2008). **한국군의 친인권적 리더십 모델 탐색**. 육군사관학교 화랑대연구소.

국방부 (1998). **정신전력 지도지침서.**

국방부 (1999). **정신전력 평가지침서**.

국방부 (2008). **정신교육 기본교재**.

국방부 (2010). **정훈 문화 활동지시.**

국방일보 (2002). **기본정훈교육: 국가안보와 군의 역할** (9. 13자).

김경규 (2007). 초급간부의 리더십 환경분석 및 개선방안. **군사논단, 49**, 125-145.

김동식, 김용주, 조은영 (2003). **미래전 수행을 위한 육군문화 발전방안**. 한국전략문제연구소.

김병조 (2008). 선진국에 적합한 민군관계 발전방향 모색. **전략연구, 15**(3), 24-57.

김용주 (2012). **제복을 입은 국민의 군대**. 서울: 황금알.

김용주, 이현엽, 김세훈, 심호섭, 김상수 (2013). **병 정체성 정립 및 적용방안 연구.** 육군사관학교 화랑대연구소.

김세훈, 김용주 (2015). 한국군 병영문화의 문제 및 개선에 대한 연구. **군사논단, 81**, 108-125.

김용주 (2010). **장병 안보의식 조사**. 육군사관학교 화랑대연구소.

김용주, 김미정, 김용식, 백승주, 제승호, 정길화 (2010). **정신전력 강화를 위한 정신교육 개선방안 연구**. 육군사관학교 화랑대연구소.

김용주, 신인호 (2007). **독일 연방군 총서**. 육군사관학교 화랑대연구소.

김효창. (2005). 시대와 문화를 반영하는 정체성. **대학신문, 220**호.

문홍식 (2007). **장병안보의식 제고에 영향을 미치는 요인에 관한 연구**. 국방부.

박장현 (2006). 신세대 장병의 의식성향을 고려한 야전부대 정신교육 개선방안. **정신전력연구, 37,** 155-170.

송유계 (2008). **수요자 중심의 정신교육 활성화 방안 연구**. 국방부.

심상용, 이상복 (2005). **입대장정의 안보의식 변화에 따른 정신교육 발전방안**. 국방대학교 안보문제연구소.

임종명 (2010). 설립 초기 대한민국의 전사형 국민 생산과 조선민주주의 인민공화국상(像)의 전용. **한국사연구, 151**, 175-229.

유명덕, 김경규, 남봉균, 제정관, 한용섭, 이민수 (2006). **선진국 군 정신교육 사례연구를 통한 장병 정신교육 발전방안**. 국방대학교.

육군본부 (2014). **군인복무규율 길라잡이**. 국군인쇄창.

윤민재 (2008). 한국사회의 군대문화와 군 자살사고에 대한 사회학적 고찰. **담론, 11**, 165-193.

윤정일, 허형, 이성호, 이용남, 박철홍, 박인우 (2002). **신 교육의 이해**. 서울: 학지사.

임명수 (2008). **선진강군 육성을 위한 장병 정신교육 방안**. 국방부.

정근식 (2006). 병영문화와 군대인권: 육군의 인권개선 추진실태를 중심으로. **한국 사회과학, 28**, 109-142.

조승옥, 문양호, 조은상 (1998). **육군문화 발전방안 연구**. 정책연구과제(인기 37106-33). 육군사관학교.

조승옥, 이택호, 박연수, 조은영, 정은진 (2011). **군대윤리**. 서울: 집문당.

진양갑 (2006). 국방개혁 시대의 정신전력 강화방안. **정신전력연구, 37**, 201-238.

최광표, 최광현, 김인국 (2007). **장병 정신교육시 MIE기법 적용여건 구축방안 연구.** 한국국방연구원.

최광현, 이종현, 조관호, 김인국 (2000). **정신전력 육성방안**. 한국국방연구원.

한광민 (2005). **군 정신교육의 이상적 ICT 교육모델 수립연구**. 서상대학교 언론대학원 석사학위 청구논문.

한동원, 이춘식 (2006). **병영환경 변화가 장병의 정신전력에 미치는 영향과 대책**. 국방대학교 리더십개발원.

홍대식 (2012). **사회심리학**. 서울: 박영사.

Aronson, E. (1999). *The social animal* (8th ed.). New York: Worth Publishers.

Erikson, E. H. (1956). The problem of ego identity. Journal of the American Psychology Association, 4(1), 56-121.

Erikson, E. H. (1968). Identity youth and crisis. New York: W. W. Norton & Company.

Huntington, S. P. (2004). Who are we?: The challenges to America's national identity. Simon and Schuster.

Watson, J. (1950). Some social and psychological situation related to change in attitude. Human Relation, 3, 15-56.

제 14 장

통일 심리학

분단국가로서 오랜 시간을 보낸 남한과 북한이 하나가 되는 역사가 이루어질 때를 대비해서 우리는 무엇을 준비해야하는가? 자유민주주의 체제를 유지하고 있는 남한과 공산주의와 김일성 주체사상으로 이념화된 북한이 통일될 경우, 남한 사람들과 북한 사람들은 자연스럽게 하나가 될 수 있을까? 또한 북한 군인과 남한 군인은 정신적인 차원에서 별다른 문제없이 하나로 융화될 수 있을까?

이러한 문제들에 대한 답을 얻기 위해 본 장에서는 과거 민주주의적 가치에 기반을 둔 서독 국민들과 공산주의 이념의 지배하에 있던 동독 국민들이 어떻게 내적인 통합을 이루어 왔는지에 대해 살펴보고자 한다. 특히 공산주의 이념에 의해 양성된 동독 군인들을 대상으로 독일 연방군이 취하였던 조치들을 내적 통합의 관점에서 살펴보고자 한다.

본 장에서 언급한 '통일 심리학'은 남한과 북한의 통일에 대비하여 심리학적 관점에서 무엇을 준비하고 고려하여야 할 것인지에 대해 방향을 제시한다는 의미에서 붙여진 이름이다.

1. 한 민족, 두 국가

(1) 독일통일의 의의

독일의 통일은 분단되었던 민족과 영토의 재결합이라는 측면에서 매우 의미 있는 일이었다. 그러나 보다 더 큰 의미는 그 때까지만 하여도 서로가 전혀 융합될 수 없을 것으로 여기어졌던 자유 민주주의와 공산 사회주의라는 상이한 두 이념체제가 총 한 발 쏘지 않고 통합될 수 있었다는 점이다.

1871년 여러 연방으로 분열되었던 독일 땅에 프로이센 왕을 황제로 한 통일된 독일제국이 선포된 후, 독일은 바이마르 공화국을 거쳐 제3제국 시기에 이르기까지 비교적 단일한 통치 이념 하에 존재하였다. 그러나 1945년 제2차 세계대전에서의 패배와 함께 전승 연합국 4개 국가에 의하여 분할 점령된 독일은 서로 다른 체제와 이데올로기 위에 세워진 두 개의 정치 체제, 즉 서독의 독일 연방 공화국과 동독의 독일 민주주의 공화국의 대립을 경험하게 되었다. 그 후 약 반세기 동안 서로 다른 체제를 유지해 온 동·서독은 급기야 소련과 동유럽 사회주의 체제의 몰락과 더불어 너무도 급격하게 통합되었다. 1989년 8월 헝가리가 오스트리아의 국경을 개방하자 13,000여명의 동독인들이 헝가리를 통해 서독으로 탈출했다. 그리고 1989년 11월 9일 베를린 장벽이 무너졌다. 공식적인 독일 통일은 1990년 10월 3일 독일민주공화국에 속하던 주들이 독일연방 공화국에 흡수되는 방식으로 이루어졌다.

그러나 극히 짧은 기간 동안에 통일을 완성하였음에도 불구하고 정치, 경제, 사회,

[그림 14-1] 독일 통일 전 베를린의 분단 현장(좌측)과 독일 통일을 기념하는 포스터(우측)

문화 등 제 분야에서의 통합 과정이 커다란 문제없이 진행되고 있다는 점은 매우 주목할 만한 사실이다. 특히 첨예하게 경쟁적으로 대립하였던 군사 영역에서의 평화적 통합 과정은 언젠가 다가올 한반도에서의 군사통합을 준비하는 우리에게 더욱더 각별한 관심을 갖게 만든다.

독일의 통일은 양 체제가 수렴되어 제3체제를 선택한 형태가 아니라 한 체제가 다른 체제를 비교적 급속하게 흡수·병합하는 형태로 이루어졌다. 하지만 한반도에서의 통일의 형태와 양상은 독일의 통일과 다를 수 있다. 한반도에서의 통일은 급속하게 이루어질 수 있지만 점진적으로 이루어질 수도 있다. 또한 한반도에서의 통일은 협상에 의하여 이루어질 수 있지만 흡수통일의 가능성 또한 배제할 수 없다. 더욱이 제2차 세계대전 훨씬 이전부터 존재한 독일과 한반도 사이의 근본적인 차이점들은 독일의 통일을 한반도의 통일 모델로 직결시키기 어렵게 만든다. 하지만 독일의 통일 과정에서 이루어졌던 제반 조치 및 행위들과 그 결과들을 분석하고 타당한 법칙성을 발견하는 작업은 한반도에서의 통일이 어떠한 방식으로 이루어지던 간에 우리에게 매우 가치 있는 경험적 교훈이 되리라 생각한다.

지난 10여 년 동안 우리나라에서는 다양한 주체들에 의하여 각기 다른 시각에서 독일의 통일 과정이 심도 있게 연구되었다. 동·서독의 통합 과정이 시기별로 면밀하게 분석되었으며, 통일 과정에서 나타난 주변국과의 외교 문제와 각 영역별 제도의 통합 과정이 상세하게 다루어졌다. 제도적인 통합과 구별하여 사회적 통합 혹은 내적 통합의 문제

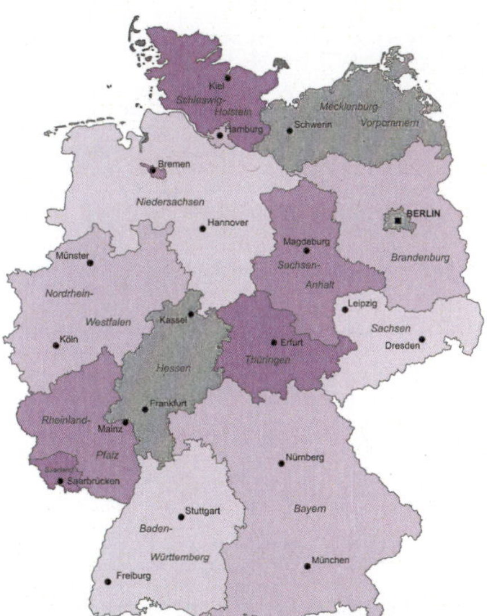

[그림 14-2] 통일된 독일의 지도

가 검토되기도 하였다. 군사통합과정을 비교적 자세하면서도 폭넓게 다룬 연구들이 제시되기도 하였다. 그러나 서독 연방군과 동독 국민군의 통합과정에서 나타난 이질적인 이념체제의 문제를 심도 있게 다룬 연구는 찾아보기 힘들다.

실제로 동독군은 당에 의해 엄격하게 통제 및 감독을 받고 상급 지휘부의 일방적인 명령과 지시에 따라 움직이도록 훈련된 군대였다. 이러한 군대를 민주주의 체제 속에서 내적 지휘통솔의 원칙하에 운용되어 온 서독 연방군의 틀에 재조형시키는 데는, 어느 정도 준비에도 불구하고 제반 분야에서 많은 문제점들이 발생하였다. 비록 북한의 군대가 동독과는 여러 면에서 상이한 이념체제 속에 운용되고 있지만 동·서독의 군사통합과정에서 나타난 이념 문제의 해결 과정을 심도 있게 분석하고 그 교훈을 도출하는 것은 한반도에서의 평화적인 군사통합과 더불어 내적인 통합을 대비하는 관점에서 매우 의미 있는 작업이다.

(2) 두 개의 국가

독일의 역사적 정체성을 확인하는 일은 지리적 조건상 국토의 한계가 불분명하고 독일어를 사용하는 언어적 경계와 정치적 지배의 경계가 일치하지 않음으로써 자연적으로 형성된 국경으로 구획 지어진 영국이나 프랑스와는 달리 매우 어려운 일이나, 대체로 정치적 통합을 강화하여 사람들에게 국민적 일체성을 각성시킨 민족주의 시대에 형성되었다고 할 수 있다(이민호, 1996).

산업화에 있어서 영국과 프랑스의 후발주자로 출발한 독일은 1871년 프로이센의 주도하에 오스트리아를 제외한 여러 연방을 통일함으로써 하나의 국민 국가가 되었다. 이러한 정치적 통일은 독일의 산업이 1913년까지 불과 몇 십 년 사이에 비약적으로 발전할 수 있었던 원동력이 되었다. 그러나 19세기 후반 독일의 급격한 산업화 과정에서 갖가지 전통적, 신분적 요인이 청산되었음에도 불구하고 낡은 권위주의적 지배 질서가 계속되고 계몽주의 사상을 토대로 한 자유 시민 정신과 시민 문화는 확산되지 못하였다. 그 이유는 프랑스에서와는 달리 독일의 계몽사상은 사회의 해방보다는 위로부터 낡은 체제를 수호하기 위한 지배 수단으로 이용되었기 때문이다. 계몽사상을 받아들인 소수의 관료들이 그들의 국가를 제도적으로 개선하기 위한 수단으로 강구하였을 뿐 위로부터 국가를 개혁하고자 하지는 않았다. 오히려 19세기 말에 성립된 산업적 대중사회를 차단하고 아래로부터의 민주화 요구를 봉쇄하였으며 사상과 정신의 자유를 국가 권위에 대한 복종에 결부시켰다. 이러한 분위기는 귀족 신분의 대표적인 직업들 중 하나인 군대의 장교단에서도 동일하게 나타났다.

1914년에 시작하여 4년여 기간 동안 지속되었던 제1차 세계대전이 끝나고 독일사에 있어서 민주적 토대 위에 구축된 최초의 정치 체제를 갖춘 바이마르 공화국이 들어섰다. 1919년 8월에 공포된 바이마르 헌법은 1848년의 혁명 이념에 뿌리를 두고 국민주권을 기초로 하여 민주주의를 확고히 하려는 데에 목표를 두었다. 이 헌법은 독일 국가가 공화국이며 정치적 권위는 국민으로부터 나온다고 밝히고 있다. 그 밖에도 국민의 기본권으로 결사·집회·청원의 자유, 신앙과 양심의 자유 등의 긴 항목이 포함되었다. 그러나 바이마르 공화국 치하의 군대는 제국시대의 전통을 유지하고 있어서 이념적인 통합을 이루지 못하였다. 더욱이 공화국 말기의 군대는 정치적 중립성을 유지하고 군인의 정치 행위를 금지하는 군대법에도 불구하고 많은 정파에 의해 유혹 당하는 등 국내 정치과정에 깊이 연루되어 정치세력을 형성하였다. 이로서 군대는 민주주의 형태를 지닌 바이마르 공화국에 대해 일정 거리를 유지하면서 "국가내의 국가"로서 기능하였다.

바이마르 공화국의 의회민주주의는 불과 14년의 짧은 역사를 마감하고 나치스 독재에 의한 국가사회주의가 들어섰다. 국가사회주의의 군대는 질서 유지 수단으로 간주되어 온 군주제의 전통을 간직하고 있었을 뿐만 아니라 민주주의와 거리가 먼 전통적인 이념에 사로잡혀 있었다. 1945년 제2차 세계대전에서의 패배와 함께 국가사회주의는 몰락하였으며 미국, 소련, 영국, 프랑스의 전승국들은 포츠담 회담을 통하여 여러 가지 정치적인 현안 이외에 독일의 완전한 군비 해체, 비군사화를 합의하였으며, 독일에서 민주적 교육이 실시되어야 할 것을 합의하였다. 1949년 9월에는 미국, 영국, 프랑스의 연합군 측 3개국의 군정하에 있었던 서독 지역에 새로운 연방 정부가 세워졌으며, 10월에는 소련의 군정 하에 있었던 동독 지역에 독일 민주주의 공화국이 건립되었다. 이로서 독일은 1871년 단일한 제국으로 출발한 지 78년 만에 전혀 다른 두 개의 이념 체제로 나뉜 분단국가로서의 역사를 시작하게 되었다.

2. 동·서독의 이념체계

(1) 서독의 이념체계

제2차 세계대전이 끝나고 서독 지역을 점령한 전승국들의 우선적인 관심은 독일인들의 사고를 지배하고 있는 국가사회주의의 막강한 영향력을 제거하고 재교육을 통한 민주의식의 함양에 있었다. 이러한 정책의 일환으로 서독의 각 주들은 학교에서의 정치교육을 관장하였으며 적극적인 정치교육을 위한 동력은 교육계로부터 시작되었다.

서독의 정치교육

서독에서의 정치교육은 시민들을 계몽시키기 위한 정보를 제공하는 한편, 시민들의 비판력 및 판단력을 제고시키고 이를 토대로 정치 참여를 통한 사회의 민주화를 주 목적으로 하고 있다. 즉 시민들이 처한 사회적 환경을 바르게 인식하도록 도와주며, 개인의 삶이 사회구조 및 사회정치적 발전과 밀접한 연관을 갖고 있다는 것을 인지시킴으로써 사회현실 분석 능력과 불합리한 구조의 개혁 능력을 육성케 하였다. 이를 위해 이성적 통찰력과 비판의식의 고양이 요구되었다. 아울러 정치교육이 단순히 인지적인 차원에서의 지식전달이 아니라, 사회인식의 토대 위에서 적극적이고 자발적인 참여를 유도하는 실천적 교육이 되도록 하였다. 만약 정치교육이 기존의 사회관계에 단순히 적응하는 교육으로 전락한다면 또는 정치교육이 단순히 무엇을 익히 안다는 것으로 끝난다면, 정치교육은 시민들로 하여금 수동적이고 소극적인 정치태도를 갖게 만들며, 사회를 발전시키는 것이 아니라 기존 체제에 복종, 순응하는 인간만을 양산하는 위험에 노정된다. 따라서 독일의 정치교육에서는 합리적인 정치행위를 유발시키는 실천문제가 중시되었다. 이것은 곧 사회발전을 촉진시키거나 가능하게 하는 의식, 행동방식, 태도 등을 형성, 발전시키는 것을 의미한다.

서독의 정치교육은 민주주의 이념의 실현을 기본 목표로 한다. 민주주의의 핵심적 가치 이념들 중 하나는 자유이다. 민주주의 이념은 사회적 삶의 인간화와 자유로운 자기실현에 기초를 두고 있다. 민주주의 체제에서는 국가의 자의적 개입을 배제함으로써 각자의 욕구를 충족시킨다. 이러한 의미에서 개인적 판단과 양심이 정치체제의 신성 불가침적인 기본단위로 간주된다. 자유 민주주의는 개인이 최소의 간섭과 통제를 받을 때 최고의 능력을 발휘할 수 있다는 전제에 입각해 있기 때문에 정부의 권한은 될 수 있는 한 제한되어야 한다고 보고 있다. 따라서 정치교육은 비판의식을 강화하고 인간에 대한 불필요하고 비합리적인 지배를 제지하여 가능한 한 인간에게 자유를 보장하는 민주화를 촉진시킨다. 민주주의의 핵심적 가치 이념들 중 다른 하나는 평등이다. 불평등을 인간조건의 자연적인 부분으로 간주하여 그와 같은 불평등을 유지하고자 하는 파시즘이나 그와 같은 불평등을 강제적으로 해결하고자 하는 마르크시즘과는 달리 민주주의는 모든 인간이 평등할 수는 없지만 정치사회의 일원으로서 법 앞에서의 평등한 권리와 자격을 정치체제의 기본 이상으로 삼고 있다. 이러한 정치교육의 기본방향은 사회발전에 있어서 사회 지배계층의 관심에서가 아니라, 모든 사람들의 정신적, 물질적 욕구 충족과 더불어 사회구성원 모두의 생존여건을 지속적으로 개선시키고 인간의 자기실현을 보장해주는 방향으로 설정되고 있다.

이러한 목표를 달성하기 위하여 정치교육은 정치기구, 정치과정에 관한 지식, 헌법상의 국가관, 정치·사회·경제적 문제에 대한 지식 등을 인식하도록 교육시킨다. 아울러 시민들의 정치의식 형성을 촉진·저해할 수 있는 생활환경을 감안하여 실시하는 한편, 수업의 주제는 구체적·실제적인 경험 및 관심과 더불어 미래의 생활환경을 전제로 선택되어진다.

서독의 민주주의 이념에 대한 강한 실천의지는 그들의 기본법에 잘 나타나 있다. 서독은 국가이념으로 자유민주적 기본 질서를 채택하고 헌법(Verfassung) 대신 최소한의 정치 질서를 유지하는 데 필요한 기본법(Grundgesetz)을 제정하였다. 이 기본법은 독일 민족의 자결권에 의해 최종적 법적 토대를 구성하는 헌법이 아니라 자유에 의한 통일이 완성될 때까지 단지 일시적 성격을 지닌 헌법으로 간주되었다. 서독의 기본법은 국민 주권의 이념에 따라 창설된 국가권력이 남용되거나 악용되는 일이 없도록 법치주의 원리를 자유민주주의 기본이념으로 삼고 있다. 서독 기본법이 채택하고 있는 법치주의는 법률의 형식만을 중요시하는 형식적 법치주의 내지 법률 만능주의가 아니라 인간생활의 기초가 되는 자유, 평등 및 복지를 실현시키는 실질적인 의미의 법치주의이다. 또한 서독의 기본법은 사회국가의 원칙에 입각하여 정의사회의 실현을 추구하고 있다. 국가의 적극적인 목적으로 공공복리를 규정하고 있을 뿐만 아니라 일련의 사회적 기본권의 폭넓은 보장을 통하여 실질적인 자유와 평등의 실현을 추구하는 사회국가 내지 복지국가 원리를 수용하고 있다(민족통일연구원, 1996).

서독의 정치교육이 갖는 몇 가지 특징을 살펴보면 다음과 같다. 먼저 서독의 정치교육은 인간의 존엄성, 인권, 민주 사회적 법치국가, 연방의 통치구조 등 기본법의 기본 원칙을 존중한다. 정치교육이 기본법 내에서 실시된다는 점은 정치교육의 영역이 기본법에 의해 제한 받는다는 것을 의미한다. 그러나 기본법은 정치적 결정의 자유를 보장하고 정치적 행동에 정당성을 부여하기 때문에 국가의 법적·제도적 질서는 정치교육에도 유효하게 적용될 뿐만 아니라 정치교육의 대상이 된다는 것이다. 그러므로 정치교육의 과제는 법규범의 타당성과 변화 가능성을 시민들에게 인식시키는 한편, 이미 획득한 권리 및 제도들을 지키기 위해 진력하고 기본법이 규정한 정치질서를 침해하지 않는 범위 내에서 법률 및 규정을 변경시키는 능력을 배양시키는 데 있다. 이것은 서독의 정치교육이 정치·경제·사회적 질서가 갖는 강제와 지배 관계를 아무런 검증 없이 받아들이는 것이 아니라 그것이 갖는 의미 및 목적에 의문을 제기하고 지배질서에 내재되어 있는 이해관계, 규범 및 가치관 등을 비판적으로 검증할 수 있는 능력을 배양시키는 것을 의미한다(황병덕, 1995).

서독의 정치교육은 개인의 행복관을 발전시키고 이를 실현 가능하게 하는 능력과 자세를 확립하는 데 기여한다. 행복이란 정치적인 것은 아니지만 행복을 실현할 수 있는 정치·경제적인 조건을 필요로 한다. 특히 민주사회에서는 전체주의 사회와는 달리 다양한 행복관이 존재하기 때문에 특정한 행복관을 강요하거나 이를 정치적인 권위를 통해 절대화하지 않는다. 그러므로 정치교육은 보편적인 규범을 지닌 행복관을 강요하지 않고 타인의 관점도 존중하면서 자신의 행복관을 발전시킬 수 있는 능력을 함양하는 것을 목표로 삼고 있다.

서독의 정치교육은 국제적으로 다른 민족의 생존권과 독립을 인정하고 이로 인한 불이익을 감수하면서 국제적 안전과 정당한 국제질서를 위해 공헌하는 자세의 함양을 추구한다. 따라서 다른 사회의 삶의 형태, 사고 습관, 가치 척도를 배척하지 않는 자세의 함양, 다양한 발전상태에 있는 국가 간의 이해관계 및 갈등을 인식하는 능력과 아울러 국제정치의 구조적 토대와 분규를 인식하는 능력의 배양은 정치교육의 주요 목표가 된다. 서독의 정치교육은 환경문제와 같은 미래의 생활여건도 교육대상으로 하고 있다. 고갈되어 가는 자원문제, 날로 악화되는 환경문제, 인류의 생존을 위협하는 핵전쟁 문제 등은 인간의 삶에 있어서 핵심적인 문제들이다. 이외에 노동의 위상도 정치교육의 대상이 된다.

서독인들의 이념교육은 독일문화교육성 협의회(Kulturministerkonferenz: KMK)에 의하여 발표된 독일문제 교육지침(Die deutsche Frage im Unterricht)에 잘 나타나 있다. 독일문제 교육지침은 기본적으로 독일통일이 가까운 장래에 달성될 전망이 없다고 판단하고 당장 해결할 수 없는 통일문제로 인간의 존엄성과 내면생활이 희생되어서는 안 된다는 인식 하에 이데올로기에 의한 대립은 삼가야 한다는 점을 강조한다. 또한 평화공존을 바탕으로 한 동방정책에 따라 동독정부의 실체만을 인정한다는 합리론에 기초하여 독일 내 두 개의 국가가 존재함을 인정하고 있다. 또한 독일문제를 독일 위주로만 생각하던 사고방식은 독일분단이 유럽평화와 안보가 지속되는 차원에서 인식해야 한다는 사고로 전환되었다. 독일문제 관련 교육지침은 과거 국가사회주의처럼 종족의 우월성을 토대로 통일을 주창하는 것이 아니라 자유와 평화 속에서 민족통일을 추진한다는 점을 강조하였다. 이 지침은 동독인들도 독일민족으로 공통의 역사, 언어, 문화 등을 통해 서독인들과 결합되어 있다는 점도 주지시키고 있다. 이를 위해 동독의 정치, 경제, 사회체제에 대한 정보를 제공하는 한편, 동·서독 체제 비교를 서독 기본법에 제시되어 있는 가치기준으로 수행할 것을 명시하고 있다. 따라서 서독정치 체제에서는 자유, 인권, 정의 등에 입각한 법치 국가적 질서가 보장되고 민주적 정치문화의 기반 위에서 정치, 사회세력 간의 정치적 갈등이 성공적으로 관리되었던 반면, 동독정치 체제에서는 동독의 지배층이 당에 의한 관료주의적 권력독점을 고수하여 사회 발전이 불가능하다는 면을 학생들에게 인지시켰다. 독일문제에 관한 교육지침은 동독인 들도 동독의 발전에 대해 나름대로 긍지를 갖고 있으며, 서독이 독일 전체를 대표하는 것으로 파악하지 않았다. 이러한 교육지침은 동독인에 대한 서독인들의 심리적 우월성을 억제하는 데 기여했으며, 또한 서독인과 동독인과의 유대감을 강화시키는 데에도 이바지하였다.[11]

내적 지휘(Innere Führung)

그렇다면 서독의 연방군에서는 어떠한 이념체제가 존재하였으며 어떻게 교육되어졌을까? 서독 지역을 관할한 전승국들과 서독의 정치가들은 새로운 군대는 나치 군대와의 과거를 청산하고 자유 민주주의의 기본 질서 속에서 건설되어야 한다는 데에 의견의 일치를 보았다. 그 결과 서독 연방군은 "국가 속의 국가"라는 과거의 전통에서 벗어나 "제복을 입은 국민"이라는 새로운 기치아래 1955년 5월 9일 서독 연방군(Bundeswehr)이 창설되었다. 하지만 연방군 창설 초기의 시대적 상황에 따라, 서독 연방군의 이념교육은 공산주의 체제와 민주주의 체제를 단순하게 비교하는 데에 머물렀기 때문에 문제의식 지향적인 비판의식은 형성될 수 없었다. 그러나 1960년대 중반 이후 독일 연방군의 정치교육은 마르크스주의 및 동구사회주의를 비판하는 것과 같이 군의 정신무장 강화교육 위주의 시도로부터 벗어나 정치, 경제, 사회, 국제문제에 대한 군인들의 판단능력 및 행위능력을 제고시키는 방향으로 교육중점이 전환되었다. 이에 따라 서독 연방군은 학교 기간을 중심으로 하여 학생과 일반시민들을 대상으로 실시되었던 민주화 교육을 그대로 수용하되 군의 특수성이 고려된 새로운 개념의 이념체계를 수립하였다. 이것이 바로 독일 연방공화국의 기본법에 명시된 건국 정신을 그대로 승계 하여 군대상황에 접목시킨 내적 지휘(Innere Führung)개념이다.

새로운 이념체계로서의 내적 지휘통솔은 제국주의 전통의 청산에 대한 강한 의지로

11 KMK, Die deutsche Frage im Unterricht, p 8-17

서 군에 대한 문민통치 원칙을 구현하고, 자유와 평등, 다원적 구조, 합의, 권력의 분산 등으로 특징지어지는 민주주의 사회의 기본 특성들과 계급구조, 명령과 복종, 권력집중 등으로 특징지어지는 군대 사회의 기본 특성들 간의 갈등을 최소화시키도록 조율되었다. 이에 따라 내적 지휘통솔의 핵심 역할은 바로 개인의 자유와 권리를 최대한으로 보장하면서 동시에 각 개인의 군사적 수행능력을 최대화하는 것이었다. 아울러 연방군의 내적 지휘통솔은 각 개인이 시민으로서 갖고 있는 헌법적 권리가 군사적 기능의 유지에 불가피한 경우에 한해서만 법적으로 축소되어질 수 있음을 강하게 피력한다. 이것은 곧 "제복을 입은 국민"이라는 정신 속에 다음의 세 요소들이 조화롭게 융합되어 있음을 의미한다. 첫 번째 요소는 자유 민주주의 체제를 신봉하는 자유 인격체로서의 인간이다. 즉 개인적 가치와 기본법에 명시된 자유권 및 인권을 가진 인간을 의미한다. 두 번째 요소는 책임을 자각할 줄 아는 국민이다. 통찰과 공동체에 대한 책임감에서 자신의 고유한 태도와 의도들을 타인의 것들과 조정하고 이러한 공동체의 형성에 동참하는 시민을 의미한다. 세 번째 요소는 전투태세를 갖춘 군인이다. 군사적 업무는 국토방위를 위한 기여이며 세계의 자유와 인권의 보장을 위한 기여라는 것을 인식하고, 이를 위해 목숨을 바쳐 싸울 준비가 된 군인을 의미한다.

이러한 특성의 내적 지휘통솔은 다음과 같은 목표들을 설정하고 있다. 첫째는 군사적 임무의 의미를 명료하고 이해할 수 있게 함으로써 군인 업무의 윤리기준과 정치적/법적 근거를 제공한다. 둘째는 군과 군인들을 국가와 사회에 귀속되게 하며 집단 안전 체제 내에서의 연방군의 임무에 대한 이해를 도모한다. 셋째는 성실한 의무 수행과 책임의 인수 그리고 협동을 위한 병사들의 준비를 강화시킨다. 넷째는 군대의 내적 질서가 기본법에 따라 인간적이고 법치 국가적으로 형성되도록 하면서, 동시에 군사적 임무에 조율되어 효율적인 임무수행을 보장토록 한다.

결국 연방군의 모든 군사업무 영역에 녹아있는 내적 지휘통솔 개념의 원칙들을 분석하고 종합하여 보면, 서독 연방군의 이념체계 내지는 가치관 체계가 어떠한 모습을 갖고 있는지 더욱더 명확하게 이해될 수 있다. 이러한 의미에서 서독 연방군이 내적 지휘통솔의 원칙을 특별히 강조하여 적용하고 있는 영역들에 대해서 알아보고자 한다. 여기에는 정치교육, 인간통솔교육, 법규 교육 및 군기, 후생 복지, 일상 업무와 교육 훈련, 인사관리, 정보 업무, 조직관리 및 운영, 의료 업무, 군종 업무가 포함된다.

먼저, 연방군에서 실시하고 있는 정치교육은 마르크스주의 및 동독사회주의를 비판하는 것과 같이 군의 정신무장 강화교육 위주에서 벗어나 "제복을 입은 국민"으로서 자유 민주주의의 질서, 가치, 규범 등을 교육시켰다. 이것은 군인으로 하여금 사회적, 정치적 책임을 자각하게 하고, 국민으로서 군복무와 군사적 임무 수행의 당위성을 인식하게 하여 전투태세 확립 및 전투 동기를 부여하는 것을 원칙으로 한다. 이를 위해 정치과정에 대한 각종 객관적 정보 제공, 정치의식 및 정치적 판단 능력제고, 자유 민주주의의 기본가치 인정, 사회에서의 자신의 위상 인식, 정치 행위능력 발전, 민주적 정치과정인지 등을 목표로 한다. 아울러 군의 국가 보위 임무, 국가 및 사회에서의 군의 역할, 나토와 연방군의 관계 등을 군인들이 인식하도록 교육시켰다. 이러한 정치교육은 객관적인 정치 정보를 제공하여 정치적 책임을 자각시키는 성인교육으로서, 단순한 지식 전달에 그치는 것이 아니라 정치적 판단력을 갖게 하는 것으로 제반 군사업무 및 각종 교육과정에 반드시 포함시켜 실시하였다.

인간통솔교육은 내적 지휘통솔의 기본 원칙에 따라 부하의 인격존중과 솔선수범을 통하여 자발적인 복종을 유도하는 데에 그 목적이 있다. 이러한 지휘통솔교육은 연방군의 모든 간부들에게 지속적으로 실시되었으며 내적인 신뢰형성과 단결을 강화하는 데에 크게 기여하였다.

법규교육은 국가 질서와 군 내부 질서를 유지하고 장병의 권리 보호라는 측면에서 강조되는 영역들 중의 하나이다. 군과 군인은 법규의 범주 내에서 지휘 통솔되어야 하며, 전투태세와 군기를 유지토록 되어있다. 이것은 장병들에게 모든 업무활동이 법규에 의해 이루어지고 있다는 신뢰감을 형성하여 주었으며, 법규와 군기를 통하여 해야 될 것과 해서는 안 될 것을 앎으로써 장병들의 자신감을 고양해주었다. 군 지휘계통을 통한 장병 소원 제기와 장병 대표에 의한 참여권법의 보장, 군 지휘관으로서 명령 가능한 내용과 명령할 수 없는 내용의 교육 등은 군에 소속된 사람들로 하여금 상부의 명령에 의해서만 움직이는 수동적인 조직체가 아니라 모든 성원의 능동적인 참여를 통하여 목표를 달성해 가는 조직체임을 일깨워 주었다.

서독 연방군에서 장병들의 후생 복지와 의료지원에 대한 요구는 군인과 연방군의 상호 업무 및 신뢰관계의 기본으로 모든 상급자에게 주어진 의무임을 법규에 명시하였다. 그 밖에도 공정한 인사관리를 위하여 평정내용을 공개하고 대내, 대외적인 정보채널을 원활하게 유지하고자 하는 노력 등은 독일 연방 공화국의 기본법에 명시된 국민의 기본권이 군대 내에서도 최대한 보장되어야 한다는 강한 의지를 표명한다.

이처럼 광범위한 관심영역에서 알 수 있듯이 연방군의 내적 지휘통솔은 별개의 교육영역이거나 조직의 특별한 요소 내지는 전문가들만의 행동방식에만 영향을 미치는 것이 아니라 모든 군인들에게 영향력을 행사하고 있다. 이것은 모든 군사업무 시 근본적인 지휘 및 행동원칙으로 고려되며, 경제에서 말하듯 연방군의 '기업문화'라고 말할 수 있다.

결론적으로 서독 연방군의 내적 지휘통솔은 민주주의의 기본 이념인 자유와 평등사상이 모든 군사업무의 사상적 토대가 되었으며, 개인과 공동체 의식이 조화를 유지하도록 하였다. 또한 군이라는 특수한 상황에서도 기본법에 명시된 국민으로서의 권리가 보장되도록 하였으며, 권한부여와 자발적인 책임 의식을 토대로 임무형 전술 혹은 임무형 지휘 개념의 정립이 가능케 하였다.

(2) 동독의 이념체계

제2차 세계대전 직후 동독 지역을 점령한 소련은 처음에 정당 형성을 허용하여 공산당, 사민당, 기독교 민주당 등 여러 정당들이 차례로 결성되었다. 그러나 소련은 이들 정당을 반파시스트 블록으로 묶고 종국에는 공산당에 협력토록 하여 실제적인 다당제는 허용되지 않았다. 1949년 10월 7일에는 동독에 "독일 민주주의 공화국"이 선포되었으며 거의 모든 권한은 사회민주당과 독일공산당이 합당하여 결성된 독일 사회주의 통일당(Sozialistische Einheitspartei Deutschlands: SED, 이하 사통당)에 귀속되었다.

소련 당국과 동독 공산주의자들에 의해서 선포된 1949년의 동독 헌법은 "인민 민주주의"의 이론에 토대를 두고 있었다. 이것은 동독에 아직 부르주아적 자본주의 구조의 요소가 잔재된 것으로 간주하면서도 궁극적으로는 진정한 권력이 농민과 노동자에 의해서 장악된다고 보는 것이었다. 다시 말해 정치적 전위대인 공산당의 지도하에 프롤레타리아 계급이 동독을 사회주의로 이끈다는 것이었다(이민호, 1996).

동독 헌법에서는 외적으로는 국가시민, 국가영역 및 국제법적 의미의 자주국가성이 주창되었고, 내적으로는 당과 국가의 이해가 결합된 사통당의 자주적 지위가 강조되었다. 동독 헌법 제1조는 "독일 민주공화국은 노동자와 농민의 사회주의 국가이다. 독일 민주공화국은 노동자 계급과 마르크스-레닌주의 정당의 영도 아래 도시와 농촌에서 일하는 사람들의 정치조직이다"라고 명시함으로써 사통당에 모든 주도권을 부여하였다. 사통당은 사회구성원 다수의 이익과 정치의사를 대변하는 정당으로 스스로를 변호하는 한편, 국가정책의 지도노선을 결정하는 권한을 소지하고 있었다. 따라서 동독의 정치체제는 당지도부가 동독 정치의 목적 및 주변 환경을 규정하고 국가는 사통당의 결정사항을 법 제정 및 집행을 통해 수행함으로써 사통당의 도구적 역할을 담당하는 '정당국가' 형태를 지니는 것으로 파악된다(민족통일연구원, 1996).

동독 헌법의 기본권 조항은 독일 연방공화국의 기본권 조항과는 내용 및 비중 면에서 차이점이 있다. 서독 기본법에서의 기본권은 법치국가적 자유관에 입각하여 모든 자의적 국가행위에 우선하여 보장되었던 반면에, 동독의 기본권은 사회와 개인 간의 이해를 일치시키는 마르크스-레닌주의적 이데올로기의 목표와 목적, 예컨대 인간의 사회화, 개인과 집단 간의 동화, 공산당에 의해 설정된 사회주의 건설과업에의 헌신적 참여동기 부여 등의 원칙에 의해 규정되어 있다. 이러한 점에서 볼 때 기본권은 국가권력이 공권력을 임의로 행사하여 개인의 활동공간을 협소화시키기 때문에 이를 방지하기 위한 수단의 일환으로 국가로부터의 자유를 의미하는 것이 아니라, 사회발전을 위해 불가피한 것으로 여겨지는 자유만이 기본권으로 인정된다는 점에서 국가를 위한 자유를 의미하였다. 즉 사회주의 발전을 위해서만 기본권이 보장된다는 원칙이 설정되었기 때문에 사회주의 목적에 위배되는 기본권은 극히 제한되었다. 따라서 공산당 유일 지배 체제하의 구동독에서는 자유로운 의사표현은 물론 집회와 시위의 권리, 단결의 자유 등은 극히 제한 받았을 뿐만 아니라 쟁의권도 존재하지 않았다(민족통일연구원, 1996)

동독군의 이념교육

동독군은 공산주의 이론에 입각하여 처음부터 "당의 군대" 즉 "노동자 사회주의 군대"로 창설되었다. 서독연방군이 프러시아와 제3제국 군대와의 전통의 승계를 의도적으로 외면한 것과는 상대적으로 동독군은 외적으로는 군복과 군사적인 요식절차를 프러시아의 전통과 연결시키면서도 내적으로는 소련을 모델로 하여 공산주의 사상을 강화하고 교육하였다(하정열, 1996)

동독군의 지도자급 간부들은 군대를, 사통당과 국민의회 그리고 동독정부의 결의에 입각하여 건설했고, 하나의 사회주의 독일 군대가 되도록 그들의 경험은 물론 총체적인 지식과 능력을 투입하였다. 따라서 직책의 배치는 물론 군 소속인들의 훈육에 이르기까지 모든 지휘는 마르크스-레닌주의 정당에 의해 이루어졌다. 훈육 또한 노동자 계급의 이념과 당의 결의를 기초로 하였다. 훈육의 목적은 마르크스-레닌주의와 사회주의적 애국심 그리고 프롤레타리아적 이념과 정신 속에서 군사적인 의무를 완수할 수 있는 사회주의적 군인 성격을 계발하는 것이었다.

동독군은 당의 군대로서 공산국가의 권력도구이며 독일 사회주의 통일당의 특권조직이었다. 당은 군 내부에 감시 및 통제기구를 편성하여 인민군내의 모든 장병을 통제, 감독하였다. 군에서 정상적인 진급과 보직은 오직 공산당 요원만이 가능하였다. 이와 같이 대부분의 군과 국경수비대 간부들이 공산당의 당원으로 활동함으로써 군은 당의 명령에 절대적으로 복종하였고 당의 하수인으로서 모든 정치, 경제, 사회적인 조치를 절대 옹

호하고 지원하였다. 또한 군의 고위층은 공식, 비공식, 발언을 통하여 당에 충성을 다할 것을 맹세하였으며 동독군과 국경수비대는 "공산당은 항상 정의이며 모든 것에 우선한다."는 구호를 즐겨 선창하였다. 동독군에서는 지휘에 대한 결정과 통제가 모든 지휘제대를 막론하고 중앙통제 형태로 이루어졌으며, 하급 제대가 독자적으로 결정하도록 인정하는 재량권은 극히 일부만 허용되었다. 따라서 자발성이 결여되고, 명령에 고정되어 오지 명령에 의해서만 업무를 처리하도록 길들여졌으며, 이것은 곧 창의성 부족으로 연결되었다.

동독 공산정부는 상무정신을 배양하고 전투 투사를 육성한다는 명분 하에 청소년들을 전투병화하는 것을 주저하지 않았다. 동독의 어린이에 대한 군사교육은 유치원에서부터 시작하였으며 고등학교에서는 필수과목으로 실시되었다. 이러한 교육을 통하여 사회주의 체제의 우월성 입증, 동맹국에 대한 우호분위기 조성 및 적에 대한 증오심 부각 등에 중점을 두고 실시되었다.

서독연방군에서 정훈교육 시 동독을 적의 대상으로 부각시키지 않았던 반면에 동독군은 장병들에게 서독군에 대한 적개심을 불러 넣기 위하여 노력하였다. 이러한 노력의 한 예는 동독군의 신병 복무선서에서 볼 수 있다. "나는 나의 조국인 독일인민공화국에 충성을 다하고 노동자, 농민정부의 명령에 따라 조국을 적으로부터 사수할 것을 맹세한다. 나는 또한 동독인민군의 병사로서 소련군과 사회주의 동맹군의 편에 서서 모든 적으로부터 사회주의를 방어하고 승리를 획득하기 위하여 목숨을 바칠 것을 맹세한다..." 특히 각 장병에게 수여하는『군인 존재의 의의』라는 책자에서 적에 대한 개념을 아래와 같이 정립하였다. "동독인민군의 적은 공산주의를 반대하는, 공격전쟁을 위해 열심히 훈련하는 제국주의의 용병들이다. 그들은 명령만 받으면 즉시 우리를 공격하여 사살하려고 할 것이다. 그들이 독일어, 영어 또는 어떠한 언어를 사용하든, 그들이 서독연방군 군복 또는 제국주의 국가의 복장을 착용하든, 제국주의를 위하여 임무를 수행하며 근무하는 모든 연방군과 제국군대는 우리가 타도해야 할 적이다."

한마디로 동독군에서 이념의 기능은 다음과 같은 기능을 수행하였다. 첫째로 합법화 기능이었다. 이념은 당 지휘부의 정치적 활동을 정당화시키는 수단이었다. 둘째는 동원기능이었다. 이념은 집단성원들로 하여금 당지휘부에서 제시하는 임무완수를 지향하게 하고 집단을 이념적으로 명확한 행위를 하도록 자극하였다. 셋째는 인사과 해석기능이었다. 다른 세계관을 접해본 적이 없는 사람들에게 그들의 자연적이고 사회적인 세계를 이해하게 하였다. 이로 인하여 폐쇄적인 사고체로서 상대적인 고려를 알 수가 없게 되었다. 넷째는 통합과 제한기능이었다. 가능한 한 의식에 있어서 단일한 집단이 생성되도록 하였

으며, 주관적 역할, 자발성, 개별성 등은 집단주의라는 범주 안에서만이 존재 가능하였다.[12]

동독 장교 교육

동독군 장교단은 선발 시부터 엘리트 집단으로 간주되어 중, 고등학교 성적 우수자에 한해 사관학교 입교가 가능하였다. 군인들의 보수 수준은 타직종에 비하여 월등하게 높았으며 여러 부분에서 특전을 누렸다. 장교 후보생들에게는 모든 과정에서 20% 이상의 정치교육을 통하여 사회주의 우월성이 주입되었다. 마르크스, 엥겔스, 레닌의 저서와 동독공산당의 주요 결정사항과 지침은 필수과목으로 선정되어 교육되었다. 이러한 정치교육의 목표는 장교를 사회주의의 골수분자로 양성하여 서독연방군 제국주의자를 타도하는데 두었다. 그러나 장교단의 구성은 금지되어 상호간의 연대의식은 희박하였으며 상하급자간의 경직된 계급 중심 분위기로 마음을 터놓는 대화는 불가능하였다(하정열, 1996)

동독군 장교들의 학위과정은 서독의 일반 대학 전공들과 비교되어지기 힘들게 구성되었다. 따라서 문화부로부터 제대로 인정받지 못하는 별 효용이 없는 석사학위를 보유하게 되었다. 이러한 학위과정의 중점은 정치교육 이외에 주로 대부분 전장에서의 훈련과 연관되어 있었다. 예로서 전쟁과 평화문제에 대한 사회학적인 조사와 현대전에 대비한 군 소속원들의 정치적, 도덕적, 심리적 준비와 제국주의적 전쟁론이 교육되었다. 또한 전투력과 전투 준비태세의 증진을 위해 군대역사학을 활용하였다.

동독군 장교들의 교육 및 재교육 과정을 살펴보면 동독군의 이념체계를 좀 더 자세히 이해할 수 있을 것이다. 동독군 장교의 교육은 직업장교와 단기근무장교 교육으로 구분되고 장교의 재교육은 사관학교 교육, 상급직책을 위한 계발교육, 기존 연구 및 교육과정에서의 재교육 그리고 근무지에서의 재교육으로 나뉜다. 장교교육과 재교육과정에서 당 정책과 관련되고 선전목적에 기여하는 교육영역은 장교교육의 경우 전체교육시간의 20%를, 대학 교육기관인 사관학교 교육의 경우 15%를 차지했다.

정치교육은 장교후보생들이 마르크스-레닌주의에의 추종을 선서할 수 있도록 하는데 그 목표를 두었다. 또한 마르크스-레닌주의에 대한 지식을 습득하고 사회주의에 대한 확신과 태도를 갖도록 했다. 이를 위해서 다음과 같은 내용의 교육들이 실시되었다: 이상주의 마르크스 세계관, 사회발전의 법칙, 레닌의 제국주의 이론, 자본주의에서 사회주의 및

12 Johannes L. Kuppe, Zur Funktion des Marxismus-Lininismus

공산주의로의 전환 시대적 특징, 사회주의 혁명과 혁명적 세계 전개과정의 이론과 실제, 노동자 계급과 마르크스-레닌주의에 입각한 정당의 역사적 사명, 공산주의 사회형성 이론, 사회주의 체제와 소련의 개척자적 역할, 전쟁과 군사력에 대한 마르크스-레닌주의 이론, 군의 정치적 사상적 작업, 군의 전통관리, 사회주의적 성향의 군인과 군대 집단성의 발전 등등.

고전주의자들의 저서와 독일 사회주의 통일당의 "당의 날과 중앙위원회 회의기록"은 필수 교재였다. 인민군대의 전통 관리에는 특히 Muenzer의 농민전쟁과 클라우제비쯔, 샤른호른스트, 블뤼혀(Bluecher)의 해방전쟁이 주로 적용되고 인용되었다. 인간의 사회적 발전이론 철학에 대한 답변으로부터 미래의 치유된 세상에 대한 전망에 이르기까지를 망라한 공산주의 교육이 폐쇄된 체제에서 합의된 관점과 원칙 그리고 법칙으로 명시되었다.

많은 수의 동독군 장교들은 대대급에서의 성공적인 근무를 마치고 난 후에 다른 바르샤바 조약국, 특히 소련의 교육기관에서 교육을 받았다. 가장 대표적인 고급군사교육과정은 약 10개월의 예비교육과정과 3년의 본 과정으로 이루어진 Frunse사관학교였다. 이곳에서 실시되는 교육내용들 중에서 이념과 관련된 것은 사회학 교육이었다. 사회학 교육의 목표는 장교수강생들에게 이론적, 역사적인 세계관과 지식을 전수함으로써 그들에게 사회주의에 대한 확신을 고양시켜주는 데 있었다. 교육과목으로는 철학, 정치학적 경제, 학문으로서의 공산주의, 정당활동, 군대교육학 등이 교육되었다. 철학교육에는 철학적 유물론, 유물론적 변증법, 유물 변증법적 인식이론, 역사적 유물론, 윤리학과 미학, 전쟁과 군사력의 교훈 등이 내용으로 포함되어 있었다. 학문적 공산주의 과목에서는 마르크스-레닌주의의 학문성을 바탕에 깔았다. 여기에는 혁명적인 세계화과정의 정당성과 공산주의 사회의 발전이 중점을 이루었다. 인간의 통합적 사회발전은 혁명적 세계화과정으로 인식되었으며, 이는 특히 경제적인 바탕 위에서 사회주의 혁명에 적합하게 행해짐으로써, 자본주의에서 공산주의로 전환되어야 한다는 것이었다. 정당활동에 대한 교육과목에서는 마르크스-레닌주의 정당이 군에 대하여 수행하는 역할에 대한 이론과 실제가 교육되었다.

직책에서의 재교육으로 사회학적인 재교육은 장교들로 하여금 부하들에게 당과 국가지도부의 정책을 설명할 수 있도록 그들의 마르크스-레닌에 관한 지식을 보강하거나 능력을 갖추도록 하였다. 종합적으로 장교들은, 그룹별로 매달 14시간을 정치주무부서의 장에 의해 승인된 연간 계획에 따라, 당 정책, 군사 정책, 경제 정책 등에 관련된 테마를 섭렵하여야만 했다. 교육 형태로는 강의, 자습, 상담 등의 방식과 습득된 지식을 점검하기 위한 세미나가 원칙적으로 매달 2~4시간에 걸쳐 실시되었다.

동독군 이념교육의 성과

동독군에서 강도 높게 실시되었던 이념교육이 실제로 동독군의 장병들에게 어느 정도로 수용되었는가에 대해서 직접적으로 제시하는 자료는 찾기가 어렵지만, 독일 통일 후 동독군에 대한 설문이나 면접 결과들 속에서 어느 정도 그 해답을 구할 수 있다. 80년대 들어서면서 극도로 악화된 문제 상황을 제대로 인식하는 것은 군사적 보안을 고려한 상황에서 매우 어려운 일이었으나, 이념적으로 희망하였던 상황과 실제 현실 간의 차이는 직업장교들에게도 서서히 그리고 다양한 강도로 뚜렷해졌던 것이 사실로 나타났다. 공개적인 토론이나 발설이 허용되지는 않았지만 특히 경제적인 여건에 대한 불만은 상당하였다고 한다. 이러한 상황요인은 군대의 정치교육이 점점 공허한 것으로 인식되게 하였다. 당의 입장에서는 서독 연방군에 대한 증오를 강화시키고자 하였으나, 실제적으로는 증오교육이 별 효과를 갖지 못했다. 1988년과 1989년에 실시된 정치교육은 장교의 경우 168시간이었다. 여기에는 사회주의 경제체제와 사회주의 국가에 대한 교육이 주가 되었다. 하지만 긴장완화 시대에 군인의 의식을 계급의 특성에 맞게 제대로 유지시키는 것은 매우 힘든 일이었음을 통일 후 동독군 장교들은 술회하였다.

1991년 연방군에서 새롭게 근무하게 된 구 동독군 장교들과의 인터뷰 결과, 대부분의 장교들이 동독의 군대가 당의 군대였다는 것을 인정하였다. 하지만 응답자 대부분은 장교가 되기로 결정하였다고 해서 마르크스-레닌주의의 목적에 대한 의식적인 정치관을 갖고 있다고는 결코 말 할 수 없다고 하였다. 오히려 직업선택의 동기로 기술에 대한 관심이 가장 우선적이었으며 그 다음에 인간통솔과 호국 정신이 위치하였다. 정치적인 관심은 4번째였다(Klein, Lippert & Meyer, 1992). 그럼에도 불구하고 독일 통일 후 이루어진 면담에서 동독군의 많은 장교들이 사회주의는 모든 적에 대항하여 보호하여야 할 정당한 군사적 가치로 받아들였다는 것과 그들 스스로가 당시의 평화 유지를 위해 전념하였다고 굳게 믿고 있었음을 알 수 있었다. 이와 같이 동독군 장교들로 하여금 다소 현실과 상이한 신념을 갖게 만든 데에는 여러 가지 요소가 작용하였다. 먼저 외부 정보의 유입 제한과 자체 정보의 선전효과는 자신들의 행위에 정당성과 가치를 부여하게 만들었다. 여기에 동독에서 군 직업을 통하여 가능하였던 사회적 신분 상승과 여러 가지 특전은 동독군 장교집단으로 하여금 스스로에 대하여 자부심을 갖게 만들었다. 또한 독일 통일 전까지 동독의 경제적 수준이 동유럽 사회주의 국가들 중에서 가장 높았던 점도 동독군으로 하여금 자신들의 체제에 대한 거부감을 약화시키는 데에 크게 기여하였다.

(3) 동·서독군의 이념체계 비교

동·서독군의 이념체계 혹은 가치체계를 가장 잘 특징지어주는 개념은 동독의 경우 마르크스-레닌주의와 사회주의이며, 서독의 경우는 자유 민주주의와 내적 지휘통솔이라고 볼 수 있다. 경제적인 측면에서 보면, 동독의 계획 및 통제에 의한 경제체제와 서독의 자유경쟁에 의한 자본주의 경제체제를 거론하게 된다. 사회적으로는 동독을 집단주의적 내지는 공동체적 의식이 강한 것으로, 서독을 개인주의적 성향이 강한 것으로 평가한다. 동독의 경우 추가적으로 언급되는 후보들에 체제 유지를 위한 사회통제, 폐쇄성, 계급구조, 특권층, 권위적, 지시와 복종의 문화 등이 거론된다. 반면에 서독의 경우는 입법국가, 개방성, 평등사회, 자율과 책임의 문화로 표현된다.

이렇게 볼 때 동·서독 간의 내적 통합은 상당히 어려운 과정이었던 것으로 생각될 것이다. 그러나 통일과정에서 나타난 동독 주민들과 동독군 장병들의 행동 결과들은 동독군 장병들의 내면적인 가치관이 그들이 속한 사회의 틀에 완전히 종속되었다고 보기 어렵다. 통일 전 외적 압력이 강하게 작용하였던 동독시절에는 동독 주민들의 가치체계는 이중성을 내포하고 있었다고 보아야 할 것이다. 즉, 집단의 요구와 개인적인 요구 간의 갈등이 있었음에도 불구하고 자연스럽게 표출되지 못하였을 뿐이라고 판단된다. 이윽고 통일을 맞이하여 선택의 가능성이 보장되었을 때 비로소 잠재되어 있던 가치관을 외현적으로 표출하게 되었다. 서독의 경우는 사회적 가치와 개인적 가치 간의 괴리가 상대적으로 크지 않았다고 볼 수 있다.

1992년에 실시된 설문 결과는 통일 전 동·서독 군인들에게 존재하였던 가치관의 내용뿐만 아니라 사회적 가치관과 개인적 가치관의 차이를 대변해 주기도 한다. 이 설문 결과에 따르면, 직업군인의 길을 택한 동기에 대해서 동·서독군 모두에서 비슷한 결과를 얻었다. 가장 많은 응답은 군대의 기술에 대한 호감 때문에 군에 들어섰다는 것이었다. 두 번째로 많은 응답은 인간을 지휘하고 훈육하는 직업이었기 때문이었다. 세 번째는 공격으로부터 국가를 지키기 위해서였으며 오히려 정치적 관심은 4번째에 해당되었다(Klein, Lippert, & Meyer, 1992). 장교의 직업상에 대한 질문에서 동독 장교의 82%가 장교는 전시 생명을 담보로 하기 때문에 장교직업은 특별대우를 받아야 한다고 생각한 반면 서독 장교는 55%만이 이에 응답하였다. 사회의 관리기술과 군의 관리기술이 점점 더 강하게 동화되어진다는 의견에 동독군의 66%가 응답하였으며, 서독군은 79%가 이에 응답하였다. 의무와 절대 복종에 대해서 서독군인들의 38%가 수긍한 반면에 동독군인들은 60%가 이에 수긍하였다. 기타 비교는 [표 14-1]에 제시하였다.

[표 14-1] 장교의 직업상 관련 질문 응답결과

기타 질문 내용	동독군	서독군
군인은 명령에 대한 설명 없이 명령을 수행해야 한다.	64.4%	32.9%
남자는 군복무를 통하여 진짜 남자가 된다.	48.9%	10.8%
군에서 의무는 권리에 선행한다.	60.0%	38.2%
군대는 엄한 훈육이 없이는 잘 돌아가지 않는다.	100.0%	80.3%
군복무는 절대복종을 요구하고 이는 생명처럼 중요하다.	80.0%	32.1%

훌륭한 장교상에 대한 질문에 대해 동독군의 경우는 전문지식, 훈련, 지휘능력, 책임의식, 충성심 등의 순서로 언급이 많았다. 예상과 달리 희생정신, 애국심, 복종에 대한 언급은 상대적으로 약하였다. 서독군의 경우에 책임의식, 지휘통솔력, 전문지식, 협동, 심적 안정성 등의 순서로 언급이 많았다. 희생정신, 애국심, 복종, 충성심 등에 대한 언급은 서독의 경우에도 동독의 경우와 마찬가지로 언급의 정도가 매우 약하였다. 훌륭한 장교상에 해당된다고 판단된 요소들을 가장 많이 언급된 것부터 나열한 것이 [표 14-2]에 제시되었다.

[표 14-2] 장교상의 언급 정도에 따른 순서별 항목

서독군	책임의식, 지휘능력, 전문지식, 협동심, 심적 안정성, 전투의지, 훈련, 공감능력, 신체적 저항력, 상식, 충성심, 희생정신, 복종심, 애국심
동독군	전문지식, 훈련, 지휘능력, 책임의식, 충성심, 전투의지, 신체적 저항력, 상식, 공감능력, 심적 안정성, 협동심, 희생정신, 애국심, 복종심

3. 동·서독의 이념적 통합준비

(1) 동·서독 간 문화적 교류

1989년 독일의 베를린 장벽이 무너지기 직전까지 45년간 분단의 세월을 보낸 동독과 서독이 하나의 독일로 통일되리라고는 대부분의 독일인들 스스로도 전혀 생각할 수 없었던 일이었다. 분단이 되고 동독지역과 서독지역에 이념이 다른 두 정치체제가 형성되면서 통일에 대한 열망은 점차 식어갔다. 통일문제는 유일하게 내독성에서 일부 다루어졌을 뿐 국방성을 비롯한 타 정부 부서들은 통일에 대비한 구체적 계획을 수립하지 못하였

던 것이 사실이다. 그럼에도 불구하고 미미하지만 경제, 사회, 문화 등의 영역에서 진행되었던 동·서독 간의 교류는 통일의 밑거름이 되었다. 냉전이라고 하는 국제질서 속에서 외형적으로는 동·서독의 통일문제가 이념적 대립의 장벽에 부딪쳐 있었지만 내면적으로 동·서독인들은 동·서독 간의 대화에 대해서 제의와 거절, 찬성과 반대의 움직임이 계속되는 가운데 통일노력을 결코 포기하지 않았다. 서독의 정당들은 동독의 정당들과 직접적인 대화를 시도하여 1956년 10월에 서독 자민당의 간부들이 동독의 자민당 대표들과 바이마르에서 통일문제를 논의하였으며, 시장이나 지방의회 의원들이 비록 제한적이기는 하였지만 비공식적으로 꾸준한 접촉을 시도하였다.

동독은 1950년대까지 독일문화와 독일민족의 단일성을 강조하였으며 특히 동서독 간 국가차원의 문화교류를 위해 노력하였다(Weidenfeld & Porte, 1991). 1954년 말에는 "동독 노동조합 연맹(FDGB)" 대표들이 그 당시 바이에른의 홍수 수해에 대한 복구비 보조를 제의하는 등 끊임없이 접촉의 실마리를 찾고자 하였다.[13] 1954년 신설된 동독 문화부는 동·서독 간 문화교류의 일환으로 라이프치히 박람회와 병행하여 '독일문화주간' 등의 문화행사를 주최하였으나, 서독 정부는 동독의 이 같은 국가 주도적 동서독 간 문화교류 제안을 사회주의 이데올로기를 전파하고 서독으로부터 동독을 정치적으로 인정받으려 의도하고 있는 것으로 판단, 이에 적극적인 자세를 보이지 않/고 민간차원의 문화교류를 우선적으로 지원하였다. 1960년대와 70년대에 이루어진 동서독간의 문화교류를 보면 서독의 경우 개인, 단체, 문화기관, 지방자치단체가 주최한 반면에 동독 측의 경우는 국가 전담기구인 동독예술인단체가 담당하였다.

독일의 분단문제 해결에 일대 전환을 가져온 것으로 평가되는 독일의 통일노력은 1970년 3월 19일 브란트 수상이 구동독의 에어푸르트 지역을 방문하여 구동독의 쉬토프 총리와 제1차 정상회담을 가짐으로써 구체화되기 시작하였다. 동방정책으로 평가되는 브란트 수상의 통일정책 추진 이후 동서독은 통일되기까지 20여년 동안 대등한 위치에서 인적, 물적 교류를 통한 관계개선을 지속적으로 추진해 왔으며, 비록 냉전체제하에서 이념과 체제를 달리하고 있었지만 같은 민족이라는 동질성 유지정책을 추진해 왔다. 1986년 동·서독 간 문화협정이 체결된 이후 동·서독 간 문화교류는 국가주도방식에서 민간주도방식으로 전환되어 민간차원의 상업문화교류가 증대되었다. 이러한 문화교류를 통하여 한편으로는 독일전래의 민족문화를 상호 확인, 전통 문화적 차원의 동질성이 회복될 수 있었고, 다른 한편으로는 서독의 우월한 물질문명을 동독사회로 전파, 직접적으로 독

13 장경모, 「독일 통일의 교훈에 비추어 본 통일준비과정 고찰」, 정신전력연구 18호

일통일을 촉진하는 역할을 하였다.

(2) 동·서독 간 군사통합

1989년 말에 들어서면서 서독 연방군에서는 군사통합의 문제가 토론되기 시작하였다. 동독군의 흡수통합으로 가닥이 잡혀갈 무렵 동독군의 해체 문제와 연방군내의 인수 문제는 토론의 핵심주제였으며, 이에 대한 반응은 다양하였다. 대부분의 서독군 장교들은 공산정권의 전위조직인 공산당원으로 구성된 동독군은 재교육이 다소 불가능하며, 동독군은 연방군에 인수 시 서독 장병들에게 부정적인 영향을 줄 우려가 있기 때문에 동독군은 해체되어야 한다고 주장하였다.

이러한 분위기 속에서 1990년 4월과 5월에 거쳐 동·서독 국방장관의 회동이 이루어졌다. 동독군의 인수가 토의되는 과정에서 서독 장교들은 동독군들 중에서 영관장교 이상을 전부 전역 조치시키는 것이 현명한 것으로 판단하였다. 그 주된 이유는 고급장교의 경우 공산당원으로서 공산당 이론으로 철저히 무장하고 있었고, 이미 10년 이상을 동독군에서 주요 참모, 지휘관을 경험하였으므로, 그들을 서독 병역의무자들의 인사 상벌 권한을 갖는 상급자로 활용한다는 것이 불가능하다고 판단되었기 때문이다. 1990년 8월 연방군 사회과학 연구소 주관으로 군내에서 실시된 설문조사에서는 다음의 두 가지 범주에서 연방군의 군인들이 갖고 있는 목표, 태도, 의견 및 자세들에 대해 의견을 수렴하였다(Klein, Kriesel, Lippert, & Prillwitz, 1990). 이 조사 결과에 의하면, 동독군 장교 문제 처리에 대한 의견 조사에서 동독군 장교 전원을 연방군에서 수용하자는 의견이 3.1%, 선별하여 수용하자가 88.0%, 그리고 전원 해임 의견이 8.5%를 차지했다. 흥미로운 사실은 응답자의 연령에 따른 차이가 뚜렷하였다는 점이다. 응답자의 연령이 높을수록 선별된 수용을 선호(93.4%)하였고 젊은 사람일수록 완전 해체(9.2%) 또는 완전수용(4.1%)을 희망하는 비율이 증가하였다. 동독군 장교를 연방군에서 수용할 경우의 장점에 대한 질문에서 응답자들은 독일 공동체의식을 강화시킨다는 것에 가장 높은 점수를 부여하였다. 동독군 장교를 연방군에서 수용할 경우의 단점에 대하여 연방군에 질문한 결과 오히려 비민주적 사고의 확산, 원하지 않는 형태의 교육방법 도입, 공산주의의 침투를 가장 문제시하였다.

1990년 9월 초 동독군 병력의 처리에 관한 계획이 발표되었다. 통일 후 독일군의 규모는 37만 명으로, 동독지역에 주둔할 동부지역군의 규모를 5만 명으로 정하였다. 이에 따라 서독 연방군에 의한 동독군의 인수과정은 3단계로 구분되어 실시되었다. 최초 서독 국방성은 인수병력 89,000명 중 연방군에 계속 근무를 희망하는 60,000여명을 대상으로 선발심사를 실시하였다. 제1단계로 1990년 10월부터 1991년 1월까지의 3개월 동안은 1991년 6월 이전 정년 해당자를 제외한 모든 동독장병이 2년 복무 장기근무자로 지원할 수 있도록 기회를 부여하였다. 또한 조기 전역 명예퇴직제를 도입하여 1990년 12월 31일 이전에 전역희망자는 7개월분의 퇴직금과 현역당시 급여의 75%의 연금을 지불토록 결정한 결과, 50세 이상 간부는 대부분 전역하였고 40~50세 사이의 간부도 상당수 전역하였다. 1990년 말에는 동독군 장교 32,000명중 70%가 퇴직하고 약 10,500명이 남게 되었다. 1991년 5월까지 잔류한 장교 9,000명의 계급 분포도를 보면 대령 3명, 중령 290명, 소령 400명, 위관 8,300명으로 조정되었다.

제2단계는 1차 선발단계로 선발된 장기복무지원자 26,000명을 대상으로 근무태도, 사상성 등을 검토하여 인사담당자의 협조 하에 단위부대별로 선발작업을 실시하여 1991년 9월말까지 약 18,000명(장교 6,000, 하사관 11,200, 병 800명)을 2년 복무자로 선발하였다.

제3단계는 최종 선발단계로 국방성 주관 하에서 그 동안의 근무 실적 및 관찰 결과에 근거하여 1993년 9월 30일에는 장교 3,027명, 하사관 7,639명, 병 207명을 장기복무자 및 직업군인으로 선발하여 연방군으로 흡수하였다.

이러한 선발과정에서 55세 이상 장군 및 제독들은 모두 군 문을 떠났으며, 모든 정치장교와 군 검찰 부서, 선전부서, 군사소식관련 부서에 속해 있었던 사람들이 제외되었다. 연방군에 인수된 동독군 장병들은 연방군의 평균 진급 연한에 맞추어 계급이 조정되었다. 대부분의 동독군 장교들은 1, 2단계 하향된 새로운 계급을 부여받았으며, 일부 기술장교의 경우는 대령에서 대위로 3단계 하향 조정되기도 하였다. 이러한 조치는 대다수의 장교들에게 필요한 조치로 인정되었지만, 계급 하향 조정에 따른 신분의 저하를 인정하지 않으려는 경향이 있었다. 보수에 있어서도 차등화되었다. 통일 당시 동독 장병의 보수는 일반 동독인들과 비교 시 50~100% 높은 수준이었던 반면에 서독 연방군 장병들이 받았던 보수의 30~50% 수준이었다. 통일과 더불어 차등화된 보수 지급은 10여년이 지나서야 동일한 수준을 유지할 수 있게 되었다. 1991년에 동독군 출신 장병의 보수는 연방군의 60% 수준이었으나 매년 5~10%를 인상하였다. 통일 후 동독군의 보수는 구 동독지역의 일반 근로자 봉급 수준을 감안 시 낮은 수준은 아니었지만 서독 연방군의 보수에 비해 상대적으로 낮은 수준이었다. 이러한 점들은 동독군 출신 장병들로 하여금 연방군 내에서의 이등군인이라는 의식을 갖게 하여 내적 통합의 장애요인이 되기도 하였다.

(3) 통합 후 동화교육

독일의 통일은 자유 민주주의 체제를 바탕으로 하는 서독과 공산 사회주의를 토대로 한 동독이 융합되어 새로운 체제를 형성하는 순수한 통합이라기보다는, 동독의 모든 것이 서독의 체제에 동화되는 흡수통합의 형식으로 이루어졌다. 따라서 통일을 전후로 하여 서독민과 동독민의 내적 통합은 한편으로는 동독주민들이 서독의 기존 체제에 동화되는 과정이었으며, 다른 한편으로는 서독민들이 통일과 관련된 상황에 대하여 올바르게 인식할 수 있도록 교육되어지는 과정이었다.

동독주민을 대상으로 한 동화교육에서 주로 강조되었던 사항들은 다음과 같다. 먼저, 권위주의적 정치문화에 길들여져 있는 동독지역 주민을 다원주의적 정치문화에 적응시키는 것이었다. 둘째는 자유민주시민 교육으로서 독일의 정치, 경제체제를 이해하고 공산주의 이데올로기 교육의 잔재를 제거하는 것이었다. 이를 위해 민주 정치의 과정과 기능을 이해시키고자 하였으며, 개인과 국가, 사회 간의 관계 및 개인의 역할이 강조되었다. 셋째는 모든 동독지역 주민의 생활영역 내에 남아있는 "당의 진리규정의 독점성" 잔재를 제거하고 자연스럽게 자신을 표현할 수 있는 능력을 배양하며, 지시에 의해서만 움직이던 동독 주민들을 보호문화에서 탈피토록 하였다. 넷째는 민주적 논쟁문화를 정착시키는 것이었다. 이러한 교육을 실시함에 있어서, 동서독 지역 주민들의 의식이 상이함을 고려하여 정치교육의 내용, 형식, 방법 등이 선택되도록 하였다. 특히 동독 주민들은 세뇌교육에 혐오를 느끼고 "누구에 의한 교육"에 반발하는 경향이 있기 때문에 강사를 통한 강연이나 토론 프로그램은 가급적 지양되었다. 그보다는 민주주의를 체험하는 방식을 주로 많이 사용하였다. 의회를 방문하거나 기존 도시 간 자매결연을 통하여 상호 교제할 기회가 주어지도록 하였다.

동독지역 주민에 대한 교육은 동독 주민들로 하여금 서독의 체제에 적응시키는 교육이었던 반면에, 서독지역 주민을 대상으로 한 교육에서는 동·서독 통합의 이해와 통합의 역사적 의의, 서독 주민의 물질적 희생에 대한 이해 등이 주로 언급되었다.

서독 연방군에 의하여 주도되었던 군대의 내적 통합은 동서독 주민들을 대상으로 한 사회적 내적 통합과 동일한 맥락에서 이루어졌다. 독일의 군사통합도 마찬가지 "동독군 해체 후 개별 인수"라는 일방적인 흡수방식으로 진행되었기 때문에, 동화교육은 서독 연방군에 흡수될 동독군을 서독연방군의 체제에 순응시키는 재교육과 서독 연방군의 자체 인원에 대한 교육에 집중되었다.

국방성 교육국에 의해 주도되었던 군의 내적 통합 노력은 통합이전 준비교육과 통합

단계에서의 시행교육 그리고 통합이후 교육 등 3단계로 구분할 수 있다(하정열, 1996).

먼저 통합이전 준비교육에 대해서 살펴보기로 하자. 통합에 대비한 준비교육은 동·서독 간의 군사통합 합의에 대한 밑그림이 거의 완성되어진 1990년 7월에 들어서서 구체적인 계획 하에 실시되었다. 그러나 그 이전에 이미 정신전력센터를 중심으로 서독 연방군의 초급장교들과 중견장교들에게 실시되었던 정훈교육은 서독 연방군이 통일 후 동독 지역에서의 동화교육을 무리 없이 진행할 수 있었던 원동력이 되었다. 서독 연방군은 통일 이후에 당장 해결하여야 할 예상 상황 즉 통일 이후 군사통합의 문제, 동독군인들의 재사회화 내지는 동화 교육시키는 문제들에 대비한 준비를 하였다. 이러한 노력은 주로 정신전력센터를 중심으로 이루어졌다. 이곳에서는 정치교육과정과 젊은 장교단 과정을 개설하여 예측 불가능한 통일 이후의 상황에 대비하여 전문요원들을 양성해 나갔다. 정치교육과정은 군의 중견 간부들인 소령-중령급의 영관장교들을 교육대상으로 하였으며 매년 300명씩의 중견 간부들이 교육을 이수하였다. 이 교육의 목적은 독일 사회 전반에 대한 보다 정확한 이해와 인식을 통하여 국가관과 안보관, 군인관이 투철한 군사전문가를 양성하는 데 두었다. 교육 내용은 독일의 정치현황, 독일의 안보상황, 자본주의 체제, 동독의 사회상, 독일의 산업현황, 독일의 군사 등을 중심으로 구성하였다. 정치교육과정이 관리자를 양성한다는 측면에서 이루어진 교육이었다고 한다면 실무자를 양성한다는 측면에서 이루어진 교육과정이 젊은 장교단 과정이었다. 이 과정은 초급지휘자 과정을 거친 대위-소령급을 대상으로 하였으며 매년 500명씩의 초급간부들이 젊은 장교 과정을 이수하였다. 이 과정의 교육목적은 독일군에 대한 폭넓은 이해와 인식을 통하여 국가관과 군인정신이 투철한 핵심간부를 양성하는 데 두었다. 이를 위해 독일연방군 장교가 되는 길, 독일 군사, 각 군의 편성, 병역법 및 군법, 연방군의 권리와 의무, 복지, 사기, 처우 등에 대하여 교육하였다.[14] 이와 같은 교육을 받은 인원들은 통일 이후 동독지역에 파견되어 고문단 역할을 하였으며, 젊은 장교 과정을 이수한 인원들 중에서 선발된 1,500여 명은 구 동독군의 동화교육 내지는 재사회화 교육의 실무요원으로서 역할을 수행하였다.[15]

1990년 통일이 가까워지면서 통합을 준비하는 교육의 일환으로 그동안 실시해 온 정훈교육(독일은 이를 정치교육이라고 표현)을 강화하여 서독의 전 장병들이 현 정치와 군사적 상황을 올바르게 인식할 수 있도록 교육하였다. 교육중점은 올바른 대 동독관, 역사관 그리고 정치관의 정립에 두었다. 이를 위해 동독군의 교육과정, 사상과 사고경향, 1,2차

14 장경모, 「독일 통일의 교훈에 비추어 본 통일준비과정 고찰」, 정신전력연구 18호
15 장경모, 「독일 통일의 교훈에 비추어 본 통일준비과정 고찰」, 정신전력연구 18호

세계대전과 동·서독 분할과정 및 배경, 역사에 대한 책임과 역할 인식, 통일 독일의 위상과 세계 속에서의 바람직한 역할, 통일을 위한 정부 및 군의 조치 내용과 목적 등을 이해시키는 데 주력하였다. 교육은 발표 및 토의식으로 진행하였다. 간부교육은 매주 화요일 오후 대대장 주관 하에 실시하였으며, 병교육은 주 3~4시간의 정훈교육시간에 중대장 주관 하에서 실시하였다.

통일 전후에 집중적으로 실시되었던 통합단계 교육은 동독인민군 장병을 최단 시간 내에 통일연방군으로 편입되도록 하고 일체감을 조성하며, 공산주의 사상의 역침투 및 일체의 역교육 현상을 제거하는 데에 그 목표를 두었다. 이를 위해 동독지역에 배치될 연방군의 핵심장교 240명에 대한 동부지역 적응능력을 배양시키기 위하여 이틀간의 집체교육을 실시하고 이때 동독군 편제와 동독지역 근무 시 주의사항 등을 중점 교육하였다. 동독지역에서 동독군을 대상으로 하여 이루어진 동화교육은 2~3주 기간 동안 신병훈련소와 대대급 단위부대(부대교육)에서 실시되었다. 부대교육에서는 통일의 역사적 필연성과 당위성, 향후 군사통합 절차, 동독군의 처리 및 대우 등에 관하여 인수부대의 상황과 여건에 따라 각 팀의 재량으로 파상적이고 반복적인 교육을 실시함으로써 통합과정에서의 부대 동요를 방지하고 동독군이 심리적 안정감과 미래에 대한 희망을 갖게 하였다(하정열, 1996). 신병훈련을 위해서는 100여개의 동독군 훈련소에 3명의 장교들로 구성된 175개의 교육훈련팀을 파견하여 고문단 역할 및 동화교육 임무를 수행하도록 하였다. 이들에 의하여 이루어지는 모든 동화교육은 서독 연방군 교육훈련 체계에 의거하여 실시되도록 하였다.

통합 이후 교육은 2년간 연방군에서 근무 대상자로 선발된 장병들을 대상으로 단계적으로 실시되었다. 이들은 먼저 연방군에서 제작된 자료들을 통하여 스스로 학습을 하였다. 여기에는 헌법, 군법, 군 상급자의 임무, 명령권과 상급자 내규, 후견인 제도, 군 훈육내규, 항소권, 연방의회 국방위원, 형법, 경비 및 안전 임무 등이 해당되었다. 이러한 자체 학습이 이루어진 다음에는 서독군의 자매부대에서 4주간의 실습과 지휘참모대에서 2주간의 지휘통솔교육이 실시되었다. 이 과정에서는 내적 지휘통솔의 기본원칙을 이해하고 이를 일과에 적용하고 법과 권리와 현대적인 인간지도와 성인교육에 따라 근무와 교육을 운영하고 계획할 수 있도록 교육하였다. 따라서 교육중점은 민주사회에서 군인의 위치, 제복을 입은 국민으로서 자세, 그리고 이러한 사고를 인간지도, 정치교육, 법적용 등에 응용할 수 있도록 하는 데에 있었다. 지휘통솔교육을 이수한 장병들 중에서 대위급 이상 전 장교는 지휘참모대의 기본과정에 통합하여 12주간 통일 연방군의 실무 적응 능력을 배양하는 보수교육을 받도록 하였다. 여기에서는 정치교육, 국내외 안보정책 교육,

민주주의 체제하의 지휘통솔, 군법교육, 연방군 전술 및 무기체계 교육 등이 실시되었다.

(4) 동화교육에 대한 평가

1994년 말까지 실시된 동화교육은 사안의 중요성에 따라 단계적으로 계획 및 실시되었으며, 이와 같은 서독 연방군의 교육은 다른 모든 분야의 통합과정에 선도적인 역할을 수행하였다. 그러나 비록 그 성과가 흡족한 것으로 평가되었음에도 불구하고 통일의 외적요소가 너무도 신속하게 변하고 통일과정이 너무도 급격하게 진행됨에 따라, 절대적으로 필요한 준비나 분석이 완전하게 이루어지지 않았던 것도 사실이다. 국제적 정치 환경의 변화가 조성한 통일의 기회를 놓치지 않으려는 서독의 정치지도자들에 의해 정치통합이 먼저 서둘러지고 사회, 경제통합도 이에 부속된 과정으로 너무도 급속하게 추진되었다. 이 때문에 경제통합의 내용과 방식에 있어서 동독인들의 정치적 의사나 경제적 잠재력이 제대로 반영되지 못하였다. 그 결과 동독지역의 많은 기업들이 도산하고 이에 따라 대량의 실업자가 발생하는 문제들이 대두되었다(장경섭, 1995). 서독체제에 흡수 통합된 지 5년이 흐른 시점에서 보았을 때도, 동독인들은 그들이 차분히 판단하고 선택하지 못한 역사의 전개에 대한 회한과 불만을 표출하는 경우가 늘어나고 있었다. 특히 서독인들에 의한 동독체제의 총체적 재편 과정에서 통일이전의 나름대로의 떳떳한 지위와 기득권을 상실하게 된 집단들일수록 이러한 반응을 강하게 보인다. 갈수록 많은 수의 기층민들 역시 통일로 인해 상실된 사회주의적 혜택과 권리들에 대한 아쉬움을 표시하는 등 통일의 기회비용에 눈뜨고 있었다.

전체적으로 볼 때 동독인들은 물질적 생활여건의 평균적 향상에도 불구하고 서독인들과의 격차 해소가능성에 회의감을 비치며 그들이 정치적으로 통제하지 못하는 것으로 여기는 통독정부에 대한 비판적 감정을 숨기지 않고 있다. 그리고 이러한 감정은 각종 선거에서의 집권 기독교민주당의 패배, 동독공산당의 후신인 민주사회당에 대한 지지율 상승 등으로 표출되고 있다(장경섭, 1995). 독일의 통일에 따른 후유증들은 통일 후 실시된 크고 작은 여론 조사에서 자주 언급되어졌다.

노이만(Neumann)은 알렌스바흐(Allensbach) 여론 조사기관의 월간보고서에서 통일 후 수년간 실시한 여론조사 결과들을 종합적으로 분석하였다. 이 보고서에 따르면 통일 후 수년이 지난 시점에서 동, 서독 주민 간의 심리적 통합은 기대 수준에 미치지 못하였던 것으로 나타났다(Neumann, 1993). 이 보고서에 의하면, 동·서독인들 간에 연대의식이 존재한다고 보는가? 다시 말해, 한 민족으로 느끼는가? 라는 질문에 대해 서독지역 독일인들의 22%가 그렇다고 대답한 반면, 동독지역 독일인들은 11%만이 이를 긍정하였다. 1990년에서 1992년까지 4차례에 걸쳐 동독지역 독일인들을 "대상으로 당신은 스스로를 독일인으로 느끼는가 아니면 동독인으로 느끼는가?"라는 질문에 동독인으로 느끼는 자는 이 기간 동안에 36%에서 52%로 증가하였으며, 독일인으로 느끼는 자는 57%에서 40%로 감소하였다. 사회주의와 현재 독일의 사회체제를 비교하는 설문조사 결과, 현 독일 사회체제를 계속 유지시켜야 한다고 생각한 서독지역 주민들은 70%에 달한 반면, 동독지역 주민의 경우 1991년 51%에서 1993년 37%로 감소하였다. "현재 독일에서의 생활을 생각할 때, 현 독일 사회체제를 계속 수호할 가치가 있다고 봅니까? 아니면 가치가 의심스럽습니까?"라는 질문에 서독지역 주민들은 약 73%선에서 변화가 적었으나, 동독지역 주민들은 91년의 51%에서 93년 37%로 감소하였다. "사회주의가 단지 나쁘게 실현되었지만 훌륭한 사상이라고 보십니까?"에 대한 질문에 그렇다고 대답한 서독 주민들은 91년의 30%에서 92년 28%로 별 차이가 없었다. 그런데 동독지역 주민들은 91년 응답자의 65%가 그렇다고 대답함으로써 사회주의체제 자체에 대해서는 동독지역의 주민들이 거부감이 적음을 알 수 있다.

슈피겔(Spiegel)의 여론조사('91. 2. 4.)에 의하면, "하향적 평준화 사회"와 "경쟁사회" 간의 과도기적 갈등이 심각하게 나타나고 있으며, 동독지역 주민들이 서독의 개방적이고 다원적인 시장경제체제에 적응하는 데에 문제점들이 노출되고 있었다. 특히 서독지역 주민의 우월감과 동독지역 주민의 열등감으로 인한 위화감의 문제가 대두되었다. 예로서, 동독지역 주민의 86%가 이등국민이라는 차별의식을 느끼고 있으며 66%가 '독일인'이라기보다는 '동독인'이라고 느끼고 있었다.

정치체제와 이념적인 영역에서도 완전한 통합이 이루어졌다고 볼 수 없는 많은 문제점들이 노출되었다. 왜냐하면 동독지역 주민의 90% 이상은 민주주의 국가형태를 체험해 본적이 없는 가운데 새로운 다원화된 정치문화와 제도에 익숙해져야 했기 때문이다. 통독 3년 후 동독지역 주민의 민주주의 체제 적응정도에 대한 설문에서 다양한 여가활동과 자유로운 여행, 출판물 개선 등은 통일이 가져다 준 커다란 선물이었지만 개인주의 사회와 법치 국가적 체제에 적응하는 데에 어려움이 많았던 것으로 조사되었다. 이러한 부적응의 문제는 연령층에 따라 다른 양상을 보였다. 20대 이하의 구동독 청소년층은 새로운 제도에 적응과 교육의 습득속도가 빠르고, 사회적 시장경제체제에 대해 자신감을 갖고 미래에 대해 낙관적으로 생각하고 있어서 서독주민들과 동화되는데 별 어려움이 없는 것으로 나타났다. 한편 20대 이후 60대까지의 장년들은 사회주의체제하에서 양육되고 경력을 쌓으며, 그 체제 내에서 직능을 인정받고 살아온 사람들이 대부분이기 때문에, 기존

직능이 쓸모없게 된 가운데 실직상태에 처한 사람들의 경우 새로운 체제에의 동화에 애로가 있었다. 통일 과정에서 50살이 넘은 한 장교와의 면담 사례는 이러한 측면을 잘 나타내준다. 그는 30년이 넘게 평화를 위해 복무했던 군인생활을 이 평화적 전환 시점에서 전선을 바꾸고 유니폼을 바꾸어 새로운 국기에 대한 맹세를 하는 것으로 끝을 맺고 싶지 않다고 말하였다. 이와 같은 대화 내용은 장년기 이상의 동독군 장교들 중 상당수가 제3의 길로서의 사회주의를 여전히 동경하고 통합된 독일 안에서 펼쳐질 미래에 대한 큰 불안에 직면하고 있었음을 시사해준다. 아직 새로운 사회생활에 잘 적응하지 못하고 내적 갈등을 겪고 있는 집단(전체 주민의 약 27%)은 주로 노년층, 여성, 실업자 및 조기퇴직자, 저소득자들에게서 더 심각하게 나타났다(통일원, 1993).

게노스코(Genosko)의 분석에 의하면 동독인들은 전환 직후에 이미 사회주의를 훌륭한 사상이며 다만 잘못 실행되었을 뿐이라는 생각을 가졌는데, 이러한 생각을 하는 동독주민의 비율이 현재 거의 80%에 이를 정도로 꾸준히 증가하여 왔다. 동독지역 주민들의 35%는 구동독이 단점보다는 장점을 더 많이 가지고 있었다는 의견이고, 또 다른 35%는 이러한 의견에 부분적으로 동의하며, 단지 28%만이 이 의견에 반대하였다. 민주주의를 최고의 국가형태로 보는 태도도 변화하였다. 1991년에는 구동독 주민들의 97%가 민주주의는 가장 좋은 국가형태라는 생각을 가졌으나 이러한 의견이 현재 86%로 감소하였다. 동독지역의 경제적 및 사회적 발전에 대해 동독주민들의 불만이 계속 증가하고 있으며, 이 불만은 정치적 및 국가적 제도로 전이되었다. 통일된 지 10년이 지난 오늘날 동독 주민들 사이에 반항적 동일성으로서 "동독정체성"이 광범하게 형성되고 있다. 동독인들은 연방독일의 현실을 자명한 일상으로 받아들이고 있고, 그 누구도 이전의 공산체제로 돌아가기를 원하지 않지만, 그러나 자신을 희생자로 한탄하고, 패배자로 양식화한다. 동독인들이 오늘날 그들이 인정하려는 것보다 생활이 훨씬 더 좋아졌지만 이점을 수용하려 하지 않는다(Detlef, & Gert, 1998).

이와 같이 동·서독 지역에서 나타나는 통독 후의 후유증들은 군사장면에서도 마찬가지로 동일하게 나타났다. 통일이 되고 1년이 지난 시점에서 동·서독 군인들 간에는 여전히 심각한 의사소통의 어려움이 뚜렷하게 거론되었다.

서독군과 동독군의 공동생활상 문제점들은 집단 유형에 따라 다양하게 나타났다. 독일 통일 당시 동독군 장교 집단은 이념적 가치관 구조에서 크게 네 부류로 구분되었는데, 그 중 한 집단은 동독군에서의 근무경력에 아무런 문제의식을 갖고 있지 않았다. 이들은 이념보다는 군대의 기술과 사회적 신분 상승에 대한 관심 때문에 군인 직업을 선택한 사람들이었다. 군대는 그들의 목적달성을 위한 수단에 불과하였다. 따라서 이들에게는 새로운 이념체제가 별 문제가 되지 않았다. 두 번째 집단은 과거를 격하시키는 사람들이었다. 이 사람들은 자신들이 동독군과 사통당에 의해 이용당했다는 느낌에 가득 차 있었다. 세 번째 집단은 통찰에서 나온 사고와 행동에 초점을 두는 사람들이었다. 이들은 과거의 관계에 대해서 잘못되었음을 인정하고 억압적인 동독군에서 활동한 것에 대해 잘못되었다는 생각이 지배적인 사람들이었다. 이러한 부류의 사람들은 통일 후 새롭게 시작하고자 하는 확고한 의지가 명확하였다. 마지막 집단은 과거 체제와 완전한 결별이 없이 강력한 관계를 바탕으로 새로운 상황에 접속되는 집단으로서 총 한방 쏘지 않고 전쟁에서 패한 것은 창피스러운 일이라고 생각하는 부류였다. 이들에게 연방군의 새로운 가치체계를 확립시키는 일은 매우 어려운 일이었다.

서독지역 출신 군인들이 동독지역 출신 군인들과의 관계를 유지하는 유형도 다양하게 나타났다. 비정치적인 군인유형으로 동독군을 전우로 보는 부류가 있는가 하면, 사회적이면서도 남을 잘 돌보는 부류가 있었다. 중립적인 태도를 갖고서 동독군과 접촉하는 것을 기피하거나 노력도 하지 않는 부류도 있었다. 한편 정치적인 색깔을 갖고서 동독 장교와 함께 일하는 것을 꺼려하거나 심지어는 이념적 문제나 근거 없는 혐오 혹은 경쟁적 사고에서 비롯된 거부적인 태도를 보이는 집단도 있었다. 또한 동서독 장교들이 함께 근무함으로써 발생하는 문제점들에 대한 입장은 연령별로 다르게 나타났다. 예로서, 장군, 대령, 장군참모장교 등과 같은 군 지휘부는 같은 계급의 동독군 장교와 함께 일하고 싶어하지 않았다(Reeb, 1992).

동독군과 서독군의 인적, 조직적, 군사적 차원에서의 차이가 문제를 소지를 제공하기도 하였다. 먼저 인력자원 면에서는 비교적 낮은 자질의 동독군 하사관들에 의하여 이루어지게 될 교육의 효과들이 의문시되었다. 조직적인 차원에서는 동독지역과 서독지역간의 생활조건이 차별됨에 따른 문제점들이 발생하였다. 군사적으로는 무기체계의 차이와 지휘행동의 다양성이 장기적으로 문제를 제공하였다.

통일 후 직접적인 삶에서 얻어진 체험이 영향을 미치기도 하였다. 통일 후 기만감에 쌓인 구 동독군 장교들의 절반 정도가 정치활동과의 거리감을 표명하였다. 동독군인들은 자신들이 독일 사통당의 선전, 선동에 의해 기만당했다는 배신감을 쉽게 떨치지 못하였으며, 이것은 통일 후 독일 정치에 대한 의도적인 무관심을 유발하는 계기가 되었다. 이에 대한 증거로서 서독 연방군 장교들 중 8%만이 정치적인 정당을 가까이 하지 않겠다고 응답한 반면에, 구 동독군 장교들은 45%가 정치적인 정당을 가까이 하지 않겠다고 응답한 것을 들 수 있다.

4. 동·서독의 통합의 시사점

지금까지 독일의 통일을 전후로 하여 진행되어 온 동·서독인들 간 내적 통합의 문제를 주로 동서독 지역 주민들을 대상으로 한 여론조사와 설문 그리고 여러 연구보고서들에 기초하여 살펴보았다. 독일 연방군의 경우에도 내적 통합과 관련하여 주된 관심이 통일과정에서는 서독 연방군에 흡수되는 동독군을 대상으로 한 재교육 내지는 동화교육에 주어졌으며, 통일 후에는 동독지역 출신 장병들을 대상으로 하는 동화교육에 주어졌다. 동화교육에서 가장 핵심적인 내용은 서독 연방군의 내적 지휘통솔교육이었다. 문민통치와 민주주의 이념을 구현하기 위하여 정립된 이 제도가 오랜 세월 동안 다른 이념체계 속에서 생활해 온 동독인민군 및 동독지역 출신들에게 어느 정도로 소화될 수 있었을까? 어떠한 점들이 동화교육의 장애로 작용하였는가? 그 해결책은 무엇일까? 이러한 질문들에 대한 해답은 불충분한 경험적 자료와 관심영역에 따른 해석의 다양성으로 인하여 매우 어려운 일이지만 가용한 자료를 바탕으로 몇 가지 사항에 대하여 살펴보도록 하자.

먼저 전문직업적 자기인식에서 동·서독군 간의 차이가 존재한다는 것이다. 사회과학에서 통합이란 단순한 추가과정이 아니라 더 높은 차원의 조직형태를 가진 전체를 향한 넓은 의미에서 사회적 구성요소들의 통합 과정이다. 통합을 이렇게 볼 때 동독군인들의 상황에는 부분적으로만 적용된다고 볼 수 있다. 왜냐하면 더 높은 수준에의 도달이 아니라 연방군의 규준과 이상을 수용함으로써 동독의 국민과 군인들이 연방군에 편입되는 것이기 때문이다. 동독군의 시각으로 볼 때, 동독군은 서독군들과 동일하게 유럽의 세력균형 유지를 위한 임무를 수행하였으며, 이로서 평화를 유지하였다. 또한 동독군은 사회주의의 좋은 원칙들을 갖고 있었으나 국가와 당이 이를 오용하였다고 주장하며, 동독군은 평화로운 전환에 기여하였고 이로서 중국 천안문사태와 같은 불행을 예방할 수 있었다. 따라서 동독군들은 서독 연방군과 동일한 정도의 합법성과 승인을 요구받아야 한다고 생각한다. 그러나 이와는 달리 서독군의 시각으로 본 동독군을 범죄적 독재자의 억압수단으로서 당의 군대였으며, 동독군에 근무하기로 마음을 굳혔다는 것은 어느 정도 암묵적으로 당의 요구에 순응하였던 것으로 해석하였다(Gey, 1991).

두 번째는 동독인민군과 동독지역 출신 장교들의 인간지도능력에 대한 신뢰문제이다. 서독 연방군의 경우 군사적 지휘와 훈련의 중심에 인간지도가 존재하며 이는 하급자는 물론 상급자의 마음과 이성에 지향되어있다는 것이 강조된다. 상급자는 하급자에게 행동의 자유, 책임 그리고 참여를 통하여 각인되는 지휘스타일을 실제화해야 한다. 그러나 동독군에서는 각개 신병들에 대한 개별적인 특별한 책임에 대한 민감성이 떨어지고, 하급자를 고유한 인권을 가진 동포로 보는 시각이 결여되었다. 일반적인 병사와의 대화가 대부분 명령조로 이루어지고, 지휘책임의 수용에 대한 두려움이 존재했다. 동독군의 부사관단은 서독군의 부사단과는 달리 자율적이지 못했으며, 집단주의적이고, 상, 하급자 간의 불신과 통제가 빈번하였다.

세 번째는 정치에 대한 불만족과 정치교육의 결과는 실생활 속에서의 체험을 바탕으로 한다. 내적 지휘통솔의 요소로서 정치교육은 기본법의 질서체계가 갖는 의미를 군대에 인식시키고 이 가치체계를 전환하여 정치적으로 알리는 것이다. 이것은 모든 군인에게 적용되면서도, 동시에 이것은 모든 상급자의 임무로서 우리의 생활 질서가 갖는 가치를 반영할 때 비로소 신뢰가 되는 것이다. 연방군에 근무하게 되는 동독군의 경우 경제적인 이유로 지원하였다고 보는 것이 옳다. 경제적인 욕구가 충족되지 않을 경우 성격특성도 변화지 않았다면 새로운 구조를 추구하게 된다. 물론 동독에서의 정치교육은 이들에게 그렇게 선호하는 과목들은 아니었다. 정치적인 태도는 경제와 밀접한 관련이 있다. 따라서 정치교육에서는 민주주의와 경제체계간의 관련성에 대해 주목할 필요가 있다.

네 번째는 동독출신 장병들이 사회주의적 사고를 쉽게 버릴 수 없을 것이라는 견해이다(Reeb, 1992). 동독인들은 유년시절부터 마르크스-레닌주의의 가르침과 독일 사회주의 통일당의 통치 현실 속에서 성장하였기 때문에 개인으로서 역할 수행보다는 집단적인 활동에 익숙하게 되었으며, 군사놀이와 노래 등을 통하여 체계적으로 적 개념을 갖게 되었다. 또한 어릴 적부터 선과 악이라는 이분법적인 사고 속에 교육받았다. 이러한 환경 속에서 성장한 동독군 장교들은 통일과 더불어 그들의 세계관, 사상, 행동들을 포기해야 하는 극도의 무정부주의 속에 직면하게 되었다. 동독군 장교들이 새로운 어휘들을 익히게 되지만 그들이 이러한 어휘들의 의미를 제대로 이해할 수 있었을까? 그들 스스로가 아직 배워야 하는 내용들을 자신들의 부하들에게 교육한다는 것이 가능한 일인가?

다섯 번째는 동독군 장교들의 왜곡되고 제한된 현실 경험이다. 통일 전 동독군은 서구 방송의 청취가 금지되었고, 정보와 주변과의 접촉이 차단되었으며 장기간의 전투대기 생활 등 현실과 격리된 생활을 경험해야만 하였다. 당의 견해나 해석은 정치교육과 부대의 사회적 보수교육을 통하여 관철되었다. 당의 노선에서 벗어나는 의견은 존재할 수 없었으며 이러한 상황은 폴란드와 체코의 경우보다 더 심하였다. 따라서 개혁 잠재력은 전혀 개발될 수 없었다. 지휘직책에 따라 차별화된 보급과 보수체계는 직업군인들로 하여금 그들의 상급자들에게 종속되게 만들었다. 선호하는 직책은 얼마나 충성심을 보이느냐와 인맥에 의하여 부여되었다. 당에 의한 세상과 현실세계와의 차이는 이중 도덕성을 갖게 만들었다. 진정한 동료애, 전우애가 형성될 수 없고, 부대정신은 뚜렷하지 않았다. 부하들은 단지 명령수령자에 불과하였다. 거친 언성, 강압적인 행동요구 그리고 상급자와 하급자간의 커다란 거리감은 일상사가 되었다. 한마디로 동독군에서는 인권 보장이 되지 않았다.

여섯 번째는 존재론적 문제들에 관한 사항이다. 동독군 시절에 모든 존재론적 문제들, 즉 직업, 임무, 급료 등이 국가와 당에 의하여 결정되고 관리되었기 때문에 미래가 명확하게 인식되었다. 그러나 통일과 더불어 의식의 위기와 더불어 존재위기가 발생하였다. 통일되기 전 1990년 3월 동독군 장교들을 대상으로 실시된 여론조사에 의하면 97%의 장교들이 사회적 보장을 희망하였으며 94%가 직장보장을 희망하였다. 89%의 장교들이 가족의 사회적 안전에 대해 걱정을 하였으며 85%가 사회에 나갈 준비가 전혀 되지 않고 있었다. 76%가 원하지 않는 퇴직을 걱정하였다. 통일과 더불어 동독군 장교들은 신분상의 추락을 경험하였다. 이러한 맥락에서 동독군 장교들과의 관계는 매우 어렵게 되었다. 특히 육군의 경우 경쟁압력이 더 강하였다. 이러한 상황에서 전우(동료) 관계는 자연적으로 어려우며 복잡하고 어렵게 형성된다. 이념의 설득력과 지속력을 구성하는 요소들 중에서 가장 중요한 것은 꿈, 비전, 이상 등을 통한 희망적인 미래의 청사진이다. 이러한 청사진의 효과는 수시로 일어나는 비교를 통하여 질적, 양적으로 긍정적인 변화를 경험할 때 더욱 더 배가된다. 동독인 들이 새로운 이념체계를 수용하기 위해서는 역시 통일 이후의 비교에서 과거보다 더 나아졌다는 확신을 가져야 한다. 그러나 더 나아졌다는 확신은 상대적이고 주관적으로 이루어진다. 통일이 가져다 줄 것으로 기대한 것이 높으면 높을수록 통일 후 현실적 만족감은 약할 수밖에 없다.

일곱 번째는 동독정체성의 본질에 대한 두 가지 상이한 입장의 대립이다. 이 중 한 입장에 의하면, 동독인과 서독인 간에 정신적 차이가 존재하며, 이것은 분단의 세월동안에 상이한 정치적-문화적 각인에 소급된다는 입장이다. 예로서, 서독인들은 성취적 배분정의를 선호하는데 비해, 동독인들은 오히려 부양적 정의관념의 경향을 가졌다. 한쪽은 자아 지향적이고 다른 한쪽은 집합 지향적이다. 국가에 대한 기대, 자신과 사회적 상태에 대한 책임의 귀속, 정치적 제도 질서의 수용에 있어서도 동독인과 서독인 간에는 의미 있는 차이가 나타난다(Wolfgang, 1996). 서독인과 동독인 간에는 민주주의 관에서도 차이가 확인된다. 동독인들이 선호하는 것은 연방공화국 안에서 수행되는 자유민주주의의 모델이 아니라, 평등과 직접참여를 강조하는 민주적 사회주의의 모델이다. 동독인 들이 지향하는 직접적인 시민참여와 평등주의적 재화배분의 원리를 지향하는 것은 동독인 들이 온정주의적 부양국가인 DDR에서 겪은 사회화 경험의 직접적인 결과로서 해석된다. 웨슬

(Westle)의 잠재가설에 의하면 사회주의적 확신이 경제부흥의 꿈을 가졌던 통일초기에는 지하에 숨어 유지되었다가 그 후 탈산업화 등으로 인해 꿈에서 깨어나면서 예전의 각인이 다시 현재적으로 나타나고 있다는 것이다(Westle, 1994). 다른 한편에서는 상이한 사회적 상태가 동독인들에게 정신적 특수성을 갖게 하였다는 입장이다. 즉 동독인과 서독인들이 원칙적인 가치관 차이가 아니라 통일조건 때문에 발생한 것이라는 입장이다. 특히 이등계급의 국민이라는 것은 무엇보다도 경제적으로 불안정한 상태의 표현인 것이지 인정문제와 구분욕구의 결과가 아니라는 것이다(Walz, & Brunner, 1997). 실제적으로 동서독인들 간의 가치관이나 태도의 차이가 뚜렷하게 나타나지는 않는다는 분석도 있다. 민주주의에 대한 태도는 특정한 민주주의적 집단 즉 독일연방공화국의 민주주의에 대한 평가를 통하여 이해 가능하다. 민주주의 원칙에 대한 설문(1991, 1995)에서 동, 서독인들 간의 차이가 거의 없었다. 대부분의 문항에 대해 약 90% 이상이 긍정적이었다. '민주주의가 다른 여타의 정부형태보다도 더 좋다 내지는 가장 좋은 국가형태이다' 라는 질문에 서독의 86% 그리고 동독의 70%가 긍정하였다. 1997년 실시된 조사에서는 서독의 88%, 그리고 동독의 81%가 찬성하였다.

결론적으로 이념적 통합을 이루는데 있어서 간과할 수 없는 중요한 요인이 실용성과 상호작용이다. 모든 적용범위에 주어지는 노력들은 실제적으로 생활에 도움이 되어야 한다. 경제적인 비전이 제시되지 않았다면 동독지역 주민들의 통일에 대한 열망도 그렇게 크지 않았을 것이다. 현실보다도 더 나은 경제적 삶에 대한 청사진이 제시되지 않고서 흡수통합은 이루지기 어려운 일이다. 아울러 통합은 항상 상호작용 과정이다. 동독군인들의 의식변화뿐만 아니라 서독군인들의 의식변화도 함께 이루어져야 진정한 통합이 달성될 수 있다.

참고문헌

민족통일연구원 (1996). **동서독간 정치통합 연구**.

이민호 (1996). **독일사**. 대한교과서 주식회사.

장경섭 (1995). 통일 한민족국가의 사회통합(박기덕, 이종석 편저, **남북한 체제비교와 통합모델의 모색**), 세종연구소.

통일원 (1993). **통독 3주년 현황과 평가.**

황병덕 (1995). 독일의 정치교육 연구. **통일연구원 연구총서**, 1-130.

Detlef, P., & Gert, P. (1998). Die ostdeutsche Identitaet-Ende des DDR-Sozialismus oder Produkt der Wiedervereinigung? Die Einstellung der ostdeutschen zu sozialer Ungleichheit und Demokratie. In: Aus Politik und Zeitgeschichte. B41-42/98.

Gey, G. (1991). Die Integration von Soldaten aus der ehemaligen DDR als Herausforderung an Theorie und Praxis Innerer Fuehrung. Jahresarbeit in Fuehrungsakademie der Bundeswehr.

Klein, P., Kriesel, W., Lippert, E., & Prillwitz, C. (1990). Zur Akzeptanz des Dienstes von ehemaligen NVA-Soldaten in der Bundeswehr und von Bundeswehrsoldaten auf dem Gebiet der ehemaligen DDR, Sozialwissenschaftliches Institut der Bundeswehr.

Klein, P., Lippert, E., & Meyer, G. M. (1992). Vorstellungen von Offizieren aus dr ehemaligen NVA zu Fragen der soldatischen Existenz.

Neumann, E. N. (1993). Dem Solidarpakt fehlt das National gefuehl - passen sich die Westdeutschen den Ostdeutschen an? Institut fuer Demoskopie Allensbach.

Reeb, H. J. (1992). Probleme des Zusammenwachsens von Bundeswehr und Nationaler Volksarmee aus der Sicht eines westdeutschen Bundeswehr -Offiziers.

Walz, D., & Brunner, W. (1997). Das Sein bestimmt das Bewusstsein, Aus Politik und Zeitgeschichte, B51/97.

Weidenfeld, W., & Porte, K. R. (1991). Handwoerterbuch zur deutschen Einheit, Bonn, p. 380.

Westle, B. (1994). Demokratie und Sozialismus. Politische Ordnungsvorstellungen im vereinten Deutschland zwischen Ideologie. Protest und Nostalgie. In: Koelner Zeitschrift fuer Soziologie und Sozialpsychologie, 46.

Wolfgang, S. (1996). Neubeginn durch Anpassung? Studien zum ostdeutschen Uebergang. Frankfurt am Main.

찾아보기

ㅇ

저자 소개

김용주
육군사관학교와 서독사관학교를 졸업하고, 서울대학교에서 심리학 학사와 석사를 마쳤으며, 독일의 기센대학교에서 박사학위를 받았다.
현재 육군사관학교 심리경영학과 교수로 재직 중이며, 리더십센터장, 사회과학처장 등을 역임하였다. 주요 저서로는 『심리학 개론』, 『리더십의 이론과 실제』, 『자살예방 교육 프로그램』, 『독일연방군 총서』, 『군 인성교육 프로그램 핸드북』, 『제복을 입은 국민의 군대』, 『임무형 지휘 사례집』 등이 있다.

강성록
육군사관학교를 졸업하고, 연세대학교에서 심리학 석사를 마쳤으며, 미국 오리건주립대에서 박사학위를 받았다.
현재 육군사관학교 심리경영학과 부교수로 재직 중이며, 리더십센터 생활지도연구실장, 심리학과장 등을 역임하였다. 주요 저서/역서로는 『심리학 개론』, 『리더십의 이론과 실제』, 『군 스트레스 심리학』, 『스트레스, 대처, 그리고 발달』, 『심리학과 삶의 도전』 등이 있다.

심리학의 군사적 활용

2019년 6월 15일 1판 1쇄 펴냄
지은이 김용주 · 강성록 | 펴낸이 류원식 | 펴낸곳 (주)교문사(청문각)

편집부장 김경수 | 책임진행 신가영 | 본문편집 홍익m&b | 표지디자인 유선영
제작 김선형 | 홍보 김은주 | 영업 함승형 · 박현수 · 이훈섭
주소 (10881) 경기도 파주시 문발로 116(문발동 536-2) | 전화 1644-0965(대표)
팩스 070-8650-0965 | 등록 1968. 10. 28. 제406-2006-000035호
홈페이지 www.cheongmoon.com | E-mail genie@cheongmoon.com
ISBN 978-89-363-1838-3 (93550) | 값 28,000원

* 잘못된 책은 바꿔 드립니다. * 저자와의 협의 하에 인지를 생략합니다.

청문각은 ㈜교문사의 출판 브랜드입니다.